生物燃料技术新进展

Biofuel Technologies: Recent Developments

[印]Vijai Kumar Gupta,[爱尔兰]Maria G. Tuohy 编

杜泽学 等译

中国石化出版社

著作权合同登记号 图字:01-2014-2617

Translation from English language edition:
Biofuel Technologies
by Vijai Kumar Gupta and Maria G. Tuohy

图书在版编目(CIP)数据

生物燃料技术新进展 / (印) 古普塔 (Gupta, V.K.), (爱尔兰) 图伊 (Tuohy,M.G.) 编; 杜泽学译. -- 北京: 中国石化出版社, 2015.6
ISBN 978-7-5114-3405-0

Ⅰ. ①生… Ⅱ. ①古… ②图… ③杜… Ⅲ. ①生物燃料—研究 Ⅳ. ①TK6

中国版本图书馆 CIP 数据核字(2015)第 130031 号

中国石化出版社出版发行
地址:北京市东城区安定门外大街 58 号
邮编:100011 电话:(010)84271850
读者服务部电话:(010)84289974
http://www.sinopec-press.com
E-mail:press@sinopec.com
北京富泰印刷有限责任公司印刷
全国各地新华书店经销
*
787×1092 毫米 16 开本 29.75印张 525 千字
2015年 8 月第 1 版 2015 年 8 月第 1 次印刷
定价:120.00 元

译者序

生物能源是21世纪崛起的新兴产业，由生物质资源生产生物燃料和化学品越来越得到社会的认可，被认为是解决全球经济可持续发展所面临的能源短缺、生态环境恶化等重大问题的希望所在。我国生物质资源丰富，大片的荒漠土地、边际土地和辽阔的水体上都生长着丰富的物种，生物质产出数量庞大。特别需要指出的是，我国每年产出800Mt以上的农林废弃物、2500Mt畜禽粪便、400Mt生活垃圾和厨余垃圾以及7000Mt以上的食品生产和农产品加工排放的有机废水等等。充分利用这些资源能够生产出包括生物乙醇、生物柴油和沼气等生物燃料，具备替代100Mt石油的发展潜力，也从源头消除了这些废弃物可能带来的污染。因此，在我国发展生物能源产业十分必要，意义极其深远。

生物燃料产业发展的关键在于技术的创新和集成。已有的研究和工业应用实践表明，生物燃料技术是多学科知识的交叉和多种工艺技术的集成融合。V·K·古普塔(印度)和玛丽亚·G·图伊(爱尔兰)两位博士组织编写并于2012年出版的《Biofuel Technologies：Recent Development》一书，系统性强，内容丰富，从生物质生产、转化加工和产品应用这三个主题出发，阐述了整个工艺流程的复杂性和解决方案所需各种知识，着重介绍了以木质纤维素为原料的第二代生物燃料涉及的相关技术领域的最新进展，并且强调在对不同的原料和转化路线进行优化生产乙醇的同时，要十分重视技术集成，使副产品(热、电、各种化学品等)产量和价值最大化，以实现符合可持续性发展要求的社会和环境目标。此外，该书还介绍了生物柴油、生物丁醇、生物氢以及微生物燃料电池技术方面的最新进展和发展动向。该书不仅对生物能源及相关专业领域的从业人员有参考价值，也对从事能源管理、生产经营的相关人员有所帮助。因此，我们接受中国石化出版社的委托，将该书翻译成中文，以飨读者。

本书由杜泽学主译。参加翻译的人员及各自负责翻译的章节为：杜泽学(第1、18章)、曾建立(第2、9、10、12章)、胡见波(第3、4、8章)、朱俊英(第5~7章)、程琳(第11、13章)、宁珅(第14、15、19章)、张伟(第16、17章)。杜泽学负责全部译稿的修订和文字统一，中国石化出版社编辑在图表和文字整理方面也付出了许多辛劳。在此对各位译者和编辑表示诚挚地感谢。

由于译者专业水平有限，疏漏和错误之处在所难免，敬请广大读者批评指正。

杜泽学

于石油化工科学研究院

2015年4月

编者简介

V·K·古普塔(V. K. Gupta)博士是印度 MITS 大学的生物工艺学助理教授。目前，他以 PDF 科学家(PDF Scientist)的身份任职于爱尔兰国立高威大学(National University of Ireland Galway,NUI Galway)。2009 年，他在印度阿瓦德大学(Avadh University)取得了微生物学博士学位。在职业生涯中,他已荣获了包括著名的印度农业研究理事会(ICAR)高级研究员奖、2009 年和 2011 年的年度青年科学家奖以及 2009 年的年度金质奖等奖项。古普塔博士是国际当代生物学家学会(International Society of Contemporary Biologist)、应用生物技术学会(Society of Applied Biotechnology)和印度海因德农业-园艺协会(Hind Agri-Horticultural Society)的会员。他向美国国家生物技术信息中心(NCBI)提交了 29 株真菌的核苷酸序列,并且在英国英联邦农业国际局(CABI)、印度国家农业经济与政策研究中心(NBAIM)、印度微生物技术研究所(IMTECH)以及印度农业研究学会(ARI)等多个真菌菌株保藏中心寄存了 147 株真菌菌株。同时,他所在的研究团队正在提交 2 项欧洲专利发明。此外,他还是 9 家国际学术期刊和 2 家印度国内学术期刊的编委,并且参与了 38 本国际或印度国内研究专著的编著工作。其中,由他独自编写的 23 个章节得到了出版商的高度认可。他还担任了爱思唯尔出版集团(Elsevier)、美国科学出版社(Science Publisher)、泰勒·弗朗西斯出版集团(Taylor and Francis)、施普林格出版集团(Springer)、兰伯特学术出版社(Lambert Academic Publishing)等国际著名出版商的编辑委员会委员。

玛丽亚·G·图伊(Maria G. Tuohy)博士是爱尔兰国立高威大学自然科学学院生物化学系分子糖链生物工艺学(Glycobiotechnology)课题组组长。她领导的教研组在分子糖链生物工艺和生物酶技术领域创造了多项记录。她在分子生物学、遗传学、真菌生物工艺学等领域拥有超过20年的研发经验,尤其对嗜热子囊菌和以这些真菌作为细胞蛋白质生产单元的表征,以及新型耐热酶和酶系统有浓厚兴趣。图伊博士和她的团队已经开发了多项基于酶的专利技术,这些专利技术是利用包括第三代生物质原料在内的陆地、海洋生物质和废弃物的生物能源技术和生物炼厂的关键。该团队还进行了利用酶来恢复和选择性地修饰由高价值生物化学品和植物碳水化合物衍生的生物活性物质(糖链生物工程)的研究。图伊博士是爱尔兰国立高威大学能源研究中心的学术带头人,最近获得了爱尔兰国家生物能源和生物炼制技术中心(National Bioenergy and Biorefinery Competence Centre)资助。此外,她还是欧盟第七科技框架计划中的生物燃料平台(EU FP7 Biofuels Platform)和爱尔兰国家研究植物网络中心(National Research PhytoNetwork)的成员。图伊博士还曾在比利时RUGhent和德国BSH木材化学研究中心(BSH Institut fur Holzchemie)做过访问学者。图伊博士发表了约132篇专业文章,包括学术著作、专著中的章节、会议论文、墙报和短通讯。她也是一些国际期刊和基金机构的审稿专家。作为联合主编,她与V·K·古普塔(V. K. Gupta)博士一起为爱思唯尔出版集团(Elsevier)、CRC出版集团(CRC Press)、施普林格出版集团(Springer)、兰伯特学术出版社(Lambert Academic Publishing)、美国诺瓦科学出版社(Nova Science Publisher)等国际著名出版商编写专著。

原书序一

生物质是世界主要的能源之一,其消费量从公历纪元之初的约50Mt标准油增长到现今的1000Mt标准油(增长了20倍)。目前,生物质约占世界一次能源消费总量的10%,其他的90%是不可再生的化石燃料(80%)、水电(2%)、核能(6%)和可再生的太阳能(2%)。在世界范围内,研究人员和产业界都对提高生物质能在世界一次能源消费总量中所占比例抱有极大的兴趣。从生物质生产生物乙醇得到了充分的报道,但是,近年来更令人感兴趣的是比生物乙醇更具发展前途的生物丁醇和生物氢产品。然而,由于生物质结构复杂,从生物质获得生物燃料必须经过适当的预处理,才能使纤维素和半纤维素组分高效糖化并转化为单糖。突破这一技术壁垒,需要开发出经济可行的生物质转化为生物燃料的工艺技术,并且要对酶水解木质纤维素分子的机理有深刻的理解。虽然生物燃料的生产和使用已经是一项成熟的技术,但很少有专著和文献综述该领域的最新发展和趋势。因此,本书将帮助读者了解包括传统生物燃料乙醇、生物柴油以及新兴的生物丁醇和生物氢的技术现状和发展趋势。

巴西圣塔玛丽亚联邦大学(UFSM)

马尔西奥·安东尼·马祖提(Marcio Antonio Mazutti)教授

2012年9月14日于巴西

原书序二

由于第一代生物燃料采用粮食作物原料生产，存在很大的局限性，因此人们转而开始重视从二次农业原料生产的第二代生物燃料。大规模生产农作物基生物燃料(第一代)是不可行的，因为这将对食物供给安全造成不利影响，而且也会与其他重要的土地利用方式抢夺土地资源。为了解决温室气体减排和促进其他能源政策目标的实现，发展液体化石燃料的替代品是很重要的。要充分发掘先进生物燃料(非粮或第二代)生产技术的发展潜力，必须有相关政策的大力推动。

第二代生物技术是一种基于木质纤维素的工艺技术，可将木材、草类废物转化为生物燃料。长远来看，把新的第二代生物燃料技术与生物质炼制技术结合起来，通过生物质获取能源、高价值的生物化学品和纤维，能够扩大生物质原料的供应。生物燃料的生产可以采用不同的原料和转化技术。生物乙醇可以从木质纤维素原料生产，生物柴油可以通过动植物脂肪和微生物油脂(例如微藻油)来生产。新兴的生物燃料技术包括纤维素乙醇技术和微藻生物柴油技术等先进生物燃料技术。

开展提高木质纤维素转化效率的相关研究并探索开发新技术是十分必要的。微藻生物柴油生产面临的主要挑战是生产微藻生物质的高成本，其关键问题是微藻采收和保护高油微藻免受野生微藻污染的成本比较高。另外，纤维素乙醇和微藻生物柴油这两种工艺面临的最大问题是副产品的开发，这是因为在这两个工艺过程中，生物质原材料仅有一部分转化为生物燃料。例如，生产纤维素乙醇只利用了纤维素和半纤维素，而生产生物柴油只利用了脂类，大量的残渣必须进一步加工成副产品，以改善整个工艺过程的经济性。生物质原料常年供应到商业规模加工厂的物流也要精打细算，因为这将改善整个加工过程的运营成本。生化路线还不成熟,但可能具有比热化学路线更大的降低成本的潜力。在许多国家,生物燃料的快速发展给这些国家的政策制订带来了巨大的挑战。其关键问题在于生物燃料生产和应用很复杂,高度依赖于作物种类、当地情况以及生产管理系统。

因此,在不久的将来,通过利用纤维素乙醇和微藻的先进生物燃料技术来生产替代化石燃料的发展潜力巨大。木质纤维素原料(例如农业废弃物、木本植物和草本植物等)在世界大多数地区资源丰富,对利用耕地生产食品和饲料不构成竞争。如果要进行规模化生产,微藻可以在一个相对较小的区域生产大量的油脂,其生产效率比传统的油料作物高成百上千倍。这使得利用小部分土地通过微藻生产出相当于或高于当前消费水平的柴油在技术上成为可能。完全商业化的通过生化或热化学过程生产第二代生物燃料的技术还在不断开发。毫无疑问,过去几十年不断的研发投入,使得生物乙醇生产技术取得了很大的进步,成功地优化了微生物,显著提高了工艺效率。原料供应环节的企业(不管原料来源于农业和林业的残余物,还是来源于能源作物)已经形成一个良好的共识,那就是必须常年稳定地向加工厂提供质量一致的原料。另外,生产系列副产品的中试规模生物炼制工厂也取得了比较成功的进展。

从长远来看，采用第二代生物燃料技术生产的生物运输燃料被认为是有潜力的生物燃料,但仍需要作出更多努力,使这些技术更贴近于市场。此外,国际间的合作尤为重要。国际组织与各行业的协作将对第二代生物燃料长期稳定发展起积极作用。本书回顾了几种先进生物燃料技术的发展现状,将对学术界和产业界的教师、科学家和研究人员有所裨益。

印度德里大学(University of Delhi)微生物学系木质纤维素生物技术实验室

R·C·库哈德(R. C. Kuhad)教授

2012 年 9 月 14 日于印度新德

前　言

生物资源是有利用价值的可再生资源的重要组成部分。工业可持续发展所面临的诸多挑战之一，是在化石原料向可再生的替代资源过渡过程中对于能源、燃料和化学品不断增长的需求。利用生物质原料生产能源/生物燃料和化学品/材料是可持续的，目前备受国际各界关注。进一步的努力就是将这个科技优势转化为商业现实。“生物燃料”这个术语在这里是指从各种植物材料、残渣、废料生产的液体生物燃料，可用来作为一种石油替代燃料。生物燃料正越来越受到全球的关注，因为它能成为由石油生产的运输燃料的替代品，有助于解决由于液体化石燃料使用所带来的资源枯竭、能源供应安全和全球变暖等问题。第二代生物燃料包括由生物法和热化学法这两种截然不同的方法加工制成的燃料。第二代生物燃料技术商业化的成功，还取决于原料的遗传优化、育种以及栽培等技术上的显著进步。生物质生产生物燃料涉及多项转化技术，对其改进是必要的，例如生物法所包括的原料预处理、低成本生物酶制剂、高活性和选择性生产生物燃料的微生物菌株技术以及热化学技术路线。原料的热化学处理比生物处理具有更大的优势，但经济性要求的加工规模可能超过生物处理工艺。在全球范围内，人们正在努力实现采用这两条技术路线商业化生产第二代生物燃料。

本书描述的技术正好涉及到生物燃料产业发展所遇到的相关问题和挑战。有关纤维素乙醇的一些研发突破以及后续商业化示范装置，都是为了证明其在无补贴时具备可行性。相反，生物质热化学法可以生产出与化石燃料类似的生物燃料，而基本不需要在基础研究和开发上进一步突破，但仍需要进行商业化示范。第二代生物燃料的生产为高价值副产品的回收和利用提供了条件，有可能增加整个加工过程的总收入。要从不同的原料和转化路线方面进行优化，使得转换过程中的副产品(热、电、各种化学品等)产量和价值最大化。菌体改进和高效转化工艺的开发也是非常必要的。为了实现可持续发展，更好地理顺整体原料供应链是十分重要的。无论是农业和林业残留物，还是能源作物的种植，必须全年持续向加工厂提供质量稳定的高品质原料。可持续性是生物燃料开发成功的关键。因此，在全球贸易的背景下，可持续认证是保证在生产生物燃料的同时实现社会和环境目标的关键。从生物质生产到转化为生物燃料和使用的整个环节是复杂的，需要许多不同的利益相关群体，诸如农民、作物生产管理人员、工程师、科学家、化工企业、燃料分销商、发动机设计师和汽车制造商进行整体合作。本书从生物质生产、转化加工和产品应用这三个主题出发，阐述了整个工艺流程的复杂性和解决方案所需的各种知识。

本书所介绍的内容可帮助读者了解生物燃料技术的相关进展。各个章节内容可为相关学科的研究生、科研工作者、科学家以及工业部门开展研究和实验提供参考。此外，本书介绍了生物燃料原料、不同类型燃料以及相关主、副产品的最近研究进展。因此，本书不仅对业内有经验的研究人员非常有用，而且对那些新入门的专业人士也非常有用。

玛丽亚·G·图伊(Maria G. Tuohy)

V·K·古普塔(V. K. Gupta)

2012年9月14日于爱尔兰高威

致　谢

编者十分感谢爱尔兰企业和工业发展局(Enterprise Ireland and the Industrial Development Authority)提供的资金支持。该项研究基金支持的研究是生物炼制和生物能源技术中心(TCBB)承担的爱尔兰2007~2013年国家发展计划的一部分。编者也十分感谢TCBB的邦萨尔(B. Bonsall)先生和爱尔兰国立高威大学自然科学学院微生物学主任兼莱恩环境、海洋和能源研究所(Ryan Institute for Environmental, Marine and Energy Research)副主任奥弗莱厄蒂(V. O'Flaherty)教授在本书编写过程中所给予的支持。此外,编者还要感谢爱尔兰国立高威大学自然科学学院生物化学系分子糖链生物工艺学课题组的各位同事以及印度MITS大学的支持。

目　录

第一部分　可持续发展和技术挑战

第二部分　预处理技术

第三部分 转化技术

第四部分　生物燃料资源

第五部分 生物燃料、副产品及相关技术

第 1 章 从木质纤维素生物质制发酵糖:技术挑战

摘要:木质纤维素是地球上最丰富的可再生生物质,主要由纤维素、半纤维素和木质素组成。纤维素和半纤维素是糖的聚合物,因而是可发酵糖的潜在来源。木质素可用于生产化学品,也可用于热电联产,或用于其他用途。能源危机和环境污染是科学界开发利用木质纤维素物质的潜在驱动力。为了打开生物质复杂的结构,人们采用了各种各样的预处理技术,包括生物方法、机械方法、化学方法以及其他组合方法。最常见的预处理方法不能处理所有种类的木质纤维素生物质,预处理方法的选择主要取决于木质纤维素生物质的种类和目标产品。预处理的终极目标是为了提高木质纤维素生物质的水解率。目前,针对不同类型的木质纤维素生物质,在预处理工艺探索和研究领域所面临的最大挑战是开发"量身定制"式的有效预处理方法。

1.1 引言

当今世界面临的两大挑战是能源危机和环境污染。能源是现代经济发展中的关键因素,对提高人类生活质量起到了根本的作用。全世界约 80%的能源供应依赖于化石燃料,而且化石燃料正在迅速地耗尽。据《BP 世界能源统计 2011》估计,按当前的消耗速度,石油、天然气和煤炭的储量预计分别能维持约 50 年、60 年和 120年。化石燃料面临的另一个挑战是温室气体(GHG)的排放。据国际能源署(IEA)测算,2009 年 37%的二氧化碳(一种主要的温室气体)来自石油燃料燃烧排放。未来的能源需求和环境污染都涉及到化石燃料的消耗和国家安全,而清洁液体燃料(生物乙醇)作为一种合适的替代能源,受到了高度的重视。生物乙醇不仅减少了对石油贸易的依赖,降低了由石油价格波动引发的不确定性,而且因其高氧含量,可有效减轻环境污染(Huang et al 2008)。

生物乙醇是由简单的糖生产的,这些简单的糖来源于玉米、甘蔗、柳枝稷等资

本章作者:Ravichandra Potumarthi[1],Rama Raju Baadhe[2],Sankar Bhattacharya[1]
作者单位:1.澳大利亚莫纳什大学(Monash University)化学工程系;2.印度国立技术学院生物技术系
电子邮件:ravichandra.potumarthi@monash.edu;pravichandra@gmail.com

源。这些资源不仅与森林多样性(GE Trees 2008)和食品安全(Pimentel 2003)紧密相关,而且也会影响到现有农业土地上的粮食种植。通过光合作用,大量可再生的碳元素(约 77Gt)被固定在生态系统中,结果每年生成了约 100Gt 的生物质(木质纤维素)(Bozell 2001)。这些木质纤维素废料可以从全世界的工业、农业和林业的残余物中获得(Prasad et al 2007),它们是生产生物乙醇的潜在资源。采取有效方法利用农业废弃物,以减少环境污染和食品安全问题,被证明是一种良好的农业废物管理方法。

生物乙醇的生产包括三个重要工序:预处理(pretreatment)、糖化(saccharification)和发酵(fermentation)。这些丰富而廉价的木质纤维素生物质是各种聚合糖的良好来源。例如:纤维素是葡萄糖的聚合物,木糖是半纤维素的聚合物。它们可以通过生物技术转化为有价值的产品,例如单糖、乙醇、化学品以及各种各样的酶(Bozell 2001;Torrea et al 2008;Miura et al 2004;Kahar et al 2010)。

由于木质素具有特别复杂的结构,所以它们很难通过速效酶水解生产可发酵的糖。通过预处理和酶促水解,打开与木质素交织在一起的复杂多糖键链是一种可能的途径。这就是众所周知的“糖化作用”,以便从纤维素中得到葡萄单糖。最后,这些葡萄单糖通过酵母转化为酒精。人们已经开发了许多种预处理方法,以促进酶解各种各样的木质纤维素材料(Kirk-Othmer 2001;Chen et al 2009;Ken-Lin et al 2011;Erdei et al 2010;Pedersen et al 2011;Michael et al 2009)。

经济可行的预处理技术还需要进行不断研究。利用木质纤维素生产生物乙醇的主要挑战之一是预处理, 而这通常被认为是整个工艺中成本最高的一道工序。开发用于糖生产的工业化低成本酶或微生物是另一个挑战。另外,优化出能够耐受所有不利条件的乙醇酶制剂也是一个挑战(Bothwell et al 2012)。本章将讨论有关生物质预处理所面临的一些挑战。

1.2 木质纤维素原料

1.2.1 物理性质

木质纤维素生物质是指高等植物、软木或硬木。木质纤维原料主要成分是纤维素、半纤维素和木质素。此外,木质纤维原料也含有水和少量的蛋白质以及其他化合物,特别要指出的是,它们不参加形成木质纤维素材料的结构(Raven et al 1992)。在木质纤维素复合体的内部,纤维素以晶体纤维结构形式存在,是这个复合体的核心。半纤维素是位于两者之间的粗或细丝状纤维素。木质素起到构架的作用,纤维素和半纤维素嵌入在其中(Faulon et al 1994)。

木质纤维素材料的组成在很大程度上取决于其来源。在木质纤维素材料中,木质素、半纤维素和纤维素的含量有无显著变化,取决于其是来自硬木、软木或者草。常见农业残余物中木质素、半纤维素和纤维素的含量见表 1.1(来自不同原料的结构单元含量)。

表 1.1 不同木质纤维素干基材料的组成

木质纤维素材料	纤维素,%	半纤维素,%	木质素,%
硬木干	40~55	24~40	18~25
软木干	45~50	25~35	18~25
坚果壳	25~30	25~30	25~35
玉米芯	45	35	30~40
纸	85~99	0	15
麦 秆	30	50	18
稻 秆	32.1	24	20
分类垃圾	60	20	0
叶	15~32	80~85	0
棉短绒	80~95	5~20	18~30
报 纸	40~55	25~40	5~10
化学纸浆废纸	60~70	10~20	24~29
原废水固体	15~20		18.9
新甘蔗渣	33.4	30	
猪 粪	6	28	2.7~5.7
固体牛粪	1.6~4.7	1.4~3.3	6.4
狗牙草	25	35.7	12
柳枝稷	45	31.4	

1.2.1.1 纤维素

纤维素是地球上最丰富的多糖，世界每年生产和消费的纤维素大约有 75Gt (Kirk–Othmer 2001)。它是一种高度有序的纤维二糖的聚合物 (*D*–glucopyranosyl–β–1,4–*D*–glucopyranose)(见图 1.1),占木材所含物质的 50%以上。纤维素通常被看作是葡萄糖的聚合物。由于纤维二糖是两个分子葡萄糖构成的,所以纤维素的化学式为$(C_6H_{10}O_5)_n$。纤维素的性质取决于它的聚合度(DP),即构成纤维素的葡萄糖分子数。纤维素聚合度比较常见的是 800~10000 个单位(Kirk–Othmer 2001),能够扩展到 17000 个单位(纸浆)。纤维素分子中含有 β–1,4 葡萄糖苷键(两个葡萄糖分子之间的键),从而形成长的直链(见图 1.2)。羟基均匀分布在两侧,导致相邻平行的链上的羟基基团之间存在大量超强的分子间的氢键(Faulon et al 1994)。

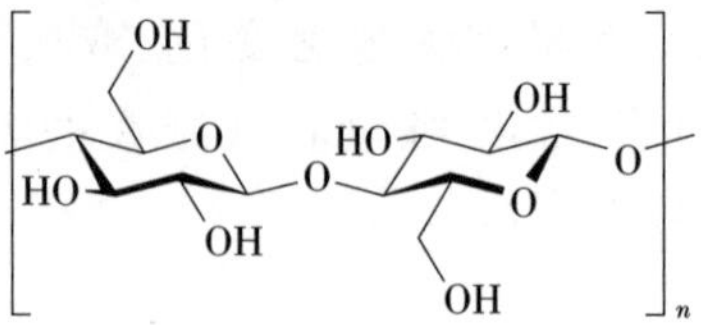

图 1.1 纤维素的结构单元(纤维二糖)

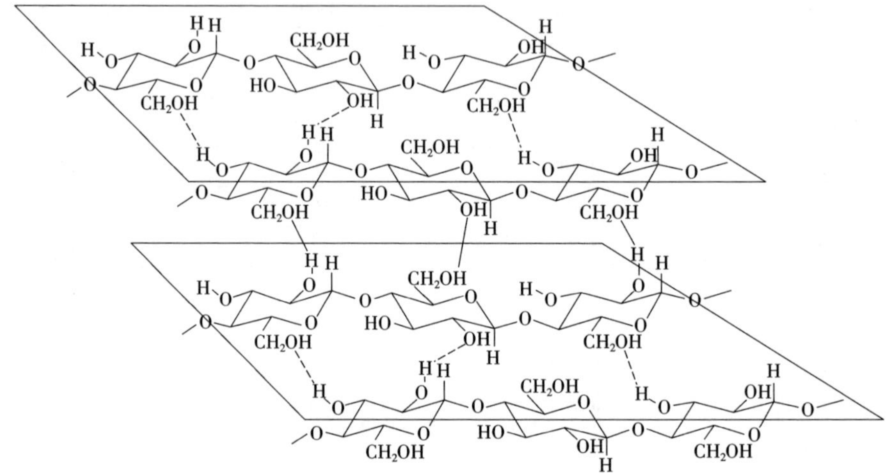

图 1.2 氢键作用使得纤维素聚合物链平行排列(Harmsen et al 2010)

纤维素以晶状和非晶结构形式存在。几个聚合链交织在一起形成了微纤维束,这些微束纤维依次连接,形成纤维。这样的纤维素是晶体结构的(见图 1.3)。

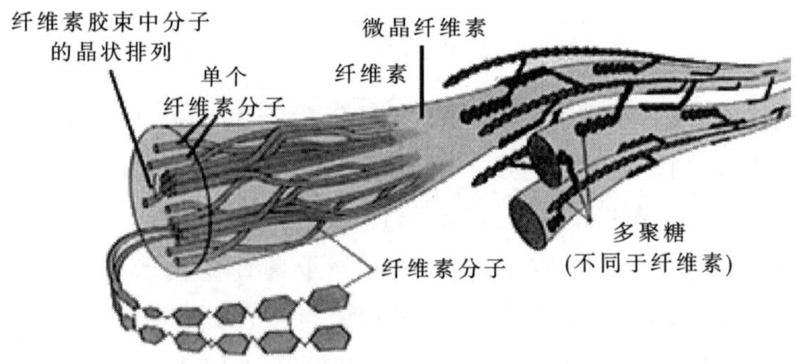

图 1.3 纤维素中纤维束的形成

1.2.1.2 半纤维素

多糖是纤维素和木质素之间的连接物质。与纤维素不同的是,半纤维素是由不同单糖单元构成的。此外,半纤维素的聚合链上有短支链,而且是无定形的。由于这种无定形态结构,半纤维素会在水中部分溶解或溶胀。半纤维素链的骨干可以是同聚物(一般由单糖作为单元重复连接组成),或者是杂聚物(不同糖类的聚合物)。半纤维素糖组元的分子式如图 1.4 所示。

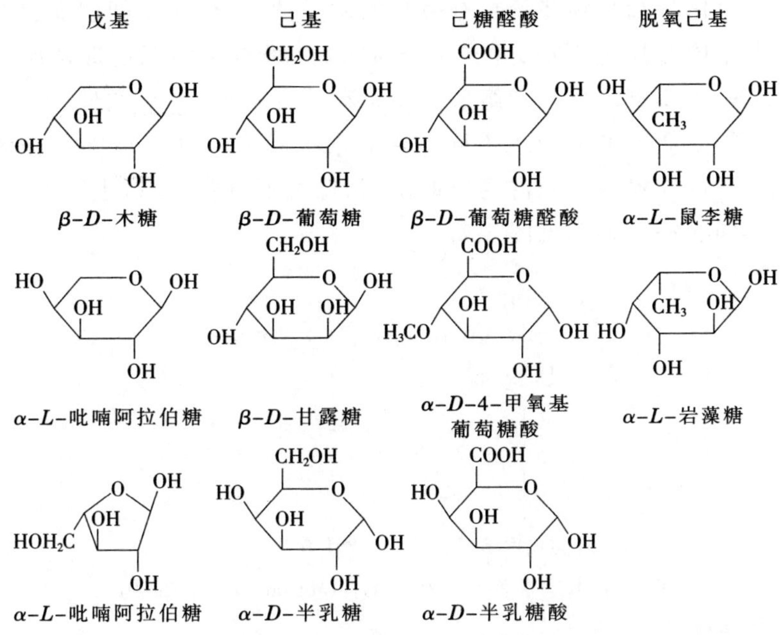

图 1.4 半纤维素中糖元组分的分子式(Mustafa et al 2009)

在这些糖组元中,最重要的是木糖。在硬木的木聚糖中,主链由木糖单元构成,通过 β-(1,4)糖苷键连接;支链由 β-(1,2)糖苷键和 4-氧甲基吡喃型葡萄糖醛酸基团连接而成。另外,氧乙酰基基团有时在 C_2 和 C_3 基团的位置上(见图 1.5)会替代羟基,这导致半纤维素缺乏晶体结构(Kirk-Othmer 2001)。对于软木的木聚糖而言,乙酰基团在主链中会少一些。然而,软木木聚糖拥有的支链由 α-L-呋喃型阿拉伯糖组成,通过 β-(1,3)糖苷键连接到主链上(见图 1.5)。

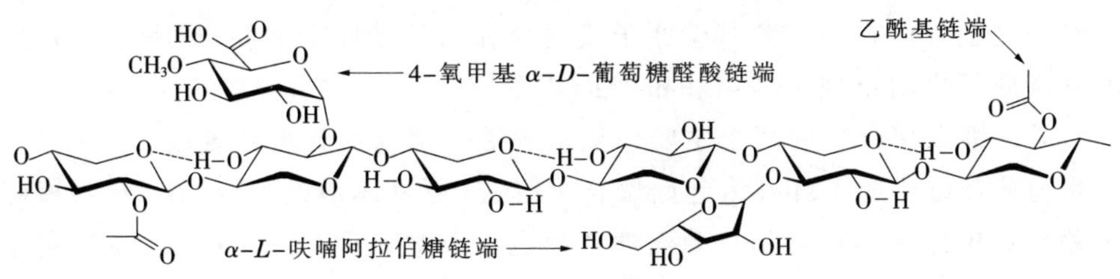

图 1.5 典型的半纤维素主链结构图(Harmsen et al 2010)

1.2.1.3 木质素

相比之下,木质素是一种具有三维网状结构的多苯基类化合物,由二甲氧基(紫丁香基)、单甲氧基(愈创木基)和非甲氧基(对-羟基苯基)苯基丙烷单体组成,通过对羟基肉桂醇基形成各种各样的亚单元,包括不同的醚键和 C—C 键。木质素是疏水性的,对化学和生物降解具有很高的耐受性。它位于中间层面,像细胞之间的黏合剂,在细胞壁层里形成,并与半纤维素、纤维素中的无定形基质嵌合一起,防止生物降解。木质素的含量和组成随植物种群变化而不同。此外,木材的组织和细胞壁层不同,木质素的组成也不同。木质素单元中的单体的结构式如图 1.6 所示。在软木中,愈创木基单元占主导地位;相比之下,硬木中占主导地位的是紫丁香单元(Kirk–Othmer 2001)(见图 1.7)。

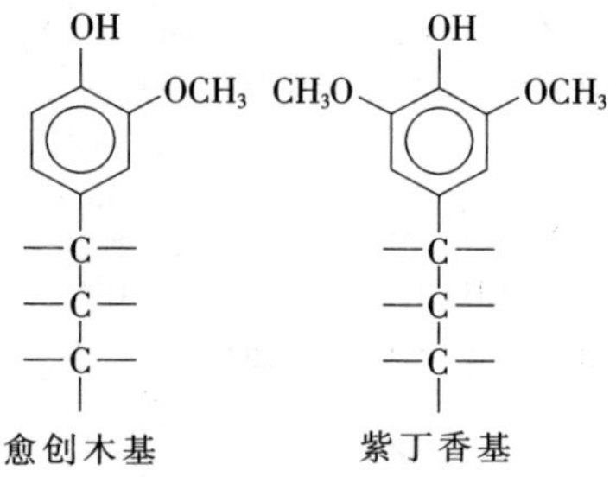

OH　OCH_3　CH_3O　OH　OCH_3

愈创木基　紫丁香基

图 1.6 木质素单元中基元结构(Mustafa et al 2009)

1.2.1.4 化学性质

在木质纤维素的复杂结构中,已确认的化学键主要有 4 种类型,它们是醚键、酯键、碳-碳键和氢键。这 4 种主要类型的键是木质纤维素中聚合物内部和组元之间相互交联的键,从而形成共聚物复杂的连接结构(见表 1.2)(Faulon et al 1994)。

1.2.1.5 聚合物内部的连接键

木质素内部的醚键和碳-碳键是连接基元分子的主要化学键。醚键会出现在烯丙基和芳基碳原子之间,或者在不同芳基的碳原子之间,甚至是在两个烯丙基碳原子之间。在木质素分子中,醚类键约占总键数的 70%,剩余的 30%是碳-碳键。醚类键也可以在两个芳基碳原子或两个烯丙基碳原子之间,或者会在芳基和烯丙基碳原子之间出现(Kirk–Othmer 2001)。

形成纤维素聚合物的两个主要连接基础键是葡萄糖苷键和氢键。

葡萄糖苷键形成了纤维素起始聚合物键链。更具体地说,1–4–β–D–葡萄糖苷键将葡萄糖单体连接在一起。葡萄糖苷键也可以被认为是一个醚键,因为实际上它是氧元素嵌入到两个碳原子之间形成的新的连接键(Solomon 1988)。

氢键被认为是形成纤维素中结晶纤维结构的分子间的作用力。聚合物中的长直链平行排列在一起，主要是由于羟基被均匀分布在葡萄糖单体的两侧，使得不同的聚合物链上的两个羟基基团之间形成氢键(Faulon et al 1994)。

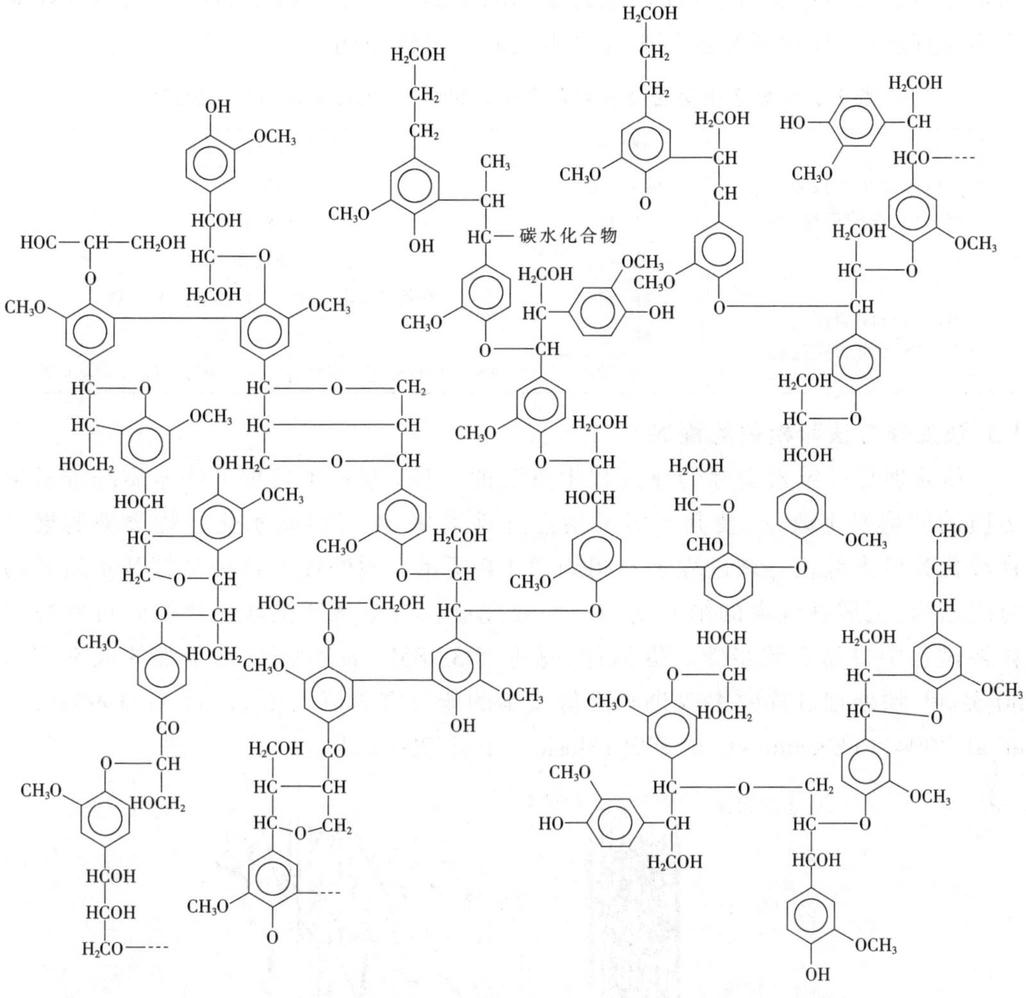

图 1.7 木质素的结构(Glazer et al 1995)

1.2.1.6 聚合物之间的连接键

木质纤维素复合体可通过不同的方法打开(Franklin 1988)，打开后进行各个组分的分离，以便了解它们之间的相互作用。然而，提纯过程会改变其原来的结构。因此，对于木质素分子内的连接键形式，还没有清晰的结论。为了了解这些聚合物的组织架构，法隆等(Faulon et al 1994)利用分子力学和分子动力学设计了一个三维模型。根据这个模型可以确定氢键不仅在纤维素和半纤维素之间存在，而且还将木质素与纤维素和半纤维素连接在一起。此外，通过检测木质素与半纤维素之间的酯键可以确定木质素和多糖之间存在共价键。木质素与纤维素或半纤维素之间是否形成醚键，目前还没有明确的证据。由于半纤维素的吡喃糖苷环缺乏伯醇官能团，导致纤维素与半纤维素之间的氢键很弱。

表 1.2 木质素中聚合物和单体之间的化学键(Harmsen et al 2010)

不同组分内化学键的构成(聚合物内的键连接)	醚 键	木质素、(半)纤维素
	碳-碳键	木质素
	氢 键	纤维素
	酯 键	半纤维素
不同组分间的连接键(聚合物之间的键连接)	酯 键	纤维素-木质素，半纤维素-木质素
	酯 键	半纤维素-木质素
	氢 键	纤维素-半纤维素，半纤维素-木质素，纤维素-木质素

1.3 预处理方法和相关的挑战

预处理是纤维素实际转化过程中重要的一步。通过预处理可使木质纤维素生物质的结构发生改变，使其更容易接近纤维素酶，然后将碳水化合物类型的聚合物转化为可发酵糖。该过程示意图如图 1.8 所示。预处理的目标是打开木质素的封闭结构，瓦解纤维素的结晶结构。预处理被认为是从纤维素生物质到可发酵糖转换过程中最昂贵的步骤。据估计，每生产 3.785L(1gal)乙醇，该步骤的成本高达 30 美元。预处理过程效率改进和降低成本的研发潜力巨大(Lynd et al 1996；Lee et al 1994；Kohlmann et al 1995；Mosier et al 2003a，b)。

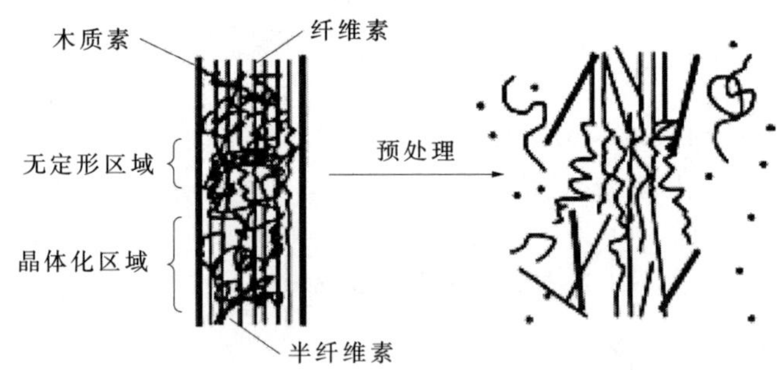

图 1.8 预处理效果示意图(Hsu et al 1980；Mosier et al 2005)

预处理工艺研发中所取得的下列成果，将改善以生产生物乙醇为目的的木质纤维素的酶解过程：增加表面积和孔隙率；诱变木质素结构；除去木质素；半纤维素的部分解聚；除去半纤维素；降低纤维素的结晶度。

当前预处理技术面临最现实也是最主要的挑战,是寻求到低成本酶制剂的经济型预处理技术。预处理技术种类繁多,但可划分为 4 大类(Sun,Cheng 2002)。

① 物理/机械预处理:磨细、超声波处理。

② 物化预处理:蒸汽爆破、氨纤维爆破(AFEX)、CO_2 爆破。

③ 化学预处理:臭氧分解、酸水解(稀酸)、碱水解、氧化脱木质素、有机溶剂处理工艺。

④ 生物法预处理。

1.3.1 物理/机械预处理

1.3.1.1 磨细

颗粒减小会增大比表面积或比体积。这可以通过磨细达到此目的。机械预处理是为后续工艺做准备的,所要达到的颗粒大小依赖于后续步骤的要求。对于机械预处理来说,重要的影响因素包括操作成本、财务成本、装置规模放大的可能性和设备折旧。

1.3.1.2 超声波预处理

该方法曾被广泛用于污水处理厂的污泥处理。羧甲基纤维素(CMC)的实验结果表明,借助于辐射能,能够使随后的酶促水解率提高约 100%(Imai et al 2004)。然而,这个过程的作用机理还不明确,估计是由于辐射能高于纤维素晶体结构中的氢键能,打开了纤维素的晶体结构。

1.3.2 化学预处理

为了促进预处理,通常将一些化学品或化学品组合来用作催化剂。

1.3.2.1 超热液体水

使用超热液体水水解(LHW)也被称为水热解、水热预处理、水化分离、溶剂化或水溶胶化(Mosier et al 2005)。在这个过程中,生物质在 200~230℃的高压液体水中预处理 15min,约 40%~60%的生物质被溶解。溶解的生物质包括 4%~22%的纤维素,35%~60%的木质素和所有的半纤维素。在酸水解的条件下,半纤维素以单糖形式回收,占总收率的 90%以上。此外,热水解过程中生成的乙酸对多糖水解生成单糖有催化转化作用,生成的糠醛是发酵过程一种抑制剂。所得到糖量的多少,取决于生物质的种类和生物质中木质素的含量(Mok,Antal 1992)。

1.3.2.2 弱酸水解

对木质纤维素生物质而言,稀酸处理是最有效的预处理方法。一般有两种类型的弱酸水解方式:低固体含量的高温连续式工艺(温度>160℃,有机底物浓度为 5%~10%)和低温间歇式高固体含量工艺(温度≤160℃,有机底物浓度为 10%~40%)。

稀酸(主要是硫酸)与生物质原料混合,在160~220℃下处理短短几分钟。半纤维素水解时,得到的是单糖和可溶性低聚糖水解产物。半纤维素的溶解增大了生物质的孔隙度,改善了酶水解,这样几乎能完全去除半纤维素(Chen et al 2007)。半纤维素单糖可进一步降解为糠醛和羟甲基糠醛(HMF),这些化合物是微生物发酵的强抑制剂。作为无机酸的替代物,有机酸(例如马来酸、富马酸和草酸)也可用于稀酸预处理,而且既不会促进游离单糖降解,也不会生成糠醛和羟甲基糠醛(Kootstra et al 2009;Lee et al 2010)。这种预处理提供了一种良好的回收半纤维素单糖的方法。但该方法也有一些缺点,例如酸有腐蚀性,而且中和后会形成固体废物。该方法特别适合于处理木质素含量低的生物质,这样几乎不用考虑木质素的去除。

1.3.2.3 强酸水解

用浓酸进行木质纤维素生物质水解生产糖和乙醇,自1883年以来就开始有报道(Harris 1949)。浓酸能破坏纤维素链之间的氢键,将其转换成完全无定形状态。一旦纤维素被解晶,它将会与酸形成均匀的明胶。这是纤维素水解敏感的关键点。这种明胶可与水混合稀释,并且在温和的条件下快速而完全水解为葡萄糖,很少会降解为其他产物。除了水解外,浓硫酸还被广泛用于定量测定木质纤维素中葡萄糖含量的试验方法(Fan et al 1987)和定量测定木质素含量的方法。浓酸(如硫酸和盐酸)已被广泛用于处理木质纤维素原料(Sun,Cheng 2002),不需要后续再用酶来水解。浓硫酸水解的优点是原料适应性广、单体糖收率高以及温和的温度条件。但浓酸腐蚀性强,为了降低成本,酸回收是需要考虑的。目前,木质纤维素生物质强酸水解工艺正在努力地进行商业化,以便达到微生物发酵生产燃料乙醇的目的(BlueFire Ethanol 2010;Biosulfurol 2010)。

1.3.2.4 碱水解

碱预处理的主要目的是去除生物质中的木质素,因为碱能通过皂化作用打开交联半纤维素木聚糖和其他物质(如木质素分子)间的酯键(Sun,Cheng 2002),从而改善剩余多糖的消解率。此外,半纤维素上的乙酰基和各种糖醛酸取代物可以被碱除去,这些物质存在会降低酶对半纤维素和纤维素表面的可及性(Chang,Holtzapple 2000)。

(1) 氢氧化钙或氢氧化钠

石灰(氢氧化钙)或氢氧化钠是常用的碱。预处理过程中形成的盐和包含在生物质中的盐需要除去或再生循环利用(González et al 1986)。碱处理工艺条件相对温和,但反应时间可长达3~13h(Kim,Holtzapple 2006)。温和条件可以防止木质素浓缩，以提高木质素的溶解度，特别是对于低木质素含量的生物质。由于是在温和的条件下，单糖降解生成糠醛、羟甲基糠醛和其他有机酸的量很少。对于高度木质化的材料，空气或氧气加入到反应混合物中会大大强化脱木质素的作用(Chang, Holtzapple 2000)。

(2) 氨

在纤维素解晶时，用氨水在升高温度下预处理生物质，能够降低木质素含量，除去一些半纤维素。氨预处理技术包括氨纤维爆破(AFEX)方法、氨过滤回收(ARP)和氨水浸泡(SAA)。

AFEX 方法将在“物理化学预处理”部分中讨论。在 ARP 工艺中，生物质被填充在一个柱形反应器中，用高温氨水进行连续流动化预处理。为了防止氨的蒸发，反应系统必须正压下操作 (例如 2.3MPa)(Kim et al 2003；Kim，Lee 2005)。反应后，固体部分从液体中分离出来，它含有丰富的纤维素和半纤维素。为了回收氨，液相组分被送入到蒸汽加热的蒸发器。木质素和其他单糖类分离后，氨被循环到反应器入口；而在分离后，液体组分被送入结晶器；结晶后，为了提取固体残渣中的单糖，还要进行洗涤步骤操作。

低温下 SAA 操作能有效除去木质素，减小与半纤维素的相互作用，增加比表面积和孔径，使半纤维素和纤维素被纤维素酶和半纤维素酶水解为可发酵糖。SAA曾被应用于对大麦皮脱淀粉 (Kim et al 2008)。其操作条件是：氨水浓度为15%~30%(固液比为 1:12)，在 30~75℃下静置处理 12h~77d。浸泡后，固体物经过滤、洗涤和分析化验后回收。在 15%氨水、75℃的条件下处理 48h 后的结果为：对于葡萄糖，糖化收率为 66%；对于木糖，糖化收率为 63%。

(3) 有机溶剂处理

有机溶剂处理工艺最初开发是为了替代造纸工业中的一种制纸浆工艺(Kleinert，Tayenthal 1931；Pye，Lora 1991)。自那时以来，它已被证明是一种用于木质纤维素材料预处理的有潜在发展前途的工艺，已成功地应用于生物质的预处理和分离(Papatheofanous et al 1995)。首先，木质纤维素类生物质能分离成 3 个主成分(纤维素、半纤维素和木质素)。第二，通过有机溶剂分馏和处理，纤维素组分变得更容易被酶接触并水解为可发酵糖。有机溶剂处理工艺使用有机溶剂或有机溶剂与水的混合溶剂，在酶水解纤维素组分前去除木质素。由于去除了木质素和半纤维素，改善了酶对纤维素组分的消解。通常，可以使用一些外加的酸，诸如盐酸、硫酸、草酸或水杨酸来实现高木糖收率。该工艺常用的溶剂包括乙醇、甲醇、丙酮、乙二醇、四氢糠醇等等(Zhao et al 2009)。工艺温度可以超过 200℃，但较低的温度(120~200℃)也可以获得足够好的结果,这取决于生物质的类型和使用的催化剂(Ghose et al 1983)。溶剂必须在发酵前除去,因为溶剂本身可能是酶水解和发酵步骤的抑制剂。一般来说,溶剂是通过蒸发和浓缩脱除的。溶剂的脱除和回收要考虑降低其成本和对环境的影响。通常情况下,低沸点的乙醇、甲醇等低相对分子质量的醇在经济上是受青睐的(Alvira et al 2010)。有机溶剂预处理的优点包括以下几方面:

① 低成本酶改善了纤维素的生产过程。

② 更利于纤维素酶的吸收。

③ 可回收高品质的木质素,使得生产价值更高的木质素衍生物化学品成为可能。

④ 纤维素损失最小。

(4) 氧化脱木质素

木质素纤维素脱除木质素也可以通过使用氧化剂,诸如过氧化氢、臭氧、氧气或空气处理来实现。在过氧化氢存在时,木质素的降解可以通过过氧化物酶催化完成(Azzam 1989)。用过氧化氢对甘蔗渣进行预处理,大大提高了水解酶的敏感性。使用 2%的 H_2O_2,在 30℃下处理 8h,约 50%的木质素和大部分的半纤维素溶解;随后,纤维素酶在 45℃下进行糖化作用 24h,使纤维素生产葡萄糖的效率达到了 95%(Azzam 1989)。

湿式氧化法已成功地应用到木质纤维素原料的处理工艺中(Schmidt,Thomsen 1998;Bjerre et al 1996)。最近在碱湿式氧化麦秆的研究中发现,半纤维素和木质素的主要降解产物是羧酸、CO_2 和 H_2O。与其他预处理工艺相比,采用湿式氧化法处理木质纤维素材料被证明是有效的,因为在这个过程中打开了纤维素的结晶结构(Panagiotou,Olsson 2007)。

(5) 离子液体

使用离子液体(ILS)溶剂对纤维素生物质进行预处理最近备受关注。离子液体通常是指在 100℃以下以液体形态存在的盐。不同种类的离子液体具有共同的特征:它们通常由一个无机阴离子和一个分子结构十分复杂的有机阳离子构成。这种分子结构上的巨大差异使得离子间的作用很弱,以至于形成室温下的液体盐(Van Rantwijk 2003)。它们不产生任何有毒或爆炸性气体,所以被称为“绿色”溶剂。离子液体中的非水合氯离子与单糖的羟基质子之间形成了氢键,从而可以打开纤维素、半纤维素和木质素聚合物中非共价键的复杂网状结构。最近的一些研究表明,离子液体能够对麦秆(Li et al 2009)和木材(Lee et al 2009)进行预处理。

在用离子液体(1-乙基-3-甲基咪唑二乙基磷酸盐)处理麦秆时，生长在其中的酿酒酵母没有发现受到毒性影响(Li et al 2009)。不同的离子液体和其处理效果的有价值信息还很有限，还需要进行进一步研究来提高离子液体预处理的经济性和可循环利用性。

1.3.2.5 物理化学预处理

这些预处理方法是机械法和化学法的结合，具体如下：

(1) 蒸汽爆破

蒸汽爆破(非催化和催化)因其化学品消耗量低和用能节省而成为应用较广泛的一种预处理工艺。在该方法中，高压饱和蒸汽被注入到充满生物质间歇或连续的反应器中，直到温度上升到 160~260℃；随后，压力突然降低，生物质经历了爆炸性减压，导致半纤维素降解和木质素结构瓦解。蒸汽爆破预处理的效果取决于停留时间、温度、颗粒大小和水含量(Sun，Cheng 2002)。

通过加入化学品(如酸或碱)来改善蒸汽爆破效果的研究已经取得了一些成果(Cara et al 2008；Stenberg et al 1998；Zimbardi et al 2007)。在最近的一项研究中，通过间歇蒸汽爆破对小麦秆、大麦秆、燕麦秸秆原料进行预处理，可获得碳水化合物。通过优化发现，饲料、木质素和半纤维素的产率依赖于秸秆的来源。对于小麦秆、大麦秆、燕麦秸秆而言，脱除的木质素组分(不溶解部分)所占比率分别为 64%、59%和 55%。蒸汽爆破能使秸秆的消解率提高 25%(Viola et al 2008)。蒸汽爆破的缺点是可能会形成不利于下游加工的降解产物 (Garcia-Aparicio et al 2006)。

(2) 氨纤维爆破(AFEX)

AFEX 与蒸汽爆破工艺类似，木质纤维素生物质在高温、高压的液氨中暴露一段时间，然后突然降低压力。在典型的 AFEX 工艺中，氨水用量为 1~2kg/(kg 干生物质)，温度为 90℃，停留时间为 30min(Teymouri et al 2005)。在进行纤维素解晶时，可降低木质素含量，去除一些半纤维素。尽管氨易挥发而容易回收，但氨的价格，尤其是氨的回收率决定着预处理的成本(Holtzapple et al 1994)。

(3) CO_2 爆破

该方法类似于蒸汽爆破和氨纤维爆破：爆破用的高压 CO_2(超临界)注入桶式反应器中，然后进行爆炸性减压。据称，在这个过程中，CO_2 反应生成碳酸(在水中的 CO_2)。CO_2 的分子大小与水和氨相当，能够像水分子和氨分子那样穿透小孔隙，从而提高水解速率。CO_2 爆破的收率低于蒸汽爆破或氨纤维爆破，但能达到比未预处理高得多的酶水解效果(Sun，Cheng 2002)。与氨纤维爆破相比，CO_2 爆破由于温度较低，成本有可能较低，而低温还可防止酸分解单糖。

CO_2压力的爆炸性降低会瓦解纤维素结构，增加比表面积，更利于酶触水解(Sahle et al 1995；Kim，Hong 2001)。

1.3.3 生物预处理

根据工艺要求，大多数预处理技术需要昂贵的专用仪器或设备，而且需要消耗较高的能量。特别是物理和热化学工艺，需要大量的能源来转化生物质。生物预处理使用各种各样的腐殖真菌，是相对安全和环保的方法，正日益得到提倡。这是因为尽管要大量降解木质素，但采用该工艺从木质纤维素生物质中去除木质素不需要提供较高的能量(Okano et al 2005)。

在生物预处理过程中，微生物(如褐腐菌、白腐菌和软腐菌)可用于降解废弃物中的木质素和半纤维素(Galbe，Zacchi 2007)。褐腐菌主要"攻击"纤维素，而白腐菌和软腐菌主要"攻击"纤维素和木质素。白腐菌主要是通过过氧化物酶和漆酶来降解木质素的(Lee et al 2007)。这些酶可通过碳源和氮源的供应量来调整。

白腐菌是预处理木质纤维素原料最有效的微生物之一(Fan et al 1987)。通过19 白腐菌预处理小麦秸秆的研究已经取得了成果(Hadaka 1983)。

白腐菌、黄孢原毛平革菌(*P. chrysosporium*)在次生代谢过程中可产生木质素降解酶、木质素过氧化物酶、锰过氧化物酶，可对碳或氮限制作出反应(Boominathan，Reddy 1992)。这些酶已在降解木材细胞壁的白腐真菌胞外滤液中被发现(Kirk，Farrell 1987；Waldner et al 1988)。辛格等(Singh et al 2008)评估了 8 种生物制剂，包括采用真菌和细菌对甘蔗渣进行预处理。他们把废料中的碳氮比(C/N 比)从 108:1 缩小到约 42:1~60:1 的变化范围，发现在使用土曲霉(*Aspergillus terreus*)时，C/N 比下降得最大，为 61%；其次是纤维单胞菌(*Cellulomonas uda*)，为 52%；再次为里氏木霉菌(*Trichoderma reesei*)和莫比酵母单胞菌(*Zymomonas mobiliz*)，都为 49%。C/N 比对于生物质预处理是极重要的，因为木质纤维素的降解率取决于材料的 C/N 比。为了降解每个分子中的碳，微生物需要一定比例的氮；而且，对于不同种类的微生物，需要对 C/N 比进行调整。就 C/N 比来说，真菌(30:1)比细菌(10:1)高，因此，真菌能够降解任何木质纤维材料，其对氮的依赖性相对低一些(Wichern et al 2004)。拉维钱德拉等(Ravichandra et al 2012)报道的黄孢原毛平革菌微生物水解玉米芯的研究表明，可有效释放出糖分子(120h，424.50mg/2g；48h，395.15mg/2g)。

1.3.3.1 纤维素酶产生菌

纤维素酶产生菌主要靠简单的碳水化合物来生产能源，无法利用成分复杂的脂质、蛋白质(Lynd et al 2002)。一些纤维素分解菌、纤维杆菌和噬纤维菌利用除纤维素之外的各种碳水化合物(Poulsen, Petersen 1988; Rajoka, Malik 1997)。相对于厌氧菌,纤维素分解菌类适应碳水化合物的范围窄,仅局限在纤维素和它的水解产物(Sukumaran et al 2005)。大规模生产纤维素酶是通过某些真菌分泌大量的细胞外蛋白来实现的。研究最广泛的纤维素分解菌是木霉菌(*Trichoderma*)、青霉菌(*Pencelluim*)、腐质霉菌(*Humicola*)、曲霉菌(*Aspergillusa*)等真菌和杆菌(*Bacilli*)、假单胞菌(*Pseudomonas*)、纤维单胞菌(*Celluluomonas*)等细菌以及毛霉(*Actinomucor*)、链霉菌(*Streptomyces sp.*)等放线菌。用于商业化生产纤维素酶的菌类局限在像里氏木霉之类的很有限的菌类。一些纤维素酶产生菌列于表 1.3。

表 1.3 主要的纤维素酶产生菌

分 类	微生物	参考文献
真 菌	丝状真菌(*Acremonium cellulolyticus*)	Tatsuya et al(2009)
	曲霉菌(*Aspergillus acculeatus*)	Sawao et al(1988)
	烟霉素(*Aspergillus fumigatus*)	Dongyang et al(2011)
	黑曲霉(*Aspergillus niger*)	Acharya et al(2008)
	腐皮镰刀菌(*Fusarium solani*)	Wood(1971)
	白耙齿菌(*Irpex lacteus*)	Eiichi et al(1993)
	青霉菌(*Penicillium funmiculosum*)	Van Wyk(1999)
	黄孢原毛平革菌(*Phanerochaete chrysosporium*)	Istvάn et al(1996); Henriksson et al (1999); Potumarthi et al(2013)
	裂褶菌(*Schizophyllum commune*)	Steiner et al(1987)
	齐整小核菌(*Sclerotium rolfsii*)	Lachke, Deshpande(1988)
	cellulophilum侧孢霉(*Sporotrichum cellulophilum*)	Henri(1984); Shinichi et al(1986)
	埃默森篮状菌(*Talaromyces emersonii*)	Oso(1978)
	太瑞斯梭孢壳霉(*Thielavia terrestris*)	Henri(1984)
	康宁木霉(*Trichoderma koningii*)	Wood, McCrae(1978)
	里氏木霉(*Trichoderma reesei*)	Henri(1984); Van Wyk(1999); Tatsuya et al(2009)
	绿色木霉(*Trichoderma viride*)	Beldman et al(1985); Griffin et al(1974)
细 菌	热纤梭菌(*Clostridium thermocellum*)	Thomas, Zeikus(1981)
	白色瘤胃球菌(*Ruminococcus albus*)	Leatherwood(1965)
放线菌	链霉菌(*Streptomyces sp.*)	Jang, Chang(2005)
	高温放线菌(*Thermoactinomyces sp.*)	Bärbel et al(1978)
	弯曲热单孢菌(*Thermomonospora curvata*)	Fred(1971, 1972)

除纤维素降解外,一些白腐菌(如黄孢原毛平革菌)在降解木质素时也能产生

木质素过氧化物酶。黄孢原毛平革菌在有效降解植物细胞壁中3个主要成分(纤维素、半纤维素和木质素)时,会产生纤维素酶、半纤维素酶和木质素降解酶的混合物(Broda et al 1994;Copa-Patino et al 1993;Covert et al 1992;Vanden et al 1993)。

初级代谢期间发生的是纤维素和半纤维素的降解,而木质素的降解发生在次生代谢过程中并受到碳、氮或硫含量的控制(Broda et al 1996)。在生长过程中,碳或氮对木质素降解活性的控制效果可在4~5d内观察到。而当氮和碳水化合物供应过量,硫含量受到控制(20μmol/L)时,木质素分解酶的活性要在7~8d才出现。硫浓度低于17μmol/L水平时,由于生长缓慢,木质素降解活动不会开始(Thomas et al 1981)。

1.3.3.2 纤维素酶的生物工艺:发酵和纤维素酶的生产

大量报道的研究工作都集中于利用液体深层发酵(SMF)来生产纤维素酶,而被广泛研究的微生物是木霉真菌。但是,自然生长的厌氧微生物利用纤维素类似于固态发酵(SSF),导致大多数研究者研究SSF。然而,单就操作过程和微生物监测而言,SMF比SSF具更优势。纤维素酶生产的碳源主要是含纤维素的生物质,例如稻壳、稻秆、玉米芯、甘蔗渣、麦麸、从造纸工业得来的废弃物和其他木质纤维素材料(Hafedh et al 2001;Reczey et al 1996;Sukumaran et al 2005)。纤维素酶的生产工艺主要是间歇式工艺。但在间歇式 (Hafedh et al 2001;Ghose,Vikram 1979)和连续式(Bailey,Tähtiharju 2003)反应器中生产纤维素酶的操作尝试,都得到了成功。采用SSF生产纤维素酶日趋重要,因为它既能降低酶的生产成本,又能利用丰富、廉价和可再生的木质纤维素生物质并将其转化为有价值的成分。比较起来,SSF的生产成本低到SMF的1/10。也有用木霉和曲霉混合培养进行SSF生产纤维素酶的报道(Maria et al 1994;Jayant et al 2011)。对于营养贫乏的农业残留物,混合培养比单一培养更有利,更能经济地生产纤维素酶,而不需要使用昂贵的有机添加剂(Marcel et al 1999)。对于生物质转化率和酶的生产率而言,混合培养工艺比单一培养工艺高一倍(Dueñas et al 1995)。

1.4 结论

能源危机和环境污染激发了科学界对开发利用丰富而廉价的木质纤维素生物质的探索热情。为了打开木质纤维素复杂的结构,包括生物法、化学法、机械法在内的各种预处理技术和其他各种组合方法都得到了应用。生物预处理就是利用微生物降解木质素和半纤维素,由于后续过程水解效率差,导致实用效果差。机械法(物理法)能降低结晶度和颗粒大小,增加比表面积/比体积,从而使材料处理简单一些。然而,这些加工过程往往需要消耗很高的能量并增加其他开销。这部分成本将占生物乙醇生产总成本的 50%。

化学预处理的化学物品(如碱、臭氧、过氧化氢或有机溶剂)都能有效地去除木质素,从而提高纤维素酶的消解能力。酸预处理会影响半纤维素和纤维素转化成糖的水解过程。机械法和化学法处理结合起来能得到更好的结果。

我们还无法将最好、最常见的预处理方法应用到所有类型的木质纤维素生物质处理工艺中。通常,预处理方法的选择取决于木质纤维素生物质的类型和目的产物。预处理的最终目标是必须提高木质纤维素生物质的水解率。每个预处理方法对纤维素、半纤维素和木质素的影响不同:酸预处理会影响处理半纤维素,而碱和有机溶剂处理会影响处理木质素;有机溶剂能够完全去除木质素,从而改善纤维素的可接近性。比较这些方法可以看出,生物预处理可以有效地处理木质纤维素材料或适度地对未处理的材料发生作用。为了实现工业水平的乙醇生产,以酸为基础的预处理方法被广泛使用。然而,这些预处理工艺还存在不足,需要进行进一步研究和改善。面临的挑战包括使糖在预处理过程中的损失最小化、限制抑制性物质的产生、提高固体浓度和减少水的使用。最后且同样重要的是,还需要开发针对不同类型木质纤维素生物质专门而有效的预处理方法。

参考文献

Acharya PB, Acharya DK, Modi HA (2008) Optimization for cellulase production by Aspergillus niger using saw dust as substrate. Afr J Biotechnol 7(22): 4147-4152

Alvira P, Tomás PE, Ballesteros M, Negro MJ (2010) Pretreatment technologies for an efficient bioethanol production process based on enzymatic hydrolysis: a review. Bioresour Technol 101: 4851-4861

Azzam M (1989) Pretreatment of cane bagasse with alkaline hydrogen peroxide for enzymatic hydrolysis of cellulose and ethanol fermentation. J Environ Sci Health B 24(4): 421-433

Bailey MJ, Tähtiharju J (2003) Efficient cellulase production by Trichoderma reesei in continuous cultivation on lactose medium with a computer-controlled feeding strategy. Appl Microbiol Biotechnol 62(2-3): 156-162

Bärbel GRH, John DF, Kendall PE (1978) Cellulolytic enzyme system of Thermoactinomyces sp. grown on microcrystalline cellulose. Appl Environ Microbiol 36(4): 606-612

Beldman G, Searle-Van Leeuwen MF, Rombouts FM, Voragen FG (1985) The cellulase of Trichoderma viride. Purification, characterization and comparison of all detectable endoglu-canases, exoglucanases and beta-glucosidases. Eur J Biochem 146(2): 301-308

Biosulfurol (2010) http://biosulfurol-energy.com

Bjerre AB, Olesen AB, Fernqvist T (1996) Pretreatment of wheat straw using combined wet oxidation and alkaline hydrolysis resulting in convertible cellulose and hemicellulose. Biotechnol Bioeng 49: 568-577

Blue fire ethanol (2010) http://bluefireethanol.com

Bochek AM (2003) Effect of hydrogen bonding on cellulose solubility in aqueous and nonaqueous solvents. Russ J Appl Chem 76(11): 1711-1719

Boominathan K, Reddy CA (1992) cAMP-mediated differential regulation of lignin peroxidase and manganese-dependent peroxidases production in the white-rot basidiomycete Phanero-chaete chrysosporium. Proc Natl Acad Sci USA 89(12): 5586-5590

Bothwell B, Edward MWS, Andre PCF (2012) In: Janssen R, Rutz D (eds) New conversion technology for liquid biofuels production in Africa. Bioenergy for Sustainable Development in Africa, p 117-130

Bozell JJ (2001) Chemicals and materials from renewable resources. In: Bozell JJ (ed) Chemicals and materials from renewable resources, Washington, DC: ACS Symposium Series; American Chemical Society, p 1-9

BP statistical review of world energy June (2011) Available at http://www.bp.com/assets/ bp_internet/globalbp/globalbp_uk_english / reports_and_publications / statistical_energy_review_2011 / STAGING / local_assets / pdf / statistical_review_of_world_energy_full_report_2011.pdf. Accessed 30 Jan 2011

Broda P, Birch P, Brooks P, Copa-Patino JL, Sinnott ML, Tempelaars C, Wang Q, Wyatt A, Sims P (1994) Phanerochaete chrysosporium and its natural substrate. FEMS Microbiol Rev 13: 189-196

Broda P, Birch PR, Brooks PR, Sims PF (1996) Lignocellulose degradation by Phanerochaete chrysosporium: gene families and gene expression for a complex process. Mol Microbiol 19: 923-932

Cara C, Ruiz E, Mercedes B, Paloma M, Ma JN, Eulogio C (2008) Production of fuel ethanol from steam-explosion pretreated olive tree pruning. Fuel 87(6): 692-700

Chang VS, Holtzapple MT (2000) Fundamental factors affecting biomass enzymatic reactivity. Appl Biochem Biotech 84-86: 5-37

Chen M, Zhao J, Xia L (2009) Comparison of four different chemical pretreatments of corn stover for enhancing enzymatic digestibility. Biomass Bioenerg 33: 1381-1385

Chen Y, Sharma-Shivappa R, Deepak K, Chen C (2007) Potential of agricultural residues and hay for bioethanol production. Appl Biochem Biotech 142(3): 276-290

CO_2 Emissions from fuel combustion: Highlights; International Energy Agency statistics 2011. Available at http://www.iea.org/co2highlights/CO_2highlights.pdf. Accessed 30 Jan 2011

Copa-Patino JL, Young GK, Broda P (1993) Production and initial characterization of the xylan-degrading system of Phanerochaete chrysosporium. Appl Microbiol Biotechnol 40: 69-76

Covert SF, Vanden WA, Cullen D (1992) Structure, organization, and transcription of a cellobiohydrolase gene cluster from Phanerochaete chrysosporium. Appl Environ Microbiol 58: 2168-2175

Dongyang L, Ruifu Z, Xingming Y, Hongsheng W, Dabing X, Zhu T, Qirong S (2011) Thermostable cellulase production of Aspergillus fumigatus Z5 under solid-state fermentation and its application in degradation of agricultural wastes. Int Biodeter Biodegr 65(5): 717-725

Dueñas R, Tengerdy RP, Gutierrez CM (1995) Cellulase production by mixed fungi in solid-substrate fermentation of bagasse. World J Microb Biot 11(3): 333-337

Durand H (1984) Comparative study of cellulases and hemicellulases from four fungi: mesophiles Trichoderma reesei and Penicillium sp. and thermophiles Thielavia errestris and Sporotrichum cellulophilum. Enzyme Microb Technol 6 (4): 175-180

Erdei B, Barta Z, Sipos B, Reczey K, Galbe M, Zacchi G (2010) Ethanol production from mixtures of wheat straw and wheat meal. Biotechnol Biofuels 3: 16

Fan LT, Gharpuray MM, Lee YH (1987) Design and economic evaluation of cellulose hydrolysis processes in cellulose hydrolysis. Springer, New York, pp 169-187

Faulon JL, Carlson GA, Hatcher PG (1994) A three-dimensional model for lignocellulose from gymno-spermous wood. Org Geochem 21: 1169-1179

Franklin EB (1988) Chemistry of lignocellulose: methods of analysis and consequences of structure. Anim Feed Sci Tech 21: 279-286

Fred JS (1971) Cellulase Production by Thermomonospora curvata isolated from municipal solid waste compost. Appl

Microbiol 22(2):147–152

Fred JS (1972) Cellulolytic activity of Thermomonospora curvata:optimal assay conditions, partial purification, and product of the cellulase. Appl Microbiol 24(1):83–90

Galbe M, Zacchi G (2007) Pretreatment of lignocellulosic materials for efficient bioethanol production. Adv Biochem Eng Biotechnol 108:41–65

Garcia–Aparicio MP, Ballesteros I, González A, Oliva JM, Ballesteros M, Negro MJ (2006) Effect of inhibitors released during steam–explosion pretreatment of barley straw on enzymatic hydrolysis. Appl Biochem Biotech 129(1–3):278–288

Ghose TK, Pannir Selvam PV, Ghosh P (1983) Catalytic solvent delignification of agricultural residues:organic catalysts. Biotechnol Bioeng 25(11):2577–2590

Ghose TK, Vikram S (1979) Production of cellulases by Trichoderma reesei QM 9414 in fed–batch and continuous–flow culture with cell cycle. Biotechnol Bioeng 21:283–296

Glazer AW, Nikaido H (1995) Microbial biotechnology:fundamentals of applied microbiology. Freeman WH (ed) San Francisco, p 340. ISBN 0–71672608–4

González G, López–Santín J, Caminal G, Solà C (1986) Dilute acid hydrolysis of wheat straw hemicellulose at moderate temperature:a simplified kinetic model. Biotechnol Bioeng 28(2):288–293

Griffin HL, Sloneker JH, Inglett GE (1974) Cellulase production by Trichoderma viride on feedlot waste. Appl Microbiol 27(6):1061–1066

Hafedh B, Semia EC, Ali G (2001) Biostoning of denims by Penicillium occitanis (Pol6) cellulases. J Biotechnol 89 (2–3):257–262

Harmsen PFH, Huijen WJJ, Bermudez LLM, Bakker RRC (2010) Literature review of physical and chemical pretreatment processes for lignocellulosic biomass September 2010, Food and Biobased Research, Wageningen UR, P 1–49 ISBN:9789085857570 http://www.ecn.nl/nl/. Accessed Jan 2012

Harris EE (1949) Wood saccharification in advances in carbohydrate chemistry, vol 4. Academic, New York, pp 153–188

Hatakka AI (1983) Pretreatment of wheat straw by white–rot fungi for enzymatic saccharification of cellulose. Appl Microbiol Biotechnol 18:350–357

Holtzapple MT, Ripley EP, Nikolaou M (1994) Saccharification, fermentation, andprotein recovery from low–temperature AFEX–treated coastal bermudagrass. Biotechnol Bioeng 44(9):1122–1131

Hoshino E, Sasaki Y, Mori K, Okazaki M, Nisizawa K, Kanda T (1993) Electronmicroscopic observation of cotton cellulose degradation by Exo–and Endo–Typecellulases from Irpex lacteus. J Biochem 114(2):236–245

Henriksson G, Nutt A, Henriksson H, Pettersson B, Ståhlberg J, Johansson G, Pettersson G (1999) Endoglucanase 28 (Cel12A), a new Phanerochaete chrysosporium cellulase. Eur J Biochem 259(1–2):88–95

Hoshino E, Sasaki Y, Okazaki M, Nisizawa K, Kanda T (1993) Mode of action of exo–and endo–type cellulases from Irpex lacteus in the hydrolysis of cellulose with different crystallinities. J Biochem 114(2):230–235

Hsu TA, Ladisch MR, Tsao GT (1980) Alcohol from cellulose. ChemTech 10:315–319

Huang HJ, Ramaswamy S, Tschirner UW, Ramarao BV (2008) A review of separation technologies in current and future biorefineries. Sep Purif Technol 62:1–21

Imai M, Ikari K, Suzuki I (2004) High–performance hydrolysis of cellulose using mixed cellulase species and ultrasonication pretreatment. Biochem Eng J 17(2):79–83

István JS, Gunnar J, Göran P (1996) Optimized cellulase production by Phanerochaete chrysosporium:control of catabolite repression by fed–batch cultivation. J Biotechnol 48(3):221–230

Jang HD, Chang KS (2005) Thermostable cellulases from Streptomyces sp.:scale–up production in a 50–l fermenter. Biotechnol Lett 27(4):239–242

Jayant M, Rashmi J, Shailendra M, Deepesh Y (2011) Production of cellulase by different co–culture of Aspergillus niger and Penicillium chrysogenum from waste paper, cotton waste and bagasse. J Yeast Fungal Res 2(2):24–27

Kahar P, Taku K, Tanaka S (2010) Enzymatic digestion of corncobs pretreated with low strength of sulfuric acid for bioethanol production. J Biosci Bioeng 110: 453–458

Ken–Lin C, Thitikorn–among J, Jung–Feng H, Bay–Ming O, Shan–He C, Ratanakhanokchai K (2011) Enhanced enzymatic conversion with freeze pretreatment of rice straw. Biomass Bioenergy 35: 90–95

Kim KH, Hong J (2001) Supercritical CO_2 pretreatment of lignocellulose enhances enzymatic cellulose hydrolysis. Bioresour Technol 77(2): 139–144

Kim S, Holtzapple MT (2006) Delignification kinetics of corn stover in lime pretreatment. Bioresource Technol 97: 778

Kim TH, Lee YY (2005) Pretreatment of corn stover by soaking in aqueous ammonia. Appl Biochem Biotech 124(1–3): 1119–1131

Kim TH, Taylor F, Hicks KB (2008) Bioethanol production from barley hull using SAA (soaking in aqueous ammonia) pretreatment. Bioresour Technol 99(13): 5694–5702

Kim TH, Kim JS, Sunwoo C, Lee YY (2003) Pretreatment of corn stover by aqueous ammonia. Bioresour Technol 90 (1): 39–47

Kirk TK, Farrell RL (1987) Enzymatic combustion: the microbial degradation of lignin. Annu Rev Microbiol 41: 465–505 Kirk–Othmer (2001) encyclopedia of chemical technology, Concise, 4th edn

Kleinert T, Tayenthal K (1931) Separation of cellulose and incrusting substances. Zeitschrift für Angewandte Chemie 44: 788–791

Kohlmann KL, Sarikaya A, Westgate PJ, Weil J, Velayudhan A, Hendrickson R, Ladisch MR (1995) Enhanced enzyme activities on hydrated lignpcellulosic substrates. In: Saddler JN, Penner MH (eds) Enzymatic degradation of insoluble carbohydrates. ACS Publishing, pp 237–255

Kootstra AMJ, Beeftink HH, Scott EL, Sanders JPM (2009) Comparison of dilutemineral and organic acid pretreatment for enzymatic hydrolysis of wheat straw. Biochem Eng J 46(2): 126–131

Leatherwood JM (1965) Cellulase from Ruminococcus albus and mixed rumen microorganisms. Appl Microbiol 13(5): 771–775

Lee D, Yu AHC, Wong KKY, Saddler JR (1994) Evaluation of the enzymatic susceptibility of cellulosic substrates using specific hydrolysis rates and enzyme adsorption. Appl Biochem Biotech 45/45(1): 407–415

Lee JW, Gwak KS, Park JY, Park MJ, Choi DH, Kwon M, Choi IG (2007) Biological pretreatment of softwood Pinus densiflora by three white rot fungi. J Microbiol 45(6): 485–491

Lee JW, Rodrigues RC, Kim HJ, Choi IG, Jeffries TW (2010) The roles of xylan and lignin in oxalic acid pretreated corncob during separate enzymatic hydrolysis and ethanol fermentation. Bioresour Technol 101: 4379–4385

Lee SH, Doherty TV, Linhardt RJ, Dordick JS (2009) Ionic liquid–mediated selective extraction of lignin from wood leading to enhanced enzymatic cellulose hydrolysis. Biotechnol Bioeng 102: 1368–1376

Li Q, He YC, Xian M, Jun G, Xu X, Yang JM, Li LZ (2009) Improving enzymatichydrolysis of wheat straw using ionic liquid 1–ethyl–3–methyl imidazolium diethyl phosphate pretreatment. Bioresource Technol 100: 3570–3575

Lynd LR, Eiander RT, Wyman CE (1996) Likely features and costs of mature biomass ethanol technology. Appl Biochem Biotech 57/58(1): 741–761

Lynd LR, Paul JW, Willem HZ, Isak SP (2002) Microbial cellulose utilization: fundamentals and biotechnology. Microbiol Mol Biol Rev 66: 506–577

Marcel GC, Leticia P, Patricia M, Robert PT (1999) Mixed culture solid substrate fermentation of Trichoderma reesei with Aspergillus niger on sugar cane bagasse. Bioresour Technol 68(2): 173–178

Maria RC, Marcel GC, James CL, Robert PT (1994) Mixed culture solid substrate fermentation for cellulolytic enzyme production. Biotechnology Lett 16: 967–972

Michael JS, William SA, Michael EH, Stephen RD (2009) The impact of cell wall acetylation on corn stover hydrolysis by cellulolytic and xylanolytic enzymes. Cellulose 16: 711–722

Miura S, Arimura T, Itoda N, Dwiarti L, Feng JB, Bin CH, Okabe M (2004) Production of L–Lactic acid from corncob. J

Biosci Bioeng 97:153–157

Mok WSL, Antal MJ Jr (1992) Uncatalyzed solvolysis of whole biomass hemicellulose by hot compressed liquid water. Ind Eng Chem Res 31(4):1157

Mosier NS, Hendrickson R, Dreschel R, Welch G, Dien BS, Bothast R, Ladisch MR (2003a) Principles and economics of pretreating cellulose in water for ethanol production. Paper 103, BIOT Division, 225th American Chemical Society Meeting NewOrleans, 26 March 2003

Mosier NS, Hendrickson R, Welch G, Dreschel R, Dien B, Ladisch MR (2003b) Corn fiber pretreatment scale-up and evaluation in an industrial corn to ethanol facility. Paper 6A-04, 25th Symposium on Biotechnology for Fuels and Chemicals, Breckenridge, CO

Mosier N, Wyman C, Dale B, Elander R, Lee YY, Holtzapple M, Ladisch M (2005) Features of promising technologies for pretreatment of lignocellulosic biomass. Bioresour Technol 96(6):673–686

Mustafa B, Mehmet B, Elif K, Havva B (2009) Main routes for the thermo-conversion of biomass into fuels and chemicals. Part 1: Pyrolysis systems. Energ Convers Manage 50(12):3147–3157

Okano K, Kitagaw M, Sasaki Y, Watanabe T (2005) Conversion of Japanese red cedar (Cryptomeria japonica) into a feed for ruminants by white-rot basidiomycetes. Animal Feed Sci Technol 120:235–243

Oso BA (1978) The production of cellulase by Talaromyces emersonii. Mycologia 70(3):577–585

Panagiotou G, Olsson L (2007) Effect of compounds released during pretreatment of wheat straw on microbial growth and enzymatic hydrolysis rates. Biotechnol Bioeng 96(2):250–258

Papatheofanous MG, Billa E, Koullas DP, Monties B, Koukios EG (1995) Two stage acid-catalyzed fractionation of lignocellulosic biomass in aqueous ethanol systems at low temperatures. Bioresour Technol 54:305–310

Pedersen M, Johansen KS, Meyer AS (2011) Low temperature lignocelluloses pretreatment: effects and interactions of pretreatment pH are critical for maximizing enzymatic monosac-charide yields from wheat straw. Biotechnol Biofuels 4:11

Petermann A, Tokar B (2008) GE Trees, cellulosic ethanol, and thedestruction of forest biological diversity. Capitalism Nat Socialism 19(3):48–64

Pimentel D (2003) Ethanol fuels: energy balance, economics, and environmentalimpacts are Negative. Nat Resour Res 12(2):127–34

Potumarthi R, Baadhe RR, Nayak P, Jetty A (2013) One step biological retreatment of rice husk by Phanerochaete chrysosporium for the production of reducing sugars. Bioresource Technol 128:113–117

Poulsen OM, Petersen LW (1988) Growth of Cellulomonas sp. ATCC 21399 on different polysaccharides as sole carbon source Induction of extracellular enzymes. Appl Microbiol Biotechnol 29(5):480–484

Prasad S, Singh A, Joshi HC (2007) Ethanol as an alternative fuel from agricultural, industrial and urban residues. Resour Conserv Recy 50(1):1–39

Purves WK, Orians GH, Heller HC (1995) Life: the science of biology, 4th edn. Sinauer Associates, Inc., Sunderland

Pye EK, Lora JH (1991) The Alcell process: a proven alternative to Kraft pulping. TAPPI J 74:113–118

Rajoka MI, Malik KA (1997) Cellulase production by Cellulomonas biazotea cultured in media containing different cellulosic substrates. Bioresour Technol 59(1):21–27

Ramanathan M (2003) Biochemical conversion ethanol production from root crops. In: Rantwijk van Biocatalytic transformations in ionic liquids. Trends Biotechnol 21(3):131–138

Raven PH, Evert RF, Susan EE (1992) Biology of plants (6th edition). W.H. Freeman and company/Worth Publishers

Ravichandra P, Rama RB, Annapurna J (2012) Mixing of acid-and base-pretreated corn cobs for improved production of reducing sugars and reduction in water use during neutralization. Bioresour Technol 119:99–104

Reczey K, Zs.S, Eklund R, Zacchi G (1996) Cellulase production by T. reesei. Bioresour Technol 57(1):25–30

Sahle DE, Hassan A, Levien KL, Kumar S, Morrell JJ (1995) Supercritical carbon dioxide treatment: effect on permeability of douglas-fir heartwood. Wood Fiber Sci 27(3):296–300

Sawao M, Reiichiro S, Motoo A (1988) Cellulases of Aspergillus aculeatus. Methods Enzymol 160:274-299

Schmidt AS, Thomsen AB (1998) Optimization of wet oxidation pretreatment ofwheat straw. Bioresour Technol 64(2): 139-151

Shinichi K, Josie WC, Naoto K, Toshiomi Y, Hisaharu T (1986) Hydrolysis of cellulose by cellulases of Sporotrichum cellulophilum in an ultrafilter membrane reactor. Enzyme Microb Tech 8(11):691-695

Singh P, Suman A, Tiwari P, Arya N, Gaur A, Shrivastava AK (2008) Biological pretreatment of sugarcane trash for its conversion to fermentable sugars. World J Microbiol Biotechnol 24:667-673

Solomon TWG (1988) Organic chemistry, 4th edn. Wiley

Steiner W, Lafferty RM, Gomes I, Esterbauer H (1987) Studies on a wild strain of Schizophyllum commune: cellulase and xylanase production and formation of the extracellular polysaccha-ride Schizophyllan. Biotechnol Bioeng 30(2):169-178

Stenberg K, Tengborg C, Mats G, Guido Z (1998) Optimisation of steam pretreatment of SO_2-impregnated mixed softwoods for ethanol production. J Chem Technol Biot 71(4):299-308 Sukumaran RK, Singhania RR, Pandey A (2005) Microbial cellulases: production, applications and challenges. J Sci Ind Res India 64:832-844

Sun Y, Cheng J (2002) Hydrolysis of lignocellulosic materials for ethanol production: a review. Bioresour Technol 83 (1):1-11

Tatsuya F, Xu F, Hiroyuki I, Katsuji M, Shigeki S (2009) Enzymatic hydrolyzing performance of Acremonium cellulolyticus and Trichoderma reesei against three lignocellulosic materials. Biotechnol Biofuels 2:24

Teymouri F, Laureano PL, Alizadeh H, Dale BE (2005) Optimization of the ammonia fiber explosion (AFEX) treatment parameters for enzymatic hydrolysis of corn stover. Bioresour Technol 96(18):2014-2018

Thomas WJ, Suki C, Kent KT (1981) Nutritional regulation of lignin degradation by Phanerochaete chrysosporium. Appl Environ Microb 42(2):290-296

Thomas KN, Zeikus JG (1981) Comparison of extracellular cellulase activities of Clostridium thermocellum LQRI and Trichoderma reesei QM9414. Appl Environ Microbiol 42(2):231-240

Torrea P, Aliakbariana B, Rivas B, Dominguezb JM, Converti AA (2008) Release of ferulic acid from corn cobs by alkaline hydrolysis. Biochem Eng J 40:500-506

Vanden WA, Covert S, Cullen D (1993) Identification of the gene encoding the major cellobiohydrolase of the white rot fungus Phanerochaete chrysosporium. Appl Environ Microbiol 59:3492-3494

Van Wyk JPH (1999) Saccharification of paper products by cellulase from Penicillium funiculosum and Trichoderma reesei. Biomass Bioenergy 16(3):239-242

Viola E, Zimabardi F, Cardinale M, Cardinale G, Braccio G, Gamabacorta E (2008) Processing cereal straws by steam explosion in a pilot plant to enhance digestibility in ruminants. Bioresour Technol 99:681-689

Waldner R, Leisola MSA, Fiechter A (1988) Comparison of ligninolytic activities of selected fungi. Appl Microbiol Biotechnol 29:400-407

Wichern F, Miiller T, Joergensen RG, Buerkert A (2004) Effect of manure quality and application forms on soil C and N turnover of a subtropical oasis soil under laboratory conditions. Biol Fertil Soils 39:165-171

Wood TM, McCrae SI (1978) The cellulase of Trichoderma koningii. Purification and properties of some endoglucanase components with special reference to their action on cellulose when acting alone and in synergism with the cellobiohydrolase. Biochem J 171(1):61-72

Wood TM (1971) The cellulase of Fusarium solani. Purification and specificity of the β-(1→4)-glucanase and theβ-D-glucosidase components. Biochem J 121(3):353-362

Zhao X, Cheng K, Liu D (2009) Organosolv pretreatment of lignocellulosic biomass for enzymatic hydrolysis. Appl Microbiol Biotechnol 82:815-827

Zimbardi F, Viola E, Nanna F, Larocca E, Cardinale M, Barisano D (2007) Acid impregnation and steam explosion of corn stover in batch processes. Ind Crop Prod 26(2):195-206

第 2 章　泰国棕榈生物柴油生产的可持续性评价

摘要：棕榈油是世界上最大的食用油脂来源之一，最近被包括泰国在内的东南亚国家提倡用于生物柴油生产。本章介绍了棕榈生物柴油生产和使用对泰国环境和经济社会发展的影响。棕榈生物柴油作为替代柴油，可以给泰国社会和经济带来各种正面的效应，例如减少温室气体排放、增加就业、提高 GDP 以及改善贸易平衡等。但是，也需要考虑和控制未来增加生物柴油产量所带来的潜在的环境负效应，例如富营养化和林地变为油棕用地的土地利用变化等。为了提高棕榈油和棕榈生物柴油产业未来发展的可持续性，必须开展基于“梯级利用”概念的棕榈基生物炼制系统的研究，以充分利用棕榈油和棕榈生物柴油产业所产生的生物质残余物和废弃物。

2.1 引言：全球生物柴油生产和运输业使用的现状和挑战

为了减缓全球石油价格波动和气候变化，世界各国普遍采取措施，将农业燃料替代石化燃料，尤其是运输业(WGBU 2010)。生物柴油因其环境友好且具有与传统石化柴油几乎完全相同的功能性质，可以以纯的或调合的形式替代柴油，被认为是极具吸引力的替代燃料。2010，全球生物柴油产量约为 53.4ML/d，约占全球生物燃料产量的 18%(EIA 2010)。自 2000 以来，在过去的 10 年中，全球生物柴油年产量呈指数级增长，目前已超过了 2000 年年产量的 10 倍。德国是最大的生物柴油生产国，其产量约占全球生物柴油产量的 15%，接下来依次是巴西、法国、阿根廷和美国，分别约占 12%、11%和 6%(EIA 2010)。根据许多国家和地区所设定的生物柴油利用目标，例如美国、欧盟、巴西、中国、印度以及印度尼西亚、马来西亚和泰国等东南亚国家(Smyth et al 2010；USAID 2009)，在可以预见的将来，全球对生物柴油的需求将持续增加。

当前商业化的生物柴油主要是由植物油和动物脂肪通过酯交换反应生产的，

本章作者：Thapat Silalertruksa，Shabbir H. Gheewala
作者单位：泰国国王科技大学(King Mongkut's University of Technology)能源和环境联合研究生院
电子邮件：shabbir_g@jgsee.kmutt.ac.th

即所谓的“第一代生物柴油”。菜籽油和葵花油是欧洲生产生物柴油的主要原料。大豆油则是美国的重要原料。棕榈油目前主要用于(或出口用于)食品生产和油脂化学品工业,正被热带美洲和东南亚国家推广用于生产生物柴油。与其他植物油相比,棕榈油出油率高、生产成本低、供应有保障,所以目前已成为商业生产生物柴油最具吸引力的原料 (Vanichseni et al 2002;Tan et al 2009;Sumathi et al 2008;Mekhilef et al 2011)。棕榈生物柴油的重要性不仅表现在生产国的国内消费上,还表现在国际贸易上,尤其是那些进口生物柴油比其自身生产更具成本优势的国家(Zah,Ruddy 2009)。

棕榈生物柴油对常规柴油的替代有望带来许多环境和社会效益,例如减少化石资源消耗和减缓温室气体排放。此外,对一般以农业为基础的发展中国家来说,以他们自己土生土长的原料来生产生物柴油,将给农村的社会和经济发展带来新的机会。一些研究专注于棕榈油和棕榈生物柴油生产的环保效果,例如温室气体排放 (Pleanjai et al 2009;Wicke et al 2008;Reijnders,Huijbregt 2008;Germer,Sauerborn 2008;Yusoff,Hansen 2007)、能源效率(Pleanjai,Gheewala 2009;Kamahara et al 2010)和成本(Silalertruksa et al 2012)等。这些研究在温室气体排放的生命周期和净能量平衡方面存在很大差异。这是由许多因素存在差异造成的,例如棕榈油榨油废弃物的管理、油棕种植园的地理条件以及对生物柴油系统中副产物的处理方法等。此外,生命周期评价中不同的系统边界范围也是重要的原因,例如是否包含土地利用的变化等等(Schmidt et al 2009;Silalertruksa,Gheewala 2012)。

此外,棕榈生物柴油生产的快速增长,已经引起世界各地专家的关注,尤其是可持续性问题和对生态系统及社会的威胁。例如,一些研究报告称,由于生物柴油导致的棕榈油需求增加,可能导致严重的生态破坏,例如生物多样性丧失以及因砍伐森林和土地利用变化导致的温室气体排放量增加等 (Stone 2007;Hooijer et al 2006;PEACE 2007;Fargione et al 2008)。因此, 有必要针对具体案例进行分析,以评估生物燃料生产的环境可持续性(Larson 2006)。当前,生命周期温室气体排放量被诸多标准/法案当作生物能源环境可持性的关键指标之一(Ismail,Rossi 2010),使得这种具体案例分析显得尤为必要。

2.2 泰国生物柴油的发展及可持续性评价的必要性

泰国也是一个位于热带地区的农业和工业国家,具有多种可用于生产生物柴油的植物油资源,例如棕榈、椰子、麻疯树、向日葵等。然而,在所有资源中,油棕是目前泰国应用最为出色的原料。当前,泰国绝大多数商业化生产的生物柴油都是使用棕榈毛油(crude palm oil,CPO)及其衍生物生产的。2010,泰国以约1.75ML/d

的生物柴油生产速度位列全球第八大生物柴油生产国(EIA 2010)。泰王国政府(Royal Thai Government, RTG)从 2005 起就开始鼓励生物柴油产业，将其作为应对因全球市场油价上升所导致的能源危机的举措。起初，泰国生物柴油的生产是微不足道的，直到 2008 年由 2%的 B100 与 98%柴油调和而成的 B2 生物柴油成为市场上柴油的强制措施标准。2011 年，B2 的强制混合标准已经提高到 B3，而且 B5 生物柴油也已经问世，但非强制推行使用。此外，2016 年和 2022 年生物柴油的最新生产目标已经分别设定为 3.6ML/d 和 4.5ML/d，预计 2012 可在泰国全国范围内使用 B10 生物柴油(DEDE 2011)。

上述数据表明，今天泰国的问题不是生物柴油能否在满足运输业能源需求中扮演重要角色，而是生产和使用生物柴油将会带来什么后果以及环境和社会能否持续发展。为阐明棕榈生物柴油在泰国生产和使用的可持续性，为政策制定者提供适当建议，以便将来能制定出有利于实现可持续发展的生物柴油政策，这需要在全生命周期中从各个系统角度来评价棕榈生物柴油对环境和社会(或社会经济)的影响，以及与被替代的常规柴油进行对比。简化的棕榈生物柴油生产系统和需要评估的影响范围如图 2.1 所示。其中，直接影响是指生物柴油生产各主要阶段所产生的对环境和社会经济的影响，间接影响则是指为了生产主要阶段所需原料和能源所产生的影响。

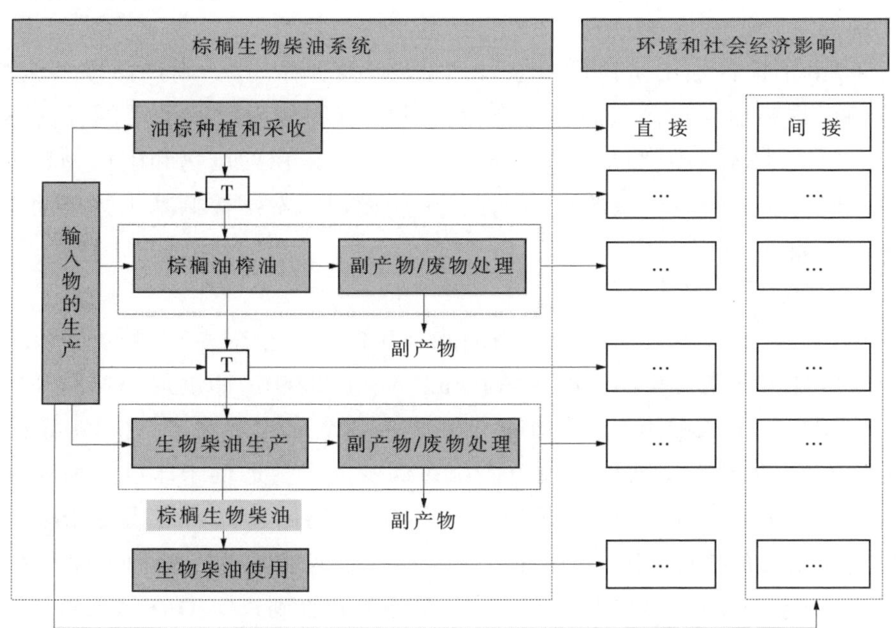

图 2.1 简化的棕榈生物柴油生产系统和直接、间接影响示意图

生命周期评价(Life-cycle assessment,LCA)和输入-输出(Input-Output,IO)分析是评估泰国棕榈生物柴油生产对环境和社会经济影响的两种决策支持工具,直接影响和间接影响都会被计算说明。LCA 是一种用于汇集和评估产品或服务系统在其生命周期之内对环境影响的评估工具 (ISO 2006;Dreyer et al 2003;Guinée et al 2002)。根据该方法,将计算从油棕种植到棕榈油和棕榈生物柴油生产以及使用过程中所有的负荷对环境的影响,包括使用的资源、占用的土地、排放到空气中的物质(如 CO_2、NO_x、SO_x、CH_4、N_2O)、排放到水中的物质(如 COD、BOD、总磷、总氮)以及悬浮固体物等。这样,棕榈生物柴油对环境的主要影响将被完全揭示,这可以帮助政策制定者绘制棕榈生物柴油环境表现的全景图。IO 分析是一种用于研究一国范围内经济部门内部或之间相互关系的经济评估工具,它可以用来确定某一经济活动对整个经济的影响(Wicke et al 2009;Suh 2009)。因为某一经济活动对整个经济直接和间接的影响都可以通过 IO 分析计算出来, 所以它可用于研究就业和其他社会经济的影响, 例如 GDP 和随后将讨论到的泰国棕榈生物柴油的国家贸易平衡等。

2.3 泰国棕榈生物柴油系统

一般说来,基于生命周期方法的棕榈生物柴油系统可以简化成图 2.2。该系统包括 5 个主要阶段,即油棕种植、棕榈油榨取、生物柴油转化、原材料运输和生物柴油使用。

然而,由于棕榈加工阶段的复杂性,即会产生多种产品、副产品以及废物,实际的棕榈生物柴油生产系统将会随处理这些副产物和废物所采用的方法不同而变化。因此,在本研究中,将会根据棕榈油榨油厂所采用的废物和副产物管理方法来评估棕榈生物柴油对环境的影响。评估中所使用的泰国棕榈基生物柴油系统的描述和假设如下:

2.3.1 油棕种植

棕榈油是目前世界上最大的食用油脂来源之一, 全球总产量约为 38.5Mt/a,约占全球可食用油脂总量的 25%左右(Shuit et al 2009)。印度尼西亚和马来西亚是最大的棕榈油生产和出口国,2011 年两国占到全球棕榈油产量(48Mt/a)的 87%(USDA 2011)。虽然泰国油棕的种植面积和棕榈油产量远低于印度尼西亚和马来西亚,但该国,尤其是南部地区,具有适宜的气候条件,使其有能力在未来扩大油棕种植。在过去的 10 年中,泰国油棕种植面积每年增加 9%,总种植面积在 2010 年已经达到 $65\times10^4hm^2$,大约 $57\times10^4hm^2$ 已经可以采收到果实(OAE 2011)。

油棕种植阶段包括苗圃和种植场的油棕种植。全部育苗步骤,即从在小塑料袋播种到苗木准备移植,大约需要 12~13 个月。油棕定植后 2.5~3 年开始挂果,5 年后可能迎来第一次采收。油棕的实际丰产期可以持续 50 年,但是在 25 年或 30 年后,其树干生长到一定高度,会影响采收。所以,研究中使用的油棕的平均寿命是 25 年。泰国平均每公顷鲜果串(fresh fruit bunches,FFB)产量达到 17.5t/a(OAE 2010)。此外,种植过程中还会产生其他生物质,例如树叶和树干等。使用寿命内定期从棕榈树上砍下来的树叶干物质大约达到 12t/(hm²·a)(APC 2007)。但是,树干只能在 25 年后被砍倒准备重新种植时才能收获一次,估计这些树干的总干物质可以达到 57t/hm²(APC 2007)。这一阶段的主要输入物质有化肥、农药(如草甘膦、百草枯等)以及少量柴油,尽管主要的采收工作是手工完成的,但一些农业机械和运输 FFB 的卡车需要消耗柴油。

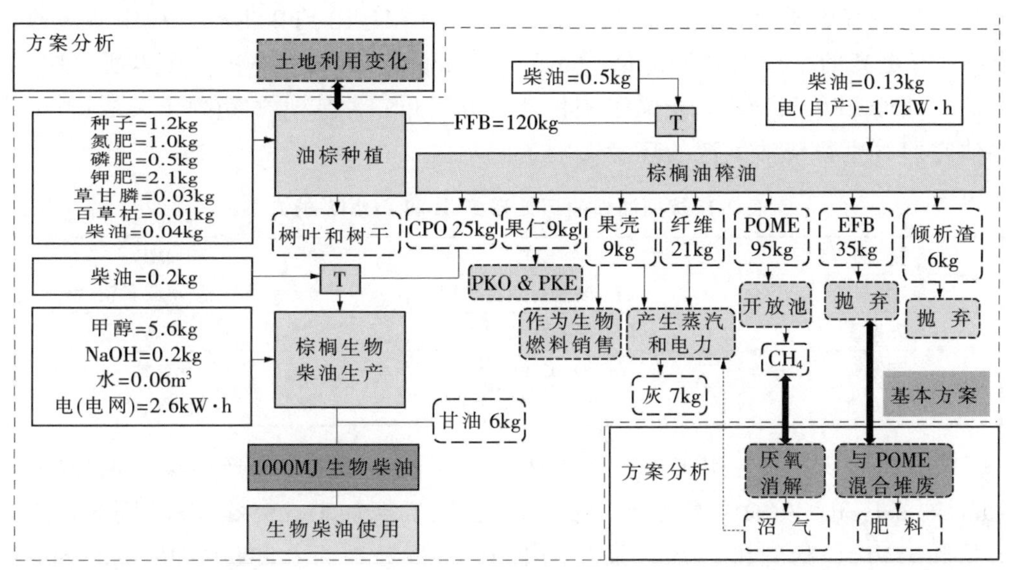

图 2.2 棕榈生物柴油系统

2.3.2 棕榈油榨取

棕榈油榨取包括以下几个处理过程:①榨油厂装填 FFB;②FFB 灭菌;③果串剥离——空果串(empty fruit bunches,EFB)将会被分离;④蒸煮分离的果实;⑤从油浆中萃取棕榈毛油和分离倾析渣;⑥分离坚果和纤维,纤维可做为锅炉房燃料,用于产生棕榈油榨油厂自身所需蒸汽和电力;⑦坚果破碎,仁壳和果壳在本阶段分离。棕榈仁油(palm kernel oil,PKO)和棕榈仁提取物(palm kernel extract,PKE)是生产果仁的机械过程产生的;分离出的果壳部分被用做锅炉的燃料,剩余的果壳可作为固体燃料或制备活性炭的原料出售。

目前,有多种可供选择的措施来处理榨油厂产生的废物。例如,以往被抛弃或在种植厂覆盖树根的空果串可以采用其他方式处理,例如作为自产蒸汽和电力的生物质燃料或与棕榈油榨油厂排放污水(palm oil mill effluent,POME)混合堆肥。不同榨油厂的 POME 也有不同的处理方法。POME 直接排放到环境中是不允许,因为其有机物含量太高。因此,一些榨油厂在开放池中收集 POME 并使其在开放池自我净化。其他工厂则使用厌氧消解系统处理,处理后的 POME 可用于灌溉。然而,得益于清洁发展机制(clean development mechanism,CDM)的机会,从 POME 中回收沼气已经在泰国引起关注。沼气含有约 60%的 CH_4 和 40%的 CO_2,可以通过厌氧处理产生(Poh,Chong 2009)。其中的 CO_2 气体可以被认为是碳中性的,因为释放的碳与 FFB 生产过程中所固定的碳是一样的。但是,CH_4 排放不能像 CO_2 那样被当做温室气体排放而被认为是中性的,因为 CH_4 比 FFB 生产过程中所吸收的 CO_2 具有更高的全球变暖潜能值(global warming potential,GWP)。在本研究中,为榨油厂处理 EFB 和 POME 定义了一种基本方案和三种其他方案(列于表 2.1 中),来评估它们对生物柴油生产的环境影响。

表 2.1 棕榈油榨油厂处理 EFB 和 POME 的方案

项 目	EFB	POME
基本方案	EFB被抛弃到种植园	开放池(不收集沼气)
方案 1	EFB被抛弃到种植园	沼气回收
方案 2	与 POME 混合堆肥	开放池
方案 3	与 POME 混合堆肥	沼气回收

CPO进一步被加工用于生产生物柴油,棕榈仁被用于生产棕榈仁毛油(crude palm kernel oil,CPKO)。每生产 1kg 棕榈毛油,需要加工 5.95kg FFB,同时产生副产物和废物,包括纤维、果壳、果仁和 EFB,质量分别为 0.83kg、0.36kg、0.45kg 和 1.43kg(Chavalparit et al 2006)。基于经济学的分配技术(allocation technique)可用于计算从油棕种植到棕榈油加工中主要产物(如 CPO)和副产物(如被作为初级原料或燃料销售的棕榈仁和果壳)的环境负荷。参考棕榈油、棕榈仁和果壳的平均价格[2010 年从棕榈油榨油厂获取的数据分别是 0.91 美元/kg、0.56 美元/kg 和 0.06 美元/kg(以 2010 年时的汇率约 31.87 泰铢/美元计算)],可得到棕榈毛油的分配系数约为 0.81。该数据用于评估棕榈毛油生产的环境负荷。纤维和用于生产自产蒸汽和电力的那部分果壳可以考虑成内部循环,无需计算其分配系数。实际上,被许多榨油厂抛弃到棕榈种植园的 EFB 和倾析渣在基本方案下主要被当做废物,目前没有什么用途,所以也没有分配环境负荷。生产 1MJ 棕榈生物柴油的输入和产

出被总结于图 2.2 中。

2.3.3 生物柴油生产

在生物柴油厂,棕榈毛油在催化剂(NaOH)作用下与甲醇发生酯交换反应。在这一阶段,输入的是棕榈毛油、水、电、甲醇和氢氧化钠。该过程的输出包括生物柴油、甘油和废水。经济分配法也用于计算生物柴油和甘油的环境负荷。生物柴油和甘油的市场价格分别是 1 美元/L(DEDE 2009)和 0.56 美元/kg(ICISpricing 2010)。计算出的生物柴油和甘油的分配系数分别为 0.92 和 0.08。

2.3.4 运输

小农户一般将他们的产品(FFB)卖给中间商,再由中间商以交货量报价,卖给不同的榨油厂。用卡车运送 FFB 是泰国常用的运输方式。运输能力和从田间到榨油厂以及榨油厂到生物柴油工厂的距离数据来源于相关文献(Pleanjai, Gheewala 2009)。

2.3.5 生物柴油的使用

为了评估柴油和生物柴油在使用阶段的碳排放, 借助皮卡 (或轻型柴油车, light duty diesel vehicle, LDDV)底盘测功机试验,获得了 1L 生物柴油燃烧的平均排放数据:2.78kg CO_2、7.5g CO、29g NO_x 和 1.3g 颗粒物(particulate matter, PM)(Pleanjai 2008)。但是,燃烧生物柴油所排放的二氧化碳大部分都被认为是碳中性的,因为它们是生物来源的,这与常规柴油不同。因此,在本项研究中,生物柴油所排放的 CO_2 只有非生物来源的甲醇所贡献的约 5.6%, 是对全球气候变暖有贡献的。因此,生物柴油使用阶段的温室气体排放量只有 0.15kg CO_2/(L 生物柴油)。

2.4 棕榈生物柴油的环境可持续性

2.4.1 温室气体指标

根据 IPCC 的全球变暖潜能指数(IPCC 2007),按照工厂中的不同废物处理方案,每兆焦棕榈生物柴油所产生的生命周期温室气体排放量见表 2.2。

结果表明,榨油厂对 EFB 和 POME 处理方式的不同,导致棕榈生物柴油温室气体排放量也不同,变化范围为 22~45g CO_2 当量/MJ 生物柴油(见图 2.3)。在基本方案下,即 EFB 被抛弃、POME 经过不收集沼气的开放池处理,泰国生物柴油系统将产生最高的温室气体排放。温室气体排放的两个主要来源是种植阶段的氮肥和榨油阶段在开放池中处理 POME 所产生的甲烷,分别占到生物柴油温室气体排放总量的 38%和 40%。

然而,得益于 CDM 增加的机会,现在泰国已经认可了 POME 所产生的沼气。通过安装厌氧处理和沼气回收系统,可以极大改善生物柴油温室气体排放指标。与基本方案相比，方案 1 下生物柴油的温室气体排放量可减少 46%。此外，在方案 2 中，POME 还可以与 EFB 混合堆肥，这将会减排 43%的温室气体。然而，方案 3 是最有效的系统，生产沼气后的 POME 回用生产堆肥，可减排 50%的温室气体。

表 2.2 泰国不同生物柴油系统的温室气体指标

项 目		温室气体排放范围/(g CO_2 当量/MJ 生物柴油)	与柴油相比的温室气体净减排范围①，%
不含 LUC⑤		22②~45③	42③~71②
包括 dLUC⑥	林地油棕	261②~283③	-240②~-269③,④
	农田油棕	3②~25③	67③~96②
	草原油棕	11②~34③	56③~85②
	橡胶地油棕	7②~29③	62③~91②

① 温室气体净减排是在柴油燃料周期温室气体排放为 76.8g CO_2 当量/MJ 的基础上计算的。

② 对应于 POME 被处理生产沼气后与 EFB 混合堆肥，然后再将混合堆肥回用于种植园的生物柴油系统(即表 2.1 中的方案 3)。

③ 对应于 EFB 被倒入种植园，POME 经过不收集沼气的开放池处理的生物柴油系统(即表 2.1 中的基本方案)。

④ "-"表示与柴油相比，温室气体是增加的。

⑤ LUC 是指土地利用变化。

⑥ dLUC 是直接土地利用变化。

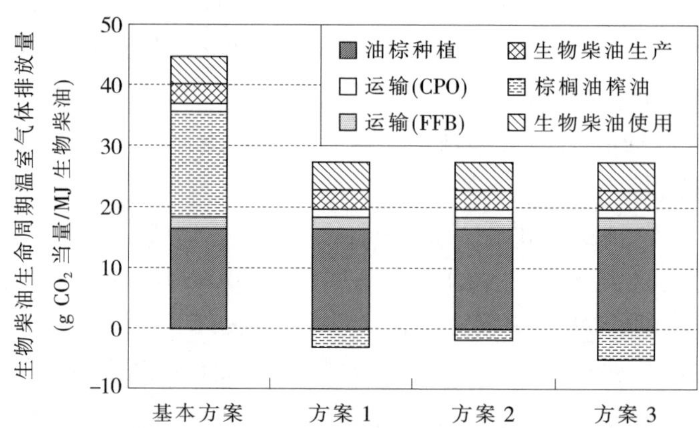

图 2.3 不同生产系统所产生的生物柴油的生命周期温室气体排放量(g CO_2 当量/MJ 生物柴油)

2.4.2 直接土地利用变化和温室气体结果

生物柴油需求的快速增长，最值得关注的是无节制地将土地和/或农作物系统变成油棕地(即所谓"土地利用变化")。这还可能对生态系统和社会产生不良影响,例如由于碳存储变化向大气释放大量 CO_2 以及食物和燃料的冲突。到目前为止,在泰国还没有与棕榈生物柴油生产相关的土地利用的变化,因为生物柴油需求规模还比较小,所使用的 FFB 普遍来源于既有的棕榈种植园。然而,为了满足未来食物和棕榈生物柴油生产所需的 CPO,既要提高油棕的产率,也要扩大油棕种植面积,这样土地利用的变化将会显著起来。

在本项研究中，分析四种可能由泰国油棕所导致的直接土地利用变化(direct land-use changes,dLUC):①泰国东北部的热带林地;②泰国东北或东部的农田,如木薯地;③在泰国被当做预留地的草地;④泰国南部的旧橡胶地。土地利用变化的情况来源于现场调查和/或与农民的访谈 (Siangjaeo et al 2011;JGSEE 2010)。泰王国政府在其“棕榈油工业和油棕发展计划(2008~2012 年)”(NCGEB 2009)中鼓励种植新油棕,随之就出现了上述土地利用变化。在根据 IPCC 指南(IPCC 2006)所计算得到 dLUC 所致温室气体排放的基础上，评估了包含 dLUC 所致温室气体排放后的生物柴油温室气体指标,见表 2.2。

结果表明，如果将 dLUC 考虑进系统边界范围内，生物柴油的温室气体指标范围很宽。研究发现,最坏的情况是将热带林地改种油棕,在这种情况下生产棕榈生物柴油所排放的温室气体是不考虑 LUC 情况下的 5~8 倍，因为此时损失了生物质碳存储。这反过来将导致生物柴油比常规柴油的温室气体排放高约 240%~269%。但是,必须指出的是,林地转化是不可能发生在泰国的,因为这是非法的和受到政府严控的。另一方面,农田(如木薯地)、旧橡胶地和预留地向油棕地的转变将会带来温室气体减排收益，即获得了生物质碳存储和/或土壤中的有机质碳存储。这三种情况下的生命周期温室气体排放范围为 3~29g CO_2 当量/MJ,与常规柴油相比,温室气体净减排 56%~91%(译者注:此数据疑有误,与表 2.2 的数据对不上)。因此,应制定出鼓励合适的土地类型政策来规范新的油棕种植。

2.4.3 其他环境影响

除了生命周期温室气体排放,表 2.3 还列举了其他三种环境影响潜值:①酸化潜值(acidification potential,AP),以 SO_2 当量表示;②富营养化潜值(eutrophication potential,EP),以 PO_4^{3-}当量衡量;③光化学臭氧生成潜值(photochemical ozone creation potential,POCP),该指标根据 CML 方法(Heijungs et al 1992)中的影响潜值因子测定,以 C_2H_4 当量表示。对每兆焦燃料而言,棕榈生物柴油的 AP 值低于常规柴油,EP 值高于常规柴油,但二者的 POCP 值没有显著差异。此外,评估结果还显示,利用 EFB 和 POME 可以改善棕榈生物柴油所有类别的环境影响指标,所有方案(即方案 1~3)都不例外(Silalertruksa,Gheewala 2012)。

表 2.3 棕榈生物柴油和常规柴油的环境影响潜值

环境影响	环境影响潜值①		与常规柴油相比的净潜值减少,%
	棕榈生物柴油	常规柴油②	
酸化/(g SO_2 当量/MJ)	约 0.40~0.41	约 0.44	约 7~9
光化学臭氧/(g C_2H_4 当量/MJ)	约 0.03	约 0.03	
富营养化/(g PO_4^{3-}当量/MJ)	约 0.11	约 0.09	约-11~-12

① 燃料生产和使用全生命周期的环境影响。

② 柴油生产对环境的影响是根据 Ecoinvent 数据库中的 LCI 数据(2007)和轻型柴油车的排气管排放(Pleanjai 2008)计算得到的。

例如,油棕种植主要对 AP 有贡献,这来源于氮磷钾肥生产过程中产生的 SO_2 和 NO_x。所以,在种植园中用 EFB 和 POME 混合堆肥得到的肥料取代化学肥料,将是减轻棕榈生物柴油环境负荷的好措施(Stichnothe, Schuchardt 2010)。研究发现, POME 是富营养化的主要来源,接下来依次是油棕种植阶段所使用的化肥和生物柴油转化阶段所使用的甲醇。因此,除了榨油厂对 POME 的良好管理外,农业上对化肥的有效利用也将是实践中减少对环境影响的重要举措。此外,对 POME 的正确管理也有助于降低 POCP 值,因为该指标与 NO_x、CH_4 和 CO 的排放相关;榨油厂开放池中排放的甲烷是棕榈生物柴油 POCP 值高的主要原因。

2.5 生物柴油生产的社会经济影响

2.5.1 就业影响

利用混合法估计得到的由生物柴油生产在泰国所产生的直接和间接就业数据见表 2.4。其中，农业中的直接就业数据根据 FFB 生产所消耗的花费(OAE 2010)和泰国的年平均工资(NSO 2010) 估算;而棕榈油榨油和生物柴油生产有确切的用工需求数，它们的直接就业数据来源于对 17 个棕榈油榨油厂和 5 个生物柴油生产厂的直接调查。间接就业数据是指生产用于农业和生物柴油加工业所需中间物所产生的就业，该数据根据收集到的与生物燃料生产相关的泰国 IO 数据逆矩阵和直接就业系数计算。其中,IO 数据是 2005 年汇编的最新版本(含 50×50 个主要行业)，而直接就业系数根据泰国国家统计办公室 (National Statistical Office, NSO)登记的雇佣人数计算(Silalertruksa, Gheewala 2011)。

结果表明，生产 1ML 棕榈生物柴油可新增就业岗位 128 个，相当于每生产 1TJ(1TJ=1×10^{12}J, 下同)生物柴油新增 3 个岗位。与柴油[2006~2008 年间高速柴油(high speed diesel)的平均出厂价，即 19.4424 泰铢/L]相比，生产相同能量值的生物柴油所需人工超过柴油的 10 倍。农业部门的直接就业(即油棕种植)是棕榈生物柴油生产带来的最主要的就业好处,约占全部就业的 54%,紧接着依次是农业部门和生物柴油生产中的间接就业。在农业部门创造诸多就业机会,意味着在泰国推广生物柴油将有力推动农村的发展。不过,农业从业人员数量巨大还基于两方面原因:农业是泰国经济中劳动最密集的行业,农民一般都是小规模手工操作;由于缺乏良好农业实践(good agricultural practices,GAP),农业生产力比较低。

表 2.4 泰国棕榈生物柴油对社会经济的影响

	每百万升(ML)生物柴油			每太焦(TJ)生物柴油		
	直 接	间 接	总 和	直 接	间 接	总 和
就业人数/(人/a)	74	54	128	2.0	1.5	3.5
GDP/万美元	54	19	73	1.5	0.5	2.0
国家贸易平衡(进口)/万美元	22	39	61	0.6	1.1	1.7

2.5.2 生物柴油对 GDP 发展的影响

本研究还确定了生物柴油生产对泰国经济总值增加(total value added)和国内生产总值(gross domestic product,GDP)的影响。虽然 GDP 是衡量一个国家经济表现和经济规模的指标,但是 GDP 的变化能够表现在国内经济产生的收入和积存的数值上(Wicke et al 2009)。根据 IO 分析的最终需求法计算,每生产 1ML 棕榈生物柴油对泰国 GDP 的贡献约为 73 万美元(见表 2.4)。对农业的直接影响占 GDP 变化的最大份额,接下来是对能源消耗和化学品消耗的间接影响。因为原料(即 CPO)成本是最大的生物柴油生产成本,约占直接影响的 62%~73%,占对 GDP 全部影响的 29%~55%。甲醇对 GDP 的贡献排在第二位。然而,这项研究并没有考虑增加生物柴油的使用所导致的炼油行业业务减少,因为生物柴油在泰国是以混合形式使用的。所以,新的生物柴油生产部门认为,从产品竞争角度来看,对炼油厂没有影响。考虑生物柴油政策对泰国社会、经济的长期影响,如果每天生产约 4.5ML 棕榈生物柴油的生产目标在 2022 年实现,泰国生物柴油的全部影响估计将使 GDP 增加 11.93 亿美元。

2.5.3 生物柴油生产对国家贸易平衡的影响

贸易平衡是每个国家关注的重要方面,因为它是衡量一国对他国独立性的指标,反映了该国通过向他国出口货物获得收入的可能性 (Wicke et al 2009)。所以,本研究将确定泰国生物柴油生产所需要的进口量,并且与柴油生产相比较。IO 分析同样被用于分析对国家贸易平衡的影响。分析结果表明,生产 1TJ 棕榈生物柴油将使进口需求共增加 1.7 万美元。但是,与生产相同能量(即 1TJ)常规柴油的情况相比,生产生物柴油来替代石化柴油可以使该国的进口减少约 5.3 万美元。生物柴油转化阶段使用的化学品的间接影响是导致进口增加的最主要原因，其次是能源消耗的间接影响。因此，如果生产约 4.5ML/d (相当于 55024TJ/d) 的目标在 2022 实现，生产生物柴油可减少进口约 28.49 亿美元/a。

2.6 实现泰国棕榈生物柴油可持续发展的建议

为提高棕榈生物柴油的环境和经济指标，同时实现棕榈油和棕榈生物柴油产业在泰国的可持续发展，笔者提出了以下几条建议：

2.6.1 提高现有的棕榈生物柴油系统的环境和成本效率

对棕榈油榨油阶段所产生的所有副产品和废物加以利用，是提高棕榈生物柴油环境和成本指标的关键(Silalertruksa et al 2012)。例如，回收 POME 中的沼气和营养物质，将会获得 CDM 的奖励机会。EFB 是许多榨油厂的老大难问题，尤其是在收获高峰期难以铺护到树根上，运送和在种植场内分散需要大量的花费。因为 EFB 含有较高含量的氮、磷、钾，可以将其用于其他用途，例如用做锅炉燃料、草菇栽培基质或者与 POME 混合堆肥(APC 2007)。此外，内部锅炉燃烧富余的果壳可以用来生产活性炭或作为水泥和制砖工厂的燃料(Chavalparit et al 2006)。从废物中回收得到替代原料将获得额外收益，有助于提高泰国棕榈油和棕榈生物柴油产业的经济和环保指标。例如，可用沼气替代发电的柴油，用 POME 和 EFB 混合堆肥替代化学肥料，小型供电企业用生物质燃料(例如果壳和 EFB)替代上网发电用的燃料(Silalertruksa et al 2012)。此外，在种植园中存在的生物质(如树叶和树干)，均可作为生物质能源。然而，为了防止暴雨情况下对土壤的侵蚀和冲刷，需要控制移走生物质的量，尤其是种植园位于山区时，可移走作为能源的树叶和树干的合适百分比只有 35%和 85%，在平原地区的种植园则可分别移走 67%和 98%(APC 2007)。

为确保未来对用于生物柴油生产的 CPO 的供应，需要同时提高 FFB 产量和油脂提取率。泰王国农业部为农场主制定的有关油棕的良好农业规范应该鼓励小自耕农使用，尤其是关于合适的采收时间段，而掌握恰当的采收时间可以收到高含油量和高质量的 FFB(DOA 2009)。

此外，使用由 EFB 和含有营养物质的 POME 混合堆肥得到的混合肥料作为有机肥，将是另一种改善土壤质量、减少化肥施用量的措施。而且，应该建立 FFB 的质量标准和配套的质量价格体系，以支持 FFB 和油脂提取效率提升计划。良好的实践措施可以将 FFB 的产量从 17.5t/hm^2 提高到 22t/hm^2，甚至达到油棕品种的遗传学潜能，即 31.3t/hm^2(NCGEB 2009)。

政府应该制定详细规范，说明那些土地适宜于将来种植油棕。棕榈种植园的无序扩张将导致 FFB 生产效率低下,对环境产生不利影响(例如增加温室气体排放)。在先前是热带林地的土地上发展起来的棕榈生物柴油系统排放如此之多的温室气体,使其不能满足温室气体减排的目标。根据评价结果,与其他土地变化相比,将预留土地转变成油棕地将是比较合适的,可以保证未来棕榈油和棕榈生物柴油产业发展的社会和环境可持续性。

2.6.2 鼓励棕榈基生物炼制和梯级利用棕榈生物柴油系统所产生的生物质残余物和废弃物,以最大限度地获得可持续发展的好处

对化石资源,特别是原油价格不断上涨的担忧,刺激了人们对于利用生物质作为化石资源的替代物来生产适销对路产品(材料/化学品)和能源产品(如运输燃料)的兴趣。由此提出了与石油炼厂类似的"生物炼制"概念。在石油炼制中,一种单一的原料(原油)可以加工成多种产品(Goh,Lee 2010)。然而,在生物炼制中,原料是生物质,它将被加工成一系列适销对路的产品和能源(IEA 2012)。种类繁多的技术(例如生化转化、热化学转换)将被考虑集成进生物炼制系统,将生物质资源(例如木材、能源作物、农业废弃物)分离成各自的结构单元(如碳水化合物、蛋白质和甘油三酯), 然后转化成高附加值的产品 、生物燃料或化学品(Cherubini 2010)。这一概念也可能应用于棕榈业,因为油棕种植和棕榈油榨油厂产生了大量生物质残余物和废弃物。

图 2.4 展示了两种棕榈基生物炼制系统的实例,它们可以整合进普通的泰国棕榈生物柴油生产系统,以便更充分地利用棕榈业所产生的生物质残余物和废弃物。提出的两种方案是:棕榈基生物燃料炼制(palm-based biofuel refinery,PBR)和带有"梯级利用"概念的棕榈基生物炼制。PBR 方案是指 CPO 仍然被加工成生物柴油,而油棕种植产生的主要生物质残余物(即树叶和树干)和榨油厂产生的次要生物质残留物(即纤维、EFB 和果壳)被收集并挤压到较小尺寸,经过预处理和水解,获得可发酵糖和终产物(生物乙醇)的系统(Goh,Lee 2010)。木质素也将被从木质纤维素中分离出来,作为发电的燃料。木质素燃烧产生的灰分可以返回到种植园,以改善土壤品质。酯交换反应过程中的副产品甘油,也可作为热电联产的燃料。

带有生物资源"梯级利用"概念的棕榈基生物炼制方案也如图 2.4 所示。梯级利用以生物质作为原料, 依次生产产品和能源 (即在能源利用前优先生产产品)(Steubing et al 2010;Raschka,Carus 2012;UNIDO 2007)。本研究提供了一个在泰国将梯级利用概念应用于生物柴油副产甘油以改进棕榈生物柴油系统的实例,即生物柴油副产甘油将被依次用于生产产品和生产能源(即生产用于合成环氧树脂

的环氧氯丙烷和用于燃烧)(Pagliaro et al 2007;Raschka,Carus 2012)。最近,一座投资 1.57 亿美元的利用生物柴油副产甘油生产环氧氯丙烷的生物化工厂在泰国麦普塔普(Map Ta Phut)成功投产,该工厂由索尔维(Solvay)国际化工集团及其与泰国的合资公司 Vinythai 共同投资,并采用索尔维公司的环氧化技术,产能将达到 100kt/a(Voegele 2012)。

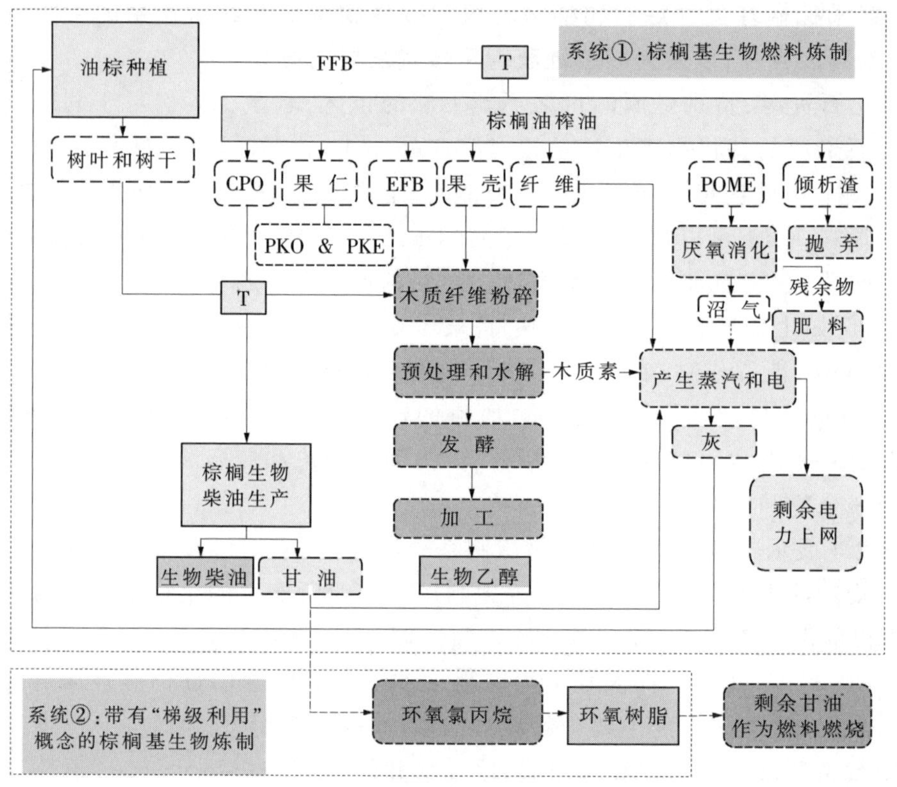

图 2.4 棕榈基炼制系统原理图

此外,棕榈油产生的生物质废弃物也可通过其他转换技术来生产富氢气体或其他产品。富氢气体清洁而且热值高,有望成为未来的主要能源来源之一(Mohammed et al 2011)。其他产品包括可以作为"绿色化学品"的丙酮-丁醇-乙醇(acetone-butanol-ethanol,ABE)和生物塑料,例如聚乳酸(polylactic acid,PLA)、聚羟基脂肪酸酯(polyhydroxyalkanoate,PHA)等(IEA 2012;JIE 2008)。这种在生物炼制中利用生物质资源的同时生产高附加值产品和生物燃料的综合集成方法,是很有可能降低传统生物燃料生产成本的方法。如果政府的减税支持计划将来被推迟,该方法也有帮于建立经济可行的生物燃料市场(IEA 2012)。因此,棕榈生物质废弃物在棕榈基生物炼制中得到有效利用，不仅能降低生物柴油生产成本，还将增强能源安全和缓解气候变化。此外，未来生物炼制业的大量涌现还将产生大量的就业机会。

2.7 结论

为了阐述泰国棕榈生物柴油生产和使用的可持续性，本研究应用 LCA 和 IO 分析等决策支持工具评估了各种系统生产的棕榈生物柴油和常规柴油对环境和社会经济的影响。像泰国这样的发展中国家，鼓励生物柴油产业的政策对经济具有显著的促进作用，因为这可以为经济发展带来各种正外在效应，例如温室气体减排、酸雨减少、促进就业和 GDP 发展以及改善贸易平衡。这提高了生物柴油的吸引力，使之在社会净效益方面比柴油更具竞争力。然而，生物柴油生产也会产生环境负效应，需要政策制定者加以考虑。例如，与柴油相比，生物柴油生产会增加对环境的富营养化影响。此外，未来油棕种植园的无序扩张(例如侵占热带雨林种植油棕)，将导致棕榈生物柴油生产带来的温室气体排放大量增加，以至于比常规柴油生产所排放的温室气体还多。因此，给出以下几点建议，以提高未来棕榈油和棕榈生物柴油产业在环境和经济方面的可持续性：应该在全国范围内推广短期改善措施，包括油棕种植的 GAP、处理榨油厂副产物和废物的方法(例如回收 POME 产生的沼气，将 EFB 和 POME 混合堆肥)以及将生物质残余物用做燃料等。然而，为了长期改善，本研究建议开展带“梯级利用”概念的棕榈基生物炼制系统研究，以充分利用棕榈油和棕榈生物柴油产业所产生的生物质残余物和废弃物。

参考文献

APC (2007) Best practice guide: waste to energy in palm oil industry. E3Agro project: Energy and eco efficiency in agro-industry, DEDE-GTZ'2007, Bangkok

Chavalparit O, Rulens WH, Mol APJ, Khaodhair S (2006) Options for environmental sustainability of the crude palmoil industry in Thailand through enhancement of industrial ecosystem. Environ Dev Sust 8: 271-287

Cherubini F (2010) The biorefinery concept: using biomass instead of oil for producing energy and chemicals. Energ Convers Manage 51: 1412-1421

DEDE (2009) Biodiesel prices statistics. Department of alternative energy development and efficiency (DEDE), Bangkok

DEDE (2011) Alternative energy development plan: AEDP 2012-2021. Department of alternative energy development and efficiency (DEDE), Bangkok. http://www.dede.go.th/dede/images/stories/aedp25.pdf

DOA (2009) Good agricultural practice for oil palm (in Thai). Department of agriculture (GAP No.3), Department of agriculture, Bangkok

Dreyer LC, Niemann AL, Hauschild MZ (2003) Comparison of three different LCIA methods: EDIP97, CML2001 and eco-indicator 99. Int J Life Cycle Ass 8: 191-200

Ecoinvent Database (2007) Swiss centre for life cycle inventories, Dübendorf: In SimaPro 7

EIA International Energy Statistics (2010) US energy information administration, Washington.http://www.eia.gov/cfapps/ipdbproject/iedindex3.cfm?tid=79&pid=alltypes&aid=1&cid=regions&syid=2006&eyid=2010&unit=TBPD.Cited 25 Mar 2012

Fargione J, Hill J, Tilman D, Polasky S, Hawthorne P (2008) Land clearing and the biofuel carbon debt.Science 319 (5867):1235–1238

Germer J, Sauerborn J (2008) Estimation of the impact of oil palm plantation establishment on greenhouse gas balance. Environ Dev Sustain 10:697–716

Goh CS, Lee KT (2010) Palm-based biofuel refinery (PBR) to substitute petroleum refinery: an energy and energy assessment.Renew Sust Energ Rev 14:2986–2995

Guinée JB, Gorée M, Heijungs R, Huppes G, Kleijn R, Koning A et al (2002) Handbook on life cycle assessment: operational guide to the ISO standards.Kluwer Academic Publishers, Dordrecht

Heijungs R, Guinée JB, Huppes G, Lankreijer RM, Udo de Haes HA, Wegener SA et al.(1992) Environmental life cycle assessment of products: guide.Centre of Environmental Science (CML), Leiden

Hooijer A, Silvius M, Wösten H, Page S (2006) PEAT-CO_2, Assessment of CO_2 emissions from drained peatlands in SE Asia.Delft Hydraulics Report Q3943.Delft Hydraulics, Delft

ICIS pricing (2010) Glycerine (Asia Pacific).See also: www.icispricing.com/il_shared/Samples/ SubPage213.asp.Cited 11 Sep 2010

IEA (2012) Bio-based chemicals: value added products from biorefineries.IEA Bioenergy-Task 42: Biorefinery

IPCC (2006) IPCC guidelines for national greenhouse gas inventories, vol.4-agriculture, forestry and other land use (AFOLU).Institute for Global Environmental Strategies (IGES), Hayama

IPCC (2007) Working group Ⅲ report "mitigation of climate change", fourth assessment report.Cambridge University Press, Cambridge

Ismail M, Rossi A (2010) A compilation of bioenergy sustainability initiatives.Food and Agriculture Organization of the UN (FAO), Rome.http://www.fao.org/bioenergy/ foodsecurity/befsci/62379/en/

ISO (2006) ISO 14040:2006 Environmental management-Life cycle assessment-Principles and framework.International Organization for Standardization (ISO), Geneva

JGSEE (2010) Baseline study for GHG emissions in palm oil production: Second draft final report, Bangkok

JIE (2008) The Asian biomass handbook: a guide for biomass production and utilization.Japan Institute of Energy (JIE), Tokyo

Kamahara H, Hasanudin U, Widiyanto A, Tachibana R, Atsuta Y, Goto N, Daimon H, Fujie K (2010) Improvement potential for net energy balance of biodiesel derived from palm oil: a case study from Indonesian practice.Biomass Bioenerg 34:1818–1824

Larson ED (2006) A review of life-cycle analysis studies on liquid biofuel systems for the transport sector.Energy Sust Dev 2:109–126

Mekhilef S, Siga S, Saidur R (2011) A review on palm oil biodiesel as a source of renewable fuel.Renew Sust Energ Rev 15:1937–1949

Mohammed MAA, Salmiaton A, Wan Azlina WAKG, Mohammad Amran MS, Fakhru'l-Razi A, Taufiq-Yap YH (2011) Hydrogen rich gas from oil palm biomass as a potential source of renewable energy in Malaysia.Renew Sust Energ Rev 15:1258–1270

NCGEB (2009) Feasibility study of increase production of sugarcane, cassava and oil palm for biofuels production: technology use and expansion of cultivation areas (in Thai).National Center for Genetic Engineering and Biotechnology, Bangkok

NSO (2010) Wages per employed person in agriculture and manufacturing sector: informal sector labor forces year 2009.National Statistical Office, Bangkok.http://service.nso.go.th/nso/nsopublish/service/survey/workerOutRep52.pdf. Cited 15 May 2011

OAE (2010) Background information of agricultural economics. Office of Agricultural Economics (OAE), Bangkok

OAE (2011) Agricultural statistics of Thailand 2010.Office of Agricultural Economics (OAE), Bangkok.http://www.oae.go.th/download/download_journal/yearbook53.pdf

Pagliaro M, Ciriminna R, Kimura H, Rossi M, Pina CD.(2007) From glycerol to value-added products.Angew Chem Int Ed 46:4434-4440 doi:10.1002/anie.200604694.Wiley Online library

PEACE (2007) Indonesia and climate change: current status and policies.http://siteresources. worldbank.org/INTINDONESIA/Resources/Environment/ClimateChange_Full_EN.pdf. Cited 12 Jan 2010

Pleanjai S (2008) Integrated environmental assessment of biodiesel from palm oil. PhD dissertation, the joint graduate school of energy and environment, King Mongkut's University of Technology Thonburi, Bangkok

Pleanjai S, Gheewala SH (2009) Full chain energy analysis of biodiesel production from palm oil in Thailand.Appl Energ 86(Suppl.): S209-S214

Pleanjai S, Gheewala SH, Garivait S (2009) Greenhouse gas emissions from production and use of palm methyl ester in Thailand.Int J Glob Warming 1(4): 418-431

Poh PE, Chong MF (2009) Development of anaerobic digestion methods for palm oil mill effluent (POME) treatment. Bioresour Technol 100: 1-9

Raschka A, Carus M (2012) Industrial material use of biomass: basic data for Germany.Europe and the world.Nova-Institute for ecology and innovation, Hürth

Reijnders L, Huijbregt MAJ (2008) Palm oil and the emission of carbon-based greenhouse gases.J Cleaner Prod 16: 477-482

Schmidt JH, Christensen P, Christensen TS (2009) Assessing the land use implications of biodiesel use from an LCA perspective.J Land Use Sci 4: 35-52

Shuit SH, Tan KT, Lee KT, Kamaruddin AH (2009) Oil palm biomass as a sustainable energy source: a Malaysian case study.Energy 34: 1225-1235

Siangjaeo S, Gheewala SH, Unnanon K, Chidthaisong A (2011) Implications of land use change on the life cycle greenhouse gas emission from palm biodiesel production in Thailand.Energ Sust Dev 15: 1-7

Silalertruksa T, Bonnet S, Gheewala SH (2012) Life cycle costing and externalities of palm oil biodiesel in Thailand. J Clean Prod 28: 225-232

Silalertruksa T, Gheewala SH (2011) The environmental and socio-economic impacts of bio-ethanol production in Thailand.Energy Procedia 9: 35-43

Silalertruksa T, Gheewala SH (2012) Environmental sustainability assessment of palm biodiesel production in Thailand. Energy (In press, corrected proof)

Smyth BM, Ó Gallachóir BP, Korres NE, Murphy JD (2010) Can we meet targets for biofuels and renewable energy in transport given the constraints imposed by policy in agriculture and energy? J Clean Prod 18: 1671-1685

Steubing B, Zah R, Waeger P, Ludwig C (2010) Bioenergy in Switzerland: assessing the domestic sustainable biomass potential.Renew Sust Energ Rev 14: 2256-2265

Stichnothe H, Schuchardt F (2010) Comparison of different treatment options for palm oil production waste on a life cycle basis.Int J Life Cycle Ass 15: 907-915 Stone R (2007) Can palm oil plantations come clean? Science 317: 1491

Suh S (ed.) (2009) Handbook of input-output economics in industrial ecology.Eco-Effi Ind Sci 23

Sumathi S, Chai SP, Mohamed AR (2008) Utilization of oil palm as a source of renewable energy in Malaysia. Renew Sust Energ Rev 12: 2404-2421

Tan KT, Lee KT, Mohamed AR, Bhatia S (2009) Palm oil: Addressing issues and towards sustainable development. Renew Sust Energ Rev 13: 420-427

UNIDO (2007) Industrial biotechnology and biomass utilisation: prospects and challenges for the developing world.United Nations Industrial Development Organization, Vienna

USAID (2009) Biofuels in Asia:an analysis of sustainability options,United States Agency for International Development (USAID),Bangkok

USDA (2011) Oilseeds:world markets and trade.United States Department of Agriculture.Circular Series FOB 11-12 Dec 2011. http://usda01.library.cornell.edu/usda/fas/oilseed-trade//2010s/2011/oilseed-trade-12-09-2011.pdf

Vanichseni T,Intaravichai S,Saitthiti B,Kiatiwat T (2002) Potential biodiesel production from palm oil for Thailand. Kasetsart J 36:83-97

Voegele E (2012) Thai biochemical plant converts glycerin into epichlorohydrin.Biodiesel Magazine,14 Mar 2012. http://biodieselmagazine.com/articles/8391/thai-biochemical-plant-converts-glycerin-into-epichlorohydrin.Cited 31 Mar 2012

WBGU (2010) Future bioenergy and sustainable land use.Earthscan,London

Wicke B,Dornburg V,Junginger M,Faaij A (2008) Different palm oil production systems for energy purposes and their greenhouse gas implications.Biomass Bioenergy 32:1322-1337

Wicke B,Smeets E,Tabeau A,Hilbert J,Faaij A (2009) Macroeconomic impacts of bioenergy production on surplus agricultural land-a case study of Argentina.Renew Sustain Energy Rev 13:2463-2473

Yusoff S,Hansen SB (2007) Feasibility study of performing a life cycle assessment on crude palm oil production in Malaysia.Int J Life Cycle Assess 12:50-58

Zah R,Ruddy TF (2009) International trade in biofuels:an introduction to the special issue.J Clean Prod 17(Suppl.): S1-S3

第 3 章 木质纤维素生物质物理和化学预处理方法的研究进展

摘要：自然界中有丰富的木质纤维素，它是非粮材料，被认为是未来能源生产最合适的原料。不过，这类材料经过自然进化能抵御物理和生物“攻击”。在不进行预加工操作(即预处理)的情况下，木质纤维素材料的转化产率不是很高，这就使商业应用缺乏可行性。不过，在过去 10 年左右的时间内，随着全球范围内的持续努力研究，科研人员已经对影响生物质后续生物转化的生物质特性有了较为深入的理解。细胞壁的组成、特性、组成分布和不同部件之间的联结，已被证实是显著影响木质纤维素生物转化的几个主要因素。本章从不同方面综述了影响木质纤维素预处理的参数，同时也介绍了对木质纤维素进行改性的研究进展。此外，本章还讨论了相关研究的挑战和分歧，并在结语部分中提出了一些建议。另外，本章也介绍了最重要的几种预处理工艺，包括酸法预处理、碱法预处理和纤维素溶剂预处理。本章还综述了因进行这些预处理而产生的基本反应和带来的生物质结构的变化，同时对它们的最新进展也进行了介绍。

3.1 引言

木质纤维素材料是唯一具有巨大潜力并且可生产出数量可观的燃料以替代石化燃料的可再生资源。来自农业废弃物、林业废弃物和城市生活垃圾等不同木质纤维素，价格相当低，并且能大量提供(Wyman 1996)。不过这些材料顽强“抗拒”微生物和酶转化。因此，为了进行有效转化，在进行任何生物转化之前，应该通过一个被称为“预处理(pretreatment)”的工艺过程来打开这些材料的结构。这种上游处理方式使下游微生物和酶转化更容易进行(Zhu，Pan 2010)。这种预处理方式也同样被动物用来改善其对木质纤维素材料的消化(Castro et al 1993)。

本章作者：Keikhosor Karimi[1]，Marzieh Shafiei[1]，Rajeev Kumar[2]

作者单位：1.伊斯法罕科技大学(Isfahan University of Technology)化工系；2.加州大学河滨分校伯恩斯工程学院(Bourns College of Engineering University of California)环境研究和技术中心

电子邮件：karimi@cc.iut.ac.ir

生物质的预处理是许多研究的焦点，并且被认为是利用木质纤维素生产生物乙醇的关键。在已有研究中，对提高生物沼气产量、改善动物饲料加工过程以及生产其他可代谢物的研究比较少。所有这些预处理的改进基础看似都是相同的，但从细节上来看，却存在显著差异。比如，一种适合生物乙醇生产的预处理方法，可能不会提高生物沼气的产量(Jeihanipour 2011)。在酶水解过程中，进入生物质孔道的是酶的混合物；而在生物沼气生产过程以及动物消化过程中，进入生物质孔道的是水解微生物。换句话说，在生物沼气生产以及动物消化中，一种含有纤维素酶和半纤维素酶的高活性复合酶参与了这些过程。

在本章中，首先综述了木质纤维素与预处理改性有关的性质，其次讨论了预处理过程中的有效参数，最后介绍和讨论了酸法预处理、碱法预处理和纤维素溶剂预处理的基础知识和研究进展。

3.2 木质纤维素材料

自然界中存在多种木质纤维素生物质，包括农业废弃物、草本作物、木本植物(硬木和软木)。木质纤维素生物质主要由以下几种成分组成：碳氢化合物(纤维素和半纤维素)、木质素和外来物质。

因为本章要讨论木质纤维素的预处理，因此下面简单介绍一下木质纤维素的成分。

3.2.1 碳水化合物

木质纤维素中的碳水化合物包括纤维素和半纤维素。

3.2.1.1 纤维素

纤维素是树木和其他很多种木质纤维素生物质的主要组分，通常占生物质干重的40%~50%。纤维素的分子式为$(C_6H_{10}O_5)_n$，是由*D*–葡萄糖以$\beta(1\rightarrow4)$糖苷键组成的长链多糖。因为每个葡萄糖残基向临近的分子倾斜180°，因此把纤维素看作是纤维二糖而不是葡萄糖的聚合体会更精确一些 (Fengel，Wegener 1984；Lee et al 1994；Perez，Samain 2010)。

纤维素具有晶体结构(结晶度为45%~96%)，它的平均聚合度(定义为纤维素相对分子质量与一个葡萄糖相对分子质量的比值，植物纤维素的聚合度为7000~15000)高，因而会形成致密的微晶纤维(宽约为3.5nm×4.0nm，长约为50nm)(Chang et al 1981；Fengel，Wegener 1984)。由于羟基的存在，分子内和分子间形成氢键的趋势很强，这决定了纤维素的强度和结晶度(Change et al 1981)。

纤维素的稳定性和结晶度来源自存在的羟基 (OH)(Festucci–Buselli et al 2007)。纤维素中每个葡萄糖基团都有三个羟基官能团(见图3.1)，因此，纤维素的内表面和外表面都被羟基覆盖，这些羟基能够与木质纤维素中的其他羟基或官能团(比如含 O-、N-、S-的官能团) 形成氢键 (Pérez，Samain 2010)。水的范德华键能仅为 0.15kJ/mol，而水和纤维素的氢键键能分别为 15kJ/mol 和 28kJ/mol。纤维素能够吸水，这是因为水的羟基能与纤维素中的自由羟基形成氢键，但还不能形成化学键。这是用水溶胀纤维素的基础(Fengel，Wegener 1984)。

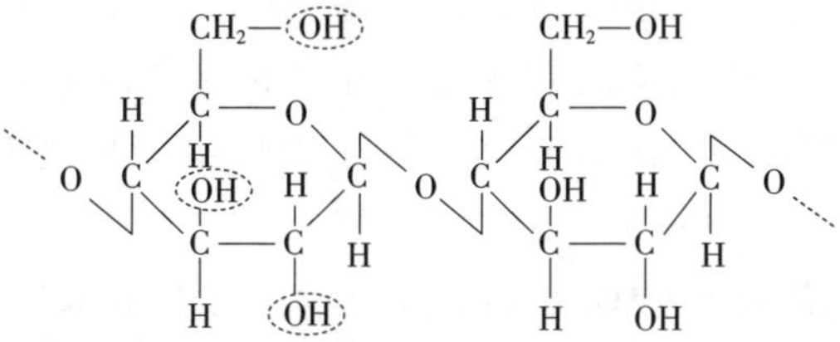

图 3.1 纤维素单元

木质纤维素中的纤维素分子以原纤形式存在。原纤是由微纤丝构成，而微纤丝是由多个基元原纤丝组成，这些基元原纤丝又同半纤维素和木质素联结在一起。每个微纤丝被认为包含大约 36 个葡萄糖链(Ding，Himmel 2006)。每个微纤丝含有三个葡萄糖链基团：真晶链(核心链)、次晶链(过渡链)和“次晶或非晶”链(表面链)(见图 3.2)(Ding，Himmel 2006；Festucci-Buselli et al 2007)。在纤维素中，真晶链是最能抗拒化学和生物水解的部分。

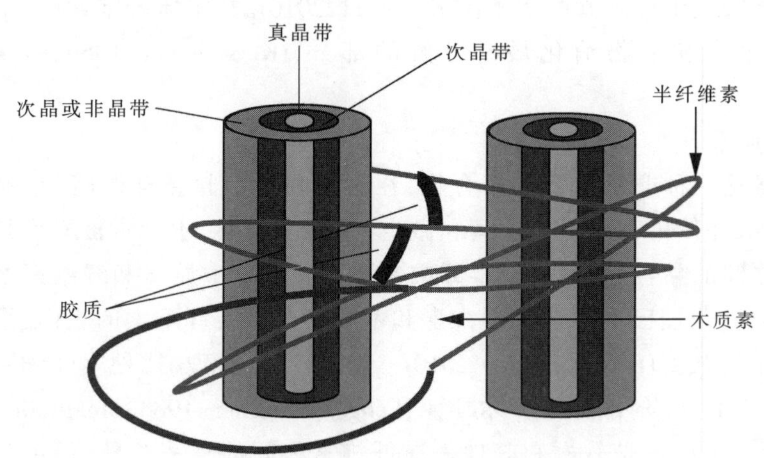

图 3.2 纤维素微纤丝的晶带示意图

3.2.1.2 半纤维素

半纤维素，也称作聚糖，是多糖和多糖醛酸苷的杂聚物，它与纤维素一起存在于几乎所有的木质纤维素中。半纤维素的多糖部分包含不同己聚糖(葡聚糖、甘露聚糖、半乳聚糖和鼠李糖聚糖)和戊聚糖(木聚糖和阿拉伯聚糖)的聚合体,多糖醛酸苷部分包含己糖羰基酸和甲氧基、乙酰基以及游离的羧酸基。多糖醛酸苷比多糖对化学和生物"攻击"更加敏感(Norman 1934;Billa,Monties 1991)。

木葡聚糖、半乳葡甘露聚糖、阿糖基葡萄糖醛酸基木聚糖、木聚糖、葡糖醛酸木聚糖、阿拉伯木聚糖、甘露聚糖、葡甘露聚糖是半纤维素中的主要聚合体。在软木的半纤维素中占主导地位的单糖是甘露糖,其乙酰化程度高,含有半乳糖侧基。而在硬木以及农业废弃物的半纤维素中,占主导地位的单糖是木糖,其乙酰化程度较低,含有阿拉伯糖侧基。在半纤维素骨架中还可能出现其他糖的侧基,比如岩藻糖(Fry 1989)。

由于软木中甲基葡糖醛酸侧基的含量很高,软木中木聚糖的水解要比硬木中木聚糖的水解更困难(Teleman et al 1995,2002)。在软木和硬木中,木糖与甲基葡糖醛酸的比值分别为 5:1 和 10:1。在稀酸预处理过程中,甲基葡糖醛酸侧基也可能受到保护而保留在纤维中(Czirnich,Patt 1976;McCarter et al 2002)。

因此,在半纤维素的水解物中存在不同糖单体和酸的混合物,这包括木糖、甘露糖、葡萄糖、半乳糖、阿拉伯糖、鼠李糖和乙酸(Wyman 1996;Peng et al 2012)。

纤维素是晶型结构,难以水解;与其不同的是,半纤维素是支链为短链聚合物的非晶型结构(Girio et al 2010;Peng et al 2012)。尽管结构复杂,但半纤维素能很容易地被酸或半纤维素酶水解(Girio et al 2010)。在木质纤维素中,半纤维素是生物沼气生产和动物消化最易分解的部分 (Keys et al 1969;Keys,DeBarthe 1974)。

3.2.1.3 木质素

木质素是一种非常复杂的聚合物,在细胞联接中起黏合作用,它提高了植物的机械强度,并使植物能抵抗疾病和微生物降解。有时,木质素被看作是半纤维素和纤维素之间的黏合剂;而有时半纤维素则被看作是木质素和纤维素之间的黏合剂。无论如何,人们已经知道半纤维素和木质素覆盖在纤维素的表面,增加了纤维素基体的结构强度(Pérez,Samain 2010)。软木(25%~40%)比硬木(18%~25%)和农业废弃物(10%~20%)含有更多木质素(Fengel,Wegener 1984;McMillan 1992)。不过,木质素含量并不是软木和其他木质纤维素之间的唯一差异,最主要的差异是木质素的单体单元和联结类型的差异。木质素含量的不同,会导致软木和硬木对不同预处理技术的感受性存在显著差异。软木的预处理条件比硬木和农业废弃物更加苛刻,这是因为硬木和农业废弃物中存在非常多的管状结构,它们更有利于热量和物质传递到生物质内部(Cochard,Tyree 1990;Hepworth et al 2002;Kim et al

2011)。总体来说,化学物质、酶、热更容易穿透表面进入硬木及农业废弃物的内部,因而硬木比软木更易进行预处理。

木质素是羟基苯丙结构单元通过 C—C 和 C—O—C 键形成的交联型聚合物。科研人员在木质素中已经检测到 10 种以上的间苯丙烷键型。在木质素中有若干种单体单元和联结类型,据此可将木质素分为多种类型,其中主要类型有 3 种:愈创木基木质素(G-木质素)、紫丁香基木质素(S-木质素)和对-羟基苯基木质素(H-木质素),分别由愈创木基(G)、紫丁香基(S)和羟基苯甲醛(H)结构单元构成(Lewis, Yamamoto 1990)。生长年龄和生长条件不同的木质纤维素生物质,会含有不同比例的 G、S 和 H。植物管道壁中存在愈创木基木质素,这是化学物质和生物酶难以接近植物体内管道的部分原因。不仅是木质素的含量,还有愈创木基木质素和紫丁香基木质素的比例,都会影响纤维素残渣的溶胀性能(Ramos et al 1992)。研究人员已经对木质素的主要成分进行过大量研究,但对木质素化学中的很多方面仍不是很清楚。

对于木质材料中木质素的合成,一系列的二次反应被认为会导致木质素和半纤维素交叉联结(Lee 1997)。木质素的生物降解是二次代谢过程,仅发生在低浓度氮气存在的条件下(Lee 1997)。

在植物的生物合成中,人们相信木质素并不是简单地沉积在纤维素和半纤维素表面,而是至少与其中一种联结在一起。由这种联结产生的物质被称作木质素-多糖复合物(LPC)或木质素-碳水化合物复合物(LCC)(Chesson 1988)。正是由于这种联结的存在,把纤维素或半纤维素从木质纤维素中完全分离或提纯出来,或者说要得到不含多糖的木质素,是几乎不可能的。另外,在脱除木质素的过程中,木质素有再缩聚的倾向(Kim et al 2003)。在木质素和多糖之间,研究人员不仅检测到了范德华力和氢键,还检测到了化学键(例如共价键)(Besombes, Mazeau 2005)。

3.2.1.4 外来物质

在木质纤维素中存在大量被称作外来物质的化合物,使用极性或非极性溶剂可以把它们从木质纤维素中提取出来。不同的木质纤维素含有不同组成和不同含量的外来物质。根据在水中的溶解性不同,外来物质被分作两大类:可抽提物和不可抽提物(Fan et al 1982)。最重要的可抽提物是树脂(脂肪、脂肪酸、树脂酸和甾醇)、萜烯(异戊二烯醇类和酮类)、酚类(木质素生物合成的残余物和副产品)(Fan et al 1982; Fengel, Wegener 1984)。

外来物质中的不可抽提物由碱土金属碳酸盐、草酸盐、淀粉、胶质和蛋白质等组成。在某些类型的草和秸秆中,还含有大量的二氧化硅晶体,这也是外来物质中的不可抽提物(Fan et al 1982)。尤其是稻草,它的表面被一层二氧化硅覆盖,在预处理时的表现形式与其他相似生物质(比如麦秸)是不一样的(Binod et al 2010)。

一般来说,外来物质并不被认为会显著降低纤维素生物质的生物转化率,因此在这个方面的研究也比较少。研究这些成分的作用虽然可能很有趣,但却是很困难的,因为它们的数量很大,而且绝大部分的含量又很低。

3.3 预处理

木质纤维素材料预处理的主要目的,是提高它们在后续生物加工过程中的生物转化率(见图 3.3 和图 3.4)。预处理过程被认为是经济可行的生产不同化学品的关键,这些化学品包括乙醇、丁醇、乳酸、生物沼气以及动物饲料等(Cameron et al 1990,1991;Shah et al 1991;Castro et al 1993;Deschamps et al 1996;Wang et al 2004;Yang,Wyman 2008;Taherzadeh,Karimi 2008;Aad et al 2010;Teghammar et al 2010)。

木质纤维素
预处理
酶水解
发 酵
乙醇
丁醇
乳酸
柠檬酸
…
厌氧消化
生物沼气
生物氢
动物饲料

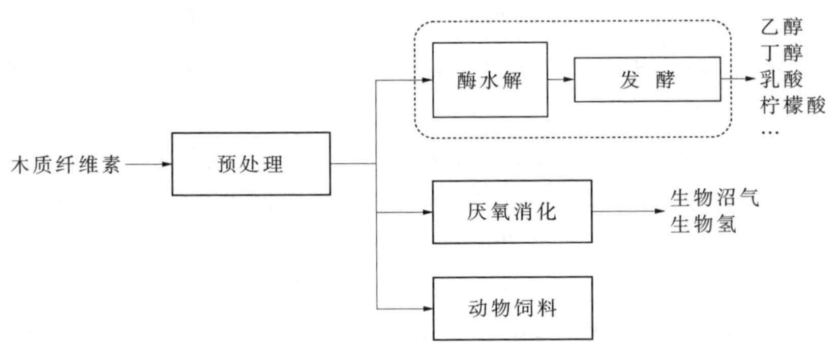

图 3.3 针对不同目的的木质纤维素预处理方式

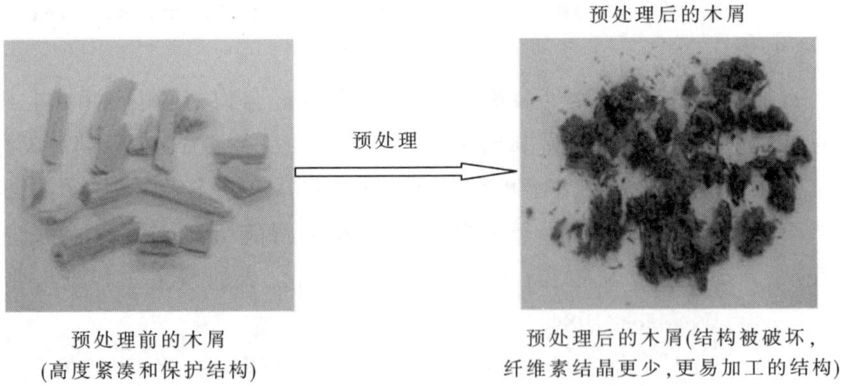

预处理后的木屑
预处理
预处理前的木屑
(高度紧凑和保护结构)
预处理后的木屑(结构被破坏,
纤维素结晶更少,更易加工的结构)

图 3.4 预处理对生物质的影响[未出版的文献(Shafiei et al 2012)]

3.3.1 预处理的有效参数

预处理一般被认为是破坏木质纤维素所含有的天然抗性结构的过程,这种结构会抑制碳水化合物(即纤维素和半纤维素)水解(Yang, Wyman 2008)。换句话说,预处理是一个过程,以去除木质纤维素对微生物或酶生物转化的抗性(Recalcitrance)(Zhu, Pan 2010)。在木质纤维素生物转化中,最有效的参数被认为是纤维素的结晶度和可及表面积,木质素和半纤维素对纤维素的保护,纤维素聚合度,半纤维素的乙酰化度,纤维素酶的吸附和脱附,以及生物质的溶胀能力(Wyman 1996; Taherzadeh, Karimi 2008; Hendriks, Zeeman 2009)。

尽管研究人员已经进行了大量研究工作,但仍不能对木质纤维素的性质与酶水解的有效性进行关联。比如,当一种预处理方法降低了木质素的含量,但我们并不能坚定地认为水解收率的提高仅仅与木质素的含量有关。从另一方面来说,当通过预处理过程改变了木质纤维素的一个特定性质,不可能不改变其他性质。因此,研究单个参数的作用是不可能的。

迄今为止,研究人员很少努力去开发有用的方法来评估木质纤维素的特性——这里的特性是指木质纤维素中能影响由微生物或酶水解引起的生物降解的性质(Chandra et al 2008)。尽管作了不同努力,但把有效参数与它们的水解性质关联起来仍很困难(Chandra et al 2008)。下面简单介绍和讨论了可能会影响纤维素酶水解的有效参数。

3.3.1.1 纤维素结晶度

在木质纤维素的酶水解中,纤维素的结晶度在纤维素材料的转化中起着主要作用。比如说,棉花纤维几乎是纯的纤维素,它不含木质素和半纤维素。但是因为其结晶度比较高,用生物酶水解棉花不可能得到很高的收率(Jeihanipour 2011)。

一般来说,纤维素材料中包含不同的纤维素区域,分为结晶区和无定形区,但结晶区为主要的区域。结晶度通常被定义为结晶区和无定形区大小的比值。天然纤维素主要以纤维素Ⅰ形式存在,棉花中主要是纤维素$Ⅰ_{\alpha}$,木质纤维素中主要是纤维素$Ⅰ_{\beta}$。在纤维素Ⅰ中,分子以平行方式排列。纤维素Ⅱ是指再生纤维素,也是纤维素结晶的一种形式,分子以非平行方式排列,热力学稳定性比纤维素Ⅰ好。可通过对木质纤维素预处理得到纤维素Ⅱ,它更易进行化学转化或酶转化,(Hayashi et al 1975; Chundawat et al 2011a, b; Mittal et al 2011)。

在纤维素结晶区域之间存在无定形区域,它更易吸收水分,从而使纤维素变得柔软且有弹性(Ciolacu et al 2011),化学物质能更易进入无定形纤维素区域进行反应,而同时不会侵蚀结晶区域。与结晶纤维素(Ⅰ或Ⅱ)相比,无定形纤维素可及性更好，且与酶的结合能力也更强。因此，无定形纤维素的水解速度要比结晶纤维素快很多(Hong et al 2007；Kumar，Wyman 2008)。高度无定形纤维素可以通过不同的预处理方法来得到，比如球磨、碱处理以及溶解于一些溶剂(例如浓磷酸)中。不过，这种纤维素在水中不稳定，会部分变成纤维素Ⅱ(Isogai，Atalla 1991)。

经常有文献报道，降低纤维素结晶度能够提高木质纤维素的生物转化速度和转化收率 (Bertran，Dale 1985；Jiang et al 2007；Bak et al 2010；Jeihanipour et al 2010b)。与其相反，有些研究发现，结晶度越高的纤维素越易酶解(Grethelin 1985；Lin et al 1985；Wyman 1996)。当结晶度并不是唯一的限制因素，而且其他因素更加重要时，就会出现这种相反的研究结果。在某些情况下，在纤维素的水解速率和结晶度之间并未发现关联关系。举例来说，用弱酸预处理某些类型的树木，以提高纤维素酶水解转化率。研究发现，纤维素结晶度并不是有效参数，起重要作用的是孔道分布(Grethelin 1985)。在另外一些情况下，增加结晶度会提高纤维素的水解率(Kim，Holtzapple 2005，2006)。举例来说，当玉米秸秆的无定形部分被石灰预处理除去后，虽然处理后的秸秆结晶度升高，但变大的孔径对水解起了正面作用。因此，从这个方面来说，纤维素结晶度增加，水解的转化率和速度也随着增加(Kim，Holtzapple 2006)。

因此，我们把结晶度看作木质纤维素生物转化的一个重要参数，但在任何情况下都不能看作是唯一有效参数，而是应该与其他因素一起考虑。

应该指出的是，结晶度影响的是水解初始速率，而不是最终的糖收率(Chang，Holtzapple 2000)。另外，预处理降低了纤维素的结晶度，由此而引起水解易感性的变化，但这种水解易感性的变化并不能简单地通过其他参数(如纤维素聚合度)的变化进行辨别(Yang et al 2011)。

3.3.1.2 可及表面积

增加可及表面积是所有预处理工艺的主要目标之一 (Mosier et al 2005；Rollin et al 2011)，但是在大多数研究中，它与木质素或半纤维素的脱除有关，而不是作为一个独立因素来考虑 (Taherzadeh，Karimi 2008)。酶水解包括 3 个步骤：水解酶吸附在纤维素表面；纤维素水解成为低聚物和纤维二糖；水解酶脱附进入溶液中(Sun，Cheng 2002)。

酶和纤维素之间需要直接物理接触，这是酶水解的一个主要条件。因此，生物质可及表面积是酶水解的一个主要有效参数。

纤维素的细菌水解 (比如生物沼气生产过程) 机理与酶水解机理是完全不同的。在这个过程中，需要到达纤维素表面的是微生物。在到达纤维素表面后，微生物会生产一种被称为纤维体的高效多功能复合酶，对纤维素和半纤维素进行水解。因此，在细菌水解过程中没有自由酶，并且水解产物随后也是通过一些水解产生的纤维通道输送到细胞 (Lamed et al 1985；Morag et al 1990；Lynd et al 2002；Vazana et al 2010)。所以，生物质的孔径对细菌降解纤维素的重要性要远超过酶水解。

木质纤维素有外表面积和内表面积之分，外表面积与颗粒大小和形状有关，而内表面积与纤维孔道和毛细管结构有关。通常说来，自然干燥的木质纤维素有非常小的内表面积和很大的外表面积。粉碎能够提高木质纤维素的外表面积。合适的预处理能显著提高两种表面积，尤其是内表面积(Fan et al 1980)。

在纤维某部分的初始水解阶段，其可及表面积急剧增加。但是在水解的后期阶段，虽然对酶来说有相对更高的表面积，但水解速度一般会降低。这表明在水解后期阶段，表面积并不是水解的主要控制步骤。在初始阶段的高水解率与无定形纤维素的水解有关，而后期阶段水解速度的降低与残留纤维素的高结晶度有关(Fan et al 1980)。因此，在水解中，可及表面积的作用应该与其他有效参数一起考虑。

研究人员用溶质排斥技术来测量可及表面积 (Stone et al 1969；Grethelin 1985)。研究人员测试了棉短绒的酶水解初始速率与底物对直径为 4.0nm 分子可及性的关系。他们发现水解速率与可及表面积之间呈线性关系 (Stone et al 1969)。另外，还有研究人员测试了用纤维素酶水解硬木和软木时，初始速率与底物的孔径对直径为 5.1nm 分子(纤维素酶分子的典型尺寸)可及性的关系。他们发现两者也是呈线性关系(Grethelin 1985)。不过，这个测试很费时间。

以前开发的西蒙斯染色技术(Simons’ Stain Technique)是被用来测试纸浆纤维的孔隙度(Behrendt，Blanchette 1997)。在 2001 年之后，该方法则被用来估算孔分布。孔分布是底物的可及面积的一个指标，并且与木质纤维素的酶易感性有关(Esteghlalian et al 2001)。这个方法的基础是吸附两种不同的颜料，一个为小分子，另一个为大分子。当被吸附后，这些颜料会指示出纤维的大孔和小孔(Chandra et al 2008)。研究人员最近改进了这个方法，用以快速预测预处理的改善效果(Chandra et al 2008，2009)。

溶胀能力或保水值(即木质纤维素材料在水中的溶胀度)是一种简单且能快速估算木质纤维素溶胀潜力的方法。溶胀的增加关系到后续使用纤维素酶水解底物的可及性 (Ogiwara，Arai 1968；Chandra et al 2009)。研究人员对不同化学组成和结晶度的底物的保水值进行了研究，发现酶水解速率和保水值之间具有线性关系

(Ogiwara,Arai 1968)。

3.3.1.3 木质素和半纤维素对纤维素的保护

纤维素被木质素和半纤维素黏合覆盖。因为木质素呈刚性,会抑制水、化学品、酶在木质纤维素中的扩散,所以木质素的组分、含量及分布被认为对抑制木质纤维素水解起主要作用。作为一个物理屏障,木质素限制了纤维素酶和微生物的可及性,进而限制了纤维素的可降解性。很多研究都表明,脱除木质素能够显著提高木质纤维素的水解活性 (Kim,Lee 2006;Martin et al 2008;Ko et al 2009;Hallac et al 2010;Kuhad et al 2010;Wu et al 2011a,b;Chen et al 2012)。

半纤维素也是一个物理屏障,能够降低酶和微生物到纤维素纤维的可及性。同木质素一样,很多研究也都表明,脱除半纤维素也能提高木质纤维素的酶水解活性 (Tosun 1995;Kim et al 2001;Um et al 2003;Zhu et al 2005;Canilha et al 2011;Haverty et al 2012;Pei et al 2012)。

不过,很难单独研究木质素脱除所起的作用,这是因为在大多数脱木质素的方法中,部分半纤维素也会被脱除;反之亦然。脱除木质素和半纤维素可提高木质纤维素水解率,这似乎与底物可及表面积的增加有关。

3.3.1.4 纤维素的聚合度

聚合度高的纤维素对水解易感性差,因此聚合度被认为是影响水解的一个关键参数(Puri 1984;Kuo,Lee 2009a;Hallac,Ragauskas 2011)。葡聚糖链越长(聚合度越高),产生的氢键越多,从而会降低酶和细菌到达纤维素表面的几率。降低聚合度在一定程度上会提高糖化度(Puri 1984)。在某些情况下,纤维素聚合度比结晶度对纤维素水解起更重要的作用(Puri 1984)。研究表明,链短的纤维素(聚合度越低)比链长的纤维素对水解的易感性更高(Zhang,Lynd 2005)。

但是,在不改变纤维素性质的情况下,测量其聚合度是很困难的。对纤维素进行分离和溶解的同时,纤维素聚合度也会发生显著变化。一个理想的测量纤维素聚合度的方法应该能够分解和溶解纤维素,并且能够测量排除了纤维素衍生物的聚合度值,不过这种方法还没有被开发出来(Hallac,Ragauskas 2011)。

3.3.1.5 半纤维素的乙酰化

有研究报道,木质纤维素材料,尤其是广泛乙酰化的木质纤维素,在脱乙酰后能提高材料的酶解性 (Teixeira et al 2000;Kim,Holtzapple 2006;Kumar,Wyman 2009a;Zhao,Liu 2011)。半纤维素的乙酰基与木质素相连,这抑制了纤维素和半纤维素的水解。与木质素一样,乙酰基也被认为是影响酶水解的障碍物(Chang,Holtzapple 2000)。

研究表明,杨木和麦秸在用稀酸处理并脱除乙酰基后,可消化性可提升 5~7 倍 (Grohmann et al 1986a,b)。但是在另外一些研究中,脱除乙酰基对材料可消化性的影响很小,而木质素含量和结晶度却对其有很大的影响(Chang,Holtzapple 2000)。

从另外一个方面来说,乙酰基可能会抑制纤维素和酶之间氢键的生成(Chang,Holtzapple 2000;Teixeira et al 2000)。也有研究认为,纤维素直径变大以及酶疏水性的改变,也是乙酰基抑制酶水解的原因(Pan et al 2006b)。因此可以从中得出结论:提高可及表面积并不足以使纤维素产生有效的转化,另外还需要脱乙酰基(Yang et al 2011)。

除此之外,有研究也表明,当生物质中木质素的含量比较低时,乙酰基的含量,甚至纤维素的结晶度,都对水解没有影响。不过,对结晶度高且木质素含量适中的木质纤维素来说,脱乙酰是提高酶解率的一个重要因素(Chang,Holtzapple 2000)。虽然如此,对纯的纤维素(比如棉花)而言,脱乙酰并不是影响水解的有效参数。

在酸或碱处理中,在脱除乙酰基的同时,残留的木质素和半纤维素也会发生变化。因此,用普通的预处理或分离过程来单独研究脱乙酰的作用是不可能的。使用 N-甲基吗啉-N-氧化物(NMMO)预处理可以选择性地脱除乙酰基。橡树和云杉树中超过 88%的乙酰基可以通过 NMMO 预处理脱除,并且木质素和半纤维素含量并不会发生变化。这个预处理过程使酶水解转化率有显著的提高(Shafiei et al 2010)。但是,在以前的研究中,并没有分析脱乙酰的作用,而是把水解率的提高归因于纤维素预处理后结晶度的降低。

3.3.1.6 纤维素酶的吸附和脱附

纤维素的水解需要纤维素酶和纤维素之间有物理接触。当纤维素酶吸附在纤维素分子上时,水解就开始进行。因此,就像所预料的那样,纤维素水解速率由酶在纤维素上的吸附量所控制(Kumar,Wyman 2009a;Khodaverdi et al 2012)。纤维素酶的吸附量与酶水解速率呈线性关系 (Karlsson et al 1999;Kumar,Wyman 2009b)。

研究证明,生物质的最大吸附能力(σ)是影响水解率的控制性因素。这个参数与酶到底物上的纤维素活性中心的可及性直接相关(Kumar,Wyman 2008)。从另一个方面来说,在一个催化动作结束后,酶从底物上脱附下来,并且吸附到纤维素的另一个活性中心上,开始一个新的水解动作(Wald et al 1984)。

经常有研究报道,木质素是造成酶在木质纤维素上不可逆吸附的原因(Yang,

Wyman 2006;Qing et al 2010;Heiss-Blanquet et al 2011)。但是,纤维素酶的脱附量与木质素残量并没有关联(Kumar,Wyman 2009a)。

因为脱木质素和脱半纤维素影响到生物质的可及表面积,因此有人预测它们与酶吸附之间有关联。但是,研究过程中并没有发现它们之间有明显关联。有人认为,对增加纤维素酶可及表面积起主要作用的是木质素-碳水化合物联系的消除,而不是半纤维素和木质素的脱除(Kumar,Wyman 2009a)。

在分析木质纤维素生物转化的有效参数时,应该考虑以下几点:

① 在预处理过程中改变的不只是一个参数,因此应该同时考虑分析多个参数,以便找到最有效的一个。举例来说,仅仅分析结晶度降低了多少是不够的,因为它虽然可能有效,但并不是最主要的一个。

② 应该分析木质素和半纤维素的含量。酶可及表面积、保水值和纤维素酶的吸附与木质素和半纤维素的含量有关系。

③ 应该分析测试脱除乙酰基的作用,因为脱乙酰基可能会对酶与纤维素生成氢键起抑制作用,从而提高水解率。

④ 用传统方法测试聚合度可能不是很有用,因为传统方法会改变聚合度,导致测定结果不够准确。

⑤ 应该至少做一个测试以分析可及表面积的作用。溶胀能力和保水值是最容易进行的测试,而西蒙斯染色更准确。

⑥ 应该通过 X 射线或 FTIR 测试结晶度,并与水解的初始速率相关联。

⑦ FTIR 可以用来测试预处理过程中生物质的变化,可以检测到生物质中纤维素Ⅰ到纤维素Ⅱ的变化、乙酰基的变化、木质素键的变化。但是,遗憾的是,FTIR 对木质纤维素的测试结果重复性比较差。

⑧ SEM 和宏观分析(见图 3.4)对材料变化的定性观察很有用,但是无法把它们与有效参数(比如结晶度和酶吸附)关联起来。

最后,为了确定预处理是否有效,需要对材料进行水解实验。上述分析测试仅仅帮助理解引起水解率升高的原因。

3.4 预处理工艺

科研人员已经研究了许多工艺过程,可用于在酶水解之前对木质纤维素材料进行预处理;有少数工艺过程被建议用来增进细菌水解和动物饲料消化。预处理方法通常被分为以下几类:物理预处理、化学预处理、生物预处理以及上述方法的复合处理方法(见表 3.1)。

下面列出了理想预处理方法应具备的几个方面特征(da Costa Sousa et al 2009;

Wyman et al 2005；Yang，Wyman 2008；Taherzadeh，Karimi 2008；Chundawat et al 2011a)：

① 在后续酶水解过程中酶负载量低，或者发酵操作过程处理成本最小，并且得到的产品收率高。

② 预处理、中和以及后续其他处理过程的化学品消耗量低或消耗量最少。

③ 预处理工艺过程中用到的化学品具有回收或再次利用的可能性。

④ 废弃物产量最少。

⑤ 对颗粒大小要求不严，这是因为破碎是能量密集且成本昂贵的过程。

⑥ 反应速度快，并且不使用具有腐蚀性的化学品，以使预处理反应器的生产成本最低。

⑦ 预处理产物中的半纤维素糖的浓度应该不低于 10%，以保证发酵反应器的尺寸在合理的大小范围内和方便下游回收。

⑧ 在为后续生物处理工艺过程作准备的水解条件下，不能生成对加工或处理过程有害的产物。

⑨ 预处理过程应该利于木质素回收，以进一步转化为高价值副产品。

表 3.1 木质纤维素材料的不同预处理方法

预处理方法	过 程
物理预处理	破 碎
	超 声
	辐 射
	水 热
	高压蒸煮
	膨 胀
	挤 条
	热 解
化学和物理化学预处理	碱(氢氧化钠、液氨、亚硫酸铵)
	酸(硫酸、盐酸、磷酸)
	爆破[蒸汽爆破、氨纤维爆破(AFEX)、CO_2 爆破和 SO_2 爆破]
	气体(二氧化氯、二氧化氮、二氧化硫)
	氧化剂(过氧化氢、湿式氧化、臭氧)
	溶剂萃取木质素(乙醇-水萃取、苯-水萃取、乙二醇萃取、丁醇-水萃取)
	溶剂(离子液体、纤维素溶剂)
生物预处理	真菌、放线菌、细菌

3.4.1 物理预处理

通过物理预处理(比如粉碎)可能会改变生物质的结构,通常可增加酶可及表面积和降低生物质聚合度(Zhu,Pan 2010;Harun et al 2011)。不同类型的粉碎方式(比如球磨、锤磨、胶体磨、两辊磨和振动球磨)、辐射(比如通过微波、γ射线、电子束、超声)和挤条(对生物质加热、搅拌、剪切)被用来对生物质进行物理预处理(Taherzadeh,Karimi 2008;Zheng et al 2009)。

一般来说,用单一的物理处理方法对生物质结构进行改性,足以使生产的沼气产量增加,但不足以使酶水解高效进行。因此,在化学和生物处理之前(或一起)要进行物理处理(Taherzadeh,Karimi 2008;Yu et al 2009)。

在大多数化学预处理之前要对生物质进行粉碎。虽然粉碎能够提高工艺效率,但它严重影响工艺经济性。在生物质没有被粉碎的情况下,大多数化学预处理难以成功进行。不过,在爆破、有机溶剂处理和溶剂萃取工艺过程中,可以使用大颗粒的生物质(Zhu,Pan 2010;Shafiei et al 2012)。爆破预处理(比如蒸汽爆破)比机械粉碎需要更少的能量。但是,在实验室中进行爆破预处理研究的可能性不大,并且它在扩展性上有一定的局限性。另外, 这种预处理方法对软木的作用不大(Zhu,Pan 2010)。在某些有机溶剂处理工艺过程中,粉碎并不是必需的,比如乙醇预处理(它是有机溶剂预处理工艺中最有效的方法之一)。该工艺对软木也很有效(Pan et al 2005;2006a,c;2007a,b)。但是,这种工艺并不被认为是大规模预处理木质纤维素的备选方法。

粉碎也可以在化学预处理后进行,称为化学预处理后粉碎。与化学预处理前粉碎相比,化学预处理后粉碎有不同的优势。除了更有效之外,还有一个主要优点是降低了机械能的消耗。从另一个方面来说,如果没有预先粉碎,采用化学预处理将可能会加工堆密度更大的固体,加工工艺的固液比更高,以便产生浓度更高的半纤维素糖溶液。另外,在用此法预处理后,能够更容易地从预处理混合物中分离出纤维(Zhu,Pan 2010)。但是,后粉碎并不是在所有化学预处理方法中都适用。

研究表明,不同的辐射过程也能提高木质纤维素的可消化性(Fernandez-Cegri et al 2012)。对生物质进行高能辐射可以改善其结构(Bak et al 2009)。不过这种处理方法适用范围有限,仅对稻草等顽抗性较低的生物质有效(Bak et al 2009)。另外, 超声降解法已经被大规模用来提高不同有机材料和有机污泥的酶解性,以提高生物沼气产率, 降低污泥的残余量 (Pham et al 2009;Elbeshbishy et al 2011)。

研究显示,在组合辐射(主要是超声波和微波)后进行化学预处理,比单一的化学预处理更能提高木质纤维素的酶解性。辐射可以与 NaOH 预处理(Rodrigues et al 2011;Singh et al 2011)、离子液体预处理(Ha et al 2011;Ninomiya et al 2012)和氨预处理(Chen et al 2012)协同进行。

3.4.2 化学预处理

化学预处理是指使用化学品对木质纤维素进行处理,以改善纤维素的结晶度和/或脱除半纤维素和木质素,或改善它们性质的过程(Taherzadeh,Karimi 2008;Zhu,Pan 2010)。有几篇综述和几本专著的部分内容介绍和比较了各种化学预处理方法(McMillan 1994;Wyman 1996;Galbe,Zacchi 2007;Taherzadeh,Karimi 2008;Alvira et al 2010;Zhu et al 2010;Zhu,Pan 2010;Mora-Pale et al 2011;Hendriks,Zeeman 2009)。

也有一些预处理方法被称为"物理化学预处理",这种方法是把化学预处理与物理预处理进行结合。物理处理通常采用的是机械处理(主要是粉碎)或爆破。在这些过程中,爆破也起粉碎作用。下面的内容详细介绍了最有效且广泛使用的方法及其进展,比如碱法预处理、酸法预处理和溶剂法预处理。但是,这并不是说其他方法就不重要。理解反应机理及详细信息,对进一步改进过程可能会有帮助。

3.4.2.1 碱法预处理

至少在 1919 年人们就已经发现 NaOH 预处理能够改善反刍动物对秸秆的体外消化(Millett et al 1976)。碱法预处理是指用碱溶液[比如 NaOH、$Ca(OH)_2$、氨水]改善木质纤维素的结构和组成(Deschamps et al 1996;Zhao et al 2008b;Cheng et al 2008;Glaus,Van Loon 2008;Martin et al 2008;Mirahmadi et al 2010)。

碱法预处理是最有效的预处理方法之一,对硬木和农业废弃物而言更是如此。碱法预处理能够脱除木质素和半纤维素,或改善它们的性质,并且增加木质纤维素的孔隙率(Tarkow,Feist 1969)。不过,这种处理方式是一个很复杂的过程,它包括了不同的反应和不同的多糖溶解过程以及不同的多糖水解和降解过程(Fengel,Wegener 1984)。用碱预处理纤维素材料是一项传统的工艺流程,它是制浆和造纸行业研究的重点,被称为丝光处理法(Takai,Colvin 1978)。

这种预处理方式会降低产物中木质素残渣含量,并且会降低纤维素结晶度。碱法预处理也会提高材料内部的孔隙度以及孔径(McMillan 1992)。

稀 NaOH 预处理对秸秆的作用效果比较好,对硬木的作用效果就差一些,而对软木的作用效果非常低。这与材料中木质素的种类和含量有关(McMillan 1992)。碱法预处理也能降低纤维素聚合度(Fengel,Wegener 1984)。

碱法预处理也是增加木质纤维素溶胀能力的一种预处理方法(McMillan

1992),这可能与木质素的脱除有关。另外,碱法预处理(比如 NaOH 预处理)使经过预处理过的木质纤维素具有了多离子特性,这与钠离子扩散到木质纤维素内部有关。这种离子停留在木质纤维素中,并且对羧酸根离子起“反攻”作用。这种多离子特性会促进材料溶胀。在酸洗之后,质子代替了钠离子,这个性质依然存在(McMillan 1992)。不过,氨预处理材料的溶胀性能比 NaOH 预处理低,这是因为前者的多离子特性比后者差。但是,化学结合的氮或残留的氨会提高木质纤维素的总含氮量,进而提高了它作为反刍动物饲料的价值(McMillan 1992)。

NaOH 预处理工艺过程可以分为苛刻条件工艺过程和温和条件工艺过程。在苛刻条件工艺过程中,NaOH 浓度低(0.5%~4%),但操作温度和压力高,并且通常不回收 NaOH(Cheng et al 2008;Mirahmadi et al 2010)。它的机理是进行反应性破坏,溶解木质素和半纤维素。而在温和条件下,NaOH 浓度高(6%~20%),但为常压、低温(比如 0℃)操作(Mirahmadi et al 2010;Wu et al 2011a,b)。在这种条件下,发生的主要现象是纤维素溶解(Zhao et al 2008b)。这种溶解需要高浓度的 NaOH(根据温度不同,浓度为 6%~8%)。这个工艺过程采用了高浓度的 NaOH,不会脱除太多的木质素,但 NaOH 溶液有可能进行回收利用。不过,这个预处理工艺对软木并不是很有效(Mirahmadi et al 2010)。

(1) 碱处理对多糖的影响

在碱法预处理工艺过程中,纤维素和半纤维素可能会部分降解。在高温碱性条件下,可能会发生非常多的反应。最重要的反应是(Sjostrom 1977;Fengel,Wegener 1984;Pérez,Samain 2010):非降解多糖的溶解;生成碱稳定的端基,这被称为端基的剥离反应(剥落);糖苷键和乙酰基的水解;被溶解的多糖的分解。

虽然在 100℃左右发生的大多数重要反应都是剥离反应,但在 150℃以上还是会发生大量的碱水解反应。与酸法预处理相似,碱法预处理中的半纤维素水解和降解都比纤维素快很多。不过,木聚糖比葡甘露聚糖更稳定。软木木聚糖中易于裂解的阿拉伯糖侧基在很多碱水解中都比较稳定。这是因为随着侧基的消失,侧基位置会生成一种碱稳定的端基,尤其是会生成偏糖酸端基(Fengel,Wegener 1984)。沿末端进行的剥离反应使降解持续进行,直至发生一个被称为中止反应的竞争反应,降解才会停止。在降解中间体上的羟基消失时,主要的中止反应开始发生,这个反应会使中间体转化为碱稳定的偏糖酸端基。如果没有中止反应,所有的纤维素和半纤维素有可能被剥离反应全部分解(Henderson 1970;Yoneda et al 2008)。

虽然碱处理可能主要释放醋酸(半纤维素骨架上的乙酰基)和少量的二羧酸,但在苛刻条件下,降解产生的终端产品可能为蚁酸(Henderson 1970)。不过,碱法预处理的水解速率远低于酸法预处理(Fengel, Wegener 1984)。

总体来说,在碱法预处理中主要发生了两个反应(Fengel, Wegener 1984;Henderson 1970):多糖的水解(这种水解会产生新的容易降解的还原性端基)和生成碱稳定的端基。

在制浆行业中,碱处理是应用最广泛的方法之一。碱处理工艺中,多糖的稳定性对制浆很重要,这是因为它能够增加纸浆的收率。研究发现,有些添加剂,比如多硫化物、硼氢化钠、硫化氢和蒽醌,能够保持多糖在碱剥离反应中的稳定性(Procter, Wiekenkamp 1969;Biermann 1996;Aravamuthan 2004;Biswas et al 2011)。但是,还没有研究人员对这些添加剂在木质纤维素预处理中所起的作用进行研究。

在碱法预处理中被释放的糖(例如葡萄糖和木糖)可能会进一步降解。在96℃、氮气环境中,用2.5% NaOH处理木糖和葡萄糖,会产生一些脂肪降解产物和一些环烯醇和酚类化合物(Forsskahl et al 1976)。温度是碱法预处理的一个非常重要的参数,它也会影响产生的半纤维素聚合物的相对分子质量。比如,用4% NaOH溶液处理甘蔗渣半纤维素18h,在40℃下处理要比在20℃下处理释放更多的甘露糖、阿拉伯糖、鼠李糖和糖醛酸。不过,较低温度处理(20℃)要比较高温度处理(40℃)生成更多的木糖、葡萄糖和半乳糖(Xu et al 2006)。当采用较低温度处理时,得到的半纤维素聚合物的平均相对分子质量也会降低更多;也就是说,稀碱预处理能够有效降低半纤维素的相对分子质量(Xu et al 2006)。

在碱法预处理中,纤维素部分降解,这可能是由于化学或物理中止的缘故。反应的中间产物因产生非活性的偏糖酸端基而导致反应停止,这是化学中止;另外,当降解反应到达多糖链的结晶区域时,由于空间位阻的存在,造成剥离反应无法继续进行而停止,这是物理中止(Glaus, Van Loon 2008)。

(2) 碱处理对纤维素结构的影响

NaOH处理引起的纤维素结构的变化包括(Mansour et al 1972):丝光处理引起结晶度的改变;结晶和无定形区域的改变;解聚。

冷和热NaOH预处理对结晶度的影响与底物有关。研究发现,与热碱预处理相比,冷碱预处理能更有效地降低碎布和牛皮纸浆的结晶度指数(Mansour et al 1972)。

在碱法预处理中,纤维素的结晶度会发生改变。在用碱溶液处理纤维素时,随着温度、碱浓度和预处理时间不同,则纤维素溶胀的程度也不同(见图3.5)。在Na^+存在的NaOH预处理中,纤维素溶胀300%,以$(C_6H_{10}O_5)_6(NaOH)(H_2O)_3$形式存在;而在LiOH和KOH处理时,纤维素则溶胀250%(Fengel, Wegener 1984)。Na^+是很小的阳离子,能够进入纤维素中的最小孔中,并且能够穿过纤维素(Deshpande et al 2008)。对高结晶度的纤维素来说,完全脱除结晶是可能的。

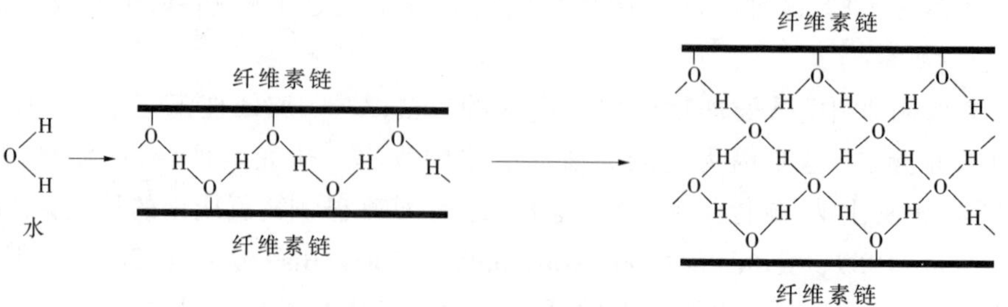

图 3.5 纤维素的溶胀

另外,在 NaOH 预处理中,把纤维素Ⅰ完全转型为纤维素Ⅱ也是可能的(见图 3.6)。然而在用其他碱溶液预处理时,纤维素仅可部分转型或不转型(Pérez, Samain 2010)。采用再生或丝光处理也可以把纤维素Ⅰ转型为纤维素Ⅱ(Festucci-Buselli et al 2007)。在用强碱处理过程中,因为碱-纤维素复合物的生成,纤维素Ⅰ高度溶胀,在水洗后会重新结晶变成纤维素Ⅱ。

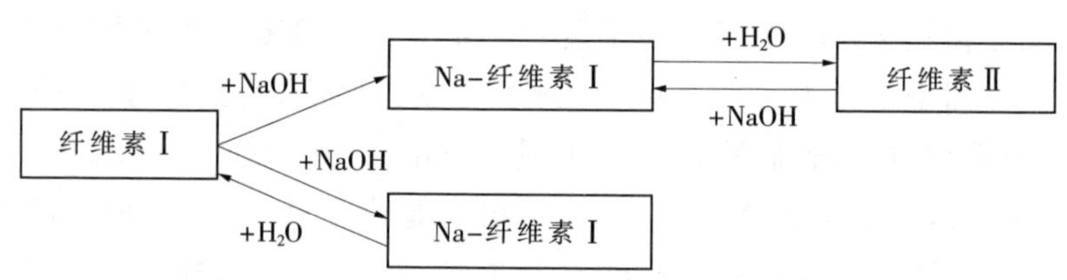

图 3.6 纤维素在 NaOH 处理过程中的转型

研究人员对强碱处理(丝光法)引起的天然纤维素(纤维素Ⅰ)转型为纤维素Ⅱ(再生纤维素)的研究已经非常透彻(Takai, Colvin 1978)。

在许多预处理方法中都能观察到重结晶和纤维素Ⅰ到纤维素Ⅱ的转型现象。有些研究注意到在用碱、蒸汽、亚氯酸预处理时,纤维素的结晶度会增加(Gümüskaya, Usta 2006)。在超临界水预处理工艺过程中,虽然有相当多的纤维素降解,但在纤维素残渣中依然观察到从纤维素Ⅰ到纤维素Ⅱ的转型现象 (Ago et al 2004)。研磨也有可能引起纤维素Ⅰ到纤维素Ⅱ的转型。当用球磨研磨含水量超过 30%~50%的纤维素时,纤维素Ⅰ被转型为纤维素Ⅱ(Ago et al 2004)。虽然纤维素Ⅱ也是纤维素的一种结晶形态,但它比纤维素Ⅰ更易水解。

(3) 碱处理对木质素的影响

氢氧根离子的存在是造成碱法预处理中木质素被脱除的原因。在反应媒介

(硫酸盐制浆法)中如果存在硫化氢,也会造成木质素被脱除。在木质纤维素的碱法预处理中,木质素会发生三组反应:粉碎、降解–溶解以及缩合。缩合是指使木质素单体变成相对分子质量更大、溶解性更低的物质的反应(Patt et al 2011)。在用碱处理木质素时,作用效果及反应都是很复杂的,这是因为木质素是种杂聚物,不同联结类型以及不同结构成分的稳定性和特性都存在差异。通过裂解联结较不频繁的部分,木质素的一小部分可能会被降解,这使侧链减少或全部被消除。碱法脱木质素的产物为小分子化合物,比如甲醇和甲醛(Fengel,Wegener 1984)。

(4) 碱法与其他方法的组合预处理

最近的研究显示,碱法预处理与其他处理方法组合使用,能显著提高水解率。碱处理与蒸汽爆破、稀酸、氧化、湿磨、微波或超声处理组合使用,比在仅使用碱处理时,酶水解生成糖的收率更高(He et al 2010;Keshwani,Cheng 2010;Rodrigues et al 2011)。

由于碱处理主要是用来脱除木质素,因此它可以与具有其他作用的方法组合使用。比如,先碱处理再爆破,要比直接碱处理的效果更好。爆破不能改变结晶度,但能有效提高表面积,降低纤维素的聚合度(Puri,Pearce 1986)。先对甘蔗渣进行蒸汽爆破,然后再用碱脱木质素,木质素和半纤维素的脱除率都很高,分别为 91%和 72%(Rocha et al 2012)。

用稀硫酸预处理稻壳后,再用 NaOH 处理,主要是脱除木质素,纤维素含量可上升到 68.5%~70.5%。这个组合过程使酶水解效率提高了 9 倍 (Martin et al 2008)。在另一项研究中,用稀酸预处理空的棕榈果串纤维后,再用 NaOH 处理,则得到一种新型酶解底物(Kim et al 2012)。

碱/氧化物(比如 $NaOH/H_2O_2$)混合物具有氧化能力,用该混合物进行预处理能够选择性地脱除木质素。它们能够有效地提高生物质的酶水解率 (Cheng et al 2008)。有研究人员开发了一种低温下(25~40℃)的弱碱/氧化物预处理方法(Curreli et al 1997)。他们首先用碱法(在 40℃下用 1% NaOH 处理 24h)处理生物质,主要目的是溶解半纤维素,使木质纤维素更易进行预处理。在第二个阶段,他们用碱/氧化物预处理(在室温下用 1% NaOH 和 0.3% H_2O_2 处理 24h),目的是溶解和氧化木质素,使抑制性化合物的含量最少。最后得到 90%的纤维素回收率和 81%的木质素降解率。

有研究人员研究了一种对玉米秸秆有效且环境友好的预处理方法:先用活性氧(O_2 和 H_2O_2)对玉米秆预处理,然后再用一种可回收的固体碱(MgO)进行处理。这个过程能够有效地脱除木质素和外来物质,且能提高可及表面积(Pang et al 2012)。

3.4.2.2 酸法预处理

酸催化处理被认为是对木质纤维素最有效的预处理方法(McMillan 1994;Wyman 1996;Taherzadeh,Karimi 2008),同时也是裂解半纤维素糖苷键最适用的方法(Jacobsen,Wyman 2000)。糖苷键和葡萄糖醛酸之间联结的裂解能够发生在相对温和的条件下,而被释放的单糖只能在苛刻条件下分解(Bertaud et al 2002)。

在高温下的酸性介质中,因为氢键的断裂,纤维素结构变得不稳定。氢键是将纤维素联结在一起的主要作用力。在纤维素晶体结构被破坏后,酸分子就能进入纤维素中。液相中还含有以木质素-糖复合物形式存在的酸溶性木质素(Xiang et al 2003)。稀酸水解能够有效打破半纤维素-木质素之间的联结并水解半纤维素中的糖苷键(Grohmann et al 1986b)。在酸处理之后,液相中主要含半纤维素,而固体中主要含纤维素和木质素。酸水解中的一个问题是糖的部分降解,主要是木糖降解成糠醛。也有部分木糖残留在固体中(Grohmann et al 1986a,b)。

木质纤维素稀酸水解后剩余的纤维素被称作水解纤维素,具有低聚合度和高结晶度,很多木质纤维素材料中都含有这种纤维素(Fengel,Wegener 1984)。不过,结晶度的增加与底物和处理条件有关。例如,对棉花而言,酸处理后的结晶度反而降低(Mugnolo et al 1988)。

在酸处理工艺过程中常用的酸是硫酸(Harris et al 1984;Torget et al 1991;Lis et al 2000;Nguyen et al 2000;Kim,Lee 2002;Soderstrom et al 2003;Um et al 2003;Saha et al 2005;Sun,Cheng 2005;Ewanick et al 2007;Sassner et al 2008)。不过,其他酸,比如盐酸(Titchener,Guha 1981;Higgins,Ho 1982)、磷酸(Um et al 2003)、硝酸(Fengel,Wegener 1984)和三氟乙酸(Fengel et al 1978;Fengel,Wegener 1979)也都已经被用于酶水解前的预处理和对生物质本身进行糖化。

稀酸预处理的有用参数包括(Wyman 1996;Kim,Lee 2002;Xiang et al 2003):

① 酸的浓度;

② 酸的类型;

③ 温度(包括在高温下相应的压力);

④ 在这个工艺过程中的停留时间(加热时间、在最高温度下的停留时间和减压时间);

⑤ 温度分布;

⑥ 木质纤维素的性质(纤维素的物理状态);

⑦ 在木质纤维素生物质颗粒内部的酸扩散;

⑧ 木质纤维素在酸中的预浸。

在纤维素水解生成葡萄糖后，有可能会发生如下三个反应，从而降低葡萄糖收率(Jacobsen，Wyman 2000；Xiang et al 2003)：葡萄糖-木质素的相互作用(与酸溶性木质素生成复合物)、葡萄糖的分解和逆反应。

在木质纤维素生物质的酸水解过程中，葡萄糖的消失速度高于预期。可能的原因是在水解过程中，葡萄糖与酸溶性木质素结合形成复合物(Xiang et al 2003)：

$$\text{酸溶性木质素+葡萄糖} \longrightarrow \text{酸溶性木质素-葡萄糖}$$

在高温下，质子的存在会导致产生正碳离子中间体，它对亲核反应具有高的亲和力，因而可能会使木质素发生碎裂反应或缩合反应。而这些酸溶性木质素的活性中心的存在，会导致在酸溶性木质素与葡萄糖之间发生缩合反应(Xiang et al 2003)。

多种不同的反应器被用于稀酸处理工艺过程，包括间歇反应器、活塞流反应器、渗滤反应器、逆流反应器以及收缩床反应器(Taherzadeh，Karimi 2007)。

尽管稀酸预处理的适用范围很广，但依然有一些局限性(Yang，Wyman 2008)：腐蚀环境，建造材料昂贵；产物的降解反应，比如生成糠醛和羟甲基糠醛(HMF)；液相无毒发酵的必要性；酸中和生成的石膏导致下游处理过程困难，虽然硫酸便宜，但中和成本以及 $CaSO_4$ 处理成本都要考虑在内；底物中残留的木质素以及酶与木质素的结合，需要更多的酶和更高的成本；不可能使用高浓度的底物[研究发现，高浓度的底物不可能完全水解，因为在底物及结构改造后的底物中，所含的木质素会重新分配(Ramos et al 1992)]。

(1) 稀酸预处理后爆破

研究人员发现，在一些预处理工艺过程中，爆破分解(突然降压)会给木质纤维素施加一个机械剪切力，通过脱除单个纤维素微纤维或通过膨胀木质纤维素基质，可能会增加生物质的比表面积(McMillan 1992；Brownell et al 1986；Shimizu 1988；Ballesteros et al 2000)。另外，研究也发现，在蒸汽爆破预处理中，爆破并不是必需的。对蒸汽爆破预处理后被爆破的部分进行研究，发现爆破对酶的可及性没有影响，也就是说对发酵没有影响(Brownell et al 1986)。研究人员发现，先对稀酸预处理后的甘蔗渣进行爆破处理，再进行酶水解，对水解没有显著影响(Morjanoff，Gray 1987)。压力通常对液相化学反应没有影响。不过，当压力突然降低时，生物质中的水迅猛汽化蒸发，这会对生物质的结构造成破坏。然而在苛刻条件下的酸处理工艺中，由于效果非常好，不需要对预处理后的生物质再进行更多加工。

(2) 酸法预处理对纤维素、半纤维素和木质素的影响

在温和预处理条件下，酸能够溶解一些无定形纤维素，增大底物的孔径。另

外,酸处理能够使结晶度有一定幅度的上升(Kumar et al 2009)。与之相比,在苛刻条件下的酸处理中,仍会发生重结晶以及结晶度升高的现象。虽然在稀酸处理中,纤维素的晶体区域会抵抗酸的攻击,但聚合度仍能降低到一定大小,称为聚合度趋平(Fengel,Wegener 1984;Knappert et al 1980)。

稀酸预处理的一个主要优点是半纤维素糖的回收率比较高,为 80%~90%(Fengel,Wegener 1984;Knappert et al 1980)。这个工艺脱除乙酰酯的程度非常高(比如 90%),而且对其他成分(即木质素)的破坏也很小(Grohmann et al 1989)。随着木糖的乙酰基被脱除,纤维素的可及性更高,更易酶解(Knappert et al 1980)。

在稀酸处理工艺过程中,仅有少量木质素被溶解,主要是酸溶性木质素。不过,残余的木质素也已经被破坏,这能够显著提高纤维素对酶水解的易感性(Foston,Ragauskas 2010;Pingali et al 2010)。因此,可以认为在酸法预处理中,木质素没有被溶解,但可能会发生一些缩合反应(Fengel,Wegener 1984)。在间歇式蒸汽预处理中加入酸,虽然能够提高纤维素的酶解性,但却降低了木质素的脱除率(Yang,Wyman 2004)。在稀酸预处理中,即使不能有效脱除木质素,也能够提高底物的酶水解率,这说明脱除木质素并不是有效转化纤维素所必需的 (Donohoe et al 2008)。有研究者认为,在半纤维素的水解中,木质素除了部分解聚之外,也会再聚合(Yang,Wyman 2004)。

相当大一部分的木质素与水解的可溶性产物能够进行反应,新产生的有机物如果仍留在反应器中,会继续进一步的反应,从而生成不可溶物质。在酸性条件下,木质素的溶解和析出都可能发生。在稀酸预处理中,木质素能够在生物质表面缩聚,应该避免这种缩聚的发生(Yang,Wyman 2004)。

(3) 碳水化合物的水解速率与糖的分解速率

五碳糖(即戊糖,比如木糖)酸水解速率要高于己糖。表 3.2 中列出了不同糖的相对酸水解速率。从表 3.2 中可以看出,构成半纤维素聚合物的糖,比如木糖、甘露糖、半乳糖、阿拉伯糖,水解速率要远高于葡萄糖(Saeman 1945,1949)。

表 3.2 相对水解速率(Shafizadeh 1963)

糖单体	相对于甘露糖的水解速率
甘露糖	1
葡萄糖	0.4
半乳糖	3.9
木 糖	3.8
阿拉伯糖	3.8

在酸性水解条件下，所生成的糖会不可避免地发生水解，生成一系列的降解产物，从而造成糖的损失。最主要的降解产物是由戊糖和糖醛酸生成的糠醛，以及由己糖生成的羟甲基糠醛。羟甲基糠醛也能进一步被转化为乙酰丙酸和甲酸(Taherzadeh，Karimi 2007)。

研究人员已经提出了稀酸处理工艺过程中半纤维素水解的不同模型(见图3.7)。一个简单的基本模型(模型A)认为戊聚糖解聚成为木糖，然后进一步生成降解产物(Saeman 1945)。有研究显示，当70%的木糖转化后，水解反应速率显著下降(模型B)(Kobayashi，Sakai 1956)。对大多数材料来说，不同底物的快速水解与慢速水解的转化率不同，一般来说分别在65%和35%的范围内(Shen，Wyman 2011)。但是模型B中，并没有考虑半纤维素转化为木糖的中间产物。这个模型被其他研究人员进行了改进，认为戊聚糖先转化为低聚物，然后进一步裂解转化为木糖单体 (模型C)。模型C因为考虑到了低聚物的作用，因而看起来更合理(Jacobsen，Wyman 2000)。

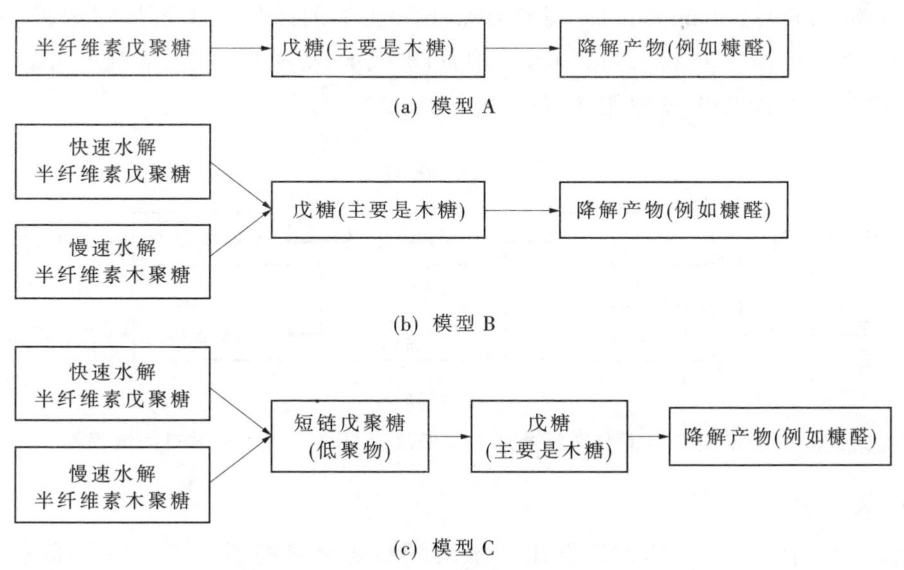

图3.7 不同的半纤维素戊聚糖酸水解模型

研究人员也提出了不同的纤维素稀酸水解模型 (Jacobsen，Wyman 2000)。但是，稀酸预处理的目的是脱除半纤维素，而纤维素的降解要尽可能少，因此处理条件应该足够苛刻，以做到能水解半纤维素，而不水解纤维素。

3.4.2.3 溶剂预处理

溶剂预处理主要是为了改善木质纤维素材料中的纤维素晶体结构或降低木

质素含量。使用纤维素溶剂(例如磷酸、氢氧化钠/尿素、NMMO 和某些离子液体)对木质纤维素进行预处理,能够显著提高酶水解效果。溶剂预处理的一个主要优点是对发酵糖的破坏最小。另外,使用强酸或强碱预处理会产生有毒物质对环境造成污染。相比起来,NMMO 与一些离子液体都是绿色溶剂,最近被用于木质纤维素的预处理工艺中(Dogan,Hilmioglu 2009;Kuo,Lee 2009b;Jeihanipour et al 2010a,b;Li et al 2010a,b;Lucas et al 2010;Nguyen et al 2010;Qi et al 2010;Shafiei et al 2010;Fu,Mazza 2011;Mora-Pale et al 2011;Sant'Ana da Silva et al 2011;Shafiei et al 2011;Shill et al 2011;Bose et al 2012;Geng,Henderson 2012;Hong et al 2012;Khodaverdi et al 2012;Lynam et al 2012)。这些有效的纤维素溶剂之所以被认为是"绿色"的,主要是因为它们对人类和环境的毒性低(Meister,Wechsler 1998;Rosenau et al 2001;Mora-Pale et al 2011)。用这些溶剂进行预处理有如下优点:处理条件温和、不需要中和、抑制性化合物的产量低。另外,NMMO 能够回收与再利用,这已通过工业验证;而离子液体的回收与再利用也已经通过实验室验证(Li et al 2009;Jeihanipour et al 2010a,b)。在溶剂预处理工艺过程中,先用纤维素溶剂处理纤维素材料,然后加入抗溶剂(水或醇)使材料再生,溶剂就可以从固体中分离出来并能够重复使用(见图 3.8)。

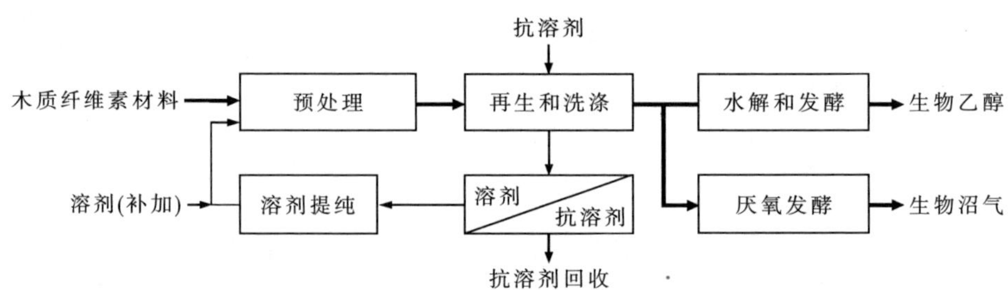

图 3.8 一种使用纤维素溶剂预处理木质纤维素材料生产生物燃料的流程图

(1) 离子液体

最近,不同的离子液体被广泛用于木质纤维素材料的预处理。离子液体是由有机阳离子、有机物或有机阴离子构成的有机盐。主要用四组阳离子来对不同离子液体进行分类:季铵盐、N-烷基吡啶、N-烷基异喹啉和 1-烷基-3-甲基咪唑(Liu et al 2012)。除了是纤维素的强力溶剂外,离子液体还有一些独特的性质,比如低的蒸汽压以及高的热稳定性和化学稳定性。可以通过选择合适的阳离子和阴离子来调节离子液体的性质,使其达到要求。

对离子液体溶解纤维素的能力进行开拓性研究(Swatloski et al 2001)之后不

久,离子液体便被引入纤维素的预处理领域。[BMIM][Cl]使纯纤维素的初始水解速率增加了 50 倍,这为木质纤维素的预处理开辟了一个新的研究领域(Dadi et al 2006)。

[BMIM][Cl]和[EMIM][Ac]是对木质纤维素材料进行预处理最有效的离子液体。预处理通常采用的条件为:固体荷载量 3%~5%、温度 110~160℃、反应时间 0.25~5h、常压。有研究报道,柳枝稷、小黑麦秸秆、枫木、玉米秸秆、红麻、甘蔗渣和桉木在经离子液体预处理后,纤维素的糖化收率高达 80%~96%(见表 3.3)。

表 3.3 用离子液体对一些木质纤维素材料进行预处理

离子液体	条件①	原 料	酶水解率	参考文献
[BMIM][Cl]	5%,130~150℃,10min~3h	纤维素	所有条件的转化率接近,都在 85%以上	Dadi et al(2006)
[EMIM][DEP]②	4%,130℃,30min	麦 秸	55%,重复使用 5次后超过 53%	Li et al(2009)
[BMIM][Cl]	5%,130℃,20min	棉 花	约 90%	Kuo,Lee(2009a)
[EMIM][Ac]	5%,50~130℃,0.5~32h	枫 木	95%(130℃、90min);97%(90℃、32h)	Lee et al(2009)
$[Me(OEt)_3-Et_3N][Ac]$②	1%,110℃,15min	柳枝稷	96%	Zhao et al(2010)
[EMIM][Ac]	3%,160℃,3h	柳枝稷	96%	Li et al(2010a,b,c)
氨+[EMIM][Ac]③	5%,130℃,24h	稻 草	97%	Nguyen et al(2010)
50%[EMIM][Ac]溶液④	3%,150℃,90min	小黑麦秸秆	81%	Fu,Mazza(2011)
[EMIM][Ac]	3%,160℃,3h	玉米秸秆	超过 90%	Li et al(2011)
[EMIM][Ac]	5%,120℃,2h	甘蔗渣	超过 90%	Sant'Ana da Silva et al(2011)
[EMIM][Ac]+超声②	5%,25℃,120min	红麻粉	86%	Ninomiya et al(2012)
[EMIM][Ac]	5%,120℃,10min	甘蔗渣和桉木	超过 70%	Uju et al(2012)

① 数值依次为固体负载量、温度和处理时间。

② 在研究的一些离子液体中,这个是最有效的离子液体。

③ 分为两步:材料(10%)先是在 100℃下用 10%氨水处理 6h,然后水洗、干燥后再用离子液体处理。

④ 测试了 5%~100%的离子液体,50%的离子液体效果最好。

提高预处理温度(130℃)和增加处理时间(5h)能够提高纤维素水解收率(Liu,Chen 2006;Lee et al 2009;Li et al 2009)。但是,在苛刻条件(即高温或长时间)下进行预处理对收率没有显著影响,而且使糖的回收量减少(Lee et al 2009;Fu,Mazza 2011)。

某些离子液体能够溶解纤维素、改善纤维素结构,甚至能够直接水解纤维素

(Liu et al 2012)。有研究报道,在预处理后,纤维素Ⅰ部分转化为纤维素Ⅱ,而且纤维素结晶度也降低 (Dadi et al 2006;Kuo,Lee 2009a;Zhao et al 2010;Fu,Mazza 2011;Jeihanipour 2011;Silva et al 2011;Khodaverdi et al 2012)。也有人观察到,在预处理后,酶水解吸附的可及表面积增加(Zhao et al 2010;Silva et al 2011)。

由于阴离子的自然特性,离子液体也能够溶解木质素(Pu et al 2007)。木质素的脱除以及结晶度的降低,被认为是离子液体预处理提高酶水解率的另外一个机理(Lee et al 2009;Zhao et al 2010;Fu,Mazza 2011)。

(2) 离子液体预处理对纤维素的影响

由于离子液体预处理是基于纤维素的溶解,因此预处理的效率就可能与离子液体溶解纤维素和木质纤维素的能力有关。影响纤维素在离子液体中溶解能力的因素是阴离子和阳离子的大小。结构类似的离子液体,如果阳离子偏大,则与纤维素形成氢键的能力就偏弱(Zhao et al 2008a;Mäki-Arvela et al 2010)。在含卤素的阴离子中, 卤素阴离子的热化学半径也对纤维素的溶解性表现出相同的作用。因此,[BMIM][Cl]能够溶解纤维素,而[BMIM][PF6]和[BMIM][BF4]则不能够溶解纤维素(Mäki-Arvela et al 2010)。但是,把适当的阳离子和阴离子以及它们之间的相互作用组合在一起,即使这些离子的大小不同,也可能会产生一种溶解性更强大的溶剂。例如,[EMIM][Ac]是比[EMIM][Cl]更好的纤维素溶剂(Zavrel et al 2009)。氢键碱度,也就是由康莱-塔夫脱(Kamlet-Taft)方程计算的 β 参数,以及希尔德布兰德(Hildebrand)的溶解度参数,也是影响离子液体溶解纤维素能力的因素(Mäki-Arvela et al 2010)。

离子液体溶解纤维素的机理虽然还没有被完全研究清楚,但是研究人员已经提出了一个合理的机理 (见图 3.9)。NMR 弛豫实验证实了碳水化合物的羟基与[BMIM][Cl]上的氯离子之间存在氢键,这些氢键的存在破坏了被溶解纤维素内部的氢键网络 (Moulthrop et al 2005;Remsing et al 2006)。纤维二糖的羟基与[EMIM][Ac] 的阳离子和阴离子之间的氢键也被 NMR 实验所证实 (Zhang et al 2010)。分子动力学研究显示,纤维素和[EMIM][Ac]的醋酸根阴离子之间存在相似的氢键,而纤维素和[EMIM][Ac]的阳离子之间存在疏水作用(Liu et al 2010)。

在选择预处理用的离子液体时考虑的因素还包括:价格、物理性质、可用性、毒性、腐蚀性、可生物降解性和耐水性(Mäki-Arvela et al 2010)。在所有离子液体中,[EMIM][Ac]和 [BMIM][Cl]是对木质纤维素材料预处理最常用的溶剂。它们对纤维素很有效,而且前者对木质纤维素也很有效(Mäki-Arvela et al 2010)。与含卤素的离子液体(比如[BMIM][Cl])相比,基于乙酸基的离子液体(比如[EMIM][Ac])

的毒性和腐蚀性更低。[EMIM][Ac]被认为是一种可生物降解的纤维素溶剂(Zavrel et al 2009;Liebert 2010)。

一些科研人员也对离子液体直接水解纤维素和半纤维素进行了研究。在这些研究中,添加或不添加酸或金属氯化物作为催化剂,最后得到的还原性糖的收率为 64%~97%(Li,Zhao 2007;Li et al 2008;Sievers et al 2009;Binder,Raines 2010;Tao et al 2010;Zhang et al 2010)。

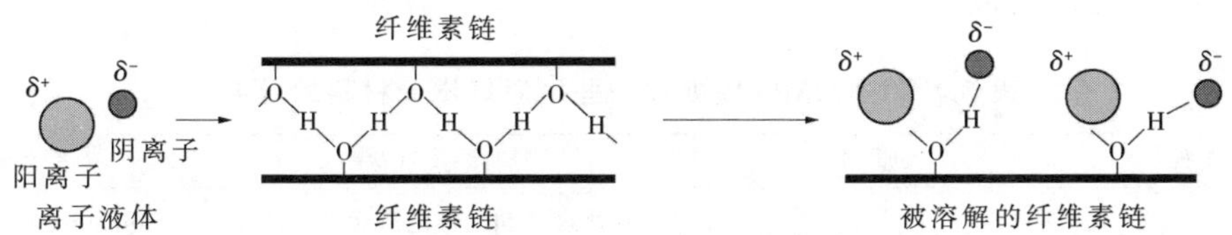

图 3.9 纤维素在离子液体中的溶解机理

(3) 离子液体预处理的缺点

离子液体预处理的主要缺点是价格非常高。如果离子液体不能有效回收利用(超过 99%),则离子液体预处理是不具备工业应用可行性的。除此之外,随着离子液体的回收和重复利用,离子液体预处理的效果也随着下降。回收的离子液体预处理效果的降低,可能与回收物中溶解的木质纤维素化合物有关,但具体机理还不清楚(Li et al 2010c;Shill et al 2011)。

另外,离子液体对纤维素酶的活性有负面作用,并且会影响纤维素的水解率。因此,从预处理后的材料中有效去除这些化合物是很必要的(Zhao et al 2009)。不过,离子液体被陷在处理后的材料中,这会降低水洗效率,增加洗涤水的用量。因此,重复利用洗涤水也是有必要的,否则这个过程将会消耗大量的水,同时产生大量的废水。

(4) NMMO 预处理

N-甲基吗啉-N-氧化物(NMMO)是一种纤维素溶剂,已在 Lyocell 工艺中进行了工业应用。在这个先进且环境友好的工艺中,使用 85%的 NMMO 溶液把纤维素纺成纤维。20 世纪 70 年代,人们开展了用 NMMO 溶解纤维素和制造纤维的基础研究;从 90 年代起,NMMO 被用于商业化的 Lyocell 工艺过程(Fink et al 2001)。而从 2009 年起,NMMO 被研究用来高效预处理木质纤维素(Kuo,Lee 2009b);并且在某些情况下,它比离子液体能够起到更大的作用(Poornejad et al 2012)。

83%~87%的 NMMO 能够溶解纤维素,但是如果含水量增加,将会导致纤维素溶胀和膨胀。发生这两种现象时的 NMMO 浓度分别为 79%和 73%(Biganska,

Navard 2003；Jeihanipour et al 2010b)。研究发现，在乙醇生产中用85%的NMMO(此浓度能够溶解纤维素)进行预处理非常有效，但是低浓度(膨胀和溶胀模式)预处理适合增产生物沼气(Jeihanipour et al 2010b)。

NMMO预处理条件一般是：常压，温度为120~130℃(见表3.4)。根据原料及其颗粒大小不同，最佳预处理时间从20min到5h不等。一般来说，纯纤维素或纤维素浆(Kuo，Lee 2009a；Wang et al 2011)比木头、木屑(Shafiei et al 2010，2011)需要更短的预处理时间。

表3.4 用NMMO预处理一些木质纤维素材料的效果

条件①	原 料	酶水解和发酵	参考文献
1%，120℃，0.5~15h	高结晶性纤维素	预处理2.5h，糖化产率为100%，乙醇产率超过82%	Jeihanipour et al (2010b)
6%，90~130℃，1~3h	云杉和橡木	两者的糖化产率分别为83%和72%，乙醇产率分别为89%和79%	Shafiei et al (2010)
5%，130℃，20min	棉 花	糖化产率超过85%	Kuo，Lee(2009a)
6%，130℃，1~5h	云杉和桦树屑	预处理5h，两者的糖化产率分别为88%和92%，乙醇产量分别为195mg/(g树木)和175mg/(g树木)	Lennartsson et al (2011)
5%，130℃，30min	从毛白杨生产的纤维素浆	糖化产率超过80%	Wang et al(2011)

① 数值依次为固体负载量、温度和处理时间。

NMMO预处理方法也被用于生物沼气的生产过程(Jeihanipour et al 2010b；Jeihanipour 2011；Teghammar et al 2012)。NMMO预处理能够有效增加由针叶材云杉、粉碎的云杉、稻草、小黑麦秸秆生产沼气的产量，分别达到理论产量的49%、95%、79%和89%，与未处理相比，增加了400%~1200%。另外，酶解时间也被显著缩短(Teghammar et al 2012)。对高结晶性纤维素进行NMMO预处理也能提高甲烷产率。预处理消除了从水解到乙烷/甲烷生成阶段的速控步骤。不过，在高纤维素负载量(超过25g/L)的情况下，高水解率会对生物沼气的生产起抑制作用，同时还会引起挥发性脂肪酸的累积和pH值的降低，并且最后对水解/酸化也会有抑制作用。为了解决这些问题，研究人员提出了一项两段酶解工艺(Jeihanipour 2011)。

(5) NMMO预处理对纤维素的影响

用NMMO预处理的机理是基于NMMO与纤维素之间生成强的氢键(Fink et al 2001；Zhao et al 2008a)。在加入水后，水与NMMO之间的氢键要强于NMMO-

纤维素,因此被溶解的纤维素就得到了再生。再生的纤维素结晶度更低,而且对纤维素酶的可及性更高(Cuissinat,Navard 2006;Zhao et al 2008a)。在一项用 NMMO 预处理松木的研究中发现,葡聚糖的整体转化率与纤维素的可及性呈线性关系。不过,与其相比,结晶度的降低与纤维素可及性之间的关系更线性化。结构研究证实,木粉预处理后的表面木质素含量减少,并且延长预处理时间对纤维素可及性起正面作用(Liu et al 2011)。在纯棉花的预处理研究中,无定形结构的增加被认为是酶水解活性升高的主要原因(Kuo,Lee 2009a)。

(6) NMMO 预处理的优点和缺点

NMMO 预处理的主要优点是高效(超过 80%的糖化产率)、原料降解少、生成的抑制性化合物可忽略不计 (Shafiei et al 2010,2011;Poornejad et al 2012)。NMMO 是一种环境友好型化合物,含有 NMMO 的废水能够在传统的废水处理厂中处理(Meister,Wechsler 1998)。

不过,NMMO 的浓度超过 5g/L 会对酶水解起抑制作用,而超过 25g/L 则会对酿酒酵母的发酵起抑制作用 (Jeihanipour et al 2010b;Shafiei et al 2010)。因此,处理后的材料应该先洗涤再进行酶水解。

技术经济研究表明,为了使木质纤维素的 NMMO 预处理工艺具有经济可行性,需要有效回收 NMMO。不过,Lyocell 工艺的某些副反应可能会影响预处理系统,引起 NMMO 的降解,增加稳定剂的消耗量(Rosenau et al 2001)。另外,通过洗涤有效脱除被处理材料所含的 NMMO,需要用到大量的水。在 NMMO 重新利用之前,这些水需要被加热蒸发,而这是一个耗能的能量密集型过程(Shafiei et al 2011)。

3.5 结论

稀酸预处理是研究最多的预处理工艺之一,并且是工业应用的一个优先选项。通过优化反应器和有效参数,这个工艺的一些缺点能够被最小化。不过,影响这个工艺过程的环境问题,尤其是废物的处理问题,是不可避免的。

碱法也是一种非常有效的预处理方法。不过它通常对硬木和农业废弃物有效。它能够显著改变和改善木质纤维素的结构,使其水解。它能够降低木质素含量、半纤维素含量、纤维素聚合度和结晶度,增大可及表面积、溶胀能力和酶吸附性。不过,这个工艺过程比较复杂,并且有效参数需要仔细优化,否则将会起到相反的效果。另外,这个方法通常需要大量的水来清洗残渣,化学回收和再利用也很困难。

用纤维素溶剂进行预处理可能是最有效的预处理方法。糖收率高、不产生有毒污染物、环境友好、不需要中和以及操作条件温和,是这种预处理方法的优点。

不过,纤维素溶剂的价格很高,仅当它们能够被完全回收和再利用时,这种方法才具有经济可行性。然而,从纤维素中分离这些溶剂是非常困难的,并且需要消耗大量的水。当溶剂的水溶液从生物质中分离出来后,需要消耗大量的能量来从稀溶剂-水溶液中回收溶剂。

参考文献

Aad G, Abbott B, Abdallah J, Abdelalim AA, Abdesselam A, Abdinov O, Abi B, Abolins M et al (2010) Search for new particles in two-jet final states in 7 TeV proton-proton collisions with the ATLAS detector at the LHC. Phys Rev Lett 105:161801

Ago M, Endo T, Hirotsu T (2004) Crystalline transformation of native cellulose from cellulose I to cellulose ID polymorph by a ball-milling method with a specific amount of water. Cellulose 11:163-167

Alvira P, Tomas-Pejo E, Ballesteros M, Negro MJ (2010) Pretreatment technologies for an efficient bioethanol production process based on enzymatic hydrolysis: a review. Bioresour Technol 101:4851-4861

Aravamuthan RG (2004) Pulping: chemical pulping. In: Jeffery B (ed) Encyclopedia of forest sciences. Elsevier, Oxford, pp 904-910

Bak JS, Ko JK, Han YH, Lee BC, Choi IG, Kim KH (2009) Improved enzymatic hydrolysis yield of rice straw using electron beam irradiation pretreatment. Bioresour Technol 100:1285-1290

Bak JS, Kim MD, Choi IG, Kim KH (2010) Biological pretreatment of rice straw by fermenting with Dichomitus squalens. N Biotechnol 27:424-434

Ballesteros I, Oliva JM, Navarro AA, Gonzalez A, Carrasco J, Ballesteros M (2000) Effect of chip size on steam explosion pretreatment of softwood. Appl Biochem Biotechnol 84-6:97-110

Behrendt CJ, Blanchette RA (1997) Biological processing of pine logs for pulp and paper production with phlebiopsis gigantea. Appl Environ Microbiol 63:1995-2000

Bertaud F, Sundberg A, Holmbom B (2002) Evaluation of acid methanolysis for analysis of wood hemicelluloses and pectins. Carbohydr Polym 48:319-324

Bertran MS, Dale BE (1985) Enzymatic hydrolysis and recrystallization behavior of initially amorphous cellulose. Biotechnol Bioeng 27:177-181

Besombes S, Mazeau K (2005) The cellulose/lignin assembly assessed by molecular modeling. Part 1: adsorption of a threo guaiacyl beta-O-4 dimer onto a Ibeta cellulose whisker. Plant Physiol Biochem 43:299-308

Biermann CJ (1996) Pulping fundamentals. In: Handbook of pulping and papermaking, 2nd edn. Academic Press, San Diego, pp 55-100

Biganska O, Navard P (2003) Phase diagram of a cellulose solvent: N-methylmorpholine-N-oxide-water mixtures. Polymer 44:1035-1039

Billa E, Monties B (1991) Occurrence of silicon associated with lignin-polysaccharide complexes isolated from gramineae (wheat straw) cell walls. Food Hydrocolloids 5:189-195

Binder JB, Raines RT (2010) Fermentable sugars by chemical hydrolysis of biomass. PNAS 107:4516-4521

Binod P, Sindhu R, Singhania RR, Vikram S, Devi L, Nagalakshmi S, Kurien N, Sukumaran RK et al (2010) Bioethanol production from rice straw: an overview. Bioresour Technol 101:4767-4774

Biswas D, Misbahuddin M, Roy U, Francis RC, Bose SK (2011) Effect of additives on fiber yield improvement for kraft pulping of kadam (Anthocephalus chinensis). Bioresour Technol 102:1284-1288

Bose S, Barnes CA, Petrich JW (2012) Enhanced stability and activity of cellulase in an ionic liquid and the effect of pretreatment on cellulose hydrolysis.Biotechnol Bioeng 109:434-443

Brownell HH, Yu EK, Saddler JN (1986) Steam-explosion pretreatment of wood: effect of chip size, acid, moisture content and pressure drop.Biotechnol Bioeng 28:792-801

Cameron MG, Fahey GC Jr, Clark JH, Merchen NR, Berger LL (1990) Effects of feeding alkaline hydrogen peroxide-treated wheat straw-based diets on digestion and production by dairy cows.J Dairy Sci 73:3544-3554

Cameron MG, Fahey GC Jr, Clark JH, Merchen NR, Berger LL (1991) Effects of feeding alkaline hydrogen peroxide-treated wheat straw-based diets on intake, digestion, ruminal fermentation, and production responses by mid-lactation dairy cows.J Anim Sci 69:1775-1787

Canilha L, Santos VT, Rocha GJ, Almeida e Silva JB, Giulietti M, Silva SS, Felipe MG, Ferraz A et al (2011) A study on the pretreatment of a sugarcane bagasse sample with dilute sulfuric acid.J Ind Microbiol Biotechnol 38: 1467-1475

Castro FB, Hotten PM, Orskov ER (1993) Effects of dilute-acid hydrolysis treatment on the physico-chemical features and bio-utilization of wheat straw.Anim Feed Sci Technol 42:55-67

Chandra R, Ewanick S, Hsieh C, Saddler JN (2008) The characterization of pretreated lignocellulosic substrates prior to enzymatic hydrolysis, part 1: a modified Simons' staining technique.Biotechnol Prog 24:1178-1185

Chandra R, Ewanick S, Chung P, Au-Yeung K, Rio L, Mabee W, Saddler J (2009) Comparison of methods to assess the enzyme accessibility and hydrolysis of pretreated lignocellulosic substrates.Biotechnol Lett 31:1217-1222

Chang VS, Holtzapple MT (2000) Fundamental factors affecting biomass enzymatic reactivity.Appl Biochem Biotechnol 84-86:5-37

Chang M, Chou T, Tsao G (1981) Structure, pretreatment and hydrolysis of cellulose.In: Bioenergy 15-42

Chen C, Boldor D, Aita G, Walker M (2012) Ethanol production from sorghum by a microwave-assisted dilute ammonia pretreatment.Bioresour Technol 110:190-197

Cheng KK, Zhang JA, Ping WX, Ge JP, Zhou YJ, Ling HZ, Xu JM (2008) Sugarcane bagasse mild alkaline/oxidative pretreatment for ethanol production by alkaline recycle process.Appl Biochem Biotechnol 151:43-50

Chesson A (1988) Lignin-polysaccharide complexes of the plant cell wall and their effect on microbial degradation in the rumen.Anim Feed Sci Technol 21:219-228

Chundawat SP, Beckham GT, Himmel ME, Dale BE (2011a) Deconstruction of lignocellulosic biomass to fuels and chemicals.Annu Rev Chem Biomol Eng 2:121-145

Chundawat SP, Bellesia G, Uppugundla N, da Costa Sousa L, Gao D, Cheh AM, Agarwal UP, Bianchetti CM et al (2011b) Restructuring the crystalline cellulose hydrogen bond network enhances its depolymerization rate.J Am Chem Soc 133:11163-11174

Ciolacu D, Ciolacu F, Popa VI (2011) Amorphous cellulose-structure and characterization cellulose chem.Technol 45: 13-21

Cochard H, Tyree MT (1990) Xylem dysfunction in quercus: vessel sizes, tyloses, cavitation and seasonal changes in embolism.Tree Physiol 6:393-407

Cuissinat C, Navard P (2006) Swelling and dissolution of cellulose.Part 1: free floating cotton and wood fibres in N-methylmorpholine-N-oxide-water mixtures.Macromol Symp 244:1-18

Curreli N, Fadda MB, Rescigno A, Rinaldi AC, Soddu G, Sollai F, Vaccargiu S, Sanjust E et al (1997) Mild alkaline/oxidative pretreatment of wheat straw.Process Biochem 32:665-670

Czirnich W, Patt R (1976) Untersuchungen uber die stabilisierung von hemicellulosen beim sulfitverfahren auf magnesium-basis.Holzforschung 30:124-132

da Costa Sousa L, Chundawat SP, Balan V, Dale BE (2009)'Cradle-to-grave' assessment of existing lignocellulose pretreatment technologies.Curr Opin Biotechnol 20:339-347

Dadi AP, Varanasi S, Schall CA (2006) Enhancement of cellulose saccharification kinetics using an ionic liquid pretreatment step.Biotechnol Bioeng 95:904-910

Deschamps FC, Ramos LP, Fontana JD (1996) Pretreatment of sugar cane bagasse for enhanced ruminal digestion. Appl Biochem Biotechnol 57–58: 171–182

Deshpande MD, Scheicher RH, Ahuja R, Pandey R (2008) Binding strength of sodium ions in cellulose for different water contents. J Phys Chem B 112: 8985–8989

Ding SY, Himmel ME (2006) The maize primary cell wall microfibril: a new model derived from direct visualization. J Agric Food Chem 54: 597–606

Dogan H, Hilmioglu ND (2009) Dissolution of cellulose with NMMO by microwave heating. Carbohydr Polym 75: 90–94

Donohoe BS, Decker SR, Tucker MP, Himmel ME, Vinzant TB (2008) Visualizing lignin coalescence and migration through maize cell walls following thermochemical pretreatment. Biotechnol Bioeng 101: 913–925

Elbeshbishy E, Aldin S, Hafez H, Nakhla G, Ray M (2011) Impact of ultrasonication of hog manure on anaerobic digestability. Ultrason Sonochem 18: 164–171

Esteghlalian AR, Bilodeau M, Mansfield SD, Saddler JN (2001) Do enzymatic hydrolyzability and Simons' stain reflect the changes in the accessibility of lignocellulosic substrates to cellulase enzymes? Biotechnol Prog 17: 1049–1054

Ewanick SM, Bura R, Saddler JN (2007) Acid–catalyzed steam pretreatment of lodgepole pine and subsequent enzymatic hydrolysis and fermentation to ethanol. Biotechnol Bioeng 98: 737–746

Fan LT, Lee Y, Beardmore DH (1980) Mechanism of the enzymatic hydrolysis of cellulose: effects of major structural features of cellulose on enzymatic hydrolysis. Biotechnol Bioeng 22: 177–199

Fan L, Lee Y, Gharpuray M (1982) The nature of lignocellulosics and their pretreatments for enzymatic hydrolysis. Adv Biochem Eng Biotechnol 23: 158–183

Fengel D, Wegener G (1979) Hydrolysis of polysaccharides with trifluoroacetic acid and its application to rapid wood and pulp analysis. In: Jurasek L, Brown RD (eds) Hydrolysis of cellulose: mechanisms of enzymatic and acid catalysis, vol 181. American Chemical Society, pp 145–158

Fengel D, Wegener G (1984) Wood: chemistry, ultrastructure reactions. Walter de Gruyter, Berlin

Fengel D, Wegener G, Heizmann A, Przyklenk M (1978) Analysis of wood and cellulose by total hydrolysis with trifluoroacetic acid. Cellul Chem Technol 12: 31–37

Fernandez–Cegri V, de la Rubia MA, Raposo F, Borja R (2012) Impact of ultrasonic pretreatment under different operational conditions on the mesophilic anaerobic digestion of sunflower oil cake in batch mode. Ultrason Sonochem 19: 1003–1010

Festucci–Buselli RA, Otoni WC, Joshi CP (2007) Structure, organization, and functions of cellulose synthase complexes in higher plants. Braz J Plant Physiol 19: 1–13

Fink HP, Weigel P, Purz HJ, Ganster J (2001) Structure formation of regenerated cellulose materials from NMMO–solutions. Adv Polym Sci 26: 1473–1524

Forsskahl I, Popoff T, Theander O (1976) Reactions of –xylose and –glucose in alkaline, aqueous solutions. Carbohydr Res 48: 13–21

Foston M, Ragauskas AJ (2010) Changes in lignocellulosic supramolecular and ultrastructure during dilute acid pretreatment of populus and switchgrass. Biomass Bioenergy 34: 1885–1895

Fry SC (1989) The structure and functions of xyloglucan. J Exp Bot 40: 1–11

Fu D, Mazza G (2011) Aqueous ionic liquid pretreatment of straw. Bioresour Technol 102: 7008–7011

Galbe M, Zacchi G (2007) Pretreatment of lignocellulosic materials for efficient bioethanol production. Adv Biochem Eng Biotechnol 108: 41–65

Geng X, Henderson WA (2012) Pretreatment of corn stover by combining ionic liquid dissolution with alkali extraction. Biotechnol Bioeng 109: 84–91

Girio FM, Fonseca C, Carvalheiro F, Duarte LC, Marques S, Bogel–Lukasik R (2010) Hemicelluloses for fuel ethanol: a review. Bioresour Technol 101: 4775–4800

Glaus MA, Van Loon LR (2008) Degradation of cellulose under alkaline conditions: new insights from a 12 years degradation study. Environ Sci Technol 42: 2906–2911

Grethelin HE (1985) The effect of pore size distribution on the rate of enzymatic hydrolysis of cellulosic substrates. Nat Biotechnol 3: 155–160

Grohmann K, Torget R, Himmel M (1986a) Optimization of dilute acid pretreatment of biomass. Biotechnol Bioeng SympWiley 15: 59–80

Grohmann K, Torget R, Himmel M (1986b) Dilute acid pretreatment research. Biochemical conversion program review meeting, Solar Energy Research Inst., Golden, CO, pp 121–138

Grohmann K, Mitchell D, Himmel M, Dale B, Schroeder H (1989) The role of ester groups in resistance of plant cell wall polysaccharides to enzymatic hydrolysis. Appl Biochem Biotechnol 20–21: 45–61

Gümüskaya E, Usta M (2006) Dependence of chemical and crystalline structure of alkali sulfite pulp on cooking temperature and time. Carbohydr Polym 65: 461–468

Ha SH, Mai NL, An G, Koo YM (2011) Microwave-assisted pretreatment of cellulose in ionic liquid for accelerated enzymatic hydrolysis. Bioresour Technol 102: 1214–1219

Hallac BB, Ragauskas AJ (2011) Analyzing cellulose degree of polymerization and its relevancy to cellulosic ethanol. Biofuels, Bioprod Biorefin 5: 215–225

Hallac BB, Ray M, Murphy RJ, Ragauskas AJ (2010) Correlation between anatomical characteristics of ethanol organosolv pretreated Buddleja davidii and its enzymatic conversion to glucose. Biotechnol Bioeng 107: 795–801

Harris J, Baker A, Zerbe J (1984) Two-stage, dilute sulfuric acid hydrolysis of hardwood for ethanol production. Energy Biomass Wastes 8: 1151–1170

Harun MY, Dayang Radiah AB, Zainal Abidin Z, Yunus R (2011) Effect of physical pretreatment on dilute acid hydrolysis of water hyacinth (Eichhornia crassipes). Bioresour Technol 102: 5193–5199

Haverty D, Dussan K, Piterina AV, Leahy JJ, Hayes MH (2012) Autothermal, single-stage, performic acid pretreatment of miscanthus x giganteus for the rapid fractionation of its biomass components into a lignin/hemicellulose-rich liquor and a cellulase-digestible pulp. Bioresour Technol 109: 173–177

Hayashi J, Sufoka A, Ohkita J, Watanabe S (1975) The confirmation of existences of cellulose IIII, IIIII, IVI, and IVII by the X-ray method. J Polym Sci: Polym Lett ed 13: 23–27

He X, Miao Y, Jiang X, Xu Z, Ouyang P (2010) Enhancing the enzymatic hydrolysis of corn stover by an integrated wet-milling and alkali pretreatment. Appl Biochem Biotechnol 160: 2449–2457

Heiss-Blanquet S, Zheng D, Lopes Ferreira N, Lapierre C, Baumberger S (2011) Effect of pretreatment and enzymatic hydrolysis of wheat straw on cell wall composition, hydropho-bicity and cellulase adsorption. Bioresour Technol 102: 5938–5946

Henderson R (1970) Structure of crystalline alpha-chymotrypsin. IV. The structure of indoleacryloyl-alpha-chyotrypsin and its relevance to the hydrolytic mechanism of the enzyme. J Mol Biol 54: 341–354

Hendriks AT, Zeeman G (2009) Pretreatments to enhance the digestibility of lignocellulosic biomass. Bioresour Technol 100: 10–18

Hepworth DG, Vincent JF, Stringer G, Jeronimidis G (2002) Variations in the morphology of wood structure can explain why hardwood species of similar density have very different resistances to impact and compressive loading. Philos Trans Math Phys Eng Sci 360: 255–272

Higgins FJ, Ho GE (1982) Hydrolysis of cellulose using HCl: a comparison between liquid phase and gaseous phase processes. Agric Waste 4: 97–116

Hong J, Ye X, Zhang YH (2007) Quantitative determination of cellulose accessibility to cellulase based on adsorption of a nonhydrolytic fusion protein containing CBM and GFP with its applications. Langmuir 23: 12535–12540

Hong F, Guo X, Zhang S, Han SF, Yang G, Jonsson LJ (2012) Bacterial cellulose production from cotton-based waste textiles: enzymatic saccharification enhanced by ionic liquid pretreatment. Bioresour Technol 104: 503–508

Isogai A, Atalla RH (1991) Amorphous celluloses stable in aqueous media: regeneration from SO2-amine solvent systems. J Polym Sci, Part A: Polym Chem 29: 113-119

Jacobsen SE, Wyman CE (2000) Cellulose and hemicellulose hydrolysis models for application to current and novel pretreatment processes. Appl Biochem Biotechnol 84-86: 81-96

Jeihanipour A (2011) Waste textile bioprocessing to ethanol and biogas. Department of Chemical and Biological Engineering, Ph.D thesis

Jeihanipour A, Karimi K, Niklasson C, Taherzadeh MJ (2010a) A novel process for ethanol or biogas production from cellulose in blended-fibers waste textiles. Waste Manag 30: 2504-2509

Jeihanipour A, Karimi K, Taherzadeh MJ (2010b) Enhancement of ethanol and biogas production from high-crystalline cellulose by different modes of NMO pretreatment. Biotechnol Bioeng 105: 469-476

Jiang ZH, Fei BH, Yang Z (2007) Effects of spectral pretreatment on the prediction of crystallinity of wood cellulose using near infrared spectroscopy. Guang Pu Xue Yu Guang Pu Fen Xi 27: 435-438

Karlsson J, Medve J, Tjerneld F (1999) Hydrolysis of steam-pretreated lignocellulose: synergism and adsorption for cellobiohydrolase I and endoglucanase II of Trichoderma reesei. Appl Biochem Biotechnol 82: 243-258

Keshwani DR, Cheng JJ (2010) Modeling changes in biomass composition during microwave-based alkali pretreatment of switchgrass. Biotechnol Bioeng 105: 88-97

Keys JE Jr, DeBarthe JV (1974) Cellulose and hemicellulose digestibility in the stomach, small intestine and large intestine of swine. J Anim Sci 39: 53-56

Keys JE Jr, Van Soest PJ, Young EP (1969) Comparative study of the digestibility of forage cellulose and hemicellulose in ruminants and nonruminants. J Anim Sci 29: 11-15

Khodaverdi M, Jeihanipour A, Karimi K, Taherzadeh MJ (2012) Kinetic modeling of rapid enzymatic hydrolysis of crystalline cellulose after pretreatment by NMMO. J Ind Microbiol Biotechnol 39: 429-438

Kim S, Holtzapple MT (2005) Lime pretreatment and enzymatic hydrolysis of corn stover. Bioresour Technol 96: 1994-2006

Kim S, Holtzapple MT (2006) Effect of structural features on enzyme digestibility of corn stover. Bioresour Technol 97: 583-591

Kim BS, Lee YY (2002) Diffusion of sulfuric acid within lignocellulosic biomass particles and its impact on dilut-acid pretreatment. Bioresour Technol 83: 165-171

Kim TH, Lee YY (2006) Fractionation of corn stover by hot-water and aqueous ammonia treatment. Bioresour Technol 97: 224-232

Kim BS, Um BH, Park SC (2001) Effect of pretreatment reagent and hydrogen peroxide on enzymatic hydrolysis of oak in percolation process. Appl Biochem Biotechnol 91-93: 81-94

Kim TH, Kim JS, Sunwoo C, Lee YY (2003) Pretreatment of corn stover by aqueous ammonia. Bioresour Technol 90: 39-47

Kim JS, Sandquist D, Sundberg B, Daniel G (2011) Spatial and temporal variability of xylan distribution in differentiating secondary xylem of hybrid aspen. Planta. doi: 10.1007/s00425- 011-1576-8

Kim S, Park JM, Seo JW, Kim CH (2012) Sequential acid-/alkali-pretreatment of empty palm fruit bunch fiber. Bioresour Technol 109: 229-233

Knappert D, Grethlein H, Converse A (1980) Partial acid hydrolysis of cellulosic materials as a pretreatment for enzymatic hydrolysis. Biotechnol Bioeng 22: 1449-1463

Ko JK, Bak JS, Jung MW, Lee HJ, Choi IG, Kim TH, Kim KH (2009) Ethanol production from rice straw using optimized aqueous-ammonia soaking pretreatment and simultaneous saccharification and fermentation processes. Bioresour Technol 100: 4374-4380

Kobayashi T, Sakai Y (1956) Hydrolysis rate of pentosan of hardwood in dilute sulfuric acid. Bull Agr Chem Soc Jpn 20: 1-7

Kuhad RC, Gupta R, Khasa YP, Singh A (2010) Bioethanol production from lantanacamara (red sage): pretreatment, saccharification and fermentation. Bioresour Technol 101: 8348–8354

Kumar R, Wyman CE (2008) An improved method to directly estimate cellulase adsorption on biomass solids. Enzyme Microb Technol 42: 426–433

Kumar R, Wyman CE (2009a) Cellulase adsorption and relationship to features of corn stover solids produced by leading pretreatments. Biotechnol Bioeng 103: 252–267

Kumar R, Wyman CE (2009b) Access of cellulase to cellulose and lignin for poplar solids produced by leading pretreatment technologies. Biotechnol Prog 25: 807–819

Kumar R, Mago G, Balan V, Wyman CE (2009) Physical and chemical characterizations of corn stover and poplar solids resulting from leading pretreatment technologies. Bioresour Technol 100: 3948–3962

Kuo C-H, Lee C-K (2009a) Enhancement of enzymatic saccharification of cellulose by cellulose dissolution pretreatments. Carbohydr Polym 77: 41–46

Kuo C-H, Lee C-K (2009b) Enhanced enzymatic hydrolysis of sugarcane bagasse by N-methylmorpholine-N-oxide pretreatment. Bioresour Technol 100: 866–871

Lamed R, Kenig R, Setter E, Bayer EA (1985) Major characteristics of the cellulolytic system of Clostridium thermocellum coincide with those of the purified cellulosome. Enzyme Microb Technol 7: 37–41

Lee J (1997) Biological conversion of lignocellulosic biomass to ethanol. J Biotechnol 56: 1–24

Lee JH, Brown RM Jr, Kuga S, Shoda S, Kobayashi S (1994) Assembly of synthetic cellulose I. Proc Natl Acad Sci USA 91: 7425–7429

Lee SH, Doherty TV, Linhardt RJ, Dordick JS (2009) Ionic liquid-mediated selective extraction of lignin from wood leading to enhanced enzymatic cellulose hydrolysis. Biotechnol Bioeng 102: 1368–1376

Lennartsson PR, Niklasson C, Taherzadeh MJ (2011) A pilot study on lignocelluloses to ethanol and fish feed using NMMO pretreatment and cultivation with zygomycetes in an air-lift reactor. Bioresour Technol 102: 4425–4432

Lewis NG, Yamamoto E (1990) Lignin: occurrence, biogenesis and biodegradation. Annu Rev Plant Physiol Plant Mol Biol 41: 455–496

Li C, Cheng G, Balan V, Kent MS, Ong M, Chundawat SP, Sousa L, Melnichenko YB, Dale BE, Simmons BA, Singh S (2011) Influence of physico-chemical changes on enzymatic digestibility of ionic liquid and AFEX pretreated corn stover. Bioresour Technol 102: 6928–6936

Li C, Zhao ZK (2007) Efficient acid-catalyzed hydrolysis of cellulose in ionic liquid. Adv Synth Catal 349: 1847–1850

Li C, Wang Q, Zhao ZK (2008) Acid in ionic liquid: an efficient system for hydrolysis of lignocellulose. Green Chem 10: 177–182

Li Q, He YC, Xian M, Jun G, Xu X, Yang JM, Li LZ (2009) Improving enzymatic hydrolysis of wheat straw using ionic liquid 1-ethyl-3-methyl imidazolium diethyl phosphate pretreatment. Bioresour Technol 100: 3570–3575

Li C, Knierim B, Manisseri C, Arora R, Scheller HV, Auer M, Vogel KP, Simmons BA et al (2010a) Comparison of dilute acid and ionic liquid pretreatment of switchgrass: biomass recalcitrance, delignification and enzymatic saccharification. Bioresour Technol 101: 4900–4906

Li Q, Jiang X, He Y, Li L, Xian M, Yang J (2010b) Evaluation of the biocompatible ionic liquid 1-methyl-3-methylimidazolium dimethylphosphite pretreatment of corn cob for improved saccharification. Appl Microbiol Biotechnol 87: 117–126

Li B, Asikkala J, Filpponen I, Argyropoulos DS (2010c) Factors affecting wood dissolution and regeneration of ionic liquids. Ind Eng Chem Res 49: 2477–2484

Liebert T (2010) Cellulose solvents-remarkable history, bright future, cellulose solvents: for analysis, shaping and chemical modification. American Chemical Society, Washington

Lin KW, Ladisch MR, Voloch M, Patterson JA, Noller CH (1985) Effect of pretreatments and fermentation on pore size in cellulosic materials. Biotechnol Bioeng 27: 1427–1433

Lis MJ, Carrillo F, Colom X, Martinez D, Nogues F (2000) Acid hydrolysis of straw before its enzymic treatment. Determination of a kinetic model. Ing Quim (Madrid) 32:181–186

Liu L, Chen H (2006) Enzymatic hydrolysis of cellulose materials treated with ionic liquid [BMIM] Cl. Chin Sci Bull 51:2432–2436

Liu H, Sale KL, Holmes BM, Simmons BA, Singh S (2010) Understanding the interactions of cellulose with ionic liquids: a molecular dynamics study. J Phys Chem B 114:4293–4301

Liu C–Z, Wang F, Stiles AR, Guo C (2012) Ionic liquids for biofuel production: opportunities and challenges. Appl Energy 92:406–414

Lucas M, Macdonald BA, Wagner GL, Joyce SA, Rector KD (2010) Ionic liquid pretreatment of poplar wood at room temperature: swelling and incorporation of nanoparticles. ACS Appl Mater Interfaces 2:2198–2205

Lynam JG, Toufiq Reza M, Vasquez VR, Coronella CJ (2012) Pretreatment of rice hulls by ionic liquid dissolution. Bioresour Technol. doi: 10.1016/j.biortech.2012.03.004

Lynd LR, Weimer PJ, van Zyl WH, Pretorius IS (2002) Microbial cellulose utilization: fundamentals and biotechnology. Microbiol Mol Biol Rev 66:506–577

Mäki–Arvela P, Anugwom I, Virtanen P, Sjöholm R, Mikkola JP (2010) Dissolution of lignocellulosic materials and its constituents using ionic liquids–a review. Ind Crop Prod 32:175–201

Mansour OY, Saady M, Mottaleb FA (1972) On structure of cellulose, Part I, study of changes due to alkali treatment by infrared spectroscopy. Indian Pulp Pap 26:72–84

Martin C, Rocha G, Perez M, Lopez Y, Hernandez E, Plasencia Y (2008) Acid prehydrolysis, alkaline delignification and enzymatic hydrolysis of rice hulls. Cellul Chem Technol 41:129–135

McCarter SL, Adney WS, Vinzant TB, Jennings E, Eddy FP, Decker SR, Baker JO, Sakon J et al (2002) Exploration of cellulose surface–binding properties of acidothermus cellulolyticus Cel5A by site–specific mutagenesis. Appl Biochem Biotechnol 98–100:273–287

McMillan JD (1992) Process for pretreating lignocellulosic biomass: a review. National Renewable Energy Lab., Golden, COReport No. NREL/TP 4214978

McMillan JD (1994) Pretreatment of lignocellulosic biomass. In: Himmel ME, Baker JO, Overend RP (eds) ACS symposium series (enzymatic conversion of biomass for fuels production), vol 566, pp 292–324

Meister G, Wechsler M (1998) Biodegradation of N–methylmorpholine–N–oxide. Biodegrad 9:91–102

Millett MA, Baker AJ, Satter LD (1976) Physical and chemical pretreatments for enhancing cellulose saccharification. Biotechnol Bioeng Symp 125–153

Mirahmadi K, Kabir MM, Jeihanipour J, Karimi K, Taherzadeh MJ (2010) Alkaline pretreatment of spruce and birch to improve bioethanol and biogas production. BioResources 5:928–938

Mittal A, Katahira R, Himmel ME, Johnson DK (2011) Effects of alkaline or liquid–ammonia treatment on crystalline cellulose: changes in crystalline structure and effects on enzymatic digestibility. Biotechnol Biofuels 4:41

Morag E, Bayer EA, Lamed R (1990) Relationship of cellulosomal and noncellulosomal xylanases of Clostridium thermocellum to cellulose–degrading enzymes. J Bacteriol 172:6098–6105

Mora–Pale M, Meli L, Doherty TV, Linhardt RJ, Dordick JS (2011) Room temperature ionic liquids as emerging solvents for the pretreatment of lignocellulosic biomass. Biotechnol Bioeng 108:1229–1245

Morjanoff PJ, Gray PP (1987) Optimization of steam explosion as a method for increasing susceptibility of sugarcane bagasse to enzymatic saccharification. Biotechnol Bioeng 29:733–741

Mosier N, Wyman C, Dale B, Elander R, Lee YY, Holtzapple M, Ladisch M (2005) Features of promising technologies for pretreatment of lignocellulosic biomass. Bioresour Technol 96:673–686

Moulthrop JS, Swatloski RP, Moyna G, Rogers RD (2005) High–resolution 13C NMR studies of cellulose and cellulose oligomers in ionic liquid solutions. Chem Commun (Camb), pp 1557–1559

Mugnolo AMJ, Macchi EM, Marx–Flglnl M (1988) Dilute acid–hydrolized cotton cellulose: an electron diffraction study.

Polym Bull 19:187-192

Nguyen QA, Tucker MP, Keller FA, Eddy FP (2000) Two-stage dilute-acid pretreatment of softwoods. Appl Biochem Biotechnol 84-86:561-576

Nguyen TA, Kim KR, Han SJ, Cho HY, Kim JW, Park SM, Park JC, Sim SJ (2010) Pretreatment of rice straw with ammonia and ionic liquid for lignocellulose conversion to fermentable sugars. Bioresour Technol 101:7432-7438

Ninomiya K, Kamide K, Takahashi K, Shimizu N (2012) Enhanced enzymatic saccharification of kenaf powder after ultrasonic pretreatment in ionic liquids at room temperature. Bioresour Technol 103:259-265

Norman AG (1934) The biological decomposition of plant materials: part IX. The anaerobic decopmsition of hemicelluloses. Ann Appl Biol 21:454-475

Ogiwara Y, Arai K (1968) Swelling degree of cellulose materials and hydrolysis rate with cellulase. Text Res J 38: 885-891

Pan X, Xie D, Gilkes N, Gregg DJ, Saddler JN (2005) Strategies to enhance the enzymatic hydrolysis of pretreated softwood with high residual lignin content. Appl Biochem Biotechnol 121-124:1069-1079

Pan X, Gilkes N, Kadla J, Pye K, Saka S, Gregg D, Ehara K, Xie D et al (2006a) Bioconversion of hybrid poplar to ethanol and co-products using an organosolv fractionation process: optimization of process yields. Biotechnol Bioeng 94:851-861

Pan X, Gilkes N, Saddler J (2006b) Effect of acetyl groups on enzymatic hydrolysis of cellulosic substrates. Holzforschung 60:398-401

Pan X, Kadla JF, Ehara K, Gilkes N, Saddler JN (2006c) Organosolv ethanol lignin from hybrid poplar as a radical scavenger: relationship between lignin structure, extraction conditions, and antioxidant activity. J Agric Food Chem 54:5806-5813

Pan X, Fan Z, Chen W, Ding Y, Luo H, Bao X (2007a) Enhanced ethanol production inside carbon-nanotube reactors containing catalytic particles. Nat Mater 6:507-511

Pan X, Xie D, Kang KY, Yoon SL, Saddler JN (2007b) Effect of organosolv ethanol pretreatment variables on physical characteristics of hybrid poplar substrates. Appl Biochem Biotechnol 137-140:367-377

Pang C, Xie T, Lin L, Zhuang J, Liu Y, Shi J, Yang Q (2012) Changes of the surface structure of corn stalk in the cooking process with active oxygen and MgO-based solid alkali as a pretreatment of its biomass conversion. Bioresour Technol 103:432-439

Patt R, Kordsachia O, Süttinger R (2011) Pulp. In: Ullmann's encyclopedia of industrial chemistry, Wiley-VCH Verlag GmbH & Co. KGaA

Pei H, Liu L, Zhang X, Sun J (2012) Flow-through pretreatment with strongly acidic electrolyzed water for hemicellulose removal and enzymatic hydrolysis of corn stover. Bioresour Technol 110:292-296

Peng F, Peng P, Xu F, Sun RC (2012) Fractional purification and bioconversion of hemicelluloses. Biotechnol Adv. doi: 10.1016/j.biotechadv.2012.01.018

Pérez S, Samain D (2010) Structure and engineering of celluloses. In: Derek H (ed) Advances in carbohydrate chemistry and biochemistry, vol 64. Academic Press, New York, pp 25-116

Pham TT, Brar SK, Tyagi RD, Surampalli RY (2009) Ultrasonication of wastewater sludge-consequences on biodegradability and flowability. J Hazard Mater 163:891-898

Pingali SV, Urban VS, Heller WT, McGaughey J, O'Neill H, Foston M, Myles DA, Ragauskas A et al (2010) Breakdown of cell wall nanostructure in dilute acid pretreated biomass. Biomacromolecules 11:2329-2335

Poornejad N, Karimi K, Behzad T (2012) Improvement of saccharification and ethanol production from rice straw by NMMO and [BMIM][OAc] pretreatments. Ind Crop Prod Procter AR, Wiekenkamp RH (1969) The stabilization of cellulose to alkaline degradation by novel end unit modifications. J Polym Sci, Part C: Polym Symp 28:1-13

Pu YQ, Jiang N, Ragauskas AJJ (2007) Ionic liquid as a green solvent for lignin. Wood Chem Technol 27:23-33

Puri VP (1984) Effect of crystallinity and degree of polymerization of cellulose on enzymatic saccharification.

Biotechnol Bioeng 26:1219–1222

Puri VP, Pearce GR (1986) Alkali–explosion pretreatment of straw and bagasse for enzymic hydrolysis.Biotechnol Bioeng 28:480–485

Qi B, Chen X, Wan Y (2010) Pretreatment of wheat straw by nonionic surfactant–assisted dilute acid for enhancing enzymatic hydrolysis and ethanol production.Bioresour Technol 101:4875–4883

Qing Q, Yang B, Wyman CE (2010) Impact of surfactants on pretreatment of corn stover.Bioresour Technol 101:5941–5951

Ramos LP, Breuil C, Saddler JN (1992) Comparison of steam pretreatment of eucalyptus, aspen, and spruce wood chips and their enzymic hydrolysis.Appl Biochem Biotechnol 34–35:37–48

Remsing RC, Swatloski RP, Rogers RD, Moyna G (2006) Mechanism of cellulose dissolution in the ionic liquid 1–n–butyl–3–methylimidazolium chloride: a 13C and 35/37Cl NMR relaxation study on model systems.Chem Commun 1271–1273

Rocha GJ, Martin C, da Silva VF, Gomez EO, Goncalves AR (2012) Mass balance of pilot–scale pretreatment of sugarcane bagasse by steam explosion followed by alkaline delignification.Bioresour Technol 111:447–452

Rodrigues TH, Rocha MV, de Macedo GR, Goncalves LR (2011) Ethanol production from cashew apple bagasse: improvement of enzymatic hydrolysis by microwave–assisted alkali pretreatment.Appl Biochem Biotechnol 164:929–943

Rollin JA, Zhu Z, Sathitsuksanoh N, Zhang YH (2011) Increasing cellulose accessibility is more important than removing lignin: a comparison of cellulose solvent–based lignocellulose fractionation and soaking in aqueous ammonia. Biotechnol Bioeng 108:22–30

Rosenau T, Potthast A, Sixta H, Kosma P (2001) The chemistry of side reactions and byproduct formation in the system NMMO/cellulose (lyocell process).Prog Polym Sci 26:1763–1837

Saeman JF (1945) Kinetics of wood saccharification: Hydrolysis of cellulose and decomposition of sugars in dilute acid at high temperature.Ind Eng Chem 37:43–52

Saeman JF (1949) Kinetics of wood hydrolysis and the decomposition of sugars in dilute acids at high temperatures. Holzforschung 4:1–14

Saha BC, Iten LB, Cotta MA, Wu YV (2005) Dilute acid pretreatment, enzymatic saccharifi–cation, and fermentation of rice hulls to ethanol.Biotechnol Prog 21:816–822

Sassner P, Martensson CG, Galbe M, Zacchi G (2008) Steam pretreatment of H_2SO_4–impregnated Salix for the production of bioethanol.Bioresour Technol 99:137–145

Shafiei M, Karimi K, Taherzadeh MJ (2010) Pretreatment of spruce and oak by N–methylmorpholine–N–oxide (NMMO) for efficient conversion of their cellulose to ethanol.Bioresour Technol 101:4914–4918

Shafiei M, Karimi K, Taherzadeh MJ (2011) Techno–economical study of ethanol and biogas from spruce wood by NMMO–pretreatment and rapid fermentation and digestion.Bioresour Technol 102:7879–7886

Shafiei M, Ziluoei H, Zamani A, Taherzadeh MJ, Karimi K (2012) Enhancement of ethanol production from spruce wood chips by ionic liquid pretreatment.Appl Energy

Shafizadeh F (1963) Acidic hydrolysis of glucosidic bonds.Tappi J 46:381–383

Shah MM, Song SK, Lee YY, Torget R (1991) Effect of pretreatment on simultaneous saccharification and fermentation of hardwood into acetone/butanol.Appl Biochem Biotech–nol 28–29:99–109

Shen J, Wyman CE (2011) A novel mechanism and kinetic model to explain enhanced xylose yields from dilute sulfuric acid compared to hydrothermal pretreatment of corn stover.Bioresour Technol 102:9111–9120

Shill K, Padmanabhan S, Xin Q, Prausnitz JM, Clark DS, Blanch HW (2011) Ionic liquid pretreatment of cellulosic biomass: enzymatic hydrolysis and ionic liquid recycle.Biotechnol Bioeng 108:511–520

Shimizu K (1988) Steam–explosion treatment of wood.Kami Pa Gikyoshi 42:1114–1130

Sievers C, Valenzuela–Olarte MB, Marzialetti T, Musin I, Agrawal PK, Jones CW (2009) Ionic–liquid–phase hydrolysis of pine wood.Ind Eng Chem Res 48:1277–1286

Silva ASA,Lee SH,Endo T,Bon EP (2011) Major improvement in the rate and yield of enzymatic saccharification of sugarcane bagasse via pretreatment with the ionic liquid 1–ethyl–3–methylimidazolium acetate ([Emim][Ac]). Bioresour Technol 102:10505–10509

Singh A,Tuteja S,Singh N,Bishnoi NR (2011) Enhanced saccharification of rice straw and hull by microwave–alkali pretreatment and lignocellulolytic enzyme production.Bioresour Technol 102:1773–1782

Sjostrom E (1977) The behavior of wood polysaccharides during alkaline pulping process.Tappi J 60:151–154

Soderstrom J,Pilcher L,Galbe M,Zacchi G (2003) Combined use of H_2SO_4 and SO_2 impregnation for steam pretreatment of spruce in ethanol production.Appl Biochem Biotechnol 105–108:127–140

Stone J E,Scallan A M,Donefer E,Ahlgren E (1969) Digestibility as a simple function of a molecule of similar size to a cellulase enzyme.In:Hajny GJ,Reese ET (eds) Cellulases and their applications,vol 95,American Chemical Society,pp 219–241

Sun Y,Cheng J (2002) Hydrolysis of lignocellulosic materials for ethanol production:a review.Bioresour Technol 83:1–11

Sun Y,Cheng JJ (2005) Dilute acid pretreatment of rye straw and bermudagrass for ethanol production.Bioresour Technol 96:1599–1606

Swatloski RP,Visser AE,Reichert WM,Broker GA,Farina LM,Holbrey JD,Rogers RD (2001) Solvation of 1–butyl–3–methylimidazolium hexafluorophosphate in aqueous ethanol–a green solution for dissolving hydrophobic ionic liquids.Chem Commun (Camb) 2070–2071

Taherzadeh MJ,Karimi K (2007) Acid–based hydrolysis processes for ethanol from lignocel–lulosic materials:a review. BioResources 2:472–499

Taherzadeh MJ,Karimi K (2008) Pretreatment of lignocellulosic wastes to improve ethanol and biogas production:a review.Int J Mol Sci 9:1621–1651

Takai M,Colvin R (1978) Mechanism of transition between cellulose I and cellulose II during mercerization.J Polym Sci:Polym Chem Ed 16:1335–1342

Tao F,Song H,Chou L (2010) Hydrolysis of cellulose by using catalytic amounts of FeCl2 in ionic liquids.Chem Sus Chem 3:1298–1303

Tarkow H,Feist W (1969) A mechanism for improving the digestibility of lignocellulosic materials with dilute alkali and liquid ammonia.Adv Chem Ser 95:197–218

Teghammar A,Yngvesson J,Lundin M,Taherzadeh MJ,Horvath IS (2010) Pretreatment of paper tube residuals for improved biogas production.Bioresour Technol 101:1206–1212

Teghammar A,Karimi K,Sárvári Horváth I,Taherzadeh MJ (2012) Enhanced biogas production from rice straw,triticale straw and softwood spruce by NMMO pretreatment. Biomass Bioenergy 36:116–120

Teixeira LC,Linden JC,Schroeder HA (2000) Simultaneous saccharification and cofermentation of peracetic acid–pretreated biomass.Appl Biochem Biotechnol 84–86:111–127

Teleman A,Harjunpaa V,Tenkanen M,Buchert J,Hausalo T,Drakenberg T,Vuorinen T (1995) Characterisation of 4–deoxy–beta–L–threo–hex–4–enopyranosyluronic acid attached to xylan in pine kraft pulp and pulping liquor by 1H and 13C NMR spectroscopy.Carbohydr Res 272:55–71

Teleman A,Tenkanen M,Jacobs A,Dahlman O (2002) Characterization of O–acetyl–(4–O–methylglucurono)xylan isolated from birch and beech.Carbohydr Res 337:373–377

Titchener AL,Guha BK (1981) Acid hydrolysis of wood.Report–new zealand energy research and development committee,vol 56,p 63

Torget R,Himmel ME,Grohmann K (1991) Dilute sulfuric acid pretreatment of hardwood bark.Bioresour Technol 35:239–246

Tosun A (1995) Dilute acid hydrolysis of sunflower residue (cellulosic wastes) prior to enzymatic hydrolysis.8th international symposium on environmental pollution and its impact on life in the mediterranean region, Rhodes, Greece, pp 296–301

Uju Y, Nakamoto A, Goto M, Tokuhara W, Noritake Y, Katahira S, Ishida N, Nakashima K, Ogino C, Kamiya N (2012) Short time ionic liquids pretreatment on lignocellulosic biomass to enhance enzymatic saccharification. Bioresour Technol 103:446–452

Um BH, Karim M, Henk L (2003) Effect of sulfuric and phosphoric acid pretreatments on enzymatic hydrolysis of corn stover. Appl Biochem Biotechnol 105–108:115–125

Vazana Y, Morais S, Barak Y, Lamed R, Bayer EA (2010) Interplay between Clostridium thermocellum family 48 and family 9 cellulases in cellulosomal versus noncellulosomal states. Appl Environ Microbiol 76:3236–3243

Wald S, Wilke CR, Blanch HW (1984) Kinetics of the enzymatic hydrolysis of cellulose. Biotechnol Bioeng 26:221–230

Wang Y, Spratling BM, ZoBell DR, Wiedmeier RD, McAllister TA (2004) Effect of alkali pretreatment of wheat straw on the efficacy of exogenous fibrolytic enzymes. J Anim Sci 82:198–208

Wang K, Yang HY, Xu F, Sun RC (2011) Structural comparison and enhanced enzymatic hydrolysis of the cellulosic preparation from Populus tomentosa Carr., by different cellulose–soluble solvent systems. Bioresour Technol 102:4524–4529

Wu L, Arakane M, Ike M, Wada M, Takai T, Gau M, Tokuyasu K (2011a) Low temperature alkali pretreatment for improving enzymatic digestibility of sweet sorghum bagasse for ethanol production. Bioresour Technol 102:4793–4799

Wu L, Li Y, Arakane M, Ike M, Wada M, Terajima Y, Ishikawa S, Tokuyasu K (2011b) Efficient conversion of sugarcane stalks into ethanol employing low temperature alkali pretreatment method. Bioresour Technol 102:11183–11188

Wyman CE (1996) Handbook on bioethanol: production and utilization. Taylor and Francis, Washington

Wyman CE, Dale BE, Elander RT, Holtzapple M, Ladisch MR, Lee YY (2005) Coordinated development of leading biomass pretreatment technologies. Bioresour Technol 96:1959–1966

Xiang Q, Kim JS, Lee YY (2003) A comprehensive kinetic model for dilute–acid hydrolysis of cellulose. Appl Biochem Biotechnol 105–108:337–352

Xu F, Sun JX, Liu CF, Sun RC (2006) Comparative study of alkali–and acidic organic solvent–soluble hemicellulosic polysaccharides from sugarcane bagasse. Carbohydr Res 341:253–261

Yang B, Wyman CE (2004) Effect of xylan and lignin removal by batch and flow through pretreatment on the enzymatic digestibility of corn stover cellulose. Biotechnol Bioeng 86:88–95

Yang B, Wyman CE (2006) BSA treatment to enhance enzymatic hydrolysis of cellulose in lignin containing substrates. Biotechnol Bioeng 94:611–617

Yang B, Wyman CE (2008) Pretreatment: the key to unlocking low–cost cellulosic ethanol. Biofuel Bioprod Bior 2:26–40

Yang B, Dai Z, Ding SY, Wyman C (2011) Enzymatic hydrolysis of cellulosic biomass. Biofuels 2:421–450

Yoneda Y, Krainz K, Liebner F, Potthast A, Rosenau T, Karakawa M, Nakatsubo F (2008) Furan endwise peeling of celluloses: mechanistic studies and application perspectives of a novel reaction. Eur J Org Chem 2008:475–484

Yu J, Zhang J, He J, Liu Z, Yu Z (2009) Combinations of mild physical or chemical pretreatment with biological pretreatment for enzymatic hydrolysis of rice hull. Bioresour Technol 100:903–908

Zavrel M, Bross D, Funke M, Buchs J, Spiess AC (2009) High–throughput screening for ionic liquids dissolving (ligno)–cellulose. Bioresour Technol 100:2580–2587

Zhang YH, Lynd LR (2005) Determination of the number–average degree of polymerization of cellodextrins and cellulose with application to enzymatic hydrolysis. Biomacromolecules 6:1510–1515

Zhang Y, Du H, Qian X, Chen EYX (2010) Ionic liquid–water mixtures: enhanced Kw for efficient cellulosic biomass conversion. Energy Fuel 24:2410–2417

Zhao X, Liu D (2011) Fractionating pretreatment of sugarcane bagasse for increasing the enzymatic digestibility of cellulose. Sheng Wu Gong Cheng Xue Bao 27:384–392

Zhao H, Baker GA, Song Z, Olubajo O, Crittle T, Peters D (2008a) Designing enzyme–compatible ionic liquids that can dissolve carbohydrates. Green Chem 10:696–705

Zhao Y, Wang Y, Zhu JY, Ragauskas A, Deng Y (2008b) Enhanced enzymatic hydrolysis of spruce by alkaline pretreatment at low temperature. Biotechnol Bioeng 99:13201328

Zhao H, Jones CL, Baker GA, Xia S, Olubajo O, Person VN (2009) Regenerating cellulose from ionic liquids for an accelerated enzymatic hydrolysis. J Biotechnol 139:47–54

Zhao H, Baker GA, Cowins JV (2010) Fast enzymatic saccharification of switchgrass after pretreatment with ionic liquids. Biotechnol Progress 26:127–133

Zheng Y, Pan Z, Zhang R (2009) Overview of biomass pretreatment for cellulosic ethanol production. Int J Agric Biol Eng 2:51–68

Zhu JY, Pan XJ (2010) Woody biomass pretreatment for cellulosic ethanol production: technology and energy consumption evaluation. Bioresour Technol 101:4992–5002

Zhu Y, Lee YY, Elander RT (2005) Optimization of dilute–acid pretreatment of corn stover using a high–solids percolation reactor. Appl Biochem Biotechnol 121–124:1045–1054

Zhu JY, Pan X, Zalesny RS Jr (2010) Pretreatment of woody biomass for biofuel production: energy efficiency, technologies, and recalcitrance. Appl Microbiol Biotechnol 87:847–857

第 4 章 生物燃料加工中的酸预处理技术及草本生物质预处理后的 SEM 分析

摘要:当前,从消费量及市场价值方面来看,乙醇是最重要的可再生燃料。它产自糖基和淀粉基材料(如甘蔗和玉米),但这类原料不具备可持续性。由木质纤维素材料生产乙醇是目前第二代生物燃料生产的首要目标。木质纤维素材料经细菌分解为沼气 (甲烷)或发酵为乙醇的第一步是水解。如果不对木质纤维素进行预处理,酶水解并不是很有效,这是因为木质纤维素材料对酶或细菌的“攻击”具有很高的稳定性。通过物理、化学或生物方法对木质纤维素进行预处理是木质纤维素生产乙醇所必需的过程。预处理提高了由废弃物生产乙醇或生物沼气的生物消解率,并且增加了酶对材料的可及性。它使难以降解的材料富集在一起,提高了乙醇和生物沼气的产率。详细了解木质纤维素废弃物的组成,对开发和优化它的转化机理模型是很有必要的。这个模型主要包含一些预处理过程,它们能帮助把废物整合为乙醇工厂的原料,从而提高乙醇产量(Taherzadeh, Karimi 2008)。本章详细讨论了禾本植物细胞壁的成分和化学组成。这些细胞壁是农业废弃物的一种成分,是能够大量提供且可再生的生物燃料原料。本章综述了木质纤维素的预处理方法,重点是稀酸预处理方法以及预处理后生物质残渣的 SEM分析。

4.1 引言

木质纤维素包括很大一部分的农作物废弃物、林业废弃物、专用能源作物、动物粪便和城市固体垃圾。禾本植物木质纤维素是新兴的纤维素乙醇燃料战略的重要资源。在禾本植物这个潜在资源中,糖的潜在转化率受到禾本植物细胞壁成分的限制。木质纤维素由纤维素、半纤维素、木质素、外来物质以及少许无机物组成。

本章作者:Anthonia O′ Donovan[1], Vijai K. Gupta[2], Jessica M. Coyne[1], Maria G. Tuohy[1]
作者单位:1.爱尔兰高威国立大学(National University of Ireland Galway)自然科学学院生物化学系分子糖链生物工艺学课题组;2.印度 MITS 大学科学系
电子邮件:toniodonovan@gmail.com;vijaifzd@gmail.com

下面几节中详细介绍了植物细胞壁的组成,由其可解释利用禾本植物生产生物燃料的困难所在(Taherzadeh,Karimi 2008)。

4.1.1 植物细胞壁

木质纤维素生物质是指植物生物质。所有植物细胞被一种称为细胞壁的细胞外基质所包围。细胞壁是一种富含多糖的基质,是陆生植物的主要组成成分。植物细胞壁是个复合的结构,分为三层:胞间层、初生壁和次生壁(Carpita,Gibeaut 1993;Somerville et al 2004)(见图 4.1 和图 4.2)。胞间层是三层中最外面的一层,对相邻的两个细胞起分离作用(Heredia et al 1995)。它的主要成分是胶质,是细胞质分离过程中形成的第一个边界成分(Heredia et al 1995;Hernon et al 2010)。初生壁和次生壁在功能和组成上存在差异。

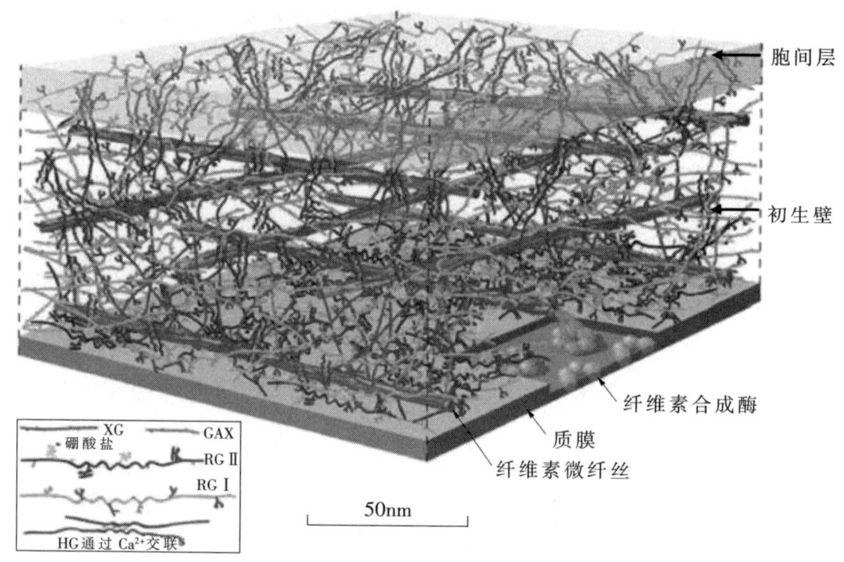

图 4.1 初生壁的结构示意图(XG 是指木葡聚糖、GAX 是指葡萄糖醛酸木聚糖、RG Ⅰ是指鼠李半乳醛聚糖Ⅰ、RG Ⅱ是指鼠李半乳醛聚糖Ⅱ,HG 是指均聚半乳醛聚糖)(Somerville et al 2004)

4.1.2 初生壁

4.1.2.1 初生壁结构

初生壁中的主要多糖是纤维素、半纤维素和胶质。在细胞扩张过程中,胞间层中浸入纤维素、半纤维素、胶质和糖蛋白,从而形成初生壁(Reiter 2002;Somerville et al 2004)。初生壁主要存在于细胞壁的交界处和次生壁的外边缘。它是第一个被建造的壁,能够围绕着生长和分裂中的植物细胞。初生壁为细胞提供机械强度,但也必须扩大到能够允许细胞生长和分裂。无定形的蛋白质和多糖基质把长的纤维素纤维聚集在一起，产生了一种能够高度耐压缩的复合结构，从而使初生壁具有了机械强度。富含多糖的初生壁约含 90%的糖、10%的蛋白质及微量的辅助物质。在大多数的碳水化合物中，纤维素的含量最丰富，它构成了约 20%~30%的初生壁成分。初生壁还主要包含另两种类型的多糖：与结构糖蛋白在一起的半纤维素和胶质。初生壁中最常见的半纤维素是木葡聚糖。不过在禾本植物细胞壁中，木葡聚糖和胶质含量降低，并且部分被葡萄糖醛酸木聚糖替代。纤维和基质分子通过共价交联键和非共价力的组合联结在一起，形成一个高度复合的结构(见图 4.1 和图 4.2)(Alberts et al 1989)

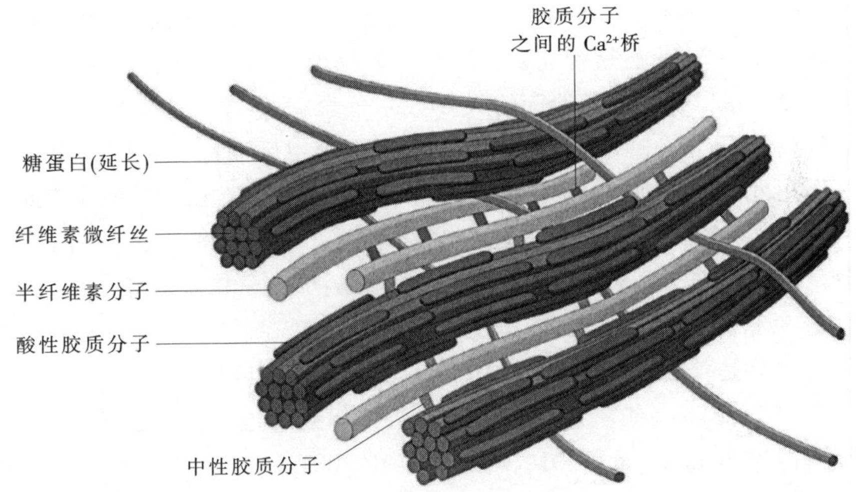

图 4.2 初生壁主要组分之间的相互作用[半纤维素分子(比如木葡聚糖)通过氢键联结到纤维素微纤丝的表面；木葡聚糖可通过胶质中短链中性多糖成分(比如阿拉伯半乳聚糖)与酸性胶质分子(比如鼠李半乳醛聚糖)交联在一起；细胞壁的糖蛋白紧密地编织形成基质的细胞壁](Alberts et al 1989)

初生壁决定植物细胞的生长率、大小和形状。它是病原体的障碍物，其多糖部分具有特殊的调节功能。初生壁的其他功能(http://www.ccrc.uga.edu)包括：

① 结构和机械支撑。

② 承受细胞内的膨胀压。

③ 决定植物的最终结构和形式。

④ 通过质外体调节材料的扩散。

⑤ 储藏碳水化合物——种子壁可发生代谢。

⑥ 保护植物细胞以免受病原体、脱水及其他环境因素的伤害。

⑦ 具有生物活性的信号分子的来源。

⑧ 细胞–细胞的相互作用。

4.1.2.2 Ⅰ类和Ⅱ类初生壁

根据化学组成结构、壁的架构以及壁的生物合成过程的差异,植物初生壁主要分为两类:Ⅰ类壁(在双子叶植物中,例如所有的花类植物)和Ⅱ类壁(在单子叶植物中,例如禾本植物)。它们在几个方面有所不同:在复杂的多聚糖中,交错和交联的纤维素微纤丝形成的强有力结构框架存在差异;包围这个结构框架的凝胶基质的性质不同;芳烃物质的类型不同;共价交联初生壁和次生壁以及锁定细胞形状的结构蛋白的类型不同(Carpita 1996)。

Ⅰ类壁的特征是具有一种纤维素–木葡聚糖结构框架, 此框架中含有大约等量的纤维素和交联型木葡聚糖,以及少量的阿拉伯木聚糖、葡甘露聚糖和半乳葡甘露聚糖(Nishitani 1997)。Ⅰ类壁的大多数木葡聚糖共享一个重复庚糖的结构单元,在与半乳糖单元、岩藻糖单元、阿拉伯糖单元作用后而进一步衍生化。木葡聚糖所起的作用发生在壁上的两个不同位置。它们紧紧附着在纤维素微纤维中葡聚糖链的暴露面,并且它们跨越距离把相邻两个微纤丝连起来,或者它们简单地与其他木葡聚糖两两结合以固定微纤丝的位置(http://cellwall.genomics.purdue.edu)。

Ⅰ类壁的纤维素–木葡聚糖结构框架一般是镶嵌在胶质多糖基质上。大部分胶质的主要成分是均聚半乳醛聚糖(HGA)、鼠李半乳醛聚糖Ⅰ和鼠李半乳醛聚糖Ⅱ(RG–Ⅰ和RG–Ⅱ)。有些模型认为这3种组分相互通过共价键连接在一起,形成网状胶质结构(Willats et al 2001;Ridley et al 2001)。有些均聚半乳醛聚糖和鼠李半乳醛聚糖被酯键交叉连接到胶质上,否则其他聚合物将会更紧密附着在基质壁里。由阿拉伯糖或半乳糖残基构成的中性聚合物,被作为支链连接到胶质多糖中的鼠李半乳醛聚糖–Ⅰ(鼠李半乳醛聚糖Ⅰ的骨架)的鼠李糖残基上。有些上述支链通过香豆酸和阿魏酸残基被酯键进一步交叉连接到其他胶质成分或非胶质聚合物上。在胶质网状结构中,均聚半乳醛聚糖和鼠李半乳醛聚糖Ⅰ结构域中的去酯化羧酸基借助钙离子进行交联;而对于鼠李半乳醛聚糖–Ⅱ结构域,则要借助硼酸二酯桥进行交联(Kobayashi et al 1996;Ishii 1999;O'Neill et al 2001)。鼠李半乳醛聚糖Ⅱ含有已知最具有多样性的糖和键结构。有些Ⅰ类壁也含有一些结构蛋白,可能会与胶质网状结构产生相互作用。不同的结构蛋白与其他蛋白质之间就能形成分子间桥,而不必与多糖成分结合(http://cellwall.genomics.purdue.edu)。

Ⅱ类壁被发现仅存在于鸭跖草属单子叶植物中,这包括水稻、燕麦、大麦等谷类植物和禾本类植物[比如草(禾本科)]。Ⅱ类壁与Ⅰ类壁的一个主要区别是它含的木葡聚糖比纤维素少。它含有与Ⅰ类壁具有相同结构的纤维素微纤丝,但在谷物中,交联纤维素微纤丝的聚糖主要是葡萄糖醛酸木聚糖(GAX)(Nishitani,Nevins 1991)和 β1,3:β1,4 葡聚糖(Kato et al 1982)。禾本植物一般是Ⅱ类壁,富含葡萄糖醛酸木聚糖和 β1,3:β1,4 葡聚糖(Ebringerová et al 2005)。当禾本植物的细胞开始伸长时,它会积聚混联型 β 葡聚糖和葡萄糖醛酸木聚糖。这种 β 葡聚糖对禾本类植物而言是独一无二的,并且是细胞特异性扩张的一个罕见产物。非支链葡萄糖醛酸木聚糖能够通过氢键联结在纤维素上,或彼此之间相互联结。附着在葡萄糖醛酸木聚糖的木聚糖骨架上的阿拉伯糖和葡萄糖醛酸侧基,阻止了氢键的生成,从而降低了两个非支链葡萄糖醛酸木聚糖之间或葡萄糖醛酸木聚糖到纤维素之间的交联程度(http://cellwall.genomics.purdue.edu)。

Ⅱ类壁含少量木葡聚糖,但这些木葡聚糖既不含阿拉伯糖也不含岩藻糖。与胶质含量丰富的Ⅰ类壁相比,Ⅱ类壁胶质含量很少。一般说来,禾本植物是含胶质少的植物。除了缺少岩藻糖,禾本植物胶质在结构上与双子叶植物近似。与双子叶植物及鸭跖草属单子叶植物相比,禾本植物含有更少的结构蛋白,但含有更多的苯丙素。这种单元在细胞停止长大时,主要形成范围广泛且互相连接的网状结构(Iiyama et al 1990)。在非木质素化的Ⅱ类壁中,主要的羟基肉桂酸是阿魏酸。在木质素化的Ⅱ类壁中,阿魏酸和对香豆酸都能检测到。也有研究发现,在Ⅱ类壁中存在芥子酸、5-羟基阿魏酸和咖啡酸,但它们的含量非常低。阿魏酸被阿拉伯木聚糖的 C_5 阿拉伯糖侧链所酯化(Nishitani,Nevins 1989)。阿魏酸可以进行氧化二聚,形成阿拉伯木聚糖网状结构(http://cellwall.genomics.purdue.edu)(见图 4.3)。

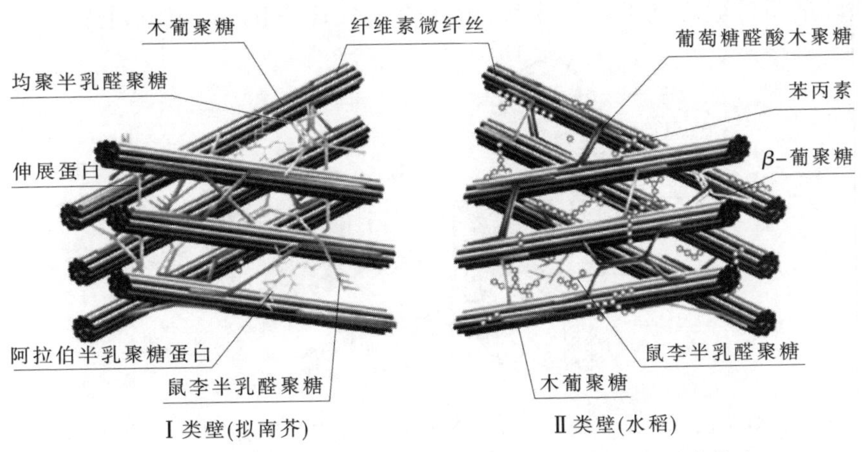

图 4.3 Ⅰ类壁和Ⅱ类壁结构的差异,以拟南芥和水稻为代表
(基于 Carpita,McCann 2000 的模型)

目前尚无法精确地确定初生壁成分的组织结构和相互作用,并且对于壁组织如何被修饰以允许细胞扩张和成长,还存在大量争议。共价交联模型、系绳模型、扩散层模型和分层模型,被认为是能解释壁的机械性质的模型(从 http://www.ccrc.uga.edu 上可检索这些模型的详细介绍)。研究人员仍需进行大量的研究,在分子水平上详细认识初生壁的结构,但这比较困难。因为有证据显示,初生壁是动态结构,它的组分和结构随着植物的生长和发育不断变化。

4.1.3 次生壁

更厚和更强的次生壁占生物质中碳水化合物的绝大部分,而且一旦细胞停止增长,次生壁就沉积下来。它是通过初生壁内的原生质体沉积下来的(Hernon et al 2010)。次生壁包围细胞并分化形成各种特殊的功能。在需要良好机械强度和结构加固的特种细胞(比如树木细胞)中,次生壁尤其重要(Cosgrove 2005)。

木本组织和禾本植物的次生壁主要是由纤维素、木质素和半纤维素构成(木聚糖、阿拉伯木聚糖、葡糖醛酸或葡甘露聚糖)。纤维素占次生壁组成的约 43%,因此次生壁比初生壁含有更丰富的纤维素,这意味着次生壁是刚性的,不容易拉伸。

纤维素纤维镶嵌在半纤维素和木质素网状结构中。这种网状结构的交联被认为会导致消除壁上的水分以及形成一种疏水性复合材料。这种材料会抑制酶水解的可及性,并且它是影响次生壁结构特性的主要因素(http://www.ccrc.uga.edu)。木聚糖是双子叶植物次生壁和禾本植物所有细胞壁的一种主要的半纤维素。木聚糖在禾本植物次生壁的质量中所占比例高达 30%,对次生壁的酶降解起抵制作用。

一般来说,次生壁含 3 种亚层,从外到里分别标记为 S1、S2 和 S3。它们通过所含纤维素微纤丝方向的不同来区分(见图 4.4)(Heredia et al 1995)。

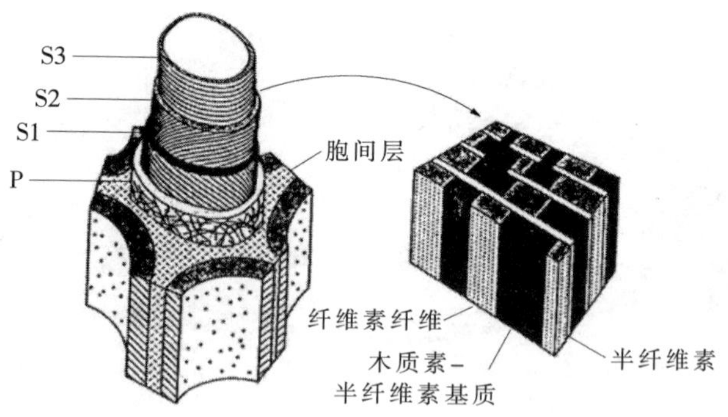

图 4.4 含木质纤维细胞壁层的组织构成(左);在次生壁中,木质素和半纤维素与纤维素微纤丝之间可能的关系(右)(P 为初生壁,S1~S3 为次生壁)(Béguin, Aubert 2000)

4.1.4 植物细胞壁多糖

多糖是最大的碳水化合物分子之一，是由成千上万个单糖通过糖苷键连接。植物细胞壁多糖是自然界中发现的含量最丰富的有机化合物。它们主要可以分为三大类：纤维素、半纤维素和胶质(见表 4.1)。

表 4.1 细胞壁的基质组成(Brett，Waldron 1996)

相	成 分	
微纤丝	纤维素(β1，4–葡聚糖)	
基 质	胶 质	鼠李半乳醛聚糖 I
		阿拉伯聚糖
		半乳聚糖
		阿拉伯半乳聚糖 I
		均聚半乳醛聚糖
		鼠李半乳醛聚糖 II
	半纤维素	木聚糖
		葡甘聚糖
		甘露聚糖
		半乳甘露聚糖
		葡糖醛酸甘露聚糖
		木葡聚糖
		胼胝质(β1，3–葡聚糖)
		β1，3–β1，4–葡聚糖
		阿拉伯半乳聚糖 II
	蛋白质	伸展蛋白
		阿拉伯半乳聚糖蛋白
		其他(包括酶)
	酚 类	木质素
		阿魏酸
		其他(如香豆酸和古柯间酸)

4.1.4.1 纤维素

世界上最丰富的生物聚合物——纤维素或 β–1，4–葡聚糖，是一种纤维二糖单元的线性多糖聚合物 (葡萄糖的重复单元)。纤维素是细胞壁多糖的主要成分。单个葡聚糖链由 8000~12000 个 D–葡萄糖残基通过 β–1，4–糖苷键连接形成。这些葡聚糖链通过氢键联系在一起，并且它们之间互相平行，生成高度结晶的微纤丝。每个微纤丝包含高达 250 个富纤维素链，并且沿微纤丝间隔性地向右扭曲。这些纤维通过半纤维素、各种糖的无定形聚合物以及其他聚合物(比如胶质)互相黏附,并且被木质素所覆盖。微纤丝常常以“捆”或宏观纤维束的形式联合在一起(Endler,Persson 2011)。刚性的纤维素结构形成强度很大的惰性的不溶性纤维,这是高等植物初生壁和次生壁中纤维素分子所具有的性质。每个纤维素晶体含有大量互相平行的聚合物链。这个特殊且复杂的结构使纤维素耐化学和生物处理。

纤维素的结构并不是均一的,它既包含高结晶区,也包含稍不规则的无定形区。在它的生物合成过程中,产生了不同长度的纤维素链。一个单一的链可能对一个或多个结晶区域同时有贡献作用,这导致即使在高度有序的结晶区,也会偶然出现链端基(Teeri 1997)。稍微不规则的无定形区域,其氢键水平降低,因此它们对水解更具感受性(Cowling 1974;Gharpuray et al 1983;Zhao et al 2007)(见图 4.5)。

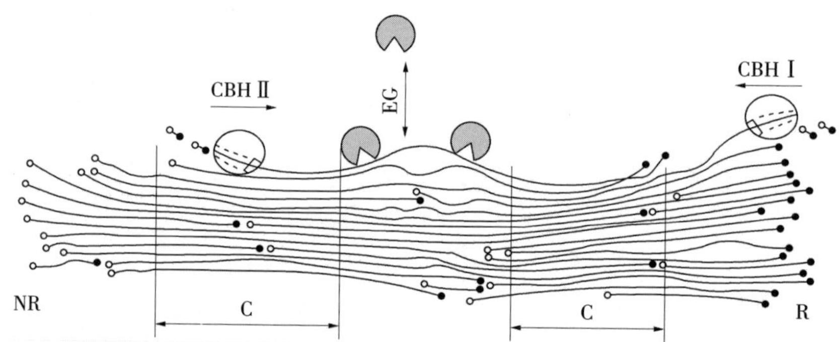

图 4.5 在里氏木霉纤维素酶降解系统中,结晶纤维素的降解示意图(R 是指还原端,NR 是指非还原端,C 是指高度有效结晶区,CBH Ⅰ是指纤维二糖水解酶Ⅰ,CBH Ⅱ是指纤维二糖水解酶Ⅱ,EG 是指内葡聚醣)(Teeri 1997)

对玉米初生壁结构、纤维素微纤丝及其生物合成的研究发现,纤维的合成是个连续过程,即:基元原纤丝→微纤丝→宏观纤维。在这个模型中,含 36 个 CESA 蛋白(纤维素合成酶复合物)的花环状结构产生了 36 个 β-葡聚糖链,通过氢键和范德华力组装形成一个基元原纤丝。这种基元原纤丝被认为是一个含有结晶核和子晶壳结构的异质结构。基元原纤丝合并形成微纤丝后,接着又在末端分散形成平行排列的宏观纤维(见图 4.6);然后,多糖(比如半纤维素和胶质)再沉积在微纤丝的表面(Ding,Himmel 2006;http://www.ccrc.uga.edu)。

4.1.4.2 半纤维素

半纤维素被定义为低相对分子质量多糖,可溶于碱,在植物细胞壁中与纤维素和木质素紧密相连。半纤维素与纤维素微纤丝的表面对齐,并且在植物细胞壁中起生理“胶水”的作用。半纤维素聚合物互相之间也常产生联系,可把纤维素微纤丝连接在一起。另外,它们还可以作为防止微纤丝之间直接接触的润滑剂(Heredia et al 1995)。

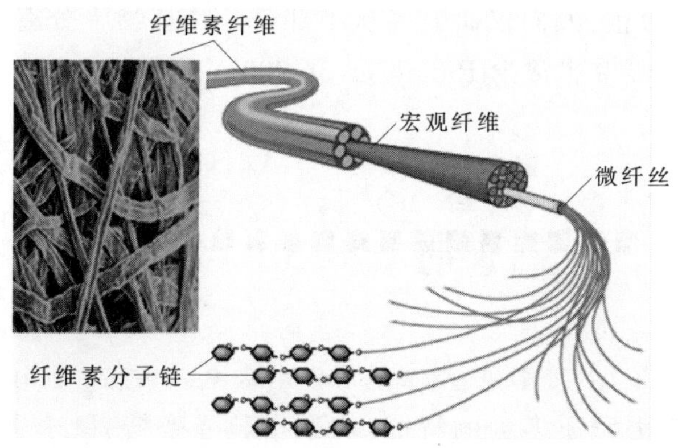

图 4.6 一个微纤丝中纤维素链组织示意图(http://nutrition.jbpub.com)

与唯一由葡萄糖单元组成的纤维素不同,半纤维素是戊糖(C_5 糖)和己糖(C_6 糖) 的杂聚物, 这些糖包括 *D*–木糖、*L*–阿拉伯糖、*D*–葡萄糖、*D*–甘露糖、*D*–半乳糖,以及少量的 *L*–鼠李糖、*D*–葡萄糖醛酸,4–氧–甲基–*D*–葡萄糖醛酸和 *D*–半乳糖醛酸。个别种植物含有半纤维素的所有成分。在半纤维素中占主导地位的糖,对于软木而言是甘露糖,而对于硬木、农业残留物以及禾本植物则是木糖。由于半纤维素是支链结构,这些杂聚物不会形成晶体结构和微纤丝。半纤维素的链长度比纤维素短,并且聚合度相对较低(Timell 1964;Tsmousis 1991)。虽然半纤维素没有组织成晶体阵列,但它们在细胞壁中的组织并不是随机的。光谱研究显示,它们的择优取向看起来与纤维素微纤丝平行(Morikawa et al 1978)。半纤维素的支链结构对水解的抵抗力很小,很容易被酸水解成它们的单体成分。已知不同植物细胞壁中被称为半纤维素的几个聚合体是:木葡聚糖、葡萄糖醛酸木聚糖、木聚糖、混联葡聚糖、甘露聚糖和半乳甘露聚糖(Hernon et al 2010;http://www.ccrc.uga.edu)。

虽然木葡聚糖是大多数花类植物初生壁中的主要半纤维素,但在谷物、软木和硬木的初生壁中,木聚糖是主要的半纤维素。木聚糖通常以杂多糖形式存在,与 β1,4–*D*–木糖骨架相连的支链中含有不同的取代基。所有植物的木糖都含有一个 β1,4 连接的 *D*–木糖骨架结构,可以被不同的支链所取代(见图 4.7)。通常取代木聚糖骨干的残基包括乙酰基、阿拉伯糖基和葡萄糖醛酸基(Hernon et al 2010)。

4.1.4.3 胶质

胶质是一类复杂的碳水化合物,存在于所有植物的初生壁以及陆生植物的胞间层中。除了禾本植物之外,所有高等植物的细胞壁胶质含量为 30%~35%;禾本植物细胞壁约含10%的胶质。不同物种所含胶质的结构不同，而且即使从同一来源中分离出来的胶质也可能存在结构或成分方面的差异，这与细胞壁的位置有关(Faik 2010)。迄今为止，人们仅研究了从小部分开花植物中分离出来的胶质；对非植物来源的胶质了解得非常少(Ridley et al 2001)。

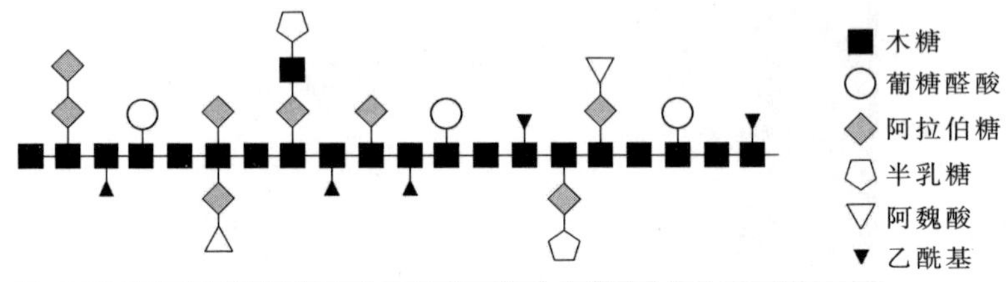

图 4.7 一个假想的木聚糖示意图(de Vries，Visser 2001)

已经检测到三类胶质多糖的特征：均聚半乳醛聚糖、鼠李半乳醛聚糖和取代的半乳醛聚糖(Faik 2010)。所有的胶质多糖都含有 1，4 连接的 α-D-半乳糖醛酸，而均聚半乳醛聚糖是最丰富的胶质多糖。

胶质的“光滑”区域包含 α-1，4 连接的半乳糖醛酸单元线性序列或均聚半乳醛聚糖线性序列。“粗糙”区域含有高度支化的鼠李半乳醛聚糖多糖，它展现出了明显与单糖和结构组成有关的异质性(de Vries，Visser 2001)。术语“胶体物质”涵盖了一些能从细胞壁中提取的多糖胶体，包括木糖聚半乳糖醛酸、阿拉伯聚糖、半乳聚糖和阿拉伯半乳聚糖Ⅰ型以及鼠李半乳醛聚糖和均聚半乳醛聚糖。

在二价阳离子(如 Ca^{2+})存在的条件下或溶质浓度高(如蔗糖)的酸性条件下，胶质会形成凝胶。均聚半乳醛聚糖是由多聚半乳糖醛酸内切酶作用而释放的低聚糖，起诱导植物的防御反应和调节植物生长、发育的作用。

已提出的植物胶质的功能(http://www.ccrc.uga.edu)包括：细胞壁结构/组装；细胞与细胞黏附；细胞扩张；细胞壁孔隙；离子、生长因子、酶结合；生物力学(调节水流量)；生物活性低聚糖的储藏水库；花粉管生长；种子水化；叶片脱落；果实发育。

4.1.4.4 淀粉

在纤维素和半纤维素之后，淀粉是自然界中最丰富的一种碳水化合物。最初人类种植禾本植物是为了获得它们富含淀粉的种子(谷粒)，在经人类培育后，种子中的淀粉含量得到提高。在成熟的玉米颗粒中，淀粉占干重的70%~80%(Comparot-Moss，Denyer 2009；Dinges 2001)。

淀粉是从植物细胞质中发现的一种重要食物储备和能源储备物质，它是由 α-1，4 和/或 α-1，6 糖苷键连接成的 α-葡萄糖残基构成(Bertoldo，Antranikian 2002)。淀粉以两种形式存在：直链淀粉和支链淀粉，这两种成分占淀粉颗粒干重的 98%~99%。这两种淀粉形式的分布因植物物种的不同而不同。淀粉通常含75%~80%的支链淀粉，但是确切的比例因物种不同而不同。一些作物，包括大麦和玉米，含有的直链淀粉非常少，而几乎完全是支链淀粉(Richardson，Gorton 2003)。

4.1.4.5 木质素

木质素是一种非常复杂的分子，是由苯基丙烷单元连接成的三维结构构建而成，它非常难生物降解。木质素是植物细胞壁中一种“顽固”的成分，木质素含量越多的植物，越耐化学和酶降解。木质素的基础功能是把细胞黏合在一起。一般来说，软木比硬木和大多数农业废弃物含有更多的木质素，高达干重的 30%。它给植物提供刚性，并保护它们免受细菌侵袭。白腐菌、褐腐菌和细菌能降解木质素。

禾本植物的次生壁大约 20%是木质素，基本上填满了多糖之间的孔隙。禾本植物木质素与双子叶植物木质素有相似之处，含有的主要是由芥子醇(约 40%~61%)和愈创木基(约 35%~49%)单元衍生出的紫丁香基。禾本植物木质素也含有约 4%~15%的 r–羟基苯基单元，而双子叶植物木质素仅含少量这种单元。在禾本植物和双子叶植物中，木质素单体的组装比较接近。另外，与双子叶植物相比，禾本植物还有个特点，即禾本植物木质素含有大量的阿魏酸和 r–香豆酸。阿魏酸残基附着在葡萄糖醛酸木聚糖上，可能成为形成木质素的成核点(Vogel 2008)。

木质素不溶于大多数有机溶剂，因为它是高度聚合的无定形材料。木质素的含量是木质纤维素用做发酵原料的一个缺点，这是因为木质素使木质纤维素抵抗化学和生物降解(Taherzadeh，Karimi 2008)。

4.2 草本植物

禾本植物是全球已知最重要的作物。通过直接消费或通过谷物和饲草喂养动物来间接消费，禾本植物提供给人类所消耗的大部分热量。另外，禾本植物有望成为可再生能源的一个重要来源，因为储存于细胞壁多糖中的糖分可以被转化为液体燃料(比如乙醇、丁醇)(Vogel 2008)。

禾本植物木质纤维素中的糖分主要以纤维素和半纤维素多糖的形式存在。但这些多糖并不是能够直接利用的，这是因为木质素和其他芳烃化合物通过化学键与植物中的糖连接，或覆盖在它们上面，因而对这些潜在的底物起了保护作用，使它们难以糖化。通过预处理释放这些糖，对乙醇的生物转化来说是必要的。在大多数情况下，所建议的预处理方法是化学法(Anderson，Akin 2008)。

4.3 乙醇的生产

在木质纤维素生产乙醇过程中，涉及到了大量工艺过程，这些过程必须按顺序进行。首先，对木质纤维素进行适当的预处理，从复杂的糖聚合物中释放单体糖,从而为酶水解作好准备。这个富含糖的水解产物是一个连续发酵步骤的底物。通过这个步骤来生产乙醇,而乙醇要通过对发酵液体进行蒸馏和纯化来回收。预处理对提高水解步骤中的产率和简单糖的总收率是有必要的(Hendriks,Zeeman 2009)。

4.4 限制木质纤维素水解的因素

木质纤维素的水解过程受几个因素的限制。总体来说,天然木质纤维素材料的固有性质使它们能耐受酶的攻击。预处理的目的是改变这些性质,以制备酶能降解的材料。因为根据前面几章的叙述,木质纤维素材料是非常复杂的,因此预处理也不是简单的过程。

木质纤维素的固有性质包括纤维素的结晶度、可及表面积以及木质素和半纤维素对它的保护;此外,还包括纤维素的聚合度和半纤维素的乙酰化度。这些是影响木质纤维素酶生物降解的主要因素。

4.5 预处理

大量的木质纤维素预处理工艺可在文献中查到。这些预处理方法包括:机械或物理预处理(比如粉碎或辐射);化学和物化预处理(比如碱或酸预处理);液体热水处理;微波-化学处理;蒸汽爆破、氨纤维爆破或 CO_2 爆破;溶剂萃取处理,微生物或酶的生物处理。要深入了解这些预处理方法的信息请参阅相关文献(见图 4.8;Taherzadeh,Karimi 2008)。

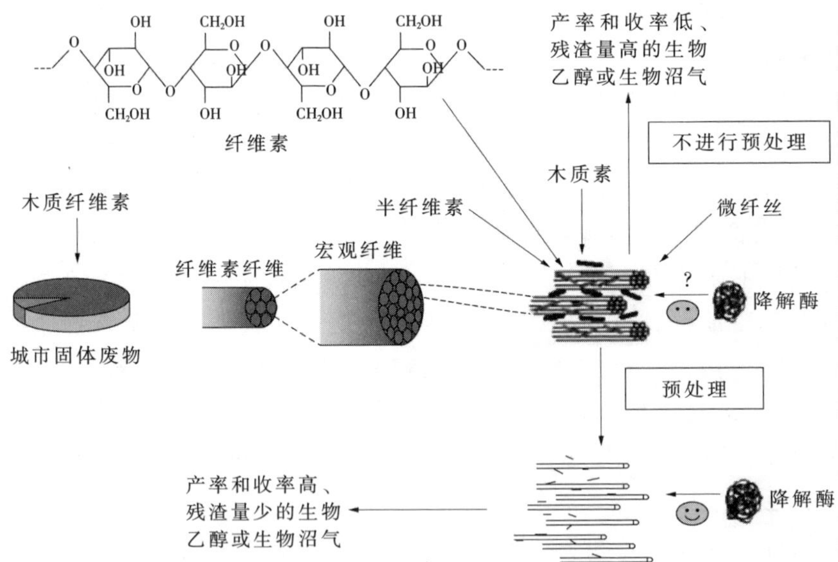

图 4.8 预处理方法对降解酶可及性的影响(Taherzadeh,Karimi 2008)

酸水解方法早在 19 世纪就已经提出，并在 20 世纪初期实现了商业化应用。酸的作用是分解半纤维素和打开木质纤维素的结构，以利于后续的酶水解。酸预处理的两个主要方法是低温高浓度法和高温低浓度法。最好的处理条件是所产生的单糖(木糖)不进一步降解为糠醛、羟甲基糠醛和其他挥发性有机物。

浓酸低温预处理比稀酸预处理具有明显优势。据文献报道，浓酸(约 30%~70%)工艺过程有更高的糖收率，因而有更高的乙醇产率。不过，浓酸工艺过程腐蚀性特别强、危险且昂贵。从经济因素考虑，浓酸过程需要回收酸，这是一个耗能过程，且还存在需要中和这个缺点。另外，浓酸预处理对乙醇生产没有吸引力，因为这个过程有产生抑制性化合物(比如呋喃)的风险；而呋喃会抑制发酵过程中酵母的活性。这种单体降解产生抑制性化合物的反应，在稀酸高温预处理中也能发生(Kumar，Murthy 2011)。

稀酸水解可能是化学预处理方法中使用最广泛的方法。美国国家可再生能源实验室(NREL)领导了世界上最大的生物质乙醇的开发项目。NREL 鼓励稀酸水解的研究开发，主要是因为稀酸预处理能够回收 80%~90%的半纤维素糖(Yang，Wyman 2008)。硫酸是使用最多的酸，而其他酸，比如盐酸和硝酸也有报道被使用过(Taherzadeh，Karimi 2008)。图 4.9(研究者为 A. O'Donovan 和 V. K. Gupta)给出了干燥破碎的多年生黑麦草经稀酸预处理后糖的收率。固定的处理条件为：10%的固体量，温度为 121℃，处理时间为 30min。所生成的糖用杜波伊斯(DuBois)方法来检测，这种方法能够检测预处理水解产物中的总糖量(DuBois et al 1956)。结果显示，用 1%硝酸的稀酸预处理对从生物质中生产糖最有效，其次是 2%的盐酸。用硫酸、柠檬酸和磷酸预处理，所产生的糖收率接近，且都比硝酸和盐酸低。所有酸的预处理都比单独用水预处理的糖收率高。

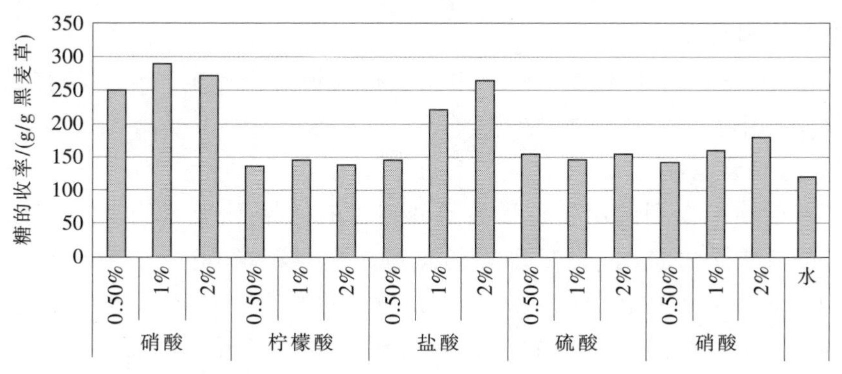

图 4.9 干燥粉碎的多年生黑麦草经稀酸预处理后糖的收率

在稀酸预处理工艺中，处理生物质采用了不同酸浓度(0.05%~5%)、不同温度(100~290℃)和不同处理时间(几秒到几小时)的组合。处理时间短(比如 5min)的预处理一般在较高温度(比如 180℃)下进行，而处理时间相对较长(比如 30~90min)的预处理一般在较低温度(比如 120℃)下进行(Taherzadeh，Karimi 2008)。在预处理中，大多数半纤维素溶解和水解成糖单体。一些纤维素可能被解聚为葡萄糖。一定量的木质素被溶解和/或重新分配(Kumar，Murthy 2011)。

不过，预处理后所选择的能获得糖回收率高的最佳条件，并不一定意味着也是酶水解的最有效条件。这在 2007 年卡拉(Cara)及其合作者的研究中得到证明。在这个研究中，橄榄树生物质被用各种酸性条件进行预处理，然后进行酶水解。预处理条件为 170℃、1%硫酸时，获得了最大的半纤维素回收率，但在后续酶水解过程中的结果却比较差。预处理条件为 210℃、1.4%酸时，糖的收率是在所研究的所有预处理条件中是最差的，但在后续酶水解中却得到最大收率。在同一个研究中，研究人员报道了最大糖回收率的处理条件为 180℃和 1%硫酸 (Cara et al 2008)。该结果显示，最高的总糖收率、最高的半纤维素回收率和最高的酶水解收率，是在不同的处理条件下达到的(Taherzadeh，Karimi 2008)。

也有研究报道了用酸(比如硝酸)预处理来脱除木质纤维素中的木质素。本章主要涉及用稀酸预处理脱除半纤维素。有关木质纤维素水解生产乙醇工艺中的木质素脱除过程可参考相关文献(Sun，Cheng 2002)。

一些酸预处理方法的主要弊端是形成不同种类的抑制性化合物，比如呋喃、羧酸和酚类化合物。酶水解可能不会被这些化合物所影响，但它们可能会对微生物生长和发酵展现出抑制作用，造成乙醇或生物沼气的收率和产率低(Taherzadeh，Karimi 2008)。因此，低 pH 值预处理条件需要谨慎选择，以避免或最大程度减少这些抑制物的生成。

4.6 扫描电子显微镜

扫描电子显微镜(SEM)是一种使用光栅扫描模式中的电子束扫描样品图像的电子显微镜。用电子束轰击样品的原子，产生的信号反映了样品表面形貌、组成和其他性质(比如导电性)。

为了对前面所提到的用各种稀酸预处理过的样品(研究者为 A. O′Donovan 和 V. K. Gupta)进行 SEM 分析，处理后的草渣先用烘箱在 60℃下烘干，然后用碳标签胶黏剂黏附在一种称作“样品托”的不锈钢样品架上。由于禾本生物质不导电，它的表面被涂有一层导电材料制成的超薄涂层，这个涂层通过低真空溅射镀膜或高真空蒸发沉积在样品表面。非导电样品在进行电子束扫描时往往能够存储电荷，在二次电子成像模式下尤其如此，这会导致扫描断层和假象。在下面的图像中，给草生物质的表面涂金，使用的是EM Scope SC500金涂布；另外也可涂金-钯合金、铂、锇、铱、钨、铬和石墨等材料。生物质必须导电，至少表面导电，而且电器需要接地，以防止静电荷的积累。可通过网络上的一篇综述获得更详细的SEM分析信息(http://serc.carleton.edu/research_education/geochemsheets/techniques/SEM.html)。这篇在线综述也是一篇文献，进一步探讨了SEM。

SEM分析是检测预处理和酶水解对植物细胞结构影响的一个有用工具，一些研究人员已经把SEM用于这方面的研究(Gomez et al 2008；Jieben et al 2011)。

用日立S-570扫描电镜检测金涂层的生物样品，记录的图像被适当放大。稀酸预处理可能通过溶解或改变半纤维素、改变木质素结构、增加基质的有效表面积和孔体积来影响生物质结构。不同稀酸预处理的影响结果见图4.10的A~N。

图像A和B显示的是未处理的草。很明显，细胞有良好的结构，形成草结构的纤维紧密相连。如果仅用水(热水预处理)处理，所得产物细胞一般仍具有良好的结构，纤维仍紧密相连(C和D)。SEM图片显示，所有的酸预处理都对酸水解后的草生物质有影响。在E、F、G、H、K和L中，看起来细胞不太结构化和组织化，并且纤维连接得不是很紧密。不过，用硝酸处理可能对草生物质产生极具破坏性的影响。该结果与图4.9的结果相关联。图4.9的结果显示，草经硝酸处理后，产生了最多的糖。I显示了草纤维被彻底分离开的结果；而J中的结构区域已经变弱，开始出现孔。用硫酸处理似乎也是一个很有效的预处理方式，因为M和N明显显示，草结构中的细胞组织已经被破坏，很明显有孔出现。在这些图像中显示的草结构被破坏，可能归因于草中不稳定组分(比如半纤维素和酸溶性木质素)的优先降解。

用稀酸预处理草生物质是一个良好的工艺过程，因为它有利于脱除半纤维素成分和打碎草的结构，这对纤维素酶有更大的可及性。它也能降低用酸水解多年生黑麦草所制备的纤维素中的半纤维素和木质素的含量。

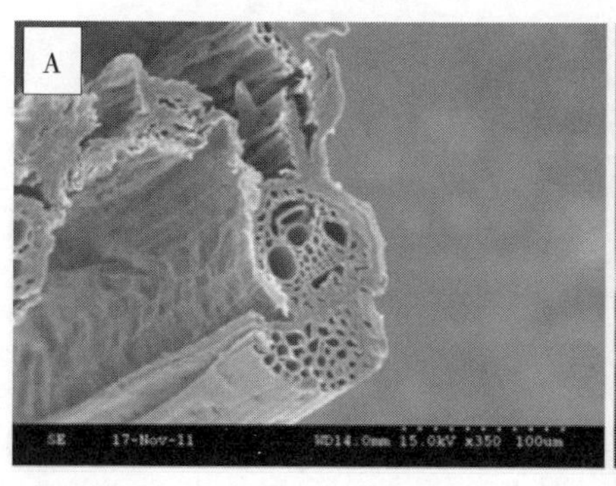

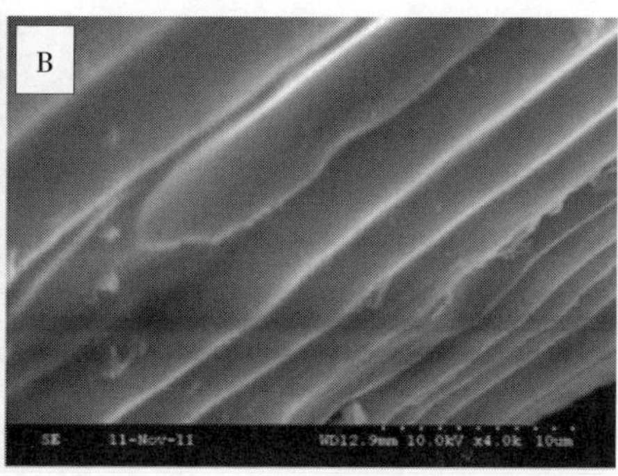

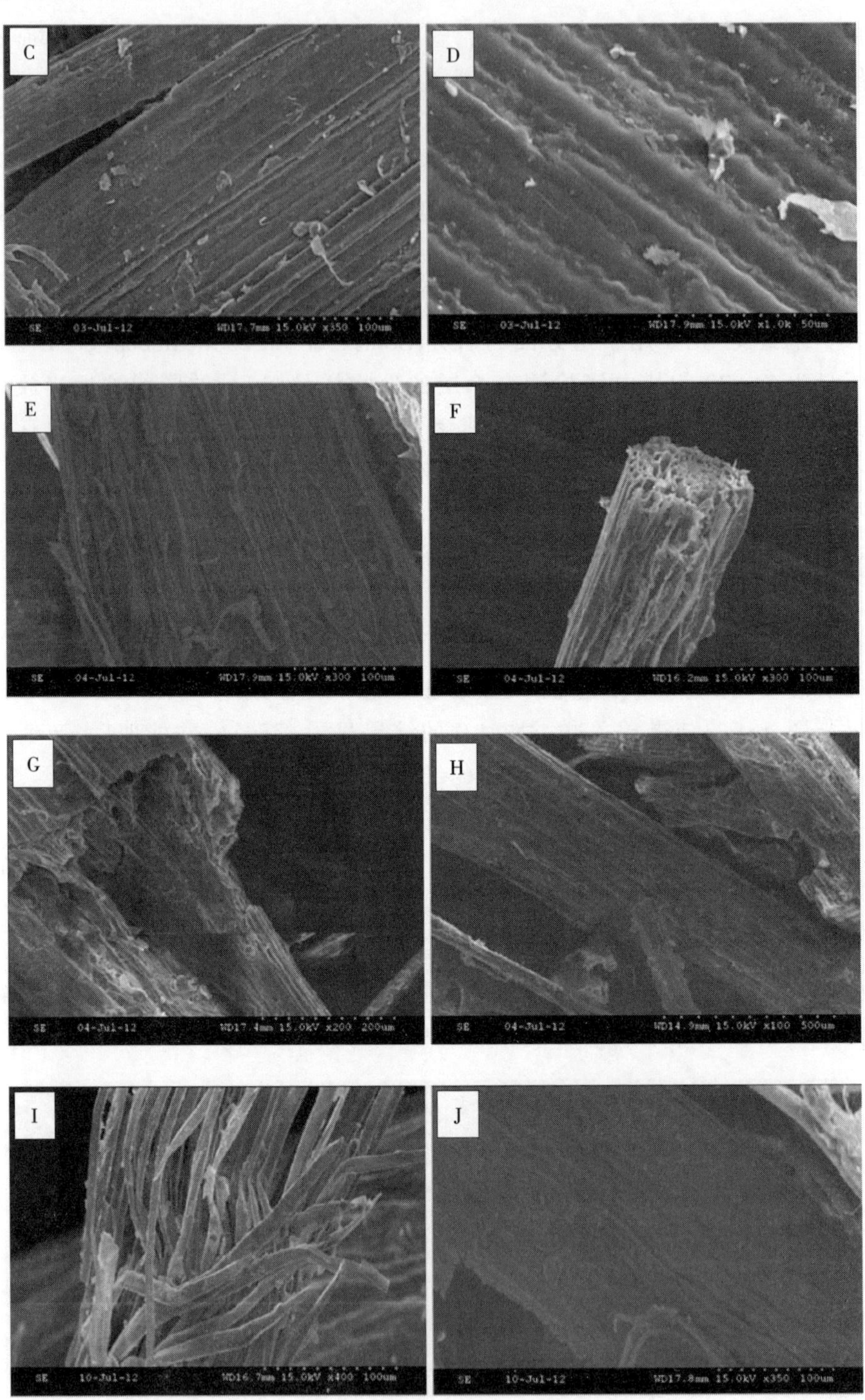
C
SE 03-Jul-12 WD17.7mm 15.0kV x350 100um
D
SE 03-Jul-12 WD17.9mm 15.0kV x1.0k 50um
E
SE 04-Jul-12 WD17.9mm 15.0kV x300 100um
F
SE 04-Jul-12 WD16.2mm 15.0kV x300 100um
G
SE 04-Jul-12 WD17.4mm 15.0kV x200 200um
H
SE 04-Jul-12 WD14.9mm 15.0kV x100 500um
I
SE 10-Jul-12 WD16.7mm 15.0kV x400 100um
J
SE 10-Jul-12 WD17.8mm 15.0kV x350 100um

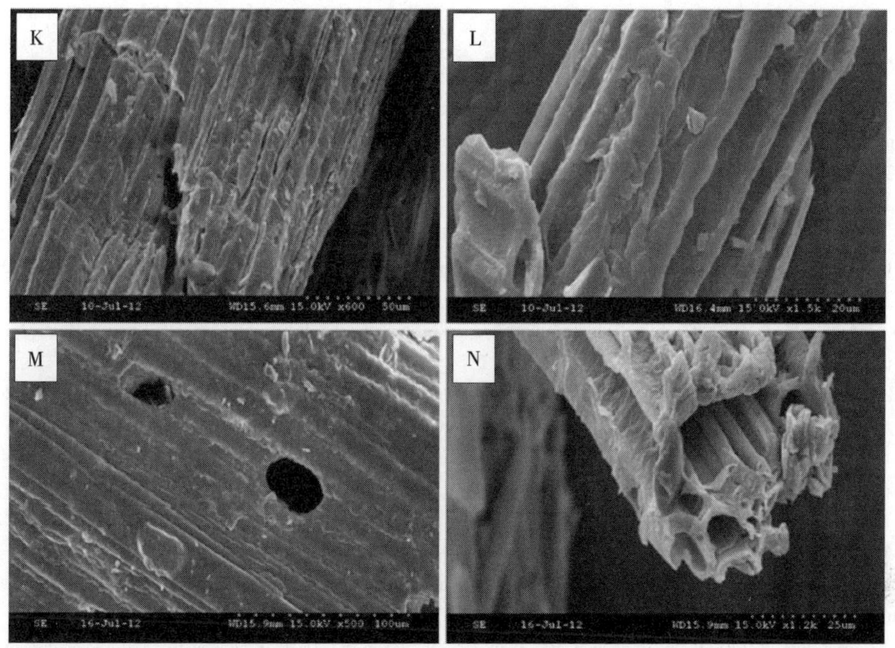

图 4.10 不同稀酸预处理的影响结果[草生物质在不同浓度(0.5%和 2%)的酸、固体含量为 10%、温度为 121℃、处理时间为 30min 的条件下进行预处理;在进行 SEM 分析前,生物质残渣被从预处理水解液中分离出来并进行了烘干、镀金]

4.7 结论

预处理的作用非常依赖于生物质的组成。本章集中详细综述了禾本植物细胞壁的组分。本章还综述了稀酸预处理方法并测试了一些稀酸预处理条件。

本章给出了酸水解糖的产率结果，并且给出了用 SEM 表征分析预处理后的生物质残渣的结果,以便近距离地观察酸预处理的作用,尤其是对植物细胞壁的影响。这种预处理能够使木质纤维素生物质更易感受到酶的攻击。其中,纤维素结晶度、可及表面积以及木质素和半纤维素对纤维素的保护,是影响水解效率的有效因素。

致　谢

感谢 Pierce Lalor 和爱尔兰高威国立大学(National University of Ireland Galway)显微和成像中心对编者使用扫描电子显微镜提供的便利及帮助。

参考文献

Anderson W, Akin DE (2008) Structural and chemical properties of grass lignocelluloses related to conversion for biofuels. J Ind Microbiol Biotechnol 35:355–366

Alberts B, Bray D, Lewis J, Raff M, Roberts K, Watson JD (1989) Molecular biology of the cell, biochemical education, vol 18. Garland Publishing, New York. doi:10.1002/bmb.1990.5690180128

Béguin P, Aubert JP (2000) Cellulases. In: Lederberg J (ed) Encyclopedia of microbiology. Academic, San Diego, pp 744–758

Bertoldo C, Antranikian G (2002) Starch-hydrolyzing enzymes from thermophilic archaea and bacteria. Curr Opin Chem Biol 6:151–160

Brett C, Waldron K (1996) Physiology and biochemistry of plant cell walls, 2nd edn. Chapman and Hall, London

Cara C, Ruiz E, Oliva JM, Sáez F, Castro E (2008) Conversion of olive tree biomass into fermentable sugars by dilute acid pre-treatment and enzymatic saccharification. Bioresour Technol 99:1869–1876. doi:10.1016/j.biortech.2007.03.037

Carpita NC (1996) Structure and biogenesis of the cell walls of grasses. Ann Rev Plant Physiol Plant Molec Biol 47:445–476

Carpita NC, Gibeaut DM (1993) Structural models of primary cell walls in flowering plants: consistency of molecular structure with the physical properties of the walls during growth. Plant J 3:1–30

Carpita NC, McCann M (2000) In: Buchanan BB, Gruissem W, Jones RJ (eds) Biochemistry and molecular biology of plants. American Society of Plant Biologists, Rockville, MA, pp 25–109

Comparot-Moss S, Denyer K (2009) The evolution of the starch biosynthetic pathway in cereals and other grasses. J Exp Bot 60:2481–2492. doi:10.1093/jxb/erp141

Cosgrove DJ (2005) Growth of the plant cell wall. Nature 6:850–861

Cowling EB (1974) Physical and chemical constraints in the hydrolysis of cellulose and lignocellulosic materials. Biotechnol Bioeng Symp 5:163–181

Ding SY, Himmel ME (2006) The maize primary cell wall microfibril: a new model derived from direct visualization. J Agric Food Chem 54:597–606

Dinges JR (2001) Molecular structure of three mutations at the maize sugary1 locus and their allele-specific phenotypic effects. Plant Physiol 125:1406–1418. doi:10.1104/pp.125.3.1406

DuBois M, Gilles KA, Hamilton JK, Rebers PA, Smith F (1956) Colorimetric method for determination of sugars and related substances. Anal Chem 28:350–356 (American Chemical Society). doi:10.1021/ac60111a017

Ebringerová A et al (2005) Hemicellulose. In: Heinze T (ed) Advances in polymer science, vol 186. Springer-Verlag, Berlin/Heidelberg, pp 1–67. doi:10.1007/b136812

Endler A, Persson S (2011) Cellulose synthases and synthesis in arabidopsis. Molecular Plant 4:199–211. doi:10.1093/mp/ssq079

Faik A (2010) Xylan biosynthesis: news from the grass. Plant Physiol 153:396–402. doi:10.1104/ pp.110.154237

Gharpuray MM, Lee YH, Fan LT (1983) Structural modification of lignocellulosics by pre-treatments to enhance enzymatic-hydrolysis. Biotechnol Bioeng 25:157–172

Gomez LD, Bristow JK, Statham ER, McQueen-Mason SJ (2008) Analysis of saccharification in brachypodium distachyon stems under mild conditions of hydrolysis. Biotechnol Biofuels 1:15

Hendriks ATWM, Zeeman G (2009) Pretreatments to enhance the digestibility of lignocellulosic biomass. Bioresour Technol 100:10–18. doi:10.1016/j.biortech.2008.05.027

Heredia A, Jimenez A, Guillen R (1995) Composition of plant cell walls. Zeitschrift Fur Lebensmittel-Untersuchung Und-

Forschung 200:24–31

Hernon AT,O'Donovan A,Shier MC (2010) Applications of Fungal Enzymes In Bioconversion.In:Gupta VK,Tuohy MG, Gaur RK (eds) Fungal biochemistry and biotechnology.Lambert Academic Publishing,Germany.ISBN no:978-3-8433-5800-2

Iiyama K,Lam T,Stone B (1990) Phenolic-acid bridges between polysaccharides and lignin in wheat internodes.Phytochemistry 29:733–737

Ishii T (1999) The plant cell wall polysaccharide rhamnogalacturonan II self-assembles into a covalently cross-linked dimer.J Biol Chem 274:13098–13104.doi:10.1074/jbc.274.19.13098

Jieben T,Kefu C,Jun X,Jun L,Chuanshan Z (2011) Effects of Dilute acid hydrolysis on composition and structure of cellulose in Euliopsis Binata.Bioresources 6:1069–1078

Kato Y,Ito S,Iki K,Matsuda K (1982) Xyloglucan and r{beta}-D-glucan in cell walls of rice seedlings.Plant Cell Physiol 23:351–364

Kobayashi M,Matoh T,Azuma J (1996) Two chains of rhamnogalacturonan II are cross-linked by borate-diol ester bonds in higher plant cell walls.Plant Physiol 110:1017–1020.doi:10.1104/pp.110.3.1017

Kumar D,Murthy GS (2011) Impact of pre-treatment and downstream processing technologies on economics and energy in cellulosic ethanol production.Biotechnol Biofuels 4:27

Morikawa K,la Cour TF,Nyborg J,Rasmussen KM,Miller DL,Clark BF (1978) High resolution x-ray crystallographic analysis of a modified form of the elongation factor Tu:guanosine diphosphate complex.J Mol Biol 125:325–338

Nishitani K (1997) The role of endo xyloglucan transferase in the organization of plant cell walls.Int Rev Cytol 173:157–206

Nishitani K,Nevins D (1991) Glucuronoxylan xylanohydrolase.A unique xylanase with the requirement for appendant glucuronosyl units.J Biol Chem 266:6539–6543

Nishitani K,Nevins DJ (1989) Enzymic analysis of feruloylated arabinoxylans (Feraxan) derived from zea mays cell walls:II.fractionation and partial characterization of feraxan fragments dissociated by a Bacillus subtilis Enzyme (Feraxanase).Plant Physiol 91:242–248.doi:10.1104/pp.91.1.242

O'Neill MA,Eberhard S,Albersheim P,Darvill AG (2001) Requirement of borate cross-linking of cell wall rhamnogalacturonan II for arabidopsis growth.Science 294:846–849,(New York,N.Y.).doi:10.1126/science.1062319

Reiter WD (2002) Biosynthesis and properties of the plant cell wall.Curr Opin Plant Biol 5:536–542

Richardson S,Gorton L (2003) Characterisation of the substituent distribution in starch and cellulose derivatives.Anal Chim Acta 497:27–65

Ridley BL,Mohnen DA,O'Neill MA,O'Neill Mohnen (2001) Pectins:structure,biosynthesis,and oligogalacturonide-related signalling.Phytochemistry 57:929–967

Somerville C,Bauer S,Brininstool G,Facette M,Hamann T,Milne J,Osborne E et al.(2004) Toward a systems approach to understanding plant cell walls.Science 306:2206–2211,(New York,N.Y.).doi:10.1126/science.1102765

Sun Y,Cheng J (2002) Hydrolysis of lignocellulosic materials for ethanol production:a review.Bioresour Technol 83:1–11

Taherzadeh MJ,Karimi K (2008) Pre-treatment of lignocellulosic wastes to improve ethanol and biogas production:a review.Int J Mol Sci 9:1621–1651.doi:10.3390/ijms9091621

Teeri T (1997) Crystalline cellulose degradation:new insight into the function of cellobiohy-drolases.Tibtech 15:160–167

Timell TE (1964) Wood hemicellulose.Adv Carbohydr Chem 19:247–302

Tsmousis G (1991) Science and technology of wood; structure,properties,utilization.Van Nostrand Reinhold,New York

Vogel J (2008) Unique aspects of the grass cell wall. Curr Opin Plant Biol 11:301–307.doi:10.1016/j.pbi.2008.03.002

Vries RP,Visser J (2001) Aspergillus enzymes involved in degradation of plant cell wall polysaccharides.Microbiol Mol

Biol Rev 65:49

Willats WG, McCartney LM, Mackie W, Knox JP (2001) Pectin: cell biology and prospects for functional analysis. Plant Mol Biol 47:9–27

Yang B, Wyman CE (2008) Pre-treatment: the key to unlocking low-cost cellulosic ethanol. Environ Eng 2:26–40. doi: 10.1002/bbb

Zhao H, Kwak JH, Conrad Zhang Z, Brown HM, Arey BW, Holladay JE (2007) Studying cellulose fiber structure by SEM, XRD, NMR and acid hydrolysis. Carbohydr Polym 68:235

http://serc.carleton.edu/research_education/geochemsheets/techniques/SEM.html

http://www.ccrc.uga.edu

http://cellwall.genomics.purdue.edu

http://nutrition.jbpub.com

第 5 章 真菌酶在全球生物燃料生产中的作用

摘要：化石燃料对环境的影响以及第一代生物燃料产品与农产品争地、争水的问题，促使人们研发第二代和第三代生物燃料产品。木质纤维素原料是第二代生物燃料主要的供给材料，其随着国家和地区的不同而发生变化。目前，降解不同木质纤维素原料的生物炼制工艺费用高且效率低。生物炼制过程包括原料预处理、酸或酶水解后发酵，这些过程的温度和 pH 值优化后各自不同。近年来，研究的重点已经转移到参与木质纤维素(即半纤维素、纤维素和木质素)酶水解的组合真菌和多种胞外酶上。本章综述、讨论了与生物燃料产品相关的主要酶，以及它们是如何进入生物炼制工艺以及它们在开发新产品中的潜在价值。

5.1 引言

化石燃料的消耗、温室气体(GHG)对环境的不利影响以及原油价格的上涨引发全球关注，促使将社会和科研工作重点转移到利用其他形式的可再生能源。在过去的数十年中，大量的科研团队广泛地研究了农作物作为燃料和能源原料的潜力以及有关加工过程。通过这些研究，随着技术的创新，已经形成了一种从多种可再生能源中获得生物燃料和生物能源产品的解决方案，以减小对环境的不利影响。

在 2009 年，世界能源理事会(World Energy Council，WEC)声称，世界主要的能源消耗量大约是每年 12Gt 标准煤的能量。根据联合国(United Nations，UN)的调查报告，到 2050 年世界人口预期可以达到 100 亿，反过来将会增加能量的消耗，使其增加到每年接近 24Gt 标准煤(Dashtban et al 2009)。这些统计数据明确指出需要转化更多形式的可再生能源以便满足对能源需求的增长，并且需要提供更多的

本章作者：Jessica M. Coyne[1]，Vijai K. Gupta[2]，Anthonia O′Donovan[3]，Maria G. Tuohy[3]

作者单位：1.爱尔兰莫纳汉生物科学有限公司(Monaghan Biosciences Ltd)；2.印度 MITS 大学科学系；3.爱尔兰高威国立大学(National University of Ireland Galway)自然科学学院生物化学系分子糖生物工艺研究组

电子邮件：vijai.gupta@nuigalway.ie；vijaifzd@gmail.com；maria.tuohy@nuigalway.ie

新技术以减少对环境的不利影响。生物炼制已经实现了将可再生原料(例如树木和农作物)转化为有价值的产品(例如生物燃料、化学品原料和药用化合物)。根据工业中使用的原料和产品的需要,生物转化过程并不一致。依据这个概念,针对不同的生物燃料产品 (和其他有价值的最终产品) 以及汽油和柴油每年使用量的增加,在全球内采取了不同的生物炼制策略。

在 2010 年,WEC 发表了一篇关于生物燃料的报告。该报告指出 2007 年全球生物燃料产品已经超过了 34Mt 标准油, 但是仅占运输燃料总消耗量的 1.5%(World Energy Council 2010)。生物燃料消耗量的比例到 2010 年将增加到 2%,而且到 2030 年有望占到总运输燃料消耗量的 5%(World Energy Council 2010)。当一些国家正在努力生产满足全球标准所需的生物燃料时,有的国家已经在生物炼制工业中取得了优异的成绩。泰勒(Taylor 2008)的报道表明,英国 2.5%的生物燃料中的 80%需要进口并用于交通运输;美国和巴西是主要的出口国,它们分别利用玉米和甘蔗生产生物燃料。

泰勒(Taylor 2008)的报道还对 2008 年国际可再生能源机构(Renewable Energy Agency)出版的加拉格尔(Gallagher)的综述进行了评论,强调了从农作物中获得生物能源和生物燃料,将导致粮食作物的转移以及比之前预期的更高的温室气体排放。该报道还明确指出,作为最初的生物燃料的原料应该是生物资源而不是农作物,以便减缓其与农作物争水、争地而导致粮食价格日益增长(Taylor 2008)。其他的生物燃料原料在英国很流行,它们不与粮食产生竞争,例如小麦秸秆,在英国每年可获得接近 200kt 的小麦秸秆(Taylor 2008)。

5.2 木质纤维素和植物细胞壁

木质纤维素是可利用的可再生原料,普遍存在于农业、林业和食品工业,也是所有植物的结构组成成分。这种可再生原料由三种主要的聚合物组成,包括纤维素、半纤维素和木质素(Dashtban et al 2009;Martínez et al 2005)。

5.2.1 纤维素

纤维素是由 β-1,4-D-葡萄糖聚合物单元组成的线性分子,是木质纤维素原料的主要成分(Howard et al 2003;Turner et al 2007)。纤维素最小的重复单元是纤维二糖,由两个 β-1,4-D-葡萄糖分子聚合单元组成。在每个纤维二糖分子中都存在羟基,这使得纤维素聚合物内以及两个相邻的聚合物之间可形成链间和链内氢键。高强度的氢键能导致形成高度有序的晶体结构,进而形成有序的微纤维结构(Dashtban et al 2009;Howard et al 2003)。这些氢键中的羟基决定了纤维素整体的晶体结构, 也为帮助纤维素抵抗水解发挥了重要作用(Harris,DeBolt

2010)。目前已知有 6 种多晶纤维素:纤维素Ⅰ、Ⅱ、$Ⅲ_Ⅰ$、$Ⅲ_Ⅱ$、$Ⅳ_Ⅰ$、$Ⅳ_Ⅱ$(Festucci-Buselli et al 2007)。纤维素Ⅰ和Ⅱ的晶体结构可以在自然中找到,其他的晶体结构是通过化学或热加工人工制造的(Festucci-Buselli et al 2007)。

纤维素Ⅰ是自然界中能找到的含量最丰富的晶体结构,它可以合成两个异构体:纤维素$Ⅰ_α$和$Ⅰ_β$(Festucci-Buselli et al 2007;Harris,DeBolt 2010)。这两个异构体存在细微的不同,主要的不同导致在羟基基团的第 2 位和第 6 位形成链内氢键。键长在两个晶形中也不同,$Ⅰ_α$的键长比$Ⅰ_β$要短(Festucci-Buselli et al 2007)。

高等植物可以合成两种纤维素Ⅰ异构体,因此在植物细胞中存在晶体和非晶体区域(Harris,DeBolt 2010)。研究表明,纤维素$Ⅰ_α$是两个异构体中最不稳定的,$Ⅰ_β$形成微纤维的中心并且两个异构体的混合物在该中心周围形成非晶体区域(Festucci-Buselli et al 2007;Harris,DeBolt 2010)。这些非晶体区域被认为是连接纤维素微纤维、木质素和半纤维素分子的联合区域(Harris,DeBolt 2010)。这个复杂的联合体系与木质纤维素材料的耐受性有关,增大了在木质纤维素生物转化中将纤维素微纤维水解为纤维二糖和葡萄糖分子的难度。

5.2.2 半纤维素

半纤维素是在木质纤维素中能找到的丰度处于第二位的聚合物。该聚合物是一种杂多糖,包括戊糖(*D*-戊醛糖和 *D*-树胶醛糖)、己糖(*D*-甘露糖、*D*-葡萄糖和 *D*-半乳糖)和糖酸类(Chandel et al 2011a;Dashtban et al 2009;Saha 2003)。它们都由 β-1,4 连接的直链聚合物和支链聚合物组成(Chandel et al 2011a)。由于它们糖残基的多变和异质性,植物的来源和组织部位对半纤维素的成分影响很大。例如,硬木半纤维素的主要成分是木聚糖,而软木半纤维的主要成分是葡甘露聚糖(Saha 2003)。

木聚糖被认为是木质纤维材料中最常见的半纤维素。其他的半纤维素包括甘露聚糖、半乳糖和阿拉伯聚糖。这些半纤维素普遍存在于植物细胞壁中,而且组成比例不同。木聚糖包括 β-1,4-*D*-木吡喃糖基主链和支链聚合物,其中残基包括 *L*-果胶糖、*D*-半乳糖或者 *D*-葡糖醛酸(Saha 2003)。与所有半纤维素一样,在结晶过程中发现该聚合物围绕着每个纤维素微纤维,并与微纤维交织在一起(Arantes,Saddler 2011;Hu et al 2011)。

木葡聚糖普遍存在于原初细胞壁(PCW)中,包含在交联的半纤维素聚合物与纤维素微纤维中,说明其在植物内具有结构作用 (Burton et al 2010;Caffall,Mohnen 2009)。这一特殊类型的聚合物含有一个全部被木糖残基替换的 β-1,4-葡聚糖主链(Burton 2010)。甘露聚糖的结构与纤维素很相似(Caffall,Mohnen 2009)。

半乳甘露聚糖存在于大部分研究过的植物细胞壁聚合物中。它们拥有 β-1,4-甘露聚糖的主链,该主链被 α-半乳糖不同程度地取代,其作用是作为一种可储存的多聚糖(Burton et al 2010;Cosgrove 2005)。

糖单元主链可发生乙酰化作用、甲基化作用和酚基化作用 (Burton et al 2010;Turner et al 2007)。被修饰的程度还依赖于植物组织部位和来源。例如,硬木木聚糖发生乙酰化作用的程度明显高于软木木聚糖(Bastawde 1992)。木聚糖脱乙酰作用最初是通过碱处理木质纤维素完成的,但现在可通过添加乙酰基酯酶发生酶促反应完成(Bastawde 1992;Turner et al 2007)。除去乙酰基有利于在木质纤维素预处理过程中将木聚糖转化为木糖的降解作用。这些木糖单体可以经过深度加工生产木糖醇。木糖醇是一种天然甜味料戊糖醇,可以替代糖尿病患者饮食中的糖,还可以降低发生龋齿的几率(Akpinar et al 2011)。木糖醇只是木质纤维素生物转化过程中众多有价值的副产品中的一个例子。

5.2.3 果胶

木质纤维原料含有各种各样的其他材料,如灰分、蛋白质和果胶,这些取决于其来源。除了纤维素和半纤维素,果胶是第三类重要的植物细胞壁结构多糖(Dashtban et al 2009;Turner et al 2007)。它们构成了 PCW 的很多组成成分,还可作为替代淀粉的选择性储存大分子,比如羽扇豆种子(Burton et al 2010)。这种重要的多糖也具有影响细胞壁孔隙度和厚度的功能,被认为是一个信号分子源(Burton et al 2010;Cosgrove 2005)。

果胶包括聚半乳糖醛酸、木糖聚半乳糖醛酸以及鼠李糖半乳糖醛酸聚糖Ⅰ和Ⅱ (Cosgrove 2005;Harris,DeBolt 2010;Ridley et al 2001)。多聚糖前体的主链主要由 α-1,4-连接的 *D*-半乳糖醛酸残基组成;对于鼠李半乳糖醛酸聚糖,则主要是 *L*-鼠李糖残基组成(Ridley et al 2001)。这些聚合物往往含有连接在主链上的中性糖侧链(比如 *L*-鼠李糖、阿拉伯糖、半乳糖和木糖),而且通常是被甲基化和乙酰化的(Burton et al 2010)。对于木糖聚半乳糖醛酸果胶,聚合物含有支链木糖残基/链(Cosgrove 2005)。果胶在各种行业中都是非常有用的。多聚糖在纺织业已经应用很多年了,在食品业中起初被用做增稠剂、乳化剂和稳定剂 (Turner et al 2007)。现在,果胶的应用越来越清晰了,它们在给药中存在应用潜力,还可能有益于通过饮食降低胆固醇,甚至能在生物炼制工艺中增加发酵糖的产量(比如生物燃料的生产)(Turner et al 2007)。

5.2.4 木质素

木质素是木质纤维素中处于第三丰度的组成成分,在植物中具有结构性作用,以保证陆地植物竖直生长。该聚合物还具有物理保护的作用以抵抗微生物的入侵,还可以运输水分穿过木质部(Ferrer et al 2008)。通常认为它们是异构聚合物,由二甲氧基、单甲氧基和非甲氧基苯基丙烷单体组成,又分别称为紫丁香基丙烷(S)、愈创木基(G)和对-氨基苯基(H)苯基丙烷单体(Campbell,Sederoff 1996;Dashtban et al 2009;Martínez et al 2005)。

由于分子间连接的多样性,植物类型决定了木质素组成成分的多样性。例如,被子植物(硬木质)主要是由 S 和 G 单体组成,而裸子植物(软木质)主要是由 G 单体组成(Martínez et al 2005)。在白杨中,发现了线性木质素链,平均长度为 13~20 个单体(Vanholme et al 2010)。

苯基丙烷单体是由对应的芳香醇类前体衍化而来,比如芥子醇、松柏醇和对香豆醇,它们是在氧化酒精生产酚基的过程中产生的,通过氧化使醚和醛键耦合在一起(Ferrer et al 2008;Harris,DeBolt 2010;Vanholme et al 2010)。木质素聚合体通过末端向前耦合而延伸,该过程通过消耗酚醛自由基完成(Vanholme et al 2010)。苯基丙烷单体的耦合通常发生在 β 位上生成 β-O-4(也被称为 β-芳基醚)、β-5、β-β 和 β-1 连接。在木质素聚合过程中也存在其他连接,比如 5-5、5-O-4 (Harris,DeBolt 2010;Vanholme et al 2010)。

研究发现,β-芳香醚键是相对容易水解的,而其他键则存在较大的耐受性(Harris,DeBolt 2010)。这种性质使得不同种类的木质纤维原料具有不同程度的耐受性。例如,软木质纤维素主要由 G 单体组成,该单体中包含耐受性高的 β-5、5-5 和 5-O-4 键,而被子植物,比如草(单子叶植物)包含一个混合的 G 单体和 S 单体。该混合的一个结果就是存在混合的 β-芳香醚键和其他键,因此使得被子植物稍微更易水解(Campbell,Sederoff 1996;Harris,DeBolt 2010;Isroi et al 2011)。

5.2.5 植物细胞壁

研究报道,植物大概由 35 种不同类型的细胞组成,每种类型的细胞都有其独特的性质和特征(Cosgrove 2005)。植物细胞壁一般包括三层:胞间层、初生壁(PCW)和次生壁(SCW)。所有这些均包括两部分:微纤维相和基质相(Festucci-Buselli et al 2007)。胞间层和初生壁是在细胞生长和延伸过程较早时期形成的,而大多细胞中的次生壁是在植物生长成熟或停止生长后形成的(Caffall,Mohnen 2009;Harris,DeBolt 2010)。

在被子植物中存在两种初生壁,在文献中称为类型Ⅰ和类型Ⅱ(Harris,DeBolt 2010)。被子植物可分为两类:单子叶植物和双子叶植物,依据其种子叶子(子叶)的数量而划分。类型Ⅰ细胞壁通常存在于双子叶植物和单子叶植物中,而类型Ⅱ只在一种鸭跖草类单子叶植物的禾本目中以及与鸭跖草类单子叶植物相关的植物中发现(Harris,DeBolt 2010)。两种类型的初生壁可以通过半纤维素成分的不同加以区分(Harris,DeBolt 2010)。在类型Ⅰ细胞壁中,木葡聚糖是在果胶中发现的主要半纤维素,而类型Ⅱ细胞壁主要由葡糖醛酸阿拉伯木聚糖(GAX)组成,在细胞基质中极少含有或不含有胶质(Harris,DeBolt 2010)。植物细胞壁中的这些半纤维素聚合物形成的网络结构能够降低纤维素被水解酶降解的可能性,还会增大木质纤维素残基糖基化的难度。

次生壁主要由纤维素、木质素和半纤维素组成,例如在双子叶植物中存在葡萄糖醛酸木聚糖,在禾本目(草)中存在葡糖醛酸阿拉伯木聚糖。次生壁可再细分为 3 个次层:S1、S2 和 S3 (Festucci-Buselli et al 2007;Harris,DeBolt 2010)。并不是所有细胞中都有次生壁,但是次生壁有助于增加细胞壁的厚度和提供额外的结构支撑(Caffall,Mohnen 2009;Cosgrove 2005)。初生壁和次生壁在木质素、纤维素、半纤维素和果胶的组成方面各不相同。在白杨中, 次生壁中含 19%~21%的木质素,而在初生壁中却不含该物质;初生壁中含 20%~30%的纤维素,而在次生壁中含 40%~50%的纤维素(Festucci-Buselli et al 2007)。半纤维素在次生壁中的含量高于在初生壁中的含量(Caffall,Mohnen 2009)。植物细胞壁的分子结构和组成也存在不同,这主要取决于木质纤维素来源,但这仍存在争议。因此,这可能会导致不同来源的木质纤维素原料的可发酵糖收率的变化(Arantes,Saddler 2011)。

5.3 木质纤维素和生物燃料

以农产品(例如谷类、玉米、甘蔗、甜菜根和甜高粱)为原料生产的生物燃料被认为是第一代生物燃料,而以木质纤维素为原材料生产的生物燃料则被称为第二代生物燃料(Yuan et al 2008)。生物燃料还可以从微藻中获得,被称为第三代生物燃料(Brennan,Owende 2010)。本综述中没有对第三代生物燃料进行讨论,这是由于在该生产过程中不需要真菌酶。

全球范围内第一代和第二代生物燃料的生产依赖于各个国家可生物转化的木质纤维素原料的可获得性。在美国,以淀粉为原料(例如玉米)生产生物乙醇;而在巴西;原料来源于甘蔗工业的副产品甘蔗渣(Dashtban et al 2009;Howard et al 2003;Simmons et al 2008)。根据达师班等(Dashtban et al 2009)的报道,这两个国家生产的生物乙醇燃料在 2008 年占全球产量的 90%左右。加拿大 Iogen 公司也是非常有名的以木质纤维素作为原料生产生物乙醇的公司。该公司每天将大约 30t 的小麦、燕麦和大麦的秸秆进行生物转化,每年可生产约 1.97ML(0.52Mgal)的生物乙醇(Dashtban et al 2009)。

在过去的几年中,对第一代和第二代生物燃料产品的对比研究表明,第一代生物燃料的二氧化碳的总排放量要高,而且超过了化石燃料的水平 (Yuan et al 2008)。随着粮食价格的上升,人们将研究的焦点转移到了将木质纤维素和废弃物(例如甘蔗渣、草和用过的蘑菇肥料)作为原料的第二代生物燃料上。

5.4 生物炼制

木质纤维素的生物转化包括 4 个主要步骤:预处理、水解、发酵和分离。木质纤维素原料的预处理被认为是生物炼制的一个关键步骤,这是由于其能通过增强纤维素的可及性和增加空隙大小以加快水解过程,在理论上这些有利于发酵而获得更高的糖产量。通常的各种预处理方法皆以去除木质素和半纤维素聚合物为目的,这些方法包括化学预处理、物理预处理和生物预处理(Dashtban et al 2009;Howard et al 2003;Ong 2004)。

5.4.1 预处理

物理预处理方法包括研磨、辐射和蒸汽爆破。最后一种方法主要是指在高压下蒸木质纤维素,然后快速或慢速减小压力将半纤维素溶解并保证纤维素和木质素保持固体状态(Dashtban et al 2009;Ong 2004)。SO_2 和 CO_2 可以用做催化剂,尽管发现 SO_2 具有高毒性(Ong 2004)。化学预处理的方法包括氨纤维爆破(AFEX)、有机溶剂处理和添加酸或碱处理(Dashtban et al 2009;Isroi et al 2011;Ong 2004)。利用酸(通常是 H_2SO_4)作为催化剂,目的是将半纤维素溶解并使木质素和纤维素保持固体状态;碱(通常是NaOH)处理的作用目标是木质素,并保持大多数纤维素和半纤维素为固体状态(Dashtban et al 2009;Ong 2004)。

虽然物理和化学的方法在一个较短的处理时间内能有效地降低木质纤维素物质的耐受性,但是这些方法在工业中还存在很多的环境和成本问题。除了高压反应器,它们还需要消耗很多能量并且产生很多有毒化合物和废水(Isroi et al 2011)。

生物预处理的方法包括利用微生物脱除木质纤维素原料中的木质素(Dashtban et al 2009)。微生物分泌的酶可选择性地分解植物细胞壁的纤维和木质素结构。生物预处理还具有降低能量消耗的优势,可在最大程度上减排废水和减小对环境的影响(Dashtban et al 2009;Isroi et al 2011)。

预处理方法的选择取决于木质纤维素原料以及后续的水解。如果水解步骤中含有真菌酶,该步骤宜在低 pH 值(大约 4~5)条件下进行,那么生物转化的第一步首选酸处理(Dashtban et al 2009)。

5.4.2 水解

木质纤维素聚合物被糖化生成发酵糖 (己糖和戊糖) 的过程称之为水解(Harris,

DeBolt 2010)。用于生物炼制工艺的水解方法主要有两种:酸水解和酶水解(Dashtban et al 2009;Ong 2004)。

酸水解是这两种方法中使用时间较久的一种,在第一次世界大战后已被应用于工业(Ong 2004)。在这个特殊的过程中,常用稀酸或浓酸水解纤维素,反应温度取决于酸的摩尔浓度。所用酸通常为较为便宜的 H_2SO_4。稀酸需要 200℃以上的高温条件,而浓酸所需的温度较低(Ong 2004)。酸水解的方法相对缺乏吸引力,这是因为用稀酸产量低而用浓酸存在回收和环境问题(Ong 2004;Hernon et al 2010)。

在酶水解过程中,木质纤维素通过由细菌或真菌分泌的特殊酶将其分解为相应的单糖(Dashtban et al 2009;Ong 2004)。与酸水解相比,这个过程相当复杂、昂贵和耗时,其优势是在生物炼制过程结束时很少有或甚至没有副产品(Ong 2004)。

5.4.3 发酵

发酵是生物转化的第三步,主要是利用微生物将葡萄糖、木糖、树胶醛糖和甘露糖等水解产物转化为生物乙醇(Dashtban et al 2009;Ong 2004)。在发酵之前常需要去除水解产物的毒性,这是由于在预处理和水解步骤中会产生抑制剂,例如酚和呋喃的衍生物(Dashtban et al 2009;Ong 2004)。酿酒酵母(*Saccharomyces cerevisiae*)是最常用的微生物,其发酵率高,并且还可以通过重组技术对其进行改良,从而研发新物种。例如,TMB3400 能够将树胶醛糖和木糖以及葡萄糖转化为生物乙醇 (Dashtban et al 2009)。这使得大量利用水解产物高效率地获得生物乙醇成为可能。

5.4.4 工艺组合

为了降低生产成本、增加最终产物的产量和加快生物炼制过程,对生物转化三个步骤中的不同方法的组合进行了大量研究。分步糖化发酵(SHF)能够分别对每个工艺过程进行优化,尽管这样需要使用大量酶以便克服水解过程中最终产物(例如 β-葡糖苷酶) 对反应的抑制作用, 这使得该过程费用极高 (Dashtban et al 2009)。同步糖化发酵(SSF)将两个步骤结合到一个反应器中,可以直接将水解产物发酵为生物乙醇,以减少使用酶的成本,但是需要对两个反应和最终产物进行协调(Dashtban et al 2009;Ong 2004)。另外一种方法称为联合生物加工工艺(CBP),即利用一种或多种微生物将三个步骤合为一步完成 (Dashtban et al 2009)。该特殊的处理过程具有降低生物乙醇生产成本的潜力,使其具有与传统化石燃料相当的竞争力,但需要研究其所需的最佳条件,包括微生物、酶、pH 值和温度。

5.5 生物炼制中的真菌

微生物,尤其是真菌,已成为生产生物燃料和其他有价值的生物炼制产品的重要部分。文献报道,筛选真菌用于工业水解和预处理已经非常普遍。筛选的依据为可选择性或降解木质纤维素原料的能力、酶的氧化还原潜力、工业化能力和/或热稳定性。

众所周知,真菌在自然界中可以降解木质纤维素原料,包括土壤、堆肥和森林凋落物。降解的方法取决于真菌种类,并将产生不同的结果。担子菌亚门和子囊菌亚门是主要的微生物门类,其中重要的木质纤维素真菌分别为担子菌和子囊菌。子囊菌亚门是最大的门,以其菌类的子实体中是否存在子囊加以区分,而担子菌类以形成担子这种特殊的子实体为特征(Guarro et al 1999)。它们主要负责通过降解和改变木质纤维素使木头和森林凋落物分解(Martínez et al 2005)。

白腐担子菌是公认的木质素降解真菌,但并不是只有真菌类型影响木质纤维素的降解。如前所述,褐腐担子菌以及一些子囊菌类的真菌具有降解木质纤维素的能力。影响它们的降解能力的关键是其分泌的胞外酶。白腐真菌可以分泌一系列酶,包括那些具有降解所有木质纤维素植物细胞壁组成成分潜力的酶,而褐腐担子菌和子囊菌可以分泌一些具有选择性的真菌酶。

不同真菌分泌的一些关键的酶系统能分别降解每种木质纤维素的组成成分。木质素修饰酶(LME)能够破坏木质素的耐受性;纤维素酶系统对纤维素微纤维起作用,可以将聚合物还原为葡萄糖单体,而且随着半纤维素组成的不同,会使半纤维素的主链和支链的不同处发生断裂。

5.5.1 真菌酶

LME 是一组木质素降解酶,包括虫漆酶、木质素过氧化物酶、锰过氧化物酶和通用的过氧化物酶,但并不是只有酶参加木质素的生物降解。酚氧化酶包括LME,还有酪氨酸酶、儿茶酚氧化酶和过氧化氢酶–苯酚氧化酶,这些都能氧化多种酚类化合物(Sutay Kocabas et al 2008)。纤维素酶包括内切–1,4–β–葡聚糖酶、纤维二糖水解酶和 β–葡糖苷酶(Gao et al 2012)。半纤维素酶包括内切–1,4–β–木聚糖酶、β–木糖苷酶、内切–1,4–β–甘露聚糖酶和 β–甘露糖苷酶。半纤维素中特定组成的增加依赖于木质纤维素原料的性质。有一些辅酶通过断裂支链残基有助于半纤维素聚合物的降解。这些辅酶包括 α–葡糖苷酸酶、α–L–阿拉伯呋喃糖酶、乙酰木聚糖酯酶、阿魏酸酯酶和 β–半乳糖苷酶(EC 3.2.1.23)(Saha 2003;Turner et al 2007)。

5.5.1.1 虫漆酶

虫漆酶(EC 1.10.3.2)是主要的胞外糖蛋白,它属于多铜氧化酶(MCO),是由大多数白腐担子菌和部分子囊菌分泌的(Lundell et al 2010)。许多褐腐担子菌也能够在培养液中分泌虫漆酶(Martínez et al 2005)。MCO 具有多种作用。有报道称,其在真菌、植物、细菌和一些昆虫中具有虫漆酶活性(Kunamneni et al 2008;Lundell et al 2010)。

在 2002 年,皮昂特克等(Piontek et al 2002)和哈库利宁等(Hakulinen et al 2002)分别报道了真菌虫漆酶的第一个分子结构,该酶是由担子菌类的变色栓菌(*Trametes versicolor*)和子囊菌类的热白丝菌(*Melanocarpus albomyces*)分泌的。典型的真菌虫漆酶的相对分子质量为 6×10^4~8×10^4(60~80kDa),在 pH 值 3~6 之间有一个等电点 (pI)(Bonnen et al 1994;Isroi et al 2011;Lundell et al 2010;Widiastuti 2008)。这些重要的氧化还原酶由三个结构域组成(D1、D2 和 D3),有 4 个铜原子结合位点(Baldrian 2006;Martínez et al 2005)。在文献中根据其活性位点的铜离子数量的不同,虫漆酶被描述为“蓝色”、“黄色”或者“白色”(Baldrian 2006;Lundell et al 2010;Martínez et al 2005)。“蓝色”虫漆酶常被认为是“真”虫漆酶, 这是由于含有 4 个铜原子使其表现为蓝色 (Baldrian 2006;Martínez et al 2005)。“黄色”的是那些没有Ⅰ型铜原子的虫漆酶,而“白色”的是那些只有一个铜原子的虫漆酶(Baldrian 2006)。报道中的这些“假”虫漆酶是指那些含有的 4 个铜离子被不同金属离子取代的酶, 这些金属离子通常是 Zn^{2+}、Fe^{2+}和 Mn^{2+}(Lundell et al 2010)。平菇中分泌的 POXA1 就是一个“白色” 虫漆酶,该酶分子含有 1 个铜离子、2 个锌离子和 1 个铁离子(Baldrian 2006)。

据报道,真菌中含有多基因编码的虫漆酶糖蛋白,这使其能分泌多种同工酶(Isroi et al 2011;Lundell et al 2010)。据报道,这些酶在大多数白腐菌、非木质素降解的担子菌灰盖鬼伞(*Coprinopsis cinerea*)和双色蜡菇(*Laccaria bicolour*)中都存在(Lundell et al 2010)。迪索萨等(D'Souza et al 1999)的研究表明,白灵芝分泌至少 5 种虫漆酶的同工酶。当然,也不是全部的白灵芝都如此,例如白腐黄孢原毛平革菌(*Phanerochaete chrysosporium*),它没有特定的虫漆酶基因,但仍能编码木质素降解氧化酶、木质素过氧化物酶(LiP)、锰过氧化物酶(MnP)、铁氧化还原酶和多种未知的 MCO(Brambl 2009;Isroi et al 2011;Lundell et al 2010)。虫漆酶在降解木质素过程中的作用是:随着酚类或低氧化还原电位的物质被氧化为苯氧基的过程,将氧分子催化还原为水分子(Lundell et al 2010;Widiastuti 2008)。

真菌虫漆酶广泛应用于生物技术领域,通过氧化酚基应用于木质素的聚合和生物降解,包括大约 10%的木质素聚合物以及在诱导剂和介质中出现的非酚类化合物(Baldrian 2006;Bonnen et al 1994;D'Souza et al 1999;Isroi et al 2011;Lundell et al 2010;Martínez et al 2005)。真菌虫漆酶还与过氧化物酶在不同反应中起作用,包括单木纤维素聚合反应生产木质素聚合物过程、去除发酵过程中的抑制剂前体对水解产物进行解毒以及污水处理中转化有毒成分和纺织染料(Campbell, Sederoff 1996;Chandel et al 2011a;Lundell et al 2010;Vanholme et al 2010)。

与木质素降解过程中的其他过氧化物酶相比,虫漆酶具有一个相对低的氧化还原电位,不过由于其利用 O_2 分子而不是 H_2O_2,被认为是"绿色"的生物催化剂(Cañas, Camarero 2010)。在与虫漆酶活性相关的 4 个铜离子中,T1 铜离子参与底物的氧化作用并被还原,然后将电子转移到 T2/T3 三核铜簇(Cañas, Camarero 2010;Dwivedi et al 2011)。该作用的机理涉及到 4 个底物分子的氧化作用和自由基的产生。获得的 4 个电子用于 O_2 生成 H_2O。

在工业中,为了协同利用虫漆酶以提高酶的整体氧化还原电位,常使用媒介系统。在媒介系统中,非酚类物质或芳香族化合物可以发生氧化作用,一般是高氧化还原电位的酶通过类似连锁反应的形式发生反应。在这个反应中,媒介物首先被虫漆酶氧化,再在基质中扩散并且使目标化合物发生氧化反应(Dwivedi et al 2011)。研究发现,虫漆酶和媒介物一同发挥作用,例如 ABTS[2,2′氨基-二(3-乙基-苯并噻唑啉磺酸-6)铵盐]和丁香醛(Baldrian 2006)。

5.5.1.2 木质纤维素过氧化物酶

在植物木质化、木质素聚合物的降解和聚合过程中,虫漆酶和过氧化物酶以协同的方式起作用(Blanchette 1991;Bonnen et al 1994;Campbell, Sederoff 1996;Chandel et al 2011a)。这些过氧化物酶(LiP、MnP 和 VP)是含有血红素的过氧化氢依赖酶,可用于木质素聚合物中高氧化还原电位组分的氧化(Blanchette 1991;D'Souza et al 1999)。过氧化物酶是胞外的非特异性的酶,由大多数的白腐真菌分泌,其主要的作用是降解木质素(Blanchette 1991;Brambl 2009)。

木质素过氧化物酶(LiP;EC 1.11.1.14)最初是提恩(Tien)和柯克(Kirk)于 1983 年在黄孢原毛平革菌中发现的(Chen et al 2011;Dashtban et al 2010)。LiP 是相对分子质量大约为 4×10^4(40kDa)的单体蛋白(Isroi et al 2011)。它们与传统的过氧化物酶很相似,含有四吡咯环和一个铁配位的组氨酸残基(Isroi et al 2011)。

LiP 能够氧化很多不同的酚类化合物,例如愈创木酚、丁香酸和香草醇,还能氧化非酚酸类芳香族化合物(D'Souza et al 1999;Dashtban et al 2010;Piontek et al 2002)。木质素过氧化物酶在表面有一个重要的色氨酸残基,在同工酶 LiPA 中是 trp171,它在芳香族物质的长电子转移链中起作用;这个长链对于酶的氧化中心而言过长(Isroi et al 2011)。

LiP 能够通过电子转移机制裂解许多非催化键以及通过打开芳香环的方法氧化木质素(Chen et al 2011)。陈等(Chen et al 2011)的研究表明,在木质素中,木质素降解酶具有不同的结合类型和降解机制。LiP 和虫漆酶直接作用于木质素表面，而 MnP 则通过间接的方式对木质素起作用。

H_2O_2 是过氧化物酶降解木质素过程中的关键物质。H_2O_2 的存在可以引起 LiP 中间产物的氧化。在该过程中，Fe^{3+}被转化为 Fe^{4+}，并且使四吡咯环中出现自由基(Isroi et al 2011)。LiP 中间产物氧化反应底物会产生一个自由基正离子和一个第二中间产物。在该过程中，自由基被清除，但是 Fe^{4+}仍存在(Isroi et al 2011)。这个第二中间产物氧化一个第二底物分子，从而产生另外一个自由基正离子和初始状态的 LiP 酶(Isroi et al 2011)。产生的自由基正离子引发非酶促反应，例如聚合物发生裂解，以便后续的木质素分子进行降解(Blanchette 1991)。

5.5.1.3 锰过氧化物酶

锰过氧化物酶(MnP；EC 1.11.1.13)被定义为依赖 H_2O_2、含血红素和能降解木质素的过氧化物酶。MnP 最早是桑原等(Kuwahara et al 1984)于 1983~1984 年在黄孢原毛平革菌中发现的，它们的相对分子质量为 4×10^4~5×10^4(40~50kDa)。这个特殊的过氧化物酶需要锰(Mn^{2+})作为辅助因子以发挥氧化作用(Chen et al 2011；Dashtban et al 2010；Isroi et al 2011)。与 LiP 相比，MnP 是一系列更多样的酶。根据 MnP 的长度对其进行分类，在真菌中发现的典型长链 MnP 因此与被称为混合 MnP(hMnP)的短链酶区分开(Lundell et al 2010)。

Mn^{2+}在真菌生产 MnP 和 LiP 过程中起调节作用(Blanchette 1991)。当 Mn^{2+}处于较低浓度时，主要产生 LiP；而在高浓度 Mn^{2+}的条件下，MnP 的生成量会增加(Blanchette 1991)。该酶的结构包括一个 Mn^{2+}结合区，但不含有特殊的色氨酸残基，LiP 中的该残基是长程电子转移所必需的(Isroi et al 2011)。因此，MnP 不直接氧化木质素，但能通过辅助因子和螯合剂起作用。

与 LiP 的催化循环相似，H_2O_2 的存在使得 MnP 酶(MnP-Ⅰ)有一个氧化的中间产物(Isroi et al 2011)。这个中间产物使辅助因子 Mn^{2+}形成氧化形式的 Mn^{3+}并产生一个 MnP 的第二中间产物(MnP-Ⅱ)。然后，这个第二中间产物作用于另一个 Mn^{2+}，生成 Mn^{3+}和 H_2O。在该循环过程中产生的这两个 Mn^{3+}离子具有作为介质的潜力，当与典型螯合剂草酸盐结合时，可以氧化各类酚酸类底物，包括胺、染料和木质素结构(Blanchette 1991；Dashtban et al 2010；Isroi et al 2011)。

5.5.1.4 通用的过氧化物酶

通用的过氧化物酶(VP；EC 1.11.1.16)，最初是在真菌杏鲍菇(*Pleurotus eryngii*)中发现，同时具有 LiP 和 MnP 的功能。它们在多种侧耳属(*Pleurotus*)和烟管菌属(*Bjerkandera*)中存在，但不存在于黄孢原毛平革菌中，尽管在其基因组中发现了与侧耳属中 VP 相关的基因(Isroi et al 2011)。与 MnP 相似,VP 酶能够氧化酚类和非酚类芳香族化合物,同时氧化 Mn^2。在结构上,它们与 hMnP 相似,在血红素基团附近含有 Mn^{2+}结合位点(Lundell et al 2010)。这些酶还含有色氨酸残基,这是芳香族木质素底物电子传递所需要的(Isroi et al 2011)。杏鲍菇分泌的通用过氧化物酶 VPL,其结构特征说明它们具有 MnP 和 LiP 的保守结构。VPL 包含 Mn^{2+}结合所必需的 3 个酸性残基和 1 个色氨酸残基 trp164,该色氨酸残基在结构上与 LiPA 中发现的 trp171 相似(Isroi et al 2011)。

5.5.1.5 过氧化氢生产酶

真菌,尤其是白腐担子菌,需要 H_2O_2 使胞外过氧化物酶在木质素降解中起作用。H_2O_2 在菌类中是通过氧化作用生成的, 随着基质的氧化将 O_2 还原为 H_2O_2(Dashtban et al 2009;Isroi et al 2011)。乙二醛氧化酶(GLOX;EC 1.2.3.5)和芳基醇氧化酶(AAO;EC 1.1.3.7)就是这样的两种酶。GLOX 是一种含铜的酶,存在于很多白腐真菌中(例如黄孢原毛平革菌),能氧化多种底物,尤其是简单的乙醛(Isroi et al 2011;Martínez et al 2005)。这些底物中的某些物质是菌类新陈代谢过程中产生的自然物质,例如乙二醛和甲基乙二醛(Isroi et al 2011)。AAO 是最早在杏鲍菇中发现的黄素酶,作用于白腐真菌分泌的特殊代谢物以生成 H_2O_2。该酶能氧化氯化的大茴香醇和在芳香醇脱氢酶存在下由木质素降解过程中产生的芳香醛类(AAD;EC 1.1.1.91)(Isroi et al 2011;Martínez et al 2005)。

5.5.1.6 酚氧化酶

酚氧化酶是一系列含铜酶,没有表现出糖苷水解酶和肽酶活性。在 O_2 存在的条件下,它们能够氧化酚类化合物。酚氧化酶包括前面介绍过的 LME 以及酪氨酸酶、儿茶酚氧化酶和过氧化氢酚基氧化酶。

酪氨酸代谢酶包括两种催化活性:①苯甲酚酶活性和单酚邻羟基化;②儿茶酚氧化酶活性并伴随着邻酚氧化为邻醌的过程 (Krebs et al 2004;Rompel et al 1999)。酪氨酸代谢酶是人体四聚物的蛋白质,包括 4 个铜原子,相对分子质量约为 6×10^4(60kDa)。它们的作用是催化单酚邻羟基化反应生成儿茶酚(一个二元酚),随之将二元酚氧化为相应的醛。酪氨酸代谢酶作用的底物包括酪氨酸、儿茶酚和 *L*-3,4-二羟基苯丙氨酸(*L*-DOPA)(Krebs et al 2004;Rompel et al 1999)。

儿茶酚氧化酶被发现存在于真菌培养液中,它们被分离出来用于治疗酪氨酸代谢症,这是由于该病缺乏甲酚酶活性(Krebs et al 2004;Rompel et al 1999;Sutay Kocabas et al 2008)。这些酶含有 2 个铜原子,这 2 个铜原子与 3 个组氨酸残基起协调作用,它们的相对分子质量大约为 6×10^4(60kDa)。该氧化酶可催化苯二酚的氧化反应生成为相应的苯二醌,因此该酶也是黑色素酶合成过程中的关键酶。儿茶酚氧化酶可作用于儿茶酚、绿原酸、儿茶素和咖啡酸(Sutay Kocabas et al 2008)。

过氧化氢酶酚氧化酶类(CATPO)是一类双功能抗氧化酶,近些年来发现其存在于子囊真菌中(Sutay Kocabas et al 2008)。它们能够分解 H_2O_2,具有典型的过氧化氢酶活性,在 H_2O_2 存在的条件下还能够氧化苯二酚化合物(Koclar Avci et al 2012;Sutay Kocabas et al 2008)。CATPO 的相对分子质量大约为 32×10^4(320kDa)[每个亚基的相对分子质量为 6.1×10^4~9.7×10^4(61~97kDa)],是一种含血红素的四聚物蛋白。除了*L*-DOPA,这些酶对类似儿茶酚氧化酶的底物起作用(Koclar Avci et al 2012;Sutay Kocabas et al 2008)。

5.5.1.7 半纤维素酶

与纤维素和木质素相比,木质纤维素中的半纤维素区域被认为更容易被胞外真菌酶作用,其不形成晶体结构和微纤维。这是由于植物细胞壁中半纤维素聚合物的异质性以及主链中侧链度和支链度。因此,各种不同功能的酶是微生物完全水解木质纤维素中的半纤维素所必需的。

木聚糖酶是作用于木聚糖杂聚物的一类酶,包括将糖苷链裂解为木低聚糖的内切-1,4-*β*-木聚糖酶 (EC 3.2.1.8) 以及将木低聚糖水解为木糖的 *β*-木糖苷酶(EC 3.2.1.37)(Saha 2003)。如果存在木聚糖取代单元,大多数木聚糖酶不能裂解聚合物主链,因此,需要辅酶去除这些取代残基。然而,一些辅酶不是只能从木低聚糖中裂解侧链残基(Saha 2003)。一些真菌[例如青霉菌(*Penicillium capsulatum*)和埃默森篮状菌(*Talaromyces emersonii*)]含有全部的木聚糖降解酶,在生物炼制工艺中具有巨大的应用潜力(Saha 2003)。

与木聚糖酶相似,在能够去除取代残基的辅酶的协助下,甘露聚糖酶对植物细胞壁中的半乳甘露聚糖或葡苷露聚糖单体起作用。甘露聚糖酶包括直接作用于主链的 *β*-1,4-甘露聚糖酶(EC 3.2.1.78)和作用于甘露聚糖取代基的 *β*-苷露糖苷酶(EC 3.2.1.25)。当辅酶克服了水解过程的局部阻力,木聚糖酶和甘露聚糖酶相互起协调作用。这些辅酶参与半纤维素水解, 还包括 *α*-*L*-阿拉伯呋喃糖苷酶(AAF;EC 3.2.1.55)、*α*-葡糖苷酸酶(EC 3.2.1.139)、乙酰木聚糖酯酶(EC 3.1.1.72)和阿魏酸酯酶(EC 3.1.1.73)(Saha 2003)。

钱德勒等(Chandel et al 2011a)发表了一篇详细的综述,该综述内容主要关于在半纤维素生成乙醇过程中产生的戊糖的生物转化。微生物通过发酵产生戊糖来生产的乙醇的需求量是非常巨大的。目前,微生物是唯一能发酵大量已糖或戊糖来生产乙醇的途径,但是不能存在抑制剂,例如糠醛和酚类(Cañas,Camarero 2010;

Chandel et al 2011a)。

5.5.1.8 纤维素酶

纤维素酶是大家熟知的用于降解木质纤维素中纤维素成分的水解酶。纤维素酶包括三类不同的酶：内切葡聚糖酶、纤维素二糖水解酶 (CBH) 和 β-葡糖苷酶 (Grassick et al 2004;Mtui 2009)。有文献报道,生物质的性质,诸如木质素成分、纤维素链与这些纤维素酶的可接近性、纤维素结晶程度和聚合程度将决定生物量糖化的程度(Agbor et al 2011)。例如,特殊生物质的木质素组成对纤维素吸附纤维素酶而发生水解具有副作用(Alvira et al 2010)。蒂格森等(Thygesen et al 2011)报道称,纤维素酶能够进入纤维素纤丝的多孔区域(非结晶区),然后进行链的解聚合作用。纤维素糖化作用的起始步骤被称为形态变化过程,包括纤维素纤维膨胀和断裂(Arantes,Saddler 2010)。

纤维素酶分为 11 种糖苷水解酶(GH),也被划分为至少含有两个不同结构域的模式蛋白。其中，具有代表性的是催化结构域和碳水化合物结合结构域(CBM) (Arantes,Saddler 2010;Brás et al 2011;Dashtban et al 2009)。CBM 和催化结构域通过“揉合”的方式连接以便相互接触(Arantes,Saddler 2010;Dashtban et al 2009;Turner et al 2007)。

从真菌中衍生而来的内切葡聚糖酶(EG,EC 3.2.1.4)在通常情况下含有很少量或不含糖基化的单体蛋白,其特点是含有开放式结合槽(Dashtban et al 2009;Grassick et al 2004)。EG 通过裂解纤维素链内的 β-1,4-糖苷键起作用,该酶是水解过程中降低聚合度的核心(Alvira et al 2010;Mtui 2009)。很多 EG 的同工酶是在真菌中产生的,并且随着物种的不同而不同。子囊菌类里氏木霉(*T. reesei*)表现尤为突出,其至少含有 5 种不同的 EG 同工酶。另外,在白腐担子菌黄孢原毛平革菌中含有 3 种 EG 同工酶(Dashtban et al 2009)。然而,并不是所有纤维素酶都含有 CBM，例如里氏木霉 5 种不同 EG 同工酶之一的 EGⅢ，该酶就不含有 CBM (Dashtban et al 2009)。

纤维素二糖水解酶(CBH;EC 3.2.1.91)是一种外切活性酶,也是含有很少量或不含糖基化的单体蛋白(Dashtban et al 2009)。对这些特殊的纤维素分解酶的深入研究发现,CBH 的催化作用是通过延伸出来的环吸附在纤维素链周围并为催化反应提供一个类似隧道的位点而起作用的 (Dashtban et al 2009;Grassick et al 2004)。由于这些活性位点的存在,CBH 是唯一能在纤维素链末端起作用的酶 (Grassick et al 2004)。不同的 CBH 同工酶具有能在纤维素链还原性或非还原性末端发生反应的潜力(Dashtban et al 2009)。里氏木霉可以产生两种 CBH 同工酶,一种作用于纤维素链的还原性末端，另一种作用于非还原性末端(Dashtban et al 2009)。里氏木霉产生的CBH可以同时作用于纤维素链的两个末端，因此该酶水解效率高(Dashtban et al 2009)。

水解反应在商业应用中，通过添加β-葡糖苷酶(EC 3.2.1.21)可将纤维二糖快速转化为葡萄糖，以提高水解效率，进而减少终点抑制的可能性(Arantes，Saddler 2010)。β-葡糖苷酶是3种纤维素酶中变化最大的一种酶，该酶的活性依赖于其结构域和位点。这些酶可以是相对分子质量为3.5×10^4(35kDa)的单体蛋白质，也可以是二聚体蛋白质，还可以是相对分子质量为14.6×10^4 (146kDa) 的三聚体蛋白质(Dashtban et al 2009)。

β-葡糖苷酶被分为三类，分别是胞内的、胞外的和细胞壁的β-葡糖苷酶，而且发生不同程度的糖基化。在采绒革盖菌(*T. versicolor*)中发现的β-葡糖苷酶糖基化程度可高达90%，其相对分子质量约为30×10^4 (300kDa)(Dashtban et al 2009)。根据它们的氨基酸序列，除了其他的细菌和植物中的β-葡糖苷酶，真菌中的β-葡糖苷酶也被划分为GH家族3(Dashtban et al 2009)。

这3类纤维素酶相互之间具有协同作用，它们通过提供具有内切葡聚糖酶活性的游离末端、去除具有纤维素二糖水解酶活性的游离末端中的纤维二糖分子和将纤维二糖水解为具有β-葡糖苷酶活性的葡萄糖起作用。纤维素酶被认为是一系列工业中竞相采用的酶。钱德勒等(Chandel et al 2011b)报道，纤维素酶占不同行业所需总酶量的75%。

5.5.2 结论

化石燃料的使用、石油价格的上涨和温室气体的排放促使人们研发各种各样的生物燃料生产技术。以农作物为原料的第一代生物燃料提供了当今世界消耗的大多数生物燃料。虽然在世界范围内生物燃料用于交通运输的比例很小，但是到2030年该比例将会增加到5%。第一代生物燃料的生产带来了很多社会影响。使用农作物(例如玉米和小麦)使得该生物燃料的生产需要消耗粮食作物，另外还会对水的使用形成竞争。原料与粮食的竞争促进了第二代生物燃料的发展，该生物燃料是以可再生的纤维素材料和废弃物为原料的。

第二代生物燃料是以木质纤维素生物质为原料生产生物燃料，这些原料包括落叶、生活废料、蔗渣以及收获小麦、大麦和燕麦产生的秸秆。利用这些废弃物作为原料，减少了原料与粮食的竞争，缓解了粮食价格的上升。木质纤维素原料随着聚合物组分的不同而具有多样性。植物细胞壁中的纤维素、半纤维素和木质素对水解反应具有不同的耐受性。因此，不同的生物炼制技术适合于降解特定的原料。

生物炼制过程主要包括 4 个步骤:预处理、水解、发酵和分离。真菌酶能够在木质纤维素预处理过程中破坏木质素和纤维素微纤维,与物理和化学的预处理相比,其需要较低的能量并产生较少的废弃物。用酶促水解取代酸水解是环境友好的生物过程, 这是由于酶促水解仅需要最小量的有毒金属离子并能减少废水产生。生物燃料生产过程中去除和降解的木质素可以用于其他工业,例如造纸业。

目前,生物燃料生产技术效率低、成本高,在生物炼制过程中用于每一步分离的酶和化合物的成本非常高。在生物炼制中引入特殊的真菌,使其能够产生用于木质纤维素降解的各种重要的酶。尽管与化石燃料乙醇相比,生物炼制以及生物燃料生产过程中使用的真菌酶的成本仍备受关注,但人们正在通过蛋白质工程和相关研究使这些酶变得更容易获得,以提高它们的应用潜力。

添加能够分泌木质素修饰酶的真菌,是半纤维素和纤维素高效水解过程中必不可少的。白腐担子菌是具有这种功能的典型真菌,而很多子囊菌由于能高效降解木质纤维素而正日益兴起。木质素结构在植物细胞壁中的作用类似于壁垒,可阻挡纤维素酶和半纤维素酶接近它们的目标聚合物, 以减小整体发酵糖的产量。因此,必须有效地去除木质素,以保证生物燃料生产的成本效益。

酚氧化酶越来越受关注,这些酶包括木质素修饰酶、酪氨酸酶、儿茶酚氧化酶和过氧化物酶-酚氧化酶。真菌能够分泌这些酶,通过多种氧化作用有助于破坏和去除坚硬的木质素结构。目前在生物燃料生产过程中,只有少数文献报道涉及酪氨酸酶、儿茶酚氧化酶和过氧化物酶-酚氧化酶。酚氧化酶破坏木质素和过氧化物酶-酚氧化酶分解 H_2O_2 的潜力,有利于在木质纤维原料预处理过程中形成一种更环境友好的方法。

真菌产生的 LiP、MnP 和 VP 需要有 H_2O_2 和辅助因子 Mn^{2+}(对于 MnP 和 VP 而言) 的协助才能准确地发挥作用。VP 在生物技术和工业领域具有很大的应用潜力,这是由于它具有两种催化功能,类似于具有 LiP 和 MnP 两种酶的功能。这两种酶含有一个用于长链电子传递的色氨酸残基和一个 Mn^{2+}结合位点。这些酶发挥催化活性需要 H_2O_2 存在, 因此, 添加大量的 H_2O_2 使得生物炼制过程变得非常昂贵并且对环境产生有害影响。某些真菌可以产生生成 H_2O_2 的氧化酶(比如 GLOX 和 AAO),以克服这个难题。这些酶(GLOX 和 AAO)作用于底物,例如分别作用于简单的乙醛和氯化甲氧苯基醇,将 O_2 分子还原为 H_2O_2。

半纤维素酶和纤维素酶是生物燃料生产过程中所需的主要的酶。它们是将半纤维素和纤维素片段分别降解为己糖和戊糖的关键,这些糖类再经过发酵以生产生物燃料。半纤维素酶由大量能够完全降解木聚糖、甘露聚糖和木葡聚糖的多种酶组成。辅酶在去除取代基方面具有重要作用,例如沿着聚合物主链的乙酰化作用和甲基化作用。如果没有辅酶,某些半纤维素酶不能准确地发挥作用,还会减少生物燃料整体的产量。纤维素酶与纤维素的可及性能够影响水解步骤的效率,这是由于纤维素以无定形和晶体的结构存在,而这些结构使得纤维素不能完全暴露于纤维素酶面前。纤维素酶往往需要先将半纤维素(包括胶质)部分水解,以便吸附在非晶体纤维素结构域上。

耐热性真菌在生物燃料和生物炼制过程中具有优势,这是由于它们能够抵抗不良的环境以及添加它们后能强化联合生物加工工艺(CBP),以便降低酶水解的成本。需要对嗜热真菌降解木质纤维素的能力进行分析,以便验证和优化在生物炼制过程中关于酶分泌的条件。可将去除的木质素用于其他行业,例如造纸业,这对于生物炼制过程中的成本问题非常重要。

必须综合分析生物燃料的生产效率和成本,以便提供与目前化石燃料具有价格竞争力的燃料。木质纤维素聚合物的所有组成必须被消纳或去除,并且能被其他工业利用。真菌酶在生产生物燃料中非常重要,尤其在生物炼制的预处理和水解阶段。此外,真菌酶还对解决耐受性、高成本和低生物燃料产量等问题具有非常大的潜力。

参考文献

Agbor VB,Cicek N,Sparling R,Berlin A,Levin DB (2011) Biomass pre-treatment:fundamentals toward application. Biotech Adv 29:675-685

Akpinar O,Levent O,Sabanci S,Uysal RS,Sapci B (2011) Optimization and comparison of dilute acid pre-treatment of selected agricultural residues for recovery of xylose. BioRe-sources 6:4103-4116

Alvira P,Tomás-Pejó E,Ballesteros M,Negro MJ (2010) Pre-treatment technologies for an efficient bioethanol production process based on enzymatic hydrolysis:A review. Bioresour Technol 101:4851-4861

Arantes V,Saddler JN (2010) Access to cellulose limits the efficiency of enzymatic hydrolysis:the role of morphogenesis. Biotechnol Biofuels 3:4

Arantes V,Saddler JN (2011) Cellulose accessibility limits the effectiveness of minimum cellulase loading on the efficient hydrolysis of pre-treated lignocellulosic substrates. Biotechnol Biofuels 4:3

Baldrian P (2006) Fungal laccases:occurence and properties. FEMS Microbiol Rev 30:215-242

Bastawde KB (1992) Xylan structure,microbial xylanases,and their mode of action. World J Microbiol Biotechnol 8:353-368

Blanchette RA (1991) Delignification by wood-decay fungi. Annu Rev Phytopathol 29:381-398

Bonnen AM,Anton LH,Orth AB (1994) Lignin-degrading enzymes of the commercial button mushroom,agaricus bisporus. Appl Environ Microbiol 60:960-965

Brambl R (2009) Fungal physiology and the origins of molecular biology. Microbiology 155:3799-3809

Brennan L,Owende P (2010) Biofuels from microalgae:A review of technologies for production,processing,and extractions of biofuels and co-products. Renew Sust Energ Rev 14:557-577

Brás JLa, Cartmell A, Carvalho ALM, Verzé G, Bayer Ea, Vazana Y, Correia MaS, Prates JaM, Ratnaparkhe S, Boraston AB, Romão MJ, Fontes CMGa, Gilbert HJ (2011) Structural insights into a unique cellulase fold and mechanism of cellulose hydrolysis. Proc Nat Acad Sci USA 108:5237–5242

Burton RA, Gidley MJ, Fincher GB (2010) Heterogeneity in the chemistry, structure and function of plant cell walls. Nat Chem Biol 6:724–732

Caffall KH, Mohnen D (2009) The structure, function, and biosynthesis of plant cell wall pectic polysaccharides. Carbohydr Res 344:1879–1900

Campbell MM, Sederoff RR (1996) Variation in Lignin Content and Composition (Mechanisms of Control and Implications for the Genetic Improvement of Plants). Plant Physiol 110:3–13

Cañas AI, Camarero S (2010) Laccases and their natural mediators: biotechnological tools for sustainable eco-friendly processes. Biotechnol Adv 28:694–705

Chandel AK, Chandrasekhar G, Radhika K, Ravinder R, Ravindra P (2011a) Bioconversion of pentose sugars into ethanol: a review and future directions. Biotechnol Mol Biol Rev 6:008–020

Chandel AK, Chandrasekhar G, Silva MB, da Silva SS (2011b) The realm of cellulases in biorefinery development. Crit Rev Biotechnol: 1–16

Chen M, Zeng G, Tan Z, Jiang M, Li H, Liu L, Zhu Y, Yu Z, Wei Z, Liu Y, Xie G (2011) Understanding lignin-degrading reactions of ligninolytic enzymes: binding affinity and interactional profile. PLOS ONE 6:e25647–e25647

Cosgrove DJ (2005) Growth of the plant cell wall. Nat Rev Mol Cell Biol 6:850–861

D'Souza TM, Merritt CS, Reddy CA (1999) Lignin-modifying enzymes of the white rot basidiomycete Ganoderma lucidum. Appl Environ Microbiol 65:5307–5313

Dashtban M, Schraft H, Qin W (2009) Fungal bioconversion of lignocellulosic residues; opportunities and perspectives. Int J Biol Sci 5:578–595

Dashtban M, Schraft H, Syed TA, Qin W (2010) Fungal biodegradation and enzymatic modification of lignin. Int J Biochem Mol Biol 1:36–50

Dwivedi UN, Singh P, Pandey VP, Kumar A (2011) Structure-function relationship among bacterial, fungal and plant laccases. J Mol Catal B Enzym 68:117–128

Ferrer JL, Austin MB, Stewart C, Noel JP (2008) Structure and function of enzymes involved in the biosynthesis of phenylpropanoid. Plant Physiol Biochem 46:356–370

Festucci-Buselli RA, Otoni WC, Joshi CP (2007) Structure, organization, and functions of cellulose synthase complexes in higher plants. Braz J Plant Physiol 19:1–13

Gao L, Gao F, Wang L, Geng C, Chi L, Zhao J, Qu Y (2012) N-glycoform diversity of cellobiohydrolase I from penicillium decumbent and the synergism of a no hydrolytic glycoform in cellulose degradation. J Biol Chem

Grassick A, Murray PG, Thompson R, Collins CM, Byrnes L, Birrane G, Higgins TM, Tuohy MG (2004) Three-dimensional structure of a thermostable native cellobiohydrolase, CBH IB, and molecular characterization of the cel7 gene from the filamentous fungus, Talaromyces emersonii. Eur J Biochem 271:4495–4506

Guarro J, GenéJ Stchigel AM (1999) Developments in fungal taxonomy. Clin Microbiol Rev 12:454–500

Hakulinen N, Kiiskinen LL, Kruus K, Saloheimo M, Paananen A, Koivula A, Rouvinen J (2002) Crystal structure of a laccase from Melanocarpus albomyces with an intact trinuclear copper site. Nat Struct Biol 9:601–605

Harris D, DeBolt S (2010) Synthesis, regulation and utilization of lignocellulosic biomass. Plant Biotechnol J 8:244–262

Hernon AT, O'Donovan A, Shier MC (2010). Applications of fungal enzymes in bioconversion. In: Gupta VK, Tuohy MG, Gaur RK (Eds) Lambert Academic Publishing, Germany. ISBN No: 978-3-8433-5800-2

Howard R, Abotsi E, Jansen van Rensburg E, Howard S (2003) Lignocellulose biotechnology: issues of bioconversion and enzyme production. Afr J Biotechnol 2:602–619

Hu J, Arantes V, Saddler JN (2011) The enhancement of enzymatic hydrolysis of lignocellulosic substrates by the addition of accessory enzymes such as xylanases: is it an additive or synergistic effect? Biotechnol Biofuels 4:36

Isroi MR, Syamsiah S, Niklasson C, Nur Cahyanto M, Lundquist K, Taherzadeh M (2011) Biological pre-treatment's of lignocelluloses with white-rot fungi and its applications: a review. BioResources 6:5224-5259

Koclar Avci G, Coruh N, Bolukbasi U, Ogel ZB (2012) Oxidation of phenolic compounds by the bifunctional catalase-phenol oxidase (CATPO) from scytalidium thermophilum. App Microbiol Biotech

Krebs B, Merkel M, Rompel A (2004) Catechol oxidase and biomimetic approach. J Argent Chem Soc 92:1-15

Kunamneni A, Camarero S, Garcia-Burgos C, Plou FJ, Ballesteros A, Alcalde M (2008) Engineering and Applications of fungal laccases for organic synthesis. Microb Cell Fact 7

Kuwahara M, Glenn JK, Morgan MA, Gold MH (1984) Separation and characterization of two extracellular H2O2-dependent oxidases from ligninolytic cultures of Phanerochaete chrysos-porium. FEBS Lett 169:247-250

Lundell TK, Mäkelä MR, Hildén K (2010) Lignin-modifying enzymes in filamentous basidiomycetes-ecological, functional and phylogenetic review. J Basic Microbiol 50:5-20

Martínez AT, Speranza M, Ruiz-Dueñas FJ, Ferreira P, Camarero S, Guillén F, Martínez MJ, Gutiérrez A, del Río JC (2005) Biodegradation of lignocellulosic: microbial, chemical, and enzymatic aspects of the fungal attack of lignin. Int Microbiol 8:195-204

Mtui GYS (2009) Recent advances in pre-treatment of lignocellulosic wastes and production of value added products. Afr J Biotechnol 8:1398-1415

Ong LK (2004) Conversion of lignocellulosic biomass to fuel ethanol: a brief review. The Planter 80:517-524

Piontek K, Antorini M, Choinowski T (2002) Crystal structure of a laccase from the fungus Trametes versicolor at 1.90-a resolution containing a full complement of coppers. J biol chem 277:37663-37669

Ridley BL, O'Neill MA, Mohnen D (2001) Pectins: structure, biosynthesis, and oligogalactu-ronides-related signalling. Phytochemistry 57:929-967

Rompel A, Fischer H, Meiwes D, Büldt-Karentzopoulos K, Dillinger R, Tuczek F, Witzel H, Krebs B (1999) Purification and spectroscopic studies on catechol oxidases from Lycopus europaeus and populous nigra: evidence for a binuclear copper center of type 3 and spectroscopic similarities to tyrosinase and hemocyanin. J Biol Inorg Chem 4:56-63

Saha BC (2003) Hemicellulose bioconversion. J Ind Microbiol Biotechnol 30:279-291

Simmons BA, Loque D, Blanch HW (2008) Next-generation biomass feed stocks for biofuel production. Genome Biol 9:242

Sutay Kocabas D, Bakir U, Phillips SEV, McPherson MJ, Ogel ZB (2008) Purification, characterization, and identification of a novel bifunctional catalase-phenol oxidase from scytalidium thermophilum. Appl Microbiol Biotechnol 79:407-415

Taylor G (2008) Biofuels and the biorefinery concept. Energy Policy 36:4406-4409

Thygesen LG, Hidayat BJ, Johansen KS, Felby C (2011) Role of supramolecular cellulose structures in enzymatic hydrolysis of plant cell walls. J Ind Microbiol Biotechnol 38:975-983

Turner P, Mamo G, Karlsson EN (2007) Potential and utilization of thermophile and thermostable enzymes in biorefining. Microb Cell Fact 6:9

Vanholme R, Demedts B, Morreel K, Ralph J, Boerjan W (2010) Lignin biosynthesis and structure. Plant Physiol 153:895-905

Widiastuti H (2008) Activity of ligninolytic enzymes during growth and fruiting body development of white rot fungi Omphalina sp and Pleurotus ostreatus. HAYATI J Biosci 15:140-144

World Energy Council (2010) Biofuels: policies, standards and technologies. http://www.worldenergy.org/documents/biofuelsformatedmaster.pdf. Cited 12 Mar 2012

Yuan JS, Tiller KH, Al-Ahmad H, Stewart NR, Stewart CN (2008) Plants to power: bioenergy to fuel the future. Trends Plant Sci 13:421-429

第 6 章 生物燃料生产过程中酶糖化技术的研究进展

摘要：生物炼制中的关键问题是木质纤维素生物质中碳水化合物转化为可发酵糖过程的成本效率，这关系到生物燃料和生物产品生产技术路线的可行性。为了从木质纤维素生物质中获得糖，已经研究了多种不同的原料、转化方法和工艺配置。大多数木质纤维素生物质转化都包括一个预处理步骤以及能增加底物的转化率和促进酶水解的过程，该步骤至关重要，决定着整个过程的效率。由于木质纤维素的结构复杂，需要不同的酶参与底物的降解。为了彻底水解，需要将不同活性的酶进行组合。本章概述了木质纤维素转化中的酶水解工艺的最新进展，焦点集中于利用辅酶混合优化酶活性的必要性以及高初始底物浓度条件下运行的优势。

6.1 引言

从木质纤维素生物质中获得的可再生燃料和替代燃料具有减缓全球气候变化的潜力，并能减少对化石燃料的依赖。生物质是非常丰富的可再生能源的原料，全球年产量为 200Gt/a(DOE 2003)。它们由碳族物组成，这使得它们具有转化为燃料和化学品的潜力(Teter et al 2010)。在本章中，希望目前依赖化石燃料的工业能逐渐被生物炼制取代，从生物质中生产一系列以燃料、热和电的形式存在的生物产品。木质纤维素中的碳水化合物含量高达 75%，它们是可发酵糖的基本原料，也是生产交通运输部门所需液体燃料以及制造很多大宗化学品和生物燃料的原料(Olsson et al 2004；Himmel，Picataggio 2008)。

生物炼制中的一个关键问题，是木质纤维素原料中的碳水化合物转化为可发酵糖的成本效率，并得到所谓的“糖平台(Sugars Platform)”。产生的糖将为初级产

本章作者：Pablo Alvira，Mercedes Ballesteros，María José Negro
作者单位：西班牙环境能源技术研究中心(CIEMAT)
电子邮件：mariajose.negro@ciemat.es

品(例如酒精、酯和羟酸)的生产提供可行的技术路线。另外,非碳水化合物成分可再进行转化,以得到高附加值的产品以及能量和热产品(Ragauskas et al 2006)。

为了达到一定的成本效率水平,需要采用突破性技术克服将生物质转化为燃料和化学品的各种障碍。在大多数木质纤维素生物质转化的工艺中,在进行酶水解前常包括一个预处理步骤。预处理的目的是提高底物的可降解性和可发酵糖的产量,同时使有毒副产物的形成和释放最小化。随后,通过各种酶的联合作用,将纤维素和半纤维素成分水解为单糖。酶催化比酸水解具有显著的优势,该反应特异性强、低能耗(温度)和不产生有毒副产物。木质纤维素是不同聚合物的复杂体,因此优化相互关联的预处理和酶水解这两个过程是生物质利用中的主要难题(Sun,Cheng 2002;Ballesteros 2010;Himmel et al 2007)。

6.2 为什么要进行预处理

很多物理化学、结构和成分方面的因素使得天然木质纤维素生物质具有顽抗性并难被酶水解。木质纤维素生物质主要由纤维素、半纤维素、木质素和少量的果胶、蛋白质、浸出物和灰分组成。这些物质在不同的植物组织中含量不同,它们与形成植物细胞壁的结构密切相关。一般来说,纤维素微纤维束周围常有的半纤维素通过共价键连接木质素。该杂聚物中含有纤维素,是导致特异的生物质顽抗性的主要原因(Himmel et al 2007)。预处理是改变木质纤维素的结构特性以及显著增加纤维素和半纤维素与酶的接触的必要步骤(Mosier et al 2005)。促进酶水解的预处理的效果取决于纤维素的聚合度和结晶度(Mansfield et al 1999;Kumar et al 2009a)、破坏木质素-碳水化合物之间的连接(Laureano-Perez et al 2005)、去除木质素和半纤维素(Pan et al 2005)以及增大原料的孔隙率(Chandra et al 2007)。很多关键特征与木质纤维素生物质预处理的效率相关:应该有通用的高产量的多种作物、成熟度和收获时间,以增强底物的消解率;应该使糖的降解和有毒化合物的产生最小化,最大化生产其他有价值的产品(例如木质素衍生物);尽可能地降低能量和化学品的消耗;可对大粒径对象进行操作;降低水分;提高固体浓度,达到工业规模(Jørgensen et al 2007a;Yang,Wyman 2008)。

预处理研究的焦点集中于鉴别、评估、开发和证明这些方法的潜力,即在较低酶剂量条件下增强经过预处理的生物质的酶水解并缩短转化时间。历年来,针对多种原料类型研究了很多不同的预处理方法,这些方法一般被划分为生物、物理、化学和物理化学预处理。将物理和生物或化学的预处理方法结合(例如温度或压力),也常应用于预处理过程。近期多篇综述文章对该领域进行了概述(Carvalheiro et al 2008;Sánchez,Cardona 2008;Taherzadeh,Karimi 2008;Yang,Wyman 2008;

Hendriks, Zeeman 2009; Alvira et al 2010; Gírio et al 2010; Tomás-Pejó et al 2011)。据报道，一些预处理方法能够增强不同原料的降解效率；然而，在大规模应用中，它们却其表现出显著的缺点。增强纤维素与酶的接触依赖于选用的预处理方法和原料的性质。在臭氧氧化、CO_2爆破和生物预处理中能去除木质素，然而在蒸汽爆破过程中，木质素只是被重新分配，只能部分溶解在液态热水中。半纤维素在湿式氧化法、自动水解蒸汽爆破或酸预处理过程中可以大量溶解；机械粉碎和氨法爆破技术常用来降低纤维素的结晶度。

表 6.1 概括了各种预处理技术的优点和缺点，以及影响常用于木质纤维素生物质转化的预处理技术的主要因素。

表 6.1 影响常用于木质纤维素生物质转化的预处理技术的主要因素 (Tomás-Pejó et al 2011)①

	增加可及面积	降低纤维素结晶度	半纤维素溶解	木质素去除	木质素结构修饰	有毒化合物的产生
生物方法	++	0	0	+++	++	0/+
机械粉碎	+++	+++	0	0	0	0
挤压法	+++	+++	0			
酸 法	+++	0	+++	++	+++	+++
碱 法	+++	+++	++/+++	+++	+++	+
有机溶剂法	++		+++	++/+++	++	++/+
臭氧分解法	++	++	++/+++	+++	++	+
离子溶液法	++	+++	+++	++/+++	++	++/+
湿式氧化法	+++	-	+++	++	+++	+
微波法	+++	+++	+	+++	+++	+
LHW②	+++		+++	+	++	+
AFEX③	+++	+++	++	+	+++	+
SPORL④	+++	+++	+++	++	++	+
超临界流动法	++/+++		++	+++	++	+
蒸汽爆破法	+++		+++	++	+++	+++

① (+++)高效；(++)一般效率；(+)低效；(0)无效。

② LHW：液态水热法。

③ AFEX：氨纤维爆破法。

④ SPORL：去除木质纤维素抗性的亚硫酸盐预处理法。

选择合适的预处理方法决定着水解和发酵所需的工艺配置，每一步都对后续步骤产生很大的影响(Yang, Wyman 2008)。预处理中化学作用尤为重要，这是由于其影响乙醇生产的整体流程。另外，预处理还影响后续操作步骤的成本，例如发酵作用的毒性、酶水解速率和酶用量决定着后续步骤的成本以及发酵过程的可变性。

6.3 木质纤维素水解酶

酶水解的目的是解聚预处理后的木质纤维素底物中的多聚糖。由于木质纤维素结构和组成都很复杂，酶水解需要不同的酶参与，而且适当的联合不同活性的酶是彻底水解所必需的。酶生产和后续的酶水解这两个步骤不能使生物转化过程变得便宜和有竞争力。最近几年，主要的生物技术公司投资开展不同的研究项目，以发展酶产品和减少成本。尽管酶水解的优势很明显，但仍须优化酶的混合，以使其适用于不同的原料和预处理(Himmel et al 2007；Banerjee et al 2010)。

木质纤维素转化过程中的酶可以分为纤维素酶、半纤维素酶、木质素酶和非水解性蛋白。

6.3.1 纤维素酶

纤维素是木质纤维素的主要组成成分(一般含量为 40%~50%)，而葡萄糖是很多微生物的首选碳源。纤维素是一个由 β-1,4-糖苷键连接的葡萄糖重复单元的均聚物。它们是高度有序、疏水和不可溶的结晶区域。

纤维素酶是参与纤维素聚合体水解为葡萄糖单体过程中的多种酶。不同生物都能产生纤维素酶，包括真菌、好氧菌、厌氧菌、白蚁和一些昆虫(Wilson 2008)。研究最多的分泌纤维素酶的微生物是丝状真菌里氏木霉 [有性型的红褐肉座菌(*Hypocrea jecorina*)]，该菌可以分泌大量的胞外酶(Kubicek 1992)。里氏木霉在菌种发展过程中得到了广泛研究，并促进了纤维素酶的生产 (Persson et al 1991)。最近，已经得到了该菌种的全基因序列，这为基因改良和代谢工程提供了重要信息(Martinez et al 2008)。

一些微生物能够产生胞外多种酶复合物或纤维素酶，这些酶可以降解纤维素和半纤维素。纤维素酶最初在厌氧细菌梭菌 (*Clostridium*) 中发现 (Bayer et al 2004)。梭菌还能用于糖发酵，因此，人们对其应用于联合生物工艺(CBP)进行了研究，即在一个步骤中包括纤维素酶的生产、纤维素水解和发酵(Bayer et al 2008)。

在纤维素转化为葡萄糖的过程中，至少涉及三类酶：内切葡聚糖酶(用于水解纤维素链内的 β-1,4-糖苷键)、纤维素水解酶(将纤维二糖从链末端断裂)和 β-葡糖苷酶(将纤维二糖转化为葡萄糖)。这些酶常由一个催化反应域和一个碳水化合物键域组成。在水解纤维素的过程中，这些酶通过增加新的接触位点和减缓产物抑制作用而达到协同效果(Himmel et al 1996)。然而，纤维素酶的作用机制仍未完全了解，对该机制的深入研究可以提高过程效率。有文献报道了纤维素酶的作用时间与数量呈线性动力学关系，并且其组成成分在酶解过程中依次起作用(Medve et al 1998;Kurasin,Valjämäe 2011)。文献还表明,纤维素水解中的限速步骤不是催化裂解 β-1,4-糖苷键,而是需要断裂它的自然结晶区域底物的单链,从而呈现出酶可接近的活性位点(Bayer et al 2008)。最近有文献报道该作用机制可以实现实时可示踪化(Igarashi et al 2011)。另外一项研究推测,碳水化合物结合组件能够增强结合作用而不产生纤维素链,进而降低纤维素酶的活性(Eriksson et al 2002)。

6.3.2 半纤维素酶

用于降解半纤维素的酶称为半纤维素酶。与不溶性、高结晶度、同质性和无分支的纤维素多聚物相比,半纤维素是一种有分支和取代基的多聚物,由很多亚基组成,包括糖、糖酸和非碳水化合物。半纤维素占植物生物质的 15%~35%,并通过酯键与木质素相连,通过链间氢键与纤维素相连(Gírio et al 2010)。

在不同的植物或细胞中,半纤维的类型和结构特点是不同的。另外,预处理能够改变半纤维素的结构和组成。酸预处理或水热预处理,例如蒸汽爆破或热水处理能使半纤维素溶解并降解生成单体或低聚糖形式的半纤维素糖(Ballesteros et al 2006;Pérez et al 2008;Alvira et al 2010)。相对而言,碱或氨爆破预处理(AFEX)和生物预处理一般对半纤维素的影响比较小(Kumar et al 2009;Wyman et al 2011)。鉴于半纤维素和不同预处理中产生的修饰产物的复杂性以及可变性,半纤维素的酶转化变得非常具有挑战性。酶的最佳条件的优化依赖于生物质的类型、预处理方法和所要得到的产物。

在草本生物质中最多的纤维素是木聚糖,尤其是阿拉伯糖基木聚糖。硬木质主要含有葡糖醛酸木聚糖,而软木质主要含有葡甘露聚糖、半乳甘露聚糖和半乳(葡萄糖)甘露聚糖(Dahlman et al 2003)。在植物细胞壁中也含有其他的半纤维素,例如木葡聚糖和 β-葡聚糖。半纤维素结构和成分的复杂性可以类推到那些杂聚物降解中涉及到的酶。半纤维素酶常以其作用底物的特异性进行分类(例如木聚糖酶、甘露聚糖酶、阿拉伯树胶酸酶、牛乳糖酶等)。其他分类系统,例如 CAZy 数据库 (www.cazy.org), 可分为基于氨序列和分子相似性的糖苷水解酶(Henrissat,Davies 1997;Decker et al 2008)。

半纤维素酶还能分为作用于糖主链的解聚酶和催化侧链取代基水解的脱支酶(Decker et al 2008)。脱支酶包括那些作用于糖苷键的酶,例如 α-L-呋喃阿拉伯糖苷酶或 α-D-葡萄糖苷酸酶以及酯酶(该酶催化糖和其他成分的酯键)。在图 6.1a 中列出的是谷类阿拉伯糖基木聚糖的典型结构和其水解过程中涉及的酶。

在生物炼制领域中,半纤维素酶是非常昂贵的,但其具有应用于多种生物转化过程的潜力。在制浆造纸工业中，木聚糖酶被应用于漂白工艺。在该过程中，该酶作用于木聚糖链并促进部分去木质素作用(Bajpai 2004)。半纤维素酶还被用做家禽的食品添加剂以及应用于食品工业，包括咖啡处理、水果和蔬菜浸软、面包预处理以及用做果汁澄清剂(Beg et al 2001)。最近，半纤维素酶已经被研究应用于有价值的低聚糖的生产，这些低聚糖能够用做食品添加剂(Yang et al 2005)。

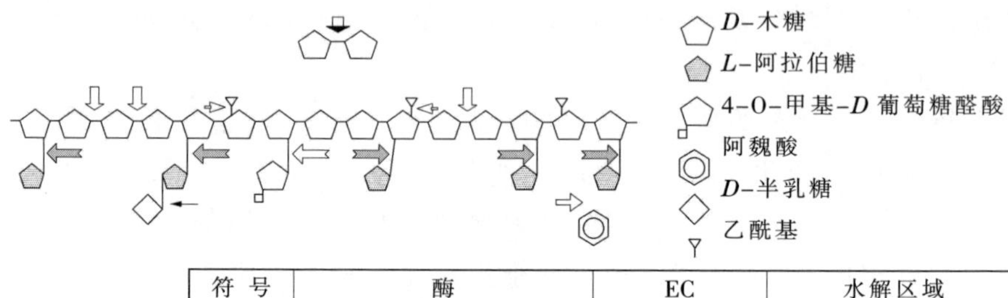

符　号	酶	EC	水解区域
⇩	内切-1,4-木聚糖酶	3.2.1.8	β-1,4
⬇	β-D-木糖苷酶	3.2.1.37	β-1,4
➡	α-L-阿拉伯呋喃糖酶	3.2.1.55	α-L-1,2;α-L-1,3
⇨	α-D-葡萄糖苷酸酶	3.2.1.131	α-L-1,2
→	α-D-半乳糖苷酶	3.2.1.22	α-L-1,6
⇨	阿魏酸酯酶	3.1.1.73	酯
⇨	乙酰酯酶	3.1.1.72	酯

(a) 阿拉伯木聚糖水解

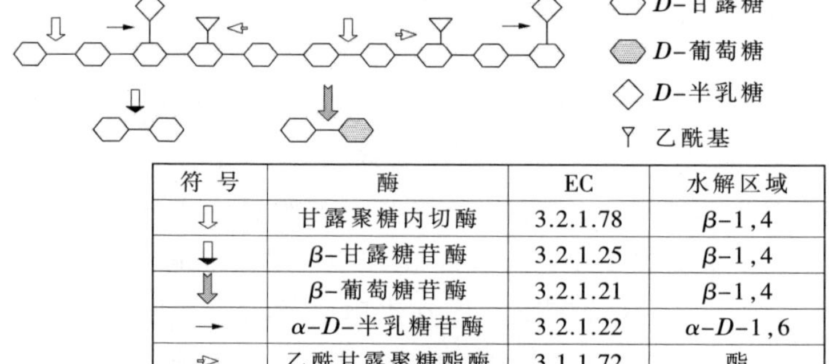

符　号	酶	EC	水解区域
⇩	甘露聚糖内切酶	3.2.1.78	β-1,4
⬇	β-甘露糖苷酶	3.2.1.25	β-1,4
⬇	β-葡萄糖苷酶	3.2.1.21	β-1,4
→	α-D-半乳糖苷酶	3.2.1.22	α-D-1,6
⇨	乙酰甘露聚糖酯酶	3.1.1.72	酯

(b) 半乳葡甘露聚糖水解

图 6.1 阿拉伯木聚糖(a)和半乳葡甘露聚糖(b)水解过程中的酶

半纤维素酶被广泛研究并用做辅酶，以增加以木质纤维素为原料生产的可发酵糖以及生物乙醇和其他生物燃料的产量(Saha 2003)。预处理，例如蒸汽爆破，可溶解部分半纤维素片段，以增加纤维素链的可及性。为了降低预处理的成本和损失，该过程可以在低烈度环境中进行，这有利于实现预处理的经济可行性，但是常导致可降解生物质的减少。在大多数情况下，这是由于纤维素水解作用下降造成的。为保持低烈度预处理条件的优势和持续提高转化率，半纤维素酶在生物质转化技术中变得越来越重要。半纤维素酶的作用是降解半纤维结构和增加纤维素纤维的可及性，这有利于提高酶水解产量和降低纤维素用量(García-Aparicio et al 2007；Kumar，Wyman 2009b；Alvira et al 2011a)。另外，纤维素片段的水解能增加可发酵糖的总量，主要是 C_5 糖。近几年，戊糖发酵微生物的发展证实了这个结论(Hahn-Hägerdal et al 2007；Tomás-Pejó et al 2010)。

很多文献报道了半纤维素酶具有优化生物转化过程的潜在应用价值，其中木聚糖酶是研究最为广泛的。木聚糖酶包括内切木聚糖酶和 β-木苷糖酶。内切木聚糖酶水解木聚糖链内的 β-1，4-糖苷键，释放出低聚木糖低聚物；而 β-木苷糖酶作用于木二糖和低聚木糖低聚物，释放出木糖单体。这些活性被广泛研究和报道，用以改善纤维素对纤维素酶的可及性和增加酶水解产量 (Berlin et al 2005；García-Aparicio et al 2007；Kumar，Wyman 2009b；Hu et al 2011)。有两个假设的作用机理来解释这个理论：通过去除木聚糖来增强葡聚糖链的可及性；断裂木聚糖与葡聚糖的连接并伴随着之后的去木质素作用 (Kumar，Wyman 2008)。另外，研究表明，在木质纤维素预处理过程中，木二糖和低聚木糖低聚物能够抑制葡聚糖和木聚糖的酶水解作用(Kumar，Wyman 2009b)。有文献报道表明，低聚木糖低聚物对纤维素酶的抑制作用比木糖或纤维二糖更强(Qing et al 2010)。最近，有人研究将酶添加策略和过程结构的不同方法应用于优化酶水解和获得高发酵产量(Kumar，Wyman 2009c；Jin et al 2010；Rémond et al 2010；Alvira et al 2011b)。这些研究均假设：过程中参与的不同酶的活性顺序能够提高整体可发酵糖的产量。

内切甘露聚糖酶催化甘露聚糖链内半乳葡甘露聚糖和葡甘露聚糖的连接键，这些多聚糖组成了软木质中主要的半纤维素(见图 6.1b)。这些多聚糖水解的主要产物是甘露二糖、甘露三糖和多种混合的低聚糖。这些酶对从木质生物质中生产纸浆或生物燃料有促进作用(Agrawal et al 2011)。β-甘露糖苷酶能够进一步将甘露低聚糖降解为甘露糖(Tenkanen et al 1997；Decker et al 2008)。

木葡聚糖是多种植物初生壁中主要的半纤维素多糖之一。它们构成了含有木糖取代基的葡聚糖主链，并且紧密连接在纤维素链上。低聚葡聚糖酶通过“攻击”葡聚糖主链来降解低聚木聚糖，甚至还能催化葡萄糖取代残基。有文献报道，低聚木糖的水解能够使纤维素酶更有效地水解纤维素聚合物并改善木质纤维素底物酶水解过程(Benko et al 2008)。

脱支酶一般是去除连接在多糖主链上或低聚物上的侧链基团。这些侧链的存在能够限制木质纤维素原料中碳水化合物的酶水解。因此，这些酶与其他解聚酶起协同作用,这将有利于提高酶水解过程的效率。

α-*L*-呋喃阿拉伯糖苷酶的作用是从阿拉伯树胶酸、阿拉伯糖基木聚糖或胶质中催化断裂树胶醛糖残基。在一些木质纤维素材料中,这个活性有利于木聚糖去除侧支和降解,还有利于断裂木质素-碳水化合物复合体,这是由于树胶醛糖残基参与断裂木质素-半纤维素之间的酯键。α-*L*-呋喃阿拉伯糖苷酶在各种农业过程中是非常具有应用前景的,包括医药化合物的生产、改良酒的风味、改善面包质量、纸浆处理、果汁澄清、动物饲料的改质、低聚糖的合成以及最近开始应用的生物乙醇的生产(Saha 2000;Numan,Bhosle 2006)。此外,这些酶与其他酶活起协同作用,例如内切木聚糖酶(Alvira et al 2011a)、阿魏酸和乙酰木聚糖酯酶(Poutanen,Puls 1989;Saha,2000;Raweesri et al 2008)。添加纤维素酶并同时添加该类型的辅酶,具有促进木质纤维素原料酶水解过程的潜力。图 6.2 说明了在经过蒸汽爆破预处理的小麦秸秆的酶水解过程中,添加 α-*L*-阿拉伯呋喃糖苷酶及内切木聚糖酶的有利的协同作用。

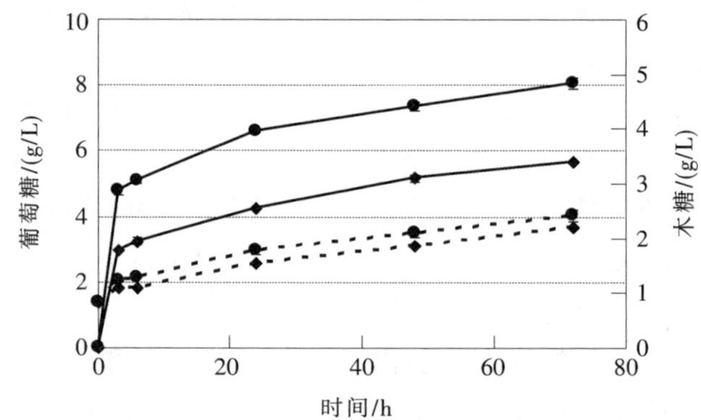

图 6.2 补加内切木聚糖酶(XYL)和 α-*L*-阿拉伯呋喃糖苷酶(AF)对经过蒸汽爆破预处理的小麦秸秆生产葡萄糖(连续的)和木糖(不连续的)的影响(Alvira et al 2011a)

—◆— 纤维素分解酶制剂; —●— 补充 XYL 和 AF

α-葡萄糖苷酸酶能从木聚糖中释放葡糖醛酸或 4-O-甲基葡糖醛酸,与内切木聚糖酶表现出协同作用。α-*D*-牛乳糖包含在半乳甘露聚糖和半乳葡甘露聚糖降解中,因此可以考虑将其应用于软木质纸浆的生产中(Decker et al 2008)。

酯酶属于半纤维素酶,可催化半纤维素和其他成分之间的酯键。乙酰基木聚糖酯酶以及阿魏酸酯酶和香豆酯酶分别作用于半纤维素中的乙酰基和二羟基桂皮酸。这些酯酶中的一些酶针对不同的底物具有很宽泛的特异性(Crepin et al 2004)。乙酰化作用发生在多种谷物和硬木的半纤维素中。乙酰基基团能增加半纤维素的溶解性和水合作用，因此，木聚糖和葡糖半乳糖甘露聚糖的脱乙酰作用降低了聚合物的溶解性。释放乙酰基基团还会导致 pH 值的降低，还能对后续发酵过程中的很多微生物产生抑制或毒性作用(Palmqvist，Hahn-Hägerdal 2000a)。由于乙酰基基团结合到半纤维素，有文献报道称，在酶糖化过程中，它们抑制和/或限制纤维素酶对纤维素链的有效作用(Pan et al 2006)。乙酰基木聚糖酯酶能催化从木聚糖链上去除乙酰基基团的过程，并在处理玉米秸秆、小麦秸秆或芦竹过程中与纤维素酶和木聚糖酶起协同作用(Pan et al 2006；Selig et al 2008；Selig et al 2009；Zhang et al 2011)。

羟基肉桂酸(例如 *p*-香豆酸和阿魏酸)是草本生物质中半纤维素的主要成分，例如玉米秸秆或小麦秸秆。这些酸参与半纤维素与树胶醛糖、半乳糖侧链和木质素成分之间的连接(Faulds et al 2006)。酯酶的活性有助于木质素-碳水化合物复合物的分解，在植物细胞壁发育和消化功能中具有重要作用。阿魏酸酯酶和 *p*-香豆酸酯酶可解羟基肉桂酸和糖之间的酯键，并从这些聚合物中水解出阿魏酸和 *p*-香豆酸。乙酸、香豆酸和阿魏酸对多种微生物具有毒性，并对获得发酵产物的生物转化过程起负作用(Palmqvist，Hahn-Hägerdal 2000a)。酯酶还能增强纤维素纤维的可及性，并具有应用于生产生物活性化合物和生物燃料的潜力(Polizeli et al 2005)。据报道，阿魏酸酯酶与纤维素酶和木聚糖酶起协同作用，这将有助于木质纤维素原料的降解和减少酶的用量(Vries et al 2000；Faulds et al 2006；Tabka et al 2006；Selig et al 2008)。

6.3.3 木质素降解酶

木质素是继纤维素后在植物生物量中处于第二丰度的组分。该物质是一个复杂的芳族聚合物，对于化学或生物降解具有很强的抵抗力，这是由于多种醚的链接使非酚性苯丙素类单体形成了一个复杂的三维网络结构。尽管木质素不含可发酵糖，但是它含有一个物理屏障，该物理屏障能结合非特异的纤维素酶，并阻碍其发生作用。因此，去除该“屏障”是工业转化纤维素生物质的关键步骤(Ruiz-Dueñas et al 2009)。一些微生物，例如俗称的白腐担子菌类，能够降解和矿化木质素(Martínez et al 2005)。这些真菌已经进化出一套胞外的、非特异性的、用于降解木质素的和具有氧化性质的酶系统。该过程涉及到不同的酶，例如虫漆酶、木素过氧化物酶、产生胞外 H_2O_2 的氧化酶、还原酶以及能调节这些酶活性的低相对分子质量的化合物(Martínez et al 2005)。该过程涉及的唯一的酶类型或多种相关的起协同作用的酶复合体，这取决于种类、株系和培养条件(Martínez et al 2005)。

多年研究发现，虫漆酶存在于植物、真菌、昆虫和细菌中(Mayer，Staples

2002)，这使得白腐真菌具有独一无二的特性(Martínez et al 2005)。它们是多铜氧化酶，能催化取代苯酚、苯胺和芳香硫醇的氧化反应，生成相应的活性基并伴随着将氧分子还原为水。它们具有的低还原电位只允许酚类木质素单体直接被氧化，这类单体在木质素中只占很小比例(Mayer，Staples 2002)。然而，低相对分子质量化合物的出现，形成了作为氧化还原介质的稳定活性基团(Bourbonnais，Paice 1990)，虫漆酶因此可氧化非酚类木质素单体。木素过氧化物酶是高氧化还原电位亚铁血红素过氧化物酶，需要 H_2O_2 作为辅助底物进行酶催化作用(Martínez et al 2005)，包括木质素过氧化物酶(LiP)、锰过氧化物酶(MnP)和多功能过氧化物酶(VP)。前两种酶最初是在黄孢原毛平革菌中发现的(Martínez 2002)。LiP 能够直接氧化非酚类木质素单体，然而 MnP 通过产生 Mn^{3+}优先作用于酚类单体，但仍能通过脂质过氧化反应作用于非酚类木质素单体(Martínez et al 2005)。最近发现 VP 在杏鲍菇中作为一种新的氧化还原物酶，该酶与 LiP 和 MnP 具有同样的催化特性(Ruiz-Dueñas et al 1999)。木质素过氧化物酶所需的 H_2O_2 是通过氧化酶的氧化作用产生的，例如乙二醛氧化酶是在黄孢原毛平革菌中发现的一个含铜酶(Kersten 1990)，以及在杏鲍菇中发现的苯基乙醇氧化酶(Guillén et al 1992)。最后，还原酶(例如苯基乙醇脱氢酶和醌还原酶)也参与了木质素的降解过程(Guillén et al 1997)，能催化过程中产生的酚类产物的还原作用，并且因此能避免它们随后再次聚合。

通过非特异性氧化系统降解木质素，使得白腐真菌在木质纤维素生物质的利用中显得非常重要，传统上常用于造纸工业中的生物制浆或生物漂白 (Ruiz-Dueñas et al 2009)。目前，白腐真菌作为预处理的备选或强化方法，用于加强木质纤维素生物质生产乙醇过程中的酶糖化作用(Kuhar et al 2008；Dias et al 2010；Salvachúa et al 2011)。该生物预处理包括一个固态发酵过程，在该过程中，微生物在木质纤维素生物质中生长并选择性地降解木质素和半纤维素，而希望纤维素仍能保持完整。与物理和化学预处理方法相比，生物预处理具有很多优势，例如廉价、安全、低能耗、环境友好和最小化抑制剂的生成(Alvira et al 2010)。然而，该种预处理方法的速率仍不能满足工业需要，并且有一些众所周知的不利因素，例如存储时间长、纤维素和半纤维素消耗量大以及糖化速率低(Alvira et al 2010)。木质素降解酶作为一种可替代的酶减少了预处理时间并表现出较高的木质素特异性，避免了消耗过量的碳水化合物。在这些酶中，虫漆酶常被广泛研究应用于不同的原料，或单独(Moilanen et al 2011；Mukhopadhyay et al 2011)或联合(Palonen，Viikari 2004)在介质中起作用。

木质素降解酶已经被应用于生物燃料的生产，这能使木质纤维素预处理过程中产生的各种化合物的抑制作用降到最低。热化学预处理(例如蒸汽爆破或稀酸处理)能产生从部分糖和木质素降解过程衍生出可溶的抑制化合物,这将影响酶水解和发酵步骤 (Palmqvist,Hahn–Hägerdal 2000a;Panagiotou,Olsson 2007)。这些有毒化合物的特性和浓度在很大程度上依赖于预处理的环境和使用的原料。依据它们的化学结构可对其进行分类, 可分为弱酸、呋喃衍生物和酚类化合物(Palmqvist,Hahn–Hägerdal 2000a)。虫漆酶选择性地作用于酚类化合物(Kolb et al 2012),能提高糖化作用的产量和增强酵母发酵性能(Jönsson et al 1998;Jurado et al 2009;Kalyani et al 2012;Moreno et al 2012)。图 6.3 表明虫漆酶对于经蒸汽爆破预处理的小麦秸秆生产乙醇具有的积极影响。与化学和物理的解毒方法相比,利用虫漆酶可以产生更少的抑制副产物、较少的废水以及可在温和的反应条件下操作(Palmqvist,Hahn–Hägerdal 2000b)。它的解毒机理在于通过氧化酚类化合物产生不稳定的苯氧基自由基, 导致聚合作用进而产生较少的有毒的芳香化合物(Jurado et al 2009)。它们主要应用于整个浆液 (Jurado et al 2009;Kalyani et al 2012;Moreno et al 2012)、预水解产物(预处理浆液过滤步骤中产生的)(Jönsson et al 1998)和酶水解产物(Jurado et al 2009;Moreno et al 2012)的解毒。通过虫漆酶的表达,使得酵母菌对预水解产物中苯酚的耐受性得到了改良(Larsson et al 2001)。最后,尽管适用范围有限,LiP 也被认为是一种解毒方法(Jönsson et al 1998)。

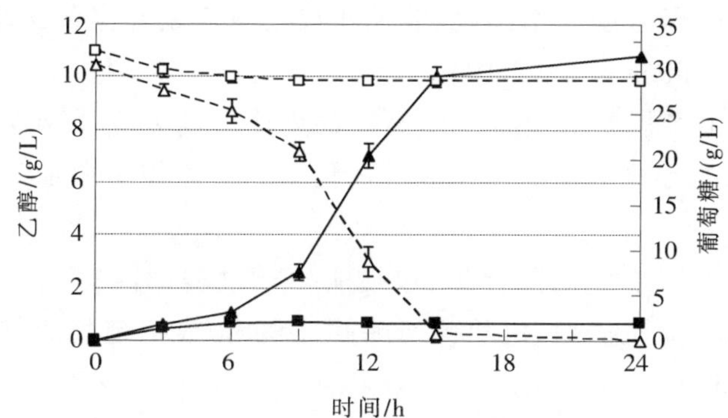

图 6.3 乙醇生产的时间流程和葡萄糖消耗量,将虫漆酶(*Trametes villosa*)应用于蒸汽爆破处理过的小麦秸秆发酵解毒过程(Moreno et al 2012)

▲—使用虫漆酶的乙醇生产的时间流程;△—使用虫漆酶的葡萄糖消耗量;■—使用对照样品的乙醇生产的时间流程;□—使用对照样品的葡萄糖消耗量

6.3.4 非催化蛋白

非催化蛋白备受关注,例如膨胀素和棒曲霉素。这些蛋白不催化纤维素或半纤维素的水解,但是能够破坏纤维素的晶体结构,因而使酶更容易接近(Jørgensen et al 2007a)。棒曲霉素是植物蛋白,能够延伸和调节植物细胞壁(Cosgrove 2000)。它们的细胞壁松弛作用具有削弱木质纤维素结构和增强纤维素酶对纤维素的水解的功能(Baker et al 2000)。

膨胀素是与植物伸展蛋白序列很相似的蛋白，是从里氏木霉中分离得到的。与棒曲霉素相似,该蛋白也没有催化活性,似乎也是通过断裂氢键破坏纤维素微纤维束的结构(Saloheimo et al 2002)。源于真菌的其他非催化蛋白属于糖基水解酶家族 61,也就是所谓的 GH61,能够激发纤维素酶起协同作用。这种促进作用能显著地减少水解木质纤维素所需的总蛋白用量 (Merino,Cherry 2007;Harris et al 2010)。多个 GH61 基因被导入里氏木霉,使其能够表达 GH61 并获得水解能力得到强化了的发酵液(Merino,Cherry 2007)。

6.4 影响酶水解的因素和生物转化过程中的难题

多种因素对木质纤维素酶的水解作用有影响,这些因素限制了酶的活性。尽管很多公司已经在降低酶生产成本上有显著的突破,例如诺维信、杰能科、维莱尼姆和 DSM 等公司,但酶水解仍需要较高的酶使用量,而且这也是生物燃料生产的"经济壁垒"。因此,木质纤维素利用酶水解生产糖的效率需要进一步提高。影响酶水解的主要因素可以分为酶相关因素和底物相关因素。酶相关因素包括最终产物抑制、热失活、酶协同作用和酶不可逆地吸附在木质素上。底物影响酶水解的主要因素包括纤维素的聚合度和结晶度、表面积以及木质素和半纤维素含量(Mansfield et al 1999;Esteghlalian et al 2001)。

为了在工业生产规模上进行生物燃料的生产，需要克服两个主要的难题:在大容积反应器中进行酶水解过程和通过优化酶的性能使酶用量降到最小。

6.4.1 酶的优化

不同的策略可用于优化混合酶,包括酶生产过程的改良、新的产酶微生物的筛选、基因组研究、随机诱变、纤维素分解微生物和/或特定酶的基因工程、添加表面活性剂以及酶循环。

酶生产的成本被认为是生物转化过程进行工业化的一个主要瓶颈。很多微生物可以合成纤维素酶,而且人们对丝状真菌的里氏木霉进行了深入的研究。里氏木霉主要合成纤维素酶，但也能合成活性较低的酶，例如木聚糖酶或膨胀素(Foreman et al 2003;Martinez et al 2008),这些酶有利于糖化作用的进行。降低成本的一个可行办法是在生物炼制中原位生产酶。在原位生产过程中,木质纤维素材料中的部分原料可以作为酶生产的廉价碳源。该系统可以提供合适的混合酶以及通过简化下游过程降低成本(Jørgensen,Olsson 2006)。另外,利用可以进行酶水解的木质纤维素作为碳源生产酶具有非常显著的优势。有文献报道,碳源的组成能影响酶的生产,这是由于某些多糖或单糖能够诱导特定酶的表达(Juhász et al 2005;Kovacs et al 2009;Sipos et al 2010)。因此,在某一类型的木质纤维素原料中培养真菌可以诱导不同的酶,而且能够产生一个适合水解该种特殊原料的混合酶(Juhász et al 2005)。

已有的文献详细报道了实现木质纤维素水解需要不同的酶发挥作用。因此,混合酶的组成需要根据底物的性质确定,包括原材料的组成和预处理过程中改性过的物质。总之,混合酶对于每个原料和预处理而言都应该是合适的,例如添加特定底物辅酶(如木聚糖酶、甘露聚糖酶和酯酶等)。近年来,多篇论文都证明了辅酶的重要性(Berlin et al 2005;Berlin et al 2006;Alvira et al 2011a)。针对每种预处理的底物,优化混合酶将有利于减少酶用量和降低预处理的操作条件。

酶水解反应结束时,反应液和吸附在残留底物(主要是木质素)中的酶的回收以及循环是降低过程成本非常有吸引力的一个策略。已经提出了不同的方法用于酶的回收,例如与新鲜底物接触和超滤技术。游离纤维素酶再吸附于新鲜的木质纤维素底物上,是游离酶回收的一个非常有效的方法。纤维素酶在水解木质纤维素后仍有活性,因此该酶在加工过程中可以循环使用(Tu et al 2007)。超滤还是一个用于酶再生的非常有效的方法,能持续分离酶水解产物。齐等(Qi et al 2012)研发了两步工艺,联合使酶循环利用的超滤作用和浓缩葡萄糖的超滤工艺,这能提高木质纤维素水解产物的发酵效率以及降低发酵产物分离和提纯的成本。在另外一篇文献中,他们研究了经预处理的小麦秸秆进行酶水解后,在液态和固态两种状态下纤维素酶的吸附作用和循环利用。研究发现,对于经酸处理、碱处理的小麦秸秆,纤维素酶表现出较高的循环效率,这表示酶循环利用的效率受到木质素含量和种类的影响。该研究还发现,与吸附循环方法相比,超滤方法有利于保留β-葡糖苷酶(Qi et al 2011)。

另一个可能避免酶的无效吸附和改良酶水解性能的方法,是在底物中加入添加剂或表面活性剂。这些化合物占据了木质素总的结合位点并减少纤维素酶结合的机率。这些策略能够增强纤维素转化和降低所需酶量。不同化合物可以作为酶水解的添加剂,聚山梨酸酯(Tween,吐温)20 和吐温 80 是非离子型表面活性剂,对酶水解具有正效应。据报道,添加这些化合物能减少纤维素酶对蛋白的吸附并能保护它们免受钝化,具有降低整体酶用量的潜力(Tu,Saddler 2010;Yang et al 2011)。聚乙二醇(PEG)对多种经预处理的木质纤维素原料的酶水解具有促进作用,而且它是一个低成本的商品。添加 PEG 能避免纤维素酶无效结合到木质素上并增加游离纤维素酶的活性(Sipos et al 2011)。

6.4.2 高固含量运行

在酶水解过程进行高固含量运行是生物产品和生物燃料大规模生产的决定性因素。利用高固含量的目的是为了得到高的糖浓度以及产生的高浓度的发酵产品,例如乙醇(Jørgensen et al 2007a;Hodge et al 2009)。而且,在转化过程中保持高的固含量对于生物燃料生产的能量平衡和经济可行性非常重要。获得高浓度的发酵产品能降低整体的生产成本, 这是由于其能够简化下游流程和减少耗水量。例如,在生产乙醇的过程中,蒸馏作用能明显增加整个过程的能耗,尤其是在乙醇浓度低于4%的时候(Öhgren et al 2006)。

一般而言,高浓度的底物可以产生高浓度的糖。然而,研究表明当底物浓度增加时,酶的活性会降低,这可归因于最终产物或有毒物质对酶的抑制作用,存在高浓度的木质素和质量转化限制(Jørgensen et al 2007a;Kristensen et al 2009)。另外,最近一些研究表明,在高浓度底物的条件下,纤维素酶对纤维素吸附能力的降低是由于水解产物的影响(Kristensen et al 2009;Wang et al 2011)。为了克服这个障碍,提出了不同的工艺设置和策略,以增加生物转化过程中的固含量。

在高固含量(约10%~15%)的初始条件下运行,有技术壁垒。预处理原料的黏度一般非常高,也就是说存在质量转化限制和混合的困难。采用分批补料的方法,即当黏度减小时添加新鲜的底物,被认为是在发酵过程中增加底物浓度的非常有效的一个方法(Ballesteros et al 2002;Varga et al 2004)。另一种可行的方法是在同步糖化发酵(SSF)过程之前进行预水解。利用该方法,酶可以在最适温度下起作用并能减小黏度,这使得可以装填更多的底物(Rosgaard et al 2007;Manzanares et al 2011)。在高浓度条件下运行的一项最新进展是具有高的混合性能和低能耗的新生物反应器的研发(Jørgensen et al 2007b;Zhang et al 2009)。

高固含量运行的另一个问题是产物抑制作用。有研究发现,纤维二糖、葡萄糖和半纤维素衍生糖对酶的活性具有抑制作用(Xiao et al 2004)。在SSF工艺中,酶催化作用产生的糖通过微生物的发酵作用直接转化为乙醇,这能降低最终产物的抑制作用(Ballesteros et al 1994;Olsson et al 2006);他们还提出,可以在该过程中持续地移出葡萄糖(Andric et al 2010)。

在预处理过程中, 碳水化合物和木质素产生的降解化合物能影响酶的活性(Tengborg et al 2001;García-Aparicio et al 2006)和发酵微生物(Palmqvist,Hahn-Hägerdal 2000a;Oliva et al 2003;Oliva et al 2004)。在高浓度底物的条件下,这些化合物的浓度会增加,因此它们对生物转化过程中的影响变得非常显著。常用清洗预处理原料的方法来去除有毒化合物以及增加酶水解和发酵的产量。为了避免清洗整个浆液并对其进行利用,研究了很多去毒的方法,例如利用虫漆酶处理来降低酚类化合物的浓度和提高发酵底物的浓度(Moreno et al 2012)。

不同文献报道了利用高浓度的底物生产乙醇。利用湿式氧化和蒸汽爆破预处理玉米秸秆,在发酵实验中分别得到底物浓度为 15%和 10%~30%的干物质(DW)(Varga et al 2004;Lu et al 2010)。用蒸汽爆破和碱性过氧化氢联合预处理玉米秸秆,可以得到高达 30%的固体装填量(Yang et al 2010)。利用热水和蒸汽预处理小麦秸秆, 可在底物浓度高达 20%~30%的条件下进行水解和 SSF(Jørgensen 2009;Ballesteros et al 2011); 利用蒸汽预处理云杉, 可以达到 14%的底物浓度(Hoyer et al 2010)。

6.5 结论

木质纤维素原料在生物炼制中的利用效率依赖于预处理技术、酶糖化作用以及糖发酵为燃料和化学品技术的进步。预处理和酶水解过程的优化是木质纤维素生物质生物转化过程中具有可行性和成本效益的关键。当糖降解速率减小以及产生有毒化合物时,预处理的目的是增加碳水化合物的可降解性。预处理需要适应不同的原材料,并且应该能应用于较大规模生产。酶产品的成本和效率仍是发展工业生物炼制的主要瓶颈。为了降低酶水解过程的成本,需要对混合酶进行优化,以增加糖的产量、降低预处理成本和减少酶用量。木质纤维素的复杂性要求混合酶应该适用于每种原材料和预处理类型。另外,在高固含量条件下运行是生物燃料生产中需要考虑的一个关键问题。最后,综合所有步骤对于增加整个过程的效率和促进大规模发展具有非常重要的作用。生物质和预处理的类型决定了水解和发酵的过程配置,每一步对后续的所有步骤都有非常大的影响。

参考文献

Agrawal P, Verma D, Daniell H (2011) Expression of Trichoderma reesei b-mannanase in tobacco chloroplasts and its utilization in lignocellulosic woody biomass hydrolysis.PLOS ONE 6(12):e29302.doi:10.1371/journal.pone.0029302

Alvira P, Tomás-Pejó E, Ballesteros M, Negro MJ (2010) Pretreatment technologies for an efficient bioethanol production process based on enzymatic hydrolysis:a review.Bioresour Technol 101:4851-4861

Alvira P, Negro MJ, Ballesteros M (2011a) Effect of endoxylanase and alpha-arabinofuranosidase supplementation on the enzymatic hydrolysis of steam exploded wheat straw.Bioresour Technol 102:4552-4558

Alvira P, Tomás-Pejó E, Negro MJ, Ballesteros M (2011b) Strategies of xylanase supplemen-tation for an efficient saccharification and cofermentation process from pretreated wheat straw.Biotechnol Prog 27:944-950

Andric P, Meyer AS, Jensen PA, Dam-Johansen K (2010) Effect and modelling of glucose inhibition and in situ glucose removal during enzymatic hydrolysis of pretreated wheat straw.Appl Biochem Biotechnol 160:280-297

Bajpai P (2004) Biological bleaching of chemical pulps.Crit Rev Biotechnol 24:1-58

Baker JO,King MR,Adney WS,Decker SR,Vinzant TB,Lantz SE,Nieves RE,Thomas SR,Li LC,Cosgrove DJ, Himmel ME (2000) Investigation of the cell-wall loosening protein expansin as a possible additive in the enzymatic saccharification of lignocellulosic biomass.Appl Biochem Biotechnol 84-86:217-223

Ballesteros I,Negro MJ,Oliva JM,Cabañas A,Manzanares P,Ballesteros M (2006) Ethanol production from steam-explosion pretreated wheat straw.Appl Biochem Biotechnol 130:496-508

Ballesteros I,Negro MJ,Oliva JM,Sáez F,Manzanares P,Ballesteros M (2011) Increased ethanol concentration in saccharification and fermentation media of steam-exploded cereal straw.XIX.In:International symposium on alcohol fuels (ISAF),Development and utilization of alcohols fuels,to promote sustainability

Ballesteros I,Oliva JM,Carrasco JE,Ballesteros M (1994) Effect of media supplementation of ethanol production by simultaneous saccharification and fermentation process.Appl Biochem Biotechnol 45-46:283-294

Ballesteros I,Oliva JM,Negro MJ,Manzanares P,Ballesteros M (2002) Ethanol production from paper material using a simultaneous saccharification and fermentation system in a fed-batch basis.World J Microb Biot 18(6):559-561

Ballesteros M (2010) Enzymatic hydrolysis of lignocellulosic biomass.In:Waldron K (ed)

Bioalcohol production.Biochemical conversion of lignocellulosic biomass.Woodhead Publishing,UK,pp 159-177

Banerjee G,Scott-Craig JS,Walton JD (2010) Improving enzymes for biomass conversion:a basic research perspective.Bioenerg Res 3:82-92

Bayer EA,Henrissat B,Lamed R (2008) The cellulosome:a natural bacterial strategy to combat biomass recalcitrance. In:Himmel ME (ed) Biomass recalcitrance.Deconstructing the plant cell wall for bioenergy.Blackwell Publishing, USA,pp 407-435

Bayer EA,Belaich JP,Shoham Y,Lamed R (2004) The cellulosomes:multienzyme machines for degradation of plant cell wall polysaccharides.Annu Rev Microbiol 58:521-554

Beg QK,Kapoor M,Mahajan L,Hoondal GS (2001) Microbial xylanases and their industrial applications:a review.Appl Microbiol Biotechnol 56:326-338

Benko Z,Siika-aho M,Viikari L,Réczey K (2008) Evaluation of the role of xyloglucanase in the enzymatic hydrolysis of lignocellulosic substrates.Enzyme Microb Technol 43:109-114

Berlin A,Gilkes N,Kilburnn D,Bura R,Markov A,Okunev O,Gusarov A,Maximenko V,Gregg D,Saddler J (2005) Evaluation of novel fungal cellulase prepration for ability to hydrolyze softwood substrate-evidence of the role of accessory enzymes.Enzyme Microb Technol 37:175-184

Berlin AB,Maximenko V,Gilkes N,Saddler J (2006) Optimization of enzymes complexes for lignocellulose hydrolysis. Biotechnol Bioeng 97(2):287-296

Bourbonnais R,Paice MG (1990) Oxidation of non-phenolic substrates.An expanded role for laccase in lignin biodegradation.FEBS Lett 267:99-102

Carvalheiro F,Duarte LC,Gírio FM (2008) Hemicellulose biorefineries:a review on biomass pretreatments.J Sci Ind Res 67:849-864

Chandra RP,Bura R,Mabee WE,Berlin A,Pan X,Saddler JN (2007) Substrate pretreatment:the key to effective enzymatic hydrolysis of lignocellulosics? Adv Biochem Eng/Biotechnol 108:67-93

Cosgrove DJ (2000) Loosening of plant cell walls by expansins.Nature 407:321-326

Crepin VF,Faulds CB,Connerton IF (2004) Functional classification of microbial feruloyl esterases.Appl Microbiol Biotechnol 63:647-652

Dahlman O,Jacobs A,Berg J (2003) Molecular properties of hemicelluloses located in the surface and inner layers of hardwood and softwood pulps.Cellulose 10:325-334

Decker SR,Siika-Aho M,Viikari L (2008) Enzymatic depolymerization of plant cell wall hemicellulases.In:Himmel ME (ed) Biomass Recalcitrance.Deconstructing the Plant Cell Wall for Bioenergy.Blackwell Publishing,USA,pp 407-435

Dias AA,Freitas GS,Marques GSM,Sampaio A,Fraga IS,Rodrigues MAM,Evtuguin DV,Bezerra RMF (2010) Enzymatic saccharification of biologically pretreated wheat straw with white-rot fungi.Bioresour Technol 101:6045-6050

DOE.US Department of Energy (2003) Energy information agency.Available from:http:// www.exxonmobil.com/corportae/energy_outlook.aspx

Eriksson T,Karlsson J,Tjerneld F (2002) A model explaining declining rate in hydrolysis of lignocellulose substrates with cellobiohydrolase I (Cel 7A) and endoglucanase I (Cel7B) of Trichoderma reesei.Appl Biochem Biotechnol 101:41-60

Esteghlalian AR,Svivastava V,Gilkes N,Gregg DJ,Saddler JN (2001) An overview of factors influencing the enzymatic hydrolysis of lignocellulosic feedstocks.In:Himmel ME,Baker W,Saddler JN (eds) Glycosyl hydrolases for biomass conversion.ACS,USA,pp 100-111

Faulds CB,Mandalari G,Curco RB,Bisignano G,Christakopoulos P,Waldron KW (2006) Synergy between xylanases from glycoside hydrolase family 10 and family 11 and a feruloyl esterase in the release of phenolic acids from cereal arabinoxylan.Appl Microbiol Biotechnol 71:622-629

Foreman PK,Brown D,Dankmeyer L,Dean R,Diener S,Dunn-Coleman NS,Goedegebuur F,Houfek TD,England GJ,Kelley AS,Meerman HJ,Mitchell T,Mitchinson C,Olivares HA,Teunissen PJ,Yao J,Ward M (2003) Transcriptional regulation of biomass-degrading enzymes in the filamentous fungus Trichoderma reesei.J Biol Chem 278:31988-31997

García-Aparicio MP,Ballesteros I,González A,Oliva JM,Ballesteros M,Negro MJ (2006) Effect of inhibitors release during steam-explosion pretreatement of barley straw on enzymatic hydrolysis.Appl Biochem Biotechnol 129:278-288

García-Aparicio MP,Ballesteros M,Manzanares P,Ballesteros I,González A,Negro MJ (2007) Xylanase contribution to the efficiency of cellulose enzymatic hydrolysis of barley straw.Appl Biochem Biotechnol 136-140:353-366

Gírio FM,Fonseca C,Carvalheiro F,Duarte LC,Marques S,Bogel-Lukasik R (2010) Hemicelluloses for fuel ethanol:a review.Bioresour Technol 101:4775-4800

Guillén F,Martínez AT,Martínez MJ (1992) Substrate specificity and properties of the aryl-alcohol oxidase from the ligninolytic fungus Pleurotus eryngii.Eur J Biochem 209:603-611

Guillén F,Martínez MJ,Muñoz C,Martínez AT (1997) Quinone redox cycling in the ligninolytic fungus Pleurotus eryngii leading to extracellular production of superoxide anion radical.Arch Biochem Biophys 339:190-199

Hahn-Hägerdal B,Karhumaa K,Fonseca C,Spencer-Martins I,Gorwa-Grauslund MF (2007) Towards industrial pentose-fermenting yeast strains.Appl Microbiol Biotechnol 74:937-953

Harris PV,Welner D,McFarland KC,Re E,Navarro Poulsen JC,Brown K,Salbo R,Ding H,Vlasenko E,Merino S,Xu F,Cherry J,Larsen S,Lo Leggio L (2010) Stimulation of lignocellulosic biomass hydrolysis by proteins of glycoside hydrolase family 61:structure and function of a large,enigmatic family.Biochemistry 49:3305-3316

Hendriks ATWM,Zeeman G (2009) Pretreatments to enhance the digestibility of lignocellulosic biomass.Bioresour Technol 100:10-18

Henrissat B,Davies G (1997) Structural and sequences-based classification of glycoside hydrolases.Curr Opin Struct Biol 7:637-644

Himmel ME,Andey WS,Baker JO,Nieves RA,Thomas SR (1996) Cellulases:structure,function,and applications.In:Wyman CE (ed) Handbook on bioethanol production and utilization.Taylor and Francis,UK,pp 143-161

Himmel ME,Ding SY,Johnson DK,Adney WS,Nimlos MR,Brady JW,Foust TD (2007) Biomass recalcitrance:engineering plants and enzymes for biofuels production.Science 315:804-807

Himmel ME,Picataggio SK (2008) Our challenge is to acquire deeper understanding of biomass recalcitrance and conversion.In:Himmel ME (ed) Biomass recalcitrance.Deconstructing the Plant Cell Wall for Bioenergy.Blackwell Publishing,USA,pp 1-6

Hodge DB,Karim MN,Schell DJ,McMillan JD (2009) Model-based fed-batch for high-solids enzymatic cellulose hydrolysis.Appl Biochem Biotechnol 152(1):88-107

Hoyer K, Galbe M, Zacchi G (2010) Effects of enzyme feeding strategy on ethanol yield in fed-batch simultaneous saccharification and fermentation of spruce at high dry matter. Biotechnol Biofuels 3:14

Hu J, Arantes V, Saddler JN (2011) The enhancement of enzymatic hydrolysis of lignocellulosic substrates by the addition of accessory enzymes such as xylanase: is it an additive or synergistic effect? Biotechnol Biofuels 4:36

Igarashi K, Uchihashi T, Koivula A, Wada M, Kimura S, Okamoto T, Penttilä M, Ando T, Samejima M (2011) Traffic jams reduce hydrolytic efficiency of cellulase on cellulose surface. Science 333:1279-1282

Jin M, Lau MW, Balan V, Dale BE (2010) Two-step SSCF to convert AFEX-treated switchgrass to ethanol using commercial enzymes and Saccharomyces cerevisiae 424A(LNH-ST). Bioresour Technol 101:8171-8178

Jørgensen H (2009) Effect of nutrients on fermentation of pretreated wheat straw at very high dry matter content by saccharomyces cerevisiae. Appl Biochem Biotechnol 153:44-57

Jørgensen H, Kristensen JB, Felby C (2007a) Enzymatic conversion of lignocellulose into fermentable sugars: challenges and opportunities. Biofuel Bioprod Bior 1:119-134

Jørgensen H, Olsson L (2006) Production of cellulases by Penicillium brasilianum IBT 20888-Effect of substrate on hydrolytic performance. Enzyme Microb Technol 38:381-390

Jørgensen H, Vibe-Pedersen J, Larsen J, Felby C (2007b) Liquefaction of lignocellulose at high-solids concentrations. Biotechnol Bioeng 96:862-870

Juhász T, Szengyel Z, Réczey K, Siika-Aho M, Viikari L (2005) Characterization of cellulases and hemicellulases produced by Trichoderma reesei on various carbon sources. Process Biochem 40:3519-3525

Jurado M, Prieto A, Martínez-Alcalá A, Martínez AT, Martínez MJ (2009) Laccase detoxification of steam-exploded wheat straw for second generation bioethanol. Bioresour Technol 100:6378-6384

Jönsson JL, Palmqvist E, Nilvebrant N-O, Hahn-Hägerdal B (1998) Detoxification of wood hydrolysates with laccase and peroxidase from the white-rot fungus Trametes versicolor. Appl Microbiol Biotechnol 49:691-697

Kalyani D, Dhiman SS, Kim H, Jeya M, Kim I-W, Lee J-K (2012) Characterization of a novel laccase from the isolated Coltricia perennis and its application to detoxification of biomass. Process Biochem 47:671-678

Kersten PJ (1990) Glyoxal oxidase of Phanerochaete chrysosporium: Its characterization and activation by lignin peroxidase. Proc Natl Acad Sci USA 87:2936-2940

Kolb M, Sieber V, Amann M, Faulstich M, Schieder D (2012) Removal of monomer delignification products by laccase from Trametes versicolor. Bioresourc Technol 104:298-304

Kovacs K, Macrelli S, Szakacs G, Zacchi G (2009) Enzymatic hydrolysis of steam-pretreated lignocellulosic materials with Trichoderma viride enzymes produced in-house. Biotechnol Biofuels 2:14

Kristensen JB, Felby C, Jørgensen H (2009) Yield-determining factors in high-solids enzymatic hydrolysis of lignocellulose. Biotechnol Biofuels 2(1):11

Kubicek CP (1992) The cellulase proteins of Trichoderma reesei: structure, multiplicity, mode of action and regulation of formation. Adva Biochem Eng 45:1-27

Kuhar S, Nair LM, Kuhad RC (2008) Pretreatment of lignocellulosic material with fungi capable of higher lignin degradation and lower carbohydrate degradation improves substrate acid hydrolysis and the eventual conversion to ethanol. Can J Microbiol 54:305-313

Kumar P, Barrett DM, Delwiche MJ, Stroeve P (2009) Methods for pretreatment of lignocellulosic biomass for efficient hydrolysis and biofuel production. Ind Eng Chem Res 48:3713-3729

Kumar R, Wyman CE (2008) Effect of enzyme supplementation at moderate cellulase loadings on initial glucose and xylose release from corn stover solids pretreated by leading technologies. Biotechnol Bioeng 102(2):457-467

Kumar R, Wyman CE (2009a) Does change in accessibility with conversion depend on both the substrate and pretreatment technology? Bioresour Technol 100:4193-4202

Kumar R, Wyman CE (2009b) Effect of xylanase supplementation of cellulase on digestion of corn stover solids prepared by leading pretreatment technologies. Bioresour Technol 100:4203-4213

Kumar R,Wyman CE (2009c) Effects of cellulase and xylanase enzymes on the deconstruction of solids from pretreatment of poplar by leading technologies.Biotechnol Prog 25:302–314

Kurasin M,Väljamäe P (2011) Processivity of cellobiohydrolases is limited by the substrate.J Biol Chem 286:169–177

Laureano–Perez L,Teymouri F,Alizadeh H,Dale BE (2005) Understanding factors that limit enzymatic hydrolysis of biomass.Appl Biochem Biotechnol 121:1081–1099

Larsson S,Cassland P,Jönsson LF (2001) Development of a Saccharomyces cerevisiae strain with enhanced resistance to phenolic compounds inhibitors in lignocellulose hydrolysates by heterologous expression of laccase.Appl Environ Microbiol 67:1163–1170

Lu Y,Wang Y,Xu G,Chu J,Zhuang Y,Zhang S (2010) Influence of high solid concentration on enzymatic hydrolysis and fermentation of steam–exploded corn stover biomass.Appl Biochem Biotechnol 160:360–369

Mansfield SD,Mooney C,Saddler JN (1999) Substrate and enzyme characteristics that limit cellulose hydrolysis.Biotechnol Prog 15:804–816

Manzanares P,Negro MJ,Oliva JM,Saéz F,Ballesteros I,Ballesteros M,Cara C,Castro E,Ruiz E (2011) Different process configurations for bioethanol production from pretreated olive pruning biomass.J Chem Technol Biotechnol 86 (6):881–887

Martínez AT (2002) Molecular biology and structure–function of lignin–degrading heme peroxidases.Enz Microb Technol 30:425–444

Martínez AT,Speranza M,Ruiz–Dueñas FJ,Ferreira P,Camarero S,Guillén F,Martínez MJ,Gutiérrez A,del Río JC (2005) Biodegradation of lignocellulosics:Microbiological,chemical and enzymatic aspects of fungal attack to lignin. Intern Microbiol 8:195–204

Martinez D,Berka RM,Henrissat B,Saloheimo M,Arvas M,Baker SE,Chapman J,Chertkov O,Coutinho PM,Cullen D,Danchin EGJ,Grigoriev IV,Harris P,Jackson M,Kubicek CP,Han CS,Ho I,Larrondo LF,De Leon AL,Magnuson JK,Merino S,Misra M,Nelson B,Putnam N,Robbertse B,Salamov AA,Schmoll M,Terry A,Thayer N,Westerholm–Parvinen A,Schoch CL,Yao J,Barabote R,Nelson MA,Detter C,Bruce D,Kuske CR,Xie G,Richardson P,Rokhsar DS,Lucas SM,Rubin EM,Dunn–Coleman N,Ward M,Brettin TS (2008) Genome sequencing and analysis of the biomass–degrading fungus Trichoderma reesei (syn.Hypocrea jecorina).Nature Biotechnol 26:553–560

Mayer AM,Staples RC (2002) Laccase:new functions for an old enzyme.Phytochem 60:551–565

Medve J,Karlsson J,Lee D,Tjerneld F (1998) Hydrolysis of microcrystalline cellulose by cellobiohydrolase I and endoglucanase II from Trichoderma reesei:adsorption,sugar production pattern,and synergism of the enzymes.Biotechnol Bioeng 59(5):621–634

Merino ST,Cherry J (2007) Progress and challenges in enzyme development for biomass utilization.Adv Biochem Eng Biotechnol 108:95–120

Moilanen U,Kellock M,Galkin S,Viikari L (2011) The laccase–catalyzed modification of lignin for enymatic hydrolysis.Enzyme Microb Technol 49:492–498

Moreno AD,Ibarra D,Fernández JL,Ballesteros M (2012) Different laccase detoxification strategies for ethanol production from lignocellulosic biomass by the thermotolerant yeast Kluyveromyces marxianus CECT 10875.Bioresour Technol 106:101–109

Mukhopadhyay M,Kuila A,Tuli D,Banerjee R (2011) Enzymatic depolymerization of Ricinus communis,a potential lignocellulosic for improved saccharification.Biomass Bioenerg 35:3584–3591

Mosier N,Wyman CE,Dale BD,Elander RT,Lee YY,Holtzapple M,Ladisch CM (2005) Features of promising technologies for pretreatment of lignocellulosic biomass.Bioresour Technol 96:673–686

Numan MT,Bhosle NB (2006) Alpha–L–arabinofuranosidases:the potential applications in biotechnology.J Ind Microbiol Biotechnol 33:247–260

Öhgren K,Rudolf A,Galbe M,Zacchi G (2006) Fuel ethanol production from steam–pretreated corn stover using SSF at higher dry matter content.Biomass Bioenerg 30:863–869

Oliva JM,Ballesteros I,Negro MJ,Manzanares P,Cabañas A,Ballesteros M (2004) Effect of binary combinations of selected toxic compounds on growth and fermentation of Kluyver–omyces marxianus.Biotechnol Prog 20:715–720

Oliva JM,Saez F,Ballesteros I,Gonzúlez A,Negro MJ,Manzanares P,Ballesteros M (2003) Effect of lignocellulosic degradation compounds in the steam explosion pretreatment on ethanol fermentation by thermotolerant yeast Kluyveromyces marxianus.Appl Biochem Biotechnol 105–108:141–153

Olsson L,Soerensen HR,Dam BP,Christensen H,Krogh KM,Meyer AS (2006) Separate and simultaneous enzymatic hydrolysis and fermentation of wheat hemicellulose with recombinant xylose utilizing Saccharomyces cerevisiae.Appl Microbiol Biotechnol 129–132:117–129

Olsson L,Jørgensen H,Krogh KBR,Roca C (2004) Bioethanol production from lignocellulosic material.In:Dumitriu S (ed) Polysaccharides:structural diversity and functional versatility.CRC Press,USA,pp 957–993

Palmqvist E,Hahn–Hägerdal B (2000a) Fermentation of lignocellulosic hydrolysates.II:inhibitors and mechanism of inhibition.Bioresour Technol 74:25–33

Palmqvist E,Hahn–Hägerdal B (2000b) Fermentation of lignocellulosic hydrolysates.I:inhibition and detoxification.Bioresour Technol 74:17–24

Palonen H,Viikari L (2004) Role of oxidative enzymatic treatments on enzymatic hydrolysis of softwood.Biotechnol Bioeng 86:550–557

Pan XJ,Gilkes N,Saddler JN (2006) Effect of acetyl groups on enzymatic hydrolysis of cellulosic substrates.Olzforschung 60:398–401

Pan X,Xie D,Gilkes N,Gregg DJ,Saddler JN (2005) Strategies to enhance the enzymatic hydrolysis of pretreated softwood with high residual lignin content.Appl Biochem Biotechnol 124:1069–1079

Panagiotou G,Olsson L (2007) Effect of compounds released during pre–treatment of wheat straw on microbial growth and enzymatic hydrolysis rates.Biotechnol Bioeng 96:250–258

Pérez JA,Ballesteros I,Ballesteros M,Sáez F,Negro MJ,Manzanares P (2008) Optimizing liquid hot water pretreatment conditions to enhance sugar recovery from wheat straw for fuel–ethanol production.Fuel 87:3640–3647

Persson I,Tjerneld F,Hahn–Hägerdal B (1991) Fungal cellulolytic enzyme production:a review.Process Biochem 26:65–74

Polizeli ML,Rizzatti AC,Monti R,Terenzi HF,Jorge JA,Amorim DS (2005) Xylanases from fungi:properties and indusrtial applications.Appl Microbiol Biotechnol 67(5):577–591

Poutanen K,Puls J (1989) The xylanolytic enzyme system of Trichoderma reesei.In:Lewis G,Paice M (eds) Biogenesis and biodegradation of plant cell wall polymers.ACS,USA,pp 630–640

Qi B,Chen X,Su Y,Wan Y (2011) Enzyme adsorption and recycling during hydrolysis of wheat straw lignocellulose. Bioresour Technol 102:2881–2889

Qi B,Luo J,Chen G,Chen X,Wan Y (2012) Application of ultrafiltration and nanofiltration for recycling cellulase and concentrating glucose from enzymatic hydrolyzate of steam exploded wheat straw.Bioresour Technol 104:466–472

Qing Q,Yang B,Wyman CE (2010) Xylooligomers are strong inhibitors of cellulose hydrolysis by enzymes.Bioresour Technol 101:9624–9630

Ragauskas AJ,Williams CK,Davison BH,Britovsek G,Cairney J,Eckert CA,Frederick WJ,Hallett JP,Leak DJ,Liotta CL,Mielenz JR,Murphy R,Templer R,Tschaplinski T (2006) The path forward for biofuels and biomaterials.Science 311:484–489

Raweesri P,Riangrungrojana P,Pinphanichakarn P (2008) Alpha–L–arabinofuranosidase from Streptomyces sp.PC22:purification,characterization and its synergistic action with xylanolytic enzymes in the degradation of xylan and agricultural residues.Bioresour Technol 99:8981–8986

Rémond C,Aubry N,Crônier D,Noël S,Martel F,Roge B,Rakotoarivonina H,Debeire P,Chabbert B (2010) Combination of ammonia and xylanase pretreatments: impact on enzymatic xylan and cellulose recovery from wheat straw.Bioresour Technol 101:6712–6717

Rosgaard L, Andric P, Dam–Johansen K, Pedersen S, Meyer AS (2007) Effects of substrate loading on enzymatic hydrolysis and viscosity of pretreated barley straw.Appl Biochem Biotechnol 143:27–40

Ruiz–Dueñas FJ, Martínez AT (2009) Microbial degradation of lignin:How a bulky recalcitrant polymer is efficiently recycled in nature and how we can take advantage of this.Microbial Biotechnol 2:164–177

Ruiz–Dueñas FJ, Martínez MJ, Martínez AT (1999) Molecular characterization of a novel peroxidise isolated from the ligninolytic fungus Pleurotus eryngii.Mol Microbiol 31:223–235

Saha BC (2000) Alpha–L–arabinofuranosidases:biochemistry, molecular biology and application in biotechnology.Biotechnol Adv 18:403–423

Saha BC (2003) Hemicellulose bioconversion.J Ind Microbiol Biotechnol 30:279–291

Saloheimo M, Paloheimo M, Hakola S, Pere J, Swanson B, Nyyssönen E, Bhatia A, Ward M, Penttilä M (2002) Swollenin, a Trichoderma reesei protein with sequence with sequence similary to the plant expansins, exhibits disruption activity on cellulosic materials.Eur J Biochem 269:4202–4211

Salvachúa D, Prieto A, López–Abelairas M, Lu–Chau T, Martínez AT, Martínez MJ (2011) Fungal pretreatment:An alternative in second–generation ethanol from wheat straw.Bioresour Technol 102:7500–7506

Sánchez ÓJ, Cardona CA (2008) Trends in biotechnological production of fuel ethanol from different feedstocks. Bioresour Technol 99:5270–5295

Selig MJ, Adney WS, Himmel ME, Decker SR (2009) The impact of cell wall acetylation on corn stover hydrolysis by cellulolytic and xylanolytic enzymes.Cellulose 16:711–722

Selig MJ, Knoshaug EP, Adney WS, Himmel ME, Decker SR (2008) Synergistic enhancement of cellobiohydrolase performance on pretreated corn stover by addition of xylanase and esterase activities.Bioresour Technol 99:4997–5005

Sipos B, Benkö Z, Dienes D, Réczey K, Viikari L, Siika–Aho M (2010) Characterisation of specific activities and hydrolytic properties of cell–wall–degrading enzymes produced by Trichoderma reesei Rut C30 on different carbon sources.Appl Biochem Biotechnol 161:347–364

Sipos B, Szilágyi M, Sebestyén Z, Perazzini R, Dienes D, Jakab E, Crestini C, Réczey K (2011) Mechanism of the positive effect of poly(ethylene glycol) addition in enzymatic hydrolysis of steam pretreated lignocelluloses.C R Biol 334:812–823

Sun Y, Cheng J (2002) Hydrolysis of lignocellulosic materials for ethanol production:a review.Bioresour Technol 83:1–11

Tabka MG, Herpoël–Gimbert I, Monod F, Asther M, Sigoillot JC (2006) Enzymatic saccharification of wheat straw for bioethanol production by a combined cellulase xylanase and feruloyl esterase treatment.Enzyme Microb Tech 39:897–902

Taherzadeh MJ, Karimi K (2008) Pretreatment of lignocellulosic wastes to improve ethanol and biogas production:a review.Int J Mol Sci 9:1621–1651

Tengborg C, Galbe M, Zacchi G (2001) Reduced inhibition of enzymatic hydrolysis of steam–pretreated softwood. Enzyme Microb Tech 28:835–844

Tenkanen M, Makkonen M, Perttula M, Viikari L, Teleman A (1997) Action of Trichoderma reesei mannanase on galactoglucomannan in pine kraft pulp.J Biotech 57:191–204

Teter S, Xu F, Nedwin GE, Cherry (2010) Enzymes for biorefineries.In:Kamm B, Gruber PR, Kamm M (eds) Biorefineries–industrial processes and products.Wiley, USA, pp 357–383

Tomás–Pejó ME, Ballesteros M, Oliva JM, Olsson L (2010) Adaptation of the xylose fermenting yeast Saccharomyces cerevisiae F12 for improving ethanol production in different fed–batch SSF processes.J Ind Microbiol Biotechnol 37:1211–1220

Tomás–Pejó ME, Alvira P, Ballesteros M, Negro MJ (2011) Pretreatment technologies for lignocellulose–to–bioethanol conversion.In:Larroche C, Ricke SC, Dussap CG, Gnansounou E, Pandey A (eds) Biofuels:Alternative feedstocks and conversion processes. Academic, USA, pp 149–176

Tu M, Chandra RP, Saddler JN (2007) Evaluating the distribution of cellulases and the recycling of free cellulases during the hydrolysis of lignocellulosic substrates. Biotechnol Prog 23: 398–406

Tu M, Saddler JN (2010) Potential enzyme cost reduction with the addition of surfactant during the hydrolysis of pretreated softwood. Appl Biochem Biotechnol 161: 274–287

Varga E, Klinke HB, Réczey K, Thomsen AB (2004) High solid simultaneous saccharification and fermentation of wet oxidized corn stover to ethanol. Biotechnol Bioeng 88: 567–574

Vries RP, Harry CMK, Charlotte HP, Jacques AEB, Jaap V (2000) Synergy between enzymes from Aspergillus involved in the degradation of plant cell wall polysaccharides. Carbohyd Res 327: 401–410

Wang W, Kang L, Wei H, Arora R, Lee YY (2011) Study on the decreased sugar yield in enzymatic hydrolysis of cellulosic substrate at high solid loading. Appl Biochem Biotechnol 164: 1139–1149

Wilson DB (2008) Aerobic microbial cellulase systems. In: Himmel ME (ed) Biomass recalcitrance. Deconstructing the plant cell wall for bioenergy. Blackwell Publishing, USA, pp 374–392

Wyman CE, Balan V, Dale BE, Elander RT, Falls M, Hames B, Holtzapple MT, Ladisch MR, Lee YY, Mosier N, Pallapolu VR, Shi J, Thomas SR, Warner RE (2011) Comparative data on effects of leading pretreatments and enzyme loadings and formulations on sugar yields from different switchgrass sources. Bioresour Technol 102: 11052–11062

Xiao Z, Zhang X, Greff DJ, Saddler JN (2004) Effects of sugar inhibition on cellulases and β–glucosidase during enzymatic hydrolysis of softwood substrates. Appl Biochem Biotechnol 113–116: 1115–1126

Yang M, Li W, Liu B, Li Q, Xing J (2010) High–concentration sugars production from corn stover based on combined pretreatments and fed–batch process. Bioresour Technol 101: 4884–4888

Yang B, Wyman CE (2008) Pretreatment: the key to unlocking low–cost cellulosic ethanol. Biofuel Bioprod Bior 2: 26–40

Yang R, Xu S, Wang Z, Yang W (2005) Aqueous extraction of corncob xylan and production of xylooligosaccharides. LWT–Food Sci Technol 38: 677–682

Yang M, Zhang A, Liu B, Li W, Xing J (2011) Improvement of cellulose conversion caused by the protection of Tween–80 on the adsorbed cellulase. Biochem Eng J 56: 125–129

Zhang J, Siika–aho M, Tenkanen M, Viikari L (2011) The role of acetyl xylan esterase in solubilisation of xylan and enzymatic hydrolysis of wheat straw and giant reed. Biotechnol Biofuels 4: 60

Zhang X, Qin W, Paice MG, Saddler JN (2009) High consistency enzymatic hydrolysis of hardwood substrates. Bioresour Technol 100: 5890–5897

第 7 章 生物质生产生物燃料中使用的微生物糖苷水解酶

摘要：可再生生物质预计能满足全球至少 1/4 的运输燃料需求，但要达到这个目的，需要有效地利用陆地木质纤维素和海洋藻类资源。在这个过程中，这些生物质被转化为不同类型的能源燃料(例如乙醇或丁醇)，微生物糖苷水解酶(GH)在生物质糖化作用过程中起作用。在糖化作用过程中，聚合的碳水化合物(例如淀粉、纤维素或半纤维素)被水解为单体和低聚糖，然后被筛选的微生物利用，发酵为所需的能源燃料。本章的目的是揭示将木质纤维素或藻类淀粉转化为单体或低聚糖的可选的多种工艺，以及微生物 GH 作为工艺助剂的作用。

7.1 生物燃料介绍

随着原油逐渐消耗殆尽，人们的注意力已经转移到利用自然的可循环的资源生产生物燃料上。公众和科学界的注意力也受很多因素的影响，例如价格、对温室气体释放的关注以及政府资助。2010 年，世界生物燃料生产达到 105GL，为道路交通提供了 2.7%的燃料(Shrank，Farahmand 2011)。此外，据推测，到 2050 年生物燃料具有满足世界超过四分之一的交通运输燃料需要的潜力。

生物燃料是对一种燃料的定义，它们的能量是从生物固碳中衍生出来的。这包括从固态生物质中直接衍生出来的燃料，或将生物质转化为能源燃料化合物，例如燃料醇类(甲醇、乙醇和丁醇)、生物柴油、氢或沼气(Chandra et al 2012)。这些生物燃料以液体或气体形式存在，且该性质使其便于携带、容易运输(它们能够用泵运输)以及燃烧清净。生物乙醇是现在生产数量最大的生物燃料。乙醇生产占整个生物燃料生产体积的 80%以上(2010 年为 86 GL，其中 90%以上是在美国和巴

本章作者：Gashaw Mamo，Reza Faryar，Eva Nordberg Karlsson
作者单位：瑞典隆德大学(Lund University)生物技术系
电子邮件：Eva.Nordberg_Karlsson@biotek.lu.se

西生产的)(Shrank,Farahmand 2011)。

根据生物质的类型和生产技术,生物燃料可以分为第一代、第二代和第三代(见图 7.1)。第一代生物燃料是以糖、淀粉和植物油为原料通过成熟的技术生产的,主要包括乙醇、沼气和生物柴油。然而,第一代生物燃料技术的应用得到了媒体的广泛关注,而且政策的争议引起人们关注从粮食作物中生产生物燃料对环境和社会的影响(European Biofuels Technology Platform 2009)。第二代生物燃料包括乙醇和沼气,但是此时是以纤维素为原料(木质纤维素原料)生产燃料,其中原料降解深入转化为发酵糖具有更高的挑战。第二代生物燃料还包括其他类型的燃料,例如氢、其他生物醇类和混合化合物(见图 7.1)。

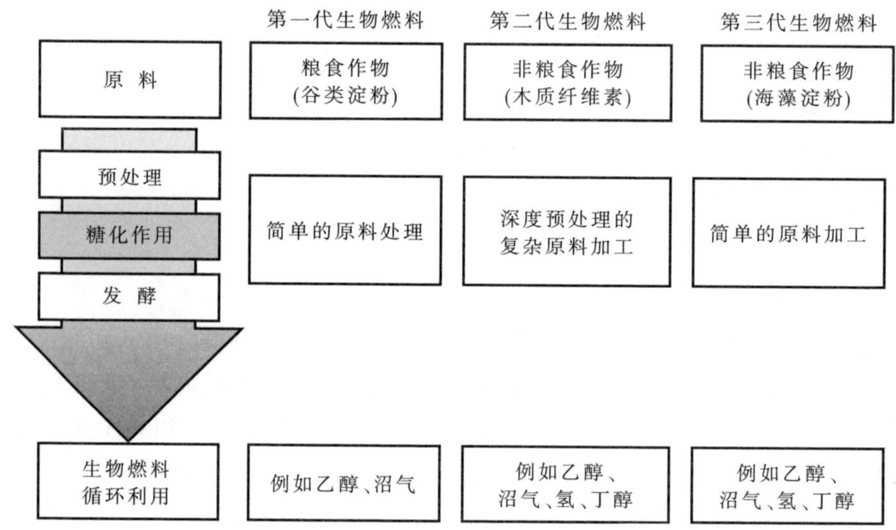

图 7.1 依据原料和过程,从碳水化合物中获得的第一代、第二代和第三代生物燃料的一个简单分类(GH 在糖化作用步骤中起作用,这使得聚合碳水化合物可降解为低聚糖或单糖,以便通过发酵生产所需的生物燃料;由于生物柴油生产是基于油脂并且具有不同的整体工艺配置,所以生物柴油生产并不在图解中)

木质纤维素生物质不是粮食,而是粮食作物中不能食用的部分,需要技术进步以提高工艺效率。此外,原料应该是可持续的,可持续发展的判断包括原料的可获得性、对温室气体 (GHG) 释放的影响以及对生物多样性和土地利用的影响(European Biofuels Technology Platform 2009)。最近,研究人员提出了利用微藻生物质(巨型的和微型的)生产的第三代生物燃料(An et al 2011)。藻类可以在海水或废水中培养,还不需要占用耕地。藻类被认为可用于生产生物柴油、氢和沼气(Demirba 2011;Aitken,Antizar-Ladislao 2012),但是将其用于生产乙醇也逐渐引起

了人们的兴趣 (Demirbas 2010;Aitken,Antizar-Ladislao 2012;Harun et al 2010)。本章内容关注的焦点集中于第二代和第三代生物质原料以及微生物糖苷水解酶(GH)的可行性,这种可行性使得我们有机会通过微生物发酵将聚合碳水化合物纤维降解为低聚糖和单糖,用于生物燃料中的能源燃料载体。用于生物柴油生产的油脂部分在其他章进行讨论(例如 Stuart et al 2010),不在本章中进行论述。

7.2 用于生产第二代和第三代生物燃料的生物质

7.2.1 木质纤维素生物质——第二代生物燃料的原料

木质纤维素原料主要包括纤维素、半纤维素和木质素,而且几乎存在于所有植物衍生原料的细胞壁中,例如树木和草、农业残留物和城市固态废物。然而,根据不同的来源, 木质纤维素原料相关的组成成分变化很大 (Chandel,Singh 2011;Garrote et al 1999;Mosier et al 2005)。表 7.1 概述了典型的木质纤维素原料(干重)组成。

表 7.1 木质纤维素原料和纸质废弃物的组成(干重)

原 料	纤维素,%(质量分数)	半纤维素,%(质量分数)	木质素,%(质量分数)
玉米秸秆	37.5	22.4	17.6
玉米纤维	14.3	16.8	8.4
松 木	46.4	8.8	29.4
白杨木	49.9	17.4	18.1
小麦秸秆	38.2	21.2	23.4
柳枝稷	31.0	20.4	17.6
办公用纸	68.6	12.4	11.3
报 纸	61	16	21

纤维素(β-1,4 葡聚糖)是一种链式葡萄糖单体聚合物,是木质纤维素的主要组成成分(占植物总干重的比例高达 50%),也是地球生物圈内生物固碳最丰富的形式。然而,微生物转化的一个主要目标是代谢出生物燃料(生物乙醇生产过程中)。因此,对该原料的利用非常具有吸引力,但该原料顽抗性较大,这使得对其利用非常困难。一个主要的挑战仍是设法将木质纤维素高效地转化为发酵糖(参见 7.3 节)并在随后的高效处理中减少含氧碳水化合物变成燃料分子(Chundawat et al 2011)。在获得发酵糖的过程中,微生物 GH 常用做催化剂以实现生物质(在下文中详细阐述)中不同多糖的糖化作用(水解)。微生物 GH 可以作为将复杂的碳水化合物聚合物降解为单体或低聚糖的催化剂,这样可以通过优选的微生物作为细胞工厂将其吸收和代谢转化为所需的生物燃料,而微生物自身不能降解碳水化合

物聚合物。

据推测，基于可利用土地，世界范围内木质纤维素潜在的能量约为100EJ/a（1EJ=1×10^{18}J）(包括木质生物质、稻草和农作物)(Parikka 2004)，大致相当于全球的能量需求(2001年为425EJ)(Lewis，Nocera 2006)的四分之一，因此还需要额外的能源(包括化石燃料和可再生能源)。增加全球能源供给的一个有效方法是转化海洋环境中的生物量。

7.2.2 藻类生物质——海洋资源作为第三代生物燃料的原料

藻类具有提供高产率生物燃料原料的潜力，它们不需要消耗粮食、森林和占用耕地(Subhadra，Edwards 2010；John et al 2011；An et al 2011)，因此是第二代木质纤维素农作物原料的有益补充。海洋环境预计可以提供大约50%的全球生物量 (Carlsson et al 2007；John et al 2011)，因此显著增加了其作为运输燃料生物质原料的潜力。微藻是一类种类繁多的光合生物(包括异养的和自养的微藻)。自养的微藻能固定无机二氧化碳，这些二氧化碳被吸收储存在碳水化合物中(John et al 2011)，而这些碳水化合物是能被转化为发酵糖并进一步转化为所需能量的载体(见图7.2)。异养的微藻需要消耗有机分子并转化为油脂和蛋白质，其中油脂是生物燃料生产中最具有吸引力的部分(见图7.2)。一些物种，即所谓的兼养藻类，能够同时进行上述两个过程(John et al 2011)。通过这些过程，微藻能在相当短的时间内生产碳水化合物、油脂和蛋白质。有些微藻1~10天就可以采收一次，这样就能频繁地进行采收(Harun et al 2010)。

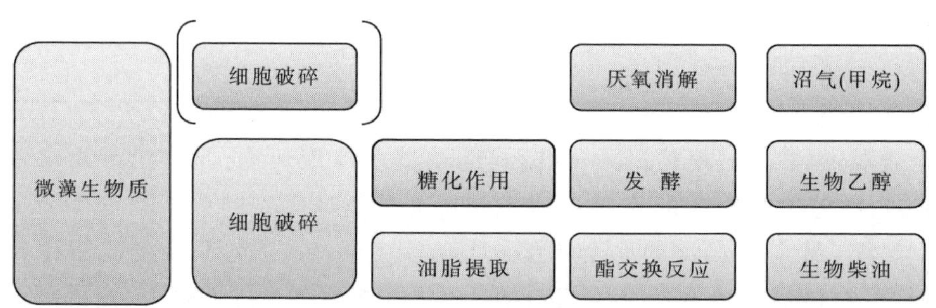

图7.2 第三代燃料生产工艺示意图[目前公认的最合适的生物燃料技术是从微藻生物质中生产能源产品，最初计划是将GH应用于糖化作用(或者多糖水解工序)中，以增加生物乙醇生产过程中的发酵糖](根据 Aitken，Antizar-Ladislao 2012 改编)

基于大小和形态学，藻类大致可以分为巨型藻和微藻。就像分类名称一样，微藻是在显微镜下才能观察到的经常为单细胞的生物体。巨型藻是多细胞的藻类，与高等植物具有相似的结构，不同的是这些巨型藻是漂浮生长而不像陆生植物需要包含纤维素的结构聚合体。这使得它们的多糖可相对较容易地降解为可发酵糖(John et al 2011;Chen et al 2009)。藻类中可以获得的多糖类型随着种类的不同而不同,但是藻类含有含量较高的纤维素和淀粉(见表 7.2)。利用高淀粉含量的有机体,可以像在第一代生物燃料工艺中那样利用淀粉降解 GH。

表 7.2 某些藻类中碳水化合物、蛋白质、油脂和淀粉的含量

藻 种	蛋白质,%	油脂,%	碳水化合物,%	淀粉(提油后占生物质的分数),%
Chlamydomonas	48	21	17	53(UTEX90 藻种)
C. reinhardtii				45(UTEX2247 藻种)
Chlorella	51~58	14–22	12~17	12~37
C. vulgaris	57	2	26	未测定
C. pyrenidosa				
Dunaliella	57	6	32	未测定
D. salina				
Scenedesmus	50~56	12~14	10~17	23(TISTR85446 藻种)
S. obliquus				
Spirulina				
S. fusiforma	未测定	未测定	未测定	37~56
S. maxima	60~71	6~7	13~16	未测定
S. platensis	46~63	4~9	8~14	未测定

7.3 木质纤维素降解所需的预处理

在植物生物质中,根据细胞壁模型可以预测纤维素微纤维(遍布氢键的以 β-1,4-糖苷键连接的葡萄糖聚合体)被半纤维素(例如木聚糖、甘露聚糖、葡聚糖和木葡聚糖)、果胶(主要是半乳糖醛残基,常存在于细胞壁的胞间层中)和木质素(苯丙型聚合体)包围着。无支链半纤维素与纤维素微纤维表面形成了氢键,而支链半纤维素与木质素中的酚酸形成键 (主要是酯键)(Chundawat et al 2011;Sjostrom 1993)。纤维素、半纤维素、果胶和木质素的连接形成了维管束或者巨型微纤维。

由于物理化学性质、结构和组成的复杂性,纤维素对微生物以及酶降解具有顽抗性。很多微生物还缺少有效降解木质纤维素材料所必需的酶系统,而且在某些情况下这显得尤为突出,例如传统的乙醇生产,在该过程中利用一种非纤维素降解的微生物(以酿酒酵母为代表)将碳水化合物转化为生物燃料。因此,有必要从预处理开始,这能降低纤维素的结晶度、去除木质素和半纤维素以及改善生物质的孔隙率,以增强纤维素对酶的可及性,从而更有效地将纤维素转化为可发酵糖。近年来,人们研究了多种预处理方法,这些方法能降解木质素、纤维素和半纤维素之间的相互作用。表 7.3 总结了常用的预处理方法。处理方法的效率随方法的不同而不同,这取决于处理的生物质的类型和来源。

表 7.3 木质纤维素预处理方法总结

预处理方法	过 程	原 理	显著特点	参考文献
物 理	铣削,切削,磨削	操作简单以及增加有利于反应的比表面积;降低木质纤维素的结晶度	多重处理中的第一步;能耗高	Tassinari,Macy 1977;Cadoche,Lopez 1989;Galbe,Zacchi 2007
	辐 射	这些能量破坏纤维素晶体结构中的氢键,并使其变得易于被酶催化	在木质素存在的条件下有效。昂贵并且不适于大规模应用	Kumakura,Kaetsu 1983;Kumakura et al 1982
	水 热	利用高温、高压下的热水溶解大部分木质素和半纤维素,这将有利于纤维素成分的水解	产生酯类和其他有机酸	Mosier et al 2005;Negro et al 2003
	高温分解	利用高温破坏木质纤维素	在操作过程中存在氧的条件下有效	Shafizadeh,Bradbury 1979
物理化学	物理化学爆破,例如蒸汽爆破、氨法爆破和 CO_2 爆破	改变纤维素生物质的结构以便使其更容易接近;使生物质暴露于高温、高压下,以便在突然降压的条件下使其爆炸分解	蒸汽爆破是木质纤维素生物质预处理中最常用的方法	Grous et al 1986;Brownell et al 1986;Emmel et al 2003;Kumar et al 2009
化 学	酸	通过去除半纤维素增加生物质的孔隙率、改变木质素的结构,这样有利于酶催化	伴随着醛的生成;预处理和产品回收需要消耗大量的能量	Mosier et al 2005;Kumar et al 2009
	碱	通过皂化作用破坏分子间的酯键,去除生物质中的木质素、乙酰基和多种糖醛酸取代基;这能促进生物质的酶催化	与其他预处理方法相比,该方法可在低温低压下进行	Kassim,El-Shahed 1986;Fox et al 1989;MacDonald et al 1983
	湿式氧化	在氧/空气存在的条件下处理生物质,高温、高压下的水能破坏纤维素结构的结晶度	可以作用于所有生物质部分;充分降解半纤维素	Palonen et al 2004;Varga et al 2004;Martin et al 2007
	臭氧分解	通过"攻击"和分裂芳香环结构降解木质素	纤维素和半纤维部分保持完整	Neely 1984;Euphrosine-Moy et al 1991
	溶剂萃取	利用溶剂去除木质素和一些半纤维素,以便于木质纤维素生物质的酶水解;常在适当高温下进行	需要从已处理的生物质中去除溶剂	Pan et al 2005;Pan et al 2006;Araque et al 2007
生 物	微生物	利用微生物(常是真菌)降解木质素和半纤维素	处理过程时间长,但是能耗低、处理条件要求低	Kurakake et al 2007

对于一种特定的生物质，在众多可选择的方法中，选择一种合适的预处理方法的依据为：①处理成本；②处理产品对酶水解的敏感性；③半纤维素和纤维素的处理效率；④产物对酶活性和发酵过程有无抑制；⑤化学品消耗的数量和类型。

7.4 木质纤维素的酶水解

7.4.1 纤维素水解为可发酵糖

纤维素是生产生物燃料乙醇最重要的来源之一。然而，用于生产生物乙醇的常用微生物酿酒酵母和运动发酵单胞菌，不能利用纤维素。因此，纤维素必须解聚为可发酵糖(葡萄糖)后才能被这些微生物利用并生产生物乙醇。与可用于纤维素解聚的化学方法相比，酶水解是首选的方法，因为这可以得到高质量的水解产物(没有副产品)和利用较温和的反应物(酶)，有益于该领域的可持续性发展。

主要的纤维素降解酶属于 GH。这些纤维素降解酶可以分类为：①内切葡聚糖酶(E.C. 3.2.1.4)能随机催化聚合物中的 β-1，4-连接并释放出低聚糖；②外切葡聚糖酶或纤维二糖水解酶能催化还原端(E.C. 3.2.1.176)或非还原端(E.C. 3.2.1.91)的反应并释放出纤维二糖；③β-葡糖苷酶(E.C. 3.2.1.21)能降解更小链的低聚糖，从而生成最终的非还原性的 β-D-葡萄糖残基(见图 7.3)。所有的细胞壁降解酶可以划分为糖苷水解酶家族 (它们具有相似的序列和结构)，是趋同进化的一个例子。例如，内切葡聚糖酶可以划分为很多不同的 GH-家族，具有不同的褶皱，并且具有构型保持(GH5、GH7、GH12、GH44、GH51)和构型翻转(GH6、GH8、GH9、GH45、GH48、GH74、GH124)的作用机理(参见 http://www.cazy.org)。纤维二糖水解酶结构上与内切葡聚糖酶相关，并且该酶从还原端开始起作用，主要分类为 GH7 和 GH48；然而，那些在非还原端起作用的酶主要属于构型翻转的 GH6 和 GH9。β-葡糖苷酶可以归类为 GH1、GH3、GH9、GH30 和 GH116，其中构型翻转的 GH9 还与内切葡聚糖酶和纤维二糖水解酶的结构相关。

植物细胞壁的降解酶多种多样，而且很多微生物酶由多个组元组成(Mba Medie et al 2012)。辅助组元通常是碳水化合物结合组元(CBMs)，这被认为是目标酶(接触组元)对细胞壁某部分起作用。

联合使用内切葡聚糖酶、外切葡聚糖酶和 β-葡糖苷酶在将晶态和无定形的纤维素降解为可发酵葡萄糖过程中表现出协同作用(van Dyk，Pletschke 2012)。目前，使用的这些商业购置的 GH 原则上来源于真菌，而且纤维素酶占全酶市场约 20%的份额，2012 年估计为 60 亿美元(Mathew et al 2008)。然而，存在很多可供选择的酶，而且人们致力于开发诸如利用耐热酶的方法上(Turner et al 2007)，使其能够在较高温下进行操作。纤维素酶的成本还是很高的 (Cheng，Timilsina 2011)，而且它需要协调一致的努力以便将其降低到一个合适的价位。

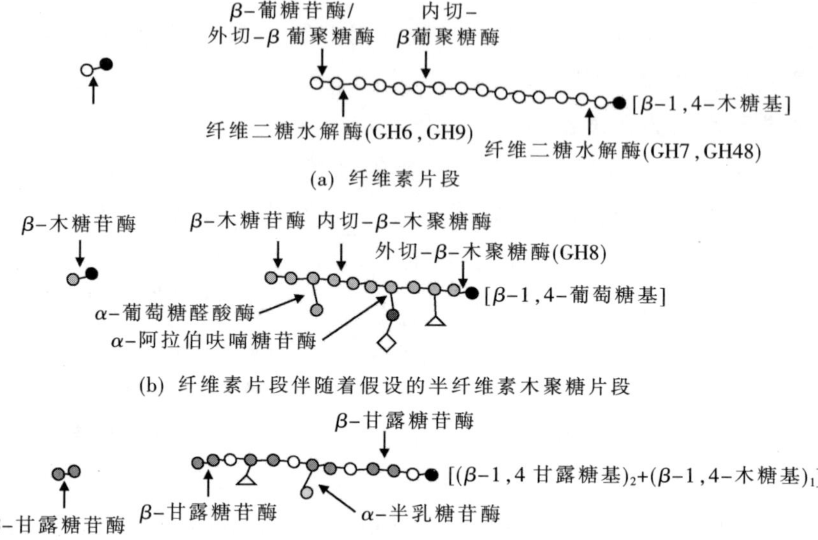

图 7.3 简化的结构和酶对木质纤维素聚合物的催化位点(Turner et al 2007)

●主链的还原性末端(括号内表示聚合物片段主链的糖苷键类型);○葡萄糖;

◎木糖;◎葡糖醛酸;◉树胶醛糖;◉甘露糖;◎半乳糖;\酚类基团;◇甲基

最近的研究表明,除了 GH 以外,氧化酶(例如纤维二糖脱氢酶和多糖单加氧酶)也能催化断裂纤维素中的糖苷键,并在其降解过程中起重要作用(Phillips et al 2011,Mba Medie et al 2012)。这其中的一些酶,例如壳质连接蛋白(Cbp21)或者氧化酶归属于 GH61(Vaaje-Kolstad et al 2010;Harris et al 2010),能催化打开不易被 GH 接近的晶体多糖的结构(例如纤维素和壳质)。

7.4.2 半纤维素的水解

从木质纤维素中生产乙醇的利润较低,部分原因是由于只能利用生物质中的纤维素(Gowen,Fong 2010)。因此,寄希望于对半纤维素的利用来增加该过程的收益力度,并且掀起了一场研究热潮。相对于纤维素,半纤维素的利用需要将聚合物水解为低聚物和单体。然而,与纤维素不同,半纤维素在结构上和化学上存在异质性,而且一般随着来源的不同而发生变化(Beg et al 2001)。化学水解过程和酶水解过程都能解聚半纤维素;然而,从可持续的角度来看,酶水解优越于化学水解。木聚糖是植物中最常见的半纤维素,是一种由 1,4-β-*D*-木糖单体组成的均聚物杂多糖(Saha 2003;Garrote et al 1999;Koukiekolo et al 2005)。

木聚糖酶是生物质中降解该部分的酶，常用于木质纤维素的水解。与纤维素降解酶相似，木聚糖酶可以分为内切活性木聚糖酶(E.C. 3.2.1.8，属于GH5、GH8、GH10、GH11、GH43)、作用于还原末端的外切活性木聚糖酶(E.C. 3.2.1.156，属于GH8)和作用于非还原末端的木糖苷酶互补的酶(E.C. 3.2.1.37，例如属于GH1、GH3、GH39、GH43、GH52、GH54、GH116、GH120)(Shallom，Shoham 2003)。作用于半纤维素的酶与纤维素降解酶相似，常常是组元化的，由催化域和辅域组成(Shallom，Shoham 2003)。一个GH家族常常包括很多不同特异性的酶。突变研究表明，苷元结合位点中很少残基的改变将会改变一个单糖对另一单糖结合的优先性(Corbett et al 2001)，而且，属于GH家族的GH1和GH3中的糖苷酶能够水解葡萄糖和低聚木糖(Yernool et al 2000；Zhou et al 2012)。

利用其他半纤维素降解酶，例如甘露聚糖酶(EC .2.1.78，作用于包括半纤维素的不同甘露聚糖，主要属于GH5、26和113)、甘露糖苷酶(EC 3.2.1.25，GH1、GH2 和GH5)、半乳糖苷酶(EC 3.2.1.23，GH1、GH2、GH3、GH35、GH42)和阿拉伯呋喃糖酶(EC 3.2.1.55，GH3、GH43、GH51、GH54、GH62)(见图7.3)，与木聚糖酶(取决于使用的生物质)一起能够进一步提高某些原料单糖的产量，以便更好地将半纤维素转化为相应的单体单元。在该领域中已经进行了大量的工作以提高乙醇的产量，其中相当大的一部分研究还与生物工程发酵相关，以便更好地利用单体戊糖和生产乙醇(Hahn–Hägerdal et al 2007)。戊糖发酵为乙醇确实无容置疑地能促进从木质纤维素中生产乙醇。然而，自然存在的商品乙醇生产菌株的缺陷阻碍了该过程的实施(酿酒酵母不能天生的利用戊糖)。现在，很多可用于新陈代谢工程的酵母菌株能成功地从木糖中生产乙醇 (Matushika et al 2008，2009；Kuhad et al 2011)，这将有利于提高木质纤维素生物质单位生物量的乙醇产量，并有希望提高乙醇生产公司的利润率。另一个工程领域涉及纤维素酶，这些酶能够使纤维素降解或利用修改乙醇代谢途径的可降解纤维素的微生物，下面将详细介绍。

7.5 用于木质纤维素糖化作用的外源性或内源性酶

从生物质中生产乙醇可通过任何已知的三个步骤完成。在传统过程中，通过水解预处理生物质获得的水解产物用于制作生产乙醇的发酵培养基，常用的有酿酒酵母或者运动发酵单胞菌(见图7.4)。这是最常见的方法。然而，普遍认为单一的处理步骤使得该过程相对昂贵，因此开发了可选择的方法。该过程被称为同步糖化发酵工艺(SSF)或同步糖化共发酵工艺(SSCF)。在乙醇生产过程中，经预处理的生物质的水解(添加外源生产的纤维素降解酶)和发酵工艺可以在相同的反应罐中同时进行。然而，该过程需要生物质补给，这是常用的预处理方法(Carere et al

2008)。尽管广泛的预处理是必要的,以保证易于处理和纤维素的有效酶降解,但这是非常昂贵的。从木质纤维素中生产乙醇的第三个供选择的过程是同一生物过程(CBP)。在该成熟过程中,纤维素酶的生产、底物水解和发酵在同一步骤中通过纤维素降解微生物完成(Carere et al 2008;Hasunuma,Kondo 2012)。在一个步骤中将这三个过程联合起来,有希望充分降低乙醇生产的成本。然而,迄今为止尽管具有非常大的前景,但甚至没有一个微生物能具有将所有底物水解所需的特征和在商业水平上生产乙醇。这将导致通过代谢工程筛选微生物,该微生物应具有通过联合生物工艺(CBP)从生物质中生产乙醇的潜力(Hasunuma,Kondo 2012)。

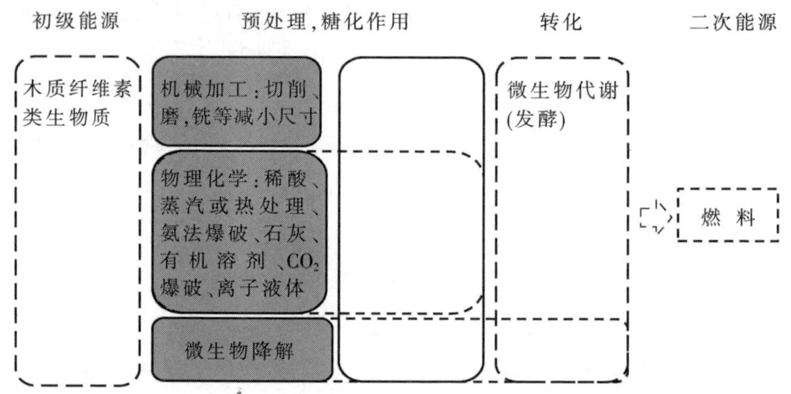

图 7.4 为了转化具有顽抗性的木质纤维素,预处理是后续转化过程中获得较高效率的保障;不同的方法包括从低到高的 pH 值调整,新的方法仍在研发过程中;利用微生物处理聚合多糖的可能性通常是有限的,因此预处理步骤最终是一个水解步骤,这样可以利用筛选出的微生物把单糖和低聚糖转化到能量载体中(在该步骤中,微生物中的 GH 具有应用潜力)

有两种方法可用于 CBP 系统中微生物的遗传改造:例如,在商业乙醇生产菌株 (例如酿酒酵母) 中重组表达所必需的纤维素降解酶 (van Zyl et al 2007;van Wyk et al 2010)或增强已知的降解纤维素的微生物(例如芽泡杆菌、梭状芽泡杆菌或链孢霉菌)的乙醇生产能力。例如,尖孢镰孢菌是大家已知的菌株,能产生多种纤维素和半纤维素降解酶,并以适当的产量将已糖(葡萄糖)和戊糖(木糖)发酵为乙醇 (产率分别为 1.8mol 乙醇/mol 葡萄糖以及 1mol 乙醇/mol 木糖)(Panagiotou,Christakopoulos 2004;Xiros,Christakopoulos 2009)。因此,如果通过代谢工程可提高乙醇产量,则该微生物对 CBP 非常具有吸引力。到目前为止,在这个方向中,已经在可降解纤维素的温和嗜热菌葡糖苷酶地芽孢杆菌中进行了大量的研究,通过去除乳酸脱氢酶和丙酮酸甲酸裂解酶途径以及上调丙酮酸脱氢酶的表达(Cripps et al 2009)，最终改良了乙醇的生产。与通常产生复杂胞外纤维素酶的需氧微生物不同，一些可降解纤维素的厌氧微生物也非常具有意义，例如梭状芽胞杆菌。由于这些微生物可利用巨大、复杂的胞外酶降解纤维素，这些酶在常被称为纤维素酶聚合体中起作用(Carere et al 2008)。纤维素酶常包括 GH、多糖裂解酶和羧酸酯酶，这些酶分布在非催化蛋白骨架周围，通过内聚蛋白的连接使酶和碳水化合物绑定成模块组元 (Ding et al 2008；Gilbert 2007；Bayer et al 2007；Fontes，Gilbert 2010)。该复杂的聚合体不但能降解纤维素，还能降解其他生物质片段(例如半纤维素和果胶)，这使得将其应用于生物乙醇生产非常有吸引力。

7.6 利用藻类淀粉生产乙醇

致力于利用藻类生产能源的广泛研究正在进行中。与植物生物质相似，藻类生物质包括可通过发酵生产乙醇的碳水化合物 (Goh，Lee 2010；Brennan，Owende 2010)。淀粉是最理想的生产乙醇的底物。然而，传统发酵中使用的淀粉来源于谷物，这使得粮食和能源生产之间形成竞争，因此不能得到社会、经济和政治的支持。利用非粮食来源的淀粉可以减缓粮食与能源生产之间的激烈竞争所引发的问题。不同的藻类都能积累淀粉，例如小球藻、*Glacilaria*、螺旋藻、*Prymnesium*、石莼等(Zemke–White，Clements 1999)(见表 7.2)，它们能用于生物乙醇的生产，并与谷物淀粉的使用具有相同的路径。淀粉水解需要利用来自 α–淀粉酶科的不同的酶(见图 7.5)。该家族由相关序列的构型保持酶组成(属于 GH13、GH70 和 GH77)。

如果藻类淀粉用于乙醇生产，与传统谷物淀粉生产乙醇的过程一样，也需要糊化、酶法液化和糖化作用(Turner et al 2007)。在液化过程中，耐热 α–淀粉酶(EC 3.2.1.1)用于获得低聚糖，随后利用 β–淀粉酶(EC 3.2.1.2)进行糖化作用以获得麦芽糖或用葡糖淀粉酶(EC 3.2.1.3)获得葡萄糖。还能通过添加脱支酶(或者普鲁兰酶，EC 3.2.1.41)提高糖化作用的效率。最近还发现，环式糊精[由环式糊精糖基转移酶产生的(CGTases EC 2.4.1.19)]的出现能增加后续发酵步骤中菌株对乙醇的耐受力，例如酿酒酵母(Liang et al 2011)。

然而，淀粉的糊化是一个能耗很高的过程，而且如何降低淀粉加工过程中的能耗已经引起了越来越多的关注。高温烹饪淀粉(140~180℃)是破坏淀粉颗粒的必要步骤，这增加了乙醇的生产成本。直接对谷物原淀粉进行糖化作用是一个可能的选择，可降低整个过程的能耗(Robertson et al 2006)。事实上，已经尝试了低温烹饪发酵系统，而且其能显著地降低能耗(Matsumoto et al 1982；Shigechi et al 2000)。然而，原淀粉对酶水解具有顽抗性，这限制了它的应用。有趣的是，藻类原淀粉比来源于粮食级的植物淀粉具有更高的降解效率(Meeuse，Smith 1962)。

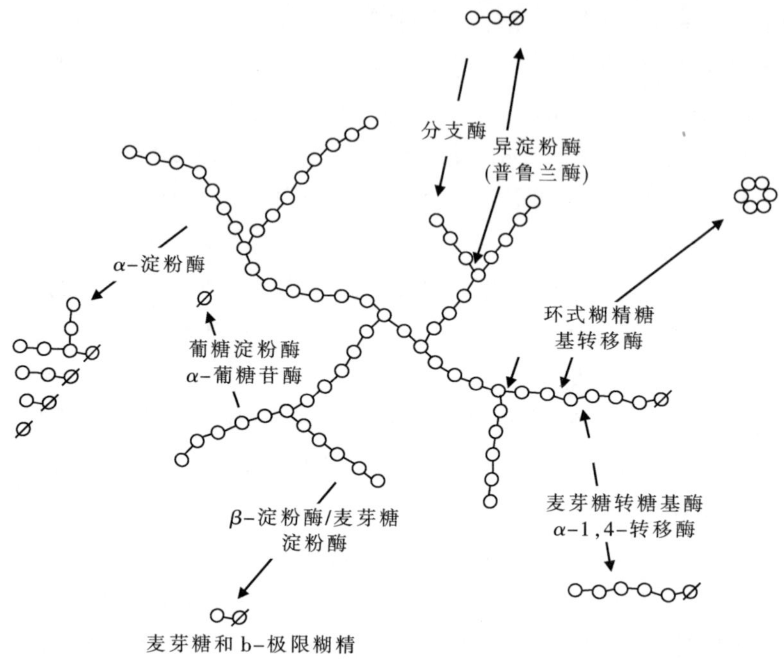

图 7.5 酶在假设的支链淀粉分子中的作用位点(Turner et al 2007)

○葡萄糖分子；∅还原性葡萄糖分子

7.7 结论

可循环的生物燃料需要利用木质纤维素生物质以及藻类生物质以实现大批量的生产,这需要对木质纤维素和藻类淀粉进行水解。在淀粉处理过程中,酶技术得到发展,另外还得到了很多混合酶。木质纤维素水解更加复杂,但是对于它们的认识是不断进步的。目前的研究表明,水解可被相互作用的水解酶(例如微生物产生的 GH)和氧化酶刺激。未来需要研究的一个问题是如何使利用外源酶具有经济可行性,或者如何将大量用于生产且经过改良过的微生物中的内源酶应用于未来的生物燃料体系中。利用外源酶具有优势,糖化作用是普遍的并能在下一步反应中应用于不同的发酵过程(利用不同的微生物和生产不同类型的能量载体)。然而,在研发了高效的用于单个过程的微生物后,内源酶有望成为替代方法。今后,这两个策略似乎可以适用于不同的目的。

致　谢

感谢瑞典环境、农业科学与空间计划研究理事会(Swedish Research Council

Formas)243-2008-2196 项目和 229-2009-1527 项目(SureTech 合作研究项目)以及 EU FP7 研究项目 AMYLOMICS 的资助。

参考文献

Aitken D,Antizar-Ladislao B (2012) Achieving green solution:limitations and focus points for sustainable algal fuels. Energies 5:1613-1647

An H,Wilhelm WE,Searcy SW (2011) Biofuel and petroleum-based supply chain research:a literature review.Biomass Bioenergy 35:3763-3774

Araque E,Parra C,Freer J,Contreras D,Rodriguez J,Mendonca R,Baeza J (2007) Evaluation of organosolv pretreatment for the conversion of Pinus radiata D.Don to ethanol.Enzyme Microb Technol 43:214-219

Bayer EA,Lamed R,Himmel ME (2007) The potential of cellulases and cellulosomes for cellulosic waste management. Curr Opinion Biotechnol 18:237-245

Beg QK,Kapoor M,Mahajan L,Hoondal GS (2001) Microbial xylanases and their industrial applications:a review.Appl Microbiol Biotechnol 56:326-338

Brennan L,Owende P (2010) Biofuels from microalgae-a review of technologies for production,processing,and extractions of biofuels and co-products.Renew Sustain Energy Rev 14:557-577

Brownell HH,Yu EKC,Saddler JN (1986) Steam explosion pretreatment of wood:effect of chip size,acid,moisture content,and pressure drop.Biotechnol Bioeng 28:792-801

Cadoche L,Lopez GD (1989) Assessment of size reduction as a preliminary step in the production of ethanol from lignocellulosic wastes.Biol Wastes 30:153-157

Carere CR,Sparling R,Cicek N,Levin DB (2008) Third generation biofuels via direct cellulose fermentation.Int J Mol Sci 9:1342-1360

Carlsson AS,vanBeilen J,Moller R,Clayton D (2007) Micro-and macro-algae:utility for industrial applications.In:Bowles (ed) Outputs from the EPOBIO project,CPL press,Berks,UK Chandel AK,Singh OM (2011) Weedy lignocellulosic feedstock and microbial metabolic engineering.Appl Microbiol Biotechnol 89:1289-1303

Chandra R,Takeuchi H,Hasegawa T (2012) Methane production from lignocellulosic agricultural crop wastes:a review in context to second generation of biofuel production.Renew Sustain Energy Rev 16:1462-1476

Chen S,Min M,Chen Y,Wang L,Li Y,Chen Q,Wang C,Wan Y,Wang X,Cheng Y,Deng S,Hennessy K,Lin X, Liu Y,Wang Y,Martinez B,Ruan R (2009) Review of the biological and engineering aspects of algae to fuels approach.Int J Agric Biol Eng 2:1-30

Cheng JJ,Timilsina GR (2011) Status and barriers of advanced biofuel technologies:a review.Renewable Energy 36: 3541-3549

Chundawat SPS,Beckham GT,Himmel ME,Dale BE (2011) Deconstruction of lignocellulosic biomass to fuels and Chemicals.Annu Rev Chem Biomol Eng 2:121-145

Corbett K,Fordham-Skelton AP,Gatehouse JA,Davis BG (2001) Tailoring the substrate specificity of the b-glycosidase from the thermophilic archaeon Sulfolobus solfataricus.FEBS Lett 509:355-360

Cripps RE,Eley K,Leak DJ,Rudd B,Taylor M,Todd M,Boakes S,Martin S,Atkinson T (2009) Metabolic engineeringof Geobacillus thermoglucosidasius for highyield ethanol production.Met Eng 11:398-408

Demirbas MF (2011) Biofuels from algae for sustainable development.Appl Energy 88:3473-3480

Demirbas A (2010) Use of algae as biofuel sources.Energy Conv Manag 51:2738-2749

Ding SY,Xu Q,Crowley M,Zeng Y,Nimlos M,Lamed R,Bayer EA,Himmel ME (2008) A biophysical perspective on the cellulosome:new opportunities for biomass conversion.Curr Opin Biotechnol 19:218-227

Emmel A, Mathias AL, Wypych F, Ramos LP (2003) Fractionation of Eucalyptus grandis chips by dilute acid-catalysed steam explosion.Biores Technol.86:105-115

Euphrosine-Moy V, Lasry T, Bes RS, Molinier J, Mathieu J (1991) Degradation of poplar lignin with ozone.Ozone Sci Eng 13:239-248

European Biofuels Technology Platform (2009) Biofuel Production (http://www.biofuelstp.eu/ fuelproduction.html, accessed 2012-06-26)

Fontes CM, Gilbert HJ (2010) Cellulosomes: highly efficient nanomachines designed to deconstruct plant cell wall complex carbohydrates.Ann Rev Biochem 79:655-681

Fox DJ, Gray PP, Dunn NW, Warwick LM (1989) Comparison of alkali and steam (acid) pretreatments of lignocellulosic materials to increase enzymic susceptibility: evaluation under optimized pretreatment conditions.J Chem Technol Biotechnol 44:135-146

Galbe M, Zacchi G (2007) Pretreatment of lignocellulosic materials for efficient bioethanol production.Adv Biochem Eng/ Biotechnol 108:41-65

Garrote G, Dominguez H, Parajo JC (1999) Hydrothermal processing of lignocellulosic materials.Holz Als Roh-Und Werkstoff 57:191-202

Gilbert HJ (2007) Cellulosomes: microbial nanomachines that display plasticity in quaternary structure.Mol Microbiol 63: 1568-1576

Goh CS, Lee KT (2010) A visionary and conceptual macroalgae-based third-generation bioethanol (TGB) biorefinery in Sabah, Malaysia as an underlay for renewable and sustainabledevelopment.Renew Sustain Energy Rev 14:842-848

Gowen CM, Fong SS (2010) Exploring biodiversity for cellulosic biofuel production.Chem Biodivers 7:1086-1097

Grous WR, Converse AO, Grethlein HE (1986) Effect of steam explosion pretreatment on pore size and enzymatic hydrolysis of poplar.Enzyme Microb Technol 8:274-280

Hahn-Hägerdal B, Karhumaa K, Fonseca C, Spencer-Martins I, Gorwa-Grauslund MF (2007) Towards industrial pentose-fermenting yeast strains.Appl Microbiol Biotechnol 74:937-953

Harris P-V, Welner D, McFarland K-C, Re E, Navarro Poulsen J-C, Brown K, Salbo R, Ding H, Vlasenko E, Merino S, Xu F, Cherry J, Larsen S, Lo Leggio L (2010) Stimulation of lignocellulosic biomass hydrolysis by proteins of glycoside hydrolase family 61: structure and function of a large, enigmatic family.Biochemistry 49:3305-3316

Harun R, Danquah MK, Forde GM (2010) Micoralgal biomass as a fermentation feedstock for bioethanol production.J Chem Technol Biotechnol 85:199-203

Hasunuma T, Kondo A (2012) Consolidated bioprocessing and simultaneous saccharification and fermentation of lignocellulose to ethanol with thermotolerant yeast strains.Process Biochem 47:1287-1294

John RP, Anisha GS, Nampoothiri KM, Pandey A (2011) Micor and macroalgal biomass: a renewable source for bioethanol. Biores Technol 102:186-193

Kassim EA, El-Shahed AS (1986) Enzymatic and chemical hydrolysis of certain cellulosic materials.Agricult Wastes 17:229-233

Kuhad RC, Gupta R, Khasa YP, Singh A, Zhang Y-HP (2011) Bioethanol production from pentose sugars: current status and future prospects.Renew Sustain Energy Rev 15:4950-4962

Kumakura M, Kaetsu I (1983) Effect of radiation pretreatment of bagasse on enzymatic and acid hydrolysis.Biomass 3:199-208

Kumakura M, Kojima T, Kaetsu I (1982) Pretreatment of lignocellulosic wastes by combination of irradiation and mechanical crushing.Biomass 2:299-308

Kumar P, Barrett DM, Delwiche MJ, Stroeve P (2009) Methods for pretreatment of lignocellulosic biomass for efficient hydrolysis and biofuel production.Ind Eng Chem Res 48:3713-3729

Kurakake M, Ide N, Komaki T (2007) Biological pretreatment with two bacterial strains for enzymatic hydrolysis of office paper.Curr Microbiol 54:424–428

Koukiekolo R,Cho H–Y,Kosugi A,Inui M,Yukawa H,Doi RH (2005) Degradation of corn fiber by Clostridium cellulovorans cellulases and hemicellulases and contribution of scaffolding protein CbpA.Appl Environ Microbiol 71:3504–3511

Lewis NS,Nocera DG (2006) Powering the planet:chemical challenges in solar energy utilization.PNAS 103:15729–15735

Liang Q,Wang Q,Gao C,Wang Z,Qi Q (2011) The effect of cyclodextrins on the ethanol tolerance of microorganisms suggests potential application.J Ind Microbiol Biotechnol 38:753–756

MacDonald DG,Bakhshi NN,Mathews JP,Roychowdhurry A,Bajpai P,Moo–Young M (1983) Alkali treatment of corn stover to improve sugar production by enzymatic hydrolysis.Biotechnol Bioeng 25:2067–2076

Martin C,Klinke HB,Thomsen AB (2007) Wet oxidation as a pretreatment method for enhancing the enzymatic convertibility of sugarcane bagasse.Enzyme Microb Technol 40:426–432

Mathew GM,Sukumaran RK,Singhania RR,Pandey A (2008) Progress in research on fungal cellulases for lignocellulose degradation.J Sci Ind Res 67:898–907

Matsumoto N,Fukushi O,Miyanaga M,Kakihara K,Nakajima E,Yoshizumi H (1982) Industrialization of a noncooking system for alcoholic fermentation from grains.Agric Biol Chem 46:1549–1558

Matushika A,Watanabe S,Kodaki T,Makino K,Sawayama S.(2008) Bioethanol production from xylose by recombinant Saccharomyces cerevisiae expressing xylose reductase,NADP+–dependent xylitol dehydrogenase and xylulokinase.J Biosci Bioeng 105:296–299

Matsushika A,Inoue H,Watanabe S,Kodaki T,Makino K,Sawayama S (2009) Efficient bioethanol production by recombinant flocculent Saccharomyces cerevisiae with genome–integrated NADP+–dependent xylitol dehydrogenase gene. Appl Environ Microbiol 75:3818–3822

Mba Medie F,Davies GJ,Drancourt M,Henrissat B (2012) Genome analysis highlight the different biological roles of cellulases.Nature Rev Microbiol 10:227–234

Meeuse BJD,Smith BN (1962) A note on the amylolytic breakdown of some raw algal starches.Planta 57:624–635

Mosier N,Wyman C,Dale B,Elander R,Lee YY,Holtzapple M,Ladisch M (2005) Features of promising technologies for pretreatment of lignocellulosic biomass.Biores Technol 96:673–686

Neely WC (1984) Factors affecting the pretreatment of biomass with gaseous ozone.Biotechnol Bioeng 26:59–65

Negro MJ,Manzanares P,Ballesteros I,Oliva JM,Cabanas A,Ballesteros M (2003) Hydrothermal pretreatment conditions to enhance ethanol production from poplar biomass.Appl Biochem Biotechnol 105:87–100

Palonen H,Thomsen AB,Tenkanen M,Schmidt AS,Viikari L (2004) Evaluation of wet oxidation pretreatment for enzymatic hydrolysis of softwood.Appl Biochem Biotechnol 117:1–17

Pan X,Arato C,Gilkes N,Gregg D,Mabee W,Pye K,Xiao Z,Zhang X,Saddler J (2005) Biorefining of softwoods using ethanol organosolv pulping:preliminary evaluation of processstreams for manufacture of fuel–grade ethanol and co–products.Biotechnol Bioeng 90:473–481

Pan X,Gilkes N,Kadla J,Pye K,Saka S,Gregg D,Ehara K,Xie D,Lam D,Saddler J (2006) Bioconversion of hybrid poplar to ethanol and co–products using an organosolv fractionation process:optimization of process yields. Biotechnol Bioeng 94:851–861

Panagiotou G,Christakopoulos P (2004) NADPH–dependent D–aldose reductases and xylose fermentation in Fusarium oxysporum.J Biosci Bioeng 97:299–304

Parikka M (2004) Global biomass fuel resources.Biomass Bioenergy 27:613–620

Phillips CM,Beeson WT,Cate JH,Marletta MA (2011) Cellobiose dehydrogenase and a copper–dependent polysac charide monooxygenase potentiate cellulose degradation by Neurospora crassa.ACS Chem Biol 6:1399–1406

Platts (2011) IEA says biofuels can displace 27% of transportation fuels by 2050.(http:// www.platts.com/RSSFeedDetailedNews/RSSFeed/Oil/6017103; accessed 26–06–2012)

Robertson GH, Wong DWS, Lee CC, Wagschal K, Smith MR, Orts WJ (2006) Native or raw starch digestion: a key step in energy efficient biorefining of grain.J Agricult Food Chem 54: 353–365

Rodjaroen S, Juntawong N, Mahakhant A, Miyamoto K (2007) High biomass production and starch accumulation in native green algal strains cyanobacterial strains of Thailand Kasetsart.J Nat Sci 41: 570–575

Saha BC (2003) Hemicellulose bioconversion.J Ind Microbiol Biotechnol 30: 279–291 Shafizadeh F, Bradbury AGW (1979) Thermal degradation of cellulose in air and nitrogen at low temperatures.J Appl Polym Sci 23: 1431–1442

Shallom D, Shoham Y (2003) Microbial hemicellulases.Curr Opin Microbiol 6: 219–228

Shigechi H, Fujita Y, Koh J, Ueda M, Fukuda H, Kondo A (2000) Energy–saving direct ethanol production from low–temperature–cooked corn starch using a cell–surface engineered yeast strain co–displaying glucoamylase and a–amylase.Biochem Eng J 18: 149–153

Shrank S, Farahmand F (2011) Biofuels regain momentum.Worldwatch Institute (http:// www.worldwatch.org/biofuels–make–comeback–despite–tough–economy, accessed 26–06–2012)

Sjöström E (1993) Wood chemistry: fundamentals and applications.Academic, London

Stuart AS, Davey MP, Dennis JS, Horst I, Howe CJ, Lea–Smith DJ, Smith AG (2010) Biodiesel from algae: challenges and prospects.Current Opinion Biotechnol 21: 277–286

Subhadra B, Edwards M (2010) An integrated renewable energy approach for algal biofuel production in united States. Energy Policy 38: 4897–4902

Tassinari T, Macy C (1977) Differential speed two roll mill pretreatment of cellulosic materials for enzymatic hydrolysis.Biotechnol Bioeng 19: 1321–1330

Turner P, Mamo G, Nordberg Karlsson E (2007) Potential and utilization of thermophiles and thermostable enzymes in biorefining.Microb cell fact 6(9)

Vaaje–Kolstad G, Westereng B, Horn S–J, Liu Z, Zhai H, Sorlie M, Eijsink V–G (2010) An oxidative enzyme boosting the enzymatic conversion of recalcitrant polysaccharides.Science 330: 219–222

Van Dyk JS, Pletschke BI (2012) A review of lignocellulose bioconversion using enzymatic hydrolysis and synergistic cooperation between enzymes–Factors affecting enzymes, conversion and synergy.Biotechnol Adv 30: 1458–1480

Van Wyk N, den Haan R, van Zyl WH (2010) Heterologous co–production of Thermobifida fusca Cel9A with other cellulases in Saccharomyces cerevisiae.Appl Microbiol Biotechnol 87: 1813–1820

Van Zyl WH, Lynd LR, den Haan R, McBride JE (2007) Consolidated bioprocessing for bioethanol production using Saccharomyces cerevisiae.Adv Biochem Eng Biotechnol 108: 205–235

Varga E, Klinke HB, Reczey K, Thomsen AB (2004) High solid simultaneous saccharification and fermentation of wet oxidized corn stover to ethanol.Biotechnol Bioeng 88: 567–574

Xiros C, Christakopoulos P (2009) Enhanced ethanol production from brewer′ s spent grain by a Fusarium oxysporum consolidated system.Biotechnol Biofuels 2: 4

Yernool DA, McCarthy JK, Eveleigh DE, Bok JD (2000) Cloning and characterization of the glucooligosaccharide catabolic pathway betaglucan glucohydrolase and cellobiose phosphor –ylase in the marine hyperthermophile Thermotoga neapolitana.J Bacteriol 182: 5172–5179

Zemke–White WL, Clements KD (1999) Chlorophyte and rhodophyte starches as factors in diet choice by marine herbivorous fish.J Exp Marine Biol Ecol 240: 137–149

Zhou J, Bao L, Chang L, Liu Z, You C, Lu H (2012) Beta–xylosidase activity of a GH3 glucosidase/xylosidase from yak rumen metagenome promotes the enzymatic degradation of hemicellulosic xylans.Lett Appl Microbiol 54: 79–87

第 8 章 用于木质纤维素联合生物加工的纤维素水解酶的开发

摘要:木质纤维素生物质来源丰富且可再生,能以可持续的方式为生物燃料和化学品的生产提供潜在原料。目前它没有被广泛应用的主要原因在于技术门槛,因为用生物或热化学方法克服木质纤维素耐受性的低成本技术还没有出现。一种可水解生物质中的多糖,同时可高效率、高浓度地生产产品(比如乙醇)的生物菌体,能够显著降低生物质生物转化的成本。这将使得现有的在不同反应器完成的工艺组合在一起,从而成为联合生物加工工艺(CBP)。目前还没有理想的野生生物菌体已经被确定可用于 CBP,一些候选生物菌体处于不同的研发阶段。本章评述了 CBP 中生物菌体的发展现状,包括:使不能分解纤维素的生物菌体能在纤维素底物上生长,利用生物菌体提高天然纤维素生成产品的能力以及设计生物菌体以改进其纤维素分解能力和生成产品的能力。另外,本章还对原料、预处理及工艺集成方案的技术发展水平进行了简要的评述。

8.1 引言

许多国家对越来越严峻的能源安全问题和环境问题的投入越来越多,同时也对日益增加的石油需求及其开采成本的投入越来越多,这带动了一个有活力的生物燃料工业的发展(Van Zyl et al 2011)。第一代生物燃料,比如由玉米淀粉或甘蔗生产的乙醇,已经为一些国家提供相当数量的液体燃料。不过,因为可用的原料比较少,该技术不能生产出更多的燃料来代替石油基燃料。木质纤维素生物质是自然界中含碳最丰富的资源,并且是唯一的能以可持续、可再生的方式为这个世界提供足够多的原料来生产能源和化学品的资源 (Hill et al 2006;Van Zyl et al

本章作者:W. H. van Zyl[1],R. den Haan[1],D. C. la Grange[2]
作者单位:1.南非泰伦博斯大学(University of Stellenbosch)微生物学系;2.南非林波波大学(University of Limpopo)微生物学、生物技术和生物化学系
电子邮件:whvz@sun.ac.za

2011)。因此,第二代生物燃料,比如由纤维素生物质生产的乙醇,在寻求技术利用植物生物质所含能量时,要克服原料本身所具有的缺陷。当前把生物质转化为乙醇的技术使用的是生物加工路线, 在这个路线的初始阶段使用物理和/或化学方法进行预处理,以使聚合物更容易被酶水解(Stephanopoulos 2007)。原料来源将决定最佳预处理方法的选择,这反过来又决定了后续水解步骤中酶的最佳混配组成以及水解产物组成。

木质纤维素在预处理后转化为乙醇的过程中包含 4 个生物处理工序, 即:①解聚酶的产生;②预处理后生物质中多糖组分的水解;③所含己糖(C_6)的发酵;④所含戊糖(C_5)的发酵(Lynd et al 2002)。生物质转化技术的改进通常包含 2~3 个上述步骤的联合(见图 8.1)。水解和发酵步骤可被合并为己糖的糖化和发酵同时进行(SSF)的步骤,或己糖和戊糖的糖化或共发酵同时进行(SSCF)步骤。这些过程避免了所释放的糖对酶的抑制作用,而其代价就是不得不把操作温度降低到一定的水平,这对于采用嗜温酶的工艺来说,不利于酶活性的发挥。最终的目标是通过一套联合生物工艺过程(CBP)将木质纤维素转化为生物乙醇。在该工艺中,所有的 4 个步骤在同一个反应器中进行,并且用一种单一的微生物或微生物菌群将预处理过的生物质转化为产品(比如乙醇),而不需要加入其他酶。CBP 将是低成本生物质加工技术的突破,这是因为采用工艺整合能带来经济效益(Galbe et al 2005;Hahn-Hägerdal et al 2007;Hamelinck et al 2005;Robinson 2006),以及避免使用的高成本酶, 而使用高成本酶将使生物转化途径缺乏吸引力 (Anex et al 2010;Kazi et al 2010)。

木质纤维素植物生物质含 40%~55%的纤维素、25%~50%的半纤维素和 10%~40%的木质素,这取决于原料是硬木、软木,还是禾本植物(Sun,Cheng 2002)。现有最主要的多糖是水不溶性结晶纤维素,这也是发酵糖的主要来源。结晶纤维素的全酶解需要 3 类活性酶的协同作用,即:①内切葡聚糖酶,在纤维素的无定形区起作用,并且释放纤维糊精和提供自由链端;②外切葡聚糖酶,包括的纤维糊精酶和纤维二糖水解酶从自由链端以一种连续性的方式作用于纤维素结晶区域,主要释放纤维二糖; ③β-葡萄糖苷酶, 水解纤维二糖和纤维低聚糖生成葡萄糖(Zhang,Lynd 2004)。半纤维素是大量的异构多糖结构,比如(阿拉伯糖)半乳聚糖、半乳(葡)甘露聚糖、木聚糖(Sun,Cheng 2002)。这些化学性质不同的聚合物通过共价键和氢键连接在一起,并且能够通过化合方式结合在木质素上。虽然不同预处理方法脱除半纤维素的量可能不同,但从经济角度看,保留半纤维素仍然是必要的,因为半纤维素中所含的糖也能被转化成乙醇(Hahn-Hägerdal et al 2001)。木质纤维素原料中半纤维素的组成及其水解酶的巨大差异，详情可查阅相关文献(Girio et al 2010；Van Zyl et al 2007)。真菌和一些细菌生长中会释放完全互补的纤维素酶和半纤维素酶到它们周围的生长环境中。这些生物体有所谓的自由酶系统，这是大多数商业酶生产的基础。自由酶系统可能含有丰富多样的酶，根据生长基质不同，它们的表现形式可能会发生变化(Herpoël-Gimbert et al 2008)。相比之下，一些细菌，比如解纤维梭菌(*Clostridium cellulolyticum*)和热纤梭菌(*Clostridium thermocellum*)，在其细胞表面会生产木质纤维素酶复合体，被命名为纤维体(Bayer et al 2008)。纤维体架构涉及组装在一个支架蛋白亚基上的多个催化组分，这种组装是通过连接单元之间非共价键的蛋白-蛋白强相互作用来进行，而连接单元处在个别酶的支架单元和锚定单元上(Himmel et al 2010)。复合酶的这种高度有序结构靠近底物，会导致产生高度的“酶-底物-微生物协同作用”(Fierobe et al 1999；Lu et al 2006)。产生纤维体的生物酶体通过蛋白支架在细胞表面显示出各种各样的催化亚基，这允许生物酶体根据底物调节纤维体的活性(Raman et al 2009)。

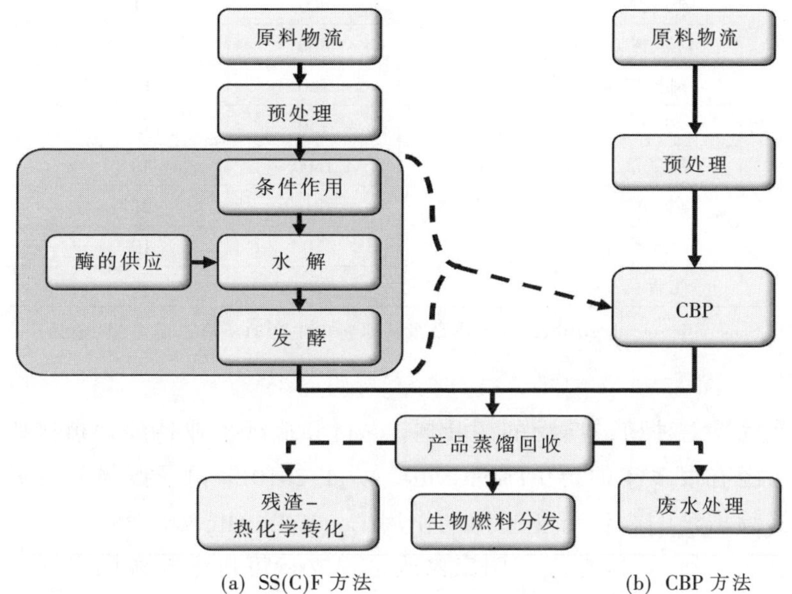

图 8.1 糖化和(共)发酵[SS(C)F]同时进行的工艺(阴影部分)和 CBP 工艺(如果一个生产纤维素酶的重组生物酶体被用于 CBP 中，由于可在适宜温度下进行，因而节约了能耗；另外，因采用外源酶而降低了成本，同时运转单元减少，这带来了可观的经济效益)

8.2 原料

对生物燃料需求的急剧增长，需要可持续供应的原料资源及其转化技术(Sastri et al 2008)。最近几年，使用木质纤维素生物质生产生物燃料，在原料的开发以及加工技术上已经取得显著进展(Fortman et al 2008)。潜在的纤维素原料量很大，而且分布广泛，包括木质生物质、多年生草本植物和农林废弃物(见表 8.1)。这些原料已经被广泛普及，因为它们能够提供高生物质收率，并且在某些情况下一年多熟也是可能的。最近部分这些生物质被基因改性，以提供其他有益的特性，包括减少或改变木质素 (Masarin et al 2011；Shadle et al 2007；Voelker et al 2011；Wadenback et al 2008；Wang et al 2012)、改善酶解性(Guillaumie et al 2008；Harris et al 2009；Shadle et al 2007)以及提高生物质产量(Eriksson et al 2000)。

表 8.1 生物燃料原料概述①

项 目		生长周期/月	降水的需求/(mm/季节)	平均产量(干重)/[t/(hm²·a)]	乙醇收率/(L/hm²)
树 木	白 杨	36	900	8	2000
	杨 柳	36	800	11	2750
	桉 树	36	800	12	3000
多年生草本植物	柳枝稷	12	700	15	5000
	芒 草	12	750	25	7500
	狼尾草	3	1500	40	12500
农作物	甘 蔗	15	21	21	10000
	玉 米	4	10	10	3800
抗旱作物	龙舌兰	60	20	20	7500

① 改编自 Somerville et al 2010；乙醇产量是指从原料中生产的所有乙醇总量，包括产自粮食和秸秆或糖和甘蔗渣。

桉树是世界上种植最广泛的阔叶树。木材和造纸工业持续种植桉树和其他木本生物质已经有很多年的历史(Somerville et al 2010)。电子媒体的发展及废纸回收对这些持续增长的媒体行业起辅助作用(Counsell，Allwood 2007)。不过，种植规模将可能进一步增加，因为很多国家修改法律支持可再生能源的发展。木质生物质中潜在可用的能量是巨大的。据估计，北半球从木材加工中获得的木质生物质，其所含的能量相当于美国液体燃料消耗量的 107%(Goodale et al 2002)。因为杨树(Brunner et al 2004)、柳树和桉树(Paiva et al 2011)的基因组序列已经公开可用，研究人员开始重点关注这些物种的基因改性，以开发适合于生物乙醇行业的原料。许多研究的目标是通过改变木质素含量来降低预处理成本 (Gonzalez-Garcia et al 2012; Porzio et al 2012; Somerville et al 2010)。

多年生植物，比如柳枝稷、芒草、象草，具有较高的光合能力和水氮利用率(Ansah et al 2010; Somerville et al 2010)。它们生长速度快，并且具有有效的根系统，允许它们的根进入土壤深层获取水分。树根中茎根交织产生的网络结构，延伸到土壤中保护其免受侵蚀。一颗柳枝稷可以连续收割 10 年，而芒草将可连续收割 10~15 年。这些植物以及其他禾本植物，平均每年、每公顷能够生产 30t 干生物质。不过，多年生禾本植物还没有以经济规模进行种植，这主要是因为目前还没有商品市场的价格保证。最近，有研究报道生产出了木质素含量低的转基因柳枝稷品系(Fu et al 2011)。这些转基因柳枝稷品系表型正常，但对热化学、酶和微生物的抵抗力降低。因此，它们对纤维素酶的需求量可降低 300%~400%，并且预处理条件也不需要太苛刻。

玉米是世界上产量最大的作物，每年产量约 820Mt(Somerville et al 2010)。有几乎等量的芯和玉米茎(秸秆)可用来生产生物燃料。因为农业残渣有益于保护土壤免于被侵蚀，并且防止养分损失，所以从田地中移除过量的残渣将需要增加化肥的用量，以维持好的庄稼收率。在不影响土壤质量的情况下，可移除的残渣数量依赖于土壤类型、地形地貌、气候条件和管理(Hood et al 2007)。无论维持土壤质量所留的残渣数量是多少，仍有大量的便宜原料可用于纤维素乙醇的生产。玉米已经被基因改性，能够表达出水解酶，从而帮助秸秆水解(Hood et al 2007)，而改变木质素生物合成的调控可简化预处理过程(Sticklen 2007)。

甘蔗乙醇是世界上生物燃料的最大来源之一(Somerville et al 2010)。目前，巴西种植了 $460\times10^4hm^2$ 的甘蔗来生产生物乙醇；而巴西政府声明，这个数据将会继续增加，最高将达到 $6350\times10^4hm^2$(Decree No.6.961 2009)。大约 $6000\times10^4hm^2$ 的划拨土地将用于生产生物燃料。根据甘蔗的预期增长以及从纤维素材料生产的乙醇预测，估计到 2030 年巴西将能生产全球运输燃料当前需求量(4500GL)的 14%的燃料(Somerville et al 2010)。

南部非洲用 $32.5\times10^4hm^2$ 的土地生产了大约 20Mt 的甘蔗(大约是非洲总产量的 50%)。安哥拉、马拉维、莫桑比克、坦桑尼亚、赞比亚和津巴布韦这些国家估计有 $600\times10^4hm^2$ 潜在的土地适于种植甘蔗。如果这些土地也被全部种植甘蔗，将每年大约生产 400Mt 甘蔗，可生产 49GL 的燃料，大约是当前非洲石油总需求量的 20%(Fortman et al 2008; Somerville et al 2010)。研究发现，通过选用木质素含量低的甘蔗品系，使用普通商业酶就能增加葡聚糖到葡萄糖的转化率(Masarin et al

2011)。将来的类似研究可能会提供可由甘蔗渣有经济效益地生产乙醇的甘蔗品系(Fortman et al 2008)。

地球上约 1/5 的陆地表面半干旱或倾向于干旱，降雨为 200~800mm/a(Davis et al 2011)。如果再加上生产力下降的农业土地,可用来生产耐旱生物质(例如龙舌兰)的土地数量是很巨大的。在上述环境中龙舌兰属能够茁壮地生长,每年的产量大约是 34t(干重)/hm^2。

建造工业规模的设施以获得足量的生物质,是未来关注的主要内容。幸运的是,有大量适合于在不同环境条件下生长的不同植物,能确保生物质足量生产的连续性。

8.3 转化技术

目前，由生物质转化为生物燃料的两个主要方法是生物化学法和热化学法(Hess et al 2007;Miller 2010)。详细介绍木质纤维素的热化学转化方法超出了本章的内容范围,不过可以查阅其他文献(Bhaskar et al 2011;Demirbas 2001)。采用这两种技术生产的生物燃料成本及收率差别很大,这与所实施的方案及所用原料有关。这些原料采用与生产玉米乙醇类似的技术,使生物化学转化法引起了非常大的关注(总结于表 8.1)。两种转化技术共用原料物流和生物燃料分销这两个流程。

生物质收割和运送到转化装置的主要挑战是生物质的收率和密度,这决定着生物质的体积。禾本原料到木本原料的密度约在 70~300kg/m^3 的范围变化。对于一个年产 200~1000L 的纤维素乙醇工厂来说，每天需要 0.8~4.0Mt 的干生物质，这需要卡车每日交付约 50~250 次(Verma et al 2011)。需要开发创新的方法来收割和输送生物质到转化装置，以确保纤维素乙醇在大量生产情况下的经济效益。这包括生物质的专用生产(如在糖和纸张/纸浆工业所发现的)或开发与农业商品市场(如粮食和牲畜)平行的生物质商品市场。为确保生物质转化工业采用统一起点的原料,制订严格的生物质交付规范是关键。

预处理的目的是通过降低纤维素结晶度、脱除半纤维素和打破木质素以打开木质纤维素材料的结构(Verma et al 2011)。这些作用增加了纤维素的表面积,使其对水解酶更具可及性。文献上报道了大量的预处理工艺过程(见表 8.2)。每一种预处理工艺都有其优点和缺点,因此,对一种特定的原料而言,优化预处理工艺过程是很重要的。预处理要在兼顾后续所用发酵工艺的前提下进行。优化预处理最好应该与酶水解一起进行,这将确保开发一个能得到最大发酵糖收率的工艺。产生的糖随后经酶水解被发酵为乙醇。

表 8.2 文献中预处理工艺概述

类 型	预处理方法	所用原料	优 点	不 足	参考文献
物理预处理	蒸汽爆破	含有复杂木质素的高结晶度原料——秸秆	酶解效率增加；成本适中，适合于大规模	半纤维素糖收率低；需要高温	Excoffier et al(1991)；Heitz et al(1991)；Kristensen et al(2008)；Verma et al(2011)
	液体热水	玉米纤维，小麦秸秆	良好的纤维素酶解能力；戊糖回收率高（达80%）；抑制物浓度低；适合于大规模生产	需要高温和高压	Allen et al(2001)；Dien et al(2006)；van Walsum et al(1996)
	机械粉碎(研磨、粉磨、碾磨)	云杉，白杨	酶糖化纤维素的速度快、程度高	昂贵；费时；能源密集型；无木质素被脱除	Ryu，Lee(1983)
	辐 射	小麦秸秆	结晶度降低，木质素部分解缩聚	速度慢；能源密集型；昂贵	Imai et al(2004)；Yang et al(2008)
化学预处理	催化蒸汽爆破	软 木	一种最重要的成本适中的预处理方法，比蒸汽爆破产生更少抑制性化合物	SO_2 毒性很高；产生碳氢衍生物抑制剂；木质素破坏不完全	De Bari et al(2007)；Stenberg et al(1998)
	稀 酸	大多数生物质资源，包括硬木、软木、农业废弃物、废纸和城市垃圾	木糖收率高	硫酸的腐蚀性很强；产生发酵抑制剂；预水解液需要中和	Dien et al(2006)；Sun，Cheng(2005)；Torget，Teh-An(1994)
	碱预处理	硬木，农业废弃物	脱木质素程度高；半纤维素溶解好；工艺温度低	预处理时间长；碱转化为不可回收的盐	Kim et al(2003)；Prior，Day(2008)；Vancov，McIntosh(2011)
	氨纤维/冷冻爆破(AFEX)	大多数生物质资源；农业残留物；不适合于木质素含量高的原料	脱木质素程度高；抑制剂的产生几乎可以忽略；不需要对颗粒进行粉碎	半纤维素回收率低；氨回收必不可少，以使预处理具有成本效益	Bals et al(2010)；Holtzapple et al(1992)；Murnen et al(2007)
	有机溶剂		脱木质素程度高；回收纯的低相对分子质量木质素	昂贵；需要高压装置；需要回收溶剂以降低成本	Pan et al(2008)
	pH值控制的液体热水	玉米秸秆	可溶性低聚糖和单糖产率高；以降解产物形式损失的碳水化合物不到1%	目前暂不具经济可行性	Kim et al(2009)；Mosier et al(2005)；Weil et al(1998)
	离子液体	甘蔗、甘蔗渣、小麦秸秆	在温和反应条件下即可起作用；几乎可回收100%离子液体；具有低毒性、可降解性、不易燃的优点	离子液体成本高	Feng，Chen(2008)；Fukaya et al(2008)；Kuo，Lee(2009)；Zhu(2008)
生物预处理		软木、玉米秸秆、竹子	不需要化学药品；需要较低的能量；反应条件温和；环境安全	工艺过程很慢；需要很大的空间	Hwang et al(2008)；Kurakake et al(2007)；Singh et al(2008)

8.4 CBP 生物体的开发

一些野生微生物拥有生产范围广泛的酶的能力,这些酶是水解木质纤维素中全部的多糖所需要的。不过,它们都没有以经济可行的速率和浓度直接把这些多糖转化为所需要的产物(比如乙醇)的能力(Hahn-Hägerdal et al 2006;Lynd et al 2005)。能够生产具有良好品质产物的微生物,一般不能利用生物质中所有可用的糖,它缺乏纤维素分解能力,而且对木质纤维素生物质预处理后所含有的抑制剂可能比较敏感。微生物也常生产一些混合产物,所需的产品与不需要的产品混在一起。一些理想的 CBP 生物酶体的特征见表 8.3。在 CBP 中,采用具有理想纤维素分解能力和产品生产能力的生物酶体混合物也是可行的。最近有一篇综述介绍了木质纤维素燃料生产的共生体系的发展概况(Zuroff,Curtis 2012)。由于使用的木质纤维素原料的多样性、预处理方法的多样性以及所需产物的不同,对于开发具有一系列不同性能的 CBP 生物酶体来说,所开发的性能有一定的范围(La Grange et al 2010)。现有技术沿用了 3 个不同的方法来开发这种生物酶体:①在高效生物降解菌生物酶体内部设计产品的生成能力;②在有吸引力的产物生产属性的生物酶体内部设计分解纤维素的能力;③在具有其他特殊优点生物酶体内部设计分解纤维素的能力和生成产品的能力。

表 8.3 一个理想 CBP 生物酶体的特征(Van Zyl et al 2007)

1	能够发酵木质纤维素中所有的己糖和戊糖
2	产物收率高、浓度高、产量高
3	对产品和抑制剂的耐受性高
4	工业过程有一般的鲁棒性,纤维素酶可在有毒环境中生产
5	耐低 pH 值和高温
6	服从 DNA 控制
7	外源蛋白的生产和分泌度高(如果必须设计纤维素分解能力)
8	并行对糖进行发酵
9	公认安全状态
10	在连续过程中的可回收性
11	最小养分的补充要求

8.4.1 在生物降解菌内部产品形成能力的工程

有几个品种的纤维素分解菌,如里氏木霉(*Trichoderma reesei*),能自然而然地生产大量糖化酶来有效分解木质纤维素,将所有的木质纤维素糖转化为乙醇。这显示这些分解菌天然拥有把木质纤维素转化为生物乙醇的所有途径(Chambergo et al 2002;Lynd et al 2002)。有研究表明,一个日耗成千上万吨生物质的生物炼油厂,在不使用更大比活性的酶的情况下,需要准备许多吨的普通纤维素酶来操作这个炼油厂(Xu et al 2009)。目前,仅有真菌能天然生产大量的纤维素酶,一些里氏木霉菌株生产的纤维素酶超过 100g/L(Cherry,Fidantsef 2003)。里氏木霉用做 CBP 生物酶体的优点是:①以合理的成本生产足够量的纤维素酶;②有几种菌株已经商业化应用;③它可以利用所有的木质纤维素糖来生产乙醇。在里氏木霉用做 CBP 生物酶体之前需要克服的问题是:乙醇产率、生产速度和耐受性比较低,并且因其呈丝状细胞形态,在发酵过程中混合可能需要更多的能量。初步研究显示,当里氏木霉在纤维素上有氧生长时会产生纤维素酶;当环境变成厌氧时,这些酶会把纤维素降解为糖并把糖发酵为乙醇(Xu et al 2009)。不过,这个过程也产生乙酸,而且是主要的副产物。用里氏木霉有效生产乙醇的主要局限不在于缺乏相关的基因和途径,更可能与这些基因的表达力低或编码酶的活性有关。解决这些问题的方法是:提高相关基因的表达力使其达到转录水平,和/或引入外源基因高活性编码酶,以及使生产副产物的酶失活。最近,在构型启动子的控制下,来自栓菌 AH28-2 的漆酶基因被在里氏木霉中异源表达出来(Zhang et al 2012),并且还从中鉴定出了能够分泌重组漆酶的转化体。与宿主菌相比,从转化体中提取的粗酶,使玉米渣糖化得到的还原糖产量提高 31.3%~71.6%。

另一种丝状真菌尖孢镰刀菌(*Fusarium oxysporum*)也能生产分解纤维素和半纤维素的酶,这种酶也可发酵所释放的糖以生产乙醇,但收率相对比较低(Anasontzis et al 2011;Panagiotou et al 2005)。在纤维素底物的 SSF(即同步糖化发酵)过程中,一种尖孢镰刀菌野生型菌株能够在有氧条件下生长,并且能在厌氧条件下以 0.35g/(g 纤维素)的产率生产乙醇。研究也表明,当这个菌株在各种工农业木质纤维素副产品(比如干桔皮、玉米棒和伴随乙醇生产的酒糟)上生长时,能有效形成一个完整的水解酶系统(Anasontzis et al 2011;Xiros et al 2008)。据推测,在构型启动子控制下,纤维素和半纤维素的同源过度表达能够提供更大的生物质降解率,从而增加在乙醇生产途径中糖的供应量。为了这个目的,在构型构巢曲霉(*Aspergillus nidulans*)gpdA 启动子控制下,尖孢镰刀菌的木聚糖酶的产率大幅提高(Anasontzis et al 2011)。在一个简单的 CBP 过程中,采用玉米芯或麸皮作为唯一糖源,评估了转化体的发酵性能,并且与野生型进行比较。与野生型相比,转化体使玉米芯或麸皮转化为乙醇的产率提高了大约 60%,这可能是因为在转化体培养液中,胞外木聚糖酶的发酵活性提高了约 2~2.5 倍。

高温转化工艺可显著节约能量,因为在这个工艺中,在接种及重新加热蒸馏之前,反应器不需要降到嗜热菌株要求的条件(Xu et al 2010)。还有研究显示,温度每提高 10℃，酶催化反应速率约提高一倍，这就能降低酶的需求量(Ibrahim，El-diwany 2007)。另外，反应和发酵温度超过 60℃会降低污染的风险。因为在一个 CBP 过程中，纤维素水解和酶释放在大多数情况下是速控步骤，所以高温水解具有一定的优势。具有纤维素水解和乙醇生产能力的嗜热菌，有成为 CBP 生物酶体的巨大潜力(Xu et al 2010)。由纤维体生产的嗜热革兰氏阳性厌氧细菌热纤梭菌(*C. thermocellum*)，被认为是潜在的 CBP 生物酶体，因为它能非常有效地水解纤维素晶体(Lynd et al 2002)。野生菌株在乙醇浓度超过 2%的培养液中受到抑制，但衍生出的菌株可存活于乙醇浓度高达 8%(体)的培养液中(Xu et al 2010)。这个课题组也研究了一些抑制剂对热纤梭菌纤维体的影响，发现一些有机酸会促进纤维素水解活性，并且热纤梭菌纤维体能够耐受一定浓度的糠醛 (高达 5mmol/L)、对-羟基苯甲酸(高达 50mmol/L)和邻苯二酚(高达 1mmol/L)。热纤梭菌纤维体也比商业上使用的里氏木霉耐更高浓度的乙醇和更高的温度。

8.4.2 生物酶工程菌体的纤维素水解能力

酿酒酵母(*Saccharomyces cerevisiae*)一直用于乙醇生产(Kuyper et al 2005；Van Dijken et al 2000)。酿酒酵母适合于生产工业乙醇的性质包括：从葡萄糖生产乙醇的收率很高[3.3g/(L·h)]、对乙醇高的耐受能力以及它的公认安全状态。不过，这种酵母菌株用于 CBP 生物酶体也具有很多缺点，比如无法水解纤维素和半纤维素，或者无法利用木质纤维素生物质中的戊糖。很多研究团队都在研究如何增加酿酒酵母的底物范围，具体方式是通过基因设计使单体形式的糖，包括木糖(Hahn-Hägerdal et al 2007；Kuyper et al 2005)、阿拉伯糖(Karhumaa et al 2006)和纤维二糖(van Rooyen et al 2005)，也可用做底物。许多报告都详细介绍了酿酒酵母中一个或多个纤维素酶或半纤维素编码基因的表达(Van Zyl et al 2007)。采用该方法生产的酿酒酵母菌株能够在纤维二糖上生长，并对纤维二糖进行发酵。纤维二糖水解酶水解纤维二糖所生成的主要产物分布，与在厌氧条件下水解葡萄糖大致相似 (van Rooyen et al 2005)。最近，模型纤维素分解菌粗糙链孢霉(*Neurospora crassa*) 的高亲和力纤维糊精运输系统，被重组到酿酒酵母中(Galazka et al 2010)，说明随着重组菌株的生长，也会在纤维糊精到纤维四糖上生成一种纤维细胞内 β-葡萄糖苷酶。随后，酿酒酵母菌株被设计改变基因结构，能对木糖和纤维二糖混合物进行共发酵(Ha et al 2011)。一种木糖菌株也被设计改变基因结构，生成一个高亲和力纤维糊精运输体和一个纤维细胞内 β-葡萄糖苷酶，对纤维二糖进行水解。研究显示，细胞内水解纤维二糖，减少了葡萄糖对木糖发酵的抑制作用，这就允许纤维二糖和木糖同时发酵，以提高乙醇产率。出现这种情况的部分原因是由于木糖和葡萄糖运送到细胞的竞争被规避。有研究显示,乳酸克鲁维酵母(*Kluyveromyces lactis*)乳糖通透酶(lac12)基因编码的表达,也有利于传输纤维二糖到重组酿酒酵母菌株的内部(Sadie et al 2011)。该研究进一步显示,在纤维二糖为唯一糖源的底物上,粪堆梭菌(*Clostridium stercorarium*)能成功表达纤维二糖磷酸化酶(cepA),以及同时生产不同的 cepA 和 Lac12。

也有人研究了在酿酒酵母中生产纤维素酶,研究的特定目标是使生物酶体在聚合物底物上生长。研究显示,在 SSF 实验中,使用一种同时生产 β-葡萄糖苷酶和外切/内切纤维素酶的菌株,外加纤维素酶的负载量可以减少(Cho et al 1999)。另有研究报道,能共表达和表面展现出纤维素酶的酿酒酵母菌株,以及能展现出里氏木霉内切葡聚糖酶Ⅱ、纤维二糖水解酶Ⅱ和棘孢曲霉(*Aspergillus aculeatus*)β-葡萄糖苷酶的高细胞密度悬浮液菌株, 能够直接将 10g/L 的磷酸溶胀纤维素(PASC)转化为大约 3g/L 的乙醇(Fujita et al 2002,2004)。一个酿酒酵母菌株共表达了里氏木霉内切葡聚糖酶Ⅰ(cel7B)和扣囊复膜胞酵母菌(*S. fibuligera*)β-葡萄糖苷酶Ⅰ(cel3A),能够在 10g/L 的磷酸溶胀纤维素上生长,并把它转化为高达 1.0g/L 的乙醇(Den Haan et al 2007)。有研究者构建了一个类似的菌株,比前者(Den Haan et al 2007)构建的菌株具有明显更高的生产内葡聚醣活性酶的能力,显著提高了将磷酸溶胀纤维素转化为乙醇的转化率(Jeon et al 2009)。在酿酒酵母生长过程中的菌株表达中,当中度嗜热菌嗜热子囊菌(*Thermobifida fusca*)的进行性内切葡聚糖酶 Cel9A 被功能性生产出来时,仅有这种纤维素酶编码基因能够被证明,这是因为在培养基含磷酸溶胀纤维素的溶液中,从纤维素链上能裂解下充足的葡萄糖(van Wyk et al 2010)。研究表明,酶从纤维素底物中释放纤维二糖和葡萄糖的比率大约是 2.5∶1。在一个构建工程酵母菌用于有效降解纤维素的研究中,研究人员开发了一种混合物 δ 集成方法[cocktail delta(δ)-integration]来优化纤维素酶的表达水平(Yamada et al 2010)。不同纤维素酶表达的磁带编码,例如 β-葡萄糖苷酶、葡聚糖或纤维二糖水解酶,在同一个步骤中被整合于酵母菌染色体中,并且通过让菌株在含磷酸溶胀纤维素为糖源的培养基中生长,筛选出了表达这些纤维素酶最佳配比的菌株。虽然一个有效混合物 δ 整合菌株所含的整合基因拷贝总数约是普通 δ 整合菌株的 1/2, 但前者的磷酸溶胀纤维素降解活性(64.9mU/g 湿重细胞)比后者(57.6mU/g 湿重细胞)高(译注:U 是指酶活性的国际单位,1U=1μmol/min),这说明优化纤维素酶的表达率要比过度表达更能提高磷酸溶胀纤维素降解活性。通过把 eg2 和 cbh2 基因额外整合到重组菌株中,酿酒酵母菌呈现出里氏木霉 EG2 和 CBH2 以及棘孢(*A. aculeatus*)BGL1 的性质,在其细胞表面得到活性增加的纤维素酶(Matano et al 2012)。用液化方法对稻草预处理 2h,得到浓度为 200g 干重/L 的高浓度产物,然后再在上述纤维素酶加入量为 10FPU/g 生物质的条件下发酵 72h(译注:FPU 是滤纸酶活性的国际单位),得到 43.1g/L 的高浓度乙醇。使用重组菌株降解纤维素材料得到的乙醇收率达到理论收率的 89%,这是无额外基因拷贝的菌株的 1.4 倍。

因为成功水解纤维素晶体需要外切葡聚糖酶活性,所以把高表达的纤维二糖水解酶添加到上述菌株中,应该能够把纤维素晶体转化为乙醇。不过有研究报道,虽然纤维二糖水解酶编码基因在酿酒酵母中被成功表达出来,但最后得到的乙醇浓度却不高(Ilmen et al 2011)。最近,文献第一次报道了外切葡聚糖酶在酿酒酵母中被较高水平地表达出来(Ilmen et al 2011;Mcbride et al 2012)。有两种关键外切葡聚糖酶的最大浓度得到大幅度提升,这两种酶分别是 Cel6A(CBH1)和Cel7A(CBH2)(Ilmen et al 2011)。在这个研究中,所获得的纤维素酶的表达水平,与以工业过程需要的速率在纤维素上生长所生成的纤维素酶的表达水平理论值相符(Olson et al 2012)。利用这些外切葡聚糖酶可以构建一个菌株,这个菌株能够把造纸污泥中大多数可用的葡聚糖转化为乙醇(Mcbride et al 2012)。在一个 SSF 过程中,这个菌株能够代替 60%的酶,这些酶主要用来把预处理后的硬木中可用的糖转化为乙醇。一个类似的且表达了 3 个替代纤维素酶的菌株,在同一步骤中且不添加外源性生成酶的情况下,从预处理后的玉米秸秆中生产乙醇。研究结果显示,在 96h 内发酵了 63%的纤维素,得到 2.6%(体)的乙醇(Khramtsov et al 2011)。这些结果说明,分解纤维素的酿酒酵母菌株可被用来开发经济性先进的生物燃料工艺平台。

有研究显示,细胞表面复合酶的互相接近,使木质纤维素材料能够协同水解,因此一些研究团队尝试在酿酒酵母细胞表面重建小型纤维体(Ito et al 2009;Lilly et al 2009;Tsai et al 2009;Wen et al 2010)。有研究者构建了一个嵌合的支架蛋白,使细胞表面表达里氏木霉 EG2 和棘孢 BGL1,得到一个能够水解 β-葡聚糖的菌株。酿酒酵母菌株也被设计改变了基因结构,展现出了一个三功能小型纤维体,包括 1 个含有纤维素结合结构域的小型支架蛋白、3 个黏合锚定在细胞表面的模块和 3 种类型的纤维素酶[其中,EG2 和 CBH2 源自里氏木霉,BGL1 源自棘孢,每个承载一种 C-末端锚定模块(Wen et al 2010)]。这个菌株能够把磷酸溶胀纤维素分解和发酵为浓度为 1.8g/L 的乙醇。另有研究人员设计改变酵母菌株的基因结构,能展示出一个携带三叉黏合结构域的三功能支架蛋白,功能分别源自热纤梭菌(*C. thermocellum*)、解纤维梭菌(*C. cellulolyticum*)和生黄瘤胃球菌

(*Ruminococcus flavefaciens*)。另外,被构建的菌株分泌下面 3 个锚定标记的纤维素酶中的 1 个:来自热纤梭菌的 EG、来自解纤维梭菌外切葡聚糖酶或来自生黄瘤胃球菌的 BGL。如果使用 1 个酵母组合体,它包含 1 个展示小支架蛋白的菌株和 3 个分泌锚定标记纤维素酶菌株,所分泌的纤维素酶会以可预见的组织方式停靠在所展现的小支架蛋白上。通过调整组合体中不同组分的比例,成功微调了纤维素的水解和乙醇的生产,10g/L 的磷酸溶胀纤维素在 73h 中溶解了约 30%。在酵母菌细胞表面展示纤维体成分,最近也被用来创建菌株。这个菌株能够把木聚糖转化为乙醇(Sun et al 2012)。这些菌株展现出由一种源自酿酒酵母微型支架蛋白组成的微型半纤维体,半纤维体通过酿酒酵母 α 凝集素黏附受体而附着在细胞表面,附着的酶体高达 3 个。有高达 3 类半纤维体,即 1 个木聚糖酶(里氏木霉 Xyn2)、1 个阿拉伯呋喃糖(黑曲霉 AbfB)和 1 个 β-糖苷酶(黑曲霉 XlnD),每个都有 1 个 C-末端锚定模块,它们通过黏合锚定的相互作用组装在微型支架蛋白上。所得的季三官能团复合物比其他类型复合物展现出更高的阿拉伯木聚糖水解率。另外,在整合木糖利用途径的菌株中,重组酵母菌展现出一个含有木聚糖酶和木糖苷酶的微型半纤维体,能够同时水解和发酵桦木木聚糖生成乙醇,但乙醇的产率低于 1g/L。

运动发酵单胞菌(*Zymomonas mobilis*)是一种众所周知的革兰阴性发酵细菌,能够以非常高的速率生产乙醇,通常用来生产一些传统的酒精饮料(Zhang et al 1997)。不过,运动发酵单胞菌不能发酵和利用戊糖(如木糖),也不能水解多糖。有研究人员设计了一个运动发酵单胞菌菌株,它能够发酵植物材料中主要的戊糖,即木糖和阿拉伯糖(Zhang et al 1997)。用这个菌株共发酵 100g/L 的糖混合物(葡萄糖:木糖:阿拉伯糖=40:40:20),48h 内的获得的乙醇浓度为 42g/L。另有研究者在运动发酵单胞菌中表达出了菊欧文菌(*Erwinia chrysanthemi*)cel5Z 酶(Brestic-Goachet et al 1989)。有 89%的酶分泌到细胞外液中,最大内切葡聚糖酶活性为 1000U/L。通过在运动发酵单胞菌中表达出白色瘤胃球菌(*Ruminococcus albus*)β-葡萄糖苷酶,2 天内纤维二糖发酵为乙醇的效率非常高,并且大多数重组酶都被分泌出来(Yanase et al 2005)。最近,许多运动发酵单胞菌株都被证明对羧甲基纤维素具有天然细胞外活性(Linger et al 2010)。另外,两个纤维素分解酶,即来源于嗜酸耐热解纤维素菌(*Acidothermus cellulolyticus*)的 E1 和 GH12,被运动发酵单胞菌作为活性和可溶性的酶异源生产出来。E1 酶的量不是很大,GH12 酶含有高达 4.6%的总细胞蛋白。除此之外,把运动发酵单胞菌生产的酶的 N-末端天然分泌信号进行融合预测显示,运动发酵单胞菌能够直接分泌显著水平的 E1 和 GH12 酶,但是两者的很大一部分仍留存在壁膜间隙里。

8.4.3 属性良好的微生物体内纤维素水解能力和产品形成

除了运动发酵单胞菌之外，还有一些酵母菌株，它们的先天性质使它们对成为 CBP 生物酶体很有吸引力(Lynd et al 2005)。最近有文献综述了耐温酵母菌株用做 CBP 生物酶体的前景，以及在 SSF 过程及 CBP 过程中，用耐温酵母菌株分解纤维素和半纤维素材料生产乙醇的最新研究数据(Hasunuma，Kondo 2012)。棘孢 β-葡萄糖苷酶被引入到能容忍多种因素的酵母菌毕赤酵母(*Pichia kudriavzevii*)[东方伊萨酵母(*Issatchenkia orientalis*)]中，转化体能够在酸性和温度超过 40℃条件下把纤维二糖转化为乙醇(Kitagawa et al 2010)。酵母菌株马克思克鲁维酵母(*Kluyveromyces marxianus*)能在高达 52℃的温度中生长，并且能把包括木糖在内范围广泛的底物转化为乙醇(Fonseca et al 2007)。已经有研究证明，在升高温度下的 SSF 过程中，使用马克思克鲁维酵母能分解多种原料(Fonseca et al 2007；Pessani et al 2011)。最近有研究结果显示，在 45℃下的 SSF 过程中，用马克思克鲁维酵母 IMB3 将柳枝稷分解为乙醇的时间为 168h，得到的乙醇收率为理论最大收率的 86%(Pessani et al 2011)。耐热的基因编码品种，包括外切纤维素酶、内切葡聚糖酶和 β-葡萄糖苷酶，在一个马克思克鲁维酵母菌株中被组合表达出来(Hong et al 2007)。得到的菌株能够在纤维二糖或羧甲基纤维素作为唯一糖源的合成介质中生长，但没发现结晶纤维素的水解。研究者也在细胞表面设计了一个展现出里氏木霉内切葡聚糖酶Ⅱ和棘孢 β-葡萄糖苷酶的马克思克鲁维酵母菌株，在 48℃、12h 内能把 10g/L 的 β-葡聚糖纤维素转化为 4.24g/L 的乙醇(Yanase et al 2010)。

甲基营养型酵母菌株多形汉森酵母(*Hansenula polymorpha*)能够在温度高达 48℃条件下生长，并把葡萄糖、纤维二糖和木糖发酵为乙醇 (Ryabova et al 2003)。另外，这个酵母菌所具有的一些属性，比如工艺耐久力以及生产异质蛋白的能力高，使它成为 CBP 一个有吸引力的候选菌株。最近，有研究者构建了能够发酵淀粉与木聚糖的多形汉森酵母菌株，这强化了它成为 CBP 生物体的前景(Voronovsky et al，2009)。木糖发酵酵母(*Scheffersomyces stipitis*)有一个底物范围，这包括了木质纤维素中的所有单糖(Jeffries，Shi 1999)。一些木糖发酵酵母菌株会生产少量多样的纤维素酶和半纤维素酶，能把木材分解为单糖，但是它不能把高分子纤维素用为糖源(Jeffries et al 2007)。β-葡萄糖苷酶是天然生产的一种酶，能使酵母菌对纤维二糖进行发酵。内切葡聚糖酶在多形汉森酵母(Papendieck et al 2002)和木糖发酵酵母(Piotek et al 1998)中被成功生产出来。因为这些酵母能够在纤维二糖上生长，所以重组菌株应该有能力水解无定形纤维素，但这点还没有经过验证。在木糖发酵酵母上共表达木聚糖酶和木糖苷酶编码基因，增加了它的木聚糖降解能力，所产生的菌株在桦木葡糖醛酸为唯一糖源的介质中，展现出生物质的产量增加 (Den Haan, Van Zyl 2003)。虽然乙醇耐受性增大的木糖发酵酵母突变菌株在最近被分离出来，但木糖发酵酵母的发酵性能仍相对不佳(Watanabe et al 2011)。不过，它具有消耗乙酸以及减少糠醛和羟甲基糠醛中呋喃环的能力，这就使这种酵母菌有机会移除在纤维素生物质转化过程中产生的毒素(Agbogbo & Coward-Kelly 2008)。这在废水处理中是非常有益的。虽然这些酵母菌株在用做 CBP 生物酶体方面都具有良好前景的属性，但它们的乙醇生成速率、浓度、产量和耐受性方面都需要提高。

虽然嗜热革兰阴性细菌大肠杆菌(*Escherichia coli*)不能水解纤维素，或不能以可观的数量生产乙醇，但研究显示它能异化植物生物质中所有主要的糖，产生有机酸和乙醇(Alterthum, Ingram 1989)。另外，大肠杆菌具有无与伦比的遗传代谢性，因此它是代谢工程的一种优异的候选菌株。大肠杆菌被设计用来生物合成有机体中化学性质范围不同的大多数化学品，包括氢、高级醇、脂肪酸、萜类化合物(Bokinsky et al 2011)。有研究人员对大肠杆菌进行设计，使其以较高的水平表达运动发酵单胞菌丙酮酸脱羧酶，成功改善了它的新陈代谢性能。后续的工作是重点关注提高乙醇产率、乙醇耐受性、生长速率和菌株稳定性(Chen et al 2009; Da Silva et al 2005; Ingram et al 1987, 1991; Ohta et al 1991b; Yomano et al 1998)。野生型的大肠杆菌不能在纤维二糖上快速生长(Moniruzzaman et al 1997)。但是，产酸克雷伯菌(*Klebsiella oxytoca*)含有一个磷酸烯醇依赖性磷酸转移酶系统(PTS)，这让它能够利用纤维二糖。产酸克雷伯菌 casAB 操纵子在乙醇生产菌株大肠杆菌中被表达出来。虽然初始的表达比较差，但产生了一个突变体，它能生产浓度为 45g/L 的乙醇(最大理论产率的 94%)。通过磷酸机制，大肠杆菌也被设计消化纤维二糖(Sekar et al 2012)。嗜糖酵母菌属(*Saccharophagus*)纤维二糖磷酸化酶的胞质表达，被证明能够使大肠杆菌利用纤维二糖，并且内源性 LacY 通透酶被证明负责运输纤维二糖。在 KO11 菌株背景下，纤维二糖被成功转化为乙醇。几个内切葡聚糖酶被大肠杆菌表达出来，这使菌株能够把无定形和可溶性纤维素水解为纤维低聚糖(Da Silva et al 2005; Seon et al 2007; Srivastava et al 1995; Wood et al 1997; Yoo et al 2004; Zhou et al 2001)。有研究人员在革兰阴性菌中成功重建主要的分泌系统类型。大肠杆菌的类型Ⅱ分泌系统，被来自菊欧文氏菌的外部基因编码，这使大肠杆菌分泌的重组菊欧文氏菌 Cel5Z 比编码前增加 50%

(Zhou et al 2001)。最近,有研究者证明了对木聚糖的 CBP 共培养或二进制策略(Shin et al 2010)。两种大肠杆菌菌株被设计出来以进行功能合作,将木聚糖转化为乙醇。第一个菌株被设计共表达 axeA, 包括来自紫红链霉菌(*Streptomyces violaceoruber*) 的乙酰聚木糖酯酶编码基因和来自嗜碱芽孢杆菌(*Bacillus halodurans*)的 xyl11A 编码木聚糖酶基因。通过一种叫 lpp 缺失的方法,重组酶被分泌到培养基中,效率超过 90%。分泌的酶将木聚糖水解成低聚木糖,低聚木糖能够被第二个菌株利用。第二个菌株是基于 KO11 菌株优化,设计它的目的就是把低聚木糖转化为乙醇。在 KO11 菌株中, 引入了来自肺炎克雷伯菌(*Klebsiella pneumonia*)的 KxynB 基因编码 β-木糖苷酶和 KxynT 编码木糖通透酶。共培养的两个菌株把木聚糖转化为乙醇,收率是理论值的 55%。有研究者设计了大肠杆菌菌株,在本地启动子控制下,表达了 1 个内葡聚糖酶和 1 个 β-葡萄糖苷酶,或者表达了 1 个木聚糖酶和 1 个低聚木糖生物糖苷酶。通过把蛋白质融合,成功实现了分泌 OsmY;而先前的研究显示,这能够使大肠杆菌分泌融合蛋白。这些菌株的生长可以用模型纤维素和模型半纤维素底物来验证。另外,在使用离子液体预处理的纤维素或半纤维素成分进行培养,或使用两者进行共培养时,菌株也能够生长。使用生物合成途径进一步设计了菌株,用来生产脂肪酸甲酯、丁醇和蒎烯,以证明能为汽油发动机、柴油发动机及航空发动机生产合适的替代燃料或前驱体。在不加入外部提供的水解酶的情况下,通过直接转化法能够把经离子液体预处理的柳枝稷转化为生物燃料组分,但浓度和转化率非常低。

产酸克雷伯菌(*K. oxytoca*)是一种耐寒的原养革兰阴性菌,具有能够运输和分解代谢木质纤维素生物质中纤维二糖、纤维三糖、木二糖、木三糖、蔗糖和所有单糖的能力(Zhou, Ingram 1999)。在产酸克雷伯菌中有 4 种不同的发酵途径,生产乳酸、琥珀酸盐、甲酸盐、乙酸盐、乙醇和丁二醇(Ohta et al 1991b)。通过代谢工程以及运动发酵单胞菌 pdc 和 adhB 基因的表达, 有可能形成一个重组产酸克雷伯菌菌株, 能从可溶性糖中生产乙醇, 收率为最大理论值的 95%(Wood, Ingram 1992)。有趣的是,产酸克雷伯菌具有以相同速率发酵木糖和葡萄糖的能力,这能缩短一般存在于木质纤维素水解液中的木糖和葡萄糖混合液的发酵时间(Ohta et al 1991a)。有研究者构建了一个产酸克雷伯菌菌株,表达了菊欧文氏菌 cel8Y 和 cel5Z 内切葡聚糖酶的编码基因, 以及表达了编码Ⅱ型分泌系统的基因(Zhou, Ingram 1999)。结果显示,产酸克雷伯菌能有效分泌 cel8Y 和 cel5Z。在不加入纤维素酶的情况下,这个菌株能够发酵无定形纤维素,生产少量的乙醇。

高温厌氧细菌解糖嗜热厌氧菌(*Thermoanaerobacterium saccharolyticum*)也

正在被开发为生物质转化的 CBP 生物酶体。解糖嗜热厌氧菌在温度范围为 45~65℃、pH 值为 4.0~6.5 的条件下生长，并且能够发酵纤维素生物质中广泛存在的糖，包括纤维二糖、葡萄糖、甘露糖、半乳糖、木糖和阿拉伯糖(Shaw et al 2008a)。与大多数生物酶体不同，解糖嗜热厌氧菌几乎以相同的速率代谢木糖和葡萄糖(Shaw et al 2008a，2008b)，但除了乙醇外，还产生有机酸。被创造出的敲除突变体从木糖中几乎只生产乙醇。另外，一个缺失 hfs 和 ldh 基因的菌株，从食用糖中获得的乙醇收率增加(Shaw et al 2009)。解糖嗜热厌氧菌自然生产 1 个木聚糖酶和 1 个 β-糖苷酶，这使它能够直接把木聚糖发酵为乙醇(Lee et al 1993)。而且，在 SSF 过程中，解糖嗜热厌氧菌在有外部加入酶的情况下，从 4 片滤纸微晶纤维素中生产的乙醇，与酿酒酵母从 10 片滤纸微晶纤维素中生产的乙醇数相当。这个是在较高温度下的结果，酶的效率得到了提高(Shaw et al 2008b)。这说明，如果能够建立纤维素分解系统，这种嗜热生物菌有成为 CBP 生物酶体的潜力。

另外一个有巨大潜力成为 CBP 生物酶体的细菌群是芽孢杆菌属(*Geobacillus*)。这些是特定种类的嗜热杆菌，能够在 55~70℃范围内对糖发酵(比如葡萄糖、木糖、阿拉伯糖)，产生了一个混合物，所含组分包括乳酸盐、甲酸盐、乙酸盐和乙醇(Barnard et al 2010)。某些菌种，比如芽孢杆菌 R7，也有生产木质纤维素降解酶的能力，包括纤维素酶、木聚糖酶和木质酶。上面所提到的所有属性使芽孢杆菌成为 CBP 非常好的候选体，不过乳酸和甲酸的生产是不可取的。一家英国公司(TMO Renewables Ltd)进行了这些菌种的基因工程研究，以提高芽孢杆菌的乙醇产量。能够发酵低聚糖的嗜热葡糖苷酶芽孢杆菌(*Geobacillus thermoglucosidasius*)，被设计转基因改性，缺失 ldh 和 pfl 基因，增加了 pdh 基因，生产的乙醇收率相对比较高，为 0.42~0.47g/(g 己糖)，但是对戊糖的转化收率有点低(Cripps et al 2009)。

枯草芽孢杆菌(*Bacillus subtilis*)是特征最佳的革兰氏阳性微生物，它是主要的工业微生物，它用做 CBP 生物酶体的潜力越来越明显(Zhang，Zhang 2010)。枯草芽孢杆菌的优点包括：具有公众安全状态、非常高的蛋白质分泌能力；可利用水溶性戊糖和己糖以及半纤维素；在快速增长速度下的营养需求低。另外，它能耐受高浓度的盐和溶剂，并且有一个可用的基因组 DNA 序列以及发育良好的重组 DNA 技术和发酵工艺。虽然枯草杆菌本身会产生一些多糖降解酶，但它不具有水解纤维素能力。不过，最近源自酿酒酵母的 6 个纤维素酶基因被克隆，并且在枯草杆菌中被表达出来，并且能够有效分泌酶到培养液中，对磷酸溶胀纤维素和微晶纤维素显示出协同活性(Liu et al 2012)。研究还显示，一个重组枯草杆菌，通过过度表达和分泌其固有的糖苷水解酶家族中的 5 个内切葡聚糖酶，在化学定义的最小

M9 培养基中，能够在无定形纤维素或预处理生物质上生长(Zhang et al 2011)。这个菌种被进一步优化，能直接把纤维素转化为乳酸类化合物。最后，一个小型纤维体被组装在枯草杆菌表面，展现出一个能结合 3 个纤维素酶的小支架蛋白——1 个葡聚糖酶(Cel5)、1 个连续性的葡聚糖酶(Cel9)、1 个纤维二糖水解酶(Cel48)，都来源于酿酒酵母(You et al 2012)。与无细胞结合的纤维体相比，细胞结合的纤维体对磷酸溶胀纤维素和微晶纤维素的水解能力分别高 4.5 倍和 2.3 倍，在 72h 内底物的降解率达到 24%~63%。

8.5 联合生物加工工艺与现有生物产业的集成

尽管最近几年第二代生物燃料已经取得很大进步，但生产成本仍很高。第二代生物乙醇技术是基于纤维素，投资和能耗都很高，这使它有必要与第一代生物或热化学过程集成，以使成本最小化，同时提高能量效率和总体经济性(Van Zyl et al 2011)。以下讨论了不同的生物和热化学过程，并强调了在一些生物产业中的集成可能性。

3 个可供选择的生物质热化学转化包括燃烧、热解和汽化。最简单的选项是生物质在空气中的燃烧，这个过程产生 800~1000℃的高温气体和可以用做热量的能量。热解是指在空气气氛和大约 500℃左右温度下，对生物质加热并转化为液体(生物油)、固体(残渣)和气体。生物油是密度高且以液体形式存在的生物质，能够被升级加工为运输燃料。残渣可以用来提高土壤肥力，并且可以用做活性炭的替代品。与其相比，汽化是在高温(800~900℃范围)下部分氧化生成合成气，它可以被用来合成不同的合成燃料(使用费–托工艺)或燃烧产生热量。作为可再生原料，生物油和残渣也可以被汽化，以生产合成燃料 (Aden，Foust 2009；Bridgwater 2012；McKendry 2002)。

在木质纤维素的水解–发酵生物工艺中，富含的木质素物质不能发酵，仍残留在反应器中，这些残留物含有大量的能量。通过一个高效率的过程，比如高压锅炉与汽轮机多级耦合，这些残留物能够为纤维素乙醇的生产提供所有的热量和电力(Aden，Foust 2009；Piccolo，Bezzo 2009)(见图 8.1)。此外，也可以把所生产的过剩电力销售到当地电网(Cardona，Sanchez 2007；Leibbrant 2010；Reith et al 2002)。在生产第二代生物燃料的生物和热化学途径中，热集成技术有将整体能源效率提高 15%的潜力，并且能大幅降低投资和操作成本 (Aden，Foust 2009；Galbe et al 2005；Kazi et al 2010；Leibbrant 2010)。可以通过厌氧消解降低废水中的有机负荷，同时还可以生产生物沼气，它可以被收集并用于生产电力和/或过程热(Banerjee et al 2009)。所产生的废物流也可以与当地的废物流结合，把工业废物和城市废物整合在一起处理,以改善人口稠密的城市地区的水质。

在现有的工业中(如糖、纸浆和造纸工业),仅有部分生物质被利用,这会产生相当多的残留物。许多残留物适用于生产纤维素乙醇。将这些现有的工业与纤维素乙醇生产相结合,能够节省运输成本和原料处理成本,并且实现集成的能源消耗 (Aden,Foust 2009;Anex et al 2010;Gnansounou et al 2005;Hahn-Hägerdal et al 2006;Kazi et al 2010;Piccolo,Bezzo 2009);同时,也可对废物处理进行更好的改进(Goh et al 2010;Hahn-Hägerdal et al 2006;Soccol et al 2010)。瑞典研究人员认为,在瑞典这种集成能够将纤维素乙醇生产成本降低高达 20%(Hahn-Hägerdal et al 2006;von Sivers,Zacchi 1995)。

把第二代从纤维素生产乙醇的技术与第一代从糖或淀粉生产乙醇的技术进行集成,具有多重效益,包括提供规模经济性,降低投资成本和投资者风险,提高经济吸引力和环保验收率(Gnansounou et al 2005)。这种集成能够提供联合原料供应、发酵、水回收、营养物回收、蒸馏和进一步的能量集成的机会(Easterly 2002;Galbe et al 2007)。这点对于富含糖的作物(比如甜高粱、甘蔗和甜菜)尤其重要,在这些原料与纤维素乙醇的集成工艺中, 能够确保原料和物流的优化使用(Gnansounou et al 2005;Sims et al 2008)。这些作物允许晶体糖生产和乙醇生产的柔性切换,这就像当前的巴西糖厂所做的那样(Gnansounou et al 2005)。淀粉(玉米、高粱、黑麦等)也可以实现类似的集成,能够从富含纤维的残渣中生产乙醇(Cardona,Sanchez 2007;Linde et al 2010)。

8.6 结论

用纤维素原料来生产生物燃料,能够帮助解决生物燃料的供应问题,而且也能够实现可持续发展和环境效益。原料的选择范围和数量已经被大大拓宽,而原料的选择随着由气候划分的地理区域不同和合适的土地供应不同而发生变化。到目前为止,还没有理想的生物酶体被开发用于生物质的 CBP 转化。对工业上转化木质纤维素来说,酵母菌足够强大,但却缺少必要的底物范围,尤其是缺少降解复合多糖(比如纤维素)的能力。由马斯科玛公司(Mascoma Corporation)开发的酿酒酵母菌株,是截至目前为止被设计得最好 CBP 生物酶体,这是因为这个菌株能够在一个 SSF 组合工艺中,通过加入很少的外源酶,就能把一些纤维素底物转化为乙醇(Ilmen et al 2011;Mcbride et al 2012)。虽然使用酵母菌木糖发酵酵母、马克思克鲁维酵母和多形汉森酵母的优点得到称赞, 但它们并不如酿酒酵母菌株强健,并且目前把纤维素分解能力设计到这些菌株上的研究还是初步的。没有一个菌株能够利用结晶纤维素,它们还需要能够生产更高水平的外切纤维素酶。来自分泌领域途径的新信息,比如分子伴侣和代谢工程,有助于在未来解决这一问题。另外,丝状真菌有一个宽的底物范围,但是生长速度相对缓慢,不能以商业上需求的浓度生产足够量的理想商品。

细菌通常有更高的生产率(更高的生长率),但一般缺乏工艺稳定性。与酿酒酵母相比,上面讨论的所有细菌种类都对木质纤维素水解液有关的抑制剂比较敏感(Yomano et al 1998;Zhou,Ingram 1999)。工程设计增强了蛋白的分泌,这允许大肠杆菌(Zhou,Ingram 1999)和产酸克雷伯菌(Ji et al 2009)分泌足量的内切葡聚糖酶。大肠杆菌和产酸克雷伯菌菌株具有分解纤维素的能力,还能被改进生产其他商品,比如乳酸、琥珀酸、乙酸或 2,3-丁二醇(Ji et al 2009)。TMO Renewables Ltd 所使用的芽孢杆菌菌株,能够从预处理后的木质纤维素原料中生产可观浓度的乙醇,是一种具有良好应用前景的 CBP 生物酶体。

用来把纤维素转化为产品(尤其是乙醇)的各种 CBP 生物酶候选菌都处于不同的研发阶段。不过,有研究者认为,开发一种能够转化所有纤维素原料的 CBP 生物菌体的机会很小。在各种生物质的转化工艺中,更有可能的情况是使用的生物菌体数量最终将在一种以上。如何选择生物菌体依赖于原料的糖分组成、使用的预处理方法以及所要求的成品。当前第二代生物燃料的高成本缺陷将有可能通过与现有生物产业集成这一创新方法来部分得到解决。将第一代和第二代工艺技术进行集成,将有可能是将第二代生物燃料引入市场的最有效方法。

参考文献

Decree No.6.961 (2009) Zoning agricultural land of sugarcane.Diário Oficial União de 18.9.10,Brazil.17 September 2009

Aden A,Foust T (2009) Techno economic analysis of the dilute sulfuric acid and enzymatic hydrolysis process for the conversion of corn stover to ethanol.Cellulose 16:535-545

Agbogbo FK Coward-Kelly G (2008) Cellulosic ethanol production using the naturally occurring xylose-fermenting yeast Pichia stipitis Biotechnol Lett 30(9):1515-1524

Allen SG,Schulman D,Lichwa J,Antal MJ,Laser M,Lynd LR (2001) A Comparison between hot liquid water and steam fractionation of corn fiber.Ind Eng Chem Res 40:2934-2941

Alterthum F,Ingram LO (1989) Efficient ethanol production from glucose,lactose,and xylose by recombinant Escherichia coli.Appl Environ Microbiol 55:1943-1948

Anasontzis GE,Zerva A,Stathopoulou PM,Haralampidis K,Diallinas G,Karagouni AD,Hatzinikolaou DG (2011) Homologous overexpression of xylanase in Fusarium oxysporum increases ethanol productivity during consolidated bioprocessing (CBP) of lignocellulosics.J Biotechnol 152:16-23

Anex RP,Aden A,Kazi FK,Fortman J,Swanson RM,Wright MM,Satrio JA,Brown RC,Daugaard DE,Platon A,Kothandaraman G,Hsu DD,Dutta A (2010) Techno-economic comparison of biomass-to-transportation fuels via pyrolysis,gasification,and biochemical pathways.Fuel 89:S29-S35

Ansah T, Osafo ELK, Hasen HH (2010) Herbage yield and chemical composition of four varieties of Napier (Pennisetum purpureum) grass harvested at three different days after planting. Agric Biol J N Am 1:923–929

Bals B, Rogers C, Jin M, Balan V, Dale B (2010) Evaluation of ammonia fibre expansion (AFEX) pretreatment for enzymatic hydrolysis of switchgrass harvested in different seasons and locations. Biotechnol Biofuels 3:1

Banerjee S, Mudliar S, Sen R, Giri B (2009) Commercializing lignocellulosic bioethanol: technology bottlenecks and possible remedies. Biofuels, Bioprod Biorefin 4:77–93

Barnard D, Casanueva A, Tuffin M, Cowan D (2010) Extremophiles in biofuel synthesis. Environ Technol 31:871–888

Bayer EA, Lamed R, White BA, Flint HJ (2008) From cellulosomes to cellulosomics. Chem Rec 8:364–377

Bhaskar T, Bhavya B, Singh R, Naik DV, Kumar A, Goyal HB (2011) Thermochemical conversion of biomass to biofuels. In: Pandey A, Larroche S, Ricke SC, Dussap CG, Gnansounou E (eds) Biofuels: alternative feedstocks and conversion processes. Elsevier, San Diego, pp 51–78

Bokinsky G, Peralta-Yahya PP, George A, Holmes BM, Steen EJ, Dietrich J, Soon LT, Tullman-Ercek D, Voigt CA, Simmons BA, Keasling JD (2011) Synthesis of three advanced biofuels from ionic liquid-pretreated switchgrass using engineered Escherichia coli. Proc Natl Acad Sci USA 108:19949–19954

Bräu B, Sahm H (1986) Cloning and expression of the structural gene for pyruvate decarboxylase of Zymomonas mobilis in Escherichia coli. Arch Microbiol 144:296–301

Brestic-Goachet N, Gunasekaran P, Cami B, Baratti JC (1989) Transfer and expression of an Erwinia chrysanthemi cellulase gene in Zymomonas mobilis. J Gen Microbiol 135:893–902

Bridgwater AV (2012) Review of fast pyrolysis of biomass and product upgrading. Biomass Bioenerg 38:68–94

Brunner AM, Busov VB, Strauss SH (2004) Poplar genome sequence: functional genomics in an ecologically dominant plant species. Trends Plant Sci 9:49–56

Cardona CA, Sanchez OJ (2007) Fuel ethanol production: Process design trends and integration opportunities. Bioresour Technol 98:2415–2457

Chambergo FS, Bonaccorsi ED, Ferreira AJ, Ramos AS, Ferreira J Jr, Abrahao-Neto J, Farah JP, El Dorry H (2002) Elucidation of the metabolic fate of glucose in the filamentous fungus Trichoderma reesei using expressed sequence tag (EST) analysis and cDNA microarrays. J Biol Chem 277:13983–13988

Chen J, Zhang W, Tan L, Wang Y, He G (2009) Optimization of metabolic pathways for bioconversion of lignocellulose to ethanol through genetic engineering. Biotechnol Adv 27:593–598

Cherry JR, Fidantsef AL (2003) Directed evolution of industrial enzymes: an update. Curr Opin Biotechnol 14:438–443

Cho KM, Yoo YJ, Kang HS (1999) c-Integration of endo/exo-glucanase and b-glucosidase genes into the yeast chromosomes for direct conversion of cellulose to ethanol. Enzyme Microb Technol 25:23–30

Counsell TAM, Allwood JM (2007) Reducing climate change gas emissions by cutting out stages in the life cycle of office paper. Resour Conserv Recycl 49:340–352

Cripps RE, Eley K, Leak DJ, Rudd B, Taylor M, Todd M, Boakes S, Martin S, Atkinson T (2009) Metabolic engineering of Geobacillus thermoglucosidasius for high yield ethanol production. Metab Eng 11:398–408

Da Silva GP, De Araujo EF, Silva D, Guimaraes WV (2005) Ethanolic fermentation of sucrose, sugarcane juice and molasses by Escherichia coli strain KO11 and Klebsiella oxytoca strain P2. Braz J Microbiol 36:395–404

Davis SC, Dohleman FG, Long SP (2011) The global potential of Agave as a biofuel feedstock. GCB Bioenerg 3:68–78

De Bari I, Nanna F, Braccio G (2007) SO_2-Catalyzed steam fractionation of aspen chips for bioethanol production: optimization of the catalyst impregnation. Ind Eng Chem Res 46:7711–7720

Demirbas A (2001) Biomass resource facilities and biomass conversion processing for fuels and chemicals. Energy Convers Manage 42:1357–1378

Den Haan R, Rose SH, Lynd LR, Van Zyl WH (2007) Hydrolysis and fermentation of amorphous cellulose by recombinant Saccharomyces cerevisiae. Metab Eng 9:87–94

Den Haan R Van Zyl WH (2003) Enhanced xylan degradation and utilisation by Pichia stipitis overproducing fungal xylanolytic enzymes.Enzyme Microb Technol.33:620-628

Dien BS,Li XL,Iten LB,Jordan DB,Nichols NN,O'Bryan PJ,Cotta MA (2006) Enzymatic saccharification of hot-water pretreated corn fiber for production of monosaccharides.Enzyme Microb Technol 39:1137-1144

Easterly J (2002) AES Greenidge bioethanol co-location assessment:final report.Natl Renew Energy Labor,report NREL/SR-510-33001 pp 1-102

Eriksson ME,Israelsson M,Olsson O,Moritz T (2000) Increased gibberellin biosynthesis in transgenic trees promotes growth,biomass production and xylem fiber length.Nat Biotechnol 18:784-788

Excoffier G,Toussaint B,Vignon MR (1991) Saccharification of steam-exploded poplar wood.Biotechnol Bioeng 38:1308-1317

Feng L,Chen Zl (2008) Research progress on dissolution and functional modification of cellulose in ionic liquids.J Mol Liq 142:1-5

Fierobe HP,Pages S,Belaich A,Champ S,Lexa D,Belaich JP (1999) Cellulosome from Clostridium cellulolyticum:molecular study of the dockerin/cohesin interaction.Biochemistry 38:12822-12832

Fonseca GG,Gombert AK,Heinzle E,Wittmann C (2007) Physiology of the yeast Kluyveromyces marxianus during batch and chemostat cultures with glucose as the sole carbon source.FEMS Yeast Res 7:422-435

Fortman JL,Chhabra S,Mukhopadhyay A,Chou H,Lee TS,Steen E,Keasling JD (2008) Biofuel alternative to ethanol:pumping the microbial well.Trends Biotechnol 26:375-381

Fu C,Mielenz JR,Xiao X,Ge Y,Hamilton CY,Rodriguez M,Chen F,Foston M,Ragauskas A,Bouton J,Dixon RA,Wang ZY (2011) Genetic manipulation of lignin reduces recalcitrance and improves ethanol production from switchgrass.Proc Nat Acad Sci USA108:3803-3808

Fujita Y,Takahashi S,Ueda M,Tanaka A,Okada H,Morikawa Y,Kawaguchi T,Arai M,Fukuda H,Kondo A (2002) Direct and efficient production of ethanol from cellulosic material with a yeast strain displaying cellulolytic enzymes.Appl Environ Microbiol 68:5136-5141

Fujita Y,Ito J,Ueda M,Fukuda H,Kondo A (2004) Synergistic saccharification,and direct fermentation to ethanol,of amorphous cellulose by use of an engineered yeast strain codisplaying three types of cellulolytic enzyme.Appl Environ Microbiol 70:1207-1212

Fukaya Y,Hayashi K,Wada M,Ohno H (2008) Cellulose dissolution with polar ionic liquids under mild conditions:required factors for anions.Green Chem 10:44-46

Galazka JM,Tian C,Beeson WT,Martinez B,Glass NL,Cate JH (2010) Cellodextrin transport in yeast for improved biofuel production.Science 330:84-86

Galbe M,Liden G,Zacchi G (2005) Production of ethanol from biomass-research in Sweden.J Sci Ind Res India 64:905-919

Galbe M,Sassner P,Wingren A,Zacchi G (2007) Process engineering economics of bioethanol production.Adv Biochem Eng Biotechnol 108:303-327

Girio FM,Fonseca C,Carvalheiro F,Duarte LC,Marques S,Bogel-Lukasik R (2010) Hemicelluloses for fuel ethanol:a review.Bioresour Technol 101:4775-4800

Gnansounou E,Dauriat A,Wyman CE (2005) Refining sweet sorghum to ethanol and sugar:economic trade-offs in the context of North China.Bioresour Technol 96:985-1002

Goh CS,Tan KT,Lee KT,Bhatia S (2010) Bio-ethanol from lignocellulose:Status,perspectives and challenges in Malaysia.Bioresour Technol 101:4834-4841

Gonzalez-Garcia S,Iribarren D,Susmozas A,Dufour J,Murphy RJ (2012) Life cycle assessment of two alternative bioenergy systems involving Salix spp.biomass:bioethanol production and power generation.Appl Energy 95:111-122

Goodale CL,Apps MJ,Birdsey RA,Field CB,Heath LS,Houghton RA,Jenkins JC,Kohlmaier GH,Kurz W,Liu S,Nabuurs GJ,Nilsson S,hvidenko AZ (2002) Forest carbon sinks in the northern hemisphere.Ecol Appl 12:891-899

Guillaumie S, Goffner D, Barbier O, Martinant JP, Pichon M, Barriere Y (2008) Expression of cell wall related genes in basal and ear internodes of silking brown-midrib-3, caffeic acid O-methyltransferase (COMT) down-regulated, and normal maize plants. BMC Plant Biol 8:71

Ha SJ, Galazka JM, Rin KS, Choi JH, Yang X, Seo JH, Louise GN, Cate JH, Jin YS (2011) Engineered Saccharomyces cerevisiae capable of simultaneous cellobiose and xylose fermentation. Proc Natl Acad Sci USA 108:504-509

Hahn-Hägerdal B, Wahlbom CF, Gardonyi M, Van Zyl WH, Cordero OR, Jonsson LJ (2001) Metabolic engineering of Saccharomyces cerevisiae for xylose utilization. Adv Biochem Eng Biotechnol 73:53-84

Hahn-Hägerdal B, Galbe M, Gorwa-Grauslund MF, Lidén G, Zacchi G (2006) Bio-ethanol-the fuel of tomorrow from the residues of today. Trends Biotechnol 24:549-556

Hahn-Hägerdal B, Karhumaa K, Fonseca C, Spencer-Martins I, Gorwa-Grauslund MF (2007) Towards industrial pentose-fermenting yeast strains. Appl Microbiol Biotechnol 74:937-953

Hamelinck CN, van Hooijdonk G, Faaij APC (2005) Ethanol from lignocellulosic biomass: techno-economic performance in short-, middle- and long-term. Biomass Bioenerg 28:384-410

Harris DARB, Stork JOZS, Debolt SETH (2009) Genetic modification in cellulose-synthase reduces crystallinity and improves biochemical conversion to fermentable sugar. GCB Bioenerg 1:51-61

Hasunuma T, Kondo A (2012) Consolidated bioprocessing and simultaneous saccharification and fermentation of lignocellulose to ethanol with thermotolerant yeast strains. Process Biochem 47:1287-1294

Heitz M, Capek-Menard E, Koeberle PG, Gagne J, Chornet E, Overend RP, Taylor JD, Yu E (1991) Fractionation of populus tremuloides at the pilot plant scale: optimization of steam pretreatment conditions using the STAKE II technology. Bioresour Technol 35:23-32

Hendriks ATWM, Zeeman G (2009) Pretreatments to enhance the digestibility of lignocellulosic biomass. Bioresour Technol 100:10-18

Herpoël-Gimbert I, Margeot A, Dolla A, Jan G, Molle D, Lignon S, Mathis H, Sigoillot JC, Monot F, Asther M (2008) Comparative secretome analyses of two Trichoderma reesei RUT-C30 and CL847 hypersecretory strains. Biotechnol Biofuels 1:18

Hess JR, Wright CT, Kenney KL (2007) Cellulosic biomass feedstocks and logistics for ethanol production. Biofuels, Bioprod Bioref 1:181-190

Hill J, Nelson E, Tilman D, Polasky S, Tiffany D (2006) Environmental, economic, and energetic costs and benefits of biodiesel and ethanol biofuels. Proc Natl Acad Sci USA 103:11206-11210

Himmel ME, Xu Q, Luo Y, Ding SY, Lamed R, Bayer EA (2010) Microbial enzyme systems for biomass conversion: emerging paradigms. Biofuels 1:323-341

Holtzapple M, Lundeen J, Sturgis R, Lewis J, Dale B (1992) Pretreatment of lignocellulosic municipal solid waste by ammonia fiber explosion (AFEX). Appl Biochem Biotech 34-35:5-21

Hong J, Wang Y, Kumagai H, Tamaki H (2007) Construction of thermotolerant yeast expressing thermostable cellulase genes. J Biotechnol 130:114-123

Hood EE, Love R, Lane J, Bray J, Clough R, Pappu K, Drees C, Hood KR, Yoon S, Ahmad A, Howard JA (2007) Subcellular targeting is a key condition for high-level accumulation of cellulase protein in transgenic maize seed. Plant Biotechnol J 5:709-719

Hwang SS, Lee SJ, Kim HK, Ka JO, Kim KJ, Song HG (2008) Biodegradation and saccharification of wood chips of Pinus strobus and Liriodendron tulipifera by white rot fungi. J Microbiol Biotechnol 18:1819-1826

Ibrahim ASS, El-diwany A (2007) Isolation and identification of new cellulases producing thermophilic bacteria from an Egyptian hot spring and some properties of the crude enzyme. Aust J Basic Appl Sci 1:473-478

Ilmen M, Den Haan R, Brevnova E, Mcbride J, Wiswall E, Froehlich A, Koivula A, Voutilainen SP, Siika-aho M, La Grange DC, Thorngren N, Ahlgren S, Mellon M, Deleault K, Rajgarhia V, Van Zyl WH, Penttila M (2011) High level secretion of cellobiohydrolases by Saccharomyces cerevisiae. Biotechnol Biofuels 4:30

Imai M, Ikari K, Suzuki I (2004) High-performance hydrolysis of cellulose using mixed cellulase species and ultrasonication pretreatment. Biochem Eng J 17:79-83

Ingram LO, Conway T, Clark DP, Sewell GW, Preston JF (1987) Genetic engineering of ethanol production in Escherichia coli. Appl Environ Microbiol 53:2420-2425

Ingram LO, Conway T, Alterthum F (1991) Ethanol production by Escherichia coli strains co-expressing Zymomonas PDC and ADH genes. US Patent 5,000,000

Ito J, Kosugi A, Tanaka T, Kuroda K, Shibasaki S, Ogino C, Ueda M, Fukuda H, Doi RH, Kondo A (2009) Regulation of the display ratio of enzymes on the Saccharomyces cerevisiae cell surface by the immunoglobulin G and cellulosomal enzyme binding domains. Appl Environ Microbiol 75:4149-4154

Jeffries T, Shi NQ (1999) Genetic engineering for improved xylose fermentation by Yeasts. Adv Biochem Eng Biotechnol 65:117-161

Jeffries TW, Grigoriev IV, Grimwood J, Laplaza JM, Aerts A, Salamov A, Schmutz J, Lindquist E, Dehal P, Shapiro H, Jin YS, Passoth V, Richardson PM (2007) Genome sequence of the lignocellulose-bioconverting and xylose-fermenting yeast Pichia stipitis. Nat Biotechnol 25:319-326

Jeon E, Hyeon JE, Suh DJ, Suh YW, Kim SW, Song KH, Han SO (2009) Production of cellulosic ethanol in Saccharomyces cerevisiae heterologous expressing Clostridium thermocellum endoglucanase and Saccharomycopsis fibuligera b-glucosidase genes. Mol Cells 28:369-373

Ji XJ, Huang H, Du J, Zhu JG, Ren LJ, Hu N, Li S (2009) Enhanced 2,3-butanediol production by Klebsiella oxytoca using a two-stage agitation speed control strategy. Bioresour Technol 100:3410-3414

Karhumaa K, Wiedemann B, Hahn-Hagerdal B, Boles E, Gorwa-Grauslund MF (2006) Co-utilization of L-arabinose and D-xylose by laboratory and industrial Saccharomyces cerevisiae strains. Microb Cell Fact 5:18-28

Kazi FK, Fortman JA, Anex RP, Hsu DD, Aden A, Dutta A, Kothandaraman G (2010) Techno-economic comparison of process technologies for biochemical ethanol production from corn stover. Fuel 89:S20-S28

Khramtsov N, McDade L, Amerik A, Yu E, Divatia K, Tikhonov A, Minto M, Kabongo-Mubalamate G, Markovic Z, Ruiz-Martinez M, Henck S (2011) Industrial yeast strain engineered to ferment ethanol from lignocellulosic biomass. Bioresour Technol 102:8310-8313

Kim TH, Kim JS, Sunwoo C, Lee YY (2003) Pretreatment of corn stover by aqueous ammonia. Bioresour Technol 90:39-47

Kim Y, Hendrickson R, Mosier NS, Ladisch MR (2009) Liquid hot water pretreatment of cellulosic biomass. Biofuels. pp 93-102

Kitagawa T, Tokuhiro K, Sugiyama H, Kohda K, Isono N, Hisamatsu M, Takahashi H, Imaeda T (2010) Construction of a b-glucosidase expression system using the multistress-tolerant yeast Issatchenkia orientalis. Appl Microbiol Biotechnol 87:1841-1853

Kristensen JB, Thygesen LG, Felby C, Jorgensen H, Elder T (2008) Cell-wall structural changes in wheat straw pretreated for bioethanol production. Biotechnol Biofuels 1:5

Kuo CH, Lee CK (2009) Enhanced enzymatic hydrolysis of sugarcane bagasse by N-methylmorpholine-N-oxide pretreatment. Bioresour Technol 100:866-871

Kurakake M, Ide N, Komaki T (2007) Biological pretreatment with two bacterial strains for enzymatic hydrolysis of office paper. Curr Microbiol 54:424-428

Kuyper M, Hartog MM, Toirkens MJ, Almering MJ, Winkler AA, Van Dijken JP, Pronk JT (2005) Metabolic engineering of a xylose-isomerase-expressing Saccharomyces cerevisiae strain for rapid anaerobic xylose fermentation. FEMS Yeast Res 5:399-409

La Grange DC, Den Haan R, Van Zyl WH (2010) Engineering cellulolytic ability into bioprocessing organisms. Appl Microbiol Biotechnol 87:1195-1208

Lee YE, Lowe SE, Zeikus JG (1993) Regulation and characterization of xylanolytic enzymes of Thermoanaerobacterium saccharolyticum B6A-RI.Appl Environ Microbiol 59:763-771

Leibbrant N (2010) Techno-economic study for sugarcane bagasse to liquid biofuels in South Africa:a comparison between biological and thermochemical process routes.PhD disserta-tion,Stellenbosch University,South Africa,April 2010 Lilly M,Fierobe HP,Van Zyl WH,Volschenk H (2009) Heterologous expression of a Clostridium minicellulosome in Saccharomyces cerevisiae.FEMS Yeast Res 9:1236-1249

Linde M,Galbe M,Zacchi G (2010) Bioethanol production from non-starch carbohydrate residues in process streams from a dry-mill ethanol plant.Bioresour Technol 99:6505-6511

Linger JG,Adney WS,Darzins A (2010) Heterologous expression and extracellular secretion of cellulolytic enzymes by Zymomonas mobilis.Appl Environ Microbiol 76:6360-6369

Liu JM,Xin XJ,Li CX,Xu JH,Bao J (2012) Cloning of thermostable cellulase genes of Clostridium thermocellum and their secretive expression in Bacillus subtilis.Appl Biochem Biotechnol 166:652-662

Lu Y,Zhang YH,Lynd LR (2006) Enzyme-microbe synergy during cellulose hydrolysis by Clostridium thermocellum. Proc Natl Acad Sci USA 103:16165-16169

Lynd LR,Weimer PJ,Van Zyl WH,Pretorius IS (2002) Microbial cellulose utilization:Fundametals and biotechnology. Microbiol Mol Biol Rev 66:506-577

Lynd LR,Van Zyl WH,McBride JE,Laser M (2005) Consolidated bioprocessing of cellulosic biomass:an update.Curr Opin Biotechnol 16:577-583

Masarin F,Gurpilhares DB,Baffa DC,Barbosa MH,Carvalho W,Ferraz A,Milagres AM (2011) Chemical composition and enzymatic digestibility of sugarcane clones selected for varied lignin content.Biotechnol Biofuels 4:55

Matano Y,Hasunuma T,Kondo A (2012) Display of cellulases on the cell surface of Saccharomyces cerevisiae for high yield ethanol production from high-solid lignocellulosic biomass.Bioresour Technol 108:128-133

Mcbride J,Mellon M,Rajgarhia V,Brevnova E,Wiswall E,Hogsett DA,La Grange DC,Rose SH,Van Zyl WH (2012) Yeast cells expressing an exogenous cellulosome and methods of using the same.US Patent 2012/0142046A1 McKendry P (2002) Energy production from biomass (part 2):conversion technologies.Bioresour Technol 83:47-54

Miller WC (2010) Evaluation of feedstocks for cellulosic ethanol and bioproducts production in the Northwest.MSc thesis,Oregon State University Moniruzzaman M,Lai X,York SW,Ingram LO (1997) Isolation and molecular characterization of high-performance cellobiose-fermenting spontaneous mutants of ethanologenic Esche-richia coli KO11 containing the Klebsiella oxytoca casAB operon.Appl Environ Microbiol 63:4633-4637

Mosier NS,Hendrickson R,Brewer M,Ho N,Sedlak M,Dreshel R,Welch G,Dien BS,Aden A,Ladisch MR (2005) Industrial scale-up of pH-controlled liquid hot water pretreatment of corn fiber for fuel ethanol production.Appl Biochem Biotechnol 125:77-97

Murnen HK,Balan V,Chundawat SPS,Bals B,Da Costa Sousa L,Dale BE (2007) Optimization of ammonia fiber expansion (AFEX) pretreatment and enzymatic hydrolysis of Miscanthus x giganteus to fermentable sugars.Biotechnol Progress 23:846-850

Ohta K,Beall DS,Mejia JP,Shanmugam KT,Ingram LO (1991a) Metabolic engineering of Klebsiella oxytoca M5A1 for ethanol production from xylose and glucose.Appl Environ Microbiol 57:2810-2815

Ohta K,Beall DS,Mejia JP,Shanmugam KT,Ingram LO (1991b) Genetic improvement of Escherichia coli for ethanol production:chromosomal integration of Zymomonas mobilis genes encoding pyruvate decarboxylase and alcohol dehydrogenase II.Appl Environ Microbiol 57:893-900

Olson DG,McBride JE,Shaw AJ,Lynd LR (2012) Recent progress in consolidated bioprocessing.Curr Opin Biotechnol 23:1-11

Paiva JA,Prat E,Vautrin S,Santos MD,San Clemente H,Brommonschenkel S,Fonseca PG,Grattapaglia D,Song X,Ammiraju JS,Kudrna D,Wing RA,Freitas AT,Berges H,Grima-Pettenati J (2011) Advancing Eucalyptus genomics: identification and sequencing of lignin biosynthesis genes from deep-coverage BAC libraries.BMC Genomics 12: 137

Pan X, Xie D, Yu RW, Saddler JN (2008) The bioconversion of mountain pine beetle-killed lodgepole pine to fuel ethanol using the organosolv process. Biotechnol Bioeng 101:39-48

Panagiotou G, Christakopoulos P, Olsson L (2005) Simultaneous saccharification and fermen-tation of cellulose by Fusarium oxysporum F3-growth characteristics and metabolite profiling. Enzyme Microb Technol 36:693-699

Papendieck A, Dahlems U, Gellissen G (2002) Technical enzyme production and whole-cell biocatalysis: application of Hansenula polymorpha. In: Gellissen G (ed) Hansenula polymorpha: biology and applications. Wiley-VCH, Weinham, pp 255-271

Pessani NK, Atiyeh HK, Wilkins MR, Bellmer DD, Banat IM (2011) Simultaneous sacchar-ification and fermentation of Kanlow switchgrass by thermotolerant Kluyveromyces marxianus IMB3: the effect of enzyme loading, temperature and higher solid loadings. Bioresour Technol 102:10618-10624

Piccolo C, Bezzo F (2009) A techno-economic comparison between two technologies for bioethanol production from lignocellulose. Biomass Bioenergy 33:478-491

Piotek M, Hagedorn J, Hollenberg CP, Gellissen G, Srasser AWM (1998) Two novel gene expression systems based on the yeasts Schwanniomyces occidentalis and Pichia stipitis. Appl Microbiol Biotechnol 50:331-338

Porzio GF, Prussi M, Chiaramonti D, Pari L (2012) Modelling lignocellulosic bioethanol from poplar: estimation of the level of process integration, yield and potential for co-products. J Clean Prod 34:66-75

Prior B, Day D (2008) Hydrolysis of ammonia-pretreated sugar cane bagasse with cellulase, b-glucosidase, and hemi cellulase preparations. Appl Biochem Biotechnol 146:151-164

Raman B, Pan C, Hurst GB, Rodriguez M Jr, McKeown CK, Lankford PK, Samatova NF, Mielenz JR (2009) Impact of pretreated Switchgrass and biomass carbohydrates on Clostridium thermocellum ATCC 27405 cellulosome composition: a quantitative proteomic analysis. PLoS One 4:e5271

Reith JH, den Uil H, de Laat WTAM, Niessen JJ, de Jong E, Elbersen HW, Weusthuis R, Van Dijken JP, Raamsdonk L (2002) Co-production of bio-ethanol, electricity and heat from biomass residues. Energy Research Centre, Netherlands, report ECN-RX-02-030, July 2002 Robinson J (2006) Bio-ethanol as a household cooking fuel: a mini pilot study of the SuperBlu stove in peri-urban Malawi. MSc Thesis, Loughborough University, UK

Ryabova OB, Chmil OM, Sibirny AA (2003) Xylose and cellobiose fermentation to ethanol by the thermotolerant methylotrophic yeast Hansenula polymorpha. FEMS Yeast Res 4:157-164

Ryu SK, Lee JM (1983) Bioconversion of waste cellulose by using an attrition bioreactor. Biotechnol Bioeng 25:53-65

Sadie CJ, Rose SH, Den Haan R, Van Zyl WH (2011) Co-expression of a cellobiose phosphorylase and lactose permease enables intracellular cellobiose utilisation by Saccha-romyces cerevisiae. Appl Microbiol Biotechnol 90:1373-1380

Sastri B, Lee A, Kaarsberg T, Alfstad T, Curtis M, MacNeil D (2008) World biofuels production potential. Office of Policy Analysis US Department of Energy, Washington

Sekar R, Shin HD, Chen R (2012) Engineering Escherichia coli cells for cellobiose assimilation through a phosphorolytic mechanism. Appl Environ Microbiol 78:1611-1614

Seon PJ, Russell JB, Wilson DB (2007) Characterization of a family 45 glycosyl hydrolase from Fibrobacter succinogenes S85. Anaerobe 13:83-88

Shadle G, Chen F, Srinivasa Reddy MS, Jackson L, Nakashima J, Dixon RA (2007) Down-regulation of hydroxycinnamoyl CoA: shikimate hydroxycinnamoyl transferase in transgenic alfalfa affects lignification, development and forage quality. Phytochemistry 68:1521-1529

Shaw AJ, Jenney FE, Adams MWW, Lynd LR (2008a) End-product pathways in the xylose fermenting bacterium, Thermoanaerobacterium saccharolyticum. Enzyme Microb Technol 42:453-458

Shaw AJ, Podkaminer KK, Desai SG, Bardsley JS, Rogers SR, Thorne PG, Hogsett DA, Lynd LR (2008b) Metabolic engineering of a thermophilic bacterium to produce ethanol at high yield. Proc Natl Acad Sci USA 105:13769-13774

Shaw AJ, Hogsett DA, Lynd LR (2009) Identification of the [FeFe]-hydrogenase responsible for hydrogen generation in Thermoanaerobacterium saccharolyticum and demonstration of increased ethanol yield via hydrogenase knockout.J Bacteriol 191:6457-6464

Shin HD, McClendon S, Vo T, Chen RR (2010) Escherichia coli binary culture engineered for direct fermentation of hemicellulose to a biofuel.Appl Environ Microbiol 76:8150-8159

Sims R, Taylor M, Saddler J, Mabee W (2008) From 1st to 2nd-generation biofuel technologies-an overview of current industry and RD&D activities.International Energy Agency (IEA Bioenergy), Paris [http://www.task39.org/Publications.aspx]

Singh P, Suman A, Tiwari P, Arya N, Gaur A, Shrivastava A (2008) Biological pretreatment of sugarcane trash for its conversion to fermentable sugars.World J Microb Biot 24:667-673

Soccol CR, Vandenberghe LPdS, Medeiros ABP, Karp SG, Buckeridge M, Ramos LP, Pitarelo AP, Ferreira-Leitão V, Gottschalk LMF, Ferrara MA, Bon EPdS, de Moraes LMP, Araújo JdA, Torres FAG (2010) Bioethanol from lignocelluloses: status and perspectives in Brazil.Bioresour Technol 101:4820-4825

Somerville C, Youngs H, Taylor C, Davis SC, Long SP (2010) Feedstocks for lignocellulosic biofuels.Science 329:790-792

Srivastava R, Kumar GP, Srivastava KK (1995) Construction of a recombinant cellulolytic Escherichia coli.Gene 164:185-186

Stenberg K, Tengborg C, Galbe M, Zacchi G (1998) Optimisation of steam pretreatment of SO_2-impregnated mixed softwoods for ethanol production.J Chem Technol Biot 71:299-308

Stephanopoulos G (2007) Challenges in engineering microbes for biofuels production.Science 315:801-804

Sticklen MB (2007) Altering regulation of maize lignin biosynthesis enzymes via RNAi technology.US Patent 2008/0213871

Sun Y, Cheng J (2002) Hydrolysis of lignocellulosic materials for ethanol production: a review.Bioresour Technol 83:1-11

Sun Y, Cheng JJ (2005) Dilute acid pretreatment of rye straw and bermudagrass for ethanol production.Bioresour Technol 96:1599-1606

Sun J, Wen F, Si T, Xu JH, Zhao H (2012) Direct Conversion of Xylan to Ethanol by Recombinant Saccharomyces cerevisiae Strains Displaying an Engineered Mini-hemicellulo-some.Appl Environ Microbiol 78(11):3837-3845

Torget R, Teh-An H (1994) Two-temperature dilute-acid prehydrolysis of hardwood xylan using a percolation process. Appl Biochem Biotech 45-46:5-22

Tsai SL, Oh J, Singh S, Chen R, Chen W (2009) Functional assembly of minicellulosomes on the Saccharomyces cerevisiae cell surface for cellulose hydrolysis and ethanol production.Appl Environ Microbiol 75:6087-6093

Tsai SL, Goyal G, Chen W (2010) Surface display of a functional minicellulosome by intracellular complementation using a synthetic yeast consortium and its application to cellulose hydrolysis and ethanol production.Appl Environ Microbiol 76:7514-7520

Van Dijken JP, Bauer J, Brambilla L, Duboc P, Francois JM, Gancedo C, Giuseppin ML, Heijnen JJ, Hoare M, Lange HC, Madden EA, Niederberger P, Nielsen J, Parrou JL, Petit T, Porro D, Reuss M, van Riel N, Rizzi M, Steensma HY, Verrips CT, Vindelov J, Pronk JT (2000) An interlaboratory comparison of physiological and genetic properties of four Saccharomyces cerevisiae strains.Enzyme Microb Technol 26:706-714

van Rooyen R, Hahn-Hagerdal B, La Grange DC, Van Zyl WH (2005) Construction of cellobiose-growing and fermenting Saccharomyces cerevisiae strains.J Biotechnol 120:284-295

van Walsum GP, Allen SG, Spencer MJ, Laser MS, Antal MJ, Lynd LR (1996) Conversion of lignocellulosics pretreated with liquid hot water to ethanol.Appl Biochem Biotechnol 57-58:157-170

van Wyk N, Den Haan R, Van Zyl WH (2010) Heterologous co-production of Thermobifida fusca Cel9A with other cellulases in Saccharomyces cerevisiae.Appl Microbiol Biotechnol 87:1813-1820

Van Zyl WH, Lynd LR, Den Haan R, McBride JE (2007) Consolidated bioprocessing for bioethanol production using Saccharomyces cerevisiae. Adv Biochem Eng Biotechnol 108:205–235

Van Zyl WH, Chimphango AFA, Den Haan R, Görgens JF, Chirwa PWC (2011) Next-generation cellulosic ethanol technologies and their contribution to a sustainable Africa. Interface Focus 1:196–211

Vancov T, McIntosh S (2011) Alkali pretreatment of cereal crop residues for second-generation biofuels. Energy Fuels 25:2754–2763

Verma A, Kumar S, Jain PK (2011) Key pretreatment technologies on cellulosic ethanol production. J Sci Res 55:57–63

Voelker SL, Lachenbruch BARB, Meinzer FC, Kitin PETE, Strauss SH (2011) Transgenic poplars with reduced lignin show impaired xylem conductivity, growth efficiency and survival. Plant, Cell Environ 34:655–668

von Sivers M, Zacchi G (1995) A techno-economical comparison of three processes for the production of ethanol from pine. Bioresour Technol 51:43–52

Voronovsky AY Rohulya OV Abbas CA Sibirny AA (2009) Development of strains of the thermotolerant yeast Hansenula polymorpha capable of alcoholic fermentation of starch and xylan. Metab Eng 11(4–5):234–242

Wadenback J, von Arnold S, Egertsdotter U, Walter MH, Grima-Pettenati J, Goffner D, Gellerstedt G, Gullion T, Clapham D (2008) Lignin biosynthesis in transgenic Norway spruce plants harboring an antisense construct for cinnamoyl CoA reductase (CCR). Transgenic Res 17:379–392

Wang H, Xue Y, Chen Y, Li R, Wei J (2012) Lignin modification improves the biofuel production potential in transgenic Populus tomentosa. Ind Crop Prod 37:170–177

Watanabe T, Watanabe I, Yamamoto M, Ando A, Nakamura T (2011) A UV-induced mutant of Pichia stipitis with increased ethanol production from xylose and selection of a spontaneous mutant with increased ethanol tolerance. Bioresour Technol 102:1844–1848

Weil J, Brewer M, Hendrickson R, Sarikaya A, Ladisch M (1998) Continuous pH monitoring during pretreatment of yellow poplar wood sawdust by pressure cooking in water. Appl Biochem Biotech 70–72:99–111

Wen F, Sun J, Zhao H (2010) Yeast surface display of trifunctional minicellulosomes for simultaneous saccharification and fermentation of cellulose to ethanol. Appl Environ Microbiol 76:1251–1260

Wood BE, Ingram LO (1992) Ethanol production from cellobiose, amorphous cellulose, and crystalline cellulose by recombinant Klebsiella oxytoca containing chromosomally integrated Zymomonas mobilis genes for ethanol production and plasmids expressing thermostable cellulase genes from Clostridium thermocellum. Appl Environ Microbiol 58:2103–2110

Wood BE, Beall DS, Ingram LO (1997) Production of recombinant bacterial endoglucanase as a co-product with ethanol during fermentation using derivitives of Escherichia coli KO11. Biotech Bioeng 55:547–555

Wyman CE, Dale BE, Elander RT, Holtzapple M, Ladisch MR, Lee YY (2005) Coordinated development of leading biomass pretreatment technologies. Bioresour Technol 96:1959–1966

Xiros C, Topakas E, Katapodis P, Christakopoulos P (2008) Evaluation of Fusarium oxysporum as an enzyme factory for the hydrolysis of brewer's spent grain with improved biodegrad-ability for ethanol production. Ind Crop Prod 28:213–224

Xu Q, Singh A, Himmel ME (2009) Perspectives and new directions for the production of bioethanol using consolidated bioprocessing of lignocellulose. Curr Opin Biotechnol 20:364–371

Xu C, Qin Y, Li Y, Ji Y, Huang J, Song H (2010) Factors influencing cellulosome activity in consolidated bioprocessing of cellulosic ethanol. Bioresour Technol 101:9560–9569

Yamada R, Taniguchi N, Tanaka T, Ogino C, Fukuda H, Kondo A (2010) Cocktail d-integration: a novel method to construct cellulolytic enzyme expression ratio-optimized yeast strains. Microb Cell Fact 9:32

Yanase H, Nozaki K, Okamoto K (2005) Ethanol production from cellulosic materials by genetically engineered Zymomonas mobilis. Biotechnol Lett 27:259–263

Yanase S, Hasunuma T, Yamada R, Tanaka T, Ogino C, Fukuda H, Kondo A (2010) Direct ethanol production from cellulosic materials at high temperature using the thermotolerant yeast Kluyveromyces marxianus displaying cellulolytic enzymes. Appl Microbiol Biotechnol 88:381–388

Yang C, Shen Z, Yu G, Wang J (2008) Effect and aftereffect of c radiation pretreatment on enzymatic hydrolysis of wheat straw. Bioresour Technol 99:6240–6245

Yomano LP, York SW, Ingram LO (1998) Isolation and characterization of ethanol-tolerant mutants of Escherichia coli KO11 for fuel ethanol production. J Ind Microbiol Biotechnol 20:132–138

Yoo JS, Jung YJ, Chung SY, Lee YC, Choi YL (2004) Molecular cloning and characterization of CMCase gene (celC) from Salmonella typhimurium UR. J Microbiol 42:205–210

You C, Zhang XZ, Sathitsuksanoh N, Lynd LR, Zhang YH (2012) Enhanced microbial cellulose utilization of recalcitrant cellulose by an ex vivo cellulosome-microbe complex. Appl Environ Microbiol 78:1437–1444

Zhang YH, Lynd LR (2004) Toward an aggregated understanding of enzymatic hydrolysis of cellulose: noncomplexed cellulase systems. Biotechnol Bioeng 88:797–824

Zhang XZ, Zhang YH (2010) One-step production of biocommodities from lignocellulosic biomass by recombinant cellulolytic Bacillus subtilis: Opportunities and challenges. Eng Life Sci 10:398–406

Zhang M, Chou YC, Picataggio SK, Finkelstein M (1997) Single Zymomonas mobilis strain for xylose and arabinose fermentation. US Patent 5,843,760

Zhang XZ, Sathitsuksanoh N, Zhu Z, Zhang YH (2011) One-step production of lactate from cellulose as the sole carbon source without any other organic nutrient by recombinant cellulolytic Bacillus subtilis. Metab Eng 13:364–372

Zhang J, Qu Y, Xiao P, Wang X, Wang T, He F (2012) Improved biomass saccharification by Trichoderma reesei through heterologous expression of lacA gene from Trametes sp. AH28-2. J Biosci Bioeng 113:697–703

Zheng Y, Pan Z, Zhang R (2009) Overview of biomass pretreatment for cellulosic ethanol production. Int J Agric Biol Eng 2:51–68

Zhou S, Ingram L (1999) Engineering endoglucanase-secreting strains of ethanologenic Klebsiella oxytoca P2. J Ind Microbiol Biotechnol 22:600–607

Zhou S, Davis FC, Ingram LO (2001) Gene integration and expression and extracellular secretion of Erwinia chrysanthemi endoglucanase CelY (celY) and CelZ (celZ) in ethanologenic Klebsiella oxytoca P2. Appl Environ Microbiol 67:6–14

Zhu S (2008) Use of ionic liquids for the efficient utilization of lignocellulosic materials. J Chem Technol Biotechnol 83:777–779

Zuroff TR, Curtis WR (2012) Developing symbiotic consortia for lignocellulosic biofuel production. Appl Microbiol Biotechnol 93:1423–1435

第 9 章 未来生物燃料生产的潜在生物资源概述

摘要:近年来,生物燃料日益受到公众和科学界关注,主要是因为全球原油储量预计将会在 40 年后枯竭;此外,还有其他原因,例如石油价格的不确定性、温室气体排放、提高能源安全和多样性的需要。生物燃料是以某种方式从可再生生物资源中得到的一类范围较宽泛的燃料。据悉,化石燃料(石油、煤、天然气)控制着世界的能源经济,占一次能源供应总量的 80%以上。2007 年,可再生能源占全球一次能源供应总量的 9.8%。从 20 世纪 70 年代后期起,全球化石燃料开始短缺。在过去几十年中,人们不断预测从可再生资源生产生物燃料工业的美妙发展前景。生物燃料生产关键是为微生物发酵制备含淀粉或糖的原料的过程,发酵过程的核心是酵母细胞,它也是目前唯一用于将糖转化为乙醇的微生物。当前,生物燃料的需求正在加速,因此需要认真考虑在下一个 10 年中为主要的糖/淀粉基原料寻找替代品。各种木质纤维素生物质资源,例如农业残渣、含油种实、木材和林业废弃物、城市固体废物、制浆和造纸工业废物以及藻类等,具有作为生物燃料生产的廉价、丰富原料的潜力。在新颖和先进燃料研究领域,从产高浓度烃(如胶乳)的植物和产油微生物中生产下一代生物燃料吸引了许多研究者的关注。先进的基因工程工具提供了通过将纤维素酶与其他微生物中有潜力的酶重组,使提高纤维素酶生物降解能力成为可能。生长迅速的草、盐生植物(特别是生长在贫瘠土地上)、水生植物、藻和其他能积累油脂的微生物可以为未来的生物炼厂提供生物燃料的原料。本章关注“从不同潜在原料生产液体生物燃料”的研究现状和未来趋势。首先,对生物燃料进行了简单介绍;然后,详细介绍了生物燃料的研究现状和其他与生物燃料有关的情况;最后,讨论了不同种类的生物燃料,尤其是从不同生物资源生产的目前正在使用的液体生物燃料,并且指出了未来可利用的潜在生物资源。

9.1 引言

持续地获取电力、燃料和水对于维持和延续人类文明至关重要。世界能源消费在 2001~2025 年预计将增长 54%,当前大量的关注集中于发展可持续和碳中性

本章作者:Veeranjaneya Reddy Lebaka (L)
作者单位:印度约吉–维曼拿大学(Yogi Vemana University)微生物学系
电子邮件:lvereddy@yahoo.com

的能源资源，以满足未来的需求。对目前的石油基燃料而言，生物燃料是极具吸引力的替代品，因为它们在现有技术基础上只需经过很少的改变就能用做交通运输燃料。从有机物(例如淀粉、油料和动物脂肪以及纤维素等)可以生产出液体(乙醇、生物柴油)或气体(甲烷、氢气)生物燃料(见图 9.1)。受以下 4 个方面原因的影响，生物燃料用做石油基交通运输燃料的替代品正受到越来越多的关注：第一，对世界石油供应减少和需求持续增加以及价格反复无常的日益关注。到 2030 年，全球石油需求预计将增加大约 50%，达到约 5900Mt/a(118Mbbl/d)，其中消费量居前三位的美国、欧洲和中国预计将分别达到约 1400Mt/a(28Mbbl/d)、约 800Mt/a(16Mbbl/d) 和约 750Mt/a (15Mbbl/d)。1990~2008 年，印度的石油产量已从约 32.5Mt/a (650kbbl/d) 增加至约 50Mt/a (1Mbbl/d)；与此同时，消费量从 1.2Mbbl/d 增加到 3Mbbl/d。第二，很多国家越来越关注能源安全。由于全球原油供应稳步下降，剩余的石油储量越来越集中，也就是说会受到持续减少的生产商的控制。其结果之一就是石油进口区域对持续减少的供应商的依赖日益增加。例如，印度石油多数都是从约 10 个国家进口的。在过去的几年中，由于经济增长，使得消费和生产之间的差距在快速扩大。因此，印度的石油进口从 1990 年的 60 亿美元上升到 2000 年和 2008 年的 150 亿美元和 770 亿美元。不同的国家已经明确采取措施，旨在通过投资国内资源或考虑开发替代能源的策略来提高能源安全。第三，应对气候变化也需要转变成非石油燃料，目前石油燃料贡献了世界二氧化碳排放量的 1/5，该数据还在以大约每年 2.5%的速度增加。许多分析认为，生物燃料可以在减少二氧化碳排放的战略中发挥重要作用，与从大气中提取、捕获和封存二氧化碳的技术结合，可以减少大气中的温室气体。推动生物燃料的第四个动力来自工业化国家和发展中国家所面临的农村地区发展问题。工业化国家政府正面临越来越大的要求取消其对农业部门补贴的压力；在发展中国家，为农村地区创造经济可行的发展方式也是一个持续性的难题(Azar et al 2006；Sagar，Kartha 2007)。

9.2 与生物燃料生产有关的情况

用于生产生物燃料的各种生物质原料可以分为两类："第一代" 原料以糖、淀粉、含油物质形式采收，并且可通过传统技术转化为生物燃料；"第二代"原料则是以总生物质形式采收，只能通过先进技术工艺转化为生物燃料。第二代原料可以从各种木本植物(例如杂交杨树、桉树)、草本作物(例如芒草、柳枝稷、甜高粱)、农业废弃物(如秸秆、甘蔗渣)和城市固体废物(例如废纸和庭院废物)中获得。第二代原料是廉价和最丰富的生物质，其所蕴含的能量也可与第一代原料相比。使用第二代原料生产生物燃料的限制因素是缺乏低成本、高效率地将生物质转化成液体燃料的生产和加工技术(见图 9.2)。因此,目前更倾向于将第一代原料经济地转化成生物燃料。常见的生物质原料成本按从低到高的顺序为:木质纤维素、淀粉、植物油、乳胶(萜类)、藻脂。目前,植物油、淀粉和甘蔗比其他原料的转化成本要低,而萜类和藻脂作为生物液体燃料的原料实在是太贵了。因此,鼓励生物燃料发展的许多国家一般都提倡使用已经大规模生产出的供人类和动物消费的农作物和油料作物。例如,巴西所有乙醇都产自甘蔗,甘蔗也是目前世界范围内用量最大的乙醇原料。在美国,超过 90%的乙醇产自世界第二大能源作物——玉米,玉米也是全球范围最重要的农作物之一。在欧洲,约 70%的生物柴油是由世界第二大植物油来源——油菜籽生产的,其余的则主要由葵花籽生产。此外,几乎美国生产的所有生物柴油都产自大豆,而大豆是世界上最大的食品和燃料植物油来源。有趣的是,由于食物需求量巨大,世界范围内种植面积最大的两种作物(小麦和水稻)并没有成为生物燃料的重要原料来源。利用农作物作为生物燃料生产的第一代原料引发了伦理和道德方面的问题:食品价格将会上涨,还可能与农业用地及食品加工形成竞争关系。

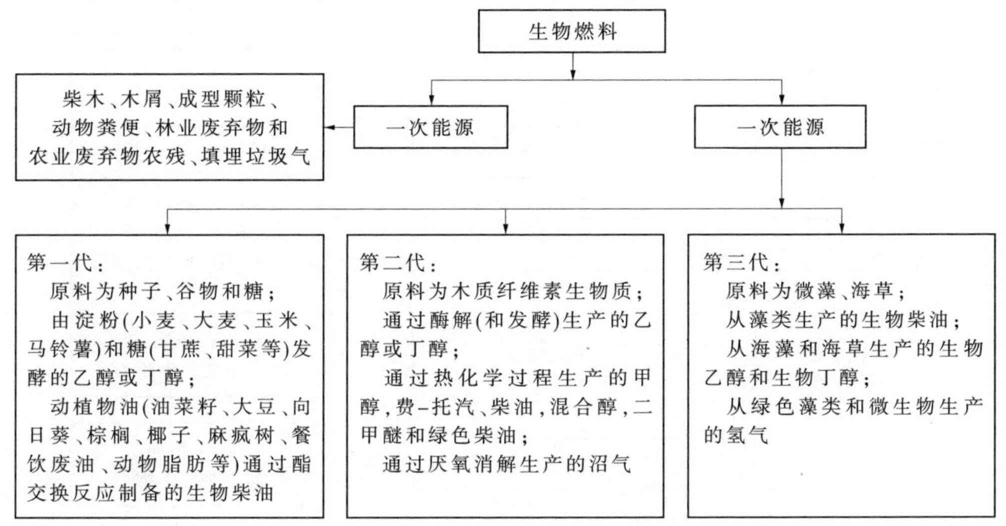

图 9.1 根据所用原料进行的生物燃料分类

地球表面约 29%($510\times10^8hm^2$)由陆地覆盖,其中的约 10%($49\times10^8hm^2$)可供人类生产利用。生产用地可分为三类:①草原和牧场;②农业用地;③居住用地。在生产用地中,大约 67%的土地是草地和牧场,29%是农业用地,人类居住占约 4%(约 $2\times10^8hm^2$)。全球农业粮食产量在 1961~1996 年之间翻了一番,而耕种的土地仅增长了 10%；不过，全球灌溉面积在过去 40 年里已经增加了约 70%(Foley et al 2005)。农业用水约占全球用水量的 70%~80%，许多国家的比例甚至更高(Gui et al 2008)。随着世界人口和财富的增加，农业在更有效地生产食物和保持耕地的生态可持续发展方面将面临越来越大的压力。此外，农作物中使用的大量化肥和农药也造成了重大的环境问题。为了生产生物燃料，巴西和东南亚的热带雨林正以前所未有的速度被砍伐，以种植大豆和油棕榈。环保主义者们正在呼吁关注生物燃料生产导致的森林砍伐活动和生态系统破坏所带来的负面影响(FAO 2006；Gui et al 2008)。大约 8%的植物油用于生产生物柴油，这已经引起近些年油菜籽、油棕榈和大豆等油料作物的价格上涨。美国为生产乙醇而增长的玉米需求也逐步抬高了墨西哥玉米的价格。在 2006~2007 年之间，墨西哥玉米价格几乎上涨到 3 倍，以至于引起了该国的玉米面饼危机。这个问题已经超出了烹饪或文化范畴，因为对于贫困的墨西哥人而言，超过 40%的蛋白质是从玉米面饼中获得的。与此同时，因为玉米价格上涨，美国鸡饲料的成本在 2006 年夏天到 2007 年年初之间上涨了 40%。此外，甜菜、小麦、玉米、甘蔗、含油种子以及木薯的价格分别比它们 2002 年的基准价格升高了 10%、16%、23%、43%和 54%(Johanson，Azar 2007)。

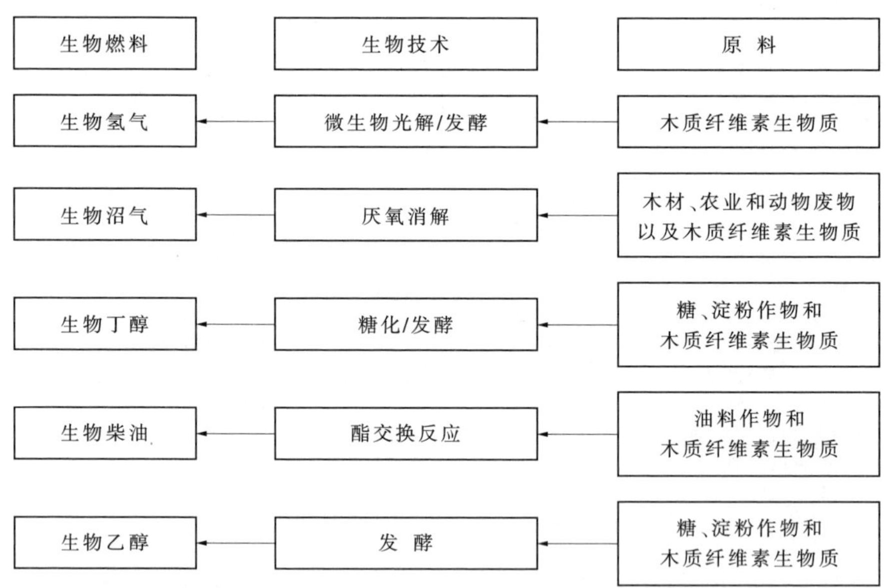

图 9.2 生产各种生物燃料所使用的技术

据世界粮农组织估计，2008 年发展中国家有 9.63 亿长期营养不良的人口。其中，3/4 是极端贫困的农民(多数都是生活在贫困地区的土地少或失地的农民)、未充分就业的农业劳动力、工匠和依赖以上群体生存的商人(Manzoye 2001)。由于农产品价格的长期和短期波动,这一群体的贫困还在加剧。此外,食品价格的下降往往并不会给这一群体带来好处,因为他们不是食物购买者。在这种情况下,由于生物燃料所致的食品价格上涨将会使食品净产出国和生产商获益,也包括与农业经济紧密联系的穷人(Runge,Senauer 2007)。

从环境、经济、伦理和道德角度来看,世界耕地应该用于粮食作物种植。此外,大部分第二代原料的植物可以在贫瘠的土地上生长, 这样就可以避免与农业竞争,促进农产品价格稳定。费尔德等(Field et al 2008)估计,全球范围大约有 4.5×108hm² 撂荒的土地。此外,还有大量退化土地,如果继续使用也将面临废弃。估计全球中度退化的土地(土地生产力显着下降)达到 $9.10\times10^8hm^2$,与濒临废弃土地以及退化土地的总面积肯定达到 13×10^8~$14\times10^8hm^2$。相比之下,农业和畜牧业生产的土地一共也只有 $57\times10^8hm^2$(Daily 1995;FAO 2000)。在边际地或可以开荒的废弃土地上种植生物燃料作物,既可以防止土壤沙漠化,还可能给小农户带去经济利益。

9.3 液体生物燃料

从生物质生产液体生物燃料的两个主要途径是生物化学转化和热化学转化。已知最常见的液体生物燃料,例如乙醇、生物柴油和正丁醇,都是光合作用产生的植物产品(例如谷物、果汁和全生物质)通过生化转化制备的(见图 9.3)。将生物质转化为液体燃料的两个主要热化学途径是热解和热化学气化。热解是在缺氧的情况下利用高温将生物质转化为液体生物油、固体炭以及轻的气体(Kheshgi et al 2000)。生物油最适合用做位置固定的电力和热能应用场合的燃料,而不是用做交通运输燃料(Ma,Hanna 1999)。热化学气化通过使原料部分燃烧,将生物质分解成主要由氢气、一氧化碳、水蒸气和氮气(除非汽化在氧气而非空气中进行)以及少量甲烷和高级烃组成的气体。这种合成气接下来就可以被净化以及用做化学原料,与石化原料的使用方式非常相似。热化学气化是非常有吸引力的生物燃料生产可选方案,因为它还可以适用于含淀粉、糖或油料作物在内的其他原料,而这些原料是当前生产乙醇和生物柴油的基础。它可以利用生物质中的纤维素成分和木质素成分,后者通常占到木本生物质的 20%~30%。热化学气化使废液、农业残渣和在劣质土地上专门种植的能源作物成为潜在的能量来源。通过热化学气化途径可以开发出 4 种不同的生物燃料:甲醇、氢气、费–托合成液体以及二甲醚(Hamelinck,Faaji 2006)。由于种种原因,对其他替代燃料(如生物丁醇、生物喷气燃料、生物氢气、生物甲苯和许多其他碳氢化合物)的重视程度不如乙醇和生物柴油。

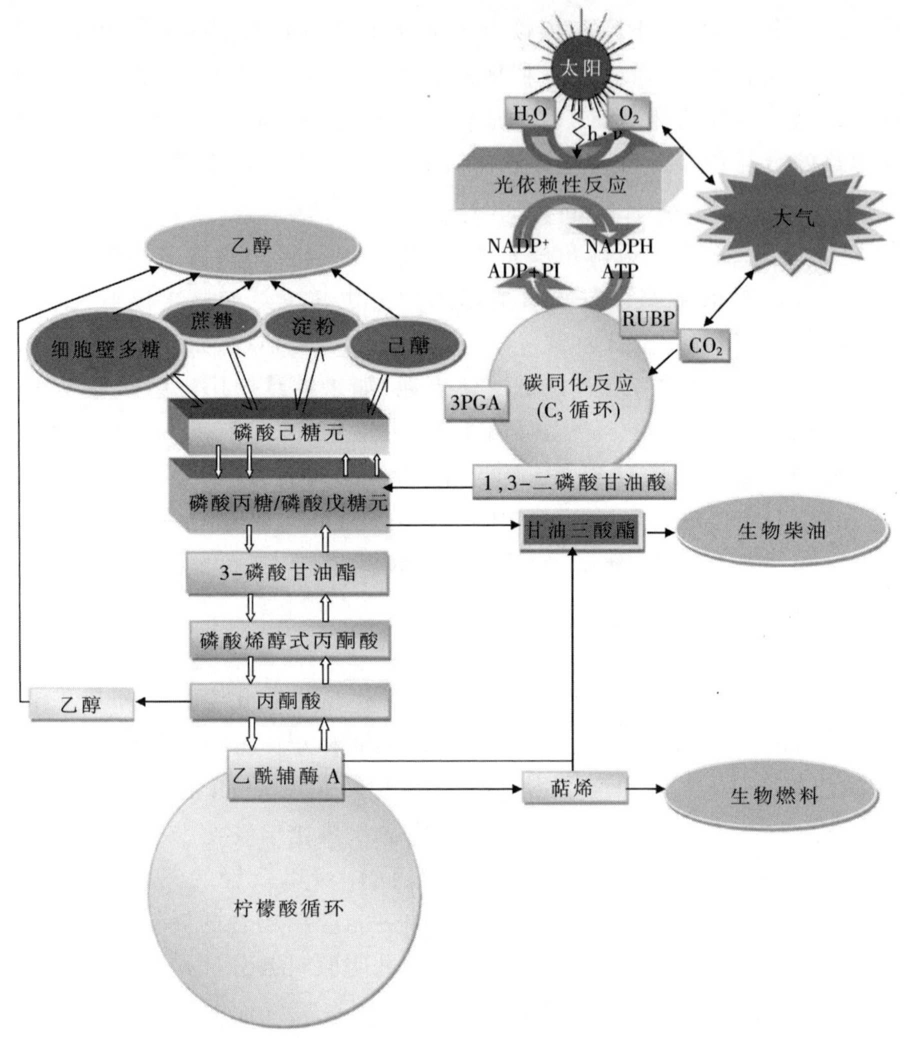

图 9.3 光合作用是所有生物燃料的源泉

9.3.1 乙醇

使用可再生原料生产的乙醇就是生物乙醇。可再生和环境友好的乙醇被认为是最好的替代燃料之一,所以其产能增加非常迅速。2006 年,中国和印度生产的乙醇占全球乙醇产量的 11%,但是生产水平比其他国家要低很多(Johnston 2008; Naik et al 2010)。乙醇可以由包括含糖作物(如甘蔗和甜菜)、含淀粉作物(如玉米和木薯)以及木质纤维素生物质在内的多种原料生产。原料的选择取决于该国农业实际情况(见表 9.1)。各种第二代原料都可以生产纤维素乙醇。从含糖作物生产乙醇是最简单的路径,主要步骤有研磨、挤压、发酵和蒸馏。从含淀粉作物生产乙醇需要额外的液化和糖化步骤(转化得到糖)。目前,乙醇产量中大约 60%是由糖生产的,40%是由淀粉生产的。纤维素生物质的一个重要特征是它对分解产生糖分子具有天然的抵抗力。纤维素生物质经过蒸汽和/或酸预处理后,会变成主要由半纤维素和木质素组成的液体浆料。效率更高、成本更低的酶可用于分解纤维素和半纤维素,得到可发酵糖,然后由特殊细菌或酵母处理,将糖转化为乙醇。最近,卡罗尔和萨默维尔(Carroll, Somerville 2009)对木质纤维素生物质在生物燃料生产中的使用以及未来需要开展的研究进行了总结。

表 9.1 一些国家的燃料乙醇项目和所用原料

国 家	原 料	混合汽油中乙醇含量,%(体)	备 注
巴 西	甘 蔗	24	ProAlcool 计划;含水乙醇也用于代替汽油
美 国	玉 米	10	污染严重的城市强制使用含氧汽油; 税收优惠;有些州禁止使用甲基叔丁基醚(MTBE);也有乙醇含量为 5%的混合汽油
加拿大	玉米、小麦、大麦	7.5~10	税收优惠;制定了旨在满足《京都议定书》的省级计划
哥伦比亚	甘 蔗	10	2005 年 11 月份开始;免去全部税款
西班牙	小麦、大麦		乙醇用于乙基叔丁基醚(ETBE)生产;也可能与汽油直接调合
法 国	甜菜、小麦、玉米		乙醇用于 ETBE 生产;也可能与汽油直接调合
瑞 典	小 麦	5~85	与汽油调合,不生产 ETBE
中 国	玉米、小麦		在中部和东北部地区试验使用燃料乙醇
印 度	甘 蔗	5~10	在所有州强制性使用乙醇汽油
泰 国	木薯、甘蔗、水稻	10	曼谷的所有加油站必须出售乙醇汽油;2007 起将强制使用乙醇汽油

2008年世界最大的燃料乙醇生产国是美国和巴西, 产量分别为 34.01GL (9Ggal)和 24.49GL(6.47Ggal),二者合计达到世界产量的 89%。较强的经济刺激,再加上其他举措,使乙醇行业在加拿大、中国、泰国、哥伦比亚、印度、澳大利亚以及一些中美洲国家也初步发展起来。然而,乙醇早晚将对世界石油消费产生显著影响。目前,印度大约每年生产 2.50GL(0.66Ggal)乙醇,但主要用于饮料和工业用途。尽管早在 2004 年印度政府发布法令就要求使用含 5%乙醇的混合燃料,但是目前只有非常少的乙醇与汽油进行了混合(Licht 2008)。

9.3.1.1 乙醇生产的原料

研究比较深入、已经商业化了的乙醇生产技术都是以农作物为原料,所用的原料有甘蔗汁、甜菜汁、糖蜜、玉米淀粉等。由于原材料成本占到生物乙醇成本的40%(von Sivers et al 1994;Wyman 1999),所以研究人员在1990年代后期以来都集中研究木质纤维素的利用。这种自然的廉价而丰富的聚合物以农业废弃物(如小麦和水稻秸秆、玉米秸秆、大豆渣、甘蔗渣)、工业废物(如制浆和造纸行业)、林业废弃物和城市固体废弃物等的形式存在(Wiselogel et al 1996)。据估计,木质纤维素约占世界生物质的50%,总量达到10~50Gt。

9.3.1.2 从糖生产的乙醇

总的来说,甘蔗汁和糖蜜(制糖的副产品)是燃料乙醇生产的主要原料。在巴西,大约79%的乙醇是从甘蔗汁生产出来的,剩余的则是由甘蔗糖蜜生产的(Wilkie et al 2000)。甘蔗糖蜜也是印度生产乙醇的主要原料,但是目前没有把甘蔗汁用于生产乙醇(Ghosh,Ghose 2003)。甜菜汁和糖蜜是乙醇生产所需可发酵糖的另一个来源,在欧洲尤其如此。酿酒酵母(*Saccharomyces cerevisiae*)是工业生产乙醇中最常用的微生物,因为它可以水解蔗糖得到两种容易吸收利用的糖——葡萄糖和果糖。通气是酿酒酵母生长和生产乙醇的重要因素。虽然这种微生物具有在厌氧条件下生长的能力,但合成脂肪酸和甾醇等物质需要少量氧气。氧气也可以由向培养基中添加的某些化学物质提供,例如过氧化脲。那兰特拉纳特等(Narendranath et al 2000)的专利还提到过氧化脲可以减少细菌污染。其他酵母,例如裂殖酵母(*Schizosaccharomyces pombe*)对高渗透压(即高盐)和高固含量耐受方面表现出突出的优势(Bullock 2002)。细菌中最有前途的微生物是运动发酵单胞菌(*Zymomonas mobilis*),它具有由较低能量效率所导致的高乙醇产率(高达理论最大值的97%),但其发酵底物范围太窄(只有葡萄糖、果糖和蔗糖)。在甘蔗糖浆和其他蔗糖基底物发酵过程中,使用该细菌的另外一个缺点是会形成果聚糖多糖(由果糖单位组成)和山梨糖醇(由果糖还原产生)。前者会提高发酵液的黏度,而后者会降低蔗糖向乙醇的转化效率(Lee,Huang 2000)。

以甘蔗糖蜜为基础的培养基具有较高的渗透压,对乙醇发酵不利。渗透压与培养基中的糖和盐浓度有关。为了获得对高盐和高温具有更高耐受力的酿酒酵母菌株,已经开展了许多不同的研究。例如森村等(Morimura et al 1997)通过原生质体融合和对培养条件的调控,获得了可在35℃、糖蜜浓度为22%的条件下生长的絮凝酵母株。采用上述条件,在实验室规模进行重复分批培养,乙醇浓度达到91g/L,乙醇产率达到2.7g/h。不过,避免盐和其他化合物对发酵产生负面影响的主要方法还是对糖蜜进行调节,添加不同化合物以中和培养基中的抑制作用。此外,糖蜜中还应该补充营养因子以促进酵母生长。

出于质量和经济方面的考虑,人们普遍对高浓度发酵十分感兴趣,开展了诸多研究以了解乙醇的生产过程,促进发酵酵母菌分泌乙醇,提高对乙醇的耐受力。早些时候,一些研究人员还研究了添加某些生长因子增产乙醇的方法,例如加入麦角甾醇、油酸、植物油、脂肪酸、豆粉、脱脂奶粉、甲壳素、多糖和真菌菌丝等(Andersen,Stier 1953;Casey et al 1984;Deepak,Visvanathan 1984;Viegas et al 1984;Damoano,Wang 1985;Patil,Patil 1989)。雷迪等(Reddy et al 2005,2006)也开展了类似的研究,他们使用的是麦芽硬皮豆粉和糁米粉。

9.3.1.3 从淀粉生产的乙醇

淀粉是最好和产量最高的乙醇生产原料之一, 但是酿酒酵母不能直接利用它。使用淀粉发酵生产乙醇必须进行水解。传统上淀粉采用酸水解,但是由于酶的特性(天生的反应条件温和以及无副反应)使淀粉酶已经广泛用于该过程。使用淀粉酶水解淀粉有两个步骤。第一步是将淀粉悬浮液温度升至较高温度(90~110℃),以打破淀粉颗粒。这一步骤就叫液化,液化的产物是含糊精和少量葡萄糖的淀粉溶液。在第二步中,液化后的淀粉在较低温度(60~70℃)下被葡萄糖淀粉酶糖化,淀粉酶一般来源于黑曲霉(*Aspergillus niger*)或根霉(*Rhizopus*)(Pandey et al 2000;Shigechi et al 2004)。阿帕克和沃兹别克(Apar,Özbek 2004)研究了使用商业 α-淀粉酶水解玉米淀粉时操作条件对反应的影响效果。过去几年里,人们一直在研究低温下水解淀粉以节省能源的可行性(Robertson et al 2006)。可以用于乙醇生产的淀粉原料主要有以下几种:

(1) 玉米

美国的乙醇几乎都使用玉米生产的。玉米磨碎后提取淀粉,再经酶处理得到葡萄糖浆,糖浆发酵后变成乙醇。工业上有两种玉米磨碎方式:湿磨法和干磨法。在湿磨过程中,玉米粒被分离成不同组分。其中,淀粉转化成乙醇,剩余组分作为联产品售出。在干磨过程中,玉米粒没有被分成不同组分,所有营养物质都进入后续过程, 并被集中到蒸馏联产物中, 用做动物饲料, 即所谓干酒糟可溶物(dried distiller's grains with soluble,DDGS)(Gaulati et al 1996)。

(2) 小麦

在欧洲,乙醇一般以甜菜糖蜜为主要原料;在一些国家,例如法国,也以小麦生产乙醇,其生产过程类似玉米。研究者已经开展了优化发酵条件的相关研究。例如,王等(Wang et al 1999)确定了最佳发酵温度和小麦浆密度,索力等(Soni et al 2003) 优化了使用固态发酵获得的 α-淀粉酶和葡萄糖淀粉酶用于小麦糖化的工艺条件。

(3) 木薯

木薯是乙醇生产所需淀粉和葡萄糖浆的重要替代源。木薯在热带国家十分常见,是最令人感兴趣的块茎类植物,也是十大重要的热带作物之一。从木薯生产乙醇既可以整个使用木薯,也可以使用从木薯提取出的淀粉。淀粉提取可以采用类似阿法拉伐(Alfa Laval)工艺(FAO 2004)的大产量、高产率工业化生产,也可以使用传统的中、小规模生产。可以认为该过程与玉米湿磨法生产乙醇是一样的。木薯淀粉含量高(约占干物质 85%~90%),蛋白质和矿物质含量低,产物相对简单。

(4) 其他

除玉米和小麦,还可以用黑麦、大麦、小黑麦(Wang et al 1997)和高粱(Prasad et al 2007)等生产乙醇。研究证明,对这些谷物进行某些预处理是非常有用的。阿都阿兹(Abd-Aziz 2002)提出在马来西亚利用西谷椰子生产乙醇。哈蒙德等(Hammond et al 1996)对用工业 α-淀粉酶和葡糖淀粉酶处理香蕉和香蕉废弃物生产乙醇的过程进行了研究。在他们的研究中,乙醇产率达到 0.5L 乙醇/kg 成熟香蕉干物质。向磨碎的含淀粉食物废弃物中添加麦芽粉的工艺已经取得了专利(Chung,Nam 2002)。甜高粱是生产燃料乙醇最有前途的作物之一,甜高粱籽粒淀粉含量高,茎秆蔗糖含量高,茎秆渣的木质纤维素含量也高。而且,这种作物可以种植在温带和热带国家,其所需水分只有甘蔗的 1/3 或玉米的 1/2。此外,它还耐旱、耐涝、耐盐碱(Winner Network 2002)。格拉西(Grassi 1999)曾报道,甜高粱的一些品种能达到如下产量:5t 高粱籽/hm^2、8t 糖/hm^2 以及 17t 木质纤维素干物质/hm^2。预计以该原料生产的生产燃料乙醇售价为 200~300 美元/m^3,而甘蔗乙醇、玉米乙醇以及纤维乙醇的售价则分别是 260 美元/m^3、300~420 美元/m^3 和 450 美元/m^3。

9.3.1.4 从木质纤维素生物质生产的乙醇

木质纤维素是地球上最丰富的生物聚合物, 约占世界生物质总量的 50%,其年产量估计在 10~50Gt。多种木质纤维原料已经用于试验生产生物乙醇。总体而言,有可能用于燃料乙醇生产的木质纤维素原料可以分为以下 6 大类:农作物残渣(例如甘蔗渣、玉米秸秆、小麦秸秆、稻草壳、麦秸、甜高粱渣、橄榄核和果肉)、硬木(例如白杨树、杨树)、针叶树(例如松树、云杉)、纤维素废弃物(例如新闻纸、办公废纸、再生纸污泥)、草本生物质(例如苜蓿草、柳枝稷、草芦、百慕大海岸草、猫尾草)和城市固体废物(municipal solid wastes,MSW)。上述大多数原料的成分可见相关文献(Sun,Cheng 2002)。在世界范围内,对使用木质纤维素大规模生产乙醇已经开展了相当多研究。但是,这种原料加工固有的高复杂度是其主要限制因素,这与木质纤维素生物质的特性和组成有关。生物质中的两种主要聚合物应该被分解成可发酵糖并转化成乙醇或其他有价值的产品。但是这种分解过程很复杂,需要消耗大量能量,研究也不够充分。

原料预处理是木质纤维素生物质生产乙醇的主要工艺挑战。木质纤维复合物是纤维素与木质素通过半纤维素交联而形成的“矩阵”。在预处理过程中,该矩阵应该被打破以降低纤维素的结晶度,增加无定形纤维素,其中的无定形纤维素是酶最合适的“攻击”对象。此外,半纤维素的主要部分也应被水解,释放甚至分解木质素。纤维素水解会受木质纤维材料孔隙率(即可及表面)的影响。如果不进行预处理,纤维素的水解率低于 20%;经过预处理后,水解率可以超过理论值的 90%(Lynd 1996)。因此,预处理的目的就是去除木质素和半纤维素,减少结晶的纤维素,以及增加材料的孔隙率。此外,预处理应该提高糖的形成或提高在随后的酶水解中形成糖的能力,同时避免在随后的水解和发酵过程中形成抑制剂。为了对木质纤维素进行预处理,提出和发展了多种物理、物理化学、化学以及生物的方法,各种方法都有各自的优缺点(Sun,Cheng 2002)。在木质纤维素生物质预处理和水解过程中,除可发酵糖之外,还形成了大量的会严重抑制后续发酵的物质。抑制物质是可萃取物质发生水解反应的产物,例如有机酸和糖酸(乙酸、甲酸、葡萄糖、半乳糖醛酸)酯化形成的半纤维素和可溶性酚类衍生物。因此,为了更好地发酵、提高产物收率,对木质纤维素水解产物进行脱毒是必不可少的。脱毒方法可以是物理、化学或生物方法。正如帕尔维斯特和汗-哈格德尔(Palmqvist,Hahn-Hägerdal 2000)所指出的,这些方法不能直接相互比较,因为它们对抑制物中和的程度是不一样的。

9.3.1.5 主要原料类型比较

选择乙醇生产所用的原料在很大程度上取决于当地的条件。显然,由于自身的农业生态条件,即当地条件不适合种植产量最高的甘蔗原料,北美和欧洲国家已经建立起以淀粉原料为基础的乙醇工业。考虑到生产淀粉类作物所输入的能量,对于使用这些原料,尤其是玉米,生产生物乙醇的可持续性产生争议(Patzek et al 2005;Pimentel 2003;Shapouri et al 2003)。出于能量方面的考虑,还需要分析作物的产量。通过计算得到的玉米乙醇产率要高于甘蔗,这是因为单位质量玉米起始淀粉原料中含有更多的可发酵糖(葡萄糖)。但是,种植 $1hm^2$ 玉米所生产的乙醇年产量低于甘蔗。对甜菜糖蜜而言,每吨原料的乙醇产量低于玉米,但是每公顷甜菜的产量相当高,所以乙醇产量要高于淀粉原料[甜菜为 $6600L/(hm^2\cdot a)$,干磨小麦为 $3214L/(hm^2\cdot a)$,湿磨小麦为 $2555L/(hm^2\cdot a)$](Poitrat 1999)。另一方面,木薯水分含量高,这意味着要达到与玉米相同的淀粉量需要使用更多的木薯原料。不过，木薯的产量要高于玉米。而且，在一些热带国家，玉米产量显著低于美国，在这些国家使用木薯代替玉米更好。例如，哥伦比亚的玉米产量仅为 3.9t/hm^2，然而木薯产量可以达到 30t/hm^2。这种产量使木薯乙醇产量达到 5400L/(hm^2·a)，高于哥伦比亚玉米乙醇的预期产量 4329L/(hm^2·a)(Agrocadenas 2006)

从生产过程的能量产出/能量输入比、原料在热带和温带国家的巨大储量以及低成本(主要就是运输成本)和乙醇产率等方面考虑，木质纤维是非常有前景的乙醇生产原料 (见表 9.2)。使用木质纤维素生物质的一个优点是该原料与粮食生产没有直接关系。这意味着生产生物乙醇并不需要为生物能源生产使用额外的肥沃耕地来种植甘蔗和玉米。此外，木质纤维素还是一种使用不同加工工艺就能生产出多种产品的原料，例如合成气、甲醇、氢气和电力等(Chum，Overend 2001)。选择木质纤维原料对每个国家而言都意味着从废物中获得收益，尤其是不能用做食物的废物。以美国为例，玉米秸秆是最有前途的原料，这是因为其分布广泛，原料易得。据估计，在环境可持续状态下对这种原料进行收集和使用，其可用量大约为 80~100Mt 干物质/a，是全球最丰富的农业废弃物。卡达姆和麦克米伦(Kadam，McMillan 2003) 引用 NREL 未公开发表的数据指出，该材料的乙醇理论产率为 480L/t 干物质，该数据是在己糖和戊糖都被发酵成乙醇的假设基础上计算得到的。他们还指出，如果按更接近实际情况的 330L/t 干物质计算，每年需要 33Mt 秸秆才能保证 11GL 乙醇的产量。上面论述表明，在这种情况下，发展生物燃料无需与专门用于食品生产的耕地竞争土地。

表 9.2 3 种主要原料生产燃料乙醇的指标对比[①]

项　目	含蔗糖物质	淀粉质原料	木质纤维素生物质	备　注	参考文献
原料产率/(t/hm^2)	70~122.9			甘蔗；巴西、哥伦比亚	Agrocadenas(2006)
		20		木　薯	Agrocadenas(2006)
		35		甜高粱	Agrocadenas(2006)
		1.5~3.0		小　麦	Agrocadenas(2006)
		6~10.07		玉米；美国	Agrocadenas(2006)
			19.6~34.40	甘蔗渣	Moreira(2000)
			6.59~11.06	玉米秸秆	Kim，Dale(2004)
			1.93~3.86	小麦秸秆	Kim，Dale(2004)
原料成本/(美元/kg)	0.0100			甘蔗；巴西	Macedo，Nogueira(2005)
		0.0760		玉米；美国	McAloon et al(2000)
	0.0124	0.1300		甘蔗/玉米；哥伦比亚	Quintero et al(2007)
			0.0295	干玉米秸秆；美国	Aden et al(2002)

续表

项 目	含蔗糖物质	淀粉质原料	木质纤维素生物质	备 注	参考文献
乙醇产量/(L/t)	70			蔗糖汁	Moreira, Goldemberg(1999)
	100			甜 菜	Berg(2001)
		180		木 薯	Agrocadenas(2006)
		86		甜高粱	Agrocadenas(2006)
		340~350		小 麦	Agrocadenas(2006)
		370		玉 米	Agrocadenas(2006)
		403.1		玉米,湿磨	Gulati et al(1996)
		419.4~460.6		玉米,干磨	Gulati et al(1996)
			140	甘蔗渣	Moreira(2000)
			261.3	小麦秸秆	Kim, Dale(2004)
			227.7	玉米秸秆	Kim, Dale(2004)
			330	干玉米秸秆;美国	Kadam, McMillan(2003)
乙醇年产量/[L/(hm²·a)]	5346~9381			甘蔗;巴西、哥伦比亚	Agrocadenas(2006)
	6600			甜菜;法国	Poitrat(1999)
			3600	木 薯	Agrocadenas(2006)
			9030	甜高粱	Agrocadenas(2006)
			1020~3214	小 麦	Agrocadenas(2006)
			6600	玉 米	Agrocadenas(2006)
生产成本/(美元/L无水乙醇)	0.1980			甘蔗;巴西	Xavier(2007)
	0.2153			甘蔗;哥伦比亚	Quintero et al(2007)
		0.3381		玉米;哥伦比亚	Quintero et al(2007)
		0.2325		玉米;美国	McAloon et al(2000)
			0.3963	玉米秸秆;美国	McAloon et al(2000)
能量产出/输入比	8.0			甘 蔗	Berg(2001)
	1.9			甜 菜	Berg(2001)
		1.34~1.53		玉米;美国	Berg(2001); Shapouri et al(2003)
			6.0	生物质	Berg(2001)
有无热电联产的可能性	有	无	有		
副产物	浓缩的蒸馏釜馏出物作为肥料	DDGS(干磨法)	木质素作为化学品的生产原料		

① 资料来源:Sanchez, Cardona(2008)。

其他有些研究开始转向使用稻草生产乙醇(Kadam et al 2000)。基姆和戴尔(Kim, Dale 2004)研究统计了被浪费掉的粮食(在流通过程中浪费的粮食)和木质纤维素生物质(秸秆和甘蔗渣),给出了一个有趣的生物乙醇原料资源在全球和地区水平上的分布全景图。他们估计,在全球范围内,这些原料的乙醇生产潜力可以达到 491GL/a,比当前乙醇产量高 16 倍,可以替代全球 32%的汽油消耗。在他们看来,稻草是乙醇生产潜力最大的原料,其次是印度和中国等国的小麦秸秆。然而,大规模地从木质纤维素生物质生产乙醇可能导致严重的经济和环境后果(Berndes et al 2001)。他们还估计,无论在哪个国家大规模地生产生物能源,所需要的劳动力都不超过当地总劳力的 1%。格拉斯(Grassi 1999)指出,生物能源生产技术的发展将创造 20 万个直接和间接的工作岗位, 同时在 2010 年前每年减排 25.5Gt CO_2。一旦克服了生物质向乙醇转化过程中的技术限制,木质纤维素生物质将成为乙醇生产的主要原料。

对每一种原料都需要进行完整的经济和环境的评价,以确定乙醇生产最适合的原料。目前进行这样评价的有用方法是:在现有乙醇装置或中试工厂真实数据基础上进行模拟计算或者建立数学模型。此外,这种方法可以分析不同工艺配置(例如 SHF 或 SSF) 对全过程指标的影响。这些比较研究实例可以在麦克伦等(McAloon et al 2000)和卡多纳等(Cardona et al 2005)(关于玉米和纤维素乙醇)、昆特罗等(Quintero et al 2007)(关于甘蔗和玉米乙醇)以及亚丁等(Aden et al 2002)和沃利等(Wooley et al 1999)(关于木质纤维素生物质)等的研究工作中找到。通过比较全部 3 种原料(糖、淀粉和木质纤维素)发现,采用最佳水解方法的木质纤维素生物质乙醇转化技术是最经济和可持续的(见表 9.3)。

9.4 生物丁醇

丁醇是一种四碳醇($C_4H_{10}O$),比乙醇含有更多氢和碳(Ramey 2004)。丁醇发酵首先由巴斯德(Pasteur)于 1861 发现。在 19 世纪后期,不同研究者继续对这种物质的生产以及使用的原料开展研究。20 世纪初,哈伊姆·魏茨曼(Chaim Weizman)(Manchester University 1912)分离出一种能够大量生产丙酮和丁醇的微生物菌株,被命名为丙酮丁醇梭菌(*Clostridium acetobutylicum*)。丁醇更容易与汽油及其他烃类产品混合,比乙醇蕴含的热量也高 25%。丁醇含热量值为 30.66MJ/L(110kBtu/gal),接近汽油的热量值 32.05MJ/L(115kBtu/gal);丁醇的雷德(Reid)蒸汽压为 2.30kPa(0.33psi)[雷德蒸汽压是表征流体蒸发率的参数,汽油和乙醇的雷德蒸汽压分别为 31.43kPa(4.5psi)和 13.97kPa(2.0psi)],使用更安全。丁醇比乙醇腐蚀性小,可以通过现有的管道和加油站进行输送和销售。含 85%正丁醇的混合汽油可在未经改装的汽油发动机上使用,正丁醇比汽油和乙醇挥发性更小,所以使用正丁醇更安全,产生的挥发性有机化合物(VOC)更少(Qureshi et al 2010a,b)。正丁醇中含有的 22%氧使之受益，成为比乙醇燃烧更清洁的燃料添加剂(Ezeji et al 2007)。雷米(Ramey 2004)也报告正丁醇在内燃机燃烧时只产生 CO_2，比其他生物燃料更环保。

表 9.3　从不同原料生产乙醇和丁醇的研究趋势和重点改进措施[①]

项　目	所有原料	含蔗糖原料	淀粉原料	木质纤维素生物质
原　料	提高作物产量和抗虫能力以及改善种植体系，以降低原料成本	提高作物产率	使用天然淀粉材料(如木薯、本地根茎等)而非谷物； 开发具有较高可提取淀粉或可发酵淀粉含量的杂交玉米； 改良玉米基因(如"自加工粮食")	对专用能源作物的使用进行评价； 对草本植物进行遗传改良，改变它们的碳水化合物含量； 对不同替代废物(如城市固体废物)进行经济性的利用
预处理		从糖蜜去除杂质和有毒物质	减少液化的能源成本	降低粉碎用电量； 优化蒸汽爆破和稀酸预处理； 发展高温液态水、氨纤维爆破以及碱水解； 减少抑制剂形成； 浓缩酸循环
水　解			淀粉低温分解	增加纤维素酶的特定活性、热稳定性以及对纤维素的结合(例如通过蛋白质工程)； 降低纤维素酶的生产成本(减少到 1/10)，固态发酵生产纤维素酶，循环使用纤维素酶； 改进城市固体废物的酸水解
发　酵	高密度连续发酵，增加产率和产量	用乙醇减少抑制作用	重组酵母菌株，提高生产率和对乙醇的耐受性	提高葡萄糖和戊糖向乙醇的转化率
		耐高渗透压和絮凝的微生物	高密度发酵(如细胞固定化细胞、酵母絮凝、膜反应器等)	重组菌株，提高同化己糖和戊糖的稳定性和效率，并且能在较高温度下工作； 极高浓度发酵； 开发对抑制物更具耐受力的菌株； 提高戊糖发酵微生物对乙醇的耐受力

① 资料来源：Sanchez，Cardona(2008)。

9.4.1　丁醇生产原料

丁醇生产菌可以利用来自诸如乳清粉、玉米、小米、黑麦、甜菜、小麦、燕麦、菊芋和亚硫酸盐废液(造纸工业的副产品，含有葡萄糖、木糖、阿拉伯糖)等原料中的各种各样的碳水化合物，包括乳糖、蔗糖(糖蜜)、葡萄糖、果糖、甘露糖、糊精、淀粉、木糖、阿拉伯糖和菊糖。木糖和阿拉伯糖是纤维素原料中的戊糖。具备使用所有碳水化合物的能力使得丁醇生产菌几乎能够发酵所有农业原料，例如木质生物质、农业残渣、废弃物以及包括柳枝稷和芒草在内的能源作物(见表 9.4)。

表 9.4 用于丁醇生产的农业残渣①

底 物	培养菌	ABE②最高浓度/(g/L)	ABE回收率	ABE生产速率/[g/(L·h)]	说 明	参考文献
土豆淀粉	*C. actobutylicum* DSM1731	12.1	0.241	0.21	未水解土豆淀粉	Gutierrez et al(1998)
混合农业残渣	*C. beijerinckii* BA101	14.8		0.22	真实的农业残渣	Jesse et al(2002)
玉米纤维	*C. beijerinckii* BA101	9.3+0.5	0.39	0.10	石灰和 XAD-4 处理	Qureshi et al(2008)
DDGS	*C. saccharobutylicum* P262	12.1	0.31		石灰处理的 DDGS	Ezeji, Blaschek(2008)
小麦秸秆	*C. beijerinckii* P260	47.6	0.37	0.36	同步去除产品	Qureshi et al(2007)
大麦秸秆	*C. beijerinckii* P260	26.6	0.43	0.39	石灰处理的水解物	Qureshi et al(2010a, b)
玉米秸秆	*C. beijerinckii* P260	26.3	0.44	0.31	石灰处理的水解物	Qureshi et al(2010a, b)
玉米秸秆	*C. acetobutylicum* P262	25.7	0.34		SO_2 处理的玉米秸秆	Parekh et al(1988)
柳枝稷	*C. beijerinckii* P260	14.6	0.39	0.17	用水稀释	Qureshi et al(2010a, b)
HW、CC、SS	*C. acetobutylicum*2		0.36		苏联的大工厂	Zverlov et al(2006)
玉米芯	*C. acetobutylicum* IFP913	20.5	0.31	0.96	$48m^3$ 的生物反应器	Marcha et al(1992)
菊 粉	*C. acetobutylicum* IFP9042	23~24		0.671	使用菊粉	Marcha et al(1985)

① 资料来源：Qureshi(2010)。

② ABE 是 acetone-butanol-ethanol 的缩写，是指丙酮、丁醇、乙醇。

9.4.1.1 糖蜜和乳清粉

与玉米相比，甘蔗糖蜜作为原料具有很多优势，包括易于处理以及所含的蔗糖易于被产丙酮-丁醇-乙醇(Acetone-Butanol-Ethanol，ABE)的溶剂梭菌水解和发酵，从而生产丁醇。其他文献还描述了糖蜜的其他优势(Qureshi，Blaschek 2005)。乳清粉是乳制品工业的副产品，含乳糖约 44~50g/L，是另外一种重要的原料。丁醇生产菌可以将乳糖水解成其单糖组分，然后使用它们生产丁醇(Maddox et al 1993)。培养菌并不需要额外的外源酶进行水解。该浓度下的乳清粉是丁醇发酵的理想原料，因为在分批培养过程中，培养菌不能使用浓度高于 50g/L 的糖生产 ABE。这种限制来源于丁醇对微生物的毒性。大豆糖蜜是可用于丁醇发酵的又一种原料。每千克喷雾干燥大豆糖蜜中含有约 746g 碳水化合物，其中 58%(434g/kg)为可发酵糖，包括葡萄糖、蔗糖、果糖和半乳糖(Qureshi et al 2001)。其他的糖，诸如松醇、棉子糖、毛蕊花糖、蜜二糖和水苏糖，不能被梭状芽胞杆菌(*Clostridia*)发酵。然而，它们被酶或稀酸水解后还是可能被利用的。此外，还可研究出可以将这些糖水解成单糖进而转换成丁醇的产溶剂梭菌。除上述原料外，诸如污染的玉米以及水果业产生的废物等也被证明是可以用于该发酵过程(Jesse 2002)。

9.4.1.2 淀粉

由于梭状芽胞杆菌是能够水解淀粉的，所以土豆和土豆废弃物已被作为该发酵过程潜在的原料(见表 9.4)。培养基中淀粉含量被限制在 45~48g/L 之间。为了弄清发酵前是否需要进行水解，在发酵中同时使用了水解后和未经水解的淀粉。没有经过水解的土豆淀粉得到了 12g/L 的 ABE，而水解后的土豆淀粉得到 10.4~11.4g/L 的 ABE，这说明使用这种原料进行 ABE 发酵并不需要进行水解。同样，玉米淀粉也很容易发酵生产 ABE。

9.4.1.3 木质纤维素

除上述传统原料外，还有一些新的潜在的木质纤维原料可用于 ABE 生产(见表 9.4)，例如玉米纤维、玉米秸秆、DGGS、小麦秸秆、稻草、大麦秸秆、柳枝稷、废麻、玉米芯和向日葵壳等。玉米纤维是玉米湿法加工过程的副产品，含有 60%~70%的碳水化合物。大约 1/4 的丁醇可以由能够获得的玉米纤维生产。有研究还考察了玉米纤维木聚糖在 ABE 生产中的应用(Qureshi et al 2006)。DDGS 是采用干磨工艺进行乙醇发酵的副产品，是发酵之后含有玉米纤维、细胞团和其他不溶性成分的固体被取出干燥制得。在最近的研究中，依扎吉和布拉舍克(Ezeji，Blaschek 2008)将 *C. beijerinckii* BA101、*C. beijerinckii* P260、*C. acetobutylicum* 824、*C. sacchrobutylicum* P262 和 *C. butylicum* 592 等菌用于水解过的 DDGS 来生产丁醇。

小麦秸秆是可用于ABE生产的另一个潜在原料。在最近的研究中,小麦秸秆依次经过稀硫酸[1%(体)]和酶水解的预处理(Qureshi et al 2007),然后用*C. beijerinckii* P260菌发酵生产丁醇。发酵过程很活跃,ABE生产速率为0.60g/(L·h),浓度达到25.0g/L。柳枝稷是一种能源作物,可用于生产包括ABE在内的燃料。为了生产ABE,柳枝稷需要像小麦秸秆和大麦秸秆那样被水解,得到的水解产物不经其他处理进行发酵,ABE浓度为1.5g/L。由于ABE浓度较低,推测水解产物中可能存在发酵抑制剂。为了生产ABE,用前面提到的三种脱毒技术对水解产物进行脱毒。用水稀释后,培养菌可以产生出14.6g/L的ABE(Qureshi et al 2010a, b)。研究人员致力于减少食品或饲料级的原料(例如糖蜜和黑麦面粉等),而尝试使用农业废弃物(例如废麻、玉米芯和向日葵壳等)(Zverlov 2006)。这些原料戊糖含量高,己糖(例如葡萄糖和半乳糖)含量低。使用稀硫酸,在115~125℃的温度下对这些农业残渣进行预处理,将得到的水解产物与黑麦面粉或糖蜜混合,然后进行发酵。这样操作可能是因为细菌在不经稀释或处理的水解物上无法生长。在另一个关于玉米芯转变成ABE的详细报道中,马萨尔等(Marchal et al 1992)成功实现了玉米芯的水解,并用丙酮丁醇梭菌(*C. acetobutylicum*)生产出丁醇。他们首先将玉米芯进行蒸汽爆破后再用酶水解进行预处理,然后在从4L生物反应器到50m^{3}系统上进行了发酵研究。在48m^{3}生物反应器中,ABE浓度达到20.5g/L,ABE产率(相对初始单糖)和生产速度分别为0.31%和0.45g/(L·h)。菊芋是一种在丁醇发酵生产中具有巨大潜力的农作物原料(Jones, Woods 1986)。马萨尔等(Marchal et al 1985)开展了菊芋汁用于丙酮、丁醇生产的研究,并分离出具有菊粉酶活性的微生物菌株。不过在发酵之前,有必要补加额外的菊粉酶,以实现完全水解。在优化工艺下,可以产生出23~24g/L的丙酮、丁醇,该工艺经过了中试规模的验证。

9.5 生物柴油

生物柴油是一种广泛使用的生物燃料,是指从可再生原料,诸如植物油、动物脂肪、藻类等得到的长链脂肪酸单烷基酯。被当做常规柴油燃料替代品的生物柴油一般由脂肪酸甲酯/乙酯组成,是甘油三酸酯与甲醇/乙醇通过酯交换反应生成的(见图9.4)。

生物柴油产能增长迅速,2002~2006年之间年均增长率超过40%。2006年世界生物柴油总产量约为5~6Mt,其中4.9Mt在欧洲(其中2.7Mt生产于德国)加工,其余的大部分来自美国。根据2008年实施的可再生燃料标准,到2022年生物燃料的消费量需要提高到135ML。酯交换反应是最常见的将油脂改质为燃料的方法。酯交换反应第一步先生成二甘油酯和烷基酯,接下来生成单甘油酯,最后生成烷基酯和甘油。所有这些反应都是可逆的,需使用过量醇(通常是甲醇)以促进反应完成来提高烷基酯收率(Ma, Hanna 1999)。开展过研究的酯交换反应催化剂既有酸也有碱,既有液体,也有非均催化剂以及游离或固定化酶(Haas et al 2006; Kaieda et al 1999; Komers et al 2001; Ma, Hanna, 1999; Meher et al 2006; Suppes et al 2001, 2004)。与酸碱催化剂相比,酶具有更好的应用潜力,这是因为它们具有以下优点:

① 对原材料质量的变化具有更好的适应性,可重复使用;

② 酶生产生物柴油工艺流程少,能耗低,废水大大减少;

③ 可以提高产品分离效率,以获得较高质量的甘油(Fukuda 2001; Kaieda et al 1999; Kumari et al 2007; Meher et al 2006)。

$$\begin{array}{llcll} CH_2-OCOR_1 & & & CH_2-OH & R_1-COOCH_3 \\ | & & & | & \\ CH-OCOR_2 & +\ 3HOCH_3 & \xrightleftharpoons{\text{催化剂}} & CH-OH & +\ R_2-COOCH_3 \\ | & & & | & \\ CH_2-OCOR_3 & & & CH_2-OH & R_3-COOCH_3 \\ \text{甘油三酸酯} & \text{甲醇(醇)} & & \text{甘油} & \text{脂肪酸甲酯} \\ \text{(原料油)} & & & & \text{(生物柴油)} \end{array}$$

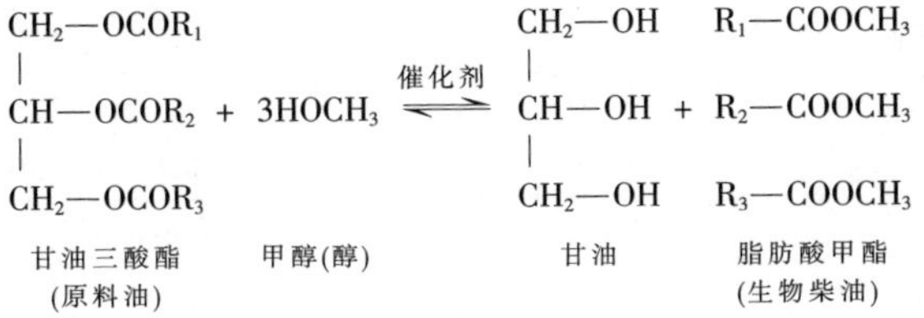

图 9.4 油脂到甲醇的酯交换反应(其中 R_1~R_3 是烃族)

9.5.1 生物柴油生产的潜在原料

9.5.1.1 植物油

有些植物可以高效地将太阳能转化成还原态的碳氢化合物或"油"。大豆和棕榈树以及微藻可以生产油脂,收获后用于生产多种生物燃料。因为植物油生产生物柴油经济可行,所以脱颖而出。植物油和石油来源的柴油组成相似,因此植物油适合转化为生物柴油(Demirbas 2009; Bajpai, Tyagi 2006; Ma, Hanna 1999)。植物油天然就不溶于水,是疏水性物质。其结构一般由一分子甘油基团与三分子脂肪酸基团组成,因此它们常常被称为甘油三酸酯(Ma, Hanna 1999)。油脂性质受连接到甘油上的脂肪酸性质影响,脂肪酸性质也间接影响生物柴油的性质。植物油包括食用油、非食用油、废食用油[有时称为废植物油(waste vegetable oil, WVO)和用过的植物油(used vegetable oil, UVO)]。福易(Fukuda 2001)的论文中引用的与植物油生产生物柴油相关的论文就超过50篇。各种植物油(例如向日葵油、橄榄油、豆油等)都已经用于生物柴油生产。对植物油原料的选择取决于原料的供应情况,每个国家都有其特点。将食用油转化为生物柴油的技术已经非常成熟了(见表9.5)。

表 9.5 用于生物柴油生产的原料油[①]

油脂名称	参考文献
巴西棕榈油	Merc on et al(2000)
琉璃苣油	Stevenson et al(1994)
玉米油	Stevenson et al(1994)
棉籽油	Köse et al(2002)
麻疯树油	Shah, Gupta(2007)
卡兰贾油	Modi et al(2007)
麻花油	Kumari et al(2007)
橄榄油	Hoq et al(1985)
棕榈油	Knezevic et al(1998)
棕榈仁油	Abigor et al(2000)
花生油	Stevenson et al(1994)
菜籽油	Linko et al(1998)
米糠油	Lai et al(2005)
红花油	Iso et al(2001)
大豆油	Kaieda et al(1999)
向日葵油	Mittelbach(1990)
牛 油	Garcia et al(1992)
鲟鱼甘油	Stevenson et al(1994)
鲱鱼油	Torres et al(2003)
金枪鱼油	Shimada et al(2002)

① 资料来源:Fjerbaek et al(2008)。

9.5.1.2 木本油料

木本非食用油包括麻疯树(*Jatropha curcas*)油、橡胶籽(*Hevea brasiliensis*)油、蓖麻(*Ricinus communis* L.)油、海芒果(*Cerbera odollam* 或 *Cerbera manghas*)油、天堂树(*Simarouba glauca*)油以及印度山毛榉树(*Pongamia pinnata*)油等(见表 9.5)。非食用油转化生物柴油的潜在问题是其含有较高的游离脂肪酸。在 350 多种含油作物中,人们只鉴定出极少数可以转化生物柴油。德米尔巴什(Demirbas 2009)最近发表的论文中列举了这些作物。由印度政府规划委员会(Planning Commission of the Government of India)制定的"国家生物柴油任务(The National Biodiesel Mission)"也通过一个名为"木本油料综合发展"的计划,强调使用来源于非食用作物的油脂生产生物柴油,例如麻疯树(*jatropha*)、荷荷巴(*jojoba*)、麻花(*mahua*)、印度苦楝树(*neem*)、卡兰贾(*karanja*)、野杏(*wild apricot*)、楚拉(*cheura*)、烛果树(*kokum*)、苦樗树(*Simaroba*)和桐树(*tung*)等。印度近 1/2 的邦已经预留了

共计 $172\times10^4hm^2$ 的麻疯树种植面积，还有少量麻疯树生物柴油已经销售给公共部门的石油公司(Tiwari et al 2007)。

9.5.1.3 动物脂肪

最常用的动物脂肪来源于家禽、猪肉、牛肉(Sharma et al 2008)。虽然有一个研究小组(Bajpai，Tyagi 2006)报道将动物脂肪转化为生物柴油，但是其他研究小组(Maa，Hanna 1999)提出，尽管动物油脂经常被提及，但它们的用途很有限，因为转化植物油脂的一些方法并不适用于动物脂肪，原因就在于这两种类型的油脂特性存在差异。研究人员还从鲑鱼油和废动物脂肪中生产出生物柴油。虽然仅仅为了脂肪而养殖鱼和其他动物并不经济，但是使用猪、牛和家禽副产的脂肪还是可以增加畜禽业的收益(Reyes et al 2006)。

9.5.1.4 微生物油脂

当前经常被关注的一个概念就是用藻生产油脂并用于生物柴油生产。藻油、真菌油和细菌油也都被用于生物柴油生产研究(Schenk et al 2008；Strobel et al 2008)。微藻非常有潜力成为生物柴油发展的先锋，因为很多微藻都富含油脂，有时油含量能超过其干重的 80%；不过，并不是所有微藻油都适合做生物柴油的原料油(Chisti 2008；Manzanera 2011)。此外，这些微生物在 24h 内就能使生物量翻一番，其在培养基中的培养时间只有菜籽和大豆大田种植时间的 1/49 和 1/132。此外，微藻培养易于进行，在废水、中水、不适合农业灌溉的水以及海水中都可以生长 (Mata et al 2010)。微藻生物柴油生产还可以与发电厂 CO_2 减排(Benemann 1997)或一些高价值产品(生物乙醇或氢气、有机化学品和食品添加剂)的合成相结合(Banerjee et al 2002；Chisti 2007；Harun et al 2010)。研究表明，每公顷藻油产量十分惊人，可以比产量最高的陆生作物高 200 倍(微藻是生长最快的光合生物，具有年产油脂 $46t/hm^2$ 的潜力)。这是很有前途的新一代生物燃料，它们可以在非农耕地上培养，所以也不损害食品供应。然而，微藻生物质燃料也存在一些问题，例如培养密度的优化、微藻培养所需的大培养面积等。无论如何，首先需要选择的是采用开放培养系统还是封闭系统，以及间歇操作模式还是连续操作模式。正如下面将要讨论的，根据选择的系统和操作模式不同，会有不同的优、缺点。

微藻并不是从含油生物质生产生物燃料的唯一选择。多种原核生物和真核生物都可以大量积累脂质。但是，和微藻一样，由于其所存储脂质种类的差异，并不是所有的油脂都适合生产生物柴油。因此，正如瓦尔特曼和斯泰因比歇尔(Waltermann，Steinbüchel 2010)所指出的那样，有许多原核生物都可以合成聚合物，例如聚-3-羟基丁酸酯 (poly-3-hydroxybutyrate，PHB) 和聚羟基脂肪酸酯

(polyhydroxyalkanoates, PHAs)，但是只有少数种属的原核生物以细胞内脂质体的形式积累甘油三酸酯(triacylglycerols, TAGs)和蜡酯(Wax Esters, WEs)。另一方面，在真核生物中经常发现 TAGs 存储， 却没有 PHAs；WEs 也只被报道在荷荷巴(*Simmondsia chinensis*)中积累。所有这些脂肪都是微生物为确保维持饥饿期间代谢活力而存储的能量和含碳物质。TAGs、PHAs 和 WEs 的形成很相似，都受细胞应激刺激，发生在不平衡生长期，例如氮源缺乏但是碳源很丰富的时期(Kalscheuer et al 2004)。在积累 TAGs 方面最有趣的原核生物种类是诺卡氏型细菌，例如分枝杆菌属(*Mycobacterium sp.*)、诺卡氏菌属(*Nocardia sp.*)、红球菌属(*Rhodococcus sp.*)、小单孢菌属(*Micromonospora sp.*)、迪茨氏菌属(*Dietzia sp.*)和戈登氏菌属(*Gordonia sp.*)以及链霉菌，它们在细胞和菌丝体中积累 TAGs。在部分革兰阴性不动杆菌属(*Acinetobacter*)中也经常存储 TAGs(虽然此时 WEs 是菌体的主要成分)(Waltermann, Steinbüchel 2010)。在真核生物中，除藻类外，念珠菌属(*Candida*)(Amaretti et al 2010)、酵母属(*Saccharomyces*)(Kalscheuer et al 2004；Waltermann, Steinbüchel 2010)和红酵母属(*Rhodotorula*)(Cheirsilp et al 2011)的酵母是最热门的生物柴油原料生产菌。斯泰因比歇尔及合作者将从乙酸钙不动杆菌(*Acinetobacter calcoaceticus*) ADP1 中提取的非特异 WS/DGAT 酰基转移酶在酿酒酵母 H1246 (没有积累 TAGs 能力的突变株)中异源表达(Kalscheuer et al 2004)。他们发现，该酵母具有恢复积累 TAGs、脂肪酸乙基酯和脂肪异戊酯的能力。这一发现表明，无论对于原核还是真核宿主，乙酸钙不动杆菌的酰基转移酶对生物技术生产各种脂质都具有很高的应用潜力。在此基础上，他们对大肠杆菌(*Escherichia coli*)TOP 10(Invitrogen 公司)开展研究，获得了一株可以直接以油酸和葡萄糖生产脂肪酸乙基酯(生物柴油)的基因工程菌(Kalscheuer et al 2006)。

另一种可能就是按切尔西普等(Cheirsilp et al 2011)最近提出的方法，将获取微藻和酵母生物质结合起来。他们研究了产油酵母(*Rhodotorula glutinis*)和微藻(*Chlorella vulgaris*)在工业废物中的混合培养，其所使用废水包括海产加工废水以及甘蔗糖蜜。他们发现，在混合培养中存在协同效应。产油酵母在微藻存在下生长更迅速，积累的脂肪也更多，这是因为微藻可以为产油酵母提供氧气，而产油酵母则为微藻提供富余的 CO_2。生产油脂的最佳条件是微藻:酵母为 1:1， 起始 pH 值为 5，糖蜜浓度 1%，转速为 200r/min，光强为 5.0klx，光暗比为 16:8(Cheirsilp et al 2011)。

9.6 产乳胶植物作为生物燃料的来源

乳胶一般是从植物中提取出的含甘油三酸酯、蜡、萜类、植物甾醇和其他改性异戊二烯化合物的复杂混合物。当产胶乳植物被刮蹭或受伤或被切开时,高能量的烃类液体就会以乳胶或树脂的形式渗出。因此,产胶乳植物被称为"产烃植物"或"石油树"或"石油作物"。人们对于培养这类富含烃或"生物原油"的植物作为可再生的化学品来源,以及用做液体燃料和化学品的原料非常有兴趣(Buchanan et al 1978;Calvin 1979)。过去 30 年中,美国、印度、日本和其他一些国家在试验规模上种植了许多产烃植物。

巴沙姆(Bassham 1977)建议在美国西南部干旱和半干旱地区建立石油植物能源农场。由于太阳辐射强、生长季节长,那里的土地具有较高的生产潜力。加尔文(Calvin 1977)报道认为,产乳胶植物是燃料和化学品生产最明显的可再生替代原料。布坎南等(Buchanan et al 1978)对在美国发现的 100 种植物进行了评估,建议某些可以成为备选产烃类植物。约翰森和欣曼(Johanson,Hinman 1980)强调,在贫瘠的土地上发展生物原油农业和建立提取设施是可取的,因为它们不与粮食和纤维作物竞争。经过调查,一些植物物种可以在干旱土地上生长,可作为生物原油的潜在原料。加尔文(Calvin 1982)认为续随子(*Euphorbia lathyris*)是一种能够产生简单萜类混合物的能源作物,该萜类混合物可以转换成汽油类的物质。

麦劳夫林和霍夫曼(McLaughlin,Hoffmann 1982)调查了北美西南部约 400 种可以产乳胶或树脂的新增品种(来源于 35 科 107 属的 195 种)。产胶乳植物,尤其是马利筋属(*Asclepias spp.*)和大戟属(*Euphorbia spp.*)最引人注意。萝藦科白花牛角瓜[*Calotropis procera*(Ait.) R. Br.(Asclepiadaceae)]俗称 Aak,分泌的乳胶含有高浓度可以被提取出的烃类物质,该物质已经建议可作为传统石油资源的替代品(Erdman,Erdman 1981)。牛角瓜在很少的看护下就能生长茂盛,这一特征可以减少生产成本。此外,它还有一个好处,可以在干旱、半干旱的边际地茂盛地生长,这样其商业发展就不会与其他传统农作物形成竞争。其他萝藦科(*Asclepiadaceae*)乳草属(milkweeds)植物也被建议作为生产燃料化学品和化工原料的可再生资源。一些乳草(*Asclepias*)种(例如 *A. syriaca* L.,*A. speciosa* Torr.,*A. curassavica* L)已经开展了全植株乳胶成分和热值的分析(Nemethy et al 1979;Adams et al 1983;Emon,Seiber 1985)。

印度中央干旱地区研究所(The Central Arid Zone Research Institute,位于印度焦特布尔)认为牛角瓜可以作为生物原油的原料物质。印度国家植物研究所(National Botanical Research Institute,位于印度勒克瑙)与印度石油研究所(Indian Institute of Petroleum,位于印度德拉敦)合作,对几种产烃植物生产生物原油的潜力进行了测试。从供应、产量和提取便利性等方面考量,在被调查的 400 种植物中,60 种被认定具有应用潜力。这个名单被进一步减少到 26 种具有商业开发潜力的候选物种。该报告已经被提交,成为印度石油作物进一步研究的基础。在对 10 种大戟属乳胶开展的密集研究中,定量分析了异戊二烯,并与已知具有开发潜力的灰白银胶菊(*Parthenium argentatum*)进行了对比(Ratti et al 1995)。红雀珊瑚(*Pedilanthus tithymaloides* Poit)喜欢生长在印度北部和东部的荒原,也被作为可再生碳氢化合物的来源进行了评价。通过石油醚柱层析获得了可与汽油相比的白色无定形烃类混合物(De et al 1997)。多汁的胶乳生产品种,诸如 *E. tirucalli*、*E. antiquorum*、*E. nivula*、*E. milli* 和 *P. tithymaloides*,在印度卡纳塔克邦和印度南部作为篱笆或观赏植物种植。汁液不丰富的产乳胶植物,诸如 *E. geniculata*、*E. corrigiodes*、*E. palcherrima* 和 *Synadenium grantii* 在印度南部也有生长。在印度其他地区还生长着 *E. antisyphilitica*、*C. procera* 和 *Gyrostegia glandiflora* 等,它们都是非常有希望的烃类来源。木薯含乳胶的块茎可以用于醇类生产,而植株其他部位可以生产烃类物质(Nagendrappa 2000)。对可能成为生物原油资源的产乳胶植物进行鉴定和特征描述,是当前生物学家能为替代能源发展所作出的最重要贡献。为了在不久的将来将这些植物用做潜在的可再生生物资源,还有必要研究整株植物的乳胶产量、鉴别胶乳的主要成分以及阐明橡胶的生物合成途径。

9.7 结论和前景展望

总之,上述液体生物燃料可以从各种简单的糖、淀粉、木质纤维素生物质以及油中生产出来。乙醇和丁醇目前是使用甘蔗和含淀粉原料进行生产的。木质纤维素生物质将来一定会成为乙醇和丁醇生产的唯一原料选择。这些植物基原料天然储量丰富,也不在人类的食物链上,生长条件简单,种植成本相对便宜。许多相关问题还有待研究,但特定地区少数种类木质纤维素生物质潜力的信息已经打开了其成为未来生物能源原料的机会大门。然而,木质纤维原料生物转化的技术性和经济性挑战还很大。虽然不同研究人员已经报道了木质纤维素到乙醇转化过程的多种可选方案,但是与完善的使用糖或淀粉原料生产乙醇的工艺相比,还需要仔细评估如下因素:发展纤维素和半纤维素水解生产可溶性糖的低成本策略;最大化发酵过程效率(即要求发酵微生物能转化含已糖和戊糖以及发酵抑制物的水解产物);对生物过程进行统一整合,以减少全过程的能源需求。为了应对上述挑战,生产可持续的生物燃料,需要开展以下几方面主要研究步骤:

① 需要改进农业原料的酶促水解过程,这可以通过使用廉价但高酶活的粗酶、低成本生产酶产品以及开发新技术处理大量固体来实现。

② 开发发酵活力强,同时对水解物中抑制物耐受力也强的微生物。这些专门

开发的菌株还应该能发酵浓缩水解物中的所有糖,并高效率生产醇,同时能耐受发酵基质中高浓度的醇。

③ 探索培育具有理想性状的植物的可能性,尤其是低木质素含量,将对生物转化的阻抗减到最小;同时,还要提高生物质的产量。提高遗传学、农学和转换过程可以增强和提高原料的供应以及生物燃料的生产效率,毫无疑问也将有助于建立可行的从生物质生产生物燃料的系统。

④ 对过程整合进行深思熟虑的考量,以减少全部生产过程的工艺流程。

⑤ 工作上采用 3-R 战略:即回收(Recycling)、减少(Reduction)和再利用(Reuse)生产过程中产生的任何副产品和废物,以减少能耗和保护环境。

目前,生物柴油由植物油、木本油脂以及动物脂肪生产,然而其经济性仍不确定。微生物生产过程将来非常有前景。藻类薄薄地生长在池塘表面,因此可以大片大片地生长和采收。要想达到所需的微藻量,需要大量池塘养殖,这使该过程在商业上不可行。虽然可以建议在天然湖泊或海岸养殖微藻,但是藻类的侵袭可能会危害环境,因为生长的藻类可能会破坏和超出生态系统容纳限度。笔者已经指出了利用蓝藻生产脂肪酸基生物燃料可能带来的好处,并且研究了可能用于发展该系统的策略。随着生物技术不断向前发展,通过基因工程提高蓝藻光合效率以及使这些微生物适应非自然环境的大型光生物反应器,毫无疑问将成为业界关注的焦点。由不同国家机构以及跨国石油公司资助的大量研究,对于启动旨在使微藻生物柴油在接下来 20 年中成为交通运输柴油重要组成部分的生物技术公司非常重要。由产烃植物生产的生物燃料是未来新的潜在可再生生物资源之一。从第二代原料(例如乳胶)生产生物燃料避免与农业以及食品业竞争,可以确保全球粮食安全。目前全球达成的共识是:生物燃料市场潜力巨大,它们的供应超越石油基燃料只是时间问题。开发和使用生物燃料作为化石燃料的替代品还需要更多先进技术。通过提高能量利用效率、减少排放以及降低生产成本来提高生物燃料的可行性,以实现生物燃料的未来发展计划,使其成为真正的替代品。

致 谢

作者感谢印度科学技术部对“使用产溶剂细菌从农业生物质生物生产丙酮-丁醇-乙醇”的研究项目(编号:SR/FT/LS-79/2009)的资金支持。

参考文献

Abd-Aziz S (2002) Sago starch and its utilization.J Biosci Bioeng 94:526-529

Abigor RD,Uadia PO,Foglia TA,Haas MJ,Jones KC,Okpefa E,Obibuzor JU,Bafor ME (2000) Lipase-catalyzed production of biodiesel fuel from some Nigerian lauric oils.Biochem Soc Trans 28(6):979-981

Adams RP,Balandrin L,Hogge W,Craig A,Price S (1983) Analysis of the non-polar extractables of Asclepias speciosa. J Amer Oil Chem Soc 60:1315-1318

Aden A,Ruth M,Ibsen KN,Jechura J,Neeves K,Sheehan J,Wallace R (2002) Lignocellulosic biomass to ethanol process design and economics utilizing co-current dilute acid prehydro-lysis and enzymatic hydrolysis for corn stover.NREL report TP-510-32438http:// www.nrel.gov/docs/fy02osti/32438.pdf,June.

Agrocadenas (2006) Colombia,Ministry of Agricultural and Rural Development.\http:// www.agrocadenas.gov.co/home.htm (Feb 2007)

Andersen AA,Stier TJB (1953) Anaerobic nutrition of S.cerevisiae.I.Ergosterol requirement for growth in a defined medium.J Cell Biol Comp Physiol 41:23-26

Apar DK,Özbek B (2004) a-Amylase inactivation during corn starch hydrolysis process.Process Biochem 39:1877-1892

Azar C,Lindglen K,Larson E,Mollersten K (2006) Carbon capture and storage from fossil fuels and biomass-costs and potential role in stabilizing the atmosphere.Clim Change 74:47-49

Bajpai D,Tyagi VK (2006) Biodiesel:source,production,composition,properties and its benefits.J Olio Sci 55:487-502

Banerjee A,Sharma R,Chisti Y,Banerjee UC (2002) Botryococcus braunii:a renewable source of hydrocarbons and other chemicals.Crit Revs Biotechnol 22:245-279

Bassham JA (1977) Increasing crop production through more controlled photosynthesis.Science 197:630-638

Benemann JR (1997) CO_2 mitigation with microalgae systems.Energ Conver Manage 38:475-479

Berg C (2001) World Fuel Ethanol.Analysis and Outlook.F.O.Licht.http://www.agraeurope.co.uk/FOLstudies/FOL-Spec04.html/.Accessed Mar 2004

Berndes G,Azar C,Kaberger T,Abrahamson D (2001) The feasibility of large-scale lignocellulose-based bioenergy production.Biomass Bioenerg 20:371-383

Buchanan RA,Cull IM,Otey FH,Russell CR (1978) Hydrocarbon and rubber -producing crops:evaluation of 100 US plant species.Econ Bot 32:146-153

Bullock GE (2002) Ethanol from sugarcane.Sugar Research Institute,Australia,p 192

Calvin M (1977) Hydrocarbons via photosynthesis.Energ Res 1:299-327

Calvin M (1979) Petroleum plantations for fuel and materials.Bioscience 29:533-538

Calvin M (1982) Oils from plants.In:BARC Science Seminar,US Dept of Agriculture,Beltsville Agricultural Research Center,MD

Cardona CA,Sanchez OJ,Montoya MI,Quintero JA (2005) Analysis of fuel ethanol production processes using lignocellulosic biomass and starch as feedstocks.In:Seventh world congress of chemical engineering,Glasgow

Carroll A,Somerville C (2009) Cellulosic biofuels.Ann Rev Plant Biol 60:165-182

Casey GP,Magnus CA,Ingledew WM (1984) High-gravity brewing:effects of nutrition on yeast composition,fermentative ability,and alcohol production.Appl Environ Microbiol 48:639-646

Cheirsilp B,Suwannarat W,Niyomdecha R (2011) Mixed culture of oleaginous yeast Rhodotorula glutinis and microalga Chlorella vulgaris for lipid production from industrial wastes and its use as biodiesel feedstock.New Biotechnol (In Press)

Chisti Y (2007) Biodiesel from microalgae.Biotechnol Adv 25:294-306

Chisti Y (2008) Biodiesel from microalgae beats bioethanol.Trends Biotechnol 26:126

Chum HL, Overend RP (2001) Biomass and renewable fuels.Fuel Proces Technol 71:187–195

Chung BH, Nam JG (2002) Process for producing high concentration of ethanol using food wastes by fermentation.Patent KR20020072326

Daily GC (1995) Restoring value to the world's degraded lands.Science 269:350–354

Damoano D, Wang SS (1985) Improvements in ethanol concentration and fermentor ethanol productivity in yeast fermentations using whole soy flour in batch and continuous recycle systems.Biotechnol Lett 71:35–140

De S, Bag A, Mukherji S (1997) Potential use of Pedilanthus tithymaloides Poit.as a renewable resource of plant hydrocarbons.Bot Bull Acad Sin 38:105–108

Deepak S, Visvanathan L (1984) Effects of oils and fatty acids on the tolerance of distillers yeast to alcohol and temperature.Enzyme Microb Technol 6:78–80

Demirbas A (2009) Progress and recent trends in biodiesel fuels.Energ Conserv Manage 50:14–34

Emon JV, Seiber JN (1985) Chemical constituents and energy content of two milk weeds, Asclepias speciosa and A. curassavica.Econ Bot 39:44–55

Erdman MD, Erdman BA (1981) Calotropis procera as a source of hydrocarbons.Econ Bot 35:467–472

Ezeji TC, Blaschek HP (2008) Fermentation of dried distillers' grains and soluble (DDGS) hydrolysates to solvents and value-added products by solventogenic clostridia.Bioresour Technol 99:5232–5242

Ezeji TC, Qureshi N, Blaschek HP (2007) Bioproduction of butanol from biomass: from genes to bioreactors.Curr Opin Biotechnol 18:220–227

Field B, Campbell JE, Lobell DB (2008) Biomass energy: the scale of the potential resource.Trends Ecol Evol 23:65–72

Fjerbaek L, Christensen KV, Norddahl B (2008) A review of the current state of biodiesel production using enzymatic transesterification.Biotechnol Bioengg 102:1298–1315

Foley JA, De Fries R, Asner GP, Barford C, Bonan G, Carpenter SR, Chapin FS, Coe MT, Daily GC, Gibbs HK, Hekowski JH, Hollowan T, Howard EA, Kucharik CJ, Monfreda C, Patz JA, Pentice IC, Ramankutty N, Snyder PK (2005) Global consequences of land use.Science 309:570–574

Food Agric Organ (FAO) (2000) Land resource potential and constraints at regional and country levels.World soil resources rep.90, Rome

Food Agric Organ (FAO) (2006) Food Agricultural Organization statistical year book, 2005–2006.Rome Food and Agriculture Organization (FAO) (2004) Global cassava market study.Business opportunities for the use of cassava. Proceedings of the validation forum on the global cassava development strategy, vol 6, FAO Rome Fukuda H (2001) Biodiesel fuel production by transesterification of oils.J Biosci Bioeng 92:405–416

Garcia HS, Malcata FX, Hill CG, Amundson CH (1992) Use of Candida rugosa lipase immobilized in a spiral wound membrane reactor for the hydrolysis of milk fat.Enzyme Microb Technol 14(7):535–545

Ghosh P, Ghose TK (2003) Bioethanol in India: recent past and emerging future.Adv Biochem Engg/Biotechnol 85:1–27

Grassi G (1999) Modern bioenergy in the European union.Renew Energ 16:985–990

Gui MM, Lee KT, Bhatia S (2008) Feasibility of edible vs.non-edible oil vs waste edible oil as biodiesel feedstock. Energy 33:1646–1653

Gulati M, Kohlman K, Ladish MR, Hespell R, Bothast RJ (1996) Assessment of ethanol production options for corn products.Bioresour Technol 5:253–264

Gutierrez NA, Maddox IS, Schuster KC, Swoboda H, Gapes JR (1998) Strain comparison and medium preparation for the acetone-butanol-ethanol (ABE) fermentation process using a substrate of potato.Bioresour Technol 66:263–265

Haas MJ, McAloon AJ, Yee WC, Foglia TA (2006) A process model to estimate biodiesel production costs.Bioresour Technol 97:671–678

Hamelinck CN, Faaji APC (2006) Outlook for advanced biofuels. Energ Policy 34: 3268–3283 Hammond JB, Egg R, Diggins D, Coble CG (1996) Alcohol from bananas. Bioresource Technol 56: 125–130

Harun R, Singh M, Forde GM, Danquah MK (2010) Bioprocess engineering of microalgae to produce a variety of consumer products. Renew Sust Ener Revs 14: 1037–1047

Hoq MM, Yamane T, Shimizu S (1985) Continuous hydrolysis of olive oil by lipase in microporous hydrophobic membrane bioreactor. J Am Oil Chem Soc 62(6): 1016–1021

Iso M, Chen B, Eguchi M, Kudo T, Shrestha S (2001) Production of biodiesel fuel from triglycerides and alcohol using immobilized lipase. J Mol Catal B: Enzym 16(1): 53–58

Jesse T, Ezeji TC, Qureshi N, Blaschek HP (2002) Production of butanol from starch–based waste packing peanuts and agricultural waste. J Ind Microbiol Biotechnol 29: 117–123

Johanson DJA, Azar C (2007) A scenario based analysis of land use competition between bioenergy and food production in the US. Climatic Change 82: 267–291

Johnson JD, Hinman CW (1980) Oils and rubber from arid land plants. Science 208: 460–464

Johnston J (2008) New world for biofuels. Energ Law 86: 10–14

Jones DT, Woods DR (1986) Acetone–butanol fermentation revisited. Microbiol Rev 50: 484–524

Kadam KL, Forrest LH, Jacobson WA (2000) Rice straw as a lignocellulosic resource: collection, processing, transportation, and environmental aspects. Biomass Bioenerg 18: 369–389

Kadam KL, McMillan JD (2003) Availability of corn stover as a sustainable feedstock for bioethanol production. Bioresour Technol 88: 17–25

Kaieda M, Samukawa T, Matsumoto T, Ban K, Kondo A, Shimada Y, Noda H, Nomoto F, Ohtsuka K, Izumoto E, Fukuda H (1999) Biodiesel fuel production from plant oil catalyzed by Rhizopus oryzae lipase in a water–containing system without an organic solvent. J Biosci Bioeng 88: 627–631

Kalscheuer R, Luftmann H, Steinbüchel A (2004) Synthesis of novel lipids in Saccharomyces cerevisiae by heterologous expression of an unspecific bacterial acyltransferase. Appl Environ Microbiol 70: 7119–7125

Kalscheuer R, Stolting T, Steinbuchel A (2006) Microdiesel: Escherichia coli engineered for fuel production. Microbiol–Sgm 152: 2529–2536

Kheshgi HS, Prince RC, Marland G (2000) The potential of biomass fuels in the context of global climate change: focus on transportation fuels. Ann Rev Energ Environ 25: 199–244

Kim S, Dale BE (2004) Global potential bioethanol production from wasted crops and crop residues. Biomass Bioenerg 26: 361–375

Knezevic Z, Mojovic L, Adnadjevic B (1998) Palm oil hydrolysis by lipase from Candida cylindracea immobilized on zeolite type Y. Enzyme Microb Technol 22(4): 275–280

Komers K, Stloukal R, Machek J, Skopal F (2001) Biodiesel from rapeseed oil, methanol and KOH 3: analysis of composition of actual reaction mixture. Eur J Lipid Sci Technol 103: 363–371

Kumari V, Shah S, Gupta MN (2007) Preparation of biodiesel by lipasecatalyzed transesteri–fication of high free fatty acid containing oil from Madhuca indica. Energy Fuels 21(1): 368–372

Köse O, Tüter M, Aksoy HA (2002) Immobilized Candida antarctica lipasecatalyzed alcoholysis of cotton seed oil in a solvent–free medium. Bioresour Technol 83(2): 125–129

Lai CC, Zullaikah S, Vali SR, Ju YH (2005) Lipase–catalyzed production of biodiesel from rice bran oil. J Chem Technol Biotechnol 80(3): 331–337

Lee WC, Huang CT (2000) Modeling of ethanol fermentation using Zymomonas mobilis ATCC 10988 grown on the media containing glucose and fructose. Biochem Engg J 4: 217–227

Licht FO (2008) World fuel ethanol production. Renewable fuels association. http://www.ethanolrfa.org/resource/facts/trade

Linko YY, Lamsa M, Wu X, Uosukainen E, Seppala J, Linko P (1998) Biodegradableproducts by lipase biocatalysis. J

Biotechnol 66(1):41–50

Lynd LR (1996) Overview and evaluation of fuel ethanol from cellulosic biomass:technology,economics,the environment, and policy.Ann Rev Energ Environ 21:403–465

Ma F,Hanna MA (1999) Biodiesel production:a review.Bioresour Technol 70:1–15

Macedo IC,Nogueira LAH (2005) Evaluation of ethanol production expansion in Brazil.In:Cadernos NAE/Núcleo de Assuntos Estrategicos da Presidência da República.Biofu–els,Section 2.Brasília (Brazil),Núcleo de Assuntos Estratégicos da Presidência da República,pp.113–220

Maddox IS,Qureshi N,Gutierrez NA (1993) Utilization of whey and process technology by Clostridia.In:Woods DR (ed) The Clostridia and biotechnology.Butterworth Heinemann,MA,pp 343–369

Manzanera M (2011) Biofuels from Oily Biomass,In:Carbon–neutral fuels and energy carriers.Muradov M,Veziroghu N (eds),635–663,CRC,Taylor & Francis Group,Orlando.ISBN 978–143–9818–57–2

Manzoyer M (2001) Protecting small farmers and the rural poor in the context of globalization.FAO,Rome

Marchal R,Blanchet D,Vandecasteele JP (1985) Industrial optimization of acetone–butanol fermentation:a study of the optimization of Jerusalem artichokes.Appl Microbiol Biotechnol 23:92–98

Marchal R,Ropars M,Pourquie J,Fayolle F,Vandecasteele JP (1992) Large–scale enzymatic hydrolysis of agricultural lignocellulosic biomass.Part 2:conversion into acetonebutanol.Bioresour Technol 42:205–217

Mata TM,Martins AA,Caetano NS (2010) Microalgae for biodiesel production and other applications:a review.Renew Sustain Energ Rev 14:217–232

McAloon A,Taylor F,Yee W,Ibsen K,Wooley R (2000) Determining the cost of producing ethanol from corn starch and lignocellulosic feedstocks.Technical report NREL/TP–580–28893.National Renewable Energy Laboratory.Golden, CO (USA) p 35

McLaughlin SP,Hoffmann JJ (1982) Survey of biocrude–producing plants from the Southwest.Econ Bot 36:323–339

Meher LC,Sagar DV,Naik SN (2006) Technical aspects of biodiesel production by transesterification:a review.Renew Sustain Energ Rev 10:248–268

Merc on F,Sant Anna GL,JrNobrega R (2000) Enzyme hydrolysis of babassu oil in a membrane bioreactor.J Am Oil Chem Soc 77(10):1043–1048

Microalgae to produce a variety of consumer products.Renew Sust Ener Revs.14:1037–1047

Microbiol Biotechnol 52:741–755

Modi MK,Reddy JRC,Rao BVSK,Prasad RBN (2007) Lipase–mediated conversion of vegetable oils into biodiesel using ethyl acetate as acyl acceptor.Bioresour Technol 98(6):1260–1264

Mittelbach M (1990) Lipase catalyzed alcoholysis of sunflower oil.J Am Oil Chem Soc 67(3):168–170

Moreira J,Goldemberg J (1999) The alcohol program.Energy Policy 27:229–245

Moreira JS (2000) Sugarcane for energy–recent results and progress in Brazil.Energ Sust Develop 4 (3):43–54

Morimura S,Zhong YL,Kida K (1997) Ethanol production by repeated–batch fermentation at high temperature in a molasses medium containing a high concentration of total sugar by a thermotolerant flocculating yeast with improved salt–tolerance.J Ferm Bioengg 83:271–274

Nagendrappa G (2000) Liquid fuels from plants:can we meet our petroleum needs from plants.Resonance 5:47–55

Naik SN,Goud VV,Rout PK,Dalai AK (2010) Production of first and second generation biofuels:a comprehensive re view.Renew Sustain Energ Rev 14:578–597

Narendranath NV,Thomas KC,Ingledew WM (2000) Use of urea hydrogen peroxide in fuel alcohol production.Patent CA2300807

Nemethy EK,Otvos JW,Calvin M (1979) Analysis of extractables from one Euphorbia.J Amer Oil Chem Soc 56:957–960

Palmqvist E,Hahn–Hägerdal B (2000) Fermentation of lignocellulosic hydrolysates.I:inhibition and detoxification.Bioresour Technol 74:17–24

Pandey A, Nigam P, Soccol CR, Soccol VT, Singh D, Mohan R (2000) Advances in microbial amylases. Biotechnol Appl Biochem 31: 135–152

Parekh SR, Parekh RS, Wayman M (1988) Ethanol and butanol production by fermentationof enzymatically saccharified SO_2-prehydrolysed lignocellulosics. Enzyme Microb Technol110: 660–668

Patil SG, Patil BG (1989) Chitin supplement speeds up the ethanol production in cane molasses fermentation. Enzyme Microb Technol 11: 38–43

Patzek TW, Anti SM, Campos R, Ha KW, Lee J, Li B, Padnick J, Yee SA (2005) Ethanol from corn: clean renewable fuel for the future, or drain on our resources and pockets? Environ Develop Sustain 7: 319–336

Pimentel D (2003) Ethanol fuels: energy balance, economics, and environmental impacts are negative. Nat Resour Res 12: 127–134

Poitrat E (1999) The potential of liquid biofuels in France. Renew Energ 16: 1084–1089

Prasad S, Singh A, Jain N, Joshi HC (2007) Ethanol production from sweet sorghum syrup for utilization as automotive fuel in India. Energ Fuel 21: 2415–2420

Quintero JA, Montoya MI, Sa0nchez OJ, Giraldo OH, Cardona CA (2007) Fuel ethanol production from sugarcane and corn: comparative analysis for a Colombian case. Energy. doi: 10.1016/j.energy.2007.10.001

Qureshi N, Blaschek HP (2005) Butanol production from agricultural biomass. In: Shetty K, Pometto A, Paliyath G (eds) Food Biotechnology. Taylor and Francis Group plc, Boca Raton, pp 525–551

Qureshi N, Li X, Hughes SR, Saha BC, Cotta MA (2006) Production of acetone butanol ethanol from corn fiber xylan using Clostridium acetobutylicum. Biotechnol Prog 22: 673–680

Qureshi N, Lolas A, Blaschek HP (2001) Soy molasses as fermentation substrate for production of butanol using Clostridium beijerinckii BA101. J Ind Microbiol Biotechnol 26: 290–295

Qureshi N, Saha BC, Cotta MA (2007) Butanol production from wheat straw hydrolysate using Clostridium beijerinckii. Bioprocess Biosyst Eng 30: 419–427

Qureshi N, Saha BC, Hector RE, Hughes SR, Cotta MA (2008) Butanol production from wheat straw by simultaneous saccharification and fermentation using Clostridium beijerinckii: Part I–Batch fermentation. Biomass Bioener 32: 168–175

Qureshi N, Saha BC, Dien B, Hector RE, Cotta MA (2010a) Production of butanol (a biofuel) from agricultural residues: part I e use of barley straw hydrolysate. Biomass Bioenerg 34: 559–565

Qureshi N (2010) Agricultural residues and energy crops as potentially economical and novel substrates for microbial production of butanol (a biofuel). Perspec Agric Vet Sci Nutri Nat Resour 5: 1–8

Qureshi N, Saha BC, Hector RE, Dien B, Hughes SR, Liu S (2010b) Production of butanol (a biofuel) from agricultural residues: II–use of corn stover and switchgrass hydrolysates. Biomass Bioenerg 34: 566–571

Ramey D (2004) Butanol advances in biofuels. The Light Party, Washington pp 105–118

Ratti N, Siddhu OP, Behl HM (1995) Quantification of polyisoprenes from some promising Euphorbs. Bioresour Technol 52: 231–235

Reddy LVA, Reddy OVS (2005) Improvement of ethanol production in very high gravity fermentation by horse gram (Dolichos biflorus) flour supplementation. Lett Appl Microbiol 41: 440–444

Reddy LVA, Reddy OVS (2006) Rapid and enhanced production of ethanol in very high gravity (VHG) sugar fermentation by Saccharomyces cerevisiae: role of finger millet (Eleusine coracana L) flour. Process Biochem 41: 726–729

Reyes JF, Sepulveda MA, Lo PM (2006) Emissions and power of a diesel engine fuelled with crude and refined biodiesel from salmon oil. Fuel 85: 1714–1719

Robertson GH, Wong DWS, Lee CC, Wagschal K, Smith MR, Orts WJ (2006) Native or raw starch digestion: a key step in energy efficient biorefining of grain. J Agricul Food Chem 54: 353–365

Runge CF, Senauer B (2007) How biofuels could starve the poor. Foreign Aff 86: 41–54

Sagar AD, Kartha S (2007) Bioenergy and sustainable development? Annu Rev Enviorn Resour 32: 131-167

Sanchez OJ, Cardona CA (2008) Trends in biotechnological production of fuel ethanol from different feedstocks. Bioresour Technol 99: 5270-5295

Schenk PM, Thomas-Hall SR, Stephans E, Mark VC (2008) Second generation biofuels: high efficiency microalgae for biodiesel production. Bioenergy 1: 20-43

Shah S, Gupta MN (2007) Lipase catalyzed preparation of biodiesel from Jatropha oil in asolvent-free system. Process Biochem 42(3): 409-414

Shapouri H, Duffield JA, Wang M (2003) The energy balance of corn ethanol revisited. Trans ASAE 46: 959-968

Sharma YC, Singh B, Upadhay SN (2008) Advancements in development and characterization of biodiesel: a review. Fuel 87: 2355-2373

Shigechi H, Fujita Y, Koh J, Ueda M, Fukuda H, Kondo A (2004) Energy-saving direct ethanol production from low-temperaturecooked corn starch using a cell-surface engineered yeast strain codisplaying glucoamylase and a-amylase. Biochem Engg J 18: 149-153

Shimada Y, Watanabe Y, Sugihara A, Tominaga Y (2002) Enzymatic alcoholysis for biodiesel fuel production and application of the reaction to oil processing. J Mol Catal B: Enzym 17(3-5): 133-142

Soni SK, Kaur A, Gupta JK (2003) A solid state fermentation based bacterial a-amylase and fungal glucoamylase system and its suitability for the hydrolysis of wheat starch. Process Biochem 39: 185-192

Stevenson DE, Stanley RA, Furneaux RH (1994) Near-quantitative production of fatty acidalkyl esters by lipase-catalyzed alcoholysis of fats and oils with adsorption of glycerol by silicagel. Enzyme Microb Technol 16 (6): 478-484

Strobel G, Knighton B, Kluck K, Livinghouse T, Ren y, Griffin M, Spakowicz D, Sears J (2008) The production of myco-diesel hydrocarbons and their derivatives by the endophytic fungus Gliocladium roseum (NRRL 50072). Microbiol 154: 3319-3328

Sun Y, Cheng J (2002) Hydrolysis of lignocellulosic materials for ethanol production: a review. Bioresour Technol 83: 1-11

Suppes GJ, Bockwinkel K, Lucas S, Botts JB, Mason MH, Heppert JA (2001) Calcium carbonate catalyzed alcoholysis of fats and oils. J Am Oil Chem Soc 78: 139-145

Suppes GJ, Dasari MA, Doskocil EJ, Mankidy PJ, Goff MJ (2004) Transesterification of soybean oil with zeolite and metal catalysts. Appl Catal A 257: 213-223 synthetic waste water by algae. Ecolog Eng 28: 64-70

Tiwari AK, Kumar A, Rahamen H (2007) Biodiesel production from Jatropha oil (Jatropha curcas) with high free fatty acids: an optimized process. Biomass Bioenerg 31: 569-578

Torres CF, Moeljadi M, Hill CG (2003) Lipase-catalyzed ethanolysis of fish oils: Multi-responsekinetics. Biotechnol Bioeng 83(3): 274-281

Viegas CA, Correia ISA, Novais JM (1984) Rapid production of high concentration of ethanol by S.bayanus: mechanism of action of soy flour supplementation. Biotechnol Lett 7: 515-520

Von Sivers M, Zacchi G, Olsson L, Hahn-Hägerdal B (1994) Cost analysis of ethanol from willow using recombinant Escherichia coli. Biotechnol Prog 10: 555-560

Waltermann M, Steinbüchel A (2010) Neutral lipid bodies in prokaryotes: recent insights into structure, formation and relationship to eukaryotic lipid depots. J Bactriol 187: 3607-3619

Wang S, Ingledew W, Thomas K, Sosulski K, Sosulski F (1999) Optimization of fermentation temperature and mash specific gravity for fuel alcohol production. Cereal Chem 76: 82-86

Wang S, Sosulski K, Sosulski F, Ingledew M (1997) Effect of sequential abrasion on starch composition of five cereals for ethanol fermentation. Food Res Inter 30: 603-609

Wilkie AC, Riedesel KJ, Owens JM (2000) Stillage characterization and anaerobic treatment of ethanol stillage from conventional and cellulosic feedstocks. Biomass Bioenerg 19: 63-102

Winner Network (2002) Village level bioenergy system based on sweet sorghum.http://www.w3c.org/TR/1999/REC-html401-19991224/loose.dtd (Oct 2004)

Wiselogel A, Tyson J, Johnsson D (1996) Biomass feedstock resources and composition. In: Wyman CE (ed) Handbook on bioethanol: production and utilization. Taylor and Francis, Washington, p 105-118

Wooley R, Ruth M, Sheehan J, Ibsen K, Majdeski H, Galvez A (1999) Lignocellulosic biomass to ethanol process design and economics utilizing co-current dilute acid prehydrolysis and enzymatic hydrolysis. Current and futuristic scenarios. Technical Report NREL/TP-580-26157. National Renewable Energy Laboratory. Golden, CO (USA), p 123

Wyman CE (1999) Opportunities and technological challenges of bioethanol. Presentation to the committee to review the R and D strategy for biomass-derived ethanol and biodiesel transportation fuels. Review for the research strategy for biomass-derived transportation fuels. National Research Council. National Academy, Washington, pp 1-48

Xavier MR (2007) The Brazilian sugarcane ethanol experience. Issue Analysis, no.3, Washington, USA, Competitive Enterprise Institute. 11 p

Zverlov VV, Berezina O, Velikodvorskaya GA, Schwarz WH (2006) Bacterial acetone and butanol production by industrial fermentation in the Soviet union: use of hydrolyzed agricultural waste for biorefinery. Appl Microbiol Biotechnol 71:587-597

第 10 章　由木质纤维素生产的第二代生物乙醇和可再生化学品

摘要：化石燃料消耗导致的温室气体(GHG)排放和化石资源储量的有限性，是推动人们寻找可持续性清洁替代能源的重要动力。生产生物乙醇用做交通运输液体燃料的研究已经赢得了相当的重视。使用淀粉基农产品(第一代)作为原料是可行的，但会引起人们对食品安全的担忧。利用木质纤维素残渣生产乙醇的研究已经进行了数十年。虽然从木质纤维素残渣生产乙醇的技术是可行的，但是在当前石油和乙醇的价格下，很难做到经济上也可行。本章重点介绍一些正在试图攻克这些工艺"瓶颈"的创新方法。此外，本章还广泛地介绍了使用木质纤维素生产化学品的潜力。后面提到的生物炼制路线可以得到比乙醇市场价值更高的材料，以减少我们对可以制造许多日常用品的石油的依赖，也将为世界上诸多地方发现的大量木质纤维素生物质提供一种可持续利用途径的选择。

10.1 引言

生物质是植物通过光合作用固定二氧化碳时生产出来的，是碳循环的一部分。它可以直接用做燃料，或者经过长时间转化变成化石燃料。利用生物质生产能源(Saxena et al 2009；Blottnitz et al 2007；Huber et al 2006)和增值产品(Werpy，Petersen 2004a；Jong et al 2012)是当前诸多研究的焦点。

目前，公路运输基本上完全采用化石燃料驱动的内燃机。这是因为液体燃料易于携带，也易于转换为发动机的高效能量，可用在车辆上帮助我们运输。然而，这些燃料会产生温室气体，影响气候；此外，它们储量也有限，因此在近期或中期很有必要发展清洁替代能源。

研究的替代品应该是满足以下要求的可再生的能源：易于使用；满足正在使

本章作者：Sudip Kumar Rakshit
作者单位：加拿大湖首大学(Lakehead University)
电子邮件：skrait57@gmail.com；srakshit@lakeheadu.ca

用的发动机要求;经济可行;最重要的是要有利于碳平衡。电动汽车将带来最清洁的能源形式,并给环境带来最大的益处。然而,它们还需要进一步降低成本,对不同类别车辆的适应性也需要进一步提高。在所有的可能性中,交通运输燃料很可能将是多种选择的混合(Pichon 2009)。

使用生物质来源的可再生液体燃料不需要对现有的汽车发动机进行重大修改,因此很有吸引力。根据所生产的原料,这些燃料被分为第一代或第二代生物燃料(Wikipedia Encyclopedia 2012)。第一代生物燃料的起始原料是糖和油,包括来自于玉米、小麦、大麦、木薯中的淀粉和甘蔗中的蔗糖,以及棕榈树、麻疯树产的植物油等。第二代生物燃料则以林木生物质、农业残余物和废物中存在的纤维素为原料生产。这些原料往往与木质素结合在一起,因此被称为木质纤维素生物质。农业残余物包括小麦和水稻的秸秆、甘蔗渣、粮食作物的茎和根、不能用于造纸的树顶枝叶(如桉树)、生长迅速的蒿草等。使用储量丰富的森林工业木材的可能性也正在探索中,尤其是在北美和北欧国家。对这些农业和林业残余物的利用已经开展了超过 20 年的大量研究, 化石燃料的有限性以及其对自然的影响使人们近年来对第二代生物燃料更加重视。本章将重点关注这些燃料当前的研究情况、技术发展的瓶颈以及未来前景,这些燃料将为低碳社会建设作出贡献。由于目前乙醇的市场价格非常低迷,所以也概述了以纤维素水解制备高附加值可再生化学品的情况。

10.2 第一代生物燃料

盛产甘蔗的巴西是第一个将甘蔗工业化生产乙醇的国家。随后美国、德国、马来西亚成功地利用了甘蔗、玉米、菜籽油和棕榈油生产生物燃料。像泰国这样的发展中国家也已经制定使用当地生产的木薯、甘蔗、糖蜜等提高第一代生物燃料产量的路线图计划。但不管是发达国家还是新兴经济体,将土地租给大型跨国公司已经引发了相当多的当地土地长期回报的争议。农产品出现富余、运输业日益增长的能源需求和减少石油进口花费的可能性成为推动第一代生物燃料进展的驱动力。对环境的好处,例如减少温室气体排放,往往只是未经证实的想法。燃料生产商得出对环境有利的结论,是在不考虑生产对水的巨大需求和对当地社会的影响下得到的。第一代生物燃料的发展受到进口石油成本、自身预期价格上升以及交通运输燃料需求增加的推动。

第一代生物燃料生产的主要问题是其对粮食安全的影响和原料的持续可获得性。砍伐森林、土地利用方式的改变以及生物多样性损失也是其伴随的问题。此外,许多国家的政府以提供补贴的形式鼓励生物燃料生产,但目前还不清楚这是否对经济长远发展有利。是否有利于温室气体减排还需要展进一步的研究。为此，需要进行详细的生命周期分析(Life Cycle Analysis，LCA)，充分考虑诸如生产中所用的化肥、运输到生物转化点的成本等其他多种参数(BIO Intelligence Service 2010)。麻疯树油不是食物链的一部分，用麻疯树油生产生物柴油通常是得到鼓励的。麻疯树生物柴油在印度和一些发展中国家取得了长足的进展(McGee 2006)，因为这样可以利用干旱荒地的潜力。

使用当地富余的食物生产燃料可能会导致全球市场食品价格上升，增加世界上欠发达国家粮食进口的成本。生产第一代生物燃料所产生的许多可持续发展问题也反映了取代它的第二代生物燃料潜在的好处。后者虽然技术上可行，但还需要克服一系列困难才能成为经济上也可行的替代品。

10.3 第二代生物燃料

在这一部分，我们将讨论木质纤维素残余物向第二代生物燃料——乙醇的生物转化过程。需要强调的是，许多第二代生物燃料还处在不同的发展阶段。它们包括气体变成液体的费-托合成过程、生物制氢和湿生物质的高温改质等，其中费-托合成是完全的生物质液化(Biomass to Liquid，BTL)过程，生物制氢涉及到生物质汽化和甲烷重整。对第二代生物燃料而言，木质纤维素到葡萄糖以及乙醇的生化转化投入的研究最多。

木质纤维素生产乙醇的主要步骤(见图 10.1)包括首先从树木或含纤维的生物质中分离纤维素和半纤维素(可溶)，这些糖源由木质素保护着，以防止其很容易就被分解。为了这个目的，多年来已经尝试了有许多方法对木质纤维素进行预处理(Kumar et al 2009；Galbe，Zachi 2007；Taherzadeh，Karimi 2008)，包括酸处理、碱处理、溶剂处理、离子液体处理、蒸汽爆破等，不同原料的处理效率也不相同。然而，大自然已经进化出这种复杂的纤维素和木质素的结构，使植物和树木保持坚固。因此，考虑到自然界生物质的复杂结构，需要创新或集成工艺方法，使纤维素易于水解。

预处理得到的纤维素浆接下来被不同催化剂(包括酸和纤维素酶复合体)水解成其结构单体——葡萄糖单体。酸水解反应条件严苛，使高效反应器的建造十分困难；此外，该条件会将糖转化成难以发酵的其他物质。寻找能够较容易分解纤维素且自身生产成本较低的纤维素酶也不容易。从真菌、酵母和细菌生产酶的花费一般能占到这种方法生产乙醇总成本的 40%(Klein-Marcuschamer et al 2012)。

水解得到的糖浆接下来经酵母或细菌发酵生产乙醇。除了从木质纤维原料中纤维素得到的葡萄糖(六碳糖)外，对从半纤维素中得到的五碳糖进行共发酵生产乙醇的可能性也在探索中。某些细菌对五碳糖向乙醇的发酵较慢,六碳糖和五碳糖发酵产生的代谢物有抑制效果,进一步减慢了共发酵速度(Yah et al 2010)。

酵母发酵葡萄糖生产乙醇相对容易些,乙醇浓度可以高达12%。与第一代生物乙醇一样,发酵后的乙醇被蒸馏到95%的浓度,以使它们适合于与汽油混合生产乙醇汽油。使乙醇浓度达到适合混合的水平所进行的共沸蒸馏增加了成本投入。

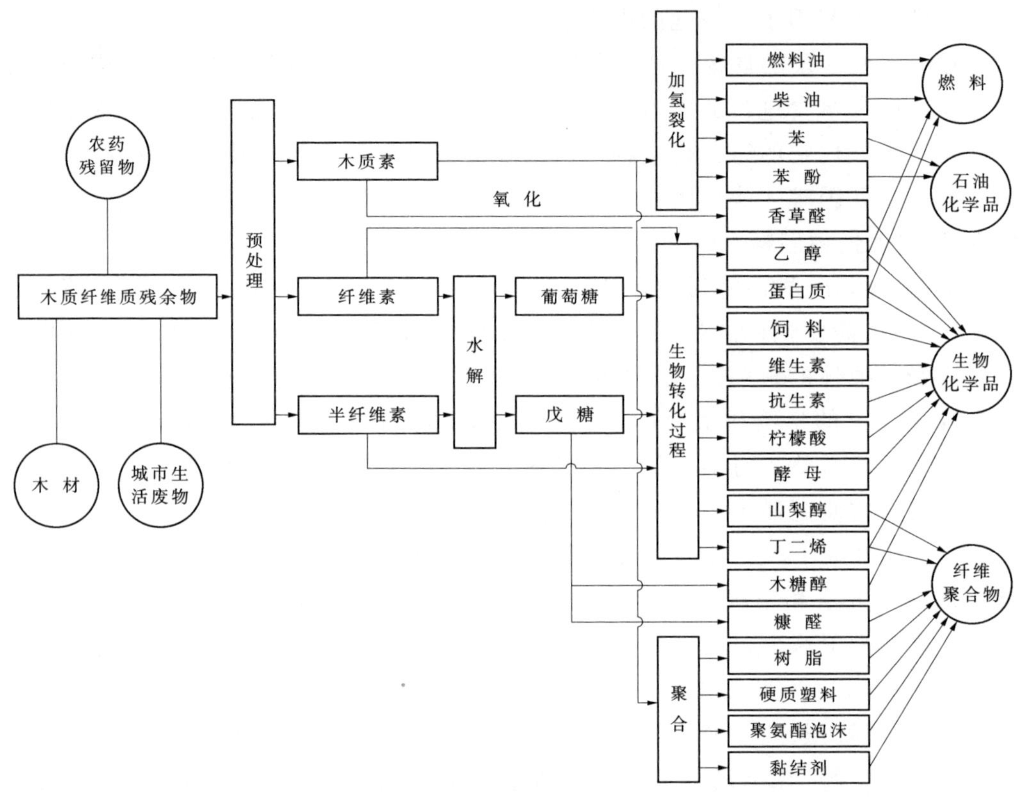

图10.1 木质纤维素生物转化成乙醇的不同步骤(对利用预处理和水解得到的不同组分通过加氢裂化、生物转化和聚合生产高附加值产品的可能性也进行了简要说明)

10.4 木质纤维素生物转化成乙醇的优点和障碍

10.4.1 原料分布

与第一代生物燃料使用的农产品相比,使用木质纤维素残渣的主要优点是成本低廉,农作物、树木、草和废弃生物质等原料易得。除非粮食作物被能源作物取代,使用上述原料对食品安全没有影响,尤其是在本地没有足够粮食产量的地区。燃料作物也可以在未利用的边际地和贫瘠地生长,还不需要大量投入肥料。它们具有更高的单位面积能量产量。采用适当的育种方法和生物技术,还可以进一步提高产量和产品质量。

小麦和水稻秸秆以及甘蔗渣等农业残渣的利用受到一定限制,大约 50%的残渣需要返回土壤中以保持土壤肥力的可持续性。对替代原料(如柳枝稷、芒草、杨树、桉树和柳树)的使用也正在研究中。在我们的实验室,我们正在研究利用水葫芦和香蒲草的可能性,它们经常阻塞河道,尤其是在许多热带发展中国家(Guragain et al 2011)。水葫芦具有较高的水含量和相对简单的组成,可以作为一个很好的原料。我们的初步研究表明,使用酸催化的有机溶剂法对香蒲草进行预处理,反应条件要求较低。还可以研究通过基因改造培育出减少木质素对纤维素保护的植物,纤维素也可以自然形成,也很容易被分解成单体。

木质纤维素残渣的分散程度要求在工厂投资和建设前,对大量生物质的收割、处理、运输、存储和配送进行细致的物流分析。

10.4.2 预处理脱木质素

木质纤维素生物质转化所涉及的不同过程都需要消耗大量能量,例如预处理和发酵后的蒸馏。要想使纤维素乙醇具有可行性,需要相当多的研究来克服所谓"生物障碍"。使用木质纤维素需要克服的第一个"瓶颈"是木质素对纤维素水解的阻碍。虽然使用稀酸、蒸汽爆破和有机溶剂法是当前最有效的方法,但是还需要进一步了解不同木质纤维素残渣中不同组分的相互作用方式,这样才能以不太严苛的条件廉价地脱除木质素。包括加拿大在内的一些森林资源丰富的国家关注分离出的木质素的各种用途,成功应用后将会与纤维素生产乙醇形成"双赢"的格局。

10.4.3 酶水解

第二个"瓶颈"是需要一个更好、更便宜的生物催化剂,也就是酶,将纤维素分解成葡萄糖。虽然酶的回收和再利用非常重要,但是分解固体原料需要使用可溶性酶,这使得回收和再利用十分困难。即使采用基因工程的方法来提高产量,传统的从真菌和细菌来源得到的纤维素酶可能根本不够用,酶的效率和成本仍然很成问题。在实验室里,我们讨论了使用基因组元方法来筛选使用具有更强纤维素酶活的新酶来分解纤维素的可能性(Nuguyen et al 2012)。这种方法允许从无法在传统培养基上培养的微生物中分离基因组,然后在已知宿主中表达该纤维酶基因。需要发展类似这样新奇和创新的想法,以生产出具有更高转化活性的好酶。我们认为,为了像食草动物那样有效地分解木质纤维素,我们应该将反刍动物中的微生物菌群所产生的所有酶结合起来使用,而不是仅选择一个或一组酶。

水解产物的同步糖化发酵(simultaneous saccharification and fermentation,SSF)过程是一个研究较多的领域。但是,酶的损失增加了 SSF 和两阶段发酵过程的成本。为了利用半纤维素中的戊糖和纤维素中的葡萄糖,开发出了共培养技术。为了解决一种培养物对另一种培养物的抑制问题,正在研究固定化一种微生物而自由培养另一种微生物的可能性。对本来就具有将己糖转化为乙醇能力的酵母进行基因改造,使之具备额外的戊糖转化能力将可以克服共培养所带来的问题(Ho et al 1998)。提高菌株对高浓度糖和乙醇以及预处理过程中产生的抑制物的耐受力,也将有助于开发出更高效的工艺。

这一领域的研究在过去几十年已经取得了巨大成就。不同类型的生物质,包括林木产品、农业残渣、禾本科植物的木质纤维素以及废水都被尝试用做原料。人们开发了许多预处理方法,并对它们进行比较;试验了来源于真菌[如里氏木霉(*Trichoderma ressei*)]和转基因微生物的酶,以及不同来源的混合酶;对超过1000个可能的排列组合进行了评估。虽然从中受益匪浅,但是仍需要寻找新的创新方法,以克服当前使这一过程在经济上无法接受的主要障碍。

第二代生物乙醇的成本效益也依赖于汽油市场。当原油价格达到100~140美元/bbl时,第二代生物燃料似乎突然变得有竞争力。但是,随着价格回落至80~90美元/bbl时,工业界的发展活力就大大降低。在泰国,当原油价格波动达到顶峰时,迅速建立了一个生产生物燃料的中试工厂。虽然这看起来好像是错过了机会,但从长期来看,建设和使用该设施还是可以有所回报的。例如,如果对较高的CO_2排放进行处罚或征收碳税,成本的天平将向有利于第二代生物燃料的方向倾斜。

在确定工业规模装置的大小和建设位置前,需要仔细研究供应链,包括可用的原料和水以及距离等。在发展中国家,最佳生产装置的大小还取决于当地现实存在的物种情况。

对于第二代生物燃料发展而言,政策可能和需要开发的技术一样重要。虽然第二代生物燃料可以缓解和减少交通对环境的影响,但是对第一代生物燃料的补贴和支持可能会推迟第二代生物燃料的商业化。只有当二氧化碳减排的目标超过短期经济利益时,倾向于第二代生物燃料的政策才有可能成为现实。因为当前制定这样的政策是不现实的,所以可以选择同时支持第一代和第二代生物燃料,但增加对后者研发的激励。

与第一代生物燃料类似,第二代生物燃料也需要进行大量具体案例的LCA分析。目前的研究表明,第二代生物燃料比第一代生物燃料更好,对木质纤维素残余物进行的生物转化可以使温室气体排放量比使用石油燃料减少约90%(EUCAR study 2007)。比较交通运输燃料和固定使用所排放的温室气体效应表明,有时候生物燃料更好,但有时候生物电力更好。然而,进行更广泛和清晰的对比说明比较困难(Larson 2005)。

很明显,发达国家非常有信心在更多研究开发和创新的基础上,以经济可行的方式解决现有第二代生物燃料中存在的技术障碍。然而,这将需要更多的合作和共同努力。例如,美国政府支持工业界,目标就是生产出与汽油相比具有成本优势的纤维素乙醇。在欧盟第七轮研发框架计划中,对第二代生物燃料的研发支持大大增加,也表明了欧盟对该技术的优先发展态度。

10.4.4 生产可再生化学品

依赖于石油和天然气工业生产的大量化学品及其制品,带动了工业经济的发展。虽然只有 4%的原油用于生产化学品,但是它们却贡献了近 40%的利润率(Werpy,Petersen 2004b)。化石能源的有限性、大量可以使用的生物质、对生物质在制浆和造纸之外的其他用途的探索以及生物乙醇的低成本……这一切都表明,使用生物质生产化学品就有很大的潜力。一些报告预测,全球可再生化学品市场在 2017 年前将达到 768 亿美元(Global Industry Analysts 2010)。

采用生物途径生产可再生化学品吸引了许多关注,因为反应条件更加温和,对人类健康和环境影响更小。可再生化学品市场的增长机会还将吸引大量的传统化学品公司。在环境问题高于一切的发达国家,这方面的动力更足。在许多发展中国家和新兴经济体国家可能并不是这样,对于那些需要优先提高人民生活水平的国家,环境问题的重要性要低一些。

即使在今天,也只有少数化学品可以从再生资源发酵生产。乳酸、乙酸和乙醇的生产过程是少数可以与石油化工路线相竞争的过程。通过基因工程和改变发酵技术可以拓宽微生物生产的产品种类。具有改变的糖代谢途径的重组微生物能够发酵糖生产化学品,而其相应的野生菌株则不能产生(Danner,Braun 1999)。

在上世纪 70 年代,乙醇被用做有机化学工业的基础化学品,当时像乙烯和乙醛这些化学物质都是用发酵乙醇来合成的。在印度那些发酵乙醇成本较低的地方,乙醇被用于生产乙酸、乙醋酐和乙酸乙酯等化学品(Danner,Braun 1999)。因为石油价格下降、易于供应,这条路线并没有被开发。然而,减轻气候变化的压力和化石燃料的有限性使人们重新关注这些研究。

因此,从生物质生产有用化学品的生物炼制概念,是一个具有较大利润、值得投资的领域。类似于炼油厂,生物炼制工厂也需要相应设备来整合生物质的转换过程。生物炼制工厂的目标是生产少量高附加值产品和大量低价值的产品,其中,高附加值产品可提高整个过程的收益率(Fernando et al 2006)。

美国国家可再生能源实验室(National Renewable Energy Laboratory,NREL)和

西北太平洋国家实验室(Pacific Northwest National Laborator,PNNL)研究确定了12类最有可能成功的基础化学品(Aden et al 2004)。这些化学品包括1,4-丁二酸、反丁烯二酸、羟基丁二酸、2,5-呋喃二甲酸、3-羟基丙酸、天冬氨酸、葡萄糖酸、谷氨酸、衣康酸、乙酰丙酸,3-羟基-γ-丁内酯、甘油、山梨糖醇、木糖醇/阿拉伯糖醇。研究还发现,大部分从植物原料到基础化学品的转化可由生物转化过程完成,但是从基础化学品到其他衍生物和中间物分子的转化主要由化学转化过程完成。他们还强调,要重视研发,以提高生产这些基础化学品和衍生物的经济性。

以丁二酸为例,它很让人感兴趣,是因为它可以作为中间体生产多种化学品,例如1,4-丁二醇、四氢呋喃、γ-丁内酯和己二酸(尼龙前体)等。这些化学品接下来可以用于纺织、塑料、树脂、洗涤剂和食品工业。在石油化工路线中,丁二酸由马来酸酐加氢生成(Danner,Braun 1999)。这些化学品的生物炼制路线表明它们可能在经济上也是可行的,并已经或即将商业化。

10.5 结论和发展趋势

很明显,第二代生物乙醇更有利于温室气体平衡。生产它们使用的原料不影响食品供应,所以对粮食安全没有任何影响。使用草或其他外来植物,或者对非食用和饲料作物进行基因改造都更容易被接受。但是,还需要克服技术上的障碍,使该过程与汽油相比也具有成本效益。对现有不同技术的结合和创新以及化石燃料成本的上升,都可能会加速向第二代生物燃料的推进,特别是生物乙醇。

如果能源生产部门没有巨大的变化,碳吸收问题依然存在,则生物炼制的概念将发展到预期的程度。必须提高生物化学转化过程中中间产物物流的稳定性。与现有化学品生产工厂或新化学过程集成,可能发展出全新的化学品生产路线。

生物转化和化学过程相结合,可生产出多种类型的产品,可用做溶剂、纤维和具有不同功能特性的新聚合物。随着这一领域的持续扩张,工业界将会为他们自己创造稳健、有利的发展空间,同时市场还会继续扩大。

参考文献

Aden A,Bozell J,Holladay J,White J,Manheim A (2004) Top value added chemicals from biomass. Pacific Northwest National Laboratory and National Renewable Energy Laboratory,Richland,p 76

BIO Intelligence Service (2010) Life cycle analyses applied to first generation biofuels used in France:major insights and learnings. Technical coordination ADEME-service bioresources Danner H,Braun R (1999) Biotechnology for the production of commodity chemicals from biomass. Chem Soc Rev 28:395-405

EUCAR/JRC/CONCAWE (2007) A joint study,well to wheel analysis of future automobiles fuels and power trains in the European context. http://ies.jrc.ec.europa.eu/WTW.html

Eric D. Larson (2005) Lifecycle Analyses of GHG Impacts of Biofuels for Transport, based on the presentation at the Workshop on Biofuels for the Transport Sector, organized by the Science and Technology Advisory Panel of the Global Environment Facility, 29 Aug 1 Sep, New Delhi, India

Fernando S, Adhikari S, Chanda CC, Murali N (2006) Biorefineries: current status, challenges and future direction. Energy Fuels 20: 1727–1737

Galbe M, Zacchi G (2007) Pretreatment of lignocellulosic materials for efficient bioethanol production. Adv Biochem Eng Biotechnol 108: 41–65

Guragain YN, Coninck JD, Husson F, Durand A, Rakshit SK (2011) Comparison of some new pretreatment methods for second generation bioethanol production from wheat straw and water hyacinth. Bioresour Technol 102: 4416–4424

Ho NWY, Chen Z, Brainard AP (1998) Genetically engineered SaccharomycesYeast capable of effective cofermentation of Glucose and Xylose. Appl Environ Microbiol 64: 1852–1859

Huber GW, Iborra S, Corma A (2006) Synthesis of transportation fuels from biomass: chemistry, catalysts, and engineering. Chem Rev 106: 4044–4098

Jong ED, Higson A, Walsh P, Wellisch M (2012) Bio–based chemicals, value added products from biorefineries. In: IEA bioenergy task 42, French

Klein–Marcuschamer D, Oleskowicz–Popiel P, Simmons BA, Blanch HW (2012) The challenge of enzyme cost in the production of lignocellulosic biofuels. Biotechnol Bioeng 109: 1083–1087

Kumar P, Barrett DM, Delwiche MJ, Stroeve P (2009) Methods for pretreatment of lignocellulosic biomass for efficient hydrolysis and biofuel production. Ind Eng Chem Res 48: 3713–3729

McGee T (2006) Biodiesel in India: Jatropha takes center stage. Energy/renewable energy. http://www.treehugger.com/renewable–energy/biodiesel–in–india–jatropha–takes–center–stage.html

Nguyen NH, Maruset L, Uengwetwanit T, Mhuantong W, Harnpicharnchai P, Champreda V, Tanapongpipat S, Jirajaroenrat K, Rakshit SK, Eurwilaichitr L, Pongpattanakitshote S (2012) Identification and characterization of a cellulase–encoding gene from the buffalo rumen metagenomic library. Biosci Biotechnol Biochem 76: 1075–1084

Pichon P (2009) What will power the cars of the future? IFP 2009. http:\Biofuels\general\IFP\animation\on\biofuel\options\in\transportatioj.mht

Saxena RC, Adhikari DK, Goyal HB (2009) Biomass based energy fuel through biochemical routes: a review. Renew Sustain Energy Rev 13: 167–178

Taherzadeh MJ, Karimi K (2008) Pretreatment of lignocellulosic wastes to improve ethanol and biogas production: a review. Int J Mol Sci 9: 1621–1651

von Blottnitz H, Curran MA (2007) A review of assessments conducted on bio–ethanol as a transportation fuel from a net energy, greenhouse gas, and environmental life cycle perspective. J Clean Prod 15: 607–661

Werpy T, Petersen G (2004) USDOE's top sugar derived building blocks. http://www.nrel.gov/ docs/fy04osti/35523.pdf

Werpy T (2009) BIO–World conference in Biotechnology and Bioprocessing, July 19–22, Montreal, Canada

Wikipedia Encyclopedia (2012) Second generation biofuels. http://en.wikipedia.org/wiki/Second_ generation_biofuels

Yah CS, Iyuke SE, Unuabonah EI, Pillay O (2010) Temperature optimization for bioethanol production from corn cobs using mixed yeast strains. Online J Biol Sci 10: 103–108

第 11 章 微生物组群发酵制生物氢

摘要:氢可立足于本国可用的资源生产,近乎零排放,是能源系统中具有长远性的潜在能源。目前,大多数开发的制氢技术都源自化石燃料的热化学工艺。生物氢产品对全球清洁能源的可持续供应以及化石能源的替代至关重要,它有希望解决化石能源带来的大多数问题。生物氢产品因其有希望成为取之不尽、低成本、可再生的清洁能源而变得尤为重要。利用合适的技术,生物氢将成为微生物过程的理想清洁产品。利用富含碳水化合物的可再生资源(如生物质或废弃物质)的发酵路线是一种可行的制氢方法。发酵制氢可以通过暗发酵、光发酵或者二者的组合(依序的和联合的暗发酵和光发酵)生产。暗发酵和光发酵依序和联合的组合都能带来不错的氢气产量,可达到 8mol(H_2)/mol(葡萄糖)。相对来说,因为存在不利的反应和不同菌种的不同营养需求,联合发酵的产氢速率和产量较低。

11.1 引言

化石燃料一直是满足世界能源需求的主要来源。煤、石油和天然气是主要的供应形式,它们的长期使用导致了资源枯竭以及环境和公共健康问题。全球气候变暖是最主要的表现,全球空气和海洋平均温度的上升、冰雪消融以及全球海平面的上升都说明了这一点(IPCC 2007)。这些环境变化已经给生态系统、食物和水资源造成严重的影响,进而影响了人类健康。为解决这一问题,需要为世界寻找清洁可再生的可持续能源。可再生能源资源不仅改善了能源安全,而且减少了二氧化碳的排放(European Commission 2006)。可再生能源产品主要包括生物氢、生物气或生物甲烷、生物乙醇、生物丁醇和生物柴油(European Commission 2003)。使用这些可再生的清洁燃料资源不会加剧全球变暖。

生物燃料范围很广,包括固态生物质、液态生物质和各种生物气。根据使用的

本章作者:Radhika Singh
作者单位:印度达耶尔巴格教育学院(Dayalbagh Educational Institute)化学系
电子邮件:radhika1263@gmail.com

生物质的原料种类，生物燃料被划分为四代：第一代生物燃料来源于糖的发酵；第二代生物燃料来自非食物农作物原料；基于微藻类的生物燃料是第三代；通过其他过程产生的生物燃料则被归为第四代。消耗生物燃料产品不产生净二氧化碳排放，不释放硫。比起化石燃料，生物燃料毒性更低，颗粒排放物更少。

氢是人类已知的最简单的元素。它是宇宙中最丰富的气体，同时它也是环境友好、可再生的。大气中含有 0.07%的氢元素，地球表面有 0.14%的氢元素。氢比空气轻，因此它一般以甲烷、水等形式存在。氢气有希望成为未来能源的载体，它可以从多种能源原料中获得。它在燃料电池中的使用具有很高的效率(142.35kJ/g)，这意味着每燃烧 1g 氢气，会产生 142.35kJ 的能量(Xianyan，Youcai 2009)。氢被归为清洁燃料，主要因为它燃烧的产物只有水，使其成为零污染、零排放的替代能源。此外，氢的使用不会增加温室气体。有报道称，全球每年有 50Mt 氢气被用于交易，并以每年 10%的速率增长(National Hydrogen Roadmap 2002)。根据“美国国家氢气计划 (National Hydrogen Program of the United States)”，氢气占能源市场的份额在 2025 年将达到 8%~10%(Kapdan，Kargi 2006)。美国能源部(DOE 2007)称，到 2040 年在美国全部区域均可使用氢气发电和氢运输系统。随着对氢气能源需求的不断增长，发展成本效益好和高产氢的技术获得了人们的普遍关注(Valdez et al 2005a)。

氢气作为燃料唯一的缺点在于，当它燃烧时产生大量的能量，导致大气成分中的氮气和氧气反应，生成微量的不同形式的氮氧化物(NO_x)。氢气的燃烧也会导致过氧化氢的形成：

$$H_2+O_2 \longrightarrow H_2O_2 \tag{11.1}$$

氢的过氧化物形式会向大气释放过氧化物自由基，导致光化学烟雾的产生。一般来说，过氧化物的产量是非常低的。催化转化器可以在过氧化物释放到大气之前将其破坏。催化转换器可以用在任何使用氢气作为燃料的场合。

在工业应用层面上，生产氢气最常用的方法包括：天然气水蒸气重整、煤气化以及利用化石能源产生的电分解水。这些生产氢气的工业方法都会释放二氧化碳等温室气体。一些微生物也会天然地产生氢气。生物制氢是一种利用微生物生产氢气的方式。生物氢是未来生物燃料之一，有希望减少对国外原油的依存度以及减少温室气体(GHG)的排放。

现阶段，氢气比其他燃料价格更高。如果技术的进步成功降低了氢气的成本，未来经济建设中它将扮演重要角色。利用可再生生物质的生物制氢有希望解决世界能源需求的经济性制约问题。甘薯汁、糖浆和酒厂废水可以被用做发酵底物，因为他们含有大量的糖分。

11.2 生物制氢机理

通过生物生产氢气有三种机理：

① 发酵制氢。氢气可以通过细菌发酵糖类制得，比如大肠杆菌(*E.coli*)、产气肠菌(*Enterobacter aerogenes*)、丁酸梭菌(*Clostridium butyricum*)等。这种发酵因为不需要光能而被称为“暗发酵”。有机化合物在有光和无光的条件下都可以用来发酵产氢。与其他的生物制氢过程相比，细菌发酵拥有较高的氢气转化率。

② 固氮酶制氢。紫色非硫(purple nonsulphur，PNS)光合细菌，诸如沼泽红假单胞菌(*Rhodopseudomonas palustris*)和类红球细菌(*Rhodobacter sphaeroides*)在缺氧的条件下可以产生氢气。这些细菌含有固氮酶，在缺氮的条件下可以产生氢气。极少数的蓝细菌(*cyanobacteria*)种类含有固氮酶，可以在固氮的过程中副产氢气。它们从氧化有机化合物中获得电子，满足质子还原为分子氢的需求。这个简单的反应可以写为：

$$2H^{+}+2e^{-} \longrightarrow H_2 \tag{11.2}$$

这个反应被固氮酶或者氢化酶催化(Falciatore，Bowler 2002)。

③ 生物光解水制氢。在阳光下，水可以被微生物分解为氢元素和氧元素。燃料电池使用氢可以直接产生电，副产水。这个无碳的能量循环可以提供能量以补充输电网，供工业、运输业和住宅使用。生物光解制氢利用的水，是一种清洁、可再生、无碳的、取之不尽的反应底物。绿藻和蓝细菌通常被用做太阳能转化为氢能的高效转化器。在生物光解过程中分解水导致了氧气的产生。用于氢气生产的氢化酶对氧气非常敏感。氢化酶可以通过工程生产，并且可利用仿生纳米结构维持氢气生产的最佳条件。厌氧发酵是有机物质在缺氧的条件下被微生物降解。这是一个多级的生物过程，最终生物降解的有机物被转换为甲烷和二氧化碳。在中间步骤中形成氢气和挥发性脂肪酸(VFAs)。厌氧消解因其过程产生的生物气(一种甲烷和二氧化碳的混合物)而广泛应用于可再生能源资源，这些生物气可作为化石能源的替代品。富营养的沼渣是厌氧分解后剩余的固体，是很好的有机肥料。与甲烷相比，氢气是更高效的燃料。厌氧发酵可以通过抑制甲烷的生成或者氢气的消耗而生产氢气。作为中间产物的挥发性脂肪酸可以被进一步分解为氢气和二氧化碳。普遍认为厌氧发酵过程中产生的二氧化碳进入碳循环并在光合作用过程中被利用，因此对全球变暖没有影响。如果氢气形成的速率和产量提高到具有经济性，并且大规模生产设备有了改进发展，那么从富含碳水化合物的可再生资源(如生物质或废弃物质)生产氢气的发酵路线是很有前景的方法(Perera et al 2010)。发

酵产氢可以通过暗发酵、光发酵或者两者结合生产。

11.3 暗发酵

细菌氧化基质产生的电子需要释放掉用来维持电中性。在厌氧条件下,氧气是电子受体;同时,在厌氧或者缺氧的条件下,其他化合物(比如质子)将起到电子受体的作用被还原为氢分子(Das,Veziroglu 2001;Levin et al 2004)。碳水化合物(主要是葡萄糖)是这个过程中最好的碳源,为氢气的产生主要提供了醋酸和丁酸(Nath et al 2005):

$$C_6H_{12}O_6+2H_2O \longrightarrow 2CH_3COOH(\text{醋酸})+2CO_2+4H_2 \quad (11.3)$$

$$C_6H_{12}O_6+2H_2O \longrightarrow CH_3CH_2CH_2COOH(\text{丁酸})+2CO_2+2H_2 \quad (11.4)$$

在此,葡萄糖最初转化为丙酮酸(糖酵解),随后被进一步氧化为乙酰辅酶 A。乙酰辅酶 A 被转化为乙酰磷酸,从而导致了三磷酸腺苷(ATP)的产生和醋酸盐的生成。对乙酰辅酶 A 的氧化需要一个铁氧还原蛋白(Fd)。还原型 Fd 被氢化酶氧化生成氧化型 Fd,同时释放电子形成氢气分子(Nath,Das 2004;Nath et al 2005)。过程中的总反应可以表示如下:

$$\text{丙酮酸}+\text{辅酶 A}+2Fd(\text{氧化}) \longrightarrow \text{乙酰辅酶 A}+2Fd(\text{还原})+CO_2 \quad (11.5)$$

$$2H^{+}+Fd(\text{还原}) \longrightarrow H_2+2Fd(\text{氧化}) \quad (11.6)$$

式 11.3 和式 11.4 的反应是放热反应, 它们的完成不需要额外的能量。理论上,当其形成的挥发性脂肪酸只有醋酸时,每摩尔葡萄糖可以产生 4mol 氢气;当挥发性脂肪酸只以丁酸形式存在时,每摩尔葡萄糖可以产生 2mol 氢气;当挥发性脂肪酸只以丙酸的形式存在时,每摩尔葡萄糖可以生成 1mol 氢气(Kim et al 2006;Luo et al 2010)。当最终产物中同时含有醋酸盐和丁酸盐时,产量会降低(Nath et al 2005)。当挥发性脂肪酸有醋酸和丁酸时,每摩尔葡萄糖产生 2.5mol 氢气(Krupp,Widmann 2008)。在混有菌的条件下,氢气产量更低(Arooj et al 2008;Vazquez,Varaldo 2009;Argun,Kargi 2009)。这主要是因为氢的消费者的出现, 例如烷烃生成物(Vazquez,Varaldo 2009;Argun,Kargi 2009;Ray et al 2010)、同型乙酸菌、硫化细菌和硝化细菌(Vazquez,Varaldo 2009;Guo et al 2010)。虽然氢气的产率较高,但发酵过程的氢气产量低于其他的化学或者电化学过程。对反应底物较低的转化效率是这个过程的限制因素。

在厌氧的条件下, 碳水化合物可以被很宽范围的异养细菌发酵产生氢气、挥发性脂肪酸和二氧化碳(Hawkes et al 2007;Vazquez,Varaldo 2009;Dasgupta et al 2010;Sagnak et al 2010)。这些菌普遍为孢子萌发的梭菌种(*Clostridium species*)、兼性肠杆菌种(*Enterobacter species*)和芽孢杆菌种(*Bacillus species*)(Kapdan,

Kargi 2006；Bartels et al 2010；Xu et al 2010）。少数嗜温细菌(Hawkes et al 2007；Dasgupta et al 2010；Hniman et al 2011；Karadag 2011)和酸化厌氧污泥(anaerobic acidogenic sludge)也被广泛使用(Kapdan，Kargi 2006；Hawkes et al 2008；Oztekin et al 2008；Vazquez，Varaldo 2009；Argun et al 2009a)。氢气分子的形成是氢化酶催化过程(Nicolet et al 2010；Trohalaki，Pachter 2010)。单糖通常是主要的碳源(Argun et al 2008a，2009b；Vazquez，Varaldo 2009；Cai et al 2010)。高糖类(higher saccharides)在被酸或酶水解为单糖后再进行厌氧发酵(Sagnak et al 2010)。氢气的产率和产量是选择合适的厌氧产氢细菌的两个最重要的条件。氢气生产速率(HPR)的定义是单位时间、单位反应器体积产生氢气的数量(mL)，或者单位生物质产生氢气的数量(mL)(特定产率；SHPR)(Chen et al 2008)。氢气产率(HY)的定义是消耗单位物质的量的底物产生氢气的数量 [mol (H_2)/mol (葡萄糖)](Chen et al 2008；Cakir et al 2010)。HPR、SHPR 和 HY 可以用式 11.7~式 11.9 表达：

$$\text{氢气生产速率(HPR)}=\frac{\text{生成氢气总量(mL)}}{\text{反应器体积(mL)}\times\text{反应时间}} \tag{11.7}$$

$$\text{特定氢气生产速率(SHPR)}=\frac{\text{生成氢气总量(mL)}}{\text{消耗底物质量}\times\text{反应时间}} \tag{11.8}$$

$$\text{氢气产率(HY)}=\frac{\text{氢气产量(mol)}}{\text{底物消耗量(mol)}} \tag{11.9}$$

氢气摩尔收率和原料成本是发酵技术的两个主要的障碍。发酵产氢过程的主要挑战在于，通常有机资源中仅有少于 15%的能量以氢的形式获得(Logan 2004)。因此，大量的工作都在直接提高氢气的产量。美国能源部(DOE 2007)计划在 2013 和 2018 年将发酵技术实产量分别提高到 4mol(H_2)/mol(葡萄糖)和 6mol(H_2)/mol(葡萄糖)，同时在同年内实现 3 个月和 6 个月的连续生产。此外，一体化战略也正在制定中，例如两步发酵过程或利用改良微生物燃料电池(Ueno et al 2001；de Vrije，Claasen 2003；Logan，Regan 2006)。通过这些耦合过程，在第二步中，每摩尔底物可以产生更多的氢气或能量。

不同类型的废物，诸如城市固体废物(OFMSW)的有机物部分是生产氢气的重要原料。一般来说，欠发达国家 50%以上的城市固体废物是由可发酵和可生物降解的成分组成的(Valdez et al 2005b)。食物残渣是城市固体废物的主要组成部分。城市固体废物在生物制氢上有明显的潜能，当然这取决于它的成分(Okamoto et al 2000)。莱等(Lay et al 2003)报道了富碳水化合物的高固体有机废物(HSOW；大米和土豆)的产氢潜能大约是富脂肪的高固体有机废物(肥肉和鸡皮)以及富蛋白质的高固体有机废物(蛋和瘦肉)的 20 倍。他们发现在食物残渣中添加下水道污泥,其碱度上升,并且氨会从含有蛋白质的物质中产生。例如,中和可以降低 pH 值和挥发性脂肪酸的蛋白胨(Cheng et al 2002;Mohanakrishna et al 2010)。因此,一个好的有缓冲作用微环境的维持,有利于发酵,同时提供微营养素、有机质和微生物质。

有报道(Hawkes et al 2007)显示,暗发酵制氢的重要营养元素主要有氮(N)、磷(P)、铁(Fe)和硫(S)。产酸细菌的营养需求取决于细菌的种类和实验的条件。暗发酵中碳氮比(C/N)和碳磷比(C/P)的最佳比率范围分别为 11.4/1~200/1(COD/N)和 73/1~970/1(COD/P)(Hawkes et al 2007;Argun et al 2008a;Sreethawong et al 2010)。很宽范围的底物可以用于生物氢的生产,例如葡萄糖等单糖(Li et al 2008)、蔗糖(Antonopoulou et al 2007)、有机废水(Show et al 2011)、含有淀粉的废水(如槽废水)(Yokoi et al 2001,2002;Sangyoka et al 2007)、牛奶废水(Venkata Mohan et al 2007)、甜马铃薯淀粉渣(Lay et al 2012)、干酪乳清(Kargi et al 2012a,b)和食物残渣等(Ruknongsaeng et al 2005;Bansal et al 2011,2012)。降解淀粉和纤维素需要较长的发酵时间,因为它们要先被水解为单糖才能用于氢的生产。利用富碳水化合物的可再生材料进行生物制氢可以减少二氧化碳的排放(Van Ginkel et al 2005;Refaat,Sheltawy 2008)。生物质是植物通过光合作用最初收集的太阳能的存储资源。这个过程中捕获的二氧化碳被转化为复杂分子,例如纤维素、半纤维素和木质素。生物质的形式包括很宽范围的有机物质,从植物到以植物为食的动物。作物残渣(初级残留)、森林和木材生产过程残渣(二级残留)、动物和人类生活废物、城市有机固体废物、食物加工过程中的残渣(二、三级残留)以及能源作物和短周期森林(short rotation forests)都是典型的生物质(IEA 2008)。富含糖类和复杂碳水化合物的废物和生物质可以被用做生物制氢的高效底物(Ntaikou et al 2010)。这个过程在将废物转化为能量的同时使废物得到稳定化处理。

初级残留和能源作物仍然是"绿色废物",它们含有大量可被微生物转化的碳水化合物。木本的废物包括 70%的纤维素和半纤维素(干重)以及 25%~35%的覆盖多糖的木质素(Take et al 2006)。将"绿色废物"通过厌氧发酵直接产氢十分困难,主要是因为其具有复杂的聚合结构(Ren et al 2009a;Guo et al 2010;Ntaikou et al 2010)。纤维素和半纤维素可以厌氧发酵制氢,但是木质素在厌氧的条件下不降解。木质素限制了纤维素和半纤维素的降解,因为木质纤维素的结合阻止了这一过程。同时,木质素对微生物的生长有抑制作用(de Vrije,Claasen 2003)。为了提高生物制氢的效率,对"绿色废物"进行预处理,破坏木质素的聚合结构是十分必要的。通过物理化学方式的处理和酶处理可以实现对"绿色废物"去木质素的目的。作为有用的产品,氢气可以很经济地从废物和废水中生产,这也可以有效地减少废物的处理和费用(Van Ginkel et al 2005)。对固体废物有机部分的暗发酵也可以产氢(Bansal et al 2011,2012)。纤维素是农业废物和造纸业废物的主要成分(Cheng et al 2011)。

利用纯培养和混合培养暗发酵生物制氢都已实现。梭状芽孢杆菌种类(*Clostridium*)的纯培养,诸如丁酸梭菌(*Clostridium butyricum*)、丙酮丁醇梭菌(*Clostridium acetobutyricum*)、拜氏梭菌(*Clostridium beijerinckii*)、嗜热梭状芽孢杆菌(*Clostridium thermolacticum*)、糖丁酸梭状芽胞杆菌(*Clostridium saccharoperbutylacetonicum*)、巴氏固氮梭菌(*Clostridium pasteurianum*)等可以有效地将碳水化合物转化为乙酸盐、丁酸盐、氢气、二氧化碳和有机溶剂(Chong et al 2009)。少数嗜热细菌,诸如波状海栖热袍菌(*Thermotoga neapolitana*)、埃氏热袍菌(*Thermotoga elfii*)和解糖菌(*Caldicellulosiruptor saccharolyticus*)都可以通过暗发酵进行生物制氢 (de Vrije et al 2002;Nguyen et al 2008;Ivanova et al 2009)。一些没有鉴别的混合厌氧细菌已被用于废水和可再生原材料的生物制氢(Wu et al 2009;Bansal et al 2012;Mohanakrishna et al 2010)。利用混合培养的厌氧发酵生物制氢技术操作简单、易于控制(Wang,Wan 2009),因此混合培养是利用废水和废物进行生物制氢的理想系统。它们可以在厌氧和微氧的条件下使用,并且这样的体系更加健康,更容易持久。利用混合培养技术可以从复杂的底物中生物制氢,因为它们有能力适应多种碳源。利用混合培养对有菌、不断变化、环境复杂的废水是很重要的,也是很合适的。少数厌氧混合培养产生的氢气会被消耗氢气的微生物(如产甲烷细菌)同时消耗掉。因此,为了使生物制氢有效生产氢气,消耗氢气的微生物应该被抑制。氢气生产和消费的微生物在生理上存在差别,它们掌握着不同利用产氢培养液的方式。混合培养经极端环境进行预处理,如高温、强酸和强碱等,可以使消耗氢气的微生物得到抑制或失活,同时只有健康的产氢细菌存活下来。混合培养可以利用不同的天然资源,例如牛粪(Bansal et al 2012)或土壤(Logan et al 2002)。

通过对培养液部分或者全部预处理,可消除或抑制消耗氢气的微生物。有人认为对母液的预处理可以加速水解步骤、降低限速步骤的影响,从而提高氢气的产量 (Zhu,Bèland 2006)。氢气在厌氧代谢过程中的酸化步骤产生(Kapdan,Kargi 2006;Vazquez,Varaldo 2009)。据观察,pH 值在 5.5~6.5 之间时氢气产量最大(Kapdan,Kargi 2006;Mu et al 2006;Wei et al 2010)。溶剂组合需要 4.5 这样的低 pH 值。有现象显示,丙酮丁醇梭菌、丁酸梭菌和拜氏梭菌在低的 pH 值范围可以产生乙醇、丁醇和丙酮，从而减少了氢气的形成(Datar et al 2007；Ezeji et al 2007)。暗发酵在pH值为碱性时才能发生(Zhao et al 2010)，10左右的高pH值在避免丙酸生成的同时抑制产甲烷菌对氢气的消耗。暗发酵生产氢气可以在常温(25~40℃)、高温(40~65℃)和超高温(大于80℃)下进行(Levin，Chahine 2010)。在高温下发酵氢气产量更高，最可能是因为消耗氢气的微生物完全或部分地失活以及加速了细菌新陈代谢的活力(Karadag 2011)。一些其他预处理方法的研究包括消毒(Kotay，Das 2009)、微波辅助(Guo et al 2010)和超声破碎法(Venkata Mohan et al 2008)。氧化-还原电位(ORP)也是影响暗发酵氢气产量的一个重要参数。例如，如果氧化-还原电位值超过了梭菌的最佳范围-200~-250mV，能观察到氢气的产量下降。

11.3.1 间歇式反应器的研究

大多数通过暗发酵制氢的研究已经利用间歇式反应釜实现，并且利用不同类型的菌种和底物进行生产。间歇式发酵通常受限于培养基的量，使得氢气产量低。当前间歇式反应器研究的主要目的在于通过反应物和培养的选择以及操作参数的优化来确定提高氢气产量的最佳条件。

泰寇等(Ntaikou et al 2008)利用白色瘤胃球菌(*Ruminococcus albus*)作为培养物从甜高粱生物质中进行生物制氢。添加污泥的蔬菜废物已经被用做暗发酵生物制氢(Mohanakrishna et al 2010；Bansal et al 2011，2012)。高浓度的总挥发性脂肪酸(TVFA)(其中65%是乙酸)导致了pH值的降低，从而影响了氢气的形成。利用玉米秸秆蒸汽爆破的水解产物进行间歇式暗发酵也可以生产氢气(Datar et al 2007)。

经过热预处理的厌氧污泥作为培养基得到的主要产物有氢气、二氧化碳、乙酸和丁酸。当底物浓度增加到25g/L时，会导致氢气产率的降低，这是因为过程中受到挥发性脂肪酸的抑制影响(Datar et al 2007；Lee et al 2008)。研究发现，高温厌氧发酵的氢气产率高于常温发酵，氢气产量较高，接近已有的4mol(H_2)/mol(葡萄糖)的理论产值(Commission of European Communities 2009；Zeidan，van Neil 2010)。研究表明，发酵过程中酸浓度的增加会抑制暗发酵过程中氢气的形成(Wang et al 2008)。几乎50%的底物转化为挥发性脂肪酸，其中60%是丁酸。酸浓度的上升会不断降低氢气的产率和产量。一个非竞争性产物抑制模型可用来描述产物抑制。

在一系列间歇式反应器中，可从富碳水化合物的有机废水中生产氢气(Chen et al 2009)。使用经过预处理的厌氧污泥考察了pH值(4.9~6.7)和周期持续时间

(4h、6h 和 8h)的影响。发酵中间物 pH 值的降低是由于挥发性脂肪酸的增加。pH 值和周期持续时间会影响间歇式反应器中的氢气生产。

阿尔贡等(Argun et al 2008a)研究了面粉溶液暗发酵过程中 C/N 和 C/P 对氢气产量和产率的影响。理想浓度的氮和磷对发酵介质有加和作用。在 C/N/P 的质量比为 100/0.5/0.1 时能获得最佳产量。

有菌培养和无菌培养都被用来研究不同碳源时对氢产量的影响。报道显示，混合碳源和纯碳源产氢量不同。据报道，葡萄糖浓度较低(<5g/L)时，挥发性脂肪酸产量也很低，不会对氢生成产生抑制作用，产量可达 3mol(H_2)/mol(葡萄糖)(Datar et al 2007；Lin et al 2007；Ntaikou et al 2008)。初始碳水化合物浓度较高时(>10g/L)，氢气的产量为 1.0~2.0mol(H_2)/mol(葡萄糖)，这可能是由于挥发性脂肪酸的抑制作用导致的。另一方面，氢气的初始生成速率随着底物浓度的增加而有上升的趋势；当底物浓度达到 20g/L(葡萄糖)时，产氢速率随着底物浓度的增加而下降(Datar et al 2007；Lee et al 2008；Argun et al 2008b)。

11.3.2 连续反应器的研发

与间歇式反应器相比，在连续的反应器中进行暗反应的产品质量稳定，生产效率和产量高，状态稳定。在连续搅拌釜式反应器(CSTR)和上流式厌氧污泥床(UASB)反应器中，使用悬浮培养和固定化培养进行生物制氢(Van Ginkel，Logan 2003；Van Ginkel et al 2005；Ren et al 2006；Krupp，Widmann 2008；Azbar et al 2009)。范·金克尔和洛根(Van Ginkel，Logan 2003)在连续暗发酵中使用热休克农用土壤作为培养基，考察 HRT(1h、2.5h、5h 和 10h)和葡萄糖进料速率(0.5~18.9g COD/h)对氢气产量和产率的影响(译注：HRT 是 Hydraulic Retention Times 的缩写，是指水力停留时间)。在高浓度的葡萄糖供应和短的 HRT 条件下会引起絮凝，对氢气的形成十分不利。连续运行发酵在固定化细胞培养系统中更有优势(Zhang et al 2008)。李等(Lee et al 2007)将膜细胞再循环反应器(Membrane Cell Recycle Reactor，MCR)与连续搅拌釜式反应器一同使用。膜细胞再循环反应器为发酵罐提供了较高的细胞浓度，允许在高稀释率条件下操作。使用淀粉进料的搅拌式淤浆床反应器(AGSB)在连续模式下运行(Cheng et al 2008)。将厌氧污泥固定在粉状活性炭上作为培养基，考察 pH 值(5.5 和 6)和 HRT(0.5h、1.2h、12h)对氢气形成的影响。微生物群落中的梭菌和双歧杆菌(*Bifidobacterium species*)在氢气的形成中起关键性作用。

与间歇式反应器[最大 1119mL(H_2)/(L·h)]相比，连续式反应器的产氢速率高[7600mL(H_2)/(L·h)]，但是相对产量低[<3mol(H_2)/mol(葡萄糖)](Lee et al 2008；

Zhang et al 2008)。固定化细胞反应器中的高生物质浓度为连续搅拌釜式反应器带来了明显的优势,例如高装填率、低 HRT 下的极高的氢气生产率(Lee et al 2007)。与固定化系统相比,悬浮细胞连续搅拌釜式反应器产量更高。连续搅拌釜式反应器在 HRT 较低时装填量不能过高;HRT 小于 10h 时,生物质的絮凝会严重影响氢气的生产(Van Ginkel, Logan 2003)。固定化细胞反应器因其高的氢气生产率比悬浮细胞连续搅拌釜式反应器更具有优势,但氢收率低又是它的缺陷(Cheng et al 2008)。连续悬浮细胞系统和固定化细胞系统在底物装填量高和低 HRT 时都不能获得较高的氢气产量和产率。

11.3.3 分批补料式反应器的研究

与间歇和连续操作相比,高细胞密度的分批补料操作具有相当的优势,通常用加入较高浓度的底物克服底物/产物和有毒化合物的抑制。在分批补料反应器中,微生物的新陈代谢速率可以通过调节底物的供料流速和组成来调节。底物溶液加入的速度应足以满足微生物群落需求,以便排除底物和产品中的抑制物。当底物的消耗速率与供料速率相等时,反应器中底物浓度达到一个低水准的准稳态(Argun, Kargi 2011)。当反应器填满后,进行沉淀处理,移走包含产物的上清液,另一批物料加入,又开始了新的一轮循环。通过移除沉淀的细菌碎片可以调节细胞 HRT。利用分批进料式反应器进行生物制氢的研究很少。真等(Chin 2003)报道了在分批补料式反应器中以极高的葡萄糖浓度(500g/L)生物制氢。长周期分批补料操作的结果是氢气生产常量为 2mol(H_2)/mol(葡萄糖),产氢速率为 930mL(H_2)/h。卡利和帕慕克鲁(Kargi, Parmukoglu 2008)考察了采用分批补料操作,利用煮过的全麦粉废料(WP)生产氢气,同时研究了底物装填率对氢气产率和产量的影响。在进料中含 20g/L 的 WP、装填率为 4g/d 时,最大产量为 3.1mol(H_2)/mol(葡萄糖),产氢速率为 36mL(H_2)/h。

横井等(Yokoi et al 2001)研究了从甜马铃薯粉中生产氢气,在分批补料式反应器中重复纯培养丁酸梭菌以及混养丁酸梭菌和产气肠杆菌(*Enterobacter aerogenes*)。他们比较了氮源为 0.1%的聚蛋白胨时的产氢的能力。混养丁酸梭菌和产气肠杆菌比纯培养丁酸梭菌效率更高。原料浓度为 2%时,氢气产量为 2.3~2.4mol(H_2)/mol(葡萄糖)。一个近似的混养方法通过重复分批补料操作,使用玉米浸出液为氮源,其产量为 2.1mol(H_2)/mol(葡萄糖)(Yokoi et al 2002)。

11.4 光发酵

光合非硫细菌(photosynthetic nonsulphur, PNS)在厌氧条件下可以将挥发性脂肪酸转化为 H_2 和 CO_2(Das, Veziroĝlu 2001; Levin et al 2004; Kapdan, Kargi 2006;

Westermann et al 2008)。光合非硫细菌也可以利用葡萄糖、蔗糖和琥珀酸盐等碳源而不是挥发性脂肪酸进行产氢(Fang et al 2006;Jeong et al 2008;Li et al 2009)。通常可用于光合发酵制氢的光合非硫细菌有：类球红细菌 0.U001(*Rhodobacter sphaeroides* 0.U001)、荚膜红细菌 (*Rhodobacter capsulatus*)、类红球细菌-RV (*Rhodobacter sphaeroides*-RV)、嗜硫红假单胞菌(*Rhodobacter sulfidophilus*)、沼泽红假单胞菌 (*Rhodopseudomonas palustris*) 和红核红螺菌(*Rhodospirillum rubrum*)(Basak,Das 2007)。光合非硫细菌中同时含有固氮酶和氢化酶(Das, Veziroğlu 2001;Dasgupta et al 2010)。在厌氧条件下,固氮酶是氢气分子形成过程中重要的酶(Koku et al 2002;Dasgupta et al 2010)。铁(Fe)和钼(Mo)是已知的固氮酶生产氢气过程中最重要的辅酶因子。限制氮源的使用是因为有报道显示,每产出 20μmol/L 的氨会抑制固氮酶进行氢的生产(Koku et al 2002)。推荐苹果酸盐与谷氨酸盐的比率大于 1,光合发酵的氢气生成率更高(Koku et al 2002)。

光合发酵中利用乙酸生产氢气的反应可以用式 11.10 表示(Manish,Banerjee 2008;Uyar et al 2009)。由于活跃的自由能变化,该反应不需要同时提供人造光或太阳光形式的外部能量(Rocha et al 2001;Chen et al 2010;Argun,Kargi 2010b)。当挥发性脂肪酸只以醋酸形式存在时,理论上 1mol 醋酸可以产生 4mol H_2。

$$CH_3COOH+2H_2O \longrightarrow 4H_2+2CO_2 \quad \Delta G^{o}=104kJ \tag{11.10}$$

光合发酵高效产氢对环境条件十分敏感 (Argun et al 2008c;Tuna et al 2009; Ozmihci,Kargi 2010a)。据报道,光合发酵最佳 pH 值和温度范围分别为 6.8~7.5 和 31~36℃(Koku et al 2002); 最适合的波长和光照强度分别为 400~1000nm(Koku et al 2002;Akkerman et al 2002)和 6~10klx(Basak,Das 2007);光合发酵的主要障碍在于缺少像苹果酸盐和乳酸盐这样合适的碳源,而光因分散不匀在穿过光合发酵培养液时, 会影响微生物代谢变化, 导致产物氢转移到多羟基丁酸盐(PHB) (Koku et al 2002;Basak,Das 2007;Das,Veziroğlu 2008)。

非硫光合细菌的产氢性能的评价指标是氢气产率和光效率 (Akkerman et al 2002)。氢气产率是产生氢气的量与消耗的碳源之比。光效率定义为生成的氢的能量与供给的光能之比。有文献报道,根据碳源种类的不同,氢气的产量可以达到理论产值的 80% (Fascetti,Todini 1995;Akkerman et al 2002;Basak,Das 2009; Bretner et al 2010); 光转化率在 0.2%~9.3%之间变动 (Akkerman et al 2002; Koku et al 2002);非硫光合细菌的光效率为 10%,这与光化学效率的理论最大值相一致(Akkerman et al 2002;Bianchi et al 2010)。

根据下面的关系(Akkerman et al 2002),可以通过降低供给反应器的光能来提高光效率：

$$\text{光效率}(\%)=\frac{\text{氢气生产速率}\times\text{氢能含量}}{\text{吸收的光能}}\times 100\% \tag{11.11}$$

当光照强度和氢气产量较低时，光效率可达到10%左右。光效率取决于细菌的能量吸收分数以及在激发电子跃迁和转移中的能量损失(Akkerman et al 2002)。达斯古普塔等(Dusgupta et al 2010)认为能够通过修正光捕获天线复合物来促进遗传品系家族的发展。光捕获天线复合物主要用来捕获太阳能、减少细菌的色素含量和提高固氮酶效率以及减少氢化酶的摄取量。反应器的几何构造和光分散效果是影响太阳能转换为氢能效率的关键因素 (Koku et al 2002；Basak，Das 2007；Berberoglu，Pilon 2010)。光生物反应器内部的光分布构成了影响氢气产率最重要的参数(Akkerman et al 2002)。优化提高反应器的比表面积和光分布是光发酵中提高光效率的重要因素(Akkerman et al 2002；Dasgupta et al 2010)。操作参数也会影响光发酵过程中的效率。

通常用净能比(NER)判定过程的效率(见式 11.12)，即产生的总能量与诸如混合、抽吸、曝气和冷却生产操作所需要能量的比值(Burgess，Velasco 2007)。提高光对氢的转化率可以使 NER 大于 1(Dasgupta et al 2010)。

$$\text{净能比(NER)}=\frac{\Sigma\text{生成的能量(生物质/氢气)}}{\Sigma\text{能量输入(混合、曝气、抽吸、冷却等)}} \tag{11.12}$$

将非硫光合细菌固定在固定基质上的氢气形成速率要高于悬浮培养液(Levin et al 2004)。

11.4.1 间歇式反应器的研究

大多数间歇式反应器的研究在单一碳源、无菌的营养液发酵介质中进行，考察优化操作条件、选择培养基、营养浓度和制约条件。大多数在室内进行的光发酵实验利用太阳辐射作为光源。

方等(Fang et al 2006)使用类红球细菌(*R. sphaeroides*)作为生物催化剂来研究光发酵葡萄糖产氢。氮源和光源分别是谷氨酸钠和钨灯(光照强度为 135W/m^2)。一个新菌株胶状红长命菌(*Rubrivivax gelatinosus*)利用淀粉生产氢气，该报道证明可用的碳源范围广(Li，Fang 2008)。陶等(Tao et al 2008)利用非硫光合细菌变株 zx-5 生产氢气。与琥珀酸盐、乳酸盐、苹果酸盐、醋酸盐、丙酮酸盐、戊酸盐、异丁酸盐、木糖、果糖、麦芽糖、蔗糖、丙酸盐、甘露醇和葡萄糖相比，丁酸盐产氢效率最高。zx-5 变株同样是利用宽范围碳源从废水中生产氢气的潜在产氢微生物。

有研究使用环形光生物反应器可以提高光的穿透率，从而提高氢气产量(Basak，Das 2009)。该研究报道的氢气产量与 75%的理论产值一致，为 6mol(H_2)/

mol(苹果酸盐)(Uyar et al 2009)。埃尔奥卢等(Eroĝlu et al 2008)在可温控的平板太阳能反应器(8L)中利用苹果酸盐、乳酸盐、醋酸盐和橄榄油厂废液(OMW)生产氢气。室外实验使用类球红细菌 OU 001 接种培养,采用 3 个不同的红细菌,对酸水解的小麦淀粉进行光合发酵。在以上实验的菌株中,类球红细菌-RV 的氢气产量和产率最高。总糖浓度在达到 8.5g/L 之前,氢气的产量随着总糖浓度的增加而增加;在最佳浓度 5g/L 时,氢气产量和产率最大(Kapdan et al 2009)。

11.4.2 连续反应器的研究

连续光发酵的氢气产量和产率取决于底物、培养菌种和实验条件。有报道称,选择合适的底物, 产量可达到理论产量的 80%(Fascetti,Todini 1995)。HRT 较长时,即从 25h(Fascetti et al 1998)到 120h(Jeong et al 2007),非硫光合细菌将挥发性脂肪酸转化为 H_2 和 CO_2 效率明显变慢。

深红红螺菌(*R. Rubrum*)利用一氧化碳连续生产氢气的实验已付诸实施(Najafpour et al 2003)。CO 被氧化为 CO_2,水被还原成氢气,生产速率为 397.5mL(H_2)/(g·h),达到了理论值产量的 80%。类红球细菌-RV 发酵乳酸产生氢气的实验在两步法恒化器中进行(Fascetti,Todini 1995)。第一个反应器用去除氮养殖细菌,而第二个反应器用于氢气的生产。由于固氮酶的抑制作用,氮浓度的上升会影响氢气的形成。法斯切蒂等(Fascetti et al 1998)利用城市固体废物暗发酵排出物和类红球细菌-RV 进行连续光发酵来研究氢气生产。1L 的光生物反应器在 HRT 为 25h、光照强度为 100klx 的钨灯的操作中产出最高的 SHPR 为 100mL(H_2)/(g·h)。何克满等(Hoekema et al 2002)以气动平板光生物反应器培养假单胞红细菌(*Rhodobacter pseuclomonas*)连续产氢。反应器先以间歇模式运行,随后在 HRT 为 28.5h、光照强度为 175W/m²、温度为 30℃和 pH 值为 6.8~7.0 的操作条件下连续运行,利用在反应器中循环的氩气进行混合搅拌。由于铵离子残留量较高以及醋酸盐含量较高,间歇运行时没有观测到氢气的产生。CO_2 是非硫光合细菌生长的主要营养,没有在持续的气体搅拌中移除(Hoekema et al 2002)。

连续光发酵的研究更多的是以悬浮培养而不是固定细胞培养。研究报道,利用类红球细菌-RV 在多孔玻璃上进行固定培养,氢气产率高达 1300mL(H_2)/(L·h),同时底物转化率为 75%,显示出固定化培养对悬浮培养的优势(Tsygankov et al 1994)。

11.4.3 分批进料式反应器的研究

几乎 80%的生物制氢理论产值是乙酸在分批进料模式下使用肠球红假单胞菌 RLD-53(*Rhodopseudomonas faecalis* RLD-53)的菌株获得的。反应器以 4klx

白炽灯为光源照明，pH 值和温度分别控制在 7.0 和 35℃，用 80L 中试规模的反应器，在温室中以室外条件分批进料模式下进行试验，最高转化率为 1%(Boran et al 2010)。

11.5 连续暗发酵和光发酵

由于介质中挥发性脂肪酸的累积，暗发酵的氢气产量低(Brentner et al 2010)。光合非硫细菌发酵具有转化挥发性脂肪酸的能力，这为暗发酵流出物提供一个特别的机会，可以作为光发酵的底物(Ozmihci，Kargi 2010a；Perera et al 2010；Chen et al 2010；Su et al 2010；Laurinavichene et al 2010；Afsar et al 2011)。当暗发酵和光发酵同时进行，醋酸是暗发酵的唯一产物时，氢气的最大理论产值达到了 12mol(H_2)/mol(葡萄糖)(Chen et al 2010；Su et al 2010；Ozmihci，Kargi 2010b)。为了使光发酵更有效，暗发酵流出物中的总挥发性脂肪酸和 NH_4^+浓度必须分别低于 2500mg/L 和 40mg/L(Argun et al 2008c；Ozmihci，Kargi 2010a，b；Su et al 2009a，b；Ozgur et al 2010；Cheng et al 2011)。可采用稀释、氨分离、离心和灭菌的方式预处理暗发酵流出物，使总挥发性脂肪酸和 NH^{4+}降低到一定的限度以下(Argun et al 2008c；Argun，Kargi 2010a)。暗发酵流出物中的葡萄糖残渣会导致光合非硫细菌发酵过程中挥发性脂肪酸的变化，在长时间作用下会降低氢气的产率(Argun，Kargi 2010b)。因此，为了使光发酵中有效地生产氢气，暗发酵流出物含较少氨和葡萄糖，并且挥发性脂肪酸浓度合适(小于 2500mg/L)应该是有利的(Argun et al 2008c)。生物质在发酵之前被酸水解或生物水解可以合并到暗发酵中，也可以利用酸水解生物质产生的碳水化合物直接光发酵。光发酵前对暗发酵流出物的预处理以及酸水解之后的中和非常重要(Argun，Kargi 2011)。

当醋酸是产生的唯一挥发性脂肪酸时，葡萄糖连续暗发酵和光发酵可以用以下的反应表示(Manish，Banerjee 2008)。

暗发酵：

$$C_6H_{12}O_6+2H_2O \xrightarrow[\Delta G^{o}=-206kJ]{} 2CH_3COOH+4H_2+2CO_2 \qquad (11.13)$$

光发酵：

$$2CH_3COOH+4H_2O_2 \xrightarrow[\Delta G^{o}=104.6\times 2=209.2kJ]{} 8H_2+4CO_2 \qquad (11.14)$$

连续或结合暗发酵和光发酵总反应：

$$C_6H_{12}O_6+6H_2O \xrightarrow[\Delta G^{o}=3.2kJ]{} 12H_2+6CO_2 \qquad (11.15)$$

当醋酸是生成的唯一挥发性脂肪酸时，连续发酵总的理论最大产值是 12mol

(H_2)/mol(葡萄糖)(式 11.13 和式 11.14)。由于形成了挥发性脂肪酸的混合物以及部分底物用于维持多羟基丁二酸的生成,因此实际产量远低于理论值(Argun et al 2008c;Argun,Kargi 2010a)。经济上可行的实施过程的总反应最小产量为 8mol(H_2)/mol(葡萄糖)(Chen et al 2010)。

有报道认为从废物和纯碳源生产氢气,不同操作模式的连续暗发酵和光发酵的氢气产量要高于单独暗发酵或光发酵。但是,连续发酵的氢气形成速率要低于单独暗发酵。在连续反应器中,光合非硫细菌种需要较长的 HRT(5d),以便挥发性脂肪酸更高效地转化为氢气。反复分批补料操作模式的氢产率最高,其底物浓度为 5~25g(葡萄糖)/L。横井等(Yokoi et al 2002)报道的在分批补料模式下连续暗发酵和光发酵,介质为 10g/L 甜马铃薯粉的氢气产量最高,为 7.2mol(H_2)/mol(葡萄糖)。产气杆菌 HO-39(*E. aerogenes* HO-39)和丁酸梭菌混合培养暗发酵用来生产氢气和挥发性脂肪酸。类红球细菌在光发酵中将暗发酵流出物中挥发性脂肪酸高效转化,副产物的钼酸钠和 EDTA 对提高光发酵产量至关重要。横井等(Yokoi et al 2001)早年利用这种方法将甜马铃薯粉进行连续暗发酵和光发酵,总产量为 7.0mol(H_2)/mol(葡萄糖)。

连续暗发酵和光发酵提高了氢气产量,至少为 5mol(H_2)/mol(葡萄糖)。氢气生产率低是由于光发酵产氢较慢。一些改进措施,诸如在光发酵前对暗发酵流出物进行预处理、提高细胞密度、提高底物装填量以及使用细胞固定化反应器和分批补料操作,有待进一步开发。

11.6 联合暗发酵和光发酵

暗发酵可以在一个反应器中进行,暗发酵产生的挥发性脂肪酸可以被光发酵转化为氢气和二氧化碳(Ni et al 2006)。理论上,结合暗发酵和光发酵可以获得 12mol(H_2)/mol(葡萄糖)的产量(式 11.15)。在热力学上实现上述反应的发生需要 600℃的温度和 34.5MPa 的压力(Ni et al 2006)。利用发酵可以使这个转化在室温和常压下以稍低的速率进行(Levin et al 2004)。

报道显示,理想的联合发酵过程在葡萄糖低于 5g/L、30℃和 pH 值为 7 的条件下进行,并采用适当比例的生物质和光合非硫细菌/暗发酵菌、合适的光暗比以及恰当的 Fe(Ⅱ)和 Mo 的补充(Argun,Kargi 2010b;Kargi,Ozmihci 2010)。光合非硫细菌可以随暗发酵一起将碳水化合物发酵生成挥发性脂肪酸。光合非硫细菌发酵碳水化合物到发酵挥发性脂肪酸的转变,需要较长的时间。这阻碍了暗发酵和光发酵的联合(Argun,Kargi 2010c),主要是由于在这期间出现了挥发性脂肪酸的累积,使暗发酵和光合非硫细菌的作用受到了抑制(Ozmihci,Kargi 2010b)。这一问题可以通过降低碳水化合物的浓度和同时从介质中移除挥发性脂肪酸得到部分解决。联合发酵优化的操作条件为:pH 值在 7~7.5 之间、氧化-还原电位为-150mV、温度为30℃以及 HRT 大于 6d(Argun,Kargi 2010c)。光合非硫细菌对环境条件的改变十分敏感,因此操作参数的配置更倾向于光发酵条件。与单独的暗发酵和光发酵相比,联合发酵的氢气产量更高,但氢气的生产速率要低于单独的暗发酵[<35mL(H_2)/(L·h)]。大多数联合发酵的研究采用间歇反应器固定化和悬浮培养。传统的间歇式反应器一般在底物浓度为 5g/L 的条件下操作,如果采用反复式分批补料模式操作,这个浓度可以增加到 10 倍(Yokoi et al 1998)。

阿萨达等(Asada et al 2006)报道,联合发酵最高产量为 7.1mol(H_2)/mol(葡萄糖)。采用德氏乳酸杆菌 NBRC 13953(*Lactobacillus delbrueckii* NBRC 13953)和类红球细菌-RV 联合培养,利用统计学设计的实验方法,蔗糖在 4klx 光照强度下联合发酵的氢产量上升(Sun et al 2010),最高氢气产量为 10.16mol(H_2)/mol(蔗糖),等价于 5.08mol(H_2)/mol(己糖)。横井等(Yokoi et al 1998)利用分批补料式反应器联合发酵产氢,以红球菌 M-19(*Rhoclobacter sp.* M-19)和丁酸梭菌以 10:1 的初始比率进行培养,获得了 6.6mol(H_2)/mol(葡萄糖)高产量。

在连续模式下,使用混合环生物反应器联合暗发酵和光发酵。拜氏梭菌 DSM 791(*Clostridium beijerinkii* DSM 791)和类红球细菌-RV 按生物量 1:3.9 的比率作为菌种养殖。由于挥发性脂肪酸的累积以及不理想的联合发酵条件,导致氢气产量和产率都很低(Argun,Kargi 2010c)。

11.7 结论

发酵制氢的理想实验方案应该是用经济、简单和稳健的操作带来较高的氢气形成速率和产量。通常使用的间歇式反应器中的反应,会因为高初始底物和产物浓度而被抑制。这可以通过缓慢地加入基质和不断地清除产物(如挥发性脂肪酸、溶剂、氢气)来避免。连续操作可以使产品质量稳定。

在单级连续暗发酵固定化反应器中, 在较低的 HRT 下反应 15min 可以得到最高的氢产率[7.5L(H_2)/(L·h)],在连续模式下可得到较低的氢收率[最大值 3mol(H_2)/mol(葡萄糖)]。在低初始底物浓度(<5g/L 葡萄糖)的间歇式反应器中,可得到更大的收率。在分批进料式操作模式下,高速基底浓度时可得到更高的产量[大约 3mol(H_2)/mol(葡萄糖)]和速率。

暗发酵流出物可用光合非硫细菌(主要是红细菌属)经过光发酵从挥发性脂肪酸中生产氢气。光发酵需要严格控制环境条件,异于寻常的营养需求(Fe、Mo、V、谷氨酸、维生素等)及均匀的光强度。光合非硫细菌对周围环境的变化更为敏感,同暗发酵相比，红细菌属得到较低的氢产率[0.17L(H_2)/(L·h)]，在低光强度和低氢生成率时，可以得到差不多80%的理论产量。光合非硫细菌因为底物抑制不能忍受NH^{4+}浓度大于40mg/L和挥发性脂肪酸浓度大于2500mg/L。这些限制降低了批量发酵时的氢气产率。尽管连续的生物反应器有稍微高的氢气产率，但是固定在固体基质(如多孔玻璃)上的光合非硫细菌提高了氢形成速率，大约为3600~3800mL(H_2)/(L·h)。控制好培养及环境条件的高细胞密度分批进料式生物反应器，是氢形成速率及产率均较高的理想操作模式。

连续发酵以及暗发酵和光发酵的联合发酵，都在实验中尝试提高氢气产量，达到了8mol(H_2)/mol(葡萄糖)的经济水平。连续发酵需要较大的发酵容器以及两个阶段之间的分离/预处理单元。在联合发酵中，暗发酵和光发酵都发生在同样的容器中，因此更容易操作。然而，连续发酵模式比联合发酵模式能够得到更高的氢气收率和生产力，因为在联合发酵中，暗发酵和光发酵两者之间存在较长的滞留时间。另外，不良的相互反应及不同的细菌对营养的不同需要，也造成了联合发酵时较低的氢气生成速率和产率，因此，连续发酵成为了更可取的方式。

参考文献

Afsar N, Özgür E, Gürgan M, Akköse S, Yücel M, Gündüz U, Eroĝlu I (2011) Hydrogen productivity of photosynthetic bacteria on dark fermenter effluent of potato steam peels hydrsylate. Int J Hydrogen Energy 36:432–438

Akkerman I, Janssen M, Rocha J, Wijffels RH (2002) Photobiological hydrogen production: photochemical efficiency and bioreactor design. Int J Hydrogen Energy 27:1195–1208

Antonopoulou G, Ntaikou I, Gavala HN, Skiadas IV, Angelopoulos K, Lyberatos G (2007) Bio-hydrogen production from sweet sorghum biomass using mixed acidogenic cultures and pure cultures of Ruminococcus Albus. Global NEST J 9:144–151

Argun H, Kargi F (2009) Effects of sludge pre-treatment method on bio-hydrogen production by dark fermentation of waste ground wheat. Int J Hydrogen Energy 34:8543–8548

Argun H, Kargi F (2010a) Photo-fermentative hydrogen gas production from dark fermentation effluent of ground wheat solution: effects of light source and light intensity. Int J Hydrogen Energy 35:1595–1603

Argun H, Kargi F (2010b) Effects of light source, intensity and lighting regime on bio-hydrogen production from ground wheat starch by combined dark and photo-fermentations. Int J Hydrogen Energy 35:1604–1612

Argun H, Kargi F (2010c) Continuous bio-hydrogen production from ground wheat starch by combined fermentation using annular-hybrid bioreactor. Int J Hydrogen Energy 35:6170–6178

Argun H, Kargi F (2011) Bio-hydrogen production by different operational modes of dark and photo fermentation: an overview. Int J Hydrogen Energy 36:7443–7459

Argun H, Kargi F, Kapdan IK, Oztekin R (2008a) Bio-hydrogen production by dark fermentation of wheat powder solution: effects on C/N and C/P ratio on hydrogen yield and formation rate. Int J Hydrogen Energy 33:1813–1819

Argun H, Kargi F, Kapdan IK, Oztekin R (2008b) Batch dark fermentation of powdered wheat starch to hydrogen gas: effects of the initial substrate and biomass concentrations. Int J Hydrogen Energy 33:6109–6115

Argun H, Kargi F, Kapdan IK (2008c) Light fermentation of dark fermentation effluent for bio-hydrogen production by different Rhodobacter species at different initial volatile fatty acid (VFA) concentrations. Int J Hydrogen Energy 33:7405–7412

Argun H, Kargi F, Kapdan IK (2009a) Microbial culture selection for bio-hydrogen production from waste ground wheat by dark fermentation. Int J Hydrogen Energy 34:2195–2200

Argun H, Kargi F, Kapdan IK (2009b) Hydrogen production by combined dark and light fermentation of ground wheat solution. Int J Hydrogen Energy 34:4305–4311

Arooj MF, Han SK, Kim SH, Kim DH, Shin HS (2008) Continuous bio-hydrogen production in a CSTR using starch as substrate. Int J Hydrogen Energy 33:3289–3294

Asada Y, Takumoto M, Aihara Y, Oku M, Ishimi K, Wakayama T (2006) Hydrogen production by co-cultures of Lactobacillus and a photosynthetic bacteria Rhodobacter sphaeroides-RV. Int J Hydrogen Energy 31:1509–1531

Azbar N, Dokgoz FTC, Keskin T, Korkmaz KS, Syed HM (2009) Continuous fermentative hydrogen production from cheese whey wastewater under thermophilic anaerobic conditions. Int J Hydrogen Energy 34:7441–7447

Bansal SK, Singhal Y, Singh R (2011) Biohydrogen production with different ratios of kitchen waste and inoculum in lab scale batch reactor at moderate temperature, published by Springer e-book, Chemistry of Phytopotentials: Health, Energy and Environmental Perspectives, pp 213–216. ISBN: 978-3-642-23393-7

Bansal SK, Singhal Y, Singh R (2012) Biohydrogen production by anaerobic treatment from kitchen waste using mixed culture. J Human Welfare Ecol 2. ISSN No. 2249-8125. Accepted for publication

Bartels JR, Pate MB, Olson NK (2010) An economic survey of hydrogen production from conventional and alternative energy sources. Int J Hydrogen Energy 35:8371–8384

Basak N, Das D (2007) The prospect of purple non-sulfur (PNS) photosynthetic bacteria for hydrogen production: the present state of the art. World J Microbiol Biotechnol 23:31–42

Basak N, Das D (2009) Photofermentative hydrogen production using purple non-sulfur bacteria Rhodobacter sphaeroides O.U.001 in an annular photobioreactor: a case study. Int J Hydrogen Energy 33:911–919

Berberoglu H, Pilon L (2010) Maximizing the solar to H2 energy conversion efficiency of outdoor photobioreactors using mixed cultures. Int J Hydrogen Energy 35:500–510

Bianchi L, Mannelli F, Viti C, Adessi A, Philippis RD (2010) Hydrogen-producing purple non-sulfur bacteria isolated from the trophic lake Averno (Naples, Italy). Int J Hydrogen Energy 35:12216–12223

Boran E, Ozgür E, van der Burg J, Yücel M, Gunduz U, Eroĝlu I (2010) Biological hydrogen production by Rhodobacter capsulatus in solar tubular photo bioreactor. J Cleaner Prod 18:529–535

Brentner LB, Peccia J, Zimmerman JB (2010) Challenges in developing biohydrogen as a sustainable energy source: implications for a research agenda. Environ Sci Technol 44:2243–2254

Burgess G, Velasco JGF (2007) Materials, operational energy inputs, and net energy ratio for photobiological hydrogen production. Int J Hydrogen Energy 32:1225–1234

Cai G, Jin B, Saint C, Monis P (2010) Metabolic flux analysis of hydrogen production network by Clostridium butyricum W5: effect of pH and glucose concentrations. Int J Hydrogen Energy 35:6681–6690

Cakir A, Ozmihci S, Kargi F (2010) Comparison of bio-hydrogen production from hydrolyzed wheat starch by mesophilic and thermophilic dark fermentation. Int J Hydrogen Energy 35:13214–13218

Chen CY, Yang MH, Yeh KL, Liu CH, Chang JS (2008) Bio-hydrogen production using sequential two-stage dark and photo fermentation processes. Int J Hydrogen Energy 33:4755–4762

Chen WH, Sung S, Chen SY (2009) Biological hydrogen production in an anaerobic sequencing batch reactor: pH and cyclic duration effects. Int J Hydrogen Energy 34:227–234

Chen CY, Yeh KL, Lo YC, Wang HM, Chang JS (2010) Engineering strategies for the enhanced photo-H_2 production using effluents of dark fermentation processes as substrate. Int J Hydrogen Energy 35:13356–13364

Cheng SS, Cheng SM, Chen ST (2002) Effect of volatile fatty acids on a thermophilic anaerobic hydrogen fermentation process degrading peptone. Water Sci Technol 46:209–214

Cheng CH, Hung CH, Lee KS, Liau PY, Liang CM, Yang LH et al (2008) Microbial community structure of a starch-feeding fermentative hydrogen production reactor operated under different incubation conditions. Int J Hydrogen Energy 33:5242–5249

Cheng J, Su H, Zhou J, Song W, Cen K (2011) Hydrogen production by mixed bacteria through dark and photo-fermentation. Int J Hydrogen Energy 36:450–457

Chin HL, Chen ZS, Chou CP (2003) Fed batch operation using Clostridium acetobutylicum suspension culture as biocatalyst for enhancing hydrogen production. Biotechnol Prog 19:383–388

Chong ML, Rahim RA, Shirai Y, Hassan MA (2009) Biohydrogen production by Clostridium butyricum EB6 from palm oil mill effluent. Int J Hydrogen Energy 34:7173–7181

Commission of European Communities (2009) Sixth framework programme, priority 6 Sustainable energy systems integrated project 019825. Acronym: HYVOLUTION, Nonther-mal production of pure hydrogen from biomass. http://www.bio-hydrogen.nl/hyvolution/ 31231/7/0/20

Das D, Veziroglu TN (2001) Hydrogen production by biological processes: a survey of literature. Int J Hydrogen Energy 26:13–28

Das D, Veziroğlu TN (2008) Advances in biological hydrogen production processes. Int J Hydrogen Energy 33:6046–6057

Dasgupta CN, Gilbert JJ, Lindblad P, Heidorn T, Borgvang SA, Skjanes K et al (2010) Recent trends on the development of photobiological processes and photobioreactors for the improvement of hydrogen production. Int J Hydrogen Energy 35:10218–10238

Datar R, Huang J, Maness PC, Mohagheghi A, Czernik S, Chornet E (2007) Hydrogen production from the fermentation of corn stover biomass pretreated with a steam-explosion process. Int J Hydrogen Energy 32:932–939

de Vrije T, Claasen PAM (2003) Dark hydrogen fermentation. In: Reith JH, Wijffels RH, Barten H (eds) Bio-methane and bio-hydrogen. Dutch Biological Hydrogen Foundation, The Hague, The Netherlands, pp 103–123

de Vrije T, de Haas GG, Tan GB, Keijsers ERP, Claassen PAM (2002) Pretratment of Miscanthus for hydrogen production by Thermotoga elfii. Int J Hydrogen Energy 27:1381–1390

Eroğlu I, Tabanoğlu A, Gündüz U, Eroğlu E, Yücel M (2008) Hydrogen production by Rhodobacter sphaeroides O.U. 001 in a flat plate solar bioreactor. Int J Hydrogen Energy 33:531–541

European Commission (2003) Directive 2003/30/EC of the European Parliament and of the council of May 2003 on the promotion of the use of biofuels or other renewable fuels for transport. Internet document available at: http://ec.europa.eu/energy/res/legislation/doc/ biofuels/en_final.pdf

European Commission (2006) Green paper. A European strategy for sustainable, competitive and secure Energy (SEC [2006]317). Internet document available at: http://ec.europa.eu/energy/ greenpaperenergy/doc/2006_03_08_gp_document_en.pdf

Ezeji TC, Quereshi N, Blaschek HP (2007) Bioproduction of butanol from biomass: from genes to bioreactors. Curr Biotechnol 18:220–227

Falciatore A, Bowler C (2002) Revealing the molecular secrets of marine diatoms. Annu Rev Plant Biol 53:109–130

Fang HHP, Zhu H, Zhang T (2006) Phototrophic hydrogen production from glucose by pure and co-cultures of Clostridium butyricum and Rhodobacter sphaeroides. Int J Hydrogen Energy 31:2223–2230

Fascetti E, Todini O (1995) Rhodobacter sphaeroides RV cultivation and hydrogen production in a one-and two stage chemostat. Appl Microbiol Biotechnol 44:300–305

Fascetti E, D'addario E, Todini O, Robertiello A (1998) Photosynthetic hydrogen evolution with volatile organic acids derived from the fermentation of source selected municipal solid wastes. Int J Hydrogen Energy 23:753–760

Guo XM, Trably E, Latrille E, Carrěre H, Steyer JP (2010) Hydrogen production from agricultural waste by dark fermentation: a review. Int J Hydrogen Energy 35: 10660–106673

Hawkes FR, Hussy I, Kyazze G, Dinsdale RM, Hawkes DL (2007) Continuous dark fermentative hydrogen production by mesophilic microflora: principles and progress. Int J Hydrogen Energy 32: 172–184

Hawkes FR, Forsey H, Premier GC, Dinsdale RM, Hawkes DL, Guwy AJ, Maddy J, Cherryman S, Shine J, Dn Auty (2008) Fermentative production of hydrogen from a wheat flour industry co-product. Bioresour Technol 99: 5020–5029

Hniman A, Thong SO, Prasertsan P (2011) Developing a thermphilic hydrogen-producing microbial consortia from geothermal spring for efficient utilization of xylose and glucose mixed substrates and oil palm trunk hydrolysate. Int J Hydrogen Energy 36: 8785–8793

Hoekema S, Bijmans M, Janssen M, Tramper J, Wijffels RH (2002) A pneumatically agitated flat-panel photobioreactor with gas re-circulation: anaerobic photoheterotrophic cultivation of a purple non-sulfur bacterium. Int J Hydrogen Energy 27: 1331–1338

IEA (2008) World Energy Outlook 2208. In: OECD/IEA, Paris: 578 cross reference

IPCC (2007) Intergovernmental panel on climate change fourth assessment report. Climate change 2007: synthesis report. Summary for policymakers. http://www.ipcc.ch/pdf/ assessment-report/ar4/syr/ar4_syr_spm.pdf (cross reference)

Ivanova G, Rákhely G, Kovács KL (2009) Thermophilic biohydrogen production from energy plants by Caldicellulosiruptor saccharolyticus and comparison with related studies. Int J Hydrogen Energy 34: 3659–3670

Jeong TY, Cha GJ, Yoo ik, Kim DJ (2007) Hydrogen production from waste activated sludge by using separation membrane acid fermentation reactor and photosynthetic reactor. Int J Hydrogen Energy 32: 525–530

Jeong TY, Ch GC, Yeom SH, Choi SS (2008) Comparison of hydrogen production by four representative hydrogen producing bacteria. J Ind Eng Chem 14: 333–337

Kapdan IK, KargıF (2006) Bio-hydrogen production from waste materials. Enzym Microb Technol 38: 569–582

Kapdan IK, Kargi F, Öztekin R, Argun H (2009) Bio-hydrogen production from acid hydrolyzed wheat starch by photofermentation using different Rhodobacter sp. Int J Hydrogen Energy 34: 2201–2207

Karadag D (2011) Anaerobic hydrogen production at elevated temperature (60 ℃) by enriched mixed consortia from mesophilic sources. Int J Hydrogen Energy 36: 458–465

Kargi F, Ozmihci S (2010) Effects of dark/light bacteria ratio on bio-hydrogen production by combined fed-batch fementation of ground wheat starch. Int J Hydrogen Energy 34: 869–874

Kargi F, Pamukoglu MY (2008) Dark fermentation of ground wheat starch for bio-hydrogen production by fed-batch operation. Int J Hydrogen Energy 34: 2940–2946

Kargi F, Eren NS, Ozmihci S (2012a) Hydrogen gas production from cheese whey powder (CWP) solution by thermophilic dark fermentation. Int J Hydrogen Energy 37(3): 2260–2266

Kargi F, Eren NS, Ozmihci S (2012b) Biohydrogen production from cheese whey powder (CWP) solution: comparison of thermophilic and mesophilic dark fermentations. Int J Hydrogen Energy 37(10): 8338–8342

Kim DH, Han SK, Kim SH, Shin HS (2006) Effect of gas sparging on continuous fermentative hydrogen production. Int J Hydrogen Energy 31: 2155–2169

Koku H, Eroğlu I, Gündüz U, Yücel M (2002) Aspects of the metabolism of hydrogen production by Rhodobacter sphaeroides. Int J Hydrogen Energy 27: 1315–1329

Kotay SM, Das D (2009) Novel dark fermentation involving bioaugmentation with constructed bacterial consortium for enhanced biohydrogen production from pretreated sewage sludge. Int J Hydrogen Energy 34: 7489–7496

Krupp M, Widmann R (2008) Bio-hydrogen production by dark fermentation: experiences of continuous operation in large lab scale. Int J Hydrogen Energy 34: 4509–4516

Laurinavichene TV, Belokopytov BF, Laurinavichius KS, Tekucheva DN, Seibert M, Tsygankov AA (2010) Towards the integration of dark-and photo-fermentative waste treatment. 3. Potato as substrate for sequential dark fermentation and light-driven H2 production. Int J Hydrogen Energy 35: 8536–8543

Lay JJ, Fan KS, Chang J, Ku CH (2003) Influence of chemical nature of organic wastes on their conversion to hydrogen by heat-shock digested sludge.Int J Hydrogen Energy 28:1361-1367

Lay CH, Lin HC, Sen B, Chu CY, Lin CY (2012) Simultaneous hydrogen and ethanol production from sweet potato via dark fermentation.J Cleaner Prod 27:155-164

Lee KS, Lin PJ, Fangchiang K, Chang JS (2007) Continuous hydrogen production by anaerobic mixed microflora using a hollow-fiber microfiltration membrane bioreactor.Int J Hydrogen Energy 32:950-957

Lee KS, Hsu YF, Lo YC, Lin PJ, Lin CY, Chang JS (2008) Exploring optimal environmental factors for fermentative hydrogen production from starch using mixed anaerobic microflora.Int J Hydrogen Energy 33:1565-1572

Levin DB, Chahine R (2010) Challenges for renewable hydrogen production from biomass.Int J Hydrogen Energy 35: 4962-4969

Levin DB, Pitt L, Love M (2004) Bio-hydrogen production: prospects and limitations to practical application.Int J Hydrogen Energy 29:173-185

Li RY, Fang HHHP (2008) Hydrogen production characteristics of photoheterotrophic Rubrivivax gelatinosus L31.Int J Hydrogen Energy 33:974-980

Li Z, Wang H, Tang Z, Wang X, Bai J (2008) Effects of pH value and substrate concentration on hydrogen production from the anaerobic fermentation of glucose.Int J Hydrogen Energy 33:7413-7418

Li X, Wang YH, Zhang SL, Chu J, Zhang M, Huang MZ et al (2009) Enhancement of phototrophic hydrogen production by Rhodobacter sphaeroides ZX-5 using a novel strategy shaking and extra-light supplementation approach. Int J Hydrogen Energy 34:4517-4523

Lin PY, Whang LM, Wu YR, Ren WJ, Hsiao CJ, Li SL et al (2007) Biological hydrogen production of the genus Clostridium: metabolic study and mathematical model simulation.Int J Hydrogen Energy 32:1728-1735

Logan BE (2004) Extracting hydrogen and electricity from renewable resources.Environ Sci Technol 38:160A-167A

Logan BE, Regan JM (2006) Microbial fuel cells-challenges and applications.Environ Sci Technol 40:5172-5180

Logan BE, Oh SE, Kim IS, Ginkel SV (2002) Biological hydrogen production measured in batch anaerobic respirometers.Environ Sci Technol 36:2530-2535

Luo G, Xie L, Zou Z, Wang W, Zhou Q, Shim H (2010) Anaerobic treatment of cassava stillage for hydrogen and methane production in continuously stirred tank reactor (CSTR) under high organic loading rate (OLR).Int J Hydrogen Energy 35:11733-11737

Manish S, Banerjee R (2008) Comparison of bio-hydrogen production processes.Int J Hydrogen Energy 33:279-286

Mohanakrishna G, Goud RK, Mohan SV, Sarma PN (2010) Enhancing bio-hydrogen production through sewage supplementation of composite vegetable based market waste.Int J Hydrogen Energy 35:533-541

Mu Y, Wang G, Yu HQ (2006) Kinetic modelling of batch hydrogen production process by mixed anaerobic cultures. Bioresour Technol 97:1302-1307

Najafpour G, Younesi H, Mohamed AR (2003) Continuous hydrogen production via fermentation of synthesis gas.Petrol Coal 45:154-155

Nath K, Das D (2004) Improvement of fermentative hydrogen production: Various approaches.Appl Microbiol Biotechnol 65:520-529

Nath K, Kumar A, Das D (2005) Hydrogen production by Rhodobacter sphaeroides strain O.U.001 using spent media of Enterobacter cloacae strain DM11.Appl Microbiol Biotechnol 68:533-541

National Hydrogen Energy Roadmap (2002) Toward a more secure and cleaner energy future for America; Washington (cross reference)

Nguyen TAD, Kim JP, Kim MS, Oh YK, Sim SJ (2008) Optimization of hydrogen production by hyperthermophilic eubacteria, Thermotoga maritama and Thermotoga neapolitana in batch fermentation.Int J Hydrogen Energy 33: 1483-1488

Ni M, Leung DYC, Leung MKH, Sumathy K (2006) An overview of hydrogen production from biomass.Fuel Process Technol 87:461-472

Nicolet Y, Camps JCF, Fontecave M (2010) Maturation of [FeFe]-hydrogenases: structures and mechanisms. Int J Hydrogen Energy 35: 10750-10760

Ntaikou I, Gavala HN, Kornaros M, Lyberatos G (2008) Hydrogen production from sugars and sweet sorghum biomass using Ruminococcus albus. Int J Hydrogen Energy 33: 1153-1163

Ntaikou I, Antonopoulou G, Lyberatos G (2010) Biohydrogen production from biomass and wastes via dark fermentation: a review. Waste Biomass Valoriz 1(1): 21-39

Okamoto M, Miyahara T, Mizuno O, Noike T (2000) Biological hydrogen potential of materials characteristic of the organic fraction of municipal solid wastes. Water Sci Technol 41: 25-32

Özgür E, Mars AE, Peksel B, Louwerse A, Yücel M, Gündüz U, Claassen PAM, Eroĝlu I (2010) Biohydrogen production from beet molasses by sequential dark and photofermentation. Int J Hydrogen Energy 35: 511-517

Ozmihci S, Kargi F (2010a) Bio-hydrogen production by photofermentation of dark fermentation effluent with intermittent feeding and effluent removal. Int J Hydrogen Energy 35: 6674-6680

Ozmihci S, Kargi F (2010b) Comparison of different mixed cultures for bio-hydrogen production from ground wheat starch by combined dark and light fermentation. J Ind Microbiol Biotechnol 37: 341-347

Oztekin R, Kapdan IK, Kargi F, Argun H (2008) Optimization of media composition for hydrogen gas production from hydrolyzed wheat starch by dark fermentation. Int J Hydrogen Energy 33: 4083-4090

Perera KRJ, Ketheesan B, Gadhamshetty V, Nirmalakhandan N (2010) Fermentative biohydro-gen production: evaluation of net energy gain. Int J Hydrogen Energy 35: 12224-12233

Ray S, Reaume SJ, Lalman JA (2010) Developing a statistical model to predict hydrogen production by a mixed anaerobic mesophilic culture. Int J Hydrogen Energy 35: 5332-5342

Refaat AA, El Sheltawy ST (2008) Biohydrogen production by Clostridium beijerinckii. WIT Trans Ecol Environ 1: 123-132

Ren N, Li J, Li B, Wang Y, Liu S (2006) Bio-hydrogen production from molasses by anaerobic fermentation with a pilotscale bioreactor system. Int J Hydrogen Energy 31: 2147-2157

Ren N, Wang A, Cao G, Xu J, Gao L (2009a) Bioconversion of lignocellulosic biomass to biohydrogen: potential and challenges. Biotechnol Adv 27: 1051-1060

Ren NQ, Liu BF, Zheng GX, Xing DF, Zhao X, Guo WQ, Ding J (2009b) Strategy for enhancing photo-hydrogen production yield by repeated fed-batch cultures. Int J Hydrogen Energy 34: 7579-7584

Rocha JS, Barbosa MJ, Wijffels RH (2001) Hydrogen production by photosynthetic bacteria: culture media, yields and efficiencies. In: Miyake J, Matsunaga T, San Pietro A (eds) Biohydrogen II. Pergamon. Elsevier Science, pp 3-32. ISBN 0-08-043947-0

Ruknongsaeng P, Reungsang A, Moonamart S, Danvirutai P (2005) Influent of nitrogen, acetate and propionate on hydrogen production from pineapple waste extract by Rhodospirillum rubrum. J Water Environ Technol 13: 93-117

Sagnak R, Kapdan IK, Kargi F (2010) Dark fermentation of acid hydrolyzed ground wheat starch for bio-hydrogen production by periodic feeding and effluent removal. Int J Hydrogen Energy 35: 9630-9636

Sangyoka S, Reungsang A, Moonamart S (2007) Repeated-batch fermentative for biohydrogen production from cassava starch manufacturing wastewater. Pakistan J Biol Sci 10: 1782-1789

Show KY, Lee DJ, Zang ZP (2011) Production of biohydrogen: current perspectives and future prospects. Biofuels: alternative feedstocks and conversion processes. Elsevier; Chapter 20, pp 467-479

Singhal Y, Singh R (2012) Initial effect of different pretreatment methods on energy recovery from Petha Wastewater by Anaerobic Digestion, Communicated to Waste and Biomass Valorization, Under review

Sreethawong T, Chatsiriwatana S, Rangsunvigit P, Chavadej S (2010) Hydrogen production from cassava wastewater using an anaerobic sequencing batch reactor: effects of operational parameters, COD: N ratio, and organic acid composition. Int J Hydrogen Energy 35: 4092-4102

Su H, Cheng J, Zhou J, Song W, Cen K (2009a) Improving hydrogen production from cassava starch by combination of dark and photo fermentation.Int J Hydrogen Energy 34:1780–1786

Su H,Ceng J,Zhou J,Song W,Cen K (2009b) Combination of dark–and photo–fermentation to enhance hydrogen production and energy conversion efficiency.Int J Hydrogen Energy 34:8846–8853

Su H,Cheng J,Zhou J,Song W,Cen K (2010) Hydrogen production from water hyacinth through dark–and photo–fermentation.Int J Hydrogen Energy 35:8929–8937

Sun Q,Xiao W,Xi D,Shi J,Yan X,Zhou Z (2010) Statistical optimization of bio–hydrogen production from sucrose by a co–culture of Clostridium acidisoli and Rhodobacter sphaeroides.Int J Hydrogen Energy 35:4076–4084

Take H,Andou Y,Nakamura Y,Kobayashi F,Kurimoto Y,Kuwahara M (2006) Production of methane gas from Japanese cedar chips pretreated by various delignification methods.Biochem Eng J 28:30–35

Tao Y,He Y,Wu Y,Liu F,Li X,Zong W et al (2008) Characteristics of a new photosynthetic bacterial strain for hydrogen production and its application in wastewater treatment.Int J Hydrogen Energy 33:522–530

Trohalki S,Pachter R (2010) The effects of the dimethylether bridging moiety in the H–cluster of the Clostridium pasteurianum hydogenase on the mechanism of H_2 production:a quantum mechanics/molecular mechanics study.Int J Hydrogen Energy 35:13179–13185

Tsygankov AA,Hirata Y,Miyake M,Asada Y,Miyake J (1994) Photobioreactor with photosynthetic bacteria immobilized on porous glass for hydrogen photoproduction.J Ferment Bioeng 77:575–578

Tuna E,Kargi F,Argun H (2009) Hydrogen gas production by electrohydrolysis of volatile fatty acid (VFA) containing dark fermentation effluent.Int J Hydrogen Energy 34:262–269

Ueno Y,Haruta S,Ishii M,Igarashi Y (2001) Microbial community in anaerobic hydrogen–producing microflora enriched from sludge compost.Appl Microbiol Biotechnol 57:555–562

U.S.Department of Energy (2007) Hydrogen,fuel cells and infrastructure technologies program,multi–year research. Development and Demonstration Plan,U.S.Department of Energy

Uyar B,Eroglu I,Yucel M,Gunduz U (2009) Photofermentative hydrogen production from volatile fatty acids present in dark fermentation effluents.Int J Hydrogen Energy 34:4517–4523

Valdez–Vazquez I,Sparling R,Risbey D,Rinderknecht–Seijas N,Poggi N–Varaldo HM (2005a) Hydrogen generation via anaerobic fermentation of paper mill wastes.Bioresour Technol 96:1907–1913

Valdez–Vazquez I,Rios–Leal E,Esparza–Garcia F,Cecchi F,Poggi–Varaldo HM (2005b) Semi–continuous solid substrate anaerobic reactors for H–2 production from organic waste:mesophilic versus thermophilic regime.Int J Hydrogen Energy 30:1383–1391

Van Ginkel SW,Logan B (2003) Increased biological hydrogen production with reduced organic loading.Water Res 39:3819–3826

Van Ginkel SW,Oh SE,Logan BE (2005) Biohydrogen gas production from food processing and domestic wastewaters. Int J Hydrogen Energy 30:1535–1542

Vazquez IV,Varaldo HMP (2009) Hydrogen production by fermentative consortia.Renew Sustain Energy Rev 13:1000–1013

Venkata Mohan S,Lalit BV,Sarma PN (2007) Anaerobic biohydrogen production from dairy wastewater treatment in sequencing batch reactor (AnSBR):effect of organic loading rate.Enzyme Microb Technol 41:506–515

Venkata Mohan S,Lalit BV,Sarma PN (2008) Effect of various pretreatment methods on anaerobic mixed microflora to enhance biohydroen production utilizing dairy wastewater as substrate.Bioresour Technol 99:59–67

Wang J,Wan W (2009) Factors influencing fermentative hydrogen production:a review.Int J Hydrogen Energy 34:799–811

Wang Y,Zhao QB,Mu Y,Yu HQ,Harada H,Li YY (2008) Biohydrogen production with mixed anaerobic cultures in the presence of high–concentration acetate.Int J Hydrogen Energy 33:1164–1171

Wei J,Liu ZT,Zhang X (2010) Bio–hydrogen production from starch wastewater and application in fuel cell.Int J Hydrogen Energy 35:2949–2952

Westermann P, Jorgensen B, Lange L, Ahring BK, Christensen CH (2008) Maximizing renewable hydrogen production from biomass in a bio/catalytic refinery.Int J Hydrogen Energy 32:4135-4141

Wu X, Zhu J, Dong C, Miller C, Li Y, Wang L, Yao W (2009) Continuous biohydrogen production from liquid swine manure supplemented with glucose using an anaerobic sequencing batch reactor.Int J Hydrogen Energy 34:6636-6645

Xianyan C, Youcai Z (2009) The influence of sodium on biohydrogen production from food waste by anaerobic fermentation.J Mater Cycles Waste Manag 11(2009):244-250

Xu JF, Ren NQ, Wang AJ, Qiu J, Zhao QL, Feng YJ, Liu BF (2010) Cell growth and hydrogen production on the mixture of xylose and glucose using a novel strain of Clostridium sp.HR-1 isolated from cow dung compost.Int J Hydrogen Energy 35:13467-13474

Yokoi H, Saitsu AS, Uchida H, Hirose J, Hayashi S, Takasaki Y (1998) H_2 production from starch by mixed culture of Clostridium butyricum and Rhodobacter sp M-19.Biotechnol Lett 20:895-899

Yokoi H, Tokushige T, Hirose J, Hayashi S, Takasaki Y (2001) Microbial hydrogen production from sweet potato starch residue.J Biosci Bioeng 91:58-63

Yokoi H, Maki R, Hirose J, Hayashi S (2002) Microbial production of hydrogen from starch manufacturing wastes. Biomass Bioeng 22:389-395

Zeidan AA, van Niel EWJ (2010) A quantitative analysis of hydrogen production efficiency of the extreme thermophile Caldicellulosiruptor owensensis OLT. Int J Hydrogen Energy 35:1089-1098

Zhang ZP, Show KY, Tay JH, Liang DT, Lee DJ (2008) Bio-hydrogen production with anaerobic fluidized bed reactors-a comparison of biofilm-based and granule-based systems.Int J Hydrogen Energy 33:1559-1564

Zhao Y, Chen Z, Zhang D, Zhu X (2010) Waste activated sludge fermentation for hydrogen production enhanced by anaerobic process improvement and acetobacteria inhibition: the role of fermentation pH.Environ Sci Technol 44:3317-3323

Zhu H, Bèland M (2006) Evaluation of alternative methods of preparing hydrogen producing seeds from digested wastewater sludge.Int J Hydrogen Energy 31:1980-1988

第 12 章　生物氢作为生物燃料的未来前景和改善途径

摘要：生物氢作为清洁、高效和可持续的替代能源被认为是即将走向实用的燃料，生物制氢成为最热门的研究领域之一，急需开展相关技术研究。成功的生物制氢技术还需要改进，需要使用最新的微生物技术，并且开发出创新性的高效生物氢气生产方法。这篇综述阐述了各种可能增加生物氢气生产的方法，以及在不同方法中所用的微生物技术及其优、缺点。本章还重点关注了增加生物氢气产量的途径和将来开发生物氢气作为优良燃料的前景。

12.1　引言

在 21 世纪的今天，通过化学法制氢生产能源燃料的需求很大。但是，面对这种需求，全世界都在考虑如何满足。化石燃料是满足全球能源需求的最主要来源，提供了约 80%的份额。化石能源总有枯竭的时候，而且会向环境排放温室气体(CO_2、CH_4 和 CO)，导致全球变暖和环境污染。于是，为了未来的宜居世界(即在人类能源需求得以满足的同时，自然平衡也可以保持)，提出了可持续能源发展的概念(Vijayaraghavan，Soom　2006)。技术专家们对如何从可再生的碳源中获得清洁和可持续的能源充满兴趣(Bhat　2000)。

目前，96%的氢气产自矿物燃料，全部氢气的来源如下：48%产自天然气，30%产自碳氢化合物，18%产自煤炭，4%来源于电解，还有 1%由生物质生产(见图 12.1)。氢气是低排放、环境友好、可再生、不产生任何温室气体的燃料，其能量含量为 143GJ/L，比任何已知的燃料都高，所以氢气被认为是最重要的燃料。它也可以很

本章作者：Jahangir　Imam[1]，Puneet　Kumar　Singh[2]，Pratyoosh　Shukla[2]

作者单位：1.印度旱作物及水稻研究中心(CRRI)生物技术实验室；2.印度马哈希-达亚南德大学(Maharshi　Dayanand　University)微生物学系蛋白质生物信息学和酶技术实验室

电子邮件：pratyoosh.shukla@gmail.com

容易地通过燃料电池转换成电力，燃烧产生唯一的副产物是水(Das et al 2008)。

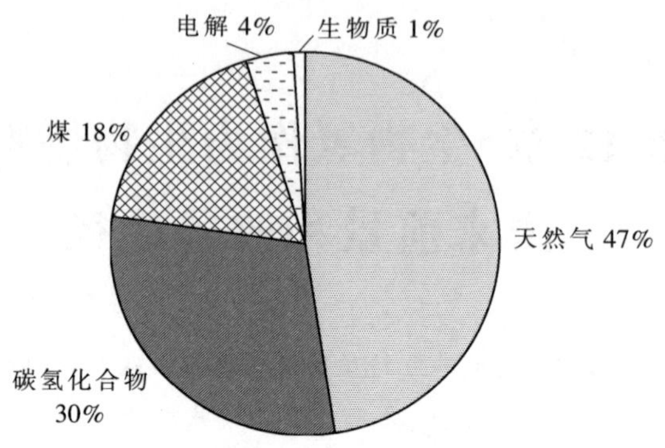

图 12.1 氢气生产的不同来源

采用生物学或光生物学方法从可再生资源(如水、有机废物或生物质)中制取的氢气被称为生物氢气(Vijayraghavan，Ahmed 2006)。微生物通过厌氧发酵或光合作用产氢都有过报道(见图 12.2)。厌氧发酵是优于光合作用的生物氢气制备过程，因为它不需要阳光。但现在藻类和蓝细菌等微生物也用于生产生物氢气。

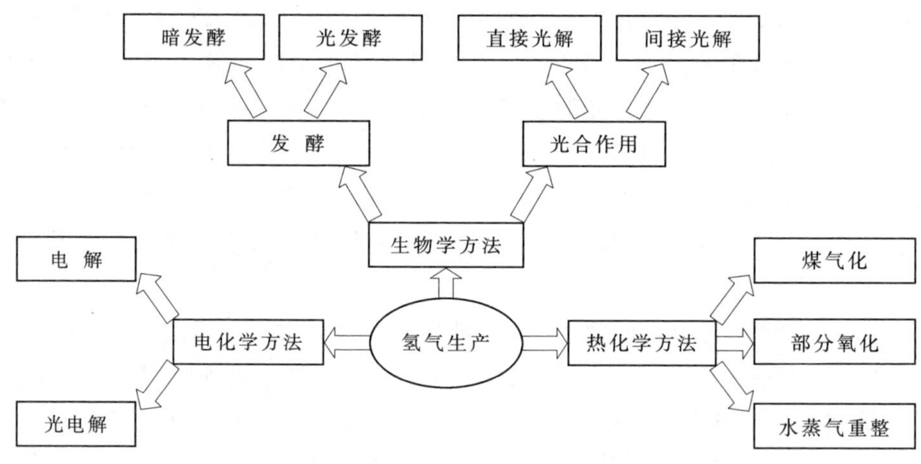

图 12.2 生产氢气的不同方法

因此，本文将关注各种可能的制备生物氢气的方法及其应用和未来发展。我们还将讨论改进用于生物制氢的重要措施。

12.2 不同生物制氢方法

许多微生物在厌氧发酵过程都会产生副产物氢气。一些微生物，诸如绿藻、蓝细菌生产出酶，在太阳等热能源存在下可将水转化成氢气，这被称为光生物过程。

在生物氢气生产过程中,氢的形成和消耗是分开进行的,因此氢气可以成为最终产品(Reith et al 2003)。氢气的生产有各种各样的生物方法,表 12.1 给出了目前正处在基础和应用研究阶段的生物制氢过程的全貌。

表 12.1 不同生物制氢方法及其优点总结(Reith et al 2003; Kaushik Nath, Debabrata Das 2004)

序 号	方 法	大致反应方程式	所用微生物	优 点
1	直接光解	$2H_2O$+光⟶$2H_2+O_2$	微 藻	可以利用水和阳光产氢气;光能转换比树和农作物高 10 倍
2	间接光解	整体反应:$12H_2O$+光⟶$12H_2+6O_2$	微藻,蓝细菌	可以从水中生产氢气;具有从大气中固氮的能力
3	光发酵	$CH_3COOH+2H_2O$+光⟶$4H_2+2CO_2$	紫细菌,微藻	这些细菌可以利用很宽光谱范围的能量;可以利用不同的废物原料,例如酒精厂污水、废物等
4	暗发酵	$C_6H_{12}O_6+6H_2O\longrightarrow 12H_2+6CO_2$	发酵细菌	不需要光,可以全天候生产氢气;各种碳源都可用做培养基;可以副产有价值的代谢产物,例如丁酸、乳酸和乙酸;厌氧发酵没有供氧限制的问题
5	混合发酵技术(H_2 和 CH_4 两阶段发酵)	第一阶段:$C_6H_{12}O_6+2H_2O\longrightarrow 4H_2+2CH_3COOH+2CO_2$; 第二阶段:$CH_3COOH\longrightarrow 2CH_4+2CO_2$	发酵细菌+产甲烷菌	两阶段发酵可以提高氢气的总产量

12.2.1 直接生物光解

该生物过程利用太阳能和微藻的光合作用系统将水分解成氢气。直接生物光解所用的光合作用系统与植物和藻类相同,但是它的产物不含碳,而是氢气。此时,光合作用系统中的光系统Ⅰ(PhotosystemⅠ,PSⅠ)和光系统Ⅱ(PhotosystemⅡ,PSⅡ)同时发挥作用,在阳光帮助下将最易获得的基质——水转化成氢气和氧气(见图 12.2)。这有助于将来实现该方法无限制地生产氢气(见图 12.3)。

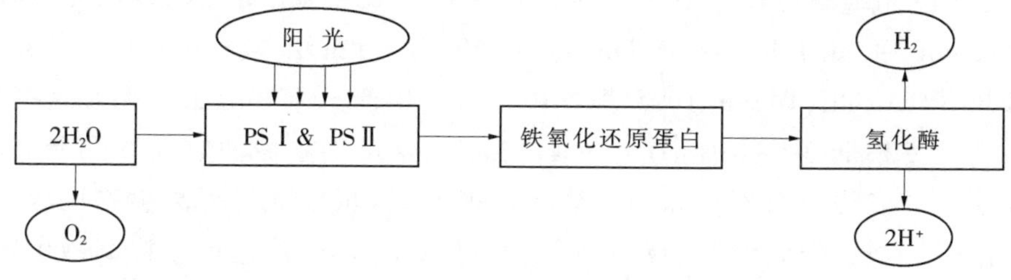

图 12.3 直接生物光解

在直接光解中，产氢时间非常短，因为氢化酶的酶活性对同步产生的氧气很敏感，这是采用这种方法制氢的最大困难。这个问题可以通过使用绿藻来解决，例如衣藻(*Chlamydomonas reinhardtti*)可以维持较低的 O_2 浓度(Melis et al 2000)，但其 H_2 产量也很低(Benemann 2000)。

12.2.2 间接生物光解

在间接光解中，通过将 O_2 和 H_2 的生产相分离，降低了 H_2 释放对 O_2 敏感性。在此过程中，CO_2 先被固定在碳水化合物中，同时释放出 O_2，然后碳水化合物通过厌氧暗发酵过程转化生成 H_2(见图 12.4)。

$$6H_2O+6CO_2+光 \longrightarrow C_6H_{12}O_6+6O_2$$

$$C_6H_{12}O_6+6H_2O \longrightarrow 12H_2+6CO_2$$

总反应：

$$12H_2O+光 \longrightarrow 12H_2+6O_2$$

蓝细菌和各种类型的绿藻也都可以在 PSⅡ和固氮酶帮助下固定大气中的 CO_2 和 N_2。由于固氮酶位于异形胞中，所以可以为氢气生产提供一个不含氧的环境。

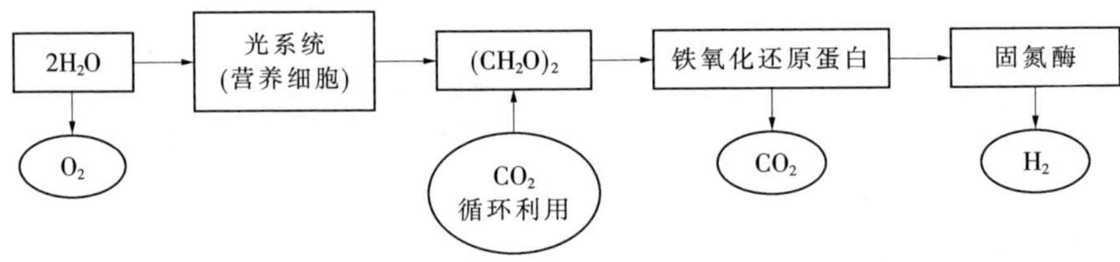

图 12.4 间接生物光解

12.2.3 光发酵

在光发酵中，H_2 在缺氧条件下产生，需消耗较多能量和有机酸。这些反应由紫细菌完成，因为它们含有固氮酶。光发酵的全部途径如图 12.5 所示。

这些光合细菌缺乏 PSⅠ系统，而该系统有利于消除 H_2 生产对高浓度 O_2 的敏感性。这些向光细菌可以很容易地利用廉价的有机物质，将光能转化为 H_2(Boltan 1996；Fedorov et al 1998；Tsygankov et al 1994)。分批培养(Zurrer，Bachofan 1979)和连续培养(Fascetti，Todini 1995)都可用于氢气生产。光发酵虽然拥有这些优点，但光转化效率很低(3%~10%)(Das et al 2008)，这可能是由两方面原因造成的：生物反应器中的光线分布不均和固氮酶活性很低。这可以通过提高生物反应器的设计加以改进。在改进后的生物反应器中，光可以均匀分布，还可以提高微生物的光转化效率以及保持最大的固氮酶活性。这种 H_2 生产方法在实际应用中的主要“瓶颈"是需要很大的表面积以汇集阳光能量，但这种大生物反应器的建造成本通常很高。

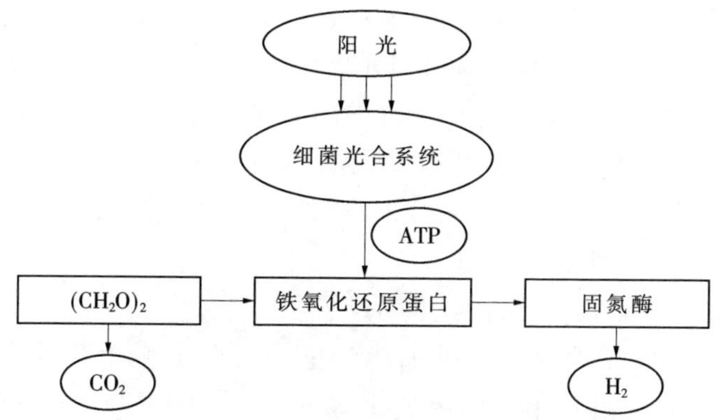

图 12.5 光合细菌的光发酵过程

12.2.4 暗发酵

暗发酵发生在厌氧条件下，在此过程中，底物的细菌氧化产生电子，然后被质子接收，使之还原生成 H_2 分子(Das，Veziroglu 2001；Levin et al 2004)。暗发酵具有较高的氢气释放速率，但产量比其他化学和电化学过程少。氢气产量较低的原因在于最终产品中含有乙酸和丁酸；而且，如果氢气产量提高，将使反应在热力学上变得不稳定(Das et al 2008)(见图 12.6)。

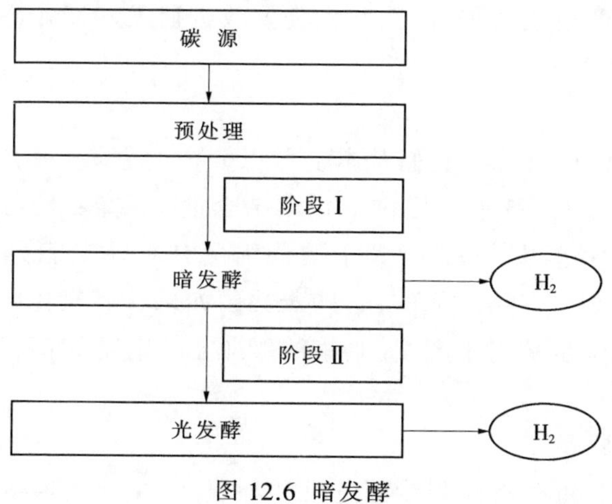

图 12.6 暗发酵

12.2.5 联合发酵技术

该技术通过将两种发酵工艺相结合来提高 H_2 产量(Das et al 2008)。该工艺的协同作用在于最大程度地转化底物，否则受到热力学的限制，底物将无法全部转化(Liu et al 2005)。基于联合发酵技术，目前开发了两个组合系统：①暗发酵-光发酵生物反应器；②生物电化学辅助的微生物反应器。

12.2.5.1 暗发酵-光发酵生物反应器

在这个系统中，不依赖光的细菌和光合作用菌提供一个综合系统，以维持 H_2 生产(Yokoi et al 1998)。在这个两阶段发酵系统中，通过光生物反应器中的光合作用菌限制暗发酵仅在糖向 H_2 转化的地方发生。这种联合发酵过程可以利用 1mol 葡萄糖生产出 12mol 的 H_2。联合发酵过程效率非常高，在某种程度上只需要一种底物，但在两个阶段都放出 H_2。

12.2.5.2 生物电化学辅助的微生物生物反应器

这种生物反应器技术的基础是电化学电池，包含微生物燃料电池(microbial fuel cells，MFC)。在该过程中，细菌氧化有机物质，MFC 产生质子和电子(Ishikawa et al 2006；Schotz，Schroder 2003)，质子在阴极被释放(即为 H_2)。在生物电化学辅助的微生物生物反应器(bioelectrochemically assisted microbial reactor，BEAMR)中，H_2是在使用可生物降解材料制成的阴极上释放的(Liu 2005)。MFC 和 BEAMR 系统效率都很高，而且很相似，所以科学家们正在努力发展能让这两个系统相互利用的系统。

上面所描述的不同的生物制氢方法，各自有其自身优、缺点。没有哪种单一方法可以产生大量的足以满足世界需求的 H_2。尽管这些技术在过去 20 年中已取得重大进展，但全面商业化还很缓慢。我们需要改进研发和产业部门，努力提高商业规模的生物氢气生产。

12.3 产氢微生物

多组微生物都可以产氢，它们基本上可以分为两大类：一类是异养菌，它们需要家庭垃圾、工业废物、废水等提供的化学结合能，不需要光；另一类主要是光合作用菌，它们利用光能生产氢气，其中的蓝细菌具有固氮能力，产氢只是其副产物。常见产氢微生物是严格厌氧的，一些兼性菌如果含有氢化酶也被当作产氢菌。最近，有报道好氧菌也被用于产氢。真核的绿藻也具有氢化酶，可以用来生产氢气(见表 12.2)。

12.4 生物制氢的瓶颈

在不久的将来，世界将面临能源危机和环境恶化，化石能源将消耗殆尽，人类将非常危险。这只有通过提高以 H_2 为能源基础的经济来替代以化石燃料为基础的经济来加以阻止。但从化石燃料向氢能源过渡并不容易，因为存在如下瓶颈：

① 任何现有方法生产 H_2 的量都很低。

② 还不能完全阐明微生物中 H_2 生成的途径。

③ 不易获得廉价底物。

④ 需要开发低成本方法来加工原材料。

⑤ 目前还没有某种单一微生物可以利用 1mol 葡萄糖生产超过 4mol H_2。

⑥ 还没有开发出高效生物反应器。

⑦ 产氢反应在热力学上不稳定,因此,系统必须保持较低氢分压(Thauer et al 1977, Vijayaraghavan, Soom 2006)。

⑧ 氢化酶对 O_2 敏感,氢分压影响 H_2 产量。

⑨ 对产氢微生物积累的知识很少。

⑩ 缺乏亮点,经济性差,依赖化石能源。

⑪ 氢气提纯和存储。

表 12.2 各组微生物及其优缺点列表

组	微生物	优 点	缺 点
Ⅰ	绿 藻	可以利用水和阳光生产 H_2;CO_2 是唯一碳源;具有氢化酶	依赖阳光;氢化酶对高浓度氧气敏感;需要 H_2O 作为额外底物
Ⅱ	蓝细菌	可以利用水和阳光生产 H_2;CO_2 是唯一碳源;固氮酶参与 H_2 生产	依赖阳光;氧气对固氮酶有抑制作用;需要 CO_2 气体
Ⅲ	光合作用菌	使用阳光作为能源来源;可以利用廉价的有机和无机废物;具有多功能代谢能力;缺 PSⅡ;O_2 对氢气生产无抑制	依赖阳光; 光化学效率低 (3%~10%);生物反应器中光分布不均匀
Ⅳ	发酵菌	不依赖光;可以使用各种不同的廉价原材料;副产高价值产品;无 O_2 抑制问题	需要处理发酵液;需要 CO_2

12.5 提高生物氢产量的途径

必须改进各种方法和工艺,并在近期内取得进展,克服生物制氢的“瓶颈”,以提高 H_2 产量,满足世界需求。

12.5.1 转基因微生物

目前,基因工程是提高菌株 H_2 产量的关键技术(Das et al 2008)。在光发酵中,光合细菌内存在的色素阻碍了光在光生物反应器中的分布。通过基因改造潜在色素蛋白表达,可以更有效地吸收光(Miyake et al 1998)。三宅等(Miyake et al 1998)通过辐照突变发现了一个红假单胞菌(*Rhozobacter sphaeroids*)突变株,该突变株 LH1/LH2(捕光 1/捕光 2)比例被改变,氢气产量也提高到原来的 1.4 倍。阿赫塔尔和琼斯(Akhtar, Jones 2008)在单个质粒上构建了一个氢化酶操纵来克服外源基因表达的问题。另一个方法就是改变大肠杆菌宿主系统，该菌生长速率高，比较容易商业化。

目前，转基因微生物的使用是一个挑战，因为存在水平基因转移的可能性和质粒的不稳定性。

12.5.2 微生物代谢工程

某些真核细胞上的遗传操作，例如调控途径或运输通道，可以提高 H_2 产量。与 H_2 生产有关的代谢工程例子有：

① 改变乙醇和一些酸的代谢途径，阻断其生成。

② 将碳的流动引向甲酸合成，可以提高 H_2 产量(Yoshida et al 2006)。

③ 增加微生物对底物的利用效率。

因此，通过了解代谢途径和功能，可以容易地实现控制 H_2 生产的目的。

12.5.3 氢化酶修饰

氢化酶是一个重要的研究方向，因为它是生物制氢的关键酶。该酶过度表达可能导致 H_2 产量降低(Morimoto et al 2005)。

12.5.4 生物反应器设计的改进

在不久的将来要成功满足生物氢气作为燃料的需要，主要是要将实验室规模扩大到工业规模。在这一过程中，生物反应器发挥着非常重要的作用。在生物反应器设计中，反应器的效率、稳定性和可靠性是需要关注的重要参数。不同类型的生物反应器已经被改造，使之成为可以用于氢气生产的合适反应器(见表 12.3)。

表 12.3 氢气生产中被修改的生物反应器列表

微生物	原 料	修改类型	参考文献
光合菌(*Rhodobacter sphaeroides*)RV	带有乳酸和谷氨酸的培养基	多层光生物反应器	Kondo et al(2006)
沼泽红假单胞菌(*Rhodopseudomonas palustris*)WP3-5	乙 酸	内部光纤照明	Chen，Chang(2006)
污水污泥	蔗 糖	活性炭固定床反应器	Chang et al(2002)
活性污泥和消化污泥	葡萄糖	厌氧流化床反应器	Zhang et al(2003)
厌氧污泥	蔗 糖	聚甲基丙烯酸甲酯固定化细胞	Wu，Chang(2007)
污水处理厂活性污泥	蔗 糖	载体诱导的颗粒污泥床	Lee et al(2006)
污水处理厂活性污泥	蔗 糖	流化床反应器	Wu et al(2007)
阴沟肠杆菌(*Enterobacter cloacae*) IIT-BT 08	蔗 糖	菱形生物反应器	Kumar，Das(2001)

12.5.5 利用廉价原料

使用廉价原材料大规模工业生产生物氢气是可取的。为 H_2 生产选择培养基的主要标准是其可得性、成本、糖含量和生物可降解性(Kapdan，Kargi 2006)。因此，研究应该集中在廉价和容易获得的原材料上，它们才可以不受限制地用于工业规模生产氢气。

12.6 未来展望

我们的能源需求几乎完全依赖于含碳的化石燃料，例如石油、煤炭、天然气。这些化石燃料是数百万年来从植物生物质转化形成的。随着这些化石燃料资源的快速使用，它们将会在不久的将来枯竭。对持续使用化石燃料的另一个担忧是，它们燃烧后所释放的 CO_2 等温室气体和其他物质是导致全球变暖和气候变化的主要原因。因此，世界各地的许多研究小组都将其研究集中在利用微生物从廉价原料中生产生物氢气上。

生物氢气被认为是未来的梦幻燃料，因为与现有的能源相比，它具有诸多优点：可再生、不释放温室气体、能量含量高、可以被转换成电能，最重要的是燃烧时释放出水作为副产品(Das et al 2008)。

目前，许多人关注小规模生物制氢生产主要有两个原因：可以利用可再生能源资源和一般在常温、常压下操作。小规模生物氢气生产是生物制氢的理想选择，它们一般位于原料容易获得的地方。在此过程中，生产出的生物氢气既可以被当场使用(即独立系统)，也可以供应给其他地方(即并网连接生产系统)。生物氢气的产量不仅取决于自身特性和生产过程的成本，也取决于其与全部能源设施的整合程度(Reith et al 2003)。

因为上面提到的问题，即以化石燃料为基础的能源转向以生物氢气为基础的能源非常不易，在短期内也是不可能实现的。需要从实验室规模到工业规模的不同层次解决问题，才能实现生物氢气这种“未来梦幻燃料”的商业化。要想让其成为可能，我们还必须在以下几个领域集中开展研究：

① 改进使用廉价原料生产 H_2 的工艺。

② 提高微生物菌株对各种碳底物的利用率。

③ 使用混合菌群以更好地利用基质，生产更多 H_2。

④ 改进各种生物反应器的设计。

⑤ 对 H_2 生产的放大过程进行标准化。

12.7 结论

生物制氢通常由藻类和细菌生产，被视为很有希望的生物燃料，也被认为是未来的能源载体，因为它与碳氢化合物燃料相比是清洁的能量源。展望了各种研究改进措施，例如开发耐氧铁氢化酶以提高效率，增加电子传递以提高氢气生产速率。此外，还有少量关于增大绿藻的叶绿素天线尺寸以最大化阳光的光生物转化效率的研究，最近也备受关注。通过绿藻规模培养，可以实现阳光的更好利用和更高的光合速率。然而，主要问题还是要通过以下途径改进生物反应器的设计：

① 增强质子梯度，限制光合产氢。

② 通过 CO_2 抑制光合产氢。

③ 碳酸氢盐与 PSⅡ结合，以提高光合能力。

④ 将太阳能高效地转换成化学能，存储在 H_2 分子中。

然而，不同于化石燃料(石油、天然气)和生物质，氢气在自然界中并不单独存在，可以使用多种方法生产生物氢气。本文评估了这一挑战性研究领域的最新观点，将为研究者提供合适的选择，利用现代最先进的技术进行试验开发，生产生物氢气。每种方法都有各自的优、缺点，整体而言，生物氢气要想成为被市场接受的燃料，它必须是经济上合算而且很容易获得的。

参考文献

Akhtar MK, Jones PR (2008) Engineering of a synthetic hydF-hydE-hydG-hydA operon for biohydrogen production. Anal Biochem 373:170-172

Benemann JR (2000) Hydrogen production by microalgae.J Appl Phycol 12:291-300

Bhat MK (2000) Cellulases and related enzymes in biotechnology.Biotechnol Adv 18:355-383

Bolton JR (1996) Solar photoproduction of hydrogen: a review.Sol Energy 57(1):37-50

Chang JS, Lee KS, Lin PJ (2002) Biohydrogen production with fixed-bed bioreactors.Int J Hydrogen Energy 27:1167-1174

Chen CY, Chang JS (2006) Enhancing phototropic hydrogen production by solid-carrier assisted fermentation and internal optical-fiber illumination.Process Biochem 41:2041-2049

Das D, Khanna N, Veziroğlu TN (2008) Recent developments in biological hydrogen production processes.Chem Ind Chem Eng Q 14(2):57-67

Das D, Veziroglu TN (2001) Hydrogen production by biological processes: a survey of literature.Int J Hydrogen Energy 26:13-28

Fascetti E, Todini O (1995) Rhodobacter sphaeroides RV cultivation and hydrogen production in a one-and two-stage chemostat.Appl Microbiol Biotechnol 22:300-305

Fedorov AS, Tsygankov AA, Rao KK, Hall DO (1998) Hydrogen photoproduction by Rhodobacter sphaeroides immobilised on polyurethane foam.Biotechnol Lett 20:1007-1009

Ferchichi M, Crabbe E, Gil GH, Hintz W, Almadidy A (2005) Influence of initial pH on hydrogen production from cheese whey.J Biotech 120:402-409

Ishikawa M, Yamamura S, Tamkamura Y, Sode K, Tamiya E, Tomiyama M (2006) Development of a compact high-density microbial hydrogen reactor for portable bio-fuel cell system.Int J Hydrogen Energy 31(11):1484-1489

Kapdan IK, Kargi F (2006) Bio-hydrogen production from waste materials. Enzyme Microb Technol 38:569-582

Kondo K, Wakayama T, Miyake J (2006) Efficient hydrogen production using a multilayered photobioreactor and a photo synthetic bacterium with reduced pigment. Int J Hydrogen Energy 31:1522-1526

Kumar N, Das D (2001) Enzyme Continuous hydrogen production by immobilized Enterobacter cloacae IIT-BT 08 using lignocellulosic materials as solid matrices. Microbiol Technol 29:280-287

Lee KS, Lo YC, Lin PJ, Chang JS (2006) Improving biohydrogen production in a carrier induced granular sludge bed by altering physical configurarion and agitation pattern of the bioreactor. Int J Hydrogen Energy 31:648-1657

Levin DB, Pitt L, Love M (2004) Biohydrogen production: prospects and limitations to practical application. Int J Hydrogen Energy 29:173-185

Liu H, Got S, Logan BE (2005) Electrochemically assisted microbial production of hydrogen from acetate. Environ Sci Technol 39(11):4317-4320

Melis A, Zhang L, Forestier M, Ghirardi ML, Seibert M (2000) Sustained photobiological hydrogen gas production upon reversible inactivation of oxygen evolution in the green alga. Chlamydomonas reinhardtii. Plant Physiol 122(1): 127-136

Miyake M, Sekine M, Vasilieva LG, Nakada E, Wakayama T, Asada TY (1998) Miyake J. In: Zaborsky OR, Benemann JR, Matsunaga T, Miyake J, San Pietro A (eds) BioHydrogen. Plenum Press, New York, pp 81-86

Morimoto K, Kimura T, Sakka K, Ohmiya K (2005) Overexpression of a hydrogenase gene in Clostridium paraputrificum to enhance hydrogen gas production. FEMS Microbiol Lett 246:229-234

Nath K, Das D (2004) Biohydrogen production as a potential energy resource-Present state of art. J Sci Ind Res 63: 729-738

O-Thong S, Prasertsan P, Intrasungkha N, Dhamwichukorn S, Birkeland NK (2007) Improvement of biohydrogen production and treatment efficiency on palm oil mill effluent with nutrient supplementation at thermophilic condition using an anerobic sequencing batch reactor. Enzy Microb Technol 41:583-590

Pan J, Zhang R, El-Mashad HM, Sun H, Ying Y (2008) Effect of food to microorganism ratio on biohydrogen production from food waste via anaerobic fermentation. Int J Hydrogen Energy 33:6968-6975

Reith ZH, Wijffelo RH, Barten H (2003) Bio-methane and Bio-hydrogen: Status and perspective of biological methane and hydrogen production. Dutch Biological Hydrogen Foundation, The Hague

Ren NQ, Li JZ, Li BK, Wang Y, Liu SR (2006) Biohydrogen production from molasses by anaerobic fermentation with a pilot scale bioreactor system. Int J Hydrogen Energy 31:2147-2157

Schotz F, Schroder U (2003) Baterial batteries. Nature Biotechnol 21:3-4

Thauer RK, Jungermann K, Decker K (1977) Energy conservation in chemotrophic anaerobic bacteria. Bacteriol Rev 41: 100-180

Tsygankov AA, Hirata Y, Miyake M, Asada Y, Miyake J (1994) Photobioreactor with photosynthetic bacteria immobilized in porous-glass for hydrogen photoproduction. Ferment Bioeng 77:575-578

Van GSW, Oh SE, Logan BE (2005) Biohydrogen gas production from food processing and domestic wastewaters. Int J Hydrogen Energy 30:1535-1542

Venkata MS, Lalit BV, Sarma PN (2007) Anaerobic biohydrogen production from diary wastewater treatment in sequencing batch reactor (AnSBR): effect of organic loading rate. Enzy Microb Technol 41:506-515

Vijayaraghavan K, Ahmad D (2006) Biohydrogen generation from palm oil mill effluent using anaerobic contact filter. Int J Hydrogen Energy 31:1284-1291

Vijayaraghavan K, Soom MAM (2006) Trends in bio-hydrogen generation-a review. Environ Sci 3(4):255-271

Wu KJ, Chang CF, Chang JS (2007) Simultaneous production of biohydrogen and bioethanol with fluidized-bed and packed-bed bioreactors containing immobilized anaerobic sludge. Process Biochem 42:1165-1171

Wu KJ, Chang JS (2007) Batch and continuous fermentative production of hydrogen with anaerobic sludge entrapped in a composite polymeric matrix. Process Biochem 42:279-284

Yokoi H, Mori S, Hirose J, Hayashi S, Takasaki Y (1998) Factors affecting hydrogen production from cassava wastewater by a co-culture of anaerobic sludge and Rhodospirillum rubrum. Biotechol Lett 20: 890

Yoshida A, Nishimura T, Kawaguchi H, Inui M, Yukawa H (2006) Enhanced hydrogen production from formic acid by formate hydrogen lyase-overexpressing escherichia coli strains. Appl Microbiol Biotechnol 71(11): 6762-6768

Zhang T, Liu H, Fang HHP (2003) Biohydrogen production from starch in wastewater under thermophilic condition. J Environ Mang 69: 149-156

Zurrer H, Bachofen R (1979) Hydrogen production by the photosynthetic bacterium Rhodospir-illum rubrum. Appl Environ Microbiol 37: 789-793

第 13 章 微藻生物制氢

摘要：藻类生物制氢被认为是不会造成空气污染和全球气候变暖的理想能源，因为这种技术降低了能耗，并且以一种可持续和生态友好的方式保护了环境。从可持续评价方面考虑，全生命周期评价方法是中肯的，它能避免问题的偏移，也能够评价一个产品在整个生命周期对环境的影响和资源消耗，以及对自然环境、人类健康和资源的贡献。藻类生物制氢的全生命周期评价(LCA)能够在技术改进及政策制定方面发挥重要作用。

13.1 引言

为未来找到充足的清洁能源供应是人类面临的最大挑战之一，并且与全球稳定、经济繁荣、生活质量有密切联系(Singh et al 2010a，b，2011a)。目前，大部分能量需求都由化石能源满足。全球石油需求从 1973 年的 2.85Gt/a(57Mbbl/d)稳步增长到 2009 年的 4.25Gt/a (85Mbbl/d)，并且将随着世界经济的发展继续增长(Saraf，Hastings 2011)。不断增长的能源需求会加速有限的化石能源的枯竭。作为世界最主要的石油出口国之一的阿拉伯联合酋长国，到 2015 年和 2042 年时，其石油和天然气分别将不能满足增长的需求(Kazim，Veziroglu 2001)。埃及的化石燃料资源在 10~20 年间将被消耗殆尽(Abdallah et al 1999)。化石能源生产的燃料在燃烧的过程中会对大气造成污染，除释放温室气体 CO_2 以外，产生的空气污染物还包括 NO_x、SO_x、CO、固体颗粒物和挥发性的有机化合物(Klass 1998)。为了减缓全球变暖，相关缔约国在《京都议定书》以及在即将到来的“哥本哈根扩大会议”上承诺要减少温室气体的排放，尤其是减少化石能源燃烧过程中排放到大气中的 CO_2。

化石燃料的原料在不断减少同时，增加了环境中二氧化碳的含量，因此现在

本章作者：Dheeraj Rathore[1]，Anoop Singh[2]

作者单位：1.坦桑尼亚多多马大学(University of Dodoma)生物科学学院保育生物学系；2.印度环境发展和可持续性蓬勃发展领域研究所(The Flourish Realm Institute of Environmental Development and Sustainability)

电子邮件：rathoredheeraj5@gmail.com；apsinghenv@gmail.com

一致认为化石燃料的继续使用难以为继。可再生的碳平衡的能源资源对环境和经济的可持续性发展是必需的(Prasad et al 2007a,b;Singh,Olsen 2011)。在过去的几年中，对能源的研究已经出现了几种可再生和可持续发展的替代能源资源(Nigam,Singh 2011;Singh et al 2011b,2012)。正如赫弗特等(Hoffert et al 2002)描述的那样,未来减少能源产生生态足迹的方式将是多层面的,包括氢能、生物能、风能、核能、太阳能以及碳固定的化石能源。

氢气由于其可再生性、燃烧过程中不会产生温室气体 CO_2、燃烧时单位质量释放出大量的能量、通过燃料电池很容易转化为电能等优势,被看做是未来能源载体强有力的候选者(www.oilgee.com,2012)。将氢气用于燃料电池产生电能时不会副产二氧化碳,因此氢能是一种清洁的可再生能源资源。20 世纪 90 年代末,由于可持续产氢技术获得了的突破,但问题在于它是如何生产出来的。虽然生物质制氢(Hydrogen Biogas)在实验室水平可以有效生产,但是目前世界上生物质产氢还没有实现商业化(Zhu,Beland 2006)。

H_2 是藻类和细菌领域的主产品。大自然已经创造出用阳光氧化水的生物反应(光合作用,oxygenic photosynthesis)和利用电子产生 H_2 的酶(氢化酶)。氧气对氢化酶的功能会产生不利的影响(Erbes et al 1979;Ghirardi et al 2000),同时会加强抑制氢化酶基因的表达(Florin et al 2001;Happe,Kaminski 2002)。加夫隆(Gaffron 1939,1940)发现了属于真核生物的单细胞绿藻在光合反应中的氢代谢过程。加夫隆观测到在厌氧条件下,绿藻门的斜生栅藻(*Scenedesmus obliquus*)要么在黑暗条件下利用 H_2 作为电子供体固定 CO_2(Gaffron,1944),要么在有光条件下放出氢气(Gaffron,Rubin 1942)。

本章对到目前为止微藻高效制氢来替代化石燃料的可行性,以及存在的困难进行深入地分析。

13.2 微藻制取 H_2 的可持续性

藻类是最古老的生命形式之一,它们是古老的植物,拥有叶状体结构和赤裸的可再生细胞，并且利用叶绿素 a (Chlorophyll a) 作为主要的光合作用色素(Lee 1980)。藻类的组织构造主要是为细胞自身生长转化能量,这种简单的生长模式使得它们在适应环境条件和繁衍发展上具有优势。

原则上,对绿藻产生兴趣来自于以下事实,即它们可以从大量的自然资源、阳光和水中通过高效的光合作用生产有价值的燃料 H_2(Meils,Happe 2004)。在理想的生长环境中,绿藻以极高的速率生长,其生物量在实验室培养时可达到每 6h 内翻一番,在大规模培养时每 24h 翻一番(Smith et al 1990)。第一篇关于微藻制 H_2

的科学研究文献是加夫隆和鲁宾(Gaffron，Rubin 1942)报道的，他们证明了经过一段时间黑暗厌氧的适应，斜生栅藻在黑暗条件下以低速生产 H_2，在光刺激下大量生产 H_2，但这只是发生在相对短暂的一段时间内。其他值得注意的现象是添加解聚剂和降低 CO_2 浓度能够刺激绿色微藻光驱产 H_2。

斯图尔特和加夫隆(Stuart，Gaffron 1972)曾写道："我们推断，所有被测试的微藻能将非循环的电子流通过光合系统Ⅰ(PSI)转移到氢化酶上，利用光生产 H_2。其他的研究者研究其他单细胞微藻，包括小球藻(*Chlorella*)(Spruit 1958；Kessler 1973)、衣藻(*Chlamydomonas*)(Frenkel 1952；Frenkel，Lewin 1954；McBride et al 1977；Greenbaum 1982，1988；Maione，Gibbs 1986a，b) 和其他相关微生物(Miura et al 1986，1992)，大多数得到的结论与加夫隆一致。到目前为止，蓝细菌和绿藻是已知仅有的可以同时光合产氧又释放氢的微生物(Schutz et al 2004)。大多数蓝细菌生产 H_2 的过程伴随着氮的固定，单细胞绿藻利用光合作用产生的电子用于 H^+的还原。凯斯勒(Kessler 1974)总结了一篇综述文章的相关信息，得出的结论是大多数但不是所有的绿藻藻种都可以进行产 H_2 的代谢作用。尽管如此，由于很多基础理论方面和实验结果都表明绿藻通过光合作用能生产 H_2 分子，这引起了学术界的兴趣和关注(Melis，Happe 2001)。

13.3 生产路线

氢是在已知的燃料中单位质量拥有最大能量的载体，可以通过多种方式生产(Hallenbeck，Benemann 2002；Levin et al 2004)。遗憾的是，当前主要的制氢方法——电解水和富氢化合物热催化重整，都需要通过不可再生资源输入大量的能量(Levin et al 2004)。生物制氢通过微生物把生物质或太阳能转化为氢气，解决了这一问题(Hallenbeck，Benemann 2002；Das，Veziroglu 2001)。虽然加夫隆和鲁宾(Gaffron，Rubin 1942) 考虑过水和碳水化合物都作为 H_2 转化过程中的电子来源，但是他们更倾向于以后者作为主要原料。斯普鲁伊特(Spruit 1958)发现的证据支持水才是制氢反应中电子的主要供体。

绿藻的叶绿体、类囊体膜上发生的光合作用反应如图 13.1 所示。在光合作用中，由太阳光激发的能量从光合系统Ⅱ(PSⅡ)捕光复合体(LHC)中的天线色素转移到反应中心的光敏叶绿体分子 (P680) 上，从而形成了具有强氧化性的原子团 $P680^+$。它通过一系列的氧化活性组分，包括络氨酸 Z 残基(Y_Z)和类囊体旁细胞腔内的 Mn_4O_4Ca 簇，可以在 PSⅡ的放氧复合体(OEC)中催化氧化水(Goussias et al 2002；Kern，Renger 2007；Barber 2008)。$P680^+$释放的电子被叶绿素中不含 Mg 的带负电荷的原子团——脱镁叶绿素(Pheo)接收。还原态的 Pheo 将多余的一个电子迅速传递给 PSⅡ的初级醌分子(Q_A)。Q_A 作为单电子的载体与 PSⅡ紧紧结合在一起。通过 Q_A,一个电子被转移到二级的醌分子(Q_B),它是一个双电子双质子的受体。在双还原和双质子化的形态下,Q_BH_2 与 PSⅡ疏松地连在一起,因此它可以被氧化态的 Q_B 从质体醌(PQ)库中置换出来。之后,一个电子经由 PQ 库、细胞色素 b_6f 复合体(cyt b_6f)和质体蓝素(PC),进一步运输给 PSⅠ。随后,在光的激发下,PSⅠ通过一系列的电子载体,包括叶绿素 P700 和 A_0、醌 A_1 以及铁–硫簇 F_X、F_A 和 F_B,将一个电子传递给可溶性的铁氧化还原蛋白(Fd)。在基质中,一个电子从还原态 Fd 转移到 $NADP^+$,在铁氧还蛋白–NADP–还原酶(FNR)的催化过程中参与 NADPH 的形成。在叶绿体中,NADPH 被用做暗反应中固定二氧化碳的还原力(Bassham et al 1950)。这条电子运行路径与线性电子运输原理(LET)相一致(Antal et al 2011)。但是,在 PSⅠ周围一个号称的电子运输环(CET)中,电子可以改变方向,通过假定的铁氧还蛋白–醌–还原酶(FQR)变为从还原态的 Fd,回到 PQ 库中(Moss,Bendall 1984)。在适应黑暗或者面对不同环境压力的植物中,在 FNR 变得不活跃或者二氧化碳固定的进程速率很低的情况下,这个 CET 会被引发 (Golding,Johnson 2003;Breyton et al 2006)。

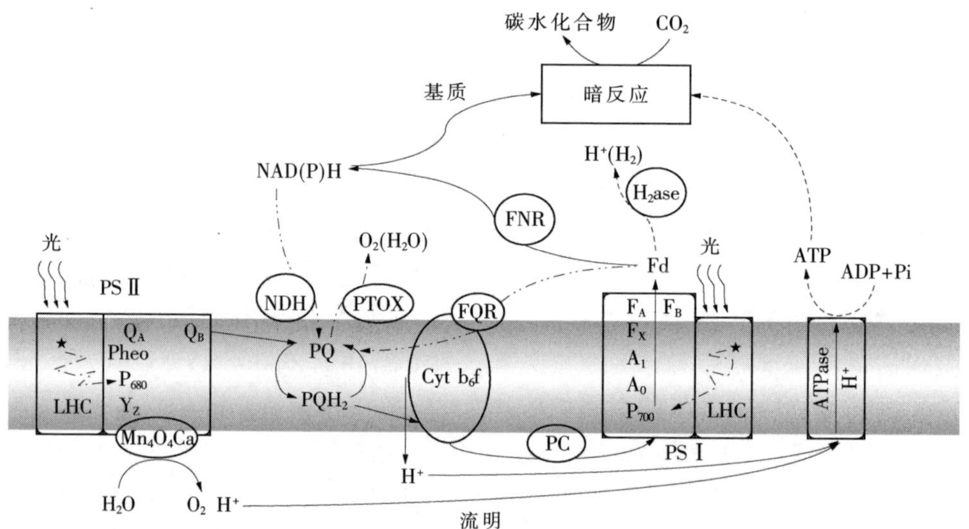

图 13.1 绿藻叶绿体的类囊体内腔上光合作用机制概况(Antal et al 2011)

说明:点划线表示的是激发电子从触角到反应中心的转移路线;主要的电子转移路径由实线表示;涉及到叶绿体呼吸作用的 PSⅠ周围的循环电流以及梅勒反应(Mehler reaction)用双点划线表示;点划线表示厌氧条件下诱导氧敏感电子的传输途径;伴随反应发生的质子梯度的产生以及 ATP 的合成用断线表示

藻类产生的 H_2 主要基于光合作用的光对水分子的光解反应。产生 H_2 是许多光营养生物体的本性(Weaver et al 1980;Appel,Schulz 1998;Asada,Miyake 1999;Boichenko et al 2001)。能产生 H_2 的微生物包括来自真核生物与原核生物不同属的几百个物种(Boichenko,Hoffmann 1994)。产氧光合作用生物体(例如植物、绿藻、红藻、褐藻、黄藻和蓝藻)利用水作为光合作用中的质子和电子来源。在这些生物体中只有绿藻和蓝藻表现出可以持续产生氢气的能力(Hall et al 1995;Melis et al 2000;Sakurai et al 2004)。绿藻中调节 H_2 产生的酶是可逆的(或者双向的)氢化酶,可以催化下面没有 ATP 输入铁氧还蛋白(Fd)连接的反应(Boichenko,Hoffman 1994):

$$2H^{+}+2e^{-} \xleftrightarrow{\text{氢化酶}} H_2$$

通过藻类生物质生产可用的 H_2 能源过程可被划分为两类:热化学过程和生物过程。热化学过程主要有 4 种:燃烧、高温分解、液化和气化。生物过程主要有 5 种:直接生物光解、间接生物光解、生物水气转换反应、光发酵和暗发酵(Ni et al 2006)。本章仅限于藻类生物方式产 H_2,因此仅对直接光解和间接光解的细节进行介绍。

13.3.1 直接光解

德国植物生理学家汉斯·加夫隆(Hans Gaffron 1939)发现了绿藻中氢的新陈代谢。直接光解以藻类将水分子直接分解为氢气和氧气的能力为基础,通过水分解过程提取的质子和电子,被一种叶绿体氢化酶重新组合成氢气分子,其纯度可以达到 98%(Hankamer et al 2007)。依靠光合作用的绿藻和蓝藻都是可持续制氢的起点。将太阳能变为氢能的转化始于天线色素(antenna pigments),例如叶绿素、类胡萝卜素和藻胆体(Prince,Kheshgi 2005)。包括绿藻在内的大多数产氧光合生物体中,捕光色素通常有两个系统——PS Ⅰ 和 PS Ⅱ(见图 13.1;Nelsonand,Yocum 2006)。安塔尔等(Antal et al 2011)综述了绿藻中的光吸收、电子转移和质子产生的过程。在绿藻中,氢的形成是通过(Fe–Fe)–H_2ase 调节的(Ghirardi et al 2007)。最近有文献报道了该酶的晶体结构(Stripp et al 2009)。这个酶催化一个简单的可逆反应:

$$2H^{+}+2Fd_{\text{还原}} \longleftrightarrow H_2+2Fd_{\text{氧化}}$$

反应向平衡的右侧强烈移动。(Fe–Fe)–H_2ase 具有极高的产氢效率,室温下每一个酶分子每秒可以生产 10000 个气体分子(Hatchikian et al 1992)。

遗憾的是,绿藻中可逆的氢化酶对 O_2 高度敏感,酶的活性在片刻内会不可逆性地失活(Ghirardi et al 1997)。因此,藻类养殖中通过水直接光解产生 H_2 很难持续。至今,氢化酶对一般光合作用产生 O_2 的敏感,限制了绿藻在制氢系统应用的可能性。化学和机械的方法都被应用于移除藻细胞光合作用中产生的 O_2。这些方法包括:添加 O_2 清除剂(Ghirardi et al 1997);使用附加的还原剂(Randt,Senger 1985);用惰性气体净化培养(Greenbaum 1982;Gfeller,Gibbs 1984)。但是所有这些方法大规模应用成本太高,不太可能会应用于生产系统实践。

13.3.2 间接光解

氢化酶对氧的敏感问题可以通过分离水解反应的空间或者时间以及氢气的转化得以解决。现在,人们已经开发了很多不同的间接生物光解方法,但是在大多数的方法中,第一步是促进光合生物体大量生长,以获得富含碳水化合物的物质;第二步通常为生物质发酵制氢 (Hallenbeck,Benemann 2002;Levin et al 2004;Zaborsky 1998)。第一步固定 CO_2,提供生物质并存储碳水化合物;第二步利用这些存储物生产氢气(Juanita,Wang 2009)。第二个阶段中,藻被置于无硫的条件下,导致厌氧条件的产生,从而刺激氢气的持续产生(Melis,Happe 2001)。但是,这个过程不如直接生物光解反应的效率高 (Prince,Kheshgi 2005)。高德纳克(Gaudernack 1998)解释了间接生物光解反应的四步过程:①光合作用生产生物质;②生物质浓缩;③藻细胞在有氧黑暗条件下发酵,每摩尔葡萄糖产出 4mol 氢气,伴随产生 2mol 醋酸盐;④将 2mol 醋酸盐单独转化为氢气。

梅利斯等 (Melis et al 2000) 报道了用绿藻门的莱茵衣藻(*Chlamydomonas reinhardtii*)生产 H_2 的过程,通过缺硫的细胞实现了光合作用产生的 O_2 与 H_2 的及时分离。在这些条件下,生物合成光和作用蛋白受阻,该藻继而开始呼吸早先通过光合作用产生的 O_2。因为 O_2 被消耗了,一系列的多种发酵路径都将会开启,包括损坏的蛋白质的退化以及存储的碳水化合物产生 H_2。

13.4 藻类工程

现在,在分子水平上理解生物系统中氢的产生和利用是能源研究非常重要的目标。我们的星球在很早以前是还原性大气条件(也就是缺少大量的氧气),氢气原本是生物体至关重要能量来源,但是随着可以更有效利用光能的光合系统结构的发展,这个过程逐渐丧失了它的重要地位,尤其是 PSⅠ和 PSⅡ被整合进一个光引发的光合系统电子传输链(ET)中。这个光合系统在 PSⅡ中利用光甚至可以氧化水,提供充足的能源。氢相关的流程不再成为大多数细胞生存所必需的重要核心。因此,耐氧氢化酶的结构没有强大的进化压力。同时,通过分解水,大气中氧气含量增加致使这些酶被停止使用(Horner et al 2002)。

今天,氢化酶依然存在于细菌和微藻中(也就是蓝藻和单细胞绿藻),但是它们的基因大多数在厌氧的条件下才表达,其主要功能有两个:或者在非最佳条件下提供替代的电子源用以维持生存,或者作为一种安全阀捕获电子用来阻止电子运输链过度还原的危险(Appel,Schulz 1998)。在自然界最主要的氢化酶有三种不同类型:[Fe]型、[NiFe]型、[Fe-S 簇自由]型(Lyon et al 2004)中。属于[Fe]型的氢化酶通常是最简单的 (在衣藻中只有一个亚组), 同时在如今已知的绿藻氢化酶中,又是最活跃的(Happe et al 2002;Girbal et al 2005)。

氢化酶是一种类型独特的酶,可催化生物中最简单的分子 H_2 的合成与分解。这个看上去不难的目标是通过复杂的大分子结构得以实现的。氢化酶是一种金属酶,含有 Ni 和 Fe,或者只有 Fe 原子,在其活性中心排列成特殊结构。氧化-还原反应的金属酶总体来说对很多因素非常敏感而易失活, 包括氧气、高温、CO、CN 以及多种其他环境因素。氧化失活被认为是 O_2 与[2Fe-2S]中心在催化 H-簇上发生了直接相互作用(Adams 1990;Chen et al 2002)。光合产氢的最佳条件要求氢化酶具有耐氧的特点,因为 HydA 的金属簇活性中心是氧不稳定的(Beer et al 2009)。

近来有关[FeFe]氢化酶的基因鉴定(Posewitz et al 2004;Girbal et al 2005;McGlynn et al 2008)、[NiFe]氢化酶的成熟和规律(Schubert et al 2007;Ludwig et al 2009)以及两种类型的酶的异源表达系统(Posewitz et al 2004;Girbal et al 2005;Lenz et al 2005;King et al 2006;Sybirna et al 2008)方面的发展,使得生物化学法表征氢化酶成为可能,不需要控制氢化酶的内在机制,只需要通过生物体的异源表达。因此,通过生物探索的努力,经由异源表达的研究,目标基因的特性可以从遗传学和生物学的角度得以识别。此外,与生物能源相关的其他关键酶的编码基因的天然丰度可以被检出, 利用相似的研究方法可以使之得以利用(Beer et al 2009)。

[Fe]-氢化酶基因(也叫作 HydA)在不同的绿藻中被鉴别出来(Florin et al 2001;Wunschiers et al 2001;Winkler et al 2002,2004;Forestier et al 2003)。HydA 的编码序列显示其具有一种典型的拥有 7 个内含子和 8 个外显子的核基因编码的镶嵌结构。有文献报道,单细胞绿藻——斜生栅藻(*S. obliquus*)(Florin et al 2001;Wunschiers et al 2001)、小球藻(*Chlorella fusca*)(Winkler et al 2002)和衣藻(*Chlamydomonas moewusii*)(Winkler et al 2004)中的氢化酶基因同样被克隆和导出。在斜生栅藻中的 HydA 基因的 DNA 基因组包括 5 个内含子和 6 个外显子,它编码的蛋白质相对分子质量可达到 44500(44.5kDa)(Florin et al 2001)。

所有的[Fe]-氢化酶包括 1 个[2Fe-2S]簇和 1 个[4Fe-4S]簇通过胱氨酸残基桥联的催化中心(H-簇),以及少数配位体(比如 CO、CN 和二巯基甲胺)(Fan,Hall

2001;Nicolet et al 2001)。其他3个保留的胱氨酸残基将H–簇绑定在基质蛋白上。大多数这些酶也包括额外的铁–硫中心，作为电子从给体到受体的转移载体(Peters 1999;Nicolet et al 2000)。但是,绿藻中的酶没有这些辅助因子(Florin et al 2001;Forestier et al 2001;Wünschiers et al 2001;Happe,Kaminski 2002;Winkler et al 2002)。

近年来，在鉴别微藻有关的生物能源基因和形成路径方面取得了长足的发展,利用一些菌株经由内源基因的目的性破坏和/或转基因表达,强大的基因技术发展为基因工程。总之,在这个领域上已经取得的成果,让我们有能力在基因层面上优化生物燃料的目标产品(Beer et al 2009)。一些研究表明,突变可以用来减少氢化酶对 O_2 的敏感度,这样最终导致系统可在无氧条件下产生 H_2(McTavish et al 1995;Ghirardi et al 1997;Seibert et al 2001;Flynn et al 1999,2002)。藻类基因最显著的优势之一是衣藻(*C. reinhardtii*)的基因沉默策略的进一步发展。近来还报道了高通量人工 miRNA(amiRNA)基因拆卸技术,该技术非常稳定,而且效率高(Molnar et al 2009;Zhao et al 2009)。

13.5 可持续性

可持续发展的这个概念虽被广泛使用,但由于其具有多种内涵而引起了多种不同的回应。广义来说,可持续发展是结合关注度持续增长的一些列环境问题和社会经济问题的尝试。可持续发展意味着从环境影响和能源效率的观点出发平稳变换为更高效的技术(Dincer 2008)。新型氢燃料电池技术比传统能源技术更加清洁高效,被认为是理想的未来可持续能源系统的支柱之一(Kwak et al 2004)。生物制氢展现出一条满足未来氢经济所需的大规模可持续生产 H_2 的康庄大道。

氢气因其产量大和不造成污染的特性成为了一种清洁、可再生的理想的未来能量载体。大量的细菌、蓝细菌和藻类可以通过水、太阳能和一系列有机基质生产氢气。H_2 被认为是未来最有希望燃料之一(Abraham 2002;EU Commission 2002;Koizumi 2002)。美国、欧盟和日本已经着手建设 H_2 燃料站;同时,汽车制造商已经大量投资发展 H_2 燃料电池汽车(Hankamer et al 2007)。

在已知的燃料中,氢拥有最高的单位质量能量,并且可以通过多种方式生产(Hallenbeck,Benemann 2002;Levin et al 2004)。氢气无论用于燃烧还是在燃料电池中使用,其副产物只有纯水,这使其成为极具吸引力的环保能源载体(Oh et al 2003;Lin,Lay 2004)。

13.6 生命周期评价

生命周期评价(Life Cycle Assessment,LCA)是一种通过考查自然环境、人类健康和资源使用等所有方面,评价产品全生命周期中对环境影响和资源使用的工具(Singh et al 2010c;Korres et al 2010)。在 LCA 研究中,LCA 基于的指示因子可能是从环境影响、不同服务和商品的间接自然资源消耗方面比较替代能源路线的有效工具(Rodríguez et al 2011)。从总体能量平衡来说,使用氢气作为汽车燃料看上去确实没有汽油好,但是作为唯一的无碳燃料(non-carbon),如果一些难题得到解决,藻类生物制氢将是意义重大的。目前,用全生命周期评价环境影响和效益的调查研究鲜有报道。利用 LCA 的研究只有几篇文献是关于生物制氢的。

LCA可以比较不同的生物制氢方法,同时鉴别出整个过程中的环境"热点"。业内的不同研究人员分析的结果可以发现所选出的生态指标的价值,从而可以选择最佳的最初数据用于生命周期分析,以评价生物制氢的效率。这些生态指标用以衡量生物制氢系统对资源的要求(Romagnoli et al 2011)。

罗马格诺里等(Romagnoli et al 2011)应用 LCA 的研究方法鉴别和评估了采用光合作用技术生产生物氢的全供给链在整个生命周期中对环境和人类健康的影响。该研究分析了 6 种生物制氢方法:

① 缺硫胁迫下的衣藻制氢的光生物循环。

② 绿藻利用氢化酶在放氧光合作用中伴生 H_2。

③ 蓝细菌利用固氮酶在放氧光合作用中伴生 H_2。

④ 蓝细菌利用固氮酶在无氧光合作用中伴生 H_2。

⑤ 间接微藻生物光解(衣藻)。

⑥ 发酵(两步生物反应器法)。

该研究结果为进一步实现合理的工业化生物制氢指出了下一步的研究方向。罗马格诺里和他的合作者认为,用生物氢比利用化石燃料发电具有更好的环境效益,同时他们声称生物制氢发电对气候变化和人类健康有积极的影响。LCA 研究法可进一步用于鉴别在科技进步、政策制定和氢市场不断发展的附加优势对环境改善的影响。在藻类生物制氢用于商业规模的应用和为之制定相关政策之前,采用 LCA 对其进行研究是非常重要的。

13.7 技术壁垒

根据爱德华兹等(Edwards et al 2006)的观点,氢经济可能会存在以下科学和技术方面的挑战:

① 降低氢气生产的成本,达到与化石能源相当的水平。

② 从具有竞争力的价格上发展无二氧化碳可持续生产大量氢气的路线。

③ 发展安全有效的国家级基础建设,用于氢气的存储和分销。

④ 发展可行的氢存储系统,用于车载和固定站点的使用。

⑤ 大幅降低燃料电池系统的成本并显著提高其耐用年限。

13.8 前景展望

文森特·罗斯内(Vincent Rosner)在第十九届氢能源大会(19th World Hydrogen Energy Conference)(Rosner 2012)的报告中指出,为了将藻类生物制氢作为未来的可持续能源资源,需要着重注意以下几点:

① 发展高重复使用率(>100 次)的电池设计;

② 设计工业生产工厂;

③ 充分利用生物质;

④ 过程工程构成的灵活性改进;

⑤ 充分利用太阳光;

⑥ 建立评估体系和标准。

绿藻制氢技术具有现实意义,因为它与全世界的能源供给问题息息相关。藻类生物制氢在积极改善能源供需平衡、减缓全球变暖、减轻环境污染方面有优势,因为氢气从水中产生,同时水是其燃烧的唯一副产品。光合作用显示藻类生物制氢会带来很多方面的技术进步, 同时多种应用技术会被发明出来(Melis,Happe 2004)。目前,藻类生物制氢比化石能源更昂贵,如果技术进步可以成功降低它的成本,长期来看,藻类制氢很可能在经济发展中扮演重要角色。藻类生物制氢有潜力解决为了满足能源需求的一切经济制约。

13.9 结论

生物制氢被认为是从可再生资源中产生的最清洁的能量载体。大多数的藻类和蓝细菌在有水和 CO_2 作为原料的情况下,利用独特种类的酶(如氢化酶)可以产生 H_2。虽然,近来取得了一些进展,生物制氢的实践应用还需要长期发展。时代发展要求吸纳氢作为主要的燃料资源,在大规模工业应用前,各个领域上有很多技术难题需要解决。该领域的深入研发在世界各地广泛开展。LCA 将会在评估藻类生物制氢的可持续性以及制定相关的政策方面发挥积极作用。

参考文献

Abdallah MAH, Asfour SS, Veziroglu TN (1999) Solar-hydrogen energy system for Egypt. Int J Hydrogen Energy 24: 505-517

Abraham S (2002) Toward a more secure and cleaner energy future for America: national hydrogen energy roadmap; production, delivery, storage, conversion, applications, public education and outreach. US Department of Energy, Washington

Adams MWW (1990) The structure and mechanism of iron hydrogenases.Biochim Biophys Acta 1020:115–145

Antal TK,Krendelev TE,Rubin AB (2011) Acclimation of green algae to sulfur deficiency:underlying mechanisms and application for hydrogen production.Appl Microbiol Biotechnol 89:3–15

Appel J,Schulz R (1998) Hydrogen metabolism in organisms with oxygenic photosynthesis:hydrogenases as important regulatory devices for a proper redox poising? J Photochem Photobiol 47:1–11

Asada Y,Miyake J (1999) Photobiological hydrogen production.J Biosci Bioeng 88:1–6 Barber J (2008) Crystal structure of the oxygen–evolving complex of photosystem II.Inorg Chem 47:1700–1710

Bassham J,Benson A,Calvin M (1950) The path of carbon in photosynthesis.J Biol Chem 185:781–787

Beer LL,Boyd ES,Peters JW,Posewitz MC (2009) Engineering algae for biohydrogen and biofuel production.Curr Opin Biotechnol 20:264–271

Ben–Amotz A,Avron M (1990) The biotechnology of cultivating the halotolerant alga Dunaliella.Trends Biotechnol 8:121–128

Boichenko VA,Hoffmann P (1994) Photosynthetic hydrogen–production in prokaryotes and eukaryotes:occurrence,mechanism,and functions.Photosynthetica 30:527–552

Boichenko VA,Greenbaum E,Seibert M (2001) Hydrogen production by photosynthetic microorganisms.In:Archer MD,Barber J (eds) Photoconversion of solar energy:molecular to global photosynthesis,vol 2.Imperial College Press,London

Breyton C,Nandha B,Johnson GN,Joliot P,Finazzi G (2006) Redox modulation of cyclic electron flow around photosystem I in C3 plants.Biochem 45:13465–13475

Chen Z,Lemon BJ,Huang S,Swartz DJ,Peters JW,Bagley KA (2002) Infrared studies of the CO–inhibited form of the Fe–only hydrogenase from Clostridium pasteurianum I:examination of its light sensitivity at cryogenic temperatures.Biochem 41:2036–2043

EU Commission (2002) Commission launches high level group on hydrogen and fuel cells.EU Institutions Press,Brussels

Das D,Veziroglu TN (2001) Hydrogen production by biological processes:a survey of literature.Int J Hydrogen Energy 26:13–28

Dincer I (2008) Hydrogen and fuel cell technologies for sustainable future.Jord J Mech Ind Eng 2(1):1–14

Edwards PP,Kuznetsov V,David WIF,Brandon N (2006) Hydrogen and fuel cells:towards a sustainable energy future.Mini energy project,Foresight

Erbes DL,King D,Gibbs M (1979) Inactivation of hydrogenase in cell–free extracts and whole cells of Chlamydomonas reinhardtii by oxygen.Plant Physiol 63:1138–1142

Fan HJ,Hall MB (2001) A capable bridging ligand for Fe–only hydrogenase:density functional calculations of a low–energy route for heterocyclic cleavage and formation of dihydrogen.J Am Chem Soc 123:3828–3829

Florin L,Tsokoglou A,Happe T (2001) A novel type of iron hydrogenase in the green alga Scenedesmus obliquus is linked to the photosynthetic electron transport chain.J Biol Chem 276:6125–6132

Flynn T,Ghirardi ML,Seibert M (1999) Isolation of chlamydomonas mutants with improved oxygen–tolerance.In:Division of fuel chemistry preprints of symposia,218th ACS national meeting,vol 44.pp 846–850

Flynn T,Ghirardi ML,Seibert M (2002) Accumulation of multiple O_2–tolerant phenotypes in H_2–producing strains of Chlamydomonas reinhardtii by sequential application of chemical mutagenesis and selection.Int J Hydrogen Energy 27:1421–1430

Forestier M,Zhang L,King P,Plummer S,Ahmann D,Seibert M,Ghirardi M (2001) The cloning of two hydrogenase genes from the green alga Chlamydomonas reinhardtii.In:Proceedings of the 12th international congress on photosynthesis,Brisbane,Australia,http://www.publish.csiro.au/ps2001,CSIRO Publishing,Melbourne,Australia,18–23 Aug 2001

Forestier M,King P,Zhang L,Posewitz M,Schwarzer S,Happe T,Ghirardi ML,Seibert M (2003) Expression of two [Fe]

-hydrogenases in Chlamydomonas reinhardtii under anaerobic conditions.Eur J Biochem 270:2750-2758

Frenkel AW (1952) Hydrogen evolution of the flagellate green alga Chlamydomonas moewusi.Arch Biochem Biophys 38:219-230

Frenkel AW,Lewin RA (1954) Photoreduction by Chlamydomonas.Am J Bot 41:586-589

Gaffron H (1939) Reduction of CO_2 with H_2 in green plants.Nature 143:204-205

Gaffron H (1940) Carbon dioxide reduction with molecular hydrogen in green algae.Am J Bot 27:273-283

Gaffron H (1944) Photosynthesis,photoreduction and dark reduction of carbon dioxide in certain algae.Biol Rev Cambridge Philos Soc 19:1-20

Gaffron H,Rubin J (1942) Fermentative and photochemical production of hydrogen in algae.J Gen Physiol 26:219-240

Gaudernack B (1998) Photoproduction of hydrogen,IEA agreement on the production and utilization of hydrogen,annual report,IEA/H_2/AR-98

Gfeller RP,Gibbs M (1984) Fermentative metabolism of Chlamydomonas reinhardtii,I:analysis of fermentative products from starch in dark and light.Plant Physiol 75:212-218

Ghirardi ML,Togasaki RK,Seibert M (1997) Oxygen sensitivity of algal H_2-production.Appl Biochem Biotechnol 63-65:141-151

Ghirardi ML,Kosourov SN,Tsygankov AA,Seibert M (2000) Two phase photobiological algal H_2-production system.In: Proceedings of the 2000 DOE hydrogen program review.NREL/CP-70-28890

Ghirardi ML,Posewitz MC,Maness PC,Dubini A,Yu J,Seibert M (2007) Hydrogenases and hydrogen photoproduction in oxygenic photosynthetic organisms.Annu Rev Plant Biol 58:71-91

Girbal L,von Abendroth G,Winkler M,Benton PMC,Meynial-Salles I,Croux C,Peters JW,Happe T,Soucaille P (2005) Homologous and heterologous overexpression in Clostridium acetobutylicum and characterization of purified clostridial and algal Fe-only hydrogenases with high specific activities.Appl Environ Microbiol 71:2777-2781

Golding AJ,Johnson GN (2003) Down regulation of linear and activation of cycling electron flow during drought.Planta 218:107-114

Goussias C,Boussac A,Rutherford AW (2002) Photosystem Ⅱ and photosynthetic oxidation of water:an overview.Phil Trans R Soc Lond B357:1369-1381

Greenbaum E (1982) Photosynthetic hydrogen and oxygen production:kinetic studies.Science 196:879-880

Greenbaum E (1988) Energetic efficiency of hydrogen photo evolution by algal water splitting.Biophys J 54:365-368

Hall DO,Markov SA,Watanabe Y,Rao K (1995) The potential applications of cyanobacterial photosynthesis for clean technologies.Photosynth Res 46:159-167

Hallenbeck PC,Benemann JR (2002) Biological hydrogen production;fundamentals and limiting processes.Int J Hydrogen Energy 27:1185-1193

Hankamer B,Lehr F,Rupprecht J,Mussgnug JH,Posten C,Kruse O (2007) Photosynthetic biomass and H_2 production by green algae:from bioengineering to bioreactor scale-up.Physiol Plantarum 131:10-21

Happe T,Kaminski A (2002) Differential regulation of the Fe hydrogenase during anaerobic adaptation in the green alga Chlamydomonas reinhardtii.Eur J Biochem 269:1022-1032

Happe T,Winkler M,Hemschemeier A,Kaminski A (2002) Hydrogenases in green algae:do they save the algae's life and solve our energy problems? Trends Plant Sci 7:246-250

Hatchikian EC,Forget N,Fernandez VM,Williams R,Cammack R (1992) Further character-ization of the [Fe] hydrogenase from Desulfovibrio desulfuricans ATCC 7757.Eur J Biochem 209:357-365

Healey FP (1970) The mechanism of hydrogen evolution by Chlamidomonas moewusii.Plant Physiol 45:153-159

Hoffert MI,Calderia K,Benford G,Criswell DR,Green C,Herzog H,Jain AK,Kheshgi HS,Lackner KS,Lewis JS, Lightfoot HD,Manheimer W,Mankins JC,Manel ME,Perkins LJ,Schlesinger ME,Volk T,Wigley TML (2002) Advanced technology paths to global climate stability:energy for a greenhouse planet.Science 298(5595):981-987

Horner D, Heil B, Happe T, Embley M (2002) Iron hydrogenases, ancient enzymes in modern eukaryotes. Trends Biochem Sci 27: 148–153

Juanita M, Wang G (2009) Metabolic pathway engineering for enhanced biohydrogen production. Int J Hydrogen Energy 34: 7404–7416

Kazim A, Veziroglu TN (2001) Utilization of solar–hydrogen energy in the UAE to maintain its share in the world energy market for the 21st century. Renewable Energy 24: 259–274

Kern J, Renger G (2007) Photosystem II: structure and mechanism of the water: plastoquinone oxidoreductase. Photosynth Res 94: 183–202

Kessler E (1973) Effect of anaerobiosis on photosynthetic reactions and nitrogen metabolism of algae with and without hydrogenase. Arch Microbiol 93: 91–100

Kessler E (1974) Hydrogenase, photoreduction and anaerobic growth of algae. In: Steward WDP (ed) Algal physiology and biochemistry. Blackwell, Oxford

King PW, Posewitz MC, Ghirardi ML, Seibert M (2006) Functional studies of [FeFe] hydrogenase maturation in an Escherichia coli biosynthetic system. J Bacteriol 188: 2163–2172

Klass LD (1998) Biomass for renewable energy fuels and chemicals. Academic, New York, pp 1–2

Koizumi J (2002) Policy speech by prime minister Junichiro Koizumi to the 154th session of the diet. Office of the cabinet public relations, cabinet secretariat, Tokyo, Japan

Korres NE, Singh A, Nizami AS, Murphy JD (2010) Is grass biomethane a sustainable transport biofuel? Biofuels Bioprod Bioref 4: 310–325

Kwak HY, Lee HS, Jung JY, Jeon JS, Park DR (2004) Exergetic and thermo economic analysis of a 200 kW phosphoric acid fuel cell plant. Fuel 83(14–15): 2087–2094

Kyoto Protocol (1998) Kyoto protocol to the united nations framework convention on climate change, united nations, www.unfccc.int/essential_background/Kyoto Protocol/background/ items/1351.php

Lee RE (1980) Phycology. Cambridge University Press, New York

Lenz O, Gleiche A, Strack A, Friedrich B (2005) Requirements for heterologous production of a complex metalloenzyme: the membrane–bound [NiFe] hydrogenase. J Bacteriol 187: 6590–6595

Levin DB, Pitt L, Love M (2004) Biohydrogen production: prospects and limitations to practical application. Int J Hydrogen Energy 29: 173–185

Lin CY, Lay CH (2004) Effects of carbonate and phosphate concentrations on hydrogen production using anaerobic sewage sludge microflora. Int J Hydrogen Energy 29: 275–281

Ludwig M, Schubert T, Zebger I, Wisitruangsakul N, Saggu M, Strack A, Lenz O, Hildebrandt P, Friedrich B (2009) Concerted action of two novel auxiliary proteins in assembly of the active site in a membrane–bound [NiFe] hydrogenase. J Biol Chem 284: 2159–2168

Lyon EJ, Shima S, Buurmn G, Chowdhuri S, Btschauer A, Steinbach K, Thauer RK (2004) UV–A/blue–light inactivation of the ‘metal–free’ hydrogenase (Hmd) from methanogenic archaea. Eur J Biochem 271: 195–204

Maione TE, Gibbs M (1986a) Association of the chloroplastic respiratory and photosynthetic electron transport chains of C. reinhardii with photoreduction and the oxyhydrogen reaction. Plant Physiol 80: 364–368

Maione TE, Gibbs M (1986b) Hydrogenase–mediated activities in isolated chloroplasts of Chlamydomonas reinhardii. Plant Physiol 80: 360–363

McBride AC, Lien S, Togasaki RK, San Pietro A (1977) Mutational analysis of Chlamydomonas reinhardi: application to biological energy conversion. In: Mitsui A, Miyachi S, San Pietro A, Tamura S (eds) Biological solar energy conversion, Academic, New York, pp 77–86

McGlynn SE, Shepard EM, Winslow MA, Naumov AV, Duschene KS, Posewitz MC, Broderick WE, Broderick JB, Peters JW (2008) HydF as a scaffold protein in [FeFe] hydrogenase H–cluster biosynthesis. FEBS Lett 582: 2183–2187

McTavish H, Sayavedra–Soto LA, Arp DJ (1995) Substitution of Azotobacter vinelandii hydrogenase small subunit cysteins by serines can create insensitivity to inhibition by O_2 and preferentially damages H_2 oxidation over H_2 evolution.J Bact 177:3960–3964

Melis A,Happe T (2001) Hydrogen production:green algae as a source of energy.Plant Physiol 127:740–748

Melis A,Happe T (2004) Trails of green alga hydrogen research:from Hans Gaffron to new frontiers.Photosynth Res 80:401–409

Melis A,Zhang L,Foestier M,Ghirardi ML,Seibert M (2000) Sustained photobiological hydrogen gas production upon reversible inactivation of oxygen evolution in the green alga Chlamydomonas reinhardtii.Plant Physiol 122:127–133

Miura Y,Ohta S,Mano M,Miyamoto K (1986) Isolation and characterization of a unicellular green alga exhibiting high activity in dark hydrogen production.Agric Biol Chem 50:2837–2844

Miura Y,Matsuoka S,Miyamoto K,Saltoh C (1992) Stably sustained hydrogen production with high molar yield through a combination of a marine green alga and a photosynthetic bacterium.Biosci Biotechnol Biochem 56:751–754

Molnar A,Bassett A,Thuenemann E,Schwach F,Karkare S,Ossowski S,Weigel D,Baulcombe D (2009) Highly specific gene silencing by artificial microRNAs in the unicellular alga Chlamydomonas reinhardtii.Plant J 58:165–174

Moss DA,Bendall DS (1984) Cyclic electron transport in chloroplasts:the Q–cycle and the site of action of antimycin. Biochim Biophys Acta 767:389–395

Nelson N,Yocum CF (2006) Structure and function of Photosystems I and II.Annu Rev Plant Biol 57:521–565

Ni M,Leung DYC,Leung MKH,Sumathy K (2006) An overview of hydrogen production from biomass.Fuel Processing Technol 87:461–472

Nicolet Y,Lemon BJ,Fontecilla–Camps JC,Peters JW (2000) A novel FeS cluster in Fe–only hydrogenases.Trends Biochem Sci 25:138–142

Nicolet Y,deLancy AL,Vernede X,Fernandez VM,Hatchikian EC,Fontecilla–Camps JC (2001) Crystallographic and FTIR spectroscopic evidence of changes in Fe coordination upon reduction of the active site of the Fe–only hydrogenase from D.desulfuricans.J Am Chem Soc 123:1596–1601

Nigam PS,Singh A (2011) Production of liquid biofuels from renewable resources.Prog Energy Combust Sci 37:52–68

Oh YK,Park MS,Seol EH,Lee SJ,Park S (2003) Isolation of hydrogen–producing bacteria from granular sludge of an upflow anaerobic sludge blanket reactor.Biotechnol Biopro Eng 8:54–57

Peters JW (1999) Structure and mechanism of iron–only hydrogenases.Curr Opin Struct Biol 9:670–676

Posewitz MC,King PW,Smolinski SL,Zhang L,Seibert M,Ghirardi ML (2004) Discovery of two novel radical Sadenosylmethionine proteins required for the assembly of an active [Fe] hydrogenase.J Biol Chem 279:25711–25720

Prasad S,Singh A,Joshi HC (2007a) Ethanol as an alternative fuel from agricultural,industrial and urban residues. Resour Conserv Recycl 50:1–39

Prasad S,Singh A,Jain N,Joshi HC (2007b) Ethanol production from sweet sorghum syrup for utilization as automotive fuel in India.Energy Fuels 21(4):2415–2420

Prince RC,Kheshgi HS (2005) The photobiological production of hydrogen:potential efficiency and effectiveness as a renewable fuel.Critical Rev Microbiol 31:19–31

Randt C,Senger H (1985) Participation of the two photosystems in light dependent hydrogen evolution in Scenedesmus obliquus.Photochem Photobiol 42:553–557

Rodríguez MAR,De Ruyck J,Roque Díaz P,Verma VK,Bram S (2011) An LCA based indicator for evaluation of alternative energy routes.Appl Energy 88:630–635

Romagnoli F,Blumberga D,Pilicka I (2011) Life cycle assessment of biohydrogen production in photosynthetic processes.Int J Hydrogen Energy 36:7866–7871

Rosner V (2012) Life cycle assessment and process development of photobiological hydrogen production:from laboratory to large scale applications.In:19th world hydrogen energy conference,Toronto,Canada,3–7 June 2012,http://

www.whec2012.com/wp-content/ uploads/2012/06/WHEC2012_Presentation_Rosner_S.pdf.Accessed 24 Aug 2012

Sakurai H, Masukawa H, Dawar S, Yoshino F (2004) Photobiological hydrogen production by cyanobacteria utilizing nitrogenase systems-present status and future development.In: Miyake J, Igarashi Y, Rögner M (eds) Biohydrogen Ⅲ: renewable energy system by biological energy conversion.Elsevier, Amsterdam, pp 84-93

Saraf M, Hastings A (2011) Biofuels, the role of biotechnology to improve their sustainability and profitability.In: Lichtfouse E (ed) Biodiversity, biofuels, agroforestry and conservation agriculture, 123 sustainable agriculture reviews 5, Springer

Schubert T, Lenz O, Krause E, Volkmer R, Friedrich B (2007) Chaperones specific for the membrane-bound [NiFe]-hydrogenase interact with the Tat signal peptide of the small subunit precursor in Ralstonia eutropha H16 mol. Microbiol 66: 453-467

Schutz K, Happe T, Troshina O, Lindblad P, Leitao E, Oliveira P, Tamagnini P (2004) Cyanobacterial H_2 production: a comparative analysis.Planta 218: 350-359

Seibert M, Flynn TY, Ghiradi ML (2001) Strategies for improving oxygen tolerance of algal hydrogen production.In: Miyake J, Matsunaga T, Pietro AS (eds) Biohydrogen Ⅱ.Pergamon, Elsevier Science, Amsterdam, pp 67-77

Singh A, Olsen SI (2011) Critical analysis of biochemical conversion, sustainability and life cycle assessment of algal biofuels.Appl Energy 88: 3548-3555

Singh A, Pant D, Korres NE, Nizami AS, Prasad S, Murphy JD (2010a) Key issues in life cycle assessment of ethanol production from lignocellulosic biomass: challenges and perspectives.Bioresour Technol 101(13): 5003-5012

Singh A, Smyth BM, Murphy JD (2010b) A biofuel strategy for Ireland with an emphasis on production of biomethane and minimization of land-take.Renew Sustain Energy Rev 14(1): 277-288

Singh A Korres NE Murphy JD (2010c) Grass biomethane: A sustainable alternative industry for grassland.Grassland in a Changing World 2010, 23rd General Meeting of the European Grassland Federation, Aug 29th-Sep 2nd, 2010, Germany.pp 1-15

Singh A, Nizami AS, Korres NE, Murphy JD (2011a) The effect of reactor design on the sustainability of grass biomethane. Renew Sustain Energy Rev 15(3): 1567-1574

Singh A, Olsen SI, Nigam PS (2011b) A viable technology to generate third generation biofuels.J Chem Technol Biotechnol 86(11): 1349-1353

Singh A, Pant D, Olsen SI, Nigam PS (2012) Key issues to consider in microalgae based biodiesel.Energy Educ Sci Technol Part A: Energy Sci Res 29(1): 687-700

Smith BM, Morrissey PJ, Guenther JE, Nemson JA, Harrison MA, Allen JF, Melis A (1990) Response of the photosynthetic apparatus in Dunaliella salina (green algae) to irradiance stress.Plant Physiol 93: 1433-1440

Spruit CJP (1958) Simultaneous photoproduction of hydrogen and oxygen by Chlorella.Mededel Landbouwhogeschool Wageningen 58: 1-17

Stripp S, Sanganas O, Happe T, Haumann M (2009) The structure of the active site H-cluster of [FeFe] hydrogenase from the green alga Chlamydomonas reinhardtii studied by X-ray absorption spectroscopy.Biochem 48: 5042-5049

Stuart TS, Gaffron H (1972) The mechanism of hydrogen photoproduction by several algae: Ⅱ.The contribution of photosystem Ⅱ.Planta 106: 101-112

Sybirna K, Antoine T, Lindberg P, Fourmond V, Rousset M, Mejean V, Bottin H (2008) Shewanella oneidensis: a new and efficient system for expression and maturation of heterologous [Fe-Fe] hydrogenase from Chlamydomonas reinhardtii.BMC Biotechnol 8(73): 1-8

Weaver PF, Lien S, Seibert M (1980) Photobiological production of hydrogen.Solar Energy 24: 3-45

Winkler M, Heil B, Heil B, Happe T (2002) Isolation and molecular characterization of the [Fe]-hydrogenase from the unicellular green alga Chlorella fusca.Biochim Biophys Acta 1576: 330-334

Winkler M, Maeurer C, Hemschemeier A, Happe T (2004) The isolation of green algal strains with outstanding H_2-

productivity.In:Miyake J,Igarashi Y,Roegner M (eds) Biohydrogen Ⅲ.Elsevier Science,Oxford

Wünschiers R,Senger H,Schulz R (2001) Electron pathways involved in H_2–metabolism in the green alga Scenedesmus obliquus.Biochim Biophys Acta 1503:271–278

www.oilgee.com (2012) Hydrogen from alge.DOE 28 June 2012 Zaborsky O (1998) Biohydrogen.Plenum Press,New York

Zhao T,Wang W,Bai X,Qi Y (2009) Gene silencing by artificial microRNAs in Chlamydomonas.Plant J 58:157–164

Zhu H,Beland M (2006) Evaluation of alternative methods of preparing hydrogen producing seeds from digested wastewater sludge.Int J Hydrogen Energy 31:1980–1988

第 14 章 微生物燃料电池作为可持续再生生物能源的原理及其应用

摘要：利用微生物产生能量的过程，实际上是通过氧化-还原反应中的电子转移过程来实现的。通过开发不同种类的电子受体，使得通过微生物获取能量成为可能。为了保证微生物的呼吸作用，特别是在无氧条件下，电子需要通过胞外介质向电子受体转移，从而保证氧化-还原反应的进行。很多物质都可以作为微生物的电子受体，比如金属元素、营养盐、矿物质以及固体电极等。当以固体电极为电子受体时，所搭建起来的装置就可称之为微生物燃料电池(microbial fuel cell，MFC)。利用微生物燃料电池我们就可以在微生物电子转移的过程中获得电能。微生物燃料电池可以理解为由微生物作为催化剂的一种电化学系统，其最大的特点是可以直接将氧化-还原反应过程中的化学能转化为电能。微生物新陈代谢在阳极产生电子并向阴极发生转移，在此转移过程中，连接阳极和阴极外电路就获得了电能。近年来，由于在废水发电方面的应用，微生物燃料电池已经成为一个研究的热点。微生物燃料电池可以利用多种有机物或者无机物作为电子给体和受体，并产生大量的生物燃料和生化药剂，这个过程可以称之为微生物电合成(microbial electrosynthesis)。除了用来发电，微生物燃料电池还被广泛应用到了废水处理、有毒有害物质降解、物质再生、抑制 CO_2 排放、海底沉积物存储以及海水淡化等多个领域。为了能够使大家了解到微生物燃料电池的应用前景，本章将会对微生物燃料电池目前正在发展的各个应用领域进行介绍。

14.1 微生物燃料电池简介

全球能源需求的增长以及化石能源的快速消耗，使得新能源的开发变得尤为重要。微生物燃料电池就是一种新能源的利用方式。通过对微生物氧化-还原反应电子转移过程的人工控制，使得利用微生物发电具备了广泛的应用前景。微生物

本章作者：S. Venkata Mohan，S. Srikanth，G. Velvizhi，M. Lenin Babu
作者单位：印度化工技术研究院(CSIR-IICT)生物工程与环境中心(BEEC)
电子邮件：vmohan_s@yahoo.com；svmohan@iict.res.in

燃料电池可以定义为由生物催化的电化学系统,它可以将燃料中的化学能在无氧条件下发生氧化-还原反应过程中直接转化为电能(Kjeldsen et al 2002;Logan 2008,2010;Franks,Nevin 2010;Venkata Mohan,Srikanth 2011;Venkata Mohan 2012)。在技术上,通过选择性离子渗透膜[目前多数燃料电池采用的是质子交换膜(Proton Exchange Membrane,PEM)]可以将微生物的呼吸作用(还原反应)和发酵作用(氧化反应)隔离开,再利用人工控制的电子受体和电子传输电路,就可以实现生物电能的利用。微生物燃料电池中的微生物来源广泛,例如废弃物以及废水中的微生物均可用来发电。由于其作为可再生能源的特性,近年来在生物能源的研究领域受到了极大的关注。除了用来发电,微生物燃料电池的应用领域还被拓展到了生产具有商业价值的化工产品, 例如有机酸、醛类以及乙醇等(Logan 2010;Rabaey,Rozendal 2010)。此外,有毒物质的分解以及废弃物的处理也是近年来的开发重点(Venkata Mohan et al 2009a;Mohanakrishna et al 2010a)。这些有毒物质以及废弃物可以作为发电过程中的电子给体或受体。微生物燃料电池的发展不仅解决了这些有毒、有害废弃物在处理方面的难题,同时还将其转变为了一种新的能源利用方式,为将其“变废为宝”提供了新的思路和途径。微生物燃料电池在还原反应进行的过程中不仅产生了电能,同时还能产生如乙醇、丁醇等液体燃料,实现了碳循环,减少了二氧化碳的排放,在全球碳减排方面也起着非常积极的作用(Rabaey,Rozendal 2010)。本章将重点介绍微生物燃料电池在发电过程中的基本原理及其应用前景。

14.2 微生物燃料电池的工作原理

14.2.1 微生物燃料电池的发电机理

自然界中的微生物在有氧或者无氧的条件下都能够进行新陈代谢,即合成代谢以及分解代谢。即使具有不代谢性,微生物也会对培养基中的营养物质进行发酵作用,产生还原当量子(Reducing Equivalents,这里主要指的是质子和电子),并负载到氧化还原载体上,例如烟酰胺腺嘌呤二核苷酸、黄素腺嘌呤二核苷酸和黄素单核苷酸(NAD^+、FAD^+、FMN^+)等。这有利于微生物在呼吸作用的过程中产生能量物质,即三磷酸腺苷(adenosine triphosphate,ATP)(Kim,Gadd 2008;Nelson,Cox 2008)。微生物在有氧或者无氧的条件下都能进行糖酵解反应,将六碳糖分解成两分子丙酮酸。然而,糖酵解反应对氧气是十分敏感的:在有氧条件下,分解得到的三羧酸(TCA)会通过氧化磷酸化作用进一步被分解为二氧化碳和水;在无氧条件下,则生成甲烷、二氧化碳和水。无论哪种代谢方式,微生物都会产生质子,并且产生的质子会吸附在具有高能量的氧化还原载体分子上。通过发酵脱氢作用产生的质子会利用氧化还原载体向最终电子受体(terminal electron acceptor,TEA)移动,形成质子的传输过程。这对于形成 ATP 中的高能磷酸键是有利的,同样也有利于微生物的增长和进一步的新陈代谢。然而,最终电子受体在体系中的作用是受到热力学限制的(Kim,Gadd 2008)。在有氧条件下,由于体系中很强的还原电势和电负性,质子会通过由氧化-还原载体组成的电子传输链(electron-transport chain,ETC)向着氧气(O_2)移动,从而引发氧化磷酸化作用产生 ATP(Kim,Gadd 2008;Nelson,Cox 2008)。在无氧的条件下,其他电子受体分子会携带电子并通过氧化-还原载体进行传输。同样,电子传输速度也会受到热力学的限制,传输速度会随着具有高能量的最终还原产物的生成而减慢。由于氧化剂的电正性较低,因此微生物在无氧条件下的代谢能力低于有氧环境(Schroder 2007;Nelson,Cox 2008);但是,在无氧条件下,微生物会利用体系中的电子产生多种形式的生物能以及各类生化反应产物。微生物燃料电池的主要作用就是利用这些产生的电子,并通过电极作为最终电子受体的传输媒介从而获得电能(见图 14.1)。

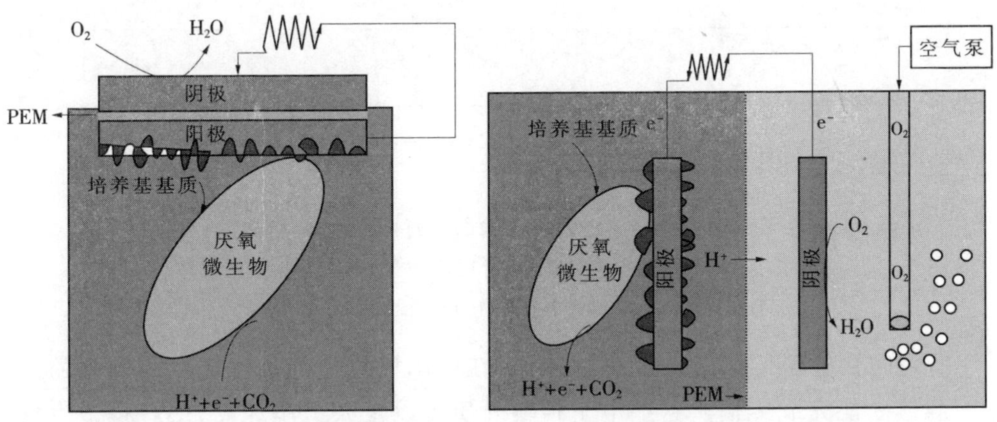

(a) 阴极暴露在空气中的单电极反应池燃料电池　　(b) 阴极密闭的双电极反应池燃料电池

图 14.1 微生物燃料电池原理示意图(图中描述了电池工作过程中在阳极发生的氧化反应以及在阴极发生的还原反应)

14.2.2 生物催化产生电子的原理

微生物具有很高的电子产率,这使得微生物具有良好的电化学活性,这也是微生物燃料电池能够发电最主要的原因。微生物通过生物催化的代谢活动产生电子,随后这些电子会传输到电池的阳极,这个电子产生和传输的过程主要有两种催化机理:根据电子载体的不同,可以分为直接电子传输(direct electron transfer,DET)和间接电子传输(mediated electron transfer,MET)(见图 14.2)。直接电子转移是指微生物细胞直接接触阳极，中间没有其他的载体或介质参与电子传输；与细胞膜结合的细胞器对电子从细胞膜外表面向阳极传输起到了促进作用，例如细胞色素(Cytochromes)、纳米丝(Nanowires)等。泥土杆菌(*Geobacter*)、红育菌(*Rhodoferax*)以及希瓦氏菌(*Shewanella*)都具有很高电子传输效率，是目前微生物燃料电池领域研究最为广泛的三种菌属(Kim et al 1999；Chaudhuri，Lovley 2003；Holmes et al 2004；Lovley 2006；Chang et al 2006；Schroder 2007)。

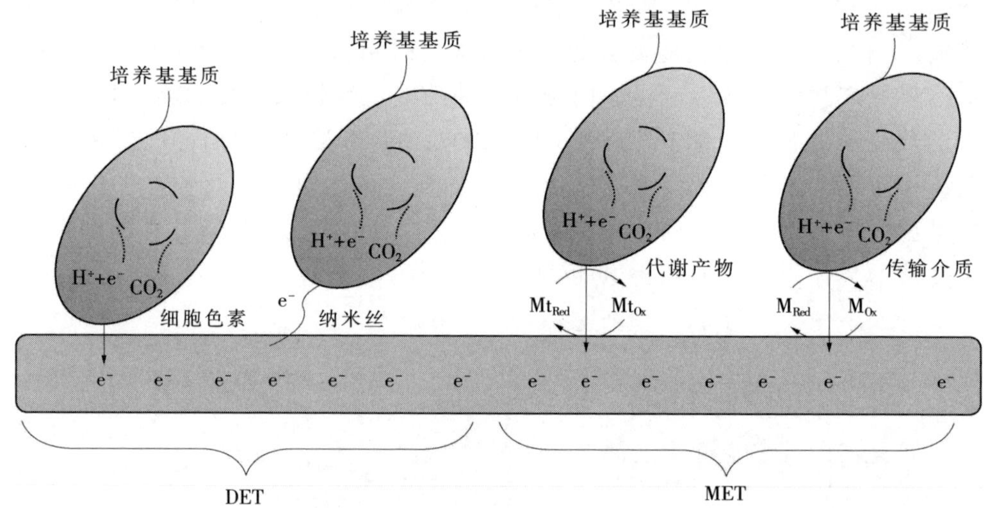

图 14.2 电子从微生物向电池阳极传输的示意图(Mt_{Red} 是指还原代谢产物，Mt_{Ox} 是指氧化代谢产物，M_{Red} 是指还原载体，M_{Ox} 是指氧化载体，DET 是指直接电子传输，MET 是指间接电子传输)

所谓间接电子传输(MET)指的是电子在向阳极传输的过程需要细胞外的介质作为载体才能完成传输。这些电子传输介质可以是人工添加的，或者是微生物自然分泌的可溶性的电子载体物(shuttlers)，也可以是微生物自身的一级或者二级代谢产物(Schroder 2007)。无论是人工添加的还是微生物自然生成的，可选的传输介质的范围是非常宽泛的，无机物或有机物均可作为电子传输介质，比如含有铁或者镁的金属配合物，或者喹宁(Quinine)和吩嗪(Phenazine)的衍生物。

微生物在电子受体耗尽和远离阳极的情况下，会通过二级代谢的方式生成低相对分子质量化合物。这些化合物对电子在体系内穿梭是有利的，比如绿脓菌素、2-氨基-3-羧基-1，4 萘醌(ACNQ)以及吩嗪-1-甲酰胺等(Newman，Kolter 2000；Hernandez，Newman 2001；Newman 2001)。假单胞菌群(*Pseudomonas*)会分泌绿脓霉素和 pyovirdin 等类似于有色化合物的物质作为电子穿梭的介质。吩嗪、喹宁以及吩恶嗪类等化合物是目前各类文献中研究最多的电子传输介质(Bennetto et al 1983;Roller et al 1984;Bennetto 1990;Park,Zeikus 1999;Newman,Kolter 2000;Park,Zeikus 2000;Rabaey et al 2004;Schroder 2007)。

14.2.3 燃料电池的运行和半电池电位

对于燃料电池而言,最大功率密度(maximum power density)、电池设计点(cell design point)以及半电池电位(half cell potentials)等都是影响燃料电池性能的关键因素。通过变换燃料电池负载的外电阻可以帮助我们很好地去理解这些关键因素(Logan et al 2006;Venkata Mohan et al 2008a)。利用电池极化现象(Polarization)分析燃料电池的特性是一种非常有效的手段。通过负载不同的外电阻,将电流密度对电池电压和功率密度作图就得到了电池的极化曲线。降低负载电阻的电阻值会增加电路中的电流值,但是阳极和阴极间的电势差反而减小了。为了得到更大的功率输出,那就必须同时增大电流和电压。当外部负载电阻的电阻值正好符合电流和电压的最佳输出状态时,电池的输出功率也就达到了最大值,这时外部负载的电阻就是我们所说的电池设计点。在此点以下工作时,由于较高的电流值和较低的电压值会使得电池运行变得不稳定 (Venkata Mohan et al 2008b)。此外,通过改变外部负载还能对电极的半电池电位进行考察,这对于评价生物催化释放的电子向阳极传输的过程、阴极的还原反应速率以及阴极和最终电子受体间的相互作用等都是至关重要的(Srikanth et al 2010a)。

电极极化的电压曲线可以用来描述系统内部损耗,主要是指电压曲线能够反映出电子向阳极传输过程中受到阻碍的大小。一条理想微生物燃料电池的电压曲线是由三部分构成的,即开始部分、中间部分和最终部分,这三个部分的曲线分别描述活化过电位、欧姆损耗以及浓度损失(见图 14.3)。生化反应过程是需要一定能量才能进行的,而所需的这些能量就是反应所需的活化能,所有的反应物都必须越过活化能能垒才能最终形成产物。同样,无论是发生在阳极的氧化反应,还是发生在细胞内外的还原反应,都需要一定的活化能才能引发。这些反应的触发会引起电位的损失, 这些损失的电位就是触发反应所需的活化过电位(Larminie,Dicks 2000;Velvizhi,Venkata Mohan 2012)。活化过电位在低电流密度区域内($<1mA/cm^2$)是非常重要的。因此,活化过电位是微生物燃料电池运行过程中的重要参数(Rabeay et al 2005;Velvizhi et al 2012)。这一类过电位是可以通过升温、增大阳极表面积以及增加氧化还原电子载体物浓度等方法来减小或者消除的。

欧姆损耗是由体系内的电阻引起的, 体系内的电阻主要来源于三个部分:电极自身的电阻、溶液和电极界面的电阻以及电解液和细胞膜界面的电阻。由于欧姆损耗发生在中间区域,这恰好是最佳电压和电流产生的区域,因此,控制欧姆损耗对提升电池功率密度就显得尤为重要。我们可以通过增加电解液或者电极材料的导电性来减弱或者消除欧姆损耗所带来的不利影响。当然,采用一些导电性好的贵金属(如铂、钛等金属)作为电极也会增加电池的成本。当然,采用一些导电性好的废弃物作为阳极燃料,不仅能够增加体系的导电性,也能起到控制成本的作用 (Rabeay et al 2005;Velvizhi et al 2012)。浓度损失主要是由阳极氧化反应引起的。当阳极氧化反应速率加快时,电子给体会快速被氧化而释放出大量的还原当量,并且释放的速度大于其向阳极的传输速度,因此会有部分甚至大量的还原当量直接向着阴极移动。然而,这种现象都发生在电池电流密度较高的情况下,此时电池的运行会变得很不稳定。在实际操作的过程中,这种情况是必须要避免的,因此在一般情况下,浓度损失是可以不用考虑的。但是,当阳极表面形成绝缘生物膜时,这种情况就会严重阻碍电子的传输,从而影响电池发电效率。此时,这种浓度的极化就会使得电池无法正常运行(Rabeay et al 2005;Velvizhi et al 2012)。当然,当微生物燃料电池具有较高电流输出时,体系内会倾向于形成薄且不封闭的生物膜,因此上述的这种情况在一般情况下也可以忽略。除了上述的几种情况外,在微生物自身代谢的过程中也会造成电子的损失,比如一些具有竞争力的代谢活动需要类似的电子载体参与时,电子的生成就会受到影响,我们也可称之为电子淬灭(Electron Quenching,详见 14.3.2.1)。

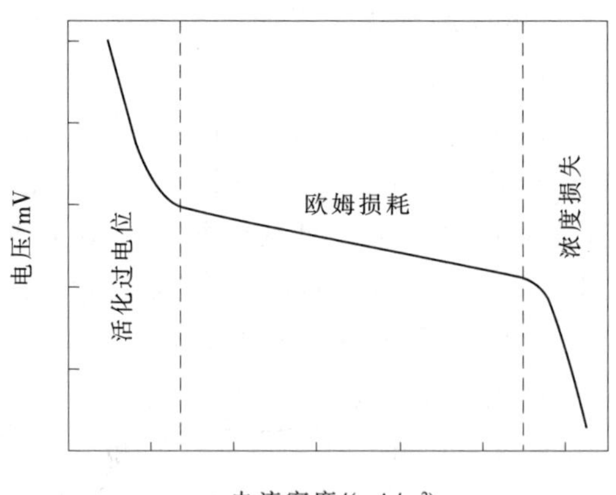

图 14.3 极化电压和电流密度的关系曲线图,用以描述电子从微生物向阳极传输过程中电池内部产生的损耗

14.3 微生物燃料电池的应用

在微生物燃料电池运行过程中产生的当量还原物在产能和废弃物治理方面

都有着很多用途。总体来说,微生物燃料电池的应用主要有三个领域:发电、废水处理以及高附加值产品再生。从总体上来看其发电的原理,从生化反应的角度上可简述为微生物通过代谢活动产生还原当量物,这些还原当量物与电子受体发生化学反应,反应过程中电子的传输过程产生电能;从发电电池的角度上,可以描述为物质在阳极发生氧化反应,在阴极发生还原反应,在整个的氧化-还原反应进行的过程中通过电子的转移来获得电能。对于废弃物以及废水而言,在特定条件下,既可以作为电子给体,也可以作为电子受体;无论是在阳极被氧化,还是在阴极被还原,微生物燃料电池对废弃物和废水治理都有着非常明显的作用。类似的,在电池运行的过程中,一些氧化代谢产物是可以作为电子受体的,并可生成具有商业价值的最终还原产物。除了上述三种应用外,还有一些文献报道了不同的用途,基于对电池结构的探究以及运行的模式,本质上这些全新的用途也是基于以上三种应用领域的。

14.3.1 微生物燃料电池的发电原理

微生物燃料电池在工作的过程中,第一步是阳极上微生物催化发生氧化反应生成质子和电子;质子会通过质子交换膜向阴极移动,从而使得阴极和阳极产生电势差;由于这种电势差的存在,阳极上的电子就会通过外电路从阳极流向阴极并与最终电子受体发生还原反应;在电子从阳极流向阴极的过程中,外电路的负载就获得了电能。反应过程可以简述为微生物催化培养基在阳极催化发生氧化反应生成还原当量,随后这些还原当量通过电解质以及外电路的传输,最终在阴极发生还原反应。电极反应和整体的电池反应可以用反应式 14.1~14.3 来表示:

$$C_6H_{12}O_6+6H_2O \longrightarrow 6CO_2+24H^++24e^- \text{(阳极反应)} \tag{14.1}$$

$$4e^-+4H^++O_2 \longrightarrow 2H_2O \text{(阴极反应)} \tag{14.2}$$

$$C_6H_{12}O_6+6H_2O+6O_2 \longrightarrow 6CO_2+12H_2O \text{(电池反应)} \tag{14.3}$$

将阳极与阴极隔离开的质子交换膜(PEM)在电池中所起到的作用与微生物外膜的作用类似,其目的也是为了产生电势梯度,而电极的作用就类似于氧化-还原载体,前者是使电子从阳极流向阴极,而后者则是为了协助电子向最终电子受体进行传输。电子从产生到流向最终电子受体的驱动力就是微生物氧化-还原载体与电池间的电势差(见图 14.4)。微生物在产生还原当量的时候,细胞膜内外就形成了电势差,即膜电位(membrane potential)。由于膜电位的存在,使得还原当量能够穿越细胞膜并继续传输,所以膜电位就成为质子动力势(proton motive force)。当电子到达阳极时,阳极就会产生一个负电位。同理,质子到达阴极时也会使得阴极带有正电位。由此产生的电极电位差从宏观上反映的就是电池的电压,这个电压

就是电子动力势 (Electron Motive Force)。不考虑微生物以及电池本身的生物、物理以及化学性质，实际上电子整个的过程都是在氧化–还原电位的驱动下下进行的。大量不同种类的培养基可以被用来作为微生物燃料电池的阳极电子给体以及阴极电子受体。但是,同样的,我们也必须意识到微生物燃料电池在运行过程中其发电能力还是会受到物理、生物等多方面因素的限制。

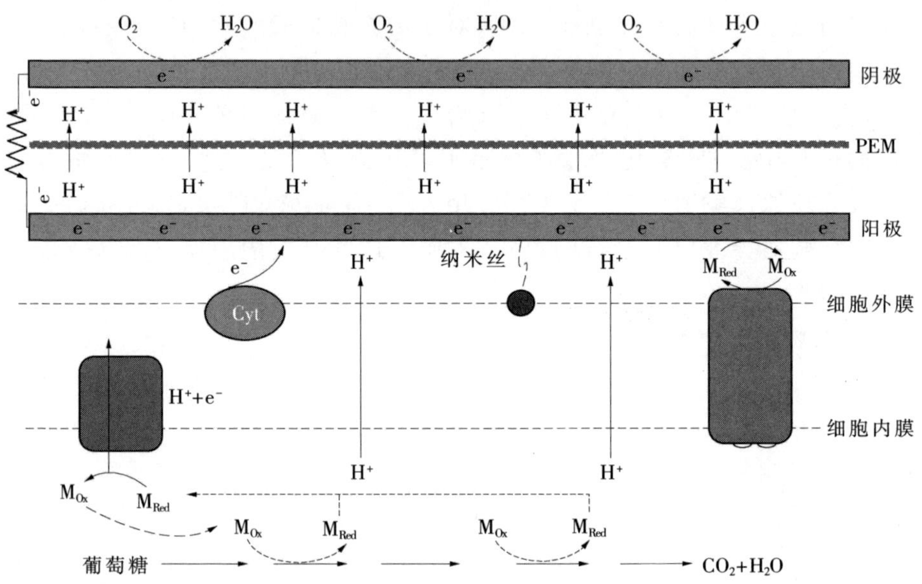

图 14.4 还原当量的产生以及传输示意图,图中还包含了电子传输的机理
(M_{Red} 是指还原载体,M_{Ox} 是指氧化载体)

14.3.1.1 影响微生物燃料电池性能的物理因素

微生物燃料电池的物理组件对于调节电池发电效率是非常重要的,这些物理组件包括电池结构、阳极液的体积、电极材料以及电解质膜等。微生物燃料电池的结构可以根据分隔方式(分隔阳极反应和阴极反应)归纳为两种:单电极反应池和双电极反应池(见图 14.1)。单电极反应池的特点是只有阳极是浸入在电解液中的(即阳极电解液), 目的是提供适合电子给体和电子受体发生反应所需的条件;而阴极则是直接暴露在大气中的。刚开始的时候,大部分微生物燃料电池都是双电极反应池结构(Venkata Mohan et al 2007a,2008a,b,c;Zhang et al 2009a)。后来,为了降低制造成本并且便于操作,单电极反应池结构的微生物燃料电池才逐渐占据了主导地位(Venkata Mohan et al 2008d,2009b)。电子受体的不同对电池发电效率影响很大。氧气是目前公认的生物氧化–还原体系中最好的电子受体。除氧气外,Fe^{3+}和 Mn^{2+}也是目前研究比较多的电子受体(You et al 2006;Venkata Mohan et al 2008b, c, e)。相比其他的电子受体，Fe^{3+}的发电能力显得更为突出。原因可能是 Fe^{3+}的强氧化性和高效的传质速率以及其在阴极上较低的反应活化能。但是，利用金属作为电子受体也存在一些缺点和不足，比如金属离子需要时时补充，而且金属的排放也会造成环境污染。因此，氧气依然是作为电子受体的最佳选择。与双电极反应池相比，单反应池体系的发电效率要略显逊色，主要是因为阴极的还原反应速率受到了其结构上固有的限制。但是，单反应池的结构与传统的污水处理系统很相似，因此它很容易被用来进行全面综合的污水处理(Venkata Mohan et al 2008a)。除了上述这些基本结构外，科研工作者还对"U"型、"蛇"型以及其他一些结构的微生物燃料电池进行了研究。但需要注意的是，如果不考虑电池结构，微生物燃料电池的发电能力与反应器体积是无关的，这主要是因为电池的电极间的电势差是由电子给体和电子受体本身决定的。在目前的可知的体系内，烟酰胺腺嘌呤二核苷酸(-0.32V)与氧气(+0.816V)的电势差是最大的，因此一个单电池在理论上最大的输出电压是 1.2V 左右。当然，我们可以采取将多个电池串联的方法来获取更大的能量输出，从而使其真正地得到应用(Venkata Mohan et al 2011b)。

电极材料作为电子传输的媒介之一，其本身的性质也会影响电池的发电效率。此外，具有电化学活性微生物的增长也与电极材料有关，电极材料能否有效地接受电子会直接影响微生物的代谢速度(Cheng et al 2006)。在选取电极材料时，有几个方面的因素是必须要考虑的，主要包括材料本身的导电性、与微生物间的适应性、在反应器溶液中的化学稳定性、高效的电子释放速率以及长时间工作的稳定性等。还有其他的一些特性，比如多孔、抗污染、几何外形、易安装等，对于提升能效和大规模应用都是很有帮助的 (Chaudhuri, Lovley 2003; Srikanth et al 2011a)。以碳为基质的材料近年来也被广泛地应用到了阳极材料上，其中比较典型的有石墨、石墨烯和碳精棒等。为了更好地应用碳材料电极，它们还被加工成了不同的形状，比如碳层、碳刷以及碳板等。石墨通过一些纳米材料以及其他一些催化剂的改性后，在电池中表现出了不俗的阳极反应活性，近年来受到了广泛关注，但是这种电极材料并不适合于大规模应用 (Srikanth et al 2011a; Mohanakrishna et al 2012)。同时，学者们也对微生物与不同电极材料间的相互促进作用进行了研究，以便更好地了解电子释放的不同过程以及微生物在不同条件下的增长方式。除了以碳为基质的电极材料，铂、钛、钒、镍、不锈钢、铝、黄铜和铜等金属也被应用到了微生物燃料电池的领域。就目前的研究进展看，镍和不锈钢无论是在性能上还是在经济效益上都极具发展潜力。

离子交换膜也是影响微生物燃料电池性能的重要部件之一。微生物燃料电池在研究的初期都是利用盐桥来进行离子交换;但随着研发的进展,对质子具有选择透过性的质子交换膜问世,并很快地被用应用到了燃料电池领域(Venkata Mohan et al 2008b,c,d,e,f)。质子交换膜是一种磺化的四氟乙烯共聚物,其结构特征是在疏水的氟碳骨架上(—CF_2—CF_2—)连接有亲水的磺酸基团(SO^{3-})。这种负价态的磺酸基团是质子交换膜能够成为质子导体的关键(Rozendal et al 2006)。此外,也有其他的一些离子交换膜被应用到了燃料电池的研究领域,例如玻璃棉和其他一些阳离子或阴离子交换膜 (Venkata Mohan et al 2008a;Pandit et al 2012)。总体来说,由于质子交换膜对质子的选择透过性,因而避免了电池运行过程中因其他副反应的发生而造成能量损失,所以就目前的研究进展来看,质子交换膜依然具有最为广阔的发展潜力。当然,质子交换膜也有它本身的不利因素,主要表现在高昂的制造成本以及微生物燃料电池的污水处理能力等两个方面。

14.3.1.2 影响微生物燃料电池性能的生物因素

除了物理因素外,微生物自身的特点也会成为影响微生物燃料电池的发电性能,比如微生物的增长、微生物与电极间的相互作用、电子传输的机理以及电子穿梭载体等。微生物在阳极的氧化反应对于整个电池的性能是至关重要的。不考虑反应机理, 细胞外的电子传输与电子载体和阳极间的电势差紧密相关(Newman,Kolter 2000;Marsili et al 2008;Lee et al 2009)。细胞功能的区分以及细胞呼吸链的复杂结构对生物催化产能是有利的。在研究初期,微生物燃料电池大都采用单一的菌群,但随着燃料电池领域的发展,生物催化剂的组成已经趋向于复杂化。目前,微生物燃料电池所采用的生物催化剂基本都是由多种不同的菌群共同组成的。这些菌群间的相互促进作用极大地提高了微生物燃料电池的发电能力。在已有的报道中,大部分具有电化学活性的微生物都是兼性厌氧菌,并且具有金属还原性。这种具有金属还原性的微生物是具有很明显特性的,它们不需要外界的介质,自身就能够通过与阳极的物理接触完成电子的传输。这些有机体的外膜蛋白是一种的细胞色素氧化酶的 c 型蛋白。这种蛋白是允许电子自由通过的,因此在此类体系中,电子从细胞膜内向细胞膜外传输的过程不会受到限制。有些菌群通过自然分泌或者人工添加的电子载体物使电子在阳极上得到释放和输送(详见14.2.2)。目前常用的微生物有硫还原泥土杆菌(*Geobacter sulfurreducens*)(Dumas et al 2007)、希瓦氏菌(*Shewanella haliotis*)(Raghavulu et al 2012)、绿脓杆菌(*Pseudomonas aeruginosa*)(Raghavulu et al 2011a)、红育菌(*Rhodoferax ferrireducens*)(Chaudhuri,Lovley 2003)、脱硫单细胞菌(*Desulfuromonas acetoxidans*)(Bond et al 2002)以及肺炎克雷伯菌(*Klebsiella pneumonia*)(Zhang et al 2008)等。

其中希瓦氏菌、泥土杆菌和绿脓杆菌因其良好的电化学活性以及电子传输能力使其成为应用最为广泛三种微生物。用来酿酒的酵母菌(*Saccharomyces cerevisiae*)是一种低等的真核细胞生物,学者们通过尝试发现这种酵母菌也有着很大的发展潜力(Raghavulu et al 2011b)。当然,多种微生物混合培养依然是提升微生物燃料电池发电能力的有效途径,并且能够极大地拓展微生物燃料电池的应用领域。特别是用废弃物作为电子给体时,其效果更加明显,原因是因为微生物间的代谢活动相互关联、相互促进,其代谢产物可以互为营养物质,极大地促进了电子的产生。产生的电子通过一系列的代谢反应就会形成电子流,体现在宏观上就是生物电。

近些年已经有很多文献报道了微生物混合培养技术被应用到了微生物燃料电池中,特别是在利用微生物燃料电池处理污水方面表现突出(见表 14.1)。不考虑微生物自身的因素,在电池阳极表面形成的生物膜也会影响电池的发电效率(Bond et al 2002;Logan,Regan 2006);这种生物膜与那些能将电极作为电子受体的活性生物质有着紧密的联系,阳极表面微生物膜的生长对于燃料电池性能的提升有促进作用(Venkata Mohan et al 2008d)。因此,了解这种生物膜的形成和作用对研究微生物燃料电池也是非常重要的;但是,当生物膜的厚度过大时,将电子释放到阳极的过程就会受到阻碍,从而对电池性能产生不利影响。因此,微生物燃料电池体系与传统的生物体系是有区别的,在微生物燃料电池中,薄且不封闭的生物膜才有利于电能的产生(Wang et al 2009)。生物膜对电池性能的促进作用有可能是由生物膜的选择性富集引起的,也就是说,生物膜虽然薄,但是却富集了具有电活性的菌群。

14.3.1.3 影响微生物燃料电池性能的运行条件

运行条件对微生物燃料电池同样重要,比如电子给体的性质、有机负荷、运行时间、氧化-还原反应条件(主要指 pH 值)以及微环境等。微生物燃料电池可以选取一系列不同种类的培养基(阳极电解液)作为阳极氧化反应的电子给体并产生还原当量物。对于比较简单的培养基,葡萄糖和醋酸是应用最广泛的电子给体(见表 14.2)。此外,污水处理池中的污水和废弃物也能用来作为阳极燃料使用。比较简单的生活污水和复杂的工业废水都被应用到了微生物燃料电池的研究领域(Venkata Mohan et al 2011a;Srikanth,Venkata Mohan 2012a,b;Behera et al 2010)。当然,所选取的废弃物自身的性质和其生物可降解性也会限制电池的发电能力(详见 14.3.2.1)。除此之外,电池性能与废水中的有机负荷也是有关的。对于易降解的废弃物,可以加快其补充速度;而对于难降解的废弃物,如果补充速度过快,则会对微生物的代谢产生不利影响。电池的运行时间与阳极电解液的补充速率直接相关。保证电解液的补充速率有利于还原当量物的持续生成,从而延长电池的运行时间;如果补充速率过低,则电池的发电效率难以持续(Reddy et al 2010;Velvizhi,Venkata Mohan 2011;Jadhav,Ghangrekar 2009)。

表 14.1 不同种类混合培养的微生物催化剂在燃料电池中的运行效果

微生物种源	电子给体	电池结构	输出功率/mW	参考文献
混合厌氧菌	添加葡萄糖的人工废水	双电极反应池	0.086	Venkata Mohan et al(2008c)
混合厌氧菌	混合化工废水	双电极反应池	0.421	Venkata Mohan et al(2009a)
好养污泥和厌氧污泥的混合物	含葡萄糖的偶氮染料	单电极反应池	0.09	Sun et al(2009)
废水池厌氧污泥	乙　醇	双电极反应池	0.025	Kim et al(2007)
混合细菌	葡萄糖醛酸	单电极反应池	1.18	Catal et al(2008)
沥出物和污泥	填埋垃圾的沥出物	双电极反应池	0.0004	Greenman et al(2009)
奶牛瘤胃微生物	纤维素	双电极反应池	0.02	Yazdi et al(2007)
好养活性污泥和厌氧污泥的混合物	苯　酚	双电极反应池	0.1	Luo et al(2010)
混合细菌	木　糖	单电极反应池	0.74	Catal et al(2008)
厌氧污泥	添加葡萄糖和谷氨酸的人工废水	U-型电池	0.02	Zuo et al(2008)

表 14.2 单一培养基作为电子给体应用于单反应池微生物燃料电池

培养基基质	能量密度/(mW/m^2)	转化率,%	参考文献
葡萄糖	401	10	Sharma,Baikun(2010)
醋　酸	368	16	Sharma,Baikun(2010)
淀　粉	242	21	Min,Logan(2004)
丁　酸	305	7.8	Liu et al(2005a)
糖　苷	150	17	Min,Logan(2004)
蛋白胨	269	6	Heilmann,Logan(2006)
乙　醇	302		Kim et al(2007)

pH值为中性的环境对许多微生物的代谢和增长都是有利的。大多数生物酶只有在中性条件下才能起到最佳催化作用;在极端的 pH 值条件下,生物细胞内的生物分子自身就会变得不稳定。因此,不考虑外部 pH 值环境,细胞内部能够正常进行氧化-还原反应的条件就是要维持胞内的中性环境(Kim,Gadd 2008)。当然,外部的 pH 值对细胞活动也会产生影响,比如生物分子的合成以及细胞膜上的离子传输等。因此,微生物燃料电池阳极环境的酸碱度势必会影响阳极的反应速率。外部为嗜酸性环境时,细胞就会产生酸休克蛋白,这种蛋白会通过传输并消耗外

部 H^+的方法来调节细胞内部 pH 值达到中性；另一方面，当细胞外部为嗜碱环境时，细胞内的 Na^+/H^+逆向转运蛋白就会发生作用，这种蛋白能够将质子动力势转变为钠离子动力势(Kim，Gadd 2008)。此外，pH 值还是产生细胞内外质子梯度的原因，因此，胞外的电子传输效率同样也依赖于运行环境的 pH 值。据报道，在各种结构微生物燃料电池中，与其他反应环境相比，电池在嗜酸性 pH 值环境下具有更好的发电能力(Raghavulu et al 2009a，b；Jadhav，Ghangrekar 2009)。对于电子传输而言，当外部电路连接好时，电子传输就不再依赖于胞外环境的 pH 值。一个闭合的电路使得质子和最终电子间的反应不断地进行，因此闭合电路会使得阳极产生一个很强的质子动力势，生物催化剂的代谢活性也会更快。此外，废弃物的治理也适于在中性环境下进行。

截至目前，关于微生物燃料电池的研究大多局限于无氧环境下的阳极反应，几乎没有文献报道过有氧条件下微生物在阳极的代谢反应 (Ringeisen et al 2007；Rodrigo et al 2007；Venkata Mohan et al 2008f)。如果仅仅引入少量氧气进入阳极反应池，并且确保产生的电子不会被全部中和，那么阳极体系内还是能产生电子的。引入少量的氧气对于处理一些有毒化合物是有利的 (例如一些染料和有色化合物)，因为此类化合物的处理过程所需的微环境是变化的，反应到一定过程后就需要氧气的参与才能继续进行。总体来说，高的碳浓度、低的氧含量以及阴、阳极间尽可能达到的最短距离，是处于有氧环境的微生物燃料电池正常运行的先决条件。然而，对于阳极含氧电池能够带来的优势，还需要更多、更细致的研究才能定论。

14.3.2 生物电化学法处理污水及废弃物

近来，微生物燃料电池在废弃物处理方面表现出了优异的性能，比传统的厌氧处理法更加高效(Kim et al 2000；Bond et al 2002；Rabaey et al 2003；Liu et al 2005a；Hu et al 2008；Lee et al 2008；Biffinger et al 2008；Sun et al 2009；Aelterman 2009；Chae et al 2009；Luo et al 2010；Oh et al 2010；Velvizhi，Venkata Mohan 2011；Venkata Mohan，Chandrasekhar 2011a)。作为污水处理装置，微生物燃料电池也可称作为生物电化学处理系统(bioelectrochemical treatment system，BET)。从原理上讲，生物电化学处理系统实际上是一个电子传输发电的过程：具有电化学活性的微生物将电子从还原性电子给体传递到电极，并通过电路最终传输至氧化性电子受体。因此，我们可以假定，生物阳极和反电极(即阴极)的相互耦合作用会提高污水处理的效率(Venkata Mohan，Chandrasekhar 2011a)。生物电化学处理系统在运行过程中是一个非常复杂的过程，期间在阳极反应池内可能触发生物、物理和化学等多个方面的变化过程，这些反应包括生化反应、物理反应、物化反应、电化学反应以及氧化反应等。但从本质上讲,这些反应均可以看做是培养基代谢活动以及相伴而生的二级反应。微生物燃料电池的阳极反应池实际上是厌氧生物反应器和传统电化学电池的结合体,并将其应用领域推广到了有机物以及有毒、有害废弃物的降解(Venkata Mohan et al 2009a;Mohanakrishna et al 2010a)。在电池反应过程中,无论是阳极的氧化反应还是阴极的还原反应,对污染物的处理都是有利的,其原因是在反应过程中产生的原位生物电势对降解有促进作用。此外,阳极表面在工作过程中还会生成氧化电位活性物种(例如 OH^-和 O^-等),这些活性物种会破坏污水中物质复杂的化学结构。有时,这些污染物还能作为电子传输的介质,比如一些含元素硫的废水,这些元素硫就能够扮演电子传输介质的角色,并且会转化为易于处理的硫酸盐(Dutta et al 2009)。偶氮染料也能作为电子传输介质,并在还原反应过程中脱色(Mu et al 2009a)。一些具有生物危害性的有毒物质(如内分泌干扰雌激素)同样能作为传输介质(Kiran Kumar et al 2012)。

14.3.2.1 废弃物和污水作为电子给体的作用

培养基是微生物燃料电池处理废弃物和污水过程中一个重要的生物因素,它会直接影响电子的传递。无机物或者有机物均可作为生物电化学处理系统中的电子给体,而且可供选择的种类繁多。电子的传递效率不仅取决于电子给体本身的氧化态,同时也会受到电子给体和微生物配置比例的影响。葡萄糖和醋酸是目前使用最广泛的培养基,可以单独使用,亦可以混合使用;相对来说,使用醋酸时的电子损失会更低一些。但是无论是哪种培养基,在反应过程中都会经历一系列复杂的代谢过程,在这些复杂的过程中势必造成电子损失(电子淬灭)。葡萄糖几乎可以被所有的微生物氧化,因此应用范围很广,但是葡萄糖的降解过程比较复杂,因此,电子损失率也相对较高。即便葡萄糖的电子产率高于醋酸,但是同样较高的电子损失率导致葡萄糖的电子最终产率低于醋酸,尤其是在细菌悬浮液中,电子损失的问题就变得尤为明显。除了葡萄糖和醋酸以外,淀粉、丁酸、糖苷、蛋白胨以及乙醇等培养基也都被应用到了阳极燃料中(见表 14.2)。

很多种类的培养基物质都能够用来发电和处理污染物,废弃物以及污水中很多可溶性的物质和可溶的复杂有机肥料都能够作为微生物的营养物。污水成分的复杂性源于产生污水原料的多样性。其中,生活污水的成分比较简单,且自身就已经经过了生物降解过程,因此并不是理想的电池燃料,一般情况下只能维持几个小时的正常运行(Venkata Mohan et al 2009b)。乳制品生产过程中产生的污水富含蛋白质,这些蛋白质多数是含氮化合物,因此这类污水也不利于电池的发电。相反的,虽然酒厂生产污水中富含碳,但是因为其含有许多其他复杂的物质而同样不适合用于发电(Mohankrishna et al 2010a)。制药废水成分复杂且多含难降解的化合物,因而使得其在使用过程中难以产生还原当量,而且反应生成的质子和电子会与污染物中的某些组分直接结合,从而直接降低发电效率。学者们对许多不同的污水类电子给体在微生物燃料电池中的表现进行了考察,包括生活污水(Venkata Mohan et al 2009b;Jiang et al 2012)、乳品废水(Saravanan et al 2010;Venkata Mohan et al 2010a)、马铃薯淀粉废水(Cusick et al 2011)、制药废水(Velvizhi,Venkata Mohan 2011)、造纸废水(Huang,Logan 2008)、猪的排泄物(Min et al 2005)、食品废弃物(Goud et al 2011;Goud,Venkata Mohan 2011)、小麦秸秆水解液(Zhang et al 2009a)、酒厂废水(Mohanakrishna et al 2010a)、巧克力生产废水(Patil et al 2009)、蔬菜废水(Venkata Mohan et al 2010b)和奶酪废水(Antonopoulou et al 2009)等。同样,还有一些其他物质也都尝试着被应用到了微生物燃料电池中,例如木质纤维素生物质(Ren et al 2007;Wang et al 2009)、染料废水(Pant et al 2008;Sun et al 2009)、填埋垃圾的沥出物(Kjeldsen et al 2002;Zhang et al 2008;Greenman et al 2009;Gálvez et al 2009)、纤维素和甲壳素(Yazdi et al 2007)以及芦苇甜茅(Strik et al 2008)等。此外,微生物燃料电池还可以在固相中运行(Venkata Mohan,Chandrasekhar 2011b)。从不同区域,诸如工业区、商业区以及住宅区等收集的废弃物都有可能作为电池的电子给体。然而,在众多的废弃物及污水中,只有那些容易降解的才具有较好的发电能力,比如基于乳制品成产的污水、食品污水、市场上的蔬菜类废弃物以及厨房垃圾等;相反,工业污水由于难以降解而不适用于燃料电池发电。但是不可否认的是,通过微生物燃料电池利用污水发电会带来产能和环保的双重效益,因此微生物燃料电池在利用污水发电方面的应用是极具应用前景的。当然,由于技术上的种种问题,微生物燃料电池能够大规模应用,还需要科研工作者们付出巨大努力才能实现。

14.3.2.2 污染物作为电子给体及电子受体的作用

除了电子给体外,电子受体在微生物燃料电池中的作用同样重要,特别是在废弃物处理方面。化能自养的微生物不仅能够将污染物作为电子给体在阳极被氧化,同时也能将污染物作为电子受体在阴极发生还原反应。在燃料电池体系中,培养基基质在阳极的消耗速度是很快的。除此以外,污水中的有色成分与溶解性总固体(Total Dissolved Solids,TDS)的反应速率也是很快的(Mohanakrishna et al 2010a;Venkata Mohan et al 2010a,b)。同样的,学者们对污染物,诸如硫化物(Rabaey et al 2006)、硝酸盐(Clauwaert et al 2007;Virdis et al 2008)、高氯酸盐(Thrash et al 2007)以及一些含氯的有机化合物(Aulenta et al 2007)等在阴极的反应也都做了大量的研究工作。除了氧气外，其他的一些化合物，比如硝酸盐、硫酸盐、苯酚、硝基苯以及偶氮染料等，均可作为阴极反应的电子受体。这些化合物不仅能够参与反应产生电能，同时还能起到降解的作用。当然，这些化合物作为电子受体时所能发挥的功效也同样要遵循热力学的规律(详见 14.2.3)。这些电子受体中，还有一些化合物能够作为氧化-还原载体进行电子传输，比如硫化物、金属元素以及雌性激素等(Kiran Kumar et al 2012;Chandrasekhar, Venkata Mohan 2012)。在以上涉及到的化合物中，硝酸盐类电子受体的功效比其他化合物更为优越，其原因是因为在无氧条件下，微生物的脱氮能力是很强的，这不仅意味着硝酸盐类化合物能够被降解，同时在脱氮过程中还能产生质子动力势。微生物的脱氮作用与有氧呼吸作用类似，都存在一个电子传输过程(Kim, Gadd 2008)。也有一些微生物和古细菌能够将硫酸盐和元素硫作为电子受体并将其还原。从实际角度考虑，为避免水体的富营养化，除氮、除硫也是污水排放前的必经过程。因此，用来处理污水的微生物应当具备除氮、除硫的兼性功能(Kim, Gadd 2008)。同化和异化过程都能够使硝酸盐类化合物得到还原，同化过程能够将硝酸盐类物质作为微生物的营养成分参与代谢，异化过程则将硝酸盐作为电子受体用来发电(Clauwaert et al 2007; Kim, Gadd 2008; Virdis et al 2008; Velvizhi, Venkata Mohan 2011)。有些微生物只能够将硝酸盐作为电子受体发生异化作用，也有一些微生物在还原硝酸盐时兼有同化和异化两个过程。硝酸盐最终还原为氮气的过程总共需要经历 4 个步骤，即硝酸盐—亚硝酸盐——一氧化氮——一氧化二氮—氮气。在此过程中，作为电子受体的硝酸盐需要接受 5 个电子才能最终被还原为氮气(见图 14.5)。当然，无机含硫化合物的处理对微生物燃料电池来说同样重要。含硫化合物在阴极和阳极的处理过程是有所区别的。作为阴极反应的电子受体，硫酸盐首先会被还原为硫化物并最终生成硫化氢；当作为阳极反应的电子给体时，硫化物则被作为有机化合物氧化的中间产物并最终生成硫单质(见图 14.5)。随后，硫单质会作为电子传输的介质沉积在阳极的表面(Rabaey et al 2005)。硫酸盐还原为硫化物的过程是以有机物作为电子给体并由微生物将其还原为硫化物。在此过程中，还会生成一些其他氧化态的含硫化合物，例如亚硫酸盐、硫酸盐以及多硫化合物等(Dutta et al 2009)。

另一方面，有些微生物也能将金属离子作为电子给体或者电子受体并将其氧化、还原。常见的一些金属电子给体有铁、锰、硒、砷、铬、铀、钒以及钴等金属离子。这些金属离子的存在对环境都有着极大的危害，在未经处理的情况下是绝对不能排放的。鉴于地球上铁的巨大用量，在有机物进行厌氧降解时都会伴随发生铁还原的过程(Kim, Gadd 2008)。微生物燃料电池也能将有色染料作为电子受体并使其脱色。学者们对偶氮染料以及酸性橙 7(Acid Orange 7,AO7)作为电子受体的反应机理进行了深入的研究。研究结果显示,阴极微生物在进行无氧呼吸的过程中,这些染料会与还原当量物发生反应生成还原中间产物(见图 14.5)。同样,也有文献报道了在阳极反应池对污水(如酒厂和制药厂的污水)进行脱色处理的工艺技术(Venkata Mohan et al 2009a;Mohanakrishna et al 2010a;Venkata Mohan et al 2010a,b;Velvizhi,Venkata Mohan 2011)。学者们还发现,对于一些难以进行有氧处理的有毒卤素和碳氢化合物,可以将其作为电子受体进行无氧降解。除了上述的这些有毒、有害物质外,相关文献也都相继报道了利用微生物燃料电池来处理硝基苯、多元醇以及酚类化合物等有害物质的方法。也有一些文献中指出了利用微生物燃料电池降解多环芳烃的可行性(见表 14.3)。

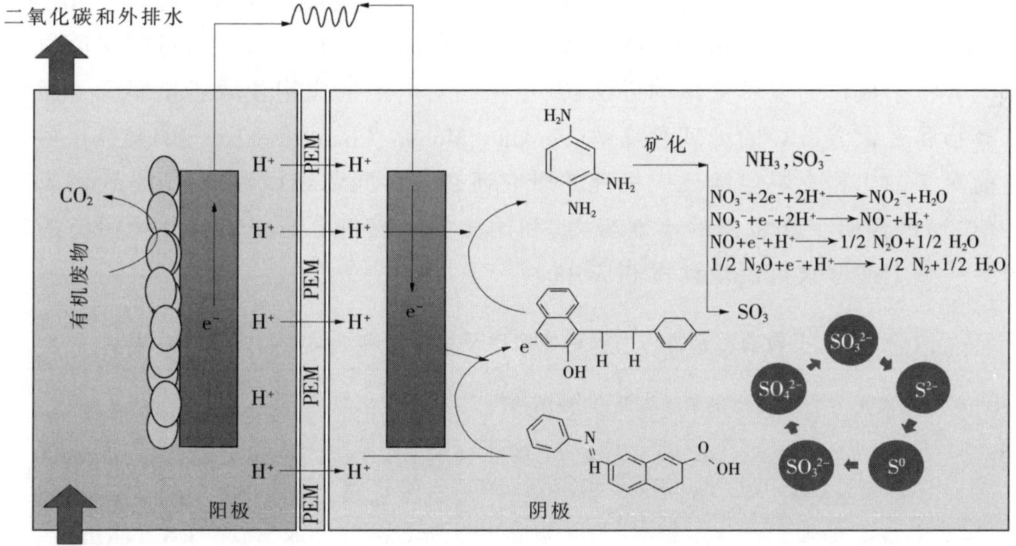

图 14.5 利用微生物燃料电池进行废弃物、污水以及有毒、有害物质的处理过程(其中,阳极反应池内使用的是废弃物和污水,阴极反应目的则是降解有毒、有害的污染物)

污染物的生物电化学处理过程主要有两种反应机理,即直接阳极氧化(direct anodic oxidation,DAO)和间接阳极氧化(indirect anodic oxidation,IAO)。直接氧化法是指污染物吸附在阳极表面,在电子转移反应的过程中被氧化;间接氧化法则是指污染物在原位生物电势下,被阳极表面形成的具有生物电化学活性的氧化剂所氧化。直接氧化过程有助于阳极表面一级氧化剂的形成,这些氧化剂会在阳极上进一步反应生成二级氧化剂,比如二氧化氯和臭氧等。这类氧化剂能够有效地使污染物发生脱色。阳极附近的水与自由基的反应还能生成分子氧、游离氯、过氧化氢以及次氯酸等强氧化剂，这些生成物同样也会促进污染物发生氧化反应(Mohanakrishna et al 2010a;Venkata Mohan,Srikanth 2011)。此外,也有一些报道介绍了利用阴极反应治理污染物的一些方法和技术,比如偶氮染料(Mu et al 2009a)、硝基苯(Mu et al 2009b)以及硝酸盐等(Lefebvre et al 2008)。我们可以大胆地假设,在无氧条件下,大多数污染物都能够作为阴极反应的最终电子受体并用来发电。与阴极反应相比,在阳极反应池进行污染物治理的方法相对应用较少。污染物在阳极反应池内同样能作为载体进行电子传输，这不仅有利于提升发电效率,还能起到污染物降解的效果,但是却很少有人将污染物作为电子传输介质来进行尝试和研究。除了消耗培养基基质外,燃料电池对于减少污水中有毒、有色物质以及溶解性总固体有着非常可观的应用前景(Venkata Mohan et al 2010b; Mohanakrishna et al 2010b;Velvizhi,Venkata Mohan 2011)。此外,通过利用原位生物电势将阳极作为电子受体的方法,微生物燃料电池的应用领域还拓展到了固体废弃物和有毒芳香烃的处理和降解(Venkata Mohan,Chandrasekhar 2011a,b)。尽管目前对于微生物燃料电池反应机理的研究还有很多问题难以攻克,但是我们应当坚信,通过科研工作者们的不懈努力,利用微生物燃料电池来治理环境污染的技术最终必定能够被广泛地认可和应用。

表 14.3 不同的污染物作为燃料电池电子给体或电子受体时的电池能效

污染物		电子受体	电池结构	功率密度/电流	降解率,%	参考文献
污染物作为电子给体	苯 酚	氧 气	双反应池	9.1mW/m^2	90	Luo et al(2009)
	多元醇	氧 气	单反应池	2650mW/m^2	90	Catal et al(2008)
	吲 哚	铁氰化物	双反应池	51.2W/m^3	88	Luo et al(2010)
	雌二醇	氧 气	单反应池	28.32mW/m^2	54	Kiran Kumar et al(2012)
	乙烯基雌二醇	氧 气	单反应池	12.46mW/m^2	38	Kiran Kumar et al(2012)
污染物作为电子受体	硝酸盐	醋 酸	双反应池	9.4mW/m^2	84	Lefebvre et al(2008)
	硫化物	醋 酸	双反应池	37W/m^3	87	Dutta et al(2009)
	高氯酸盐	醋酸钠	双反应池	0.28mA	97	Butler et al(2010)
	偶氮染料	葡萄糖	双反应池	110mW/m^2	77	Mu et al(2009a)
	硝基苯	醋酸钠	双反应池	16.5A/m^3	98	Mu et al(2009b)
	亚硒酸盐	醋 酸	双反应池	2200mW/m^2	99	Catal et al(2009)
	硝基酚	醋 酸	双反应池		70	Zhu,Ni(2009)
	吡 啶	葡萄糖	双反应池	1.7W/m^3	95	Zhang et al(2009b)

14.3.3 微生物电化学反应器

在之前的介绍中已经提到过,微生物燃料电池的阴极反应能够起到污染物降解的作用;除此之外,在氧化-还原电势的作用下,阴极还能将电子受体转化成许多有商业价值的还原产物。比如,乙醇就是在-0.28V 氧化-还原电势的条件下由醋酸还原生成的。因此,微生物燃料电池在产生电能的过程中还能生成许多有价值的化工产品(Rabaey, Rozendal 2010)。在阴极反应的过程中,电子受体在不同的条件下会生成许多不同的化合物,因此,有时候微生物燃料电池更多地会用来合成某些有价值的化工产品而不是作为污水处理的装置。不同的产品所需要的反应条件也不同,有些还原产物在原位生物电势下就能够生成,因而不需要太高的氧化-还原电势;而当原位生物电势不能够满足反应条件时,就需要氧化-还原电势的辅助才能完成反应物的转化(Rabaey, Rozendal 2010)。因此,对于某些特定的目标产物,为了使反应物有足够的能量跨越反应能垒,就需要通过外加电压来确保足够高的氧化-还原电势。近年来,有一种能够用来制氢的名为微生物电解电池(Microbial Electrolysis Cell, MEC)的新型微生物燃料电池成为研究的热点。目前,能够通过微生物燃料电池制取的常见产品有醋酸、乙醇、过氧化氢以及丁醇等(见图 14.6)。总体来说,利用微生物燃料电池在发电的同时生产有价值的化工产品能够大幅度提高电池的商业价值,考虑到微生物燃料电池还能够治理污染物,这种“一举多得”的发电技术势必具有非常深远的发展潜力。

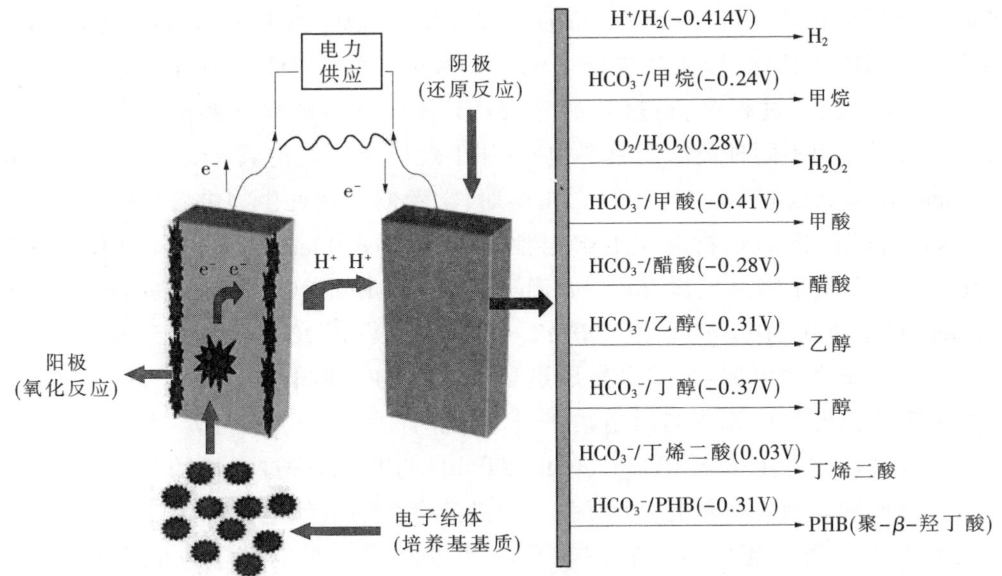

图 14.6 利用微生物燃料电池制备高附加值产品示意图

14.3.3.1 微生物电解制氢

众所周知，与其他生物燃料相比，氢不仅具有较高的燃烧值(140MJ/kg)，而且还是最为洁净的能源。因此，在当代的生物能源研究领域中，氢作为可再生能源一直是研究的重中之重。在通常情况下，氢可以通过物理法以及化学法等多种方法来制取(Venkata Mohan 2010，2009；Venkata Mohan et al 2011a)，但是往往制氢的成本都是比较高的。而生物法制氢，尤其是厌氧发酵法，因其相对较为低廉的成本而在近年来受到广泛的关注。其中，利用污水发酵制氢的方法更是学者们关注的焦点(Venkata Mohan 2008，2010)。目前，通过对电池组件、反应条件等因素的控制和改善，污水发酵制氢法已经有了重大突破(Venkata Mohan et al 2007b，Venkata Mohan et al 2008g)；但是，制氢的过程还存在很多问题，比如培养基基质的低转化率、富含碳酸性中间体的大量生成以及 pH 值的突然下降等(Venkata Mohan et al 2007b，2008g；Venkata Mohan，Goud 2012)。针对这些问题，学者们也提出了很多的解决方案，比如添加预处理剂(Venkata Mohan et al 2008g；Srikanth et al 2010b)、与光生物制氢法相结合(Srikanth et al 2009；Rashmi Chandra，Venkata Mohan 2011)、甲烷生成法(Venkata Mohan et al 2008h)、聚羟基脂肪酸酯制备法(Reddy，Venkata Mohan 2012)以及我们要重点介绍的微生物电解电池法(Mohanakrishna et al 2010b)。通过微生物电解电池制氢实际上是将传统制酸工艺和电化学水解过程相结合而产生的一种方法，其最大的优势是通过微生物的代谢活动大幅降低了电解反应所需的活化能(Call，Logan 2008；Logan et al 2008；Venkata Mohan，Lenin Babu 2011)。与传统的制酸法相比，微生物电解电池法具有更高的氢产量(Cheng，Logan 2007)。此外，在实际应用过程中，通过外加电压补充原位生物电势能够使得电池阴极生成许多氢以外的不同种类的还原产物，例如甲烷以及过氧化氢等(Liu et al 2005b；Venkata Mohan，Lenin Babu 2011)。在早期，学者们对这种生物电解处理过程有很多不同的称谓，例如生物催化电解电池(Biocatalyzed Electrolysis Cell，BEC)、生物电化学辅助型微生物反应器(Bioelectrochemically Assisted Microbial Reactor，BEAMR)(Logan et al 2005；Ditzig et al 2007；Tartakovsky et al 2009)等。直到近年才被广泛地认知为微生物电解法，并且发展迅猛(Liu et al 2005b；Logan et al 2005)。微生物电解电池的反应原理与微生物燃料电池相同，也是阳极氧化产生的还原当量物在阴极被还原并生成氢气(Liu et al 2005b)。近来，有一些科研团队正在努力试图将污水处理和制氢一体化，从而进一步提升微生物电解电池的实用价值。此外，微生物电解电池还能将微生物制氢反应器生成的富酸废水作为培养基的基质(Lalaurette et al 2009)，并且在很小的外加电压下就能将质子在阴极还原为氢气。

质子的标准氧化-还原电势是-0.414V，而原位生物电势是不可能达到这个标准的。因此，为了保证氢气的生成，就必须要给予反应体系一个外加电压。低能耗、高产氢以及污染物降解等优势使得微生物电解电池有着非常良好的发展前景。同样的，影响微生物电解电池性能的因素也是很多的，基本与微生物燃料电池类似，比如生物催化剂、电极材料、交换膜、反应电压、培养基基质以及负载率等。在微生物选取方面现阶段也呈现了多元化的趋势，有选用单一菌群的或两种菌群混合的，也有采用多种菌群混合的(Call et al 2009；Selembo et al 2009；Jeremiasse et al 2010；Venkata Mohan，Lenin Babu 2011)。氢的产量会随着生物催化剂和运行条件的变化而变化。刚开始的时候，微生物电解电池普遍采用的是双电极反应池结构，后来逐渐地被单反应池所代替。在单反应池结构的电池中，阳极和阴极是被置于同一个电解池中的，阳极和阴极的区分是由外加电压来决定的。离子选择性渗透膜(即质子交换膜)对微生物电解电池同样重要，但是不可否认的是，这层渗透膜的存在不可避免地会增加系统的内阻。与微生物燃料电池类似，为了防止多电极微生物电解电池电压的降低，应当增大生物质气的产量(Rader，Logan 2010)。无论是组分相对简单的生活污水，还是成分复杂的工业废水，微生物电解电池都能够将污水中许多可溶性的有机物转化为氢气或者甲烷，同时还起到了污水处理的目的(Call，Logan 2008)。外加电压对阳极氧化反应也是有利的，它能够极大地促进阳极的电子产率(Wang et al 2009；Srikanth et al 2010a；Venkata Mohan，Lenin Babu 2011)。表 14.4 中列出了一些微生物的产氢能力。

表 14.4 不同电子给体在不同微生物催化条件下的氢产量

电子给体	生物催化剂	电池结构	氢产量	参考文献
醋 酸	微生物燃料电池阳极中的细菌	单反应池，无膜	4.3m^3 H_2/(m^3/d)	Lee，Rittmann (2010)
醋 酸	厌氧污泥	双反应池，质子交换膜	1.12mol H_2	Sun et al(2008)
醋 酸	微生物燃料电池中醋酸养殖的细菌	多电极	0.53m^3 H_2/(m^3/d)	Hu et al(2008)
醋 酸	希瓦氏菌(*Shewanella oneidensis*)	单反应池，无膜	0.69m^3 H_2/(m^3/d)	Rader，Logan(2010)
醋 酸	硫还原泥土杆菌(*Geobacter sulfurreducens*)	单反应池，无膜	1.9m^3 H_2/(m^3/d)	Call et al(2009)
醋 酸	金属还原泥土杆菌(*Geobacter metallireducens*)	单反应池，无膜	0.1~1.3m^3	Call et al(2009)

续表

电子给体	生物催化剂	电池结构	氢产量	参考文献
醋　酸	热纤梭菌(*Clostridium thermocellum*)27,405	单反应池，圆柱形电池	1400mL H_2/(g COD)	Lalaurette et al (2009)
琥珀酸	热纤梭菌(*Clostridium thermocellum*)27,405	单反应池，圆柱形电池	130~1100mL H_2/(g COD)	Lalaurette et al (2009)
甲　酸	热纤梭菌(*Clostridium thermocellum*)27,405	单反应池，圆柱形电池	260~810mL H_2/(g COD)	Lalaurette et al (2009)
甘　油	加热后的厌氧污泥	单反应池，无膜	5.39mmol H_2	Escapa et al(2009)
微生物培养液	混合菌群	两个完全一样的电池持续工作	0.63m^3 H_2/(m^3/d)	Jeremiasse et al (2010)
猪养殖场污水	产电菌	单反应池，无膜	0.9~1.0m^3 H_2/(m^3/d)	Wagner et al(2009)
牛血清白蛋白	产电菌	单反应池，无膜	21.0±5.0mmol H_2/(g COD)	Lu et al(2010)
葡萄酒厂污水	产电菌	单反应池，无膜	0.01~0.17m^3 H_2/(m^3·d)	Cusick et al(2010)
生活污水	产电菌	单反应池，无膜	0.04~0.28m^3 H_2/(m^3·d)	Cusick et al(2010)
城市固体垃圾	固体垃圾中的细菌	单反应池，无膜	0.035m^3 H_2/(m^3·d)	Dictor et al(2010)
人工合成的污水	厌氧混合菌	单反应池，无膜	8.42mol H_2/(kg COD·d)	Venkata Mohan，Lenin Babu(2011)
人工配制的污水	污水池污泥	双反应池	35mL H_2	Cheng et al(2010)

14.3.3.2 其他的一些还原产物

利用微生物燃料电池来合成有些特定化合物的过程也被称作生物电化学系统(bioelectrochemical system，BES)。对于不同的目标产物，电池的设计也有所不同，但是本质上都是利用微生物和酶作为催化剂的一种生物化学反应。将微生物作为催化剂应用到电化学电池中，实际上是将微生物发电和化合物的生化合成两者有机地结合在了一起。生物催化剂与电极间的相互作用是微生物电化学合成法的基础(Rabaey，Rozendal 2010)。继氢之后，二氧化碳的应用又成为了一门发展迅速的新兴技术(Rabaey，Rozendal 2010)。由二氧化碳、氢气和一氧化碳混合而成的合成气通过生物电化学系统能够被还原成如醋酸、乙醇、丁醇等多种还原产物，其转化效率会随着外加电势以及气体组分的不同而不同(Rabaey，Rozendal 2010)。虽然将二氧化碳作为电子受体进行一些有机化合物的合成，是于经济效益和环境效益

(即碳减排)两个方面都有利的一项技术(Rabaey,Rozendal 2010),并且二氧化碳的来源非常广泛,但是从原理上讲,它也存在技术难点,即:将二氧化碳还原的过程需要大量的电子才能保证反应的正常进行,比如将 1 分子丁酸作为电子受体还原为丁醇的过程只需要 4 个电子就能完成;而当以二氧化碳为电子受体还原为丁醇时,每生成 1 分子丁醇就需要从阳极得到 24 个电子才能完成转化,这就对阳极的氧化速率提出了更高的要求,否则将无法保证阴极的电子供应。现阶段在技术以及其他层面上,这些合成技术确实还难以大规模应用,但是低能耗、高产出的特性使得生物电化学合成技术一直保持着良好的发展态势。截至目前,已经有一些产品合成方面的成果,例如葡萄糖发酵制谷氨酸(Hongo,Iwahara 1979)、利用丙酮丁醇梭菌(*Clostridium acetobutylicum*)制丁醇(Kim,Kim 1988)、中性红作为电子给体通过产琥珀酸放线杆菌 (*Actinobacillus succinogenes*) 制备甲烷 (Park et al 1999)、通过混合微生物群用醋酸制乙醇(Steinbusch et al 2010)、通过泥土杆菌用丁烯二酸制琥珀酸(Gregory et al 2004)等。

14.3.4 其他方面的一些应用介绍

近年来,微生物燃料电池的发展也呈现出多元化的特点,除了上述的一些应用领域外,还出现了许多新兴的应用发展方向,例如光合成、碳捕捉、海底沉积物发电、海水淡化、生物质发电以及生物传感器等。目前,这些新兴的应用领域还处在摸索和发展阶段,还需要大量的基础研究才能最终实现大规模地推广。

光合成燃料电池(Photosynthetic Fuel Cells,PhFC)从运行原理上来说,与微生物燃料电池是极其类似的;而二者最大的不同在于,微生物燃料电池是以化能自养型微生物为催化剂,而光合成燃料电池则是采用光能自养型微生物作为电池催化剂。在光合成燃料电池运行过程中,微生物是利用光能来产生电子的,因此我们可以近似地将光能看做电子给体。产生电子之后的过程与微生物燃料电池一致,也是通过一个级联的蛋白质进行电子传输并在此过程中产生生物电(Chandra et al 2012)。虽然用于发电的微生物种类繁多,来源广泛,但也不是所有常见的微生物都适合用来作为电池催化剂的,比如藻类微生物。藻类微生物也是属于光能自养型微生物,但是它在代谢过程中不仅需要光能,同时也需要氧气,换言之,为了保证藻类微生物的正常代谢活动就必须在有光的条件下保证充足的氧气供应,但是大量氧气的存在会直接消耗阳极产生的还原当量物,从而严重制约了电池的性能。因此,选取合适的微生物种类是光合成燃料电池能够被应用的先决条件。

目前,富含易挥发脂肪酸的废水处理并利用其发电是光合成燃料电池一个主要用途。废水中的脂肪酸通过电池反应被转化成了脂类、碳水化合物以及其他一些有价值的化合物(Strik et al 2008)。水体中的沉积物中富含有机物成分,这些有机物大都具有高效的电子产率,将其作为原料利用微生物燃料电池发电同样具有广阔的应用空间。底栖燃料电池就属于这类电池,它是直接将水生生态系统中的沉积物作为原料来进行发电的。在使用过程中,阳极置于沉积物层,而阴极则放置在上覆含水层(Reimers et al 2001;Bond et al 2002;Holmes et al 2004;Venkata Mohan et al 2009c;Lenin Babu,Venkata Mohan 2012)。在运行过程中,电子通过电路从阳极转移至阴极,质子则是通过在水中的扩散来完成传输的。在此过程中,阳极和阴极产生电势差,从而保证了电能的产生。同时,我们也应注意到,这类燃料电池是没有质子交换膜的,其主要原因还是因为昂贵的造价。此外,沉积物表层的微生物本身也是很好的还原剂,它们能够利用一些金属元素或者有毒、有害物质(如 Mn^{2+}、Fe^{2+}以及 S^{2-}等)作为电子传输载体并将其还原(Tender et al 2002;Bond,Lovley 2003;Reimers et al 2005;Ryckelynck et al 2005;Lowy et al 2006)。

类似的,这类燃料电池也能被推广到海洋应用领域,比如将阳极置于海底无氧沉积物中,而阴极就放置在有氧的海水表层(Reimers et al 2001;Bond et al 2002;Tender et al 2002;Venkata Mohan et al;Holmes et al 2004)。利用燃料电池还能够在低能耗的条件下长期运行用,以测量海洋环境中的一些物理以及化学方面的参数(Shantaram et al 2005;Lowy et al 2006)。

植物的根际沉积物作为原料发电也是近年来一个研究热点(Cho et al 2008;Kaku et al 2008;Strik et al 2008;Venkata Mohan et al 2011b),其中含有的一些微生物以及固定化酶能够作为电子受体或者阴极电子转移反应的引发剂(Rhoads et al 2005;He,Angenent 2006;Rosenbaum et al 2011;Venkata Mohan,Srikanth 2011;Srikanth,Venkata Mohan 2012a,b;Behera et al 2010)。

总的来说,微生物燃料电池阴极反应在环境治理和生物电化学合成等两方面的应用越来越受到关注。在保持稳定电压的条件下,微生物燃料电池不仅能够还原硫、氮以及金属污染物,与此同时还能合成乙醇、丁醇、甲烷等有价值的产物(Rabaey,Rozendal 2010;Srikanth,Venkata Mohan 2012a)。究其根本,其原因还是在于微生物与阴极电极间的相互作用使得一些生物化学反应的活化能降低,因而才使其具有实际应用价值。如果能够很好地解决电子损失以及产物的选择性等问题,相信一定会进一步加快其推广的步伐(He,Angenent 2006;Rosenbaum et al 2011;Srikanth,Venkata Mohan 2012a,b)。值得一提的是,微生物燃料电池中生成的生物膜是非常敏感的传感元件,它能够实时反映微生物的活性,因此,微生物燃料电池还能作为生物传感器用来分辨污水中的基质, 以及测定污水的生化需氧量(BOD)

和化学需氧量(COD)(Gil et al 2003;Chang et al 2004;Spanjers,Van Lier 2006;Di Lorenzo et al 2009)。现阶段,随着科技的进步和人口的增长,能源危机和环境污染日趋严重,在这样不利的大环境下,相信微生物燃料电池技术在不远的将来必定能够得到长足的进步和广泛的应用。

14.4 小结与展望

微生物燃料电池因其兼有污染物治理以及化工产品合成的功用,目前已成为一项环境友好且发展迅猛的新兴发电技术, 并且涉足诸多应用领域的前瞻性研究。微生物燃料电池用以发电的原料来源极其广泛,因此具有很好的发展潜力。然而,由于当前技术所限,微生物燃料电池的制造成本和发电能力还无法和现有的发电技术相比,因此现阶段还难以大规模地应用。理论上讲,一个单电池的最大输出电压应该在 1.2V 左右,如要获得较高的能量输出,则需要大量的电池串联组成电池堆才能满足要求。考虑到高昂的造价,无膜微生物燃料电池(如利用海底沉积物发电)应当是未来研发的重点。有毒、有害物质及污水的处理也是微生物燃料电池的重要发展方向,应当在现有研发成果的基础上进一步提升其环境治理方面的性能。在化工产品合成方面,相对来说还处在初级阶段,很多关键性问题尚未得到解决,还需要科研工作者们进行大量的基础研究,才有可能进一步拓展其在合成方面的发展空间,尤其应当致力于研究利用那些来源广泛且对环境有不利影响的物质为原料来进行产品合成,比如利用二氧化碳制乙醇以及丁醇。总体来说,微生物燃料电池的发展道路还很长,也会有很多难以解决,甚至有些还是尚没有发现的难题等待着学者们去研究和解决,相信在不远的将来,微生物燃料电池必定能够得到推广和普及。

致 谢

作者感谢印度化工技术研究院(CSIR-IICT)给予的大力支持以及长达 5 年的关于废弃污染物治理项目的科研资助。

参考文献

Aelterman P (2009) Microbial fuel cells for the treatment of waste streams with energy recovery.Ph.D.Thesis,Gent University,Belgium

Antonopoulou A,Stamatelatou K,Bebelis S,Lyberatos G (2009) Using cheese whey as a source of energy in a microbial fuel cell.In:Proceedings of 11th international conference on Environ Sci Technol

Aulenta F,Catervi A,Majone M,Panero S,Reale P,Rossetti S (2007) Electron transfer from a solid-state electrode assisted by methyl viologen sustains efficient microbial reductive dechlorination of TCE.Environ Sci Technol 41: 2554-2559

Babu ML, Venkata Mohan S (2012) Influence of graphite flake addition to sediment on electrogenesis in a sediment-type fuel cell.Biores Technol 110:206-213

Behera M, Jana PS, Ghangrekar MM (2010) Performance evaluation of low cost microbial fuel cell fabricated using earthen pot with biotic and abiotic cathode.Bioreso Techno 101:1183-1189

Bennetto HP (1990) Electricity generation by microorganisms.Biotechnol Adv 1:163-168

Bennetto HP, Stirling JL, Tanaka K, Vega CA (1983) Anodic reactions in microbial fuel cells.Biotechnol Bioeng 25: 559-568

Biffinger JC, Byrd JN, Dudley BL, Ringeisen BR (2008) Oxygen exposure promotes fuel diversity for Shewanella oneidensis microbial fuel cells.Biosens Bioelectron 23:820-826

Bond DR, Lovley DR (2003) Electricity generation by Geobacter sulfurreducens attached to electrodes.Appl Environ Microbiol 69:1548-1555

Bond DR, Holmes DE, Tender LM, Lovley DR (2002) Electrode-reducing microorganisms harvesting energy from marine sediments.Science 295:483-485

Butler CS, Clauwaert P, Green SJ, Verstraete W, Nerenberg R (2010) Bioelectrochemical perchlorate reduction in a microbial fuel cell.Environ Sci Technol 44:4685-4691

Call D, Logan BE (2008) Hydrogen production in a single chamber microbial electrolysis cell lacking a membrane. Environ Sci Technol 42:3401-3406

Call DF, Wagner RC, Logan BE (2009) Hydrogen production by geobacter species and a mixed consortium in a microbial electrolysis cell.Appl Environ Microbiol 75:7579-7587

Catal T, Xu S, Li K, Bermek H, Liu H (2008) Electricity generation from polyalcohols in single-chamber microbial fuel cells.Biosens Bioelectron 24:855-860

Catal T, Bermek H, Liu H (2009) Removal of selenite from wastewater using microbial fuel cells.Biotechnol Lett 31: 1211-1216

Chae KJ, Choi MJ, Lee JW, Kim KY, Kim IS (2009) Effect of different substrates on the performance, bacterial diversity, and bacterial viability in microbial fuel cells.Biores Technol 100:3518-3525

Chandra R, Venkata Mohan S (2011) Microalgal community and their growth conditions influence biohydrogen production during integration of dark-fermentation and photo-fermentation processes.Int J Hydrogen Energy 36:12211-12219

Chandra R, Subhash GV, Venkata Mohan S (2012) Mixotrophic operation of photo-bioelectrocatalytic fuel cell under anoxygenic microenvironment enhances the light dependent bioelectrogenic activity.Biores Technol 109:46-56

Chandrasekhar K, Venkata Mohan S (2012) Bio-electrochemical remediation of real field petroleum sludge as an electron donor with simultaneous power generation facilitates biotransformation of PAH: effect of substrate concentration. Biores Technol 110:517-525

Chang IS, Jang JK, Gil GC, Kim M, Kim HJ, Cho BW, Kim BH (2004) Continuous determination of biochemical oxygen demand using microbial fuel cell type biosensor.Biosens Bioelectron 19:607-613

Chang S, Moon H, Bretschger O, Jang JK, Park HI, Nealson KH, Kim BH (2006) Electrochemically active bacteria (EAB) and mediator-less microbial fuel cells.J Microbiol Biotechnol 16:163-177

Chaudhuri SK, Lovley DR (2003) Electricity generation by direct oxidation of glucose in mediatorless microbial fuel cells.Nat Biotechnol 21:1229-1232

Cheng S, Logan BE (2007) Sustainable and efficient biohydrogen production via electro-hydrogenesis.Proc Natl Acad Sci USA 104:18871-18873

Cheng S, Liu H, Logan BE (2006) Power densities using different cathode catalysts (Pt and CoTMPP) and polymer binders (Nafion and PTFE) in single chamber microbial fuel cells.Environ Sci Technol 40:364-369

Cheng S, Xing D, Logan BE (2010) Electricity generation of single-chamber microbial fuel cells at low temperature. Biosens Bioelectron 26:1913-1917

Cho YK, Donohue TJ, Tejedor I, Anderson MA, McMahon KD, Noguera DR (2008) Development of a solar-powered microbial fuel cell.J Appl Microbiol 104:640-650

Clauwaert P, Verstraete W (2009) Methanogenesis in membraneless microbial electrolysis cells.Appl Microbiol Biotechnol 82:829-836

Clauwaert P, Rabaey K, Aelterman P, DeSchamphelaire L, Pham TH, Boeckx P, Boon N, Verstraete W (2007) Biological denitrification in microbial fuel cells.Environ Sci Technol 41:3354-3360

Cusick RD, Kiely PD, Logan BE (2010) A monetary comparison of energy recovered from microbial fuel cells and microbial electrolysis cells fed winery or domestic wastewaters.Int J Hydrogen Energy 35:8855-8861

Cusick R, Call DF, Selembo PA, Regan JM, Logan BE (2011) Anode microbial communities produced by changing from microbial fuel cell to microbial electrolysis cell operation using two different wastewaters biores.Technol 102:388-394

Di Lorenzo M, Curtis TP, Head IM, Scott K (2009) A single-chamber microbial fuel cell as a biosensor for wastewaters.Water Res 43:3145-3154

Dictor MC, Joulian C, Touze S, Ignatiadis I (2010) Electro-stimulated biological production of hydrogen from municipal solid waste Dominique guyonnet.Int J Hydrogen Energy 35:10682-10692

Ditzig J, Liu H, Logan BE (2007) Production of hydrogen from domestic wastewater using a bioelectrochemically assisted microbial reactor.Int J Hydrogen Energy 32:2296-2304

Dumas C, Mollica A, Féron D, Basseguy R, Etcheverry L, Bergel A (2007) Marine microbial fuel cell: use of stainless steel electrodes as anode and cathode materials.Electrochim Acta 53:468-473

Dutta PK, Keller J, Yuan Z, Rozendal RA, Rabaey K (2009) Role of sulfur during acetate oxidation in biological anodes.Environ Sci Technol 43:3839-3845

Escapa A, Manuel MF, Moran A, Gomez X, Guiot SR, Tartakovsky B (2009) Hydrogen production from glycerol in a membraneless microbial electrolysis cell.Energy Fuels 23:4612-4618

Franks AE, Nevin KP (2010) Microbial fuel cells, a current review.Energies 3:899-919

Galvez A, Greenman J, Ieropoulos I (2009) Landfill leachate treatment with microbial fuel cells; scale-up through plurality.Biores Technol 100:5085-5091

Gil GC, Chang IS, Kim BH, Kim M, Jang JK, Park HS, Kim J (2003) Operational parameters affecting the performance of a mediator-less microbial fuel cell.Biosens Bioelectron 18:327-334

Goud RK, Venkata Mohan S (2011) Pre-fermentation of waste as a strategy to enhance the performance of single chambered microbial fuel cell (MFC).Int J Hydrogen Energy 36:13753-13762

Goud RK, Babu PS, Venkata Mohan S (2011) Canteen based composite food waste as potential anodic fuel for bioelectricity generation in single chambered microbial fuel cell (MFC): bio-electrochemical evaluation under increas ing substrate loading condition.Int J Hydrogen Energy 36:6210-6218

Greenman J, Gálvez A, Giusti L, Ieropoulos I (2009) Electricity from landfill leachate using microbial fuel cells: comparison with a biological aerated filter.Enz Microbiol Technol 44:112-119

Gregory KB, Bond DR, Lovley DR (2004) Graphite electrodes as electron donors for anaerobic respiration.Environ Microbiol 6:596-604

He Z, Angenent LT (2006) Application of bacterial biocathodes in microbial fuel cells.Electroanal 18:2009-2015

Heilmann J, Logan BE (2006) Production of electricity from proteins using a microbial fuel cell.Water Environ Res 78:531-537

Hernandez ME, Newman DK (2001) Extracellular electron transfer.Cell Mol Life Sci 58:1562-1571

Holmes DE, Nicoll JS, Bond DR (2004) Potential role of a novel psychrotolerant member of the family geobacteraceae, geopsychrobacter electrodiphilus gene.nov., sp.nov., in electricity production by a marine sediment fuel cell.

Appl Environ Microbiol 70:6023-6030

Hongo M, Iwahara M (1979) Determination of electroenergizing conditions for L-glutamic acid fermentation. Agric Biol Chem 43:2083-2086

Hu H, Fan Y, Liu H (2008) Hydrogen production using single-chamber membrane-free microbial electrolysis cells. Water Res 42:4172-4178

Huang L, Logan BE (2008) Electricity generation and treatment of paper recycling wastewater using a microbial fuel cell. Appl Microbiol Biotechnol 80:349-355

Jadhav GS, Ghangrekar MM (2009) Performance of microbial fuel cell subjected to variation in pH, temperature, external load and substrate concentration. Biores Technol 100:717-723

Jeremiasse AW, Hubertus V, Cees H, Buisman JN (2010) Microbial electrolysis cell with a microbial biocathode. Bioelectrochemistry 78:39-43

Jiang H, Luo S, Shi X, Dai M, Guo R (2012) A novel microbial fuel cell and photobioreactor system for continuous domestic wastewater treatment and bioelectricity generation Biotech-nol Lett

Kaku N, Yonezawa N, Kodama Y, Watanable K (2008) Plant/microbe cooperation for electricity generation in a rice paddy field. Appl Microbiol Biotechnol 79:43-49

Kim BH, Gadd GM (2008) Bacterial physiology and metabolism. Cambridge university press Kim TS, Kim BH (1988) Electron flow shift in clostridium acetobutylicum by electrochemically introduced reducing equivalent. Biotechnol Lett 10:123-128

Kim BH, Kim HJ, Hyun MS, Park DH (1999) Direct electrode reaction of Fe(Ⅲ) reducing bacterium, Shewanella putrefaciens. J Microbiol Biotechnol 9:127-131

Kim N, Choi Y, Jung S, Kim S (2000) Effect of initial carbon sources on the performance of microbial fuel cells containing proteus vulgaris. Biotechnol Bioeng 70:109-114

Kim JR, Jung SH, Regan JM, Logan BE (2007) Electricity generation and microbial community analysis of alcohol powered microbial fuel cells. Biores Technol 98:2568-2577

Kiran Kumar A, Reddy MV, Chandrasekhar K, Srikanth S, Venkata Mohan S (2012) Endocrine disruptive estrogens role in electron transfer: bio-electrochemical remediation with microbial mediated electrogenesis. Biores Technol 104:547-556

Kjeldsen P, Barlaz MA, Rooker AP, Baun A, Ledin A, Christensen TH (2002) Present and long-term composition of MSW landfill leachate: a review. Crit Rev Environ Sci Technol 32:297-336

Lalaurette E, Thammannagowda S, Mohagheghi A, Maness PC, Logan BE (2009) Hydrogen production from cellulose in a two-stage process combining fermentation and electrohydro-genesis. Int J Hydrogen Energy 34:6201-6210

Larminie J, Dicks A (2000) In: Fuel cell systems explained, Wiley, Chichester, p 308

Lee HS, Rittmann BE (2010) Significance of biological hydrogen oxidation in a continuous single-chamber microbial electrolysis cell. Environ Sci Technol 44:948-954

Lee HS, Parameswaran P, Kato-Marcus A, Torres CI, Rittman BE (2008) Evaluation of energy-conversion efficiencies in microbial fuel cells (MFCs) utilizing fermentable and non-fermentable substrates. Water Res 42:1501-1510

Lee HS, Torres C, Rittmann BE (2009) Effects of substrate diffusion and anode potential on kinetic parameters for anode-respiring bacteria. Environ Sci Technol 43:7571-7577

Lefebvre O, Mamun A, Ng HY (2008) A microbial fuel cell equipped with a biocathode for organic removal and denitrification. Water Sci Technol 58:881-885

Liu H, Cheng SA, Logan BE (2005a) Production of electricity from acetate or butyrate using a single-chamber microbial fuel cell. Environ Sci Technol 39:658-662

Liu H, Grot S, Logan BE (2005b) Electrochemically assisted microbial production of hydrogen from acetate. Environ Sci Technol 39:4317-4320

Logan BE (2008) Microbial fuel cells, Wiley Inc, Hoboken

Logan BE (2010) Scaling up microbial fuel cells and other bioelectrochemical Systems.Appl Microbiol Biotechnol 85:1665-1671

Logan BE,Regan JM (2006) Electricity-producing bacterial communities in microbial fuel cells.Trends Microbiol 14:512-518

Logan BE,Liu H,Grot S,Mallouk TA (2005) Bioelectrochemically assisted microbial reactor (BEAMR) that generates hydrogen gas.U.S.Utility Patent Application,vol 11(180),p 454

Logan BE,Hamelers B,Rozendal R,Schroder U,Keller J,Freguia S,Aelterman P,Verstraete W,Rabaey K (2006) Microbial fuel cells:methodology and technology.Environ Sci Technol 40:516-528

Logan BE,Rozendal RA,Hamelers HVM,Call D,Chen S,Sleutels THJA,Jeremiasse AW (2008) Microbial electrolysis cells (MECs) for high yield hydrogen gas production from organic matter.Environ Sci Technol 42:8630-8640

Lovley DR (2006) Microbial fuel cells:novel microbial physiologies and engineering approaches.Cur Opin Biotechnol 17:327-332

Lowy DA,Tender LM,Zeikus J,Park DH,Lovley DR (2006) Harvesting energy from the marine sediment-water interface II:kinetic activity of anode materials.Biosens Bioelectron 21:2058-2063

Lu L,Xing D,Xie T,Ren N,Logan BE (2010) Hydrogen production from proteins via electrohydrogenesis in microbial electrolysis cells.Biosens Bioelectron 25:2690-2695

Luo Y,Liu G,Zhang R,Jin S (2009) Phenol degradation in microbial fuel cells.Chem Eng J 147:259-264

Luo Y,Liu G,Zhang R,Zhang C (2010) Power generation from furfural using the microbial fuel cell.J Power Sources 195:190-194

Marsili E,Baron DB,Shikhare ID,Coursolle D,Gralnick JA,Bond DR (2008) Shewanella secretes flavins that mediate extracellular electron transfer.Proc Natl Acad Sci USA 105:3968-3973

Min B,Logan BE (2004) Continuous electricity generation from domestic wastewater and organic substrates in a flat plate microbial fuel cell.Environ Sci Technol 38:5809-5814

Min B,Kim JR,Oh SE,Regan JM,Logan BE (2005) Electricity generation from swine wastewater using microbial fuel cells.Water Res 39:4961-4968

Mohanakrishna G,Venkata Mohan S,Sarma PN (2010a) Bio-electrochemical treatment of distillery wastewater in microbial fuel cell facilitating decolorization and desalination along with power generation.J Hazard Mater 177:487-494

Mohanakrishna G,Venkata Mohan S,Sarma PN (2010b) Utilizing acid-rich effluents of fermentative hydrogen production process as substrate for harnessing bioelectricity:an integrative approach.Int J Hydrogen Energy 35:3440-3449

Mohanakrishna G,Krishna Mohan S,Venkata Mohan S (2012) Carbon based nanotubes and nanopowder as impregnated electrode structures for enhanced power generation:Evaluation with real field wastewater.Appl Energy 95:31-37

Mu Y,Rabaey K,Rene A,Zhiguo R,Yuan Z,Keller J (2009a) Decolorization of azo dyes in bioelectrochemical systems.Environ Sci Technol 43:5137-5143

Mu Y,Rozendal RA,Rabaey K,Yuan Z,Keller J (2009b) Nitrobenzene removal in bioelectrochemical systems environ.Sci Technol 43:8690-8695

Nelson DL,Cox MM (2008) Lehninger principles of biochemistry,4th edn.WH Freeman,New York

Newman DK (2001) How bacteria respire minerals.Science 292:1312-1313

Newman DK,Kolter RA (2000) A role of excreted quinones in extracellular electron transport.Nature 405:94-97

Oh ST,Kim JR,Premier GC,Lee TH,Kim C,Sloan WT (2010) Sustainable wastewater treatment:how might microbial fuel cells contribute.Biotechnol Adv 28:871-881

Pandit S,Ghosh S,Ghangrekar MM,Das D (2012).Performance of an anion exchange membrane in association with cathodic parameters in a dual chamber microbial fuel cell.Int J of Hydrogen Energy 37:9383-9392

Pant D, Singh A, Satyawali Y, Gupta RK (2008) Effect of carbon and nitrogen source amendment on synthetic dyes decolourizing efficiency of white-rot fungus, phanerochaete chrysosporium. J Environ Biol 29:79-84

Park DH, Zeikus JG (1999) Utilization of electrically reduced neutral red by actinobacillus succinogenes: physiological function of neutral red in membranedriven fumarate reduction and energy conservation. J Bacteriol 181:2403-2410

Park DH, Zeikus JG (2000) Electricity generation in microbial fuel cells using neutral red as an electronophore. Appl Environ Microbiol 66:1292-1297

Park DH, Laivenieks M, Guettler MV, Jain MK, Zeikus JG (1999) Microbial utilization of electrically reduced neutral red as the sole electron donor for growth and metabolite production. Appl Environ Microbiol 65:2912-2917

Patil SA, Surakasi VP, Koul S, Ljmulwar S, Vivek A, Shouche YS, Kapadnis BP (2009) Electricity generation using chocolate industry wastewater and its treatment in activated sludge based microbial fuel cell and analysis of developed microbial community in the anode chamber. Biores Technol 100:5132-5139

Rabaey K, Rozendal RA (2010) Microbial electrosynthesis-revisiting the electrical route for microbial production. Nat Rev Microbiol 8:706-716

Rabaey K, Lissens G, Siciliano SD, Verstraete W (2003) A microbial fuel cell capable of converting glucose to electricity at high rate and efficiency. Biotechnol Lett 25:1531-1535

Rabaey K, Read ST, Clauwaert P, Freguia S, Bond PL, Blackall LL, Keller J (2004) Cathodic oxygen reduction catalyzed by bacteria in microbial fuel cell. ISME J 2:519-527

Rabaey K, Lissens G, Verstraete W (2005) Microbial fuel cells: performances and perspectives. In: Lens P, Westermann P, Haberbauer M, Moreno A (eds) Biofuels for fuel cells: renewable energy from biomass fermentation, pp 375-396

Rabaey K, VandeSompel K, Maignien L, Boon N, Aelterman P, Clauwaert P, DeSchamphelaire L, Pham HT, Vermeulen J, Verhaege M, Lens P, Verstraete W (2006) Microbial fuel cells for sulfide removal. Environ Sci Technol 40: 5218-5224

Rader GK, Logan BE (2010) Multi-electrode continuous flow microbial electrolysis cell for biogas production from acetate. Int J Hydrogen Energy 35:8848-8854

Raghavulu SV, Sarma PN, Venkata Mohan S (2011a) Comparative bio-electrochemical analysis of pseudomonas aeruginosa and escherichia coli with anaerobic consortia as anodic biocatalyst for biofuel cell application. J Appl Microbiol 110:666-674

Raghavulu SV, Goud RK, Sarma PN, Venkata Mohan S (2011b) Saccharomyces cerevisiae as anodic biocatalyst for power generation in biofuel cell: influence of redox condition and substrate load. Biores Technol 102:2751-2757

Raghavulu SV, Babu PS, Goud RK, Subhash GV, Srikanth S, Venkata Mohan S (2012) Bioaugmentation of electrochemically active strain to enhance the electron discharge of mixed culture: process evaluation through electro-kinetic analysis. RSC Advances 2:677-688

Raghuvulu SV, Venkata Mohan S, Goud RK, Sarma PN (2009a) Anodic pH microenvironment influence on microbial fuel cell (MFC) performance in concurrence with aerated and ferricyanide catholytes. Electrochem Commun 11: 371-375

Raghuvulu SV, Venkata Mohan S, Reddy MV, Mohanakrishna G, Sarma PN (2009b) Behavior of single chambered mediatorless microbial fuel cell (MFC) at acidophilic, neutral and alkaline microenvironments during chemical wastewater treatment. Int J Hydrogen Energy 34:7547-7554

Reddy MV, Venkata Mohan S (2012) Influence of aerobic and anoxic microenvironments on polyhydroxyalkanoates (PHA) production from food waste and acidogenic effluents using aerobic consortia. Biores Technol 103:313-321

Reddy MV, Srikanth S, Venkata Mohan S, Sarma PN (2010) Phosphatase and dehydrogenase activities in anodic chamber of single chamber microbial fuel cell (MFC) at variable substrate loading conditions. Bioelectrochemistry 77:125-132

Reimers CE, Tender LM, Fertig S, Wang W (2001) Harvesting energy from the marine sediment-water interface. Environ Sci Technol 35:192-195

Reimers C, Girguis P, Westall J, Newman D, Stecher H, Howell K, Alleau Y (2005) Using electrochemical methods to study redox processes and harvest energy from marine sediments. In: Goldschmidt conference abstracts. Oxidation-reduction reactions in marine sediments

Ren Z, Ward TE, Regan JM (2007) Electricity production from cellulose in a microbial fuel cell using a defined binary culture. Environ Sci Technol 41: 4781-4786

Rhoads A, Beyenal H, Lewandowski Z (2005) A microbial fuel cell using anaerobic respiration as an anodic reaction and biomineralized manganese as a cathodic reactant. Environ Sci Technol 39: 4666-4671

Ringeisen BR, Ray R, Little B (2007) A miniature microbial fuel cell operating with an aerobic anode chamber. J Power Sources 165: 591-597

Rodrigo MA, Canizares P, Lobato J, Paz R, Saez C, Linares JJ (2007) Production of electricity from the treatment of urban waste water using a microbial fuel cell. J Power Sources 169: 198-204

Roller SD, Bennetto HP, Delaney GM, Mason JR, Stirling JL, Thurston CF (1984) Electron-transfer coupling in microbial fuel cells: 1 Comparision of redox-mediator reduction rates and respiratory rates of bacteria. J Chem Technol Biotechnol 34: 3-12

Rosenbaum M, Aulenta F, Villano M, Angenent LT (2011) Cathodes as electron donors for microbial metabolism: which extracellular electron transfer mechanisms are involved? Biores Technol 102: 324-333

Rozendal RA, Hamelers HVV, Buisman CJN (2006) Effects of membrane cation transport on pH and microbial fuel cell performance. Environ Sci Technol 40: 5206-5211

Ryckelynck N, Stecher HA Ⅲ, Reimers CE (2005) Understanding the anodic mechanism of a seafloor fuel cell: interactions between geochemistry and microbial activity. Biogeochemistry 76: 113-139

Saravanan R, Arun A, Venkata Mohan S, Jegadeesan Kandavelu T, Veeramanikandan (2010) Membraneless dairy wastewater-sediment interface for bioelectricity generation employing sediment microbial fuel cell (SMFC). Afr J Microbiol Res 4: 2640-2646

Schroder U (2007) Anodic electron transfer mechanisms in microbial fuel cells and their energy efficiency. Phys Chem 9: 2619-2629

Selembo PA, Merrill MD, Logan BE (2009) The use of stainless steel and nickel alloys as low-cost cathodes in microbial electrolysis cells. J Power Sources 190: 271-278

Shantaram A, Beyenal H, Veluchamy RRA, Lewandowski Z (2005) Wireless sensors powered by microbial fuel cell. Environ Sci Technol 39: 5037-5042

Sharma Y, Baikun LB (2010) The variation of power generation with organic substrates in single-chamber microbial fuel cells (SCMFCs). Biores Technol 101: 1844-1850

Spanjers H, van Lier JB (2006) Instrumentation in anaerobic treatment-research and practice. Water Sci Technol 53: 63-76

Srikanth S, Venkata Mohan S (2012a) Change in electrogenic activity of the microbial fuel cell (MFC) with the function of biocathode microenvironment as terminal electron accepting condition: influence on overpotentials and bio-electro kinetics. Biores Technol.

Srikanth S, Venkateswar Reddy M, Venkata Mohan S (2012b). Microaerophilic microenvironment at biocathode enhances electrogenesis with simultaneous synthesis of polyhydroxyalk-anoates (PHA) in bioelectrochemical system (BES). Biores Technol 125: 291-299

Srikanth S, Venkata Mohan S, Devi MP, Babu ML, Sarma PN (2009) Effluents with soluble metabolites generated from acidogenic to methanogenic processes as substrate for additional hydrogen production through photo-biological process. Int J Hydrogen Energy 34: 1771-1779

Srikanth S, Venkata Mohan S, Sarma PN (2010a) Positive anodic poised potential regulates microbial fuel cell performance with the function of open and closed circuitry. Biores Technol 101: 5337-5344

Srikanth S, Venkata Mohan S, Lalit Babu V, Sarma PN (2010b) Metabolic shift and electron discharge pattern of anaerobic consortia as a function of pretreatment method applied during fermentative hydrogen production.Int J Hydrogen Energy 35:10693–10700

Srikanth S, Pavani T, Sarma PN, Venkata Mohan S (2011) Synergistic interaction of biocatalyst with bio–anode as a function of electrode materials.Int J Hydrogen Energy 36:2271–2280

Steinbusch KJJ, Hamelers HVM, Schaap JD, Kampman C, Buisman CJN (2010) Bioelectrochemical ethanol production through mediated acetate reduction by mixed cultures.Environ Sci Technol 44:513–517

Strik DPBTB, Terlouw H, Hubertus VM, Buisman HCJN (2008) Renewable sustainable biocatalyzed electricity production in a photosynthetic algal microbial fuel cell (PAMFC).Appl Microbiol Biotechnol 81:659–668

Sun M, Sheng GP, Zhang L, Xia CR, Mu ZX, Liu XW, Wang HL, Yu HQ, Qi R, Yu T, Yang M (2008) An MEC–MFC–coupled system for biohydrogen production from acetate.Environ Sci Technol 42:8095–8100

Sun M, Sheng GP, Mu ZX, Liu XW, Chen YZ, Wang HL, Yu HQ (2009) Manipulating the hydrogen production from acetate in a microbial electrolysis cell–microbial fuel cell–coupled system.J Power Sources 191:338–343

Tartakovsky B, Manuel MF, Wang H, Guiot SR (2009) High rate membrane–less microbial electrolysis cell for continuous hydrogen production.Int J Hydrogen Energy 34:672–677

Tender LM, Reimers CE, Stecher HA, Holmes DE, Bond DR, Lowy DA, Pilobello K, Fertig SJ, Lovley DR (2002) Harnessing microbially generated power on the seafloor.Nat Biotechnol 20:821–825

Thrash JC, Van Trump JI, Weber KA, Miller E, Achenbach LA, Coates JD (2007) Electrochemical stimulation of microbial perchlorate reduction.Environ Sci Technol 41:1740–1746

Velvizhi G, Venkata Mohan S (2011) Biocatalyst behavior under self–induced electrogenic microenvironment in comparison with anaerobic treatment: evaluation with pharmaceutical wastewater for multi–pollutant removal.Biores Technol 102:10784–10793

Velvizhi G, Venkata Mohan S (2012) Electrogenic activity and electron losses under increasing organic load of recalcitrant pharmaceutical wastewater.Int J Hydrogen Energy 37:5969–5978

Velvizhi G, Babu PS, Mohanakrishna G, Srikanth S, Venkata Mohan S (2012) Evaluation of voltage sag–regain phases to understand the stability of bioelectrochemical system: electrokinetic analysis.RSC Advances 2:1379–1386

Venkata Mohan S (2008) Fermentative hydrogen production with simultaneous wastewater treatment: influence of pretreatment and system operating conditions.J Sci Ind Res 67:950–961

Venkata Mohan S (2009) Harnessing of biohydrogen from wastewater treatment using mixed fermentative consortia: process evaluation towards optimization.Int J Hydrogen Energy 34:7460–7474

Venkata Mohan S (2010) Waste to renewable energy: a sustainable and green approach towards production of biohydrogen by acidogenic fermentation.In: Singh Om V, Harvey Steven P (eds) Sustainable biotechnology: sources of renewable energy, Springer, Netherlands (ISBN: 978–90–481–3294–2), p 129–164

Venkata Mohan S, Babu ML (2011) Dehydrogenase activity in association with poised potential during biohydrogen production in single chamber microbial electrolysis cell.Biores Technol 102:8457–8465

Venkata Mohan S, Chandrasekhar K (2011a) Solid phase microbial fuel cell (SMFC) for harnessing bioelectricity from composite food waste fermentation: Influence of electrode assembly and buffering capacity.Biores Technol 102: 7077–7085

Venkata Mohan S, Chandrasekhar K (2011b) Self–induced bio–potential and graphite electron accepting conditions enhances petroleum sludge degradation in bio–electrochemical system with simultaneous power generation.Biores Technol 102:9532–9541

Venkata Mohan S, Goud RK (2012) Pretreatment of biocatalyst as viable option for sustained production of biohydrogen from wastewater treatment, in biogas production.In: Mudhoo A (ed) Pretreatment methods in anaerobic digestion, Wiley, Inc., Hoboken 11:291–311

Venkata Mohan S, Srikanth S (2011) Enhanced wastewater treatment efficiency through microbial catalyzed oxidation and reduction: Synergistic effect of biocathode microenvironment.Biores Technol 102:10210–10220

Venkata Mohan S, Veer Raghuvulu S, Srikanth S, Sarma PN (2007a) Bioelectricity production by meditorless microbial fuel cell (MFC) under acidophilic condition using wastewater as substrate: influence of substrate loading rate. Curr Sci 92: 1720–1726

Venkata Mohan S, Bhaskar YV, Sarma PN (2007b) Biohydrogen production from chemical wastewater treatment by selectively enriched anaerobic mixed consortia in biofilm configured reactor operated in periodic discontinuous batch mode. Water Res 41: 2652–2664

Venkata Mohan S, Veer Raghuvulu S, Sarma PN (2008a) Biochemical evaluation of bioelectricity production process from anaerobic wastewater treatment in a single chambered microbial fuel cell (MFC) employing glass wool membrane. Biosens Bioelectron 23: 1326–1332

Venkata Mohan S, Mohanakrishna G, Srikanth S, Sarma PN (2008b) Harnessing of bioelectricity in microbial fuel cell (MFC) employing aerated cathode through anaerobic treatment of chemical wastewater using selectively enriched hydrogen producing mixed consortia. Fuel 87: 2667–2676

Venkata Mohan S, Saravanan R, Veer Raghuvulu S, Mohankrishna G, Sarma PN (2008c) Bioelectricity production from wastewater treatment in dual chambered microbial fuel cell (MFC) using selectively enriched mixed microflora: effect of catholyte. Biores Technol 99: 596–603

Venkata Mohan S, Veer Raghuvulu S, Sarma PN (2008d) Influence of anodic biofilm growth on bioelectricity production in single chambered mediatorless microbial fuel cell using mixed anaerobic consortia. Biosens Bioelectron 24: 41–47

Venkata Mohan S, Mohanakrishna G, Reddy BP, Sarvanan R, Sarma PN (2008e) Bioelectricity generation from chemical wastewater treatment in mediatorless (anode) microbial fuel cell (MFC) using selectively enriched hydrogen producing mixed culture under acidophilic microenvironment. Biochem Eng J 39: 121–130

Venkata Mohan S, Mohanakrishna G, Sarma PN (2008f) Effect of anodic metabolic function on bioelectricity generation and substrate degradation in single chambered microbial fuel cell. Environ Sci Technol 42: 8088–8094

Venkata Mohan S, Lalit Babu V, Sarma PN (2008g) Effect of various pretreatment methods on anaerobic mixed microflora to enhance biohydrogen production utilizing dairy wastewater as substrate. Biores Technol 99: 59–67

Venkata Mohan S, Mohankrishna G, Sarma PN (2008h) Integration of acidogenic and methanogenic processes for simultaneous production of biohydrogen and methane from wastewater treatment. Int J Hydrogen Energy 33: 2156–2166

Venkata Mohan S, Veer Raghuvulu S, Dinakar P, Sarma PN (2009a) Integrated function of microbial fuel cell (MFC) as bio-electrochemical treatment system associated with bioelec-tricity generation under higher substrate load. Biosen Bioelect 24: 2021–2027

Venkata Mohan S, Srikanth S, Sarma PN (2009b) Non-catalyzed microbial fuel cell (MFC) with open air cathode for bioelectricity generation during acidogenic wastewater treatment. Bioelectrochemistry 75: 130–135

Venkata Mohan S, Srikanth S, Veer Raghuvulu S, Mohanakrishna G, Kiran Kumar A, Sarma PN (2009c) Evaluation of the potential of various aquatic eco-systems in harnessing bioelectricity through benthic fuel cell: effect of electrode assembly and water characteristics. Biores Technol 100: 2240–2246

Venkata Mohan S, Mohanakrishna G, Velvizhi G, Lalit Babu V, Sarma PN (2010a) Bio-catalyzed electrochemical treatment of real field dairy wastewater with simultaneous power generation. Biochem Eng J 51: 32–39

Venkata Mohan S, Mohanakrishna G, Sarma PN (2010b) Composite vegetable waste as renewable resource for bioelectricity generation through non-catalyzed open-air cathode microbial fuel cell. Biores Technol 101: 970–976

Venkata Mohan S, Mohanakrishna G, Srikanth S (2011a) Biohydrogen Production from Industrial Effluents (Chapter 22). In: Pandey A, Larroche C, Ricke SC, Dussap C-G, Gnansounou E (eds) Biofuels: alternative feedstocks and conversion processes, Academic Press, Elsevier, Burlington, pp 499–524 (ISBN: 978-0-12-385099-7)

Venkata Mohan S, Mohanakrishna G, Chiranjeevi P (2011b) Sustainable power generation from floating macrophytes based ecological microenvironment through embedded fuel cells along with simultaneous wastewater treatment. Biores Technol 102:7036-7042

Virdis B, Rabaey K, Yuan Z, Keller J (2008) Microbial fuel cells for simultaneous carbon and nitrogen removal. Water Res 42:3013-3024

Wagner RC, Regan JM, Oh SE, Zuo Y, Logan BE (2009) Hydrogen production from swine wastewater. Water Res 43:1480-1488

Wang X, Cheng S, Feng Y, Merrill MD, Saito T, Logan BE (2009) The use of carbon mesh anodes and the effect of different pretreatment methods on power production in microbial fuel cells. Environ Sci Technol 43:6870-6874

Yazdi RH, Christy AD, Dehority BA, Morrison M, Yu Z, Tuovinen OH (2007) Electricity generation from cellulose by rumen microorganisms in microbial fuel cells. Biotechnol Bioeng 97:1398-1407

You S, Zhao Q, Zhang J, Jiang J, Zhao S (2006) A microbial fuel cell using permanganate as the cathodic electron acceptor. J Power Sources 162:1409-1415

Zhang JN, Zhao QL, You SJ, Jiang JQ, Ren NQ (2008) Continuous electricity production from leachate in a novel upflow air-cathode membrane-free microbial fuel cell. Water Sci Technol 57:1017-1021

Zhang Y, Min B, Huang L, Angelidaki I (2009a) Generation of electricity and analysis of microbial communities in wheat straw biomass-powered microbial fuel cells. Appl Environ Microbiol 75:3389-3395

Zhang C, Li M, Liu G, Luo H, Zhang R (2009b) Pyridine degradation in the microbial fuel cell. J Hazard Mater 172:465-471

Zhu X, Ni J (2009) Simultaneous processes of electricity generation and p-nitrophenol degradation in a microbial fuel cell. Electrochem comm 11:274-277

Zuo Y, Xing D, Regan JM, Logan BE (2008) Isolation of the exoelectrogenic bacterium ochrobactrum anthropi YZ-1 by using a U-tube microbial fuel cell. Appl Environ Microbiol 74:3130-3137

第 15 章 生物法制甲烷的发展前景

摘要:厌氧技术多年来一直被广泛地应用于富碳污水以及有机废料的降解和处理。厌氧技术与生物处理相结合的厌氧生物炼制法则实现了资源的可再生性，因而具有很高的实用价值和经济效益。本章将重点介绍通过生物炼制将废弃物转化为有价值化工产品的方法。在生物炼制技术中,工业废水、农作物副产品以及有机固体废料等均可作为原料,实现了生物质利用的最大化,同时还能减少温室气体的排放。第一代生物炼制技术已经成功地实现了生物乙醇和生物柴油的产业化,第二代技术也在生物燃气、木质纤维素、藻类以及合成气的加工方面展现了良好的发展前景。本章将逐一对其进行介绍和讨论。

15.1 引言

当前，全球正处在从资源消耗型经济向以生物质利用为基础的循环经济转变,生活中的垃圾、生产中的废弃物以及副产品现今都进入了资源循环利用的链条,产能方式也由以前的一次性消耗向着可再生能源的方向发展。与以往不同,厌氧消解(anaerobic digestion, AD)的生物炼制技术是基于生物资源、副产品以及废弃物利用的一个新兴概念。从实际应用角度上看,采用厌氧消解的方法可以有效地将环保、能源再生、食品以及水循环等多个方面有机地整合在一起(见图 15.1)。虽然厌氧处理过程也需要其他生物以及物理化学手段的辅助才能完成,但其依然是废弃物和污水生物降解的核心(Van Lier, Lettinga 1999)。采用厌氧消解的技术可以有效地利用多种原料,诸如动物排泄物、污泥、工业污水、有机固体废料以及能源作物来制取生物燃气(Biogas),其最大的优势则是以生物燃气的形式使得能源得到再生。生物燃气有着广泛的用途,可以用来发电,也可以用做机动车辆的燃料,

本章作者:J. C. Costa[1], D. Z. Sousa[1], M. A. Pereira[1], A. J. M. Stams[2], M. M. Alves[1]
作者单位:1.葡萄牙明霍大学(Universidade do Minho)生物工程中心生物技术和生物工程研究所;2.荷兰瓦赫宁根大学(Wageningen University)微生物学实验室
电子邮件:madalena.alves@deb.uminho.pt

还可以作为辅助燃料添加到天然气中以减少天然气的消耗。因此,生物燃气可以看作是生物技术生产过程中的一级产品。另一方面,除了用来产能外,有机废弃物的稳定化和营养物质的再分配也是厌氧消解技术的目标(见图 15.1)。

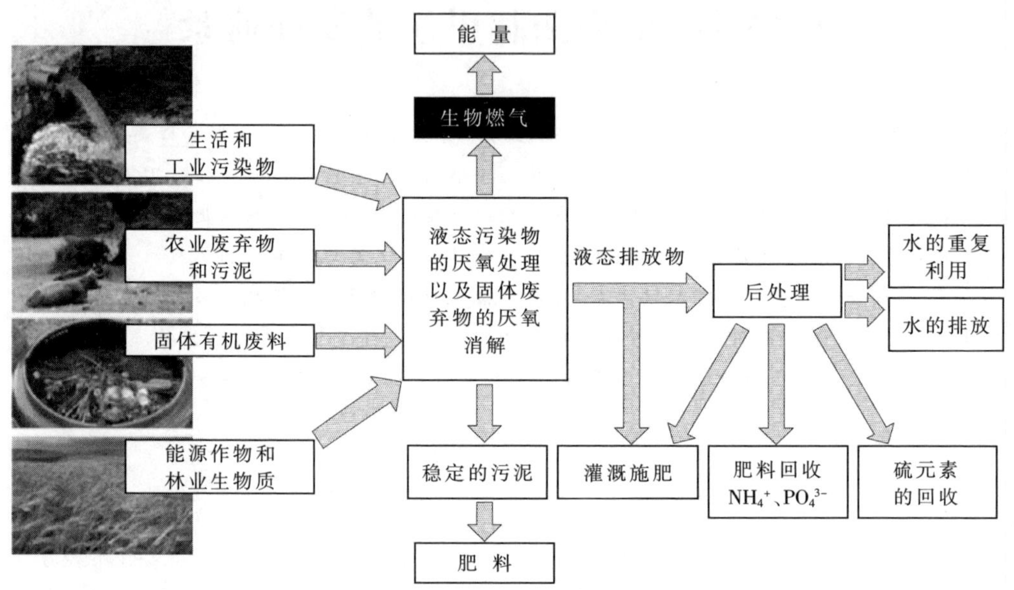

图 15.1 生物资源通过厌氧处理技术进行再生利用
(摘自 Van Lier, Lettinga 1999)

15.2 厌氧处理技术的应用

15.2.1 生物化学法制甲烷

多组分有机物原料的厌氧消解是一个非常复杂的过程,包含了许多并行以及相互联系的过程,其间还需多种微生物共同参与才能完成。图 15.2 描述了复杂有机物原料通过厌氧消解制取甲烷的一些主要途径。其中,碳水化合物、蛋白质和脂肪是最常用的几种有机原料。在通常情况下,这些有机物是以悬浮物或者胶体的形式来进行投料的,但是在实际反应过程中,这些有机物必须先被水解成各自相应的基本组成单元后(即水解为小分子),才能通过细胞膜进入微生物体内,而水解过程则需要添加人工发酵菌分泌的酶作为水解时的催化剂。在具体实施过程中,原料不同,则酶催化剂的选取也不同。例如,碳水化合物水解为可溶性糖类时可以选用淀粉酶、纤维素酶、木聚糖酶以及其他的一些水解酶等;蛋白质在蛋白酶和肽酶的作用下则可以水解为多肽和氨基酸;脂肪则可以通过脂酶水解为长链脂肪酸和甘油。从原料降解的整体过程来看,水解不仅仅是降解过程的第一步,同时也是整个反应的速控步骤(Masse et al 2002;Van Lier et al 2001;Vavilin et al 1996)。因此,高效的水解速率对微生物降解以及甲烷的生成都是非常重要的。

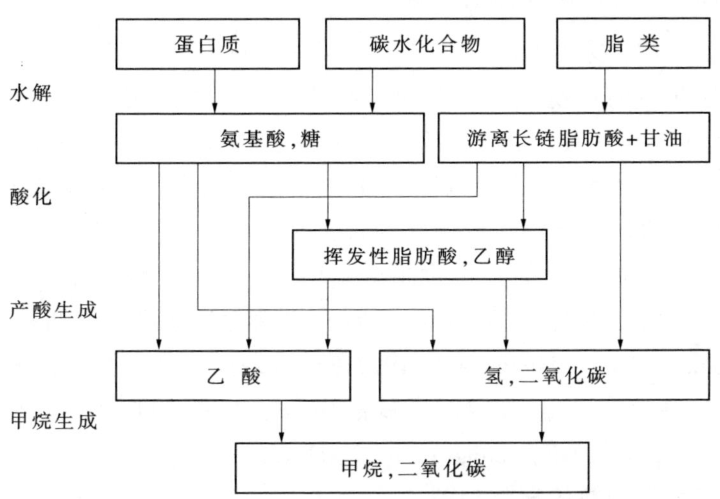

图 15.2 厌氧处理过程示意图(摘自 Gujer,Zehnder 1983)

从整个反应过程来看,首先是将原料进行水解,水解产物随后会进入细胞内进一步地进行酸化反应,也就是通常所说的发酵过程;而从能量产出的角度来看,酸化反应才是产能过程的第一步。在酸化过程中,水解产物会被降解为可溶性的物质,而这一步一般情况下是不需要电子受体的。酸化过程的主要产物包括可溶性的糖类、氨基酸以及甘油;而后,这些酸化产物会继续反应并最终生成乙酸、丙酸、丁酸、氢以及其他一些乳酸和醇之类的产物(Harper,Pohland 1986)。可溶性的糖类主要是被转化成了乙酸和氢,至于丙酸、丁酸、乳酸和醇等,则产量相对较少。与糖类不同,长链脂肪酸的转化是需要有外界的电子受体参与才能完成氧化过程的,因此长链脂肪酸的降解往往是在产乙酸菌的环境下进行的。尽管如此,但是对于不饱和脂肪酸来说,在酸化的过程中还是有可能会发生加氢反应而被还原。在通常情况下,原料从水解到降解为单体的过程都是由微生物来负责完成的(Schink 1997),而这类微生物往往都具有较短的倍增时间,因此酸化过程的效率也是相对较高的。这也就是说,与水解反应不同,在整个厌氧消解的过程中,酸化反应并不是一个速控步骤(Gujer,Zehnder 1983;Mosey 1983)。

发酵产物(如长链和短链脂肪酸以及乙醇等)可进一步被氧化为乙酸。脂肪酸氧化产物首先会与氢离子或者碳酸氢根离子相结合,而后作为电子受体参与反应并最终生成氢和甲酸。但是从热力学的角度来看,在 0℃、一个标准大气压

(101325Pa)下,上述反应的触发是比较困难的,只有在氢和甲酸浓度较低的情况下才能完成转化(Schink,Stams 2006;Stams,Plugge 2009)。因此,添加能够以甲酸为营养物质的微生物对反应的触发和进行是有利的。

当体系中的电子受体不同时，各个生物化学反应间会存在一定的竞争关系。例如在硫酸盐存在的环境中，硫酸盐还原菌会与产乙酸菌竞争来自脂肪酸的电子,同时还会与产甲烷菌竞争来自氢和乙酸的电子(Stams et al 2005)。

在大多数反应环境下,甲烷的生成往往是整个反应过程的最后一步,而甲烷则是有机物降解的最终产物。产甲烷的古生菌则是专门用于甲烷生成反应的,这类古生菌能够将之前反应的产物(如甲酸、乙醇、甲胺、乙酸、氢以及二氧化碳等)通过新陈代谢转化为甲烷。在厌氧反应器中,甲烷化完成主要有两种途径:二氧化碳的还原(Boone et al 1989;Schink 1997)和乙酸盐的异化(Jetten et al 1992)(见图 15.2)。有一些学者提出,在整个厌氧消解的过程中,甲烷的生成应当也是一个速控步骤(Fang et al 1995;Huang et al 2003)。

15.2.2 污泥和生物废料的厌氧消解

作为可再生能源的产生方式,厌氧消解技术已经比较成熟了。厌氧消解技术能够有效地减少温室气体和刺激性气体的排放,实现无用副产物和废弃食品的再利用,并且还能够用来生产一些有价值的生物肥料(Cantrell et al 2008;Mata-Alvarez et al 2000;Weiland 2010)。根据欧洲可再生能源推广协会(EurObserv'ER)2010 年公布的数据来看，欧洲 2000~2009 年的 10 年间，生物燃气的产量增加了约 5 倍,但是产量分布却非常不平衡。比如,以标准油(oil equivalent)为标准,2009 年,德国每 1000 户居民生产的生物燃气相当于 51.5t 标准油,而比利时的产量则是 2.2t 标准油,而当时欧洲的平均水平则是 16.7t 标准油。

从理论上讲,应当说所有的生物废料都是能够用来生产生物燃气的。生物燃气的组分和产量依赖于很多因素,例如原料、反应器类型、有机负载率以及微生物的生物活性等。表 15.1 给出了以不同的废弃物为原料生产生物燃气的一些数据。其实,以污泥和动物排泄物为原料进行厌氧处理已经有很长的历史了。目前,在农业方面的应用多是采用动物排泄物和其他一些有机废料 (比如农作物收割残留物、甜菜叶、农业有机废料、废弃食品、城市生活废料以及一些能源作物等)结合的办法来进行厌氧消解处理的(Weiland 2010)。这种混合处理有着很多优势:

① 微生物对有毒物质的稀释以及降解;

② 改善营养均衡的反应条件,消除微生物营养缺乏造成的不利影响;

③ 增强处理过程的稳定性;

④ 混合原料的使用能够为固体原料提供厌氧消解过程中所需的水分，尤其是将固体废料与稀释废料混合后的效果更加明显；

⑤ 混合原料对反应装置没有特殊要求,基本不要改装就能直接处理混合原料。

表 15.1 来自不同原料的生物燃气产率对比(摘自 Weiland 2010)

原 料	生物燃气产率/(m^3/t 原料)
奶牛粪便	25
猪粪便	30
草 类	100
甜菜饲料	110
小麦玉米	630
生物肥料	120
废弃食品	240
使用过的油脂	800

15.2.3 厌氧废水的处理

随着厌氧处理方法的应用推广,高效的厌氧处理技术已经逐步成为了工业废水处理的标准方法(Rajeshwari et al 2000;Angenent et al 2004)。截至目前,已经有上千套大规模的厌氧装置在世界范围内被推广使用,它们在挥发性脂肪酸以及碳水化合物等有机污染物的处理方面表现出了优异的性能。随着技术的改进和革新,升流式厌氧污泥床(UASB)、膨胀颗粒污泥床(EGSB)以及内循环(IC)反应器等相继问世并投入使用,极大地促进了厌氧消解技术的发展。近来,科研工作者们又设计出了倒置式的厌氧污泥床反应器(IASB)。类似屠宰场产生的废水往往是富含脂类化合物的,因此在多数情况下降解效率是比较低下的,而倒置式厌氧污泥床反应器的问世正好解决了这一难题,并且第一套大规模的倒置式厌氧污泥床反应器装置目前正在建设中。

15.3 生物燃气在生物炼制过程中的作用

15.3.1 简介

国际能源署(International Energy Agency,IEA)在关于生物能源方面的 42 号任务文件 (Bioenergy Task 42) 中指出:“生物炼制是一种资源可持续利用的有效途径,通过生物炼制能够将生物质转化为有价值的产品(如食品、饲料、材料、化学试剂等)以及能源(燃料、电力、热能等)。”因此,从长远来看,厌氧消解技术与生物经济相结合是实现可持续发展的必然趋势。近年来,已经有学者就这方面的应用做了大量的研究工作 (例如以蔬菜类生物质为原料炼制化学药品和生物燃料) (Langeveld et al 2010), 尤其是生物炼制法生产乙醇和生物柴油受到了极大的关注，并且在一些国家已经开始了大规模生产(例如巴西和美国生物乙醇的产业化进程都已经颇具规模)。现在，以木质纤维素为原料生产生物乙醇的第二代工艺也会在近期得到应用和推广。在生物柴油方面，以植物油为原料的生产工艺也已经成熟并趋于完善，代表国家有德国和法国。由此可以看出，厌氧消解技术与生物经济的整合能够有效地促进生物质利用的最大化，同时还能减少废水和温室气体的排放，有益于环境的改善。此外，在生物炼制过程中，其他的一些产品还能作为农作物的肥料再次被循环利用。

15.3.2 生物燃气在生产生物乙醇方面的应用

在美国和巴西，第一代生物乙醇的生产原料基本都是一些淀粉类以及糖类的农作物，比如玉米、小麦、甘蔗、甜菜等。生物乙醇的全球年产量在 2000~2010 年的11年间从 17.1GL 增加到了 86.9GL。其中，美国以年产量 50GL 高居榜首，巴西则以年产量 26GL 位列第二，欧盟的总的年产量为 4.4GL (占全球总产量的 5.1%)(Lichts 2010)。

以糖类作物为原料的生产工艺大体可以分为 3 个步骤：首先是榨取糖类作物中的液体成分，随后利用酵母菌进行发酵，最后对发酵产物进行蒸馏并提取乙醇(见图 15.3)。而淀粉类植物的转化过程整体上与糖类作物相似，只是最开始的阶段增加了将其水解为六碳糖的过程(见图 15.4)。无论是以哪种作物为原料，在乙醇的制备过程中都还会产生许多其他的副产物，简述如下：

① 甘蔗渣。甘蔗榨汁过程中产生的残渣，每吨甘蔗大约能产生 240kg 的甘蔗渣(Dias et al 2009)。

② 酒糟。糖类混合物发酵蒸馏后的残留物。

③ 酒糟水。植物发酵蒸馏后的残留液，每生产 1L 乙醇最多可产生 20L 酒糟水(van Haandel，Catunda 1994)。

在利用淀粉类作物发酵制乙醇的传统工艺中，发酵后的产物经过离心分离会产生固液两相，其中液相组分中大约 50%的部分会被进一步加工为糖浆类的甜汁；随后，将甜汁与过滤过的固相组分混合并制成干酒糟，这些干酒糟是很好的牲畜饲料，有着很高的实用价值(Eskicioglu et al 2011)。为了全面地衡量传统方法的经济效益，有学者对干酒糟生产过程中的能耗进行了统计，在总能耗中，电能和天然气的消耗占总能耗的 35%和 30%(Meredith 2003)。截至目前，通过传统发酵生产牲畜饲料的方法还是有经济效益的，但是随着能源需求的日益增加，这类饲料的市场饱和度也在增加。从长远来看，传统发酵的生产方法在未来一段时间内是存在一定风险的。

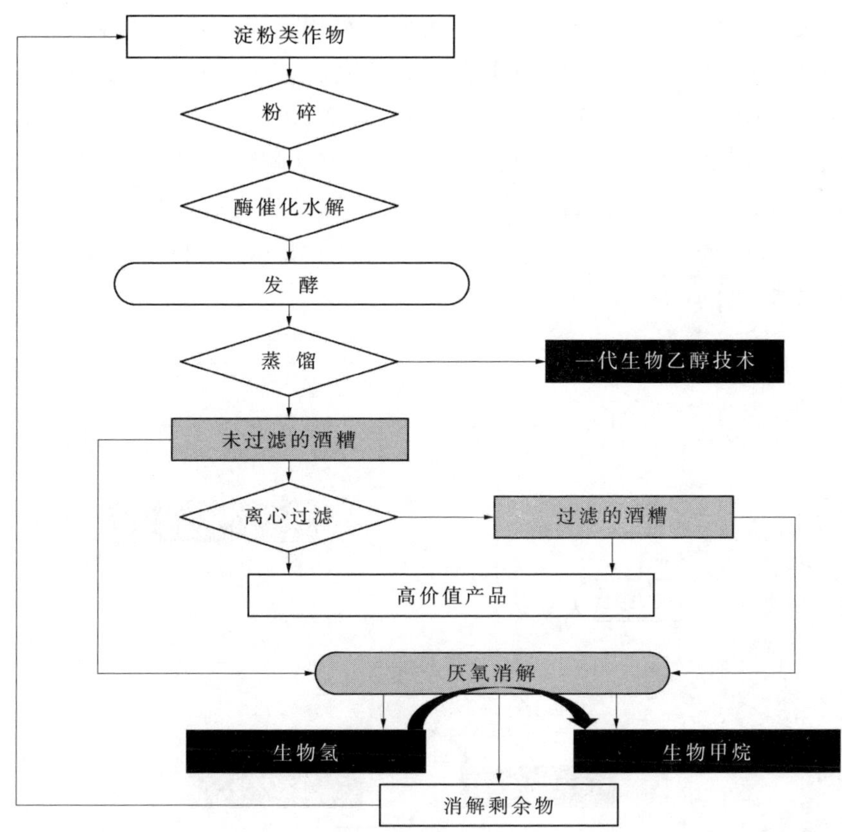

图 15.3 利用糖类作物炼制生物乙醇的示意图(其中包含厌氧消解过程中产生的副产物)

厌氧消解技术长久以来一直受到广泛关注,它不仅能生产生物乙醇及其副产物，同时还能减少污染物的排放和改善净能量平衡比率 (见图 15.3 和图 15.4) (Plugge et al 2009)。目前多数的研究都是围绕发酵产物的液相组分展开的,主要是因为这部分产物的量是非常巨大的,因此来源非常广泛。在 20 世纪 80 年代,以嗜温性细菌为微生物源的厌氧发酵技术取得了重大进展，其甲烷的产量可达 250~370L CH_4/(kg COD $_{消解}$)，相当于生产过程中总能耗的 60%(Stover et al 1984)。有学者对高温厌氧消解的产物进行了研究和分析，结果发现，这些液态组分在 55℃的时候就能够从蒸馏塔中分离出来。因此,厌氧消解过程中的热能消耗应当说是不大的,这也就使得了这种技术具有更加良好的经济价值。有学者利用玉米酒糟在连续搅拌反应釜中分别进行了水力停留时间(HRT)为 15d、20d 以及 30d 的对比实验。结果显示,甲烷的产量可达 600~700L CH_4/[kg VS(挥发性固体)$_{消解}$] (Schaefer et al 2008)。按照这样的产量计算的话,在生物乙醇生产过程中天然气的消耗量大约下降了43%~59%。另一些学者采用适温的序批式反应器(SBR),以稀的玉米酒糟液为进料进行了HRT为10d的实验，甲烷的产量为254L CH_4/(kg进料中的TCOD)(译注:TCOD是指总COD)。采用这种工艺,天然气消耗量减少了51%,净能量平衡比率也从传统方法的1.26提升到了1.7(Agler et al 2008)。李和他的合作者报道，利用嗜温性细菌进行厌氧消解能够进一步提高净能量的产量。通过HRT为25d的实验测试,甲烷产量为271L CH_4/(kg进料中的TCOD),净能量平衡比率提高到了1.8(Lee et al 2011)。

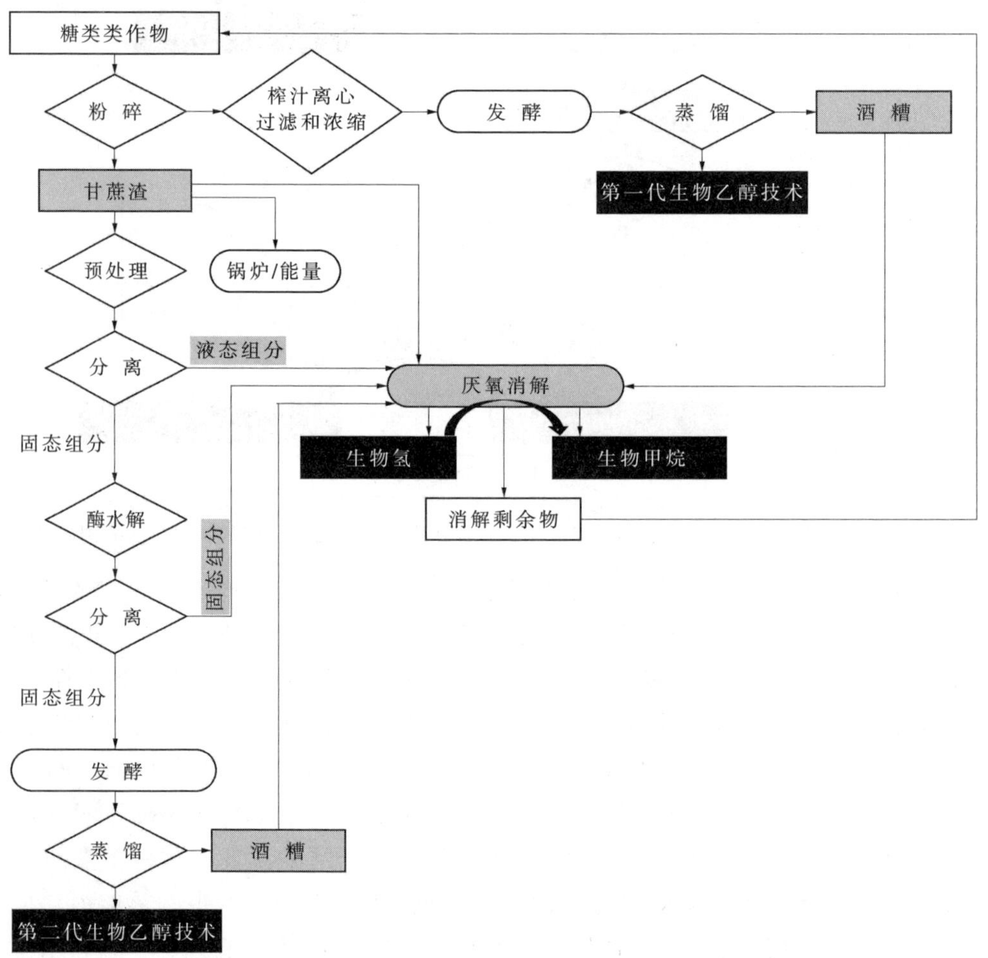

图15.4 利用淀粉类作物炼制生物乙醇的示意图(其中包含厌氧消解过程中产生的副产物)

如前所述,嗜温性细菌和高温厌氧消解反应是近年来才开始受到关注的。关于生化产甲烷潜能(BMP)的批量检测结果显示,浓度在6.35~50.8g TCOD/L范围内的原料具有相当可观的产甲烷潜能。在嗜温性细菌和高温厌氧消解的条件下，甲烷产量分别是 401~458L CH_4/(kg VS $_{添加}$) 和 429~693L CH_4/(kg VS $_{添加}$)(Eskicioglu et al 2011)。然而结果也显示，在同样的条件下，当淀粉类酒糟原料(254g TCOD/L)在有机负载率为 4.25g TCOD/(L·d)、6.3g TCOD/(L·d)和 9.05g TCOD/(L·d)时，反应会变得不稳定；只有当 HRT 为 60d 时，反应才会稳定。

以糖类作物为原料生产生物乙醇时所产生的甘蔗渣可以作为固体燃料进行热电联产，也可以将其销售给发电厂(见图 15.3)(Amorim et al 2011)。对于乙醇蒸馏时剩余的液态酒糟 (大约每蒸馏 1L 乙醇能够产生 12L 酒糟) 则富含多种矿物质，如钾、钙、镁、氮、磷等，可以直接当做肥料用于糖类作物的种植(Amorim et al 2011)。但是，过多地使用这类肥料会造成土壤以及附近水体的富营养化。此外，这类产物不适于长途运输，最好的解决方案就是在产地就将其处理。毫无疑问，厌氧消解技术是解决这个问题的最佳途径，它不仅能够解决各类酒糟的处理问题，同时还能制造可再生能源(Blonkaja et al 2003；Peréz-Garcia et al 2005；Seth et al 1995；Souza et al 1992)。

甘蔗渣固体燃料以及酒糟的厌氧消解已经在很多地方得到了大规模应用(van Haandel 2005)。以蒸汽轮机为例，当以甘蔗渣为燃料时，每生产 $1m^3$ 乙醇副产的甘蔗渣能够使蒸汽轮机的发电达到 1MW·h。酒糟通过厌氧消解产生的沼气能够发电 0.5MW·h/(m^3 乙醇)。如果将消解后副产物也用来发电，则总发电量能够达到 1.5MW·h/(m^3 乙醇)(Van Haandel 2005)。

今天甘蔗渣被认为是纤维素乙醇，即第二代生物乙醇(非粮乙醇)最有发展前景的生物质原料(见图 15.3)，期望其生产对环境产生的影响更小。目前，第二代技术还处在研究和摸索的阶段，成套的工艺和装置尚未进行实用性推广(IEA 2010)。随着生物炼制技术的不断进步和改进，相信在将来各类化工以及农业的废弃物或者副产品大多能够作为生物炼制的原料。

里贝尔等从生物炼制角度以甘蔗渣为原料生产乙醇、甲烷以及供热进行了详细的评估(Rabelo et al 2011)。评价结果表明，将乙醇生产和木质素、水解残渣的燃烧以及含酒精废液厌氧消解预处理结合起来应用甘蔗渣，能获得相当于甘蔗渣直接燃烧能量的 63%~65%；但如果甘蔗渣仅用来生产乙醇的话，只获得相当于甘蔗渣直接燃烧能量的 32%~33%(Rabelo et al 2011)。此外，学者们还对利用麦秆生产生物乙醇(利用纤维素)、氢(利用半纤维素)以及生物燃气(利用制乙醇和制氢的残留物)进行了研究(Kaparaju et al 2009)。将麦秆进行水热预处理以及酶催化水解可以得到纤维素，随后纤维素发酵为葡萄糖并最终生成乙醇，每克葡萄糖反应生成的乙醇产量可达 0.41g。如果将水解产物全部进行暗发酵,则每克糖类物质能够产生 178mL 的氢。制乙醇和制氢的残留物如用来生产甲烷,则甲烷的产量分别可达 $0.324m^3/(kg\ VS_{添加})$和 $0.381m^3/(kg\ VS_{添加})$。通过对不同的 6 种麦秆制生物燃料方案进行比较,我们可以发现,利用生物质制取混合燃料的能量效率远比制取单一燃料(如仅利用六碳糖制生物乙醇)要高(Kaparaju et al 2009)。还有一些生物炼制概念的研究是对全株作物进行的,比如利用作物的种子和秸秆制取多种生物燃料(Luo et al 2011)。其中,将干燥后的农作物秆经过碱性过氧化氢(双氧水)和蒸汽预处理后,每克农作物秸秆的乙醇产量可达 0.15g。此外,学者们还利用其他副产物(如菜籽、甘油、水解产物以及酒糟)生产了甲烷或者甲烷与氢的混合气。结果显示,不管通过何种反应途径,最终的能量产率都相差不多,大约为 11~15kJ/(g VS)。而在不间断的连续反应测试中,甲烷与氢混合气的制取只有在有机负载率达到 6g COD/(L·d)时才能保证稳定运行,氢与甲烷的产量分别为 45mL/(g VS)和 347mL/(g VS)(Luo et al 2011)。在传统的利用油菜类作物生产生物柴油的工艺中,能量回收率只有 20%;而当利用这类原料生产生物柴油、生物乙醇、氢以及甲烷的混合燃料时,能量回收率则提高到了 60%。

15.3.3 沼气在生物柴油生产过程中的发展机会

第一代生物柴油技术是以油脂作物(比如油菜籽、大豆、葵花籽以及棕榈油等)的植物油为原料,通过酯交换或者裂解反应来生产生物柴油的。随着生物柴油技术的发展,第一代工艺很快与农业用地的使用方面产生了很大的矛盾。为了解决这个矛盾,第二代生物柴油技术问世了。第二代生物柴油技术的特点是能以非食用油类(如麻疯树油以及动物油等)作为原料进行生物柴油的生产,而目前尚在研究阶段的第三代生物柴油技术则是以微藻油为原料的 (Rittmann 2008)。据统计,全球范围内有 350 多种油料作物被认为是具有利用前景的 (Atabani et al 2012)。在众多的技术中,催化酯交换反应应当说是生物柴油领域中应用最广泛并且也是最为可行的技术方案(Marchetti et al 2007)。

从目前生物柴油技术的发展来看,成本依然是制约其发展的主要因素。随着生物炼制工艺的进步,能源作物处理过程中的副产物将会越来越多地被用来生产生物燃料以及其他一些有附加值的产品。比方说,生物柴油虽然目前的生产成本较高,但是如果将生产过程中的副产物进行厌氧消解处理制取甲烷和氢,那么不管是从经济角度来讲, 还是从能量利用的角度来讲, 都势必会大幅提升收益(Borjesson, Mattiasson 2008)。此外, 一些残留物或者副产物还能卖给电厂用来发电,或者作为废料用于能源作物的种植。为了方便大家理解,这里列出了生物柴油生产过程中一些主要的副产物：

① 粗甘油。甘油在植物油中大约占到了 10%。粗甘油的组成则取决于原料以及生物柴油的加工工艺。均相催化的酯交换工艺产生的粗甘油，通过沉淀的方法能够将其与生物柴油分离。分离后，甘油的含量大约为 50%~60%，碱性物质(特别是碱性皂和氢氧化物)含量约为 12%~16%，甲酯含量为 15%~18%，其他的物质则为 8%~12%的甲醇和 2%~3%的水(Kocsisova，Cvengroš 2006)。粗甘油的 pH 值大于 9，化学需氧量(COD)超过 1000g/L 以上。

② 生物柴油生产过程中的废水。水一般是在生物柴油生产的最后阶段才会使用，其作用是去除一些杂质，比如过量的油和甲醇、残留的催化剂、皂以及甘油。在这个过程中会产生大量的废水，大约每生产 1L 生物柴油能够产生 0.2~1.2L 的废水。这类废水的 pH 值一般都在 9 以上，每升废水的 COD 也达到几百克(Phukingngam et al 2011)。

③ 原料植物榨油过程中的废弃物。这类废弃物是在植物榨油过程中产生的剩余物。这些废弃物中含有一些脂类，还有一些微量的溶剂、无机盐以及色素等。

生物柴油生产过程中的残留物以及副产物应当说还是有很高的应用价值，为了达到能量的最大利用，厌氧消解过程应当被包含在生物炼制技术中，从而使得这些残留的废弃物和副产物能够转化为可利用的氢和甲烷(见图 15.5)。

甘油是生物柴油炼制过程中的主要副产物，粗甘油由于含有许多杂质因而实用性不高。随着生物柴油的需求呈指数级增长，甘油的产量势必大幅增加，因此，接踵而至的就是如何处理与生物柴油制造相关的其他问题。一般来说，甘油通过加工多数可被应用于制药和化妆品行业(Demirbas 2009)。如果将甘油加工为纯度较高的化学品，其应用价值还是很高的。但是甘油纯化过程的成本是比较高的，因此，从经济效益的角度来看，对于大多数中小型的生物柴油装置来说是不具有可行性的。目前，欧盟很多生物柴油的生产厂家就面临甘油的处理问题，即使将甘油作为废弃物处理也需要较高的成本(Luo et al 2011)。因此，很多学者开始研究甘油的应用方法，比如将甘油转化为乙醇、1，3-丙二醇以及其他的一些具有高附加值的产品(Silva et al 2009)。而通过厌氧消解将其转化为甲烷和氢的技术则进一步提高了甘油的应用发展前景。但是也必须清醒地意识到，粗甘油作为成分复杂的混合物，在厌氧消解过程中也还是存在很多难以解决的问题，其复杂的成分会使得粗甘油具有较高的 COD；同时，粗甘油中还含有大量的杂质，比如脂肪酸、甲醇、无机盐、甲酯、单苷酯、二苷酯和三苷酯等成分；此外，粗甘油中缺乏微生物所需的氮元素，这些诸多的不利因素将严重制约粗甘油应用的发展和推广。

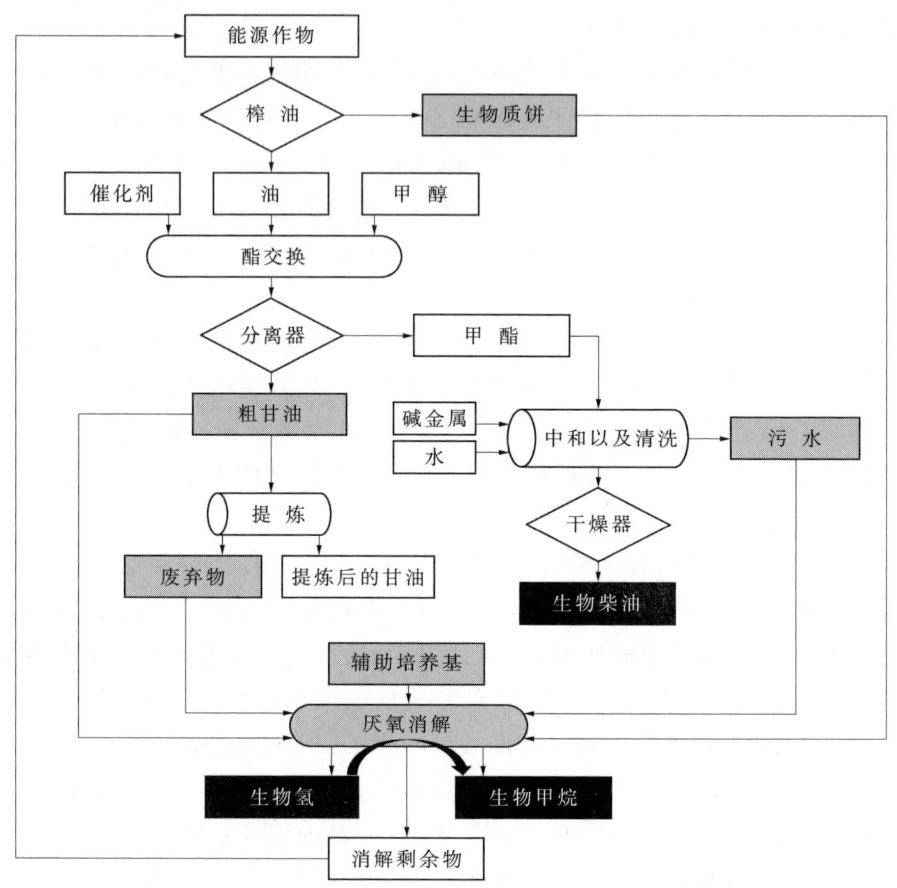

图 15.5 包含厌氧消解过程的生物柴油炼制技术流程示意图

目前,通过添加互有裨益的底物降低废弃物的碳氮比(C/N),或者将其稀释进行共消解是解决这些问题的最好办法,能够有效提高粗甘油的可利用性。例如,将土豆加工业的废水与甘油一起使用可以使得每升废水的甲烷产量增加 1.5 倍(Ma et al 2008)。类似的,将甘油与动物的排泄物混合使用同样能够提高甲烷的产量。在筛选过的粪便中添加 4%的甘油,通过嗜温性细菌的催化能够使生物燃气的产量增加至 400%。将含量为 6%的甘油与牛粪混合后甲烷产量可达 $0.35m^3/(kg\ COD_{消解})$(Castrillón et al 2011)。也有学者在玉米青贮饲料、猪粪以及菜籽粕中添加 6%的甘油作为原料,其甲烷产量增加到了 570~680L/(kg VS)(Amon et al 2006)。尽管粗甘油在实际应用中存在很多问题,但是利用嗜温性细菌进行厌氧处理粗甘油仍然具有一定的可行性(Kolesarova et al 2011)。采用共消解方法处理甘油时,甘油的添加量一定要十分注意,一旦添加过量将会对部分甚至整个反应过程和反应器造成很严重的损害。学者们已经对甘油添加量 1%~6%的范围进行了详细的研究(Amon et al 2006;Fountoulakis et al 2010;Holm-Nielsen et al 2008)。研究结果显示,是否有挥发性脂肪酸的积累是负载是否过量的信号。甘油量添加的限制取决于不同共混原料的特性,主要是营养成分和反应器中的碳氮比起着决定性作用。

除了传统的植物油和动物脂肪外,其他的一些油类(比如餐饮废油)也被用来制造生物柴油。此外,通过微藻油制造生物柴油也有着可观的市场前景,但只是目前还处在研发阶段,技术尚不成熟(参见 15.3.4)。根据文献中的报道,生物柴油酯交换过程后是要经过精制的,在此过程中会产生大量的废水(EN14214 2008),这些废水的 pH 值在 9.2~10.8,COD 浓度为 168~300g/L, 脂肪含量大约为 18~22g/L (Jaruwat et al 2010)。通过将酸化与絮凝相结合的办法,有效地净化了生物柴油装置产生的废水(Siles et al 2011)。经过酸化和絮凝后的废水在 0℃、101325Pa(1atm)下,其生物降解率可达 98%,甲烷产量也达到了 297L/(kg $COD_{消解}$)。通过共消解的方法处理甘油(COD 浓度为 1054g/L)和生物柴油废水(COD 浓度为 428g/L),也同样在嗜温性细菌的条件下进行了研究。结果显示,废水的生物降解率接近 100%,甲烷产量可达 310L/(kg $COD_{消解}$)(101325Pa,25℃)。

用于厌氧消解的能源作物中油类的含量并不算高,但是在经过榨油之后的残留物在厌氧消解技术中也有着很好的应用前景。然而,不含脂类的组分往往都有着较高的氮含量,如果氮含量超过一定的范围(0.1~1.1g/L),将会对厌氧消解过程产生不利影响。而菜籽饼则能很好地被降解,并且其甲烷产量可达 378L/(kg VS),这一产量与理论值是一致的(Luo et al 2011)。有学者以麻疯树(*Jatropha curcus*)以及麻疯树果实等为原料,将生物柴油和甲烷两种生物炼制手段一体化并进行测试(Gunaseelan 2009)。结果显示,利用整枝、果皮以及脱油种粕生产甲烷和用油生产生物柴油,能量产率可达 90GJ/(hm^2·a)[其中来源于油的能量产率为 54GJ/(hm^2·a)];利用种子、整枝与果皮生产甲烷的能量产率可达 97GJ/(hm^2·a)。这个结果是通过批量生产得出的,细节方面的信息还需要更加深入的研究。

一系列的结果显示, 厌氧共消解技术是可以运用到生物柴油炼制工艺中的,这将对生物柴油产业的经济性带来革命性的重大突破(Yazdani,Gonzalez 2007)。此外,厌氧消解技术还能改善传统工艺中的许多不足之处,例如化学催化产物的低选择性、高温高压的反应条件以及粗甘油组分中的有害成分等。根据文献报道的情况来看,种植 1hm^2 油菜每年能够生产 1230kg 的生物柴油和 627kg 的乙醇;同时, 利用生产过程中副产物的厌氧消解还能获得 27.4kg 的氢和 1626kg 的甲烷

(Luo et al 2011)。

15.3.4 沼气在藻类中的发展机会

目前,利用各类植物来生产生物柴油和生物乙醇的技术已经相对成熟,其绿色环保的经济效益已经得到了广泛的认可;而藻类原料因其自身的优势也越来越受到生物能源界的关注。与其他的能源作物相比,藻类植物的产量大、来源广,能够捕获二氧化碳,并且也不会与其他植物竞争陆地资源,因此有着良好的发展前景(见表 15.2)。就现阶段的研究进展来看,藻类植物在应用方面还存在两个主要的问题,即营养物质的供应与植物脱水过程的高成本消耗。通过将厌氧技术与生物炼制技术相结合的办法能够很好地解决这两个问题(见图 15.6)。

表 15.2 藻类植物为原料的有利以及不利因素

优 势	缺 陷
光转化率高(即每公顷生物质的产量高)	种植成本较高
全年均可生产	产生二氧化碳
生长周期短	收获的过程比较繁琐
物种种类繁多	海洋物种钠含量较高
无需淡水养殖(海水以及污水均可)	有沙子存在
不会影响食物的产量(不占用陆地资源)	氮、磷含量高
有利于二氧化碳的生物固定过程	碳氮比低
能够吸收营养物质并产生溶解性氧	
无需使用除草剂和杀虫剂	
高价值副产物(如蛋白质和生物肥料)	
可变化的化学组成(能够增加产率)	
木质素含量低	
硫化氢排放量小	
能够产生无毒且可降解性高的生物燃料	
欧盟政策方面的大力支持和推广	

目前利用藻类物质已经成功生产出了很多有价值的产品,包括色素、抗氧化剂、脂肪酸、维生素、医药产品以及富含蛋白质的饲料等。考虑到生物燃料的市场前景,在现阶段来看,藻类植物原料是唯一有可能取代化石燃料的能源物质。在过去的三四十年中,有许多企业[比如美孚(Mobil)石油公司]和个人将投资重点放到了藻类植物生物能源领域。即便目前尚未商业化生产,但是利用藻类生物质原料生产生物柴油、生物乙醇、生物燃气以及氢的生产工艺依旧是当前研究和关注的重点(Demirbas 2009;Rusten,Sahu 2011)。

藻类的适应性很广,微型和大型藻类都能作为生物质原料进行生物燃料的生产。大型的藻类脱水后有 80%的成分都是脂类物质,因此用做能源作物生产生物柴油是一条很好的应用途径。据估计,藻类植物的油以及燃料的产量比陆生能源作物要高 10~100 倍。然而,藻类植物高的水含量也使得其在使用前必须先要脱水,否则将会对榨油和酯交换过程产生不利的影响。

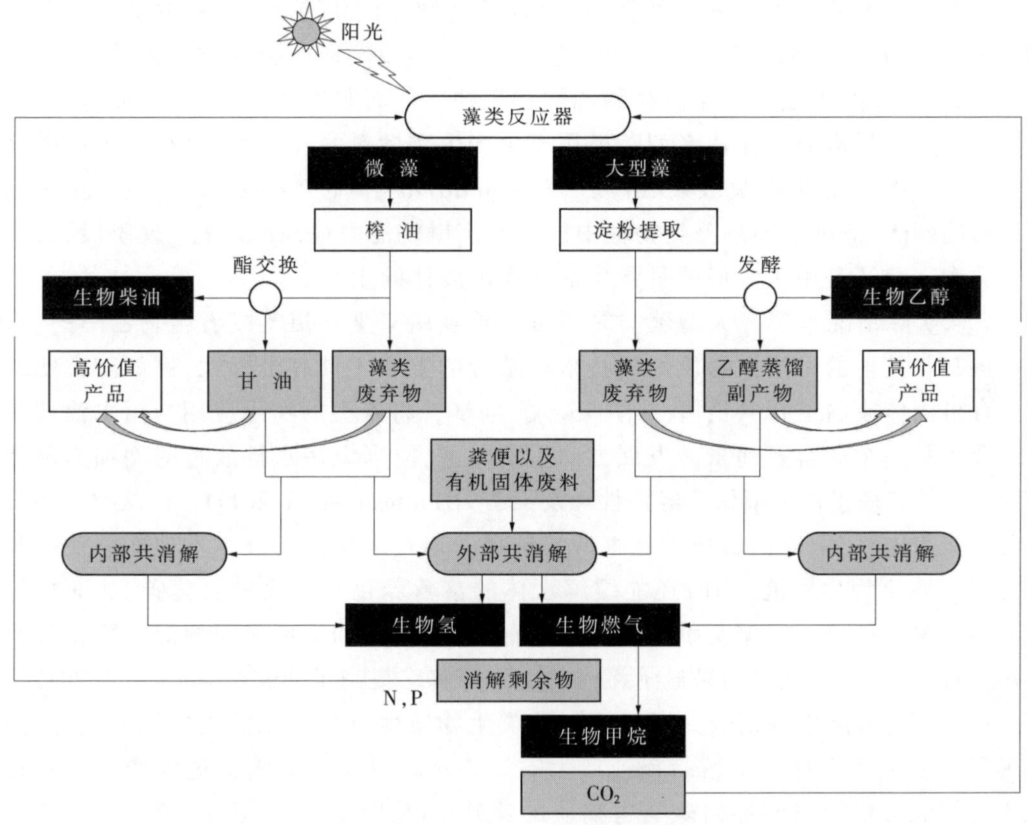

图 15.6 藻类植物生物炼制与厌氧消解生产示意图

在大型藻类提取脂类物质的过程中也会产生副产物,这些副产物主要是由蛋白质和多糖组成的(约占总生物质质量的 60%)。恰好富含蛋白质类物质的需求也是日益增长,有的用于食品,有的则用于饲料。更进一步来讲,大型藻类生产过程中的残留物还能通过发酵制取生物乙醇、生物燃气以及其他一些有价值的产品(见图 15.6)。当然,通过厌氧消解技术制取甲烷和氢也是非常好的一条应用途径。有学者研究发现,与新鲜微藻的厌氧消解相比,制氢后的衣藻残留物及副产物的甲烷产量提高了 23%(Mussgnug et al 2010)。在利用微藻和微藻排泄物生产生物乙醇方面目前缺少深入的研究,不过在制甲烷方面还是有一些研究成果的(见表

15.3)。结果显示,甲烷的产量跟藻的种类有很大的关系,例如斜生栅藻(*Scenedesmus obliquus*)的甲烷产量为 187L/(kg VS),而衣藻(*Chlamydomonas reinhardtii*)的产量则高达 387L/(kg VS)。在制氢方面,通过 NaOH 预处理并经过酯交换过程后,斜生栅藻残留物的产氢量可达 66L/(kg VS)(Yang et al 2011)。

大型藻类的组成成分与种类、季节以及地域等因素有关,其中主要还是以碳水化合物为主,碳水化合物的组分含量最高可达 60%,而脂类物质的含量则偏低。因此,大型藻类更适合于生产生物乙醇和生物燃气而非生物柴油。到目前为止,尚没有权威的报道能够评估大型藻类用于生产生物燃料的经济性,只是在生产甲烷方面有一些研究成果(见表 15.3)。江蓠(*Gracilaria*)、海带(*Laminaria*)、石莼(*Ulva*)和马尾藻(*Sargassum*)是藻类物种中已知的产甲烷潜力最高的原料。现阶段,大型藻类大部分还是用于人们的日常生活和水解胶体的生产。

从实际情况来看, 大型藻类是不可能单独用来生产沼气或者生物乙醇的,只有将其与其他的一些生物质炼制技术相结合的方式才具有可行性,例如与粪便或者有机固体废料进行共消解(见图 15.6)。同样, 将藻类的实际应用与污水治理相结合也是一个非常有前景的发展方向。实际上,应当说污水排放量的增加为藻类生物质的利用提供了很好的经济性和发展潜力(Pittman et al 2011)。在藻类生物质实际应用方面,厌氧消解技术是很好的选择。通过厌氧消解技术不但能够使的藻类原料转化为生物能,同时还能缓解水体的富营养化并吸收二氧化碳,从而进一步提高甲烷产量。根据文献报道,已经有学者将石莼和活性污泥的混合物作为原料进行了厌氧共消解,结果显示污泥的生物降解率提高了 26%(Costa et al 2012)。

厌氧消解产生的沼气是可以当做藻类生物质生产和转化的主要能源来源,而在沼气燃烧和生物甲烷精制提纯产生的二氧化碳以及厌氧消解过程产生的营养性消解液可以闭路循环到藻类生物质的养殖中(见图 15.6)。但是,藻类生物质在厌氧消解过程中也存在两个瓶颈:一是藻类植物的生化组成和细胞壁自身的性质会降低其生物降解能力; 二是较高的细胞蛋白含量有可能增加产物中氨的浓度。其原因是在提取油类物质的过程中会引起细胞蛋白的变性,从而导致较低的碳氮比(大约为 6:1),这个比例与理想的厌氧消解条件相差较大(Sialve et al 2009)。将微藻共消解残留物与营养缺乏的物质(如甘油)共同使用,则能够通过产甲烷的方式来进一步提高能量利用效率。与单独使用微藻残留物相比,将甘油与残留物一起进行共消解(碳氮比为 12.4)时,甲烷产量增加了 50%(Ehimen et al 2011)。甘油实际上是一种应用非常广泛的化学品,据统计,甘油有上千种商业化应用途径;但是,随着生物柴油产业的蓬勃发展,甘油市场已经趋于饱和。

表 15.3　不同藻类的生化甲烷势

藻的种类		CH_4,%	甲烷产量/(L/kg VS)	反应条件	预处理	参考文献
微藻类	钝顶节旋藻(*Arthrospira platensis*)	61	293	38℃/批次处理		Mussgnug et al(2010)
	衣藻(*Chlamydomonas reinhardtii*)	66	387	38℃/批次处理		Mussgnug et al(2010)
	衣藻(*Chlamydomonas reinhardtii*)		310	38℃/批次处理	105℃干燥 24h	Mussgnug et al(2010)
	衣藻(*Chlamydomonas reinhardtii*)		476	38℃/批次处理	制　氢	Mussgnug et al(2010)
	高含油小球藻(*Chlorella sp.*)		245	35℃、连续搅拌反应器、HRT 为 15d	干燥、酯交换、添加甘油	Ehimen et al(2011)
	高含油小球藻(*Chlorella sp.*)	68	302	35℃、连续搅拌反应器、HRT 为 15d	干燥、酯交换	Ehimen et al(2011)
	凯氏小球藻(*Chlorella kessleri*)	65	218	38℃/批次处理		Mussgnug et al(2010)
	凯氏小球藻(*Chlorella kessleri*)		159	38℃/批次处理	105℃干燥 24h	Mussgnug et al(2010)
	小球藻(*Chlorella vulgaris*)		240	35℃、连续搅拌反应器、HRT 为 28d		Ras et al(2011)
	盐生杜氏藻(*Dunaliella salina*)	64	323	38℃/批次处理		Mussgnug et al(2010)
	小眼虫(*Euglena gracilis*)	67	325	38℃/批次处理		Mussgnug et al(2010)
	斜生栅藻(*Scenedesmus obliquus*)	62	178	38℃/批次处理		Mussgnug et al(2010)
大型藻类	浒苔(*Enteromorpha sp.*)		154±7	37℃/批次处理		Costa et al(2012)
	石花菜(*Gelidium amanssii*)		239	35℃/批次处理	制乙醇(发酵残留物)	Park et al(2012)
	石花菜(*Gelidium amanssii*)		283	35℃/批次处理	制乙醇(糖化残留物)	Park et al(2012)
	江蓠(*Gracilaria sp.*)		280~400	35℃/批次处理		Bird et al(1990)
	江蓠(*Gracilaria sp.*)		182±23	37℃/批次处理		Costa et al(2012)
	普通海带(*Laminaria sp.*)		260~280			Chynoweth(2005)

续表

藻的种类		CH_4,%	甲烷产量/(L/kg VS)	反应条件	预处理	参考文献
大型藻类	掌状海带(*Laminaria digitata*)		500			Morand, Briand(1999)
	掌状海带(*Laminaria digitata*)		219	35℃/批次处理		Adams et al(2011)
	巨型海带(*Macrocystis*)		390~410			Chynoweth(2005)
	石莼(*Ulva sp.*)	59	110	35℃/批次处理		Briand, Morand(1997)
	石莼(*Ulva sp.*)	55	94	35℃/批次处理	清 洗	Briand, Morand(1997)
	石莼(*Ulva sp.*)	49	145	35℃/批次处理	干 燥	Briand, Morand(1997)
	石莼(*Ulva sp.*)	52	177	35℃/批次处理	磨碎干燥	Briand, Morand(1997)
	石莼(*Ulva sp.*)	54	203	35℃、连续搅拌反应器、HRT 为 15d	磨 碎	Briand, Morand(1997)
	石莼(*Ulva sp.*)(水解液)		313~330	生物固定床反应器反应器、HRT 为 2.5~5d	水 解	Briand, Morand(1997)
	石莼(*Ulva sp.*)		127	35℃/批次处理		Otsuka, Yoshino(2004)
	石莼(*Ulva sp.*)		180	35℃/批次处理	清洗、干燥、磨碎	Otsuka, Yoshino(2004)
	石莼(*Ulva sp.*)		148	35℃/批次处理	离心、磨碎	Peu et al(2011)
	石莼(*Ulva sp.*)		196±9	37℃/批次处理		Costa et al(2012)
	马尾藻(*Sargassum fluitans*)		143~182			Gunaseelan(1997)
	马尾藻(*Sargassum pteropleuron*)		119~171			Gunaseelan(1997)
	马尾藻(*Sargassum sp.*)		260~380			Chynoweth(2005)
	马尾藻(*Sargassum spp.*)		120~190	35℃/批次处理		Bird et al(1990)
	海藻(*Seaweed*)	44	120	37℃/批次处理		Nkemka, Murto(2010)
	海藻(*Seaweed*)沥出物	62	120	37℃/批次处理	水 解	Nkemka, Murto(2010)

总体来说,微藻类植物富含油类物质但难以养殖和采集,而大型藻类植物易种植和采集但脂类含量较低。因此,在生物炼制过程中应当尝试多种路线,生产生物燃料与高附加值产品应当“两手抓”,齐头并进。厌氧消解技术与生物炼制相结合应当说是非常不错的选择,这种一体化生产的技术不仅能够提高能量利用率,同时还能提供培养生物质所需的养料。此外,藻类植物还能用于去除水体的富营养化和捕获二氧化碳。

15.3.5 合成气制生物燃气

虽然厌氧消解技术几乎能够将所有的有机物转化为甲烷,但是对于其中一些有机物还是存在一些困难。例如木质纤维以及塑料、橡胶等废弃物,这类物质在进行厌氧消解前往往要先经过化学方法的预处理,而这个处理过程的成本是比较高的,而且对甲烷的产量没有任何的帮助。因此,将这一类的有机物先气化转化为富含一氧化碳、二氧化碳和氢的合成气,随后再进行甲烷的合成则是一条可行方案。

煤气化制合成气和再利用合成气进行热化学催化制甲烷的技术已经是比较传统的工艺了(见图 15.7a)。从工艺和成本方面来看,合成气生物转化与催化转化工艺相比具有以下两个方面的优势(见图 15.7b):一是无需高温、高压,对合成气组分也没有苛刻的要求;二是无需进行贵金属催化的预处理,可以节省成本(Abubackar et al 2011;Henstra et al 2007)。合成气可以通过多种制甲烷菌[如甲烷八叠球菌(*Methanosarcina*)和甲烷嗜热杆菌(*Methanothermobacter*)等]来进行甲烷的合成 (式 15.1 和式 15.2)(Daniels et al 1977;O'Brien et al 1984;Rother, Metcalf 2004)。反应总的方程式如下:

$$4CO+2H_2O \longrightarrow 3CO_2+CH_4 \quad (15.1)$$

$$CO+3H_2 \longrightarrow CH_4+H_2O \quad (15.2)$$

其反应过程可以细化为两步反应过程:

① 一氧化碳转化为乙酸或者与发生水-气转化反应(Water Shift Reaction)生成氢气和二氧化碳(式 15.3~式 15.5):

$$4CO+4H_2O \longrightarrow CH_3COO^-+2HCO_3^-+3H^+ \quad (15.3)$$

$$2CO+2H_2 \longrightarrow CH_3COO^-+H^+ \quad (15.4)$$

$$CO+H_2O \longrightarrow CO_2+H_2 \quad (15.5)$$

② 氢和乙酸进一步反应生成甲烷(式 15.6~式 15.7):

$$CH_3COO^-+H_2O \longrightarrow CH_4+HCO_3^- \quad (15.6)$$

$$HCO_3^-+4H_2+H^+ \longrightarrow CH_4+3H_2O \quad (15.7)$$

同样的,合成气中氢和二氧化碳也能够直接被用来合成甲烷(式 15.7)。

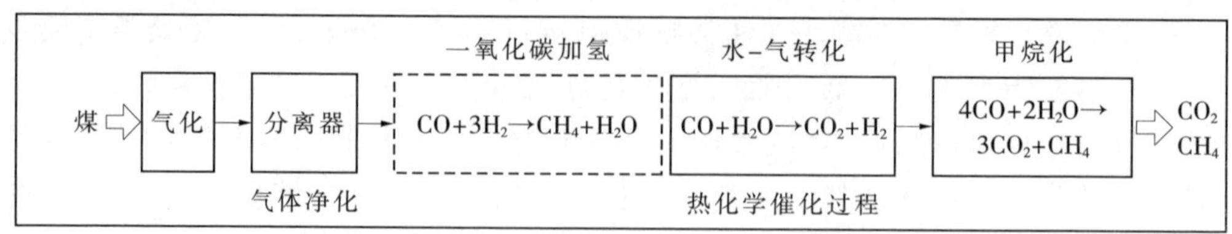

(a) 传统流程

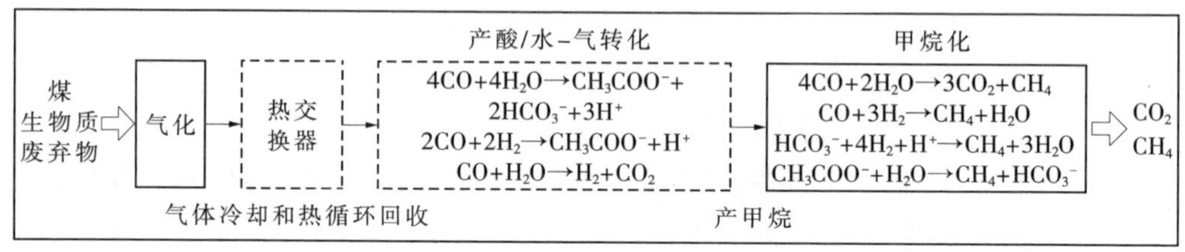

(b) 生物法流程

图 15.7 合成气催化制备流程图和生物法制甲烷流程图(摘自 Basu et al 1993)

有多种细菌能够用来完成一氧化碳到乙酸的转化，比如梭状芽胞杆菌(*Clostridium*)、消化链球菌(*Peptostreptococcus*)、脱硫肠状菌(*Desulfotomaculum*)和穆尔氏菌(*Moorella*)等(Henstra et al 2007)，而深红红螺菌(*Rhodospirillum rubrum*)、沼泽红假单细胞菌(*Rhodopseudomonas palustris*)、高温嗜热菌(*Carboxydothermus hydrogenoformans*)、*Carboxydibrachium pacificum*、*Carboxydocella thermoautotrophica* 和 *Thermincola carboxydiphila* 等菌类则能够被用来完成水-气转化反应产氢的过程 (Kerby et al 1995; Jung et al 1999; Svetlitchnyi et al 2001; Sokolova et al 2001; Sokolova et al 2002; Sokolova et al 2005)。

近来，有大量的研究将焦点集中在了利用单养的细菌物种进行厌氧转化使合成气直接制乙醇的研究领域 (Abrini et al 1994; Cotter et al 2009; Kundiyana et al 2011)。有文献报道了利用单养或定向培养的简单微生物将一氧化碳和氢转化为甲烷的潜力(Fu et al 1990)。根据该文献的报道，甲烷是通过两步法反应过程制得的：第一步是利用消化链球菌制乙酸，第二步则是利用共养的深红红螺菌和甲酸甲烷杆菌同时进行甲烷和氢的制备。

利用混合厌氧菌进行合成气制甲烷目前还是一个未知领域，几乎没有关于这方面的探索报道(Guiot et al 2011; Sipma et al 2003)。有学者在 30℃和 55℃的条件下测试了 7 种厌氧废水污泥的一氧化碳转化能力(Sipma et al 2003)。结果显示，所有的污泥均能够使一氧化碳发生转化，30℃时的转化率为 0.14~0.62mmol/d，50℃的时转化率则为 0.73~1.32mmol/d。甲烷/乙酸以及甲烷/氢是反应的主要产物。有学者在 30L 的封闭的环形气升式反应器中进行了一氧化碳制甲烷的连续反应(Guiot et al 2011)。结果显示,在一氧化碳分压为60.795kPa(0.6atm)、废气再循环率为1:20时,一氧化碳的转化率最高可达75%。在这个条件下,产物气中甲烷含量大约(CH_4/CO)为95%,同时还有其他一些微量的代谢产物。

15.4 展望

厌氧消解是一种众所周知的具有多种用途的工艺技术。从循环生物经济的角度考虑,所有废弃物都应当被用来生产有价值的产品或者用来产能。厌氧消解技术是一种便宜技术的代表,从生物炼制的角度上与生物柴油或者生物乙醇生产集成在一起,利用它们生产过程排放的副产物、废水或残留物为原料生产能源物质(如甲烷、氢等)以及其他一些有价值的产品(如生物肥料等),提高了这些技术的经济性,具有划时代的意义。

当然,厌氧消解技术在实际应用方面还存在一些问题,尚需进一步的研究和改进才能真正实现其在经济效益方面的可行性。如何低成本且高效地提高原料的生物可降解性,是厌氧消解技术目前面临的一个主要问题。厌氧消解技术生产的沼气虽然主要成分是甲烷和二氧化碳,但是其中还含有一些少量的氨气、硫化氢等有害气体。如果要将其作为机动车辆的燃气,则气体则还需进一步净化才能使用。虽然过去的几年在能量高效利用和洁净能源生产方面做了大量的工作[如水选(water scrubbing)、碳分子筛(carbon molecular sieves)以及膜技术等],但是这些技术大都与厌氧消解无关且造价昂贵。因此,还需大量的研究来发展低成本且高效的催化材料以及炼制技术。

藻类植物的应用研究已经取得重大进展,但是从实际应用的角度来看,实际上还处在初级的探索阶段,还需要大量的探索和改进才能使其具有实际价值和竞争力。即便如此,藻类植物仍然是最有可能取代传统化石燃料的能源作物。对于微藻类原料的应用,改变其成分、增加脂类物质的含量是提高其可利用性的最有效途径。在这方面,生物学领域的遗传和代谢工程起着非常重要的作用。从长远来看,如何能够不通过脱水,仅利用酶催化水解就能获得有价值的生物化学分子,对于藻类作物的应用是具有重要意义的,因为根据目前的研究进展,藻类植物在生产过程中69%的能耗都用于了原料的干燥脱水(Jones,Mayfield 2011;Sander,Murthy 2010)。藻类植物在污水治理方面同样有着重要的意义,主要是因为藻类植物在水体去营养化、二氧化碳的捕集以及沼气的生产等方面都有着积极的作用。为了保证藻类植物的应用推广,藻类植物的采集也是当前继续解决的问题。

在合成气生物炼制方面,开发实用的气液接触工艺改善气-液传质速率以及解决合成气的低溶解性是两个最具挑战性的难题(Bredwell et al 1999)。在实际应用中，合成气微生物转化在很大程度上取决于合成气和水之间的传质速率(Van Kasteren et al 2005)。从长远看,提高体积传质系数和设计新型反应器是解决上述问题的最有效方法。

随着技术和工艺的发展,沼气的生产势必会基于一系列便于种植的水生以及陆生的能源作物。食品残留物和加工过程中的副产物以及农业和生物炼制工业也会逐步地步入厌氧消解技术领域的范畴。

参考文献

Abrini J,Naveau H,Nyns EJ (1994) Clostridium autoethanogenum sp nov,an anaerobic bacterium that produces ethanol from carbon monoxide.Arch Microbiol 161:345-351

Abubackar HN,Veiga MC,Kennes C (2011) Biological conversion of carbon monoxide:rich syngas or waste gases to bioethanol.Biofuel Bioprod Bior 5:93-114

Adams JMM,Toop TA,Donnison IS,Gallagher JA (2011) Seasonal variation in Laminaria digitata and its impact on biochemical conversion routes to biofuels.Bioresour Technol 102:9976-9984

Agler M,Garcia M,Lee E,Schilicher M,Angenent L (2008) Thermophilic anaerobic digestion to increase the net energy balance of corn grain ethanol.Environ Sci Technol 42:6723-6729

Alves MM,Picavet MA,Pereira MA,Cavaleiro AJ,Sousa DZ (2007) Novel anaerobic reactor for the removal of long chain fatty acids from fat containing wastewater.Patent number WO/2007/058557

Amon T,Amon B,Kryvoruchko V,Bodiroza V,Pötsch E,Zollitsch W (2006) Optimising methane yield from anaerobic digestion of manure:effects of dairy systems and of glycerin supplementation.Int Congr Ser 1293:217-220

Amorim HV,Lopes ML,Oliveira JVC,Buckerige MS,Goldman GH (2011) Scientific challenges of bioethanol production in Brazil.Appl Microbiol Biot 91:1267-1275

Angenent LT,Karim K,Al-Dahhan MH,Wrenn BA,Domínguez-Espinosa R (2004) Production of bioenergy and biochemicals from industrial and agricultural wastewater.Trends Biotechnol 22:477-485

Atabani AE,Silitonga AS,Badruddin IA,Mahlia TMI,Masjuki HH,Mekhilef S (2012) A comprehensive review on biodiesel as an alternative energy resource and its characteristics.Renew Sust Energ Rev 16:2070-2093

Basu R,Klasson KT,Clausen EC,Gaddy JL (1993) Biological conversion of synthesis gas.Bioreactor studies.Topical Report.Foster Wheeler USA Corporation,DOE contract no.DE-AC21-86MC23077

Bird KT,Chynoweth DP,Jerger DE (1990) Effects of marine algal proximate composition on methane yields.J Appl Phycol 2:207-213

Blonskaja V,Menert A,Vilu R (2003) Use of two-stage anaerobic treatment for distillery waste.Environ Res 7:671-678

Boone DR,Johnson RL,Liu Y (1989) Diffusion of the interspecies electron carriers H2 and formate in methanogenic ecosystems and its implications in the measurement of Km for H2 or formate uptake.Appl Environ Microb 55:1735-1741

Borjesson P,Mattiasson B (2008) Biogas as a resource-efficient vehicle fuel.Trends Biotechnol 26:7-13

Bredwell MD,Srivastava P,Worden RM (1999) Reactor design issues for synthesis-gas fermentations.Biotechnol Prog 15:834-844

Briand X,Morand P (1997) Anaerobic digestion of Ulva sp.1.Relationship between Ulva composition and methanisation. J Appl Phycol 9:511-524

Cantrell KB,Ducey T,Ro KS,Hunt PG (2008) Livestock waste-to-bioenergy generation opportunities.Bioresour Technol

99:7941–7953

Castrillón L, Fernández–Nava Y, Ormaechea P, Marañón E (2011) Optimization of biogas production from cattle manure by pre–treatment with ultrasound and co–digestion with crude glycerin. Bioresour Technol 102:7845–7849

Cecchi F, Pavan P, Mata–Alvarez J (1996) Anaerobic co–digestion of sewage sludge: application to the macroalgae from the Venice lagoon. Resour Conserv Recy 17:57–66

Chynoweth DP (2005) Renewable biomethane from land and ocean energy crops and organic wastes. HortSci 40: 283–286

Costa JC, Gonçalves PR, Nobre A, Alves MM (2012) Biomethanation potential of macroalgae Ulva spp and Gracilaria spp and in co–digestion with waste activated sludge. Bioresour Technol 114:320–326

Cotter JL, Chinn MS, Grunden AM (2009) Influence of process parameters on growth of Clostridium ljungdahlii and Clostridium autoethanogenum on synthesis gas. Enzyme Microb Technol 44:281–288

Daniels L, Fuchs G, Thauer RK, Zeikus JG (1977) Carbon monoxide oxidation by methanogenic bacteria. J Bacteriol 132:118–126

Demirbas A (2009) Progress and recent trends in biodiesel fuels. Energ Convers Manage 50:14–34

Dias MOS, Ensinas AV, Nebra SA, Maciel Filho R, Rossell CEV, Maciel MRW (2009) Production of bioethanol and other bio–materials from sugarcane bagasse: integration to conventional bioethanol production process. Chem Eng Res Des 87:1206–1216

Ehimen EA, Sun ZF, Carrington CG, Birch EJ, Eaton–Rye JJ (2011) Anaerobic digestion of microalgae residues resulting from the biodiesel production process. Appl Energ 88:3454–3463

EN14214 (2008) Automative Fuels. Fatty acid methyl esters (FAME) for diesel engines. Requirements and test methods Eskicioglu C, Kennedy KJ, Marin J, Strehler B (2011) Anaerobic digestion of whole stillage from dry–gring corn ethanol plant under mesophilic and thermophilic conditions. Bioresour Technol 102:1079–1086

EurObserv'ER (2010) Biogas Barometer–November 2010. Systèmes Solaires, le journal des énergies renouvelables, 200: 104–119. http://www.eurobserv–er.org/pdf/baro200b.pdf

Fang HHP, Chui HK, Li YY (1995) Anaerobic degradation of butyrate in a UASB reactor. Bioresour Technol 51:75–81

Fountoulakis MS, Petousi I, Manios T (2010) Co–digestion of sewage sludge with glycerol to boost biogas production. Waste Manage 30:1849–1853

Fu RK, Mazzella G (1990) Evaluation of biological conversion of coal–derived synthesis gas. Topical report. University of Arkansas, University of Arkansas, DOE contract no. DE–FG21–90MC27225

Guiot SR, Cimpoia R, Carayon G (2011) Potential of wastewater–treating anaerobic granules for biomethanation of synthesis gas. Environ Sci Technol 45:2006–2012

Gujer W, Zehnder AJB (1983) Conversion processes in anaerobic digestion. Water Sci Technol 15:127–167

Gunaseelan VN (1997) Anaerobic digestion of biomass for methane production: a review. Biomass Bioenerg 13:83–114 Gunaseelan VN (2009) Biomass estimates, characteristics, biochemical methane potential, kinetics and energy flow from Jatropha curcus on dry lands. Biomass Bioenerg 33:589–596

Harper SR, Pohland FG (1986) Recent developments in hydrogen management during anaerobic biological wastewater treatment. Biotechnol Bioeng 28:585–602

Henstra AM, Sipma J, Rinzema A, Stams AJM (2007) Microbiology of synthesis gas fermentation for biofuel production. Curr Opin Biotechnol 18:200–206

Holm–Nielsen JB, Lomborg CJ, Oleskowicz–Popiel P, Esbensen KH (2008) Online near infrared monitoring of glycerol–boosted anaerobic digestion processes: evaluation of process analytical technologies. Biotechnol Bioeng 99:302–313

Huang JS, Jih CG, Lin SD, Ting WH (2003) Process kinetics of UASB reactors treating non–inhibitory substrate. J Chem Technol Biotechnol 78:762–772

IEA (2010) Sustainable production of second–generation biofuels. OECD/IEA, Paris. http:// www.iea.org/papers/2010/second_generation_biofuels.pdf. Cited 24 May 2012

Jaruwat P, Kongjao S, Hunsom M (2010) Management of biodiesel wastewater by the combined processes of chemical recovery and electrochemical treatment. Energ Convers Manage 51:531–537

Jetten MSM, Stams AJM, Zehnder AJB (1992) Methanogenesis from acetate: a comparison of the acetate metabolism in Methanothrix soehngenii and Methanosarcina spp. FEMS Microbiol Rev 88:181–197

Jones CS, Mayfield SP (2011) Algae biofuels: versatility for the future of bioenergy. Curr Opin Biotech 23:346–351

Jung GY, Jung HO, Kim JR, Ahn Y, Park S (1999) Isolation and characterization of Rhodopseudomonas palustris P4 which utilizes CO with the production of H2. Biotechnol Lett 21:525–529

Kaparaju P, Serrano M, Thomsen AB, Kongjan P, Angelidaki I (2009) Bioethanol, biohydrogen and biogas production from wheat straw in a biorefinery concept. Bioresour Technol 100:2562–2568

Kerby RL, Ludden PW, Roberts GP (1995) Carbon monoxide dependent growth of Rhodospir-illum rubrum. J Bacteriol 177:2241–2244

Kocsisová T, Cvengroš J (2006) G-phase form methyl ester production-splitting and refining. Pet Coal 48:1–5

Kolesárová N, Hutnňan M, Špalková V, Kuffa R, Bodík I (2011) Anaerobic treatment of biodiesel by-products in a pilot scale reactor. Chem Pap 65:447–453

Kundiyana DK, Wilkins MR, Maddipati P, Huhnke RL (2011) Effect of temperature, pH and buffer presence on ethanol production from synthesis gas by Clostridium ragsdalei. Bioresour Technol 102:5794–5799

Langeveld JWA, Dixon J, Jaworski JF (2010) Development perspectives of the biobased economy: a review. Crop Sci 50:S142–S151

Lee P-H, Bae J, Kim J, Chen W-H (2011) Mesophilic anaerobic digestion of corn thin stillage: a technical and energetic assessment of the corn-to-ethanol industry integrated with anaerobic digestion. J Chem Technol Biot 86:1514–1520

Lichts FO (2010) Industry Statistics: 2010 World Fuel Ethanol Production. Renewable Fuels Association. Available via http://www.ethanolrfa.org/pages/statistics#E. Cited 19 Feb 2012

Luo G, Talebnia F, Karakashev D, Xie L, Zhou Q, Angelidaki I (2011) Enhanced bioenergy recovery from rapeseed plant in a biorefinery concept. Bioresour Technol 102:1433–1439

Ma J, Van Wambeke M, Carballa M, Verstraete W (2008) Improvement of the anaerobic treatment of potato processing wastewater in a UASB reactor by co-digestion with glycerol. Biotechnol Lett 30:861–867

Marchetti JM, Miguel VU, Errazu AF (2007) Possible methods for biodiesel production. Renew Sust Energ Rev 11:1300–1311

Masse L, Masse DI, Kennedy KJ, Chou SP (2002) Neutral fat hydrolysis and long-chain fatty acid oxidation during anaerobic digestion of slaughterhouse wastewater. Biotechnol Bioeng 79:43–52

Mata-Alvarez J, Macé S, Llabres P (2000) Anaerobic digestion of organic solid wastes an overview of research achieve ments and perspectives. Bioresour Technol 74:3–16

Meredith J (2003) Understanding energy use and energy users in contemporary ethanol plants. In: Jacques KA, Lyons TP, Kelsall DR (eds) The alcohol textbook, 4th edn. Nottingham University Press, Nottingham, pp 355–361

Morand P, Briand X (1999) Anaerobic digestion of Ulva sp. 2. Study of Ulva degradation and methanisation of liquefaction juices. J Appl Phycol 11:165–177

Mosey FE (1983) Mathematical modeling of the anaerobic digestion process: regulatory mechanisms for the formation of short-chain volatile acids from glucose. Water Sci Technol 15:209–232

Murto M, Björnsson L, Mattiasson B (2004) Impact of food industrial waste on anaerobic codigestion of sewage sludge and pig manure. J Environ Manage 70:101–107

Mussgnug JH, Klassen V, Schlüter A, Kruse O (2010) Microalgae as substrates for fermentative biogas production in a combined biorefinery concept. J Biotechnol 150:51–56

Neves L (2009) Anaerobic co-digestion of organic wastes. University of Minho, Braga, Portugal. http://hdl.handle.net/1822/9875

Nigam PS, Singh A (2011) Production of liquid biofuels from renewable resources. Prog Energ Combust 37:52–68

Nkemka VN, Murto M (2010) Evaluation of biogas production from seaweed in batch tests and in UASB reactors combined with the removal of heavy metals. J Environ Manage 91:1573–1579

O'Brien JM, Wolkin RH, Moench TT, Morgan JB, Zeikus JG (1984) Association of hydrogen metabolism with unitrophic or mixotrophic growth of Methanosarcina barkeri on carbon monoxide. J Bacteriol 158:373–375

Otsuka K, Yoshino A (2004) A fundamental study on anaerobic digestion of sea lettuce.

OCEANS '04 MTS/IEEE TECHNO-OCEAN '04, Conference proceedings, 3:1770–1773 Park J-H, Yoon J-J, Park H-D, Lim DJ, Kim S-H (2012) Anaerobic digestibility of algal bioethanol residue. Bioresour Technol 113:78–82

Pereira MA (2003) Anaerobic biodegradation of long chain fatty acids-biomethanisation of biomass-associated LCFA as a challenge for the anaerobic treatment of effluents with high lipid-LCFA content. University of Minho, Braga, Portugal. http://hdl.handle.net/1822/4650

Pérez-García M, Romero-García LI, Rodríguez-Cano R, Sales-Márquez D (2005) Effect of pH influent conditions in fixed-film reactors for anaerobic thermophilic treatment of wine-distillery wastewater. Water Sci Technol 51:183–189

Peu P, Sassi J-F, Girault R, Picard S, Saint-Cast P, Béline F, Dabert P (2011) Sulphur fate and anaerobic biodegradation potential during co-digestion of seaweed biomass (Ulva sp.) with pig slurry. Bioresour Technol 102:10794–10802

Phukingngam D, Chavalparit O, Somchai D, Ongwandee M (2011) Anaerobic baffled reactor treatment of biodiesel-processing wastewater with high strength of methanol and glycerol: reactor performance and biogas production. Chem Pap 65:644–651

Pittman JK, Dean AP, Osundeko O (2011) he potential of sustainable algal biofuel production using wastewater resources. Bioresour Technol 102:17–25

Plugge CM, Van Lier JB, Stams AJM, Jeison D (2009) Microbial energy production from biomass. In: Rabaey K, Angenent L, Schroder U, Keller J (eds) Bioelectrochemical systems. IWA Publishing, London, pp 17–38

Rabelo SC, Carrere H, Maciel Filho R, Costa AC (2011) Production of bioethanol, methane and heat from sugarcane bagasse in a biorefinery concept. Bioresour Technol 102:7887–7895

Rajeshwari KV, Balakrishnan M, Kansal A, Lata K, Kishore VVN (2000) State-of-the-art of anaerobic digestion technology for industrial wastewater treatment. Renew Sust Energ Rev 4:135–156

Ras M, Lardon L, Sialve B, Bernet N, Steyer J-P (2011) Experimental study on a coupled process of production and anaerobic digestion of Chlorella vulgaris. Bioresour Technol 102:200–206

Rittmann BE (2008) Opportunities for renewable bioenergy using microorganisms. Biotechnol Bioeng 100:203–212

Rother M, Metcalf WW (2004) Anaerobic growth of Methanosarcina acetivorans C2A on carbon monoxide: an unusual way of life for a methanogenic archaeon. Proc Natl Acad Sci USA 101:16929–16934

Rusten B, Sahu AK (2011) Microalgae growth for nutrient recovery from sludge liquor and production of renewable bioenergy. Water Sci Technol 64:1195–1201

Sander K, Murthy GS (2010) Life cycle analysis of algae biodiesel. Int J Life Cycle Assess 15:704–714

Schaefer SH, Sung S (2008) Retooling the ethanol industry: thermophilic anaerobic digestion of thin stillage for methane production and pollution prevention. Water Environ Res 80:101–108

Schink B (1997) Energetics of syntrophic cooperation in methanogenic degradation. Microbiol Mol Biol Rev 61:262–280

Schink B, Stams AJM (2006) Syntrophism among prokaryotes. Prokaryotes 2:309–335

Seth R, Goyal SK, Handa BK (1995) Fixed film biomethanation of distillery spentwash using low cost porous media. Resour Conserv Recy 14:79–89

Sialve B, Bernet N, Bernard O (2009) Anaerobic digestion of microalgae as a necessary step to make microalgal biodiesel sustainable. Biotechnol Adv 27:409–416

Siles JA, Martín MA, Chica AF, Martín A (2010) Anaerobic co-digestion of glycerol and wastewater derived from biodiesel manufacturing. Bioresour Technol 101:6315-6321

Siles JA, Gutiérrez MC, Martín MA, Martín A (2011) Physical-chemical and biomethanization treatments of wastewater from biodiesel manufacturing. Bioresour Technol 102:6348-6351

Silva GP, Mack M, Contiero J (2009) Glycerol: a promising and abundant carbon source for industrial microbiology. Biotechnol Adv 27:30-39

Sipma J, Lens PNL, Stams AJM, Lettinga G (2003) Carbon monoxide conversion by anaerobic bioreactor sludges. FEMS Microbiol Ecol 44:271-277

Sokolova TG, Gonzalez JM, Kostrikina NA, Chernyh NA, Tourova TP, Kato C, Bonch-Osmolovskaya EA, Robb FT (2001) Carboxydobrachium pacificum gen nov, sp nov., a new anaerobic, thermophilic, CO-utilizing marine bacterium from Okinawa Trough. Int J Syst Evol Micr 51:141-149

Sokolova TG, Kostrikina NA, Chernyh NA, Tourova TP, Kolganova TV, Bonch-Osmolovskaya EA (2002) Carboxydocella thermautotrophica gen.nov., sp nov., a novel anaerobic, CO-utilizing thermophile from a Kamchatkan hot spring. Int J Syst Evol Micr 52:1961-1967

Sokolova TG, Kostrikina NA, Chernyh NA, Kolganova TV, Tourova TP, Bonch-Osmolovskaya EA (2005) Thermincola carboxydiphila gen nov, sp nov, a novel anaerobic, carboxydotrophic, hydrogenogenic bacterium from a hot spring of the Lake Baikal area. Int J Syst Evol Micr 55:2069-2073

Souza ME, Fuzaro G, Polegato AR (1992) Thermophilic anaerobic digestion of vinasse in pilot plant UASB reactor. Water Sci Technol 25:213-222

Stams AJM, Plugge CM (2009) Electron transfer in syntrophic communities of anaerobic bacteria and archaea. Nat Rev Microbiol 7:568-577

Stams AJM, Plugge CM, De Bok FAM, Van Houten BHGW, Lens P, Dijkman H, Weijma J (2005) Metabolic interactions in methanogenic and sulfate-reducing bioreactors. Water Sci Technol 52:13-20

Stover EL, Gomathinayagam G, Gonzalez R (1984) Use of methane from anaerobic treatment of stillage for fuel alcohol production. 39th industrial water conference. Purdue University, West Lafayette, Indiana: Butterworth, Boston, pp 95-104

Svetlitchnyi V, Peschel C, Acker G, Meyer O (2001) Two membrane-associated NiFeS-carbon monoxide dehydrogenases from the anaerobic carbon-monoxide-utilizing eubacterium Carboxydothermus hydrogenoformans. J Bacteriol 183: 5134-5144

Van Haandel AC (2005) Integrated energy production and reduction of the environmental impact at alcohol distillery plants. Water Sci Technol 52:49-57

Van Haandel AC, Catunda PFC (1994) Profitability increase of alcohol distilleries by the rational use of byproducts. Water Sci Technol 29:117-124

Van Kasteren JMN, van der Waall WR, Guo J, Verberne R (2005) Bio-ethanol from syngas. Eindhoven University of Technology (TU/e), I.&.E, Ed

Van Lier JB, Letting G (1999) Appropriate technologies for effective management of industrial and domestic waste waters: the decentralised approach. Water Sci Technol 40:171-183

Van Lier JB, Tilche A, Ahring BK, Macarie H, Moletta R, Dohanyos M, Pol LWH, Lens P, Verstraete W (2001) New perspectives in anaerobic digestion. Water Sci Technol 43:1-18

Vavilin VA, Rytov SV, Lokshina LY (1996) A description of hydrolysis kinetics in anaerobic degradation of particulate organic matter. Bioresour Technol 56:229-237

Weiland P (2010) Biogas production: current state and perspectives. Appl Microbiol Biot 85:849-860

Yang Z, Guo R, Xu X, Fan X, Li X (2011) Thermo-alkaline pretreatment of lipid-extracted microalgal biomass residues enhances hydrogen production. J Chem Technol Biotechnol 86:454-460

Yazdani SS, Gonzalez R (2007) Anaerobic fermentation of glycerol: a path to economic viability for the biofuels industry. Curr Opin Biotech 18:213-219

第 16 章 从生物质生产生物乙醇:概述

摘要:本章分析了源自木质纤维素材料的燃料乙醇生产的主要研究进展。介绍了不同预处理和脱毒方法的主要技术特征。讨论了简化全过程的过程工艺集成和改进生物质制乙醇转化率的重要性。在工艺集成过程(例如同步糖化共发酵的工艺集成过程以及联合生物工艺)的框架下,介绍了微生物菌株开发的策略。强调了充分开发生物质制乙醇过程所面临的主要挑战。最后认识到,对于开发生物质制乙醇的过程而言,在分子技术方面研究力量的整合和过程工艺集成是必要的。

16.1 木质纤维素生物质原料

生物质是由有生命力的生物制造的有机物质,它储存了来自太阳的能量。植物吸收太阳光的辐射能,这种能量通过光合作用以葡萄糖、淀粉或纤维素的形式转化为化学能。储存在生物质中的能量(生物能)可以凭借燃烧释放和利用。因此,全世界的许多农村乡镇利用木本生物质来取暖和烹饪。这些生物质也可以在锅炉里燃烧产生热和电(固体生物燃料)。另外,这些生物质可以转化为液体生物燃料,为交通运输部门所利用。许多有机材料可以通过厌氧消解转化为气体生物燃料,生物质已经成为继煤炭、石油和天然气之后的第四大能源。生物质是目前最重要的可再生能源选项。就能量而言,每年地球上生物质的主要产量相当于每年捕获了 4500EJ($1EJ=1\times10^{18}J$)的太阳能。现在地球上每年消耗 490EJ 的能量,而目前每年使用的生物质能量仅 50EJ,并且主要以传统的非商业性木质生物质的形式来使用(Ladanai, Vinterbäck 2009)。

木质纤维素生物质代表了地球上具有极好可利用性的糖类来源。许多具有高木质纤维素含量的材料来源于不同经济活动的废弃物,尤其是农业残留物。因此,

---

本章作者:Óscar J. Sánchez, Sandra Montoya
作者单位:哥伦比亚卡尔达斯大学(Universidad de Caldas)农业生物技术研究所
电子邮件:osanchez@ucaldas.edu.co

这些植物材料不能作为人类的食物，但能用于生物燃料的经济性利用。木质纤维素生物质作为生产原料具有价值潜力，它们不仅可生产液体和固体生物燃料，而且可生产相对较宽范围的化学品和材料。实际上，在未来生物炼厂的框架中，生物质可以变成烃链的长期来源和基础材料，以满足人类对基本有机化合物、合成聚合物、药品、住宅用品和许多其他方面的巨大需求。

木质纤维素生物质在用于生产液体生物燃料的特定情况下具有重大意义，这主要是因为其具含有大量的不同种类的可发酵糖，而这些可发酵糖可以转化为乙醇，甚至转化为其他燃料醇类(如丁醇)。这些所谓的第二代生物燃料，没有利用食物性生产资源(例如蔗糖、甜菜、玉米或其他谷物)获得的可发酵糖。因此，“食物与燃料”的两难问题可以以环境和社会可持续的方式解决，这将导致适用于全世界几乎每个国家的巨量生物质资源潜在的全球性利用。这个理想状态与由政府和公司控制的矿物资源形成鲜明对比，而这些矿物资源在地壳上分布不均匀。另外，生物质是一种可再生的资源，它可长期可持续性地供应生物乙醇。而且，一般认为，从木质纤维素生产的燃料乙醇可以净减少温室气体的排放，并且可以在特别情况下对农村经济的多样化作出贡献(例如提供能源的农作物)。

但是，木质纤维素生物质的主要缺点是它具有的很强的抗性，这对于全球的科学界和工程界而言，都是巨大的挑战。由于生物质的这种抗性，使包含在生物质中的有价值的糖不易接近。这使得必须利用化学和生物化学试剂，或者物理化学方法来破坏复杂的木质纤维素结构。另外，大部分产乙醇的工业微生物不能通过有效途径消解生物质释放的所有糖，这降低了全过程的乙醇转化率和产率，阻碍了从木质纤维素材料生产生物乙醇的大规模商业计划的实施。幸运的是，正在进行的研究和开发以及建成的示范工厂，为利用这个多样性的资源进行大规模燃料乙醇生产的工艺优化以替代化石燃料的工艺优化提供了可能性。

木质纤维素复合体是地球上最丰富的生物材料。它的产量估计每年大约200Gt，只有3%用于非食品领域，例如造纸和纸浆工业(Zhang 2008)。经济效益显著的农作物通常会产生大量木质纤维素材料。例如，在欧洲国家收获的小麦作物的地面生物质中，35%是秸秆，45%则是粮食(Claassen et al 1999)。木质纤维素生物质是由非常复杂的不可食用的生物聚合物组成的。木质纤维素生物质的主要成分是纤维素、半纤维素和木质素，另外还有少量胶质、酸和矿物质(Cardona et al 2010b)。

纤维素是一个 β-葡聚糖，是由葡萄糖分子通过 β-(1,4)键链接的聚合物。它包含7000~15000个葡萄糖单元。由于它所具有的线性本性和在同一链上或不同链上的羟基之间的氢键相互作用，纤维素形成非常稳定的难于断裂的晶体微纤。一般说来，纤维素占木质纤维素生物质中干物质组成的40%~60%(Hamelinc et al 2003)。半纤维素占木质纤维素生物质中干物质组成的20%~40%，并且包含非常少量的支链单糖单元。按顺序，出现在半纤维素中的单糖是木糖和果胶糖(这两个都是戊糖)以及半乳糖、葡萄糖和甘露糖(后面这些糖是己糖)。其他与碳水化合物有关的化合物(例如葡萄糖醛、甲基葡萄糖醛和半乳糖醛酸)也出现在半纤维素结构中。更进一步来说，半纤维素含有一些比例较低的酰基与不同糖上的羟基发生酯化。由于木糖占主导地位，可以把半纤维素看作木聚糖。考虑到它的分支结构，半纤维素没有形成晶体结构，而是形成无定形结构。因此，该生物聚合物在水中具有较好的溶解性，并且具有较高的水解敏感性(Hamelinck et al 2003)。纤维素和半纤维素是不同过程微生物的可发酵糖的来源，这些微生物可以将这些糖转化为乙醇。

木质素占木质纤维素生物质中干物质组成的10%~25%。该组分是一个非常复杂的酚类聚合物，主要由苯基丙烷单元组成，通过C—C键和C—O—C键连接苯基丙烷单元，形成三维的无定形结构(Lee 1997)。木质素的结构单元基于肉桂醇，*p*-羟基苯单元衍生自*p*-肉桂醇，愈创木基丙烷单元衍生自松柏醇，丁香基单元衍生自芥子醇。木质素具有憎水特性，是一种细胞间的黏合剂。半纤维素和木质素之间的相互作用和结合，提供了纤维素的覆盖壳层，使得它的降解更加困难。

根据不同的木质纤维素材料的来源，可以将它们分为如下几类：农业废弃物(稻草、玉米秸秆)、农业加工业残渣(甘蔗渣、橄榄核)、硬木(白杨木、橡木、桦木、山杨)、软木(松木、冷杉、雪松和云杉)、纤维素废弃物(报纸、废弃办公用纸、纸浆)、草本生物质(柳枝稷、苜蓿草、沿海百慕大群岛草)和市政固体废弃物(废纸、纸板箱、水果和蔬菜皮以及花园残留物和木头物品)。考虑到它们作为燃料乙醇生产原料的潜力，在农业和农业加工业残留物中，最具代表性的材料是甘蔗渣、玉米秸秆和麦秆。

甘蔗渣是糖厂中甘蔗茎榨取糖汁后产生的副产品。它用做固体生物燃料将为糖的生产过程提供所需要的蒸汽和电能。这样经常会产生电能过剩，糖厂将这些电能输送到电网上销售(Cardona，Sánchez 2007)。全世界每年生产大约540Mt的甘蔗渣(Cardona et al 2010a)。每吨甘蔗可产生280(Moreira 2000)~312kg(Kim，Dale 2004)的甘蔗渣。相应的，从每吨甘蔗渣可生产140L乙醇，这表明全球可从甘蔗渣生产乙醇58.2ML/a。这个乙醇产量比2007年全世界所有生产的乙醇总量都要大(Cardona et al 2010b；Kim，Dale 2004)。与其他木质纤维素材料相比，甘蔗渣的一个特性是它的灰分含量非常低(大约 2.4%),这表明它具有较好的发酵特性。

玉米秸秆由玉米收割后的茎、叶和玉米棒子组成。一般认为,玉米秸秆是美国优势非常突出的乙醇生产原料,因为在美国它是最丰富的农业残留物:每年产量高达 196Mt(Graham et al 2007)。在玉米秸秆作为农业残留物的情况下,应该考虑的一个因素是,它们不像甘蔗渣,如果全部利用则会导致土壤侵蚀和土壤有机物质的流失,因此应该将所使用的玉米秸秆限定于可收集作物的可持续部分。为减少水引起的土壤损失,去除农作物残留物的保护性耕作需要用农作物残留物覆盖 30%或更多的土壤表面(Kim,Dale 2004)。谷类秸杆由去除谷子或种子以后,压榨或未压榨的谷物植物的干燥秆组成,它具有与纤维素有关的较高的半纤维素含量。在全世界范围内,麦秆呈现出较好的适用性(世界年产量大约为529Mt/a)。因为来源十分丰富以及具有可再生性和较低的木质素含量,麦秆是一种具有吸引力的低成本的生产燃料乙醇原料。与玉米秸秆相比,麦秆含有较低的木质素以及较高的纤维素和半纤维素(Buranov,Mazza 2008)。

人们考虑将木本木质纤维素生物质作为潜在的生物乙醇的原料,不仅着眼于木材本身,而且还包括在它的衍生物(锯末、刨花以及诸如树枝、树桩、树干部分等从林业活动中收集的生物质和来源于疏林的树木)。

与硬木相比,软木含有较高的木质素,这使得它用于燃料乙醇过程更加困难。草本生物质代表来自草和相关植物的木质纤维素材料,它们没有木质的茎,也没有木质的根。与木本植物相比,这些植物具有木质素含量少、生长非常迅速和营养需求小的优点。因此,它们是替代农作物生产生物能源的优秀来源。从这个角度讲,许多人强烈推荐了柳枝稷。

16.2 生物质到乙醇过程

将木质纤维素原材料转化为燃料乙醇是一个复杂的过程。它需要几个步骤,目前其中一部分步骤并没有完全地研发成功。与源自含蔗糖的材料(如甘蔗和甜菜)的乙醇生产相比,生物质过程意味着大量单元过程,并且包含大量需要处理的物质。例如,在破坏了木质纤维素复合体后,许多化合物随着在木质纤维基质上出现的几种类型的糖(可发酵的和不可发酵的)被释放出来。另外,过程中生成了一些能使发酵微生物中毒的降解产品。基于这个原因,需要包含额外的步骤,例如对生物质进行预处理以脱毒和中和。而且,纤维素作为转化为乙醇的主要组分,它的水解应该在发酵步骤之前优先进行,或与发酵步骤同时进行。这个水解步骤与从淀粉材料(如玉米)生产燃料乙醇的水解步骤也有显著区别。利用三种主要类型原料的乙醇生产过程的对比见表 16.1。

表 16.1 乙醇生产过程的对比

项 目	糖制乙醇	淀粉制乙醇	生物质制乙醇
原料的可用性	高	适 中	非常高
食物资源的使用	是	是	否
原料的调节	制粉,简单的 pH 值调节	制成湿粉或干粉	制 粉
预处理	不需要	不需要	需要(半纤维素的部分或全部降解)
脱 毒	不需要	不需要	在预处理后应该脱除一些降解产品
糖类聚合物的水解	不需要	使用淀粉酶	使用纤维素酶或酸
发 酵	分批和连续方法;葡萄糖或果糖发酵	分批或连续方法;葡萄糖发酵	主要是分批过程;己糖发酵,戊糖发酵(可选择的)
过程微生物	酿酒酵母(*S. cerevisiae*),运动发酵单胞菌(*Z. mobilis*)	酿酒酵母(*S. cerevisiae*),运动发酵单胞菌(*Z. mobilis*),马克思克鲁维酵母(*K. marxianus*);淀粉重组酵母	酿酒酵母(*S. cerevisiae*),运动发酵单胞菌(*Z. mobilis*),嗜热纤维梭菌(*C. thermocellum*);重组酿酒酵母(*S. cerevisiae*),重组运动发酵单胞菌(*Z. mobilis*),重组大肠杆菌(*E. coli*)
反应-反应一体化的可能性	不需要	SSF[①],CBP[②]	SSF,SSCF[③],CBP
反应-分离一体化的可能性	是	是	是
能量一体化的可能性	是	是	是
热电联产的可能性	是(甘蔗渣能燃烧,获得热能和电能)	不	是(含木质素的固体残渣可用于热电联产)
主要副产品	浓缩釜馏物用做肥料;压缩泥浆用做动物食物	DDGS[④](干粉);CCDS[⑤](湿粉)	糠醛(源自木糖发酵的生物产品)和木质素
大规模商业化生产设备	大部分在一些热带国家(巴西、印度、哥伦比亚)	绝大多数在北美和欧洲	还未有
生产费用[⑥]/(美元/L 无水乙醇)	0.198~0.215	0.233~0.338	0.396
输出/输入能量比[⑥]	8.0(甘蔗);1.9(甜菜)	1.34~1.53	6.0

① SSF 为同步糖化发酵工艺。

② CBP 为联合生物工艺。

③ SSCF 为同步糖化共发酵工艺。

④ DDGS 为干酒糟及其可溶物。

⑤ CCDS 为玉米浓缩蒸馏可溶物。

⑥ 数据来源:Sánchez,Cardona 2008。

考虑到实施几条途径的过程一体化的可能性,生物质制乙醇过程提供了一些重大机会,这主要基于过程内在的复杂性。作为降低生产费用和改进不同过程步骤效率的方法,在一个单独的容器内完成两个或两个以上步骤或采用耦合方式,已成为从生物质生产乙醇的主要研究方向。与利用含蔗糖的原料或淀粉材料相比,这样做的目标是减少从木质纤维素原料生产单位体积乙醇的费用(见表16.1)。

将木质素生物质转化为燃料乙醇需要几个步骤:预处理、脱毒、纤维素水解、发酵、乙醇分离和脱水以及废水处理。另外,在生物炼制概念的框架下,一些副产物的处理需要一些额外的步骤。

16.2.1 木质纤维素生物质的预处理

在源自生物质的乙醇生产的全过程中,预处理扮演了关键的角色。如果这个步骤不能成功完成,原料的转化率将变得非常低,成本将非常高。预处理步骤自身和它们的效率将直接影响可发酵的糖的数量、可用性和质量,在后续的发酵过程中,这些糖将被微生物消化并生成乙醇。同时,这个步骤是消耗能量的,并且可能需要添加化学品,而这些化学品需要计入乙醇的最后成本中,并体现在全球运行的环境特性中。事实上,预处理是一个最昂贵的步骤:预处理的单位成本可以达到大约 0.08 美元/(L 乙醇)(Mosier et al 2005)。

如前所述,木质纤维素生物质是一种复合体。在这种复合体中,木质素和半纤维素代表一种覆盖纤维素的密封物质,这种生物聚合体具有释放可发酵葡萄糖的最高潜力。因此,木质纤维素材料的预处理具有以下目的:

① 分解纤维素-半纤维素基质。

② 减少纤维素的结晶度和增加无定形纤维素的数量。

③ 水解半纤维素并生成相应的己糖和戊糖。

④ 释放和部分降解木质素。

⑤ 增加生物质的多孔性。

⑥ 减少抑制后续纤维素水解和发酵步骤的副产品的生成。

⑦ 消除对减少生物质颗粒尺寸的需要。

在最近的 50 年中,人们提出了许多用于乙醇生产的木质纤维素生物质的预处理方法。其中一些方法已经相当成熟(例如稀酸预处理法)。同时可以预期,就经济和环境特性而言,对其他一些进展缓慢的方法进行研究,将对乙醇生产全过程的改进作出贡献。这些方法可分为物理法、化学法、物理化学法和生物法。在以前的一篇综述中(Sánchez, Cardona 2008)和一篇众所周知的文献中(Sun, Cheng 2002),披露了这些步骤的一些细节。这些预处理方法的主要特征归纳在表 16.2中。

表 16.2 木质纤维素生物质的不同预处理方法的主要特征

方法		原理	进一步的纤维素转化率,%	半纤维素降解,%	木质素降解/溶解作用	抑制剂的生成	评价	参考文献
物理方法	机械粉碎	减小生物质颗粒的尺寸	50~60		否	否	能耗非常高;减少纤维素的结晶度	Alvo, Belkacemi (1997)
	热解	无氧热处理		是	否	主要是酚类、苯、呋喃、糠醛衍生物和含氧化合物	>300℃;生成易挥发产品和焦炭	Khiyami et al (2005)
物理化学方法	蒸汽爆破	用饱和蒸汽进行热处理并伴随后续减压过程	高达 90	80~100	否	是,大部分是糠醛	160~290℃, p=0.69~4.85MPa;高固体负荷(>50%);从生物质催化过程释放酸;添加 H_2SO_4、SO_2 或 CO_2 可改进进一步酶水解的效率;硬木	Ballesteros et al (2004); Hamelinck et al(2005)
	高温液态水(LHW)	加压热水	>90	80~100	20%~50%木质素溶解	没有或很低	170~230℃, p>5MPa;低固体负荷(<20%)	Laser et al(2002)
	氨纤维爆破	在一定压力下的氨处理并伴随后续减压过程	50~90	0~60	10%~20%木质素溶解	没有或很低	90~130℃, p=1.12~4.48MPa	Dale et al(1996); Gao et al(2010)
	CO_2 爆破	在一定压力下的 CO_2 处理并伴随后续减压过程	>75	是	否	否	高达 200℃, p=5.62MPa	Agbor et al(2011); Menon, Rao(2012); Sun, Cheng(2002)
化学方法	臭氧分解	用臭氧处理	>57		是	否	20~25℃, p=0.1MPa;硬木和软木	Sun, Cheng(2002)
	稀酸水解	在中压和高温条件下用稀酸处理		80~100	否	是	120~200℃, p=1MPa;0.75%~5.0%的 H_2SO_4、HCl 或 HNO_3;高达 40%的固体负荷;硬木,草本生物质	Hamelinck et al (2005)
	浓酸水解	高压下用浓酸处理		约 100		是(葡萄糖降解产品)	170~190℃, p=0.1MPa;10%~30% H_2SO_4;高固体负荷;需要回收酸;市政固态废弃物	Cuzens, Miller(1997)

续表

方法		原理	进一步的纤维素转化率,%	半纤维素降解,%	木质素降解/溶解作用	抑制剂的生成	评价	参考文献
化学方法	碱水解	在中压条件下用碱处理	>65	>50	24%~55%的木质素脱除	低	60~120℃,p=0.1MPa;NaOH,$Ca(OH)_2$;硬木	Kaar,Holtzapple(2000)
	微波/射频辅助碱预处理	用微波或射频对预浸在碱溶液中的生物质进行电介质加热	50~60(微波)/68(射频)		约100%(微波)/75%(射频)木质素脱除		190℃(微波)/90℃(射频),p=0.1MPa;0.1~0.2g碱/g生物质;2.45GHz(微波)/27.12MHz(射频);10%~50%固体负荷	Hu,Wen(2008);Hu et al(2008)
	氧化脱木质素	用过氧化物酶和H_2O_2	95	约100	50%木质素溶解		20℃,p=0.1MPa;2%H_2O_2	Sun,Cheng(2002)
	湿法氧化	在压力和水条件下用氧处理			是	是	195℃,p_{O_2}=1.2MPa;少量Na_2CO_3或H_2SO_4;高固体负载量	Varga et al(2004)
	有机溶剂处理	用有机溶剂处理		约100	约100%木质素溶解	是	100~250℃,p=0.1MPa;甲醇、乙醇、丙酮、乙二醇;需要回收溶剂;硬木和软木	Agbor et al(2011);Pan et al(2005)
	SPORL①	用亚硫酸钠或硫磺酸的稀溶液处理		64~100	高达40%的木质素脱除	是,主要是糠醛和羟甲基糠醛	180℃,p=0.1MPa;液体与生物质的比例为3:1	Zhu et al(2010)
	用离子液体预处理	选择合适的离子液体溶解生物质,然后添加反溶剂,沉淀不含木质素的预处理生物质	75~90	是	32%~94%木质素溶解	低	120℃,p=0.1MPa;阳离子为烷基甲基咪唑、烷基甲基吡啶;阴离子为乙酸盐、烷基磷酸盐	Tan,Lee(2012);Weerachanchai et al(2012)
生物方法	真菌预处理	将褐腐真菌、白腐真菌和软腐真菌用于生物质颗粒的固态培养			是	不	30℃,p=0.1MPa;慢过程(3~5周);真菌产生纤维素酶、木聚糖酶和木质素酶	Tengerdy,Szakacs(2003);Wang et al(2012)
	生物有机溶剂预处理	真菌分解木质素网状结构,然后用乙醇处理		90~100	部分木质素降解	不	30℃(培养),140~200℃(醇解),p=0.1MPa	Itoh et al(2003)

① SPORL是指克服木质纤维素顽抗的亚硫酸盐预处理。

大多数关于源自生物质的乙醇生产的报道,包括用稀酸预处理、蒸汽爆破、氨纤维爆破(AFEX)、碱预处理和有机溶剂处理。前两种预处理方法具有一定相似性,都是在中压(或高压)和酸性条件下进行的(蒸汽爆破释放乙酸或通过添加硫酸改进)。这使纤维素更容易进行下一步酶水解,允许生成源于半纤维素的戊糖和己糖。一般认为,蒸汽爆破法是对软木最有效的处理方法,而稀酸水解法显示出对半纤维素衍生糖具有较高的回收率(Lynd 1996;Sánchez,Cardona 2008)。蒸汽爆破是很昂贵的方法,因为需要抵销过程产生的气流。这两种方法都释放出对发酵微生物具有潜在毒性的物质。AFEX 是领先的预处理技术之一,不像其他预处理方法,它能明显增加酶的消化能力,而没有通过物理法从生物质中剥离半纤维素和木质素(Gao et al 2010)。虽然 AFEX 生成较低水平的抑制剂和损失较少的木质素,但是它需要添加木聚糖酶降解剩余的半纤维素(Lau et al 2009)。上面提及的后两种预处理方法是化学方法,不需要高压,导致纤维素结晶度大幅降低,并具有降解木质素的显著效果(尤其在有机溶剂处理中)。碱预处理法具有吸引力的主要特征是简单,但是就进一步的纤维素转化而言,它的效率较低。采用有机溶剂法非常适合具有高木质素含量的木质纤维素材料(如软木),但是它的主要缺点是必须回收有机溶剂,有机溶剂的回收增加了全过程的成本。毫无疑问,木质素的分离、溶解或降解是十分令人向往的,因为它能改变或限制在接下来的过程中纤维素酶对纤维素的约束。考虑到生物质制乙醇过程的挑战之一是增加这些昂贵的酶的比活力,允许生物质分离(分离纤维素和木质素,水解半纤维素)的方法非常具有吸引力。但是,在证明这些操作有成本效益时,这些工艺的开发水平仍然不成熟。可替代的一种选择是将两种(或更多)预处理方法结合起来。以这样的方式,通过第一个预处理步骤破坏木质素基质,增加无定形纤维素的浓度,降解半纤维素,回收有价值的糖;然后,通过第二种预处理方法分离和降解木质素。例如,沙巴兹(Shahbazi 2005)建议了一个包含蒸汽爆破和碱脱木质素的连贯分离方案,预处理软木后可获得几种产品:萃取物、纤维素、木质素和可溶性半纤维素。

用高温液态水(LHW)的预处理是优势最突出的在中期内(10~15 年)可达到的方法之一。拉泽(Laser 2002)指出,该方法可以与稀酸预处理方法相媲美,而且处理过程中没有产生酸或中和废弃物。在优化条件下,LHW 提高了戊糖的回收率,并且没有产生抑制剂。然而,LHW 允许的固体负荷比蒸汽爆破小许多,通常蒸汽爆破允许的固体负荷大于 50%。

最近,正在开发几种相对新颖的预处理方法。利用离子液体的预处理提供了一些明显的优势。在温和的温度和常压条件下,它们具有溶解木质纤维素生物质的能力。离子液体的性质,诸如萃取容量、低熔点、不挥发、高极性、环境友好以及充当酸、碱、络合基或其他物质的功能化的巨大可能性,使得它们非常适合萃取木质素,溶解出现在生物质中的糖(大部分纤维素)并降低生物质的结晶度(Weerachanchai et al 2012)。当使用离子液体预处理时,离子液体充当溶剂溶解纤维素、木质素或两种生物聚合体,使木质素和半纤维素形成的屏蔽破裂。当溶解的纤维素通过后续的重新使用步骤获得再生时,离子液体也能改变纤维素的晶体结构。通过添加抗溶剂(如水、甲醇、乙醇和丙酮),溶解的纤维素从离子液体中沉淀出来,完成纤维素晶体结构的改变(Tan,Lee 2012)。因此,这样产生的预处理生物质本质上更容易克服生物质的抗性而更易进行酶水解。

在推荐的新颖的预处理方法中,应该重视将微波或射频与碱预处理结合的方法。在这种情况下,双电加热(微波或射频)利用了一些化合物具有将电磁能转化为热的能力。当生物质被双电加热处理时,极性较强的部分将吸收更多的能量,从而在非均匀材料中产生"热点"。这种类型的加热可以产生颗粒间的爆破效应,改进了对生物质顽固结构的破坏(Hu et al 2008)。开发预处理方法的其他努力指向了电解还原水的应用,在低 pH 值下它具有强烈的氧化能力,而在高 pH 值下它具有还原的潜力。为脱除木质素和半纤维素,同时使抑制剂的生成量最少,如果结合其他方法(如弱碱预处理),采用电解还原水可以允许进一步的纤维素转化,转化率高达 95%(Wang et al 2010)。其他克服木质纤维素抗性的新的预处理方法,诸如亚硫酸盐预处理(SPORL),也显示了突出的特性(见表 16.2)。

真菌预处理是一种改进木质纤维素的消化和发酵的低成本选项,虽然它的主要缺点是处理过程时间较长和真菌消耗部分糖,否则这些糖可以在发酵步骤转换为乙醇。尤其是白腐真菌[如采绒革盖菌(*Coriolus versicolor*)]具有降解生物质中的木质素的能力,这有利于后续的纤维素水解和葡萄糖发酵。如果生物预处理后面衔接其他步骤(如 LHW),全过程的效率就能够明显增加。王等(Wang et al 2012)证实,这个预处理方法在衔接采用商品纤维素酶的水解步骤时,获得了高的半纤维素脱除率和明显增加的葡萄糖产率。如果真菌预处理通过衔接其他温和的预处理方法来完成,能明显减少全过程的时间。例如,余等(Yu et al 2009)将化学预处理(2% H_2O_2 处理 48h)和白平菇(*Pleorotus ostreatus*)的固态培养基消化相结合,可将生物预处理的时间从 60d 缩短为 18d。笔者指出,预处理效率的增加可能是第一个预处理步骤对生物质结构的破坏。应该注意,在白腐真菌产生纤维素酶的同时,还产生了其他有价值的生物产品,例如具有生物活性的多聚糖(Montoya et al 2011a,b)。

16.2.2 生物质水解液的脱毒

在预处理步骤以后，木质纤维素复合体高度分解，纤维素结晶度降低，木质素和纤维素相互分离，半纤维素大部分降解。产生的生物质浆料分成固体部分和液体部分，固体部分含有纤维素和木质素，而液体部分则含有包括半纤维素水解产品在内的可溶性化合物。预处理效率的一个指标是糖的回收率，包括释放的木糖、果胶糖、甘露糖和其他衍生自半纤维素的糖的量。考虑到水解液中存在一些酵母和其他的微生物，包含在半纤维素水解液中的糖是有价值的，这些酵母和其他微生物能消化这些糖来合成乙醇。以这种途径生产的乙醇添加到传统工艺生产的乙醇中，可以改进生物质制乙醇全过程的效率，在传统乙醇生产中利用纤维素水解释放出来的葡萄糖发酵生产乙醇。然而，作为预处理过程中化学剂、高温、高压的作用，会生成一些降解产品，这些降解产物和来自生物质自身的提取物一同保留在半纤维素水解液中。例如，在高于 120℃的温度下，生成了木糖降解产品的糠醛。另外，根据不同的预处理方法，木质素能部分降解，在半纤维素水解液中可能生成酚类化合物。如果这种水解液用做产乙醇的发酵(在戊糖发酵中，见图16.1)的培养介质，所有这些化合物对消化戊糖的微生物都具有潜在的毒性。作为一种选择，为获得葡萄糖，预处理后获得的所有浆料都能直接用于纤维素水解步骤。因此，从半纤维素降解和纤维素水解(生物质水解液)得来的所有糖，此时可通过特殊微生物的发酵来消化己糖(大部分葡萄糖)和戊糖(大部分木糖)变成乙醇，如同下面将要讨论的那样。无论如何，有毒化合物出现在这种生物质水解液中，会降低发酵步骤的效率。基于该原因，两个可替换的过程都需要脱毒步骤。

在源自木质纤维素生物质的燃料乙醇生产的框架中，推荐了几个脱毒方法。根据预处理的情况，这些方法可以分为物理法、化学法和生物法(见表 16.3)。碱脱毒是应用最多的脱毒方法，尤其是使用 $Ca(OH)_2$(过碱化处理)。当添加碱达到很高的 pH 值时，会导致大量由钙盐组成的沉淀的生成，这些钙盐会夹带抑制性的化合物或引起它们的沉淀。另外，许多抑制剂在 pH 值高于 9 时是不稳定的。一般认为，碱处理是最好的脱毒步骤之一，尤其是当生物质水解液采用稀酸法进行预处理时，因为其中高含量的物质，诸如呋喃醛和酚类化合物可以通过这种方法脱除，从而改善处理后液体介质的发酵能力(Persson et al 2002)。然而，由于该方法添加石灰后实施中和步骤，需要通过过滤步骤去除沉淀。

发酵微生物(如酵母)具有天然减少呋喃醛的能力，避免了这类物质对产乙醇的抑制性。这种在发酵罐中直接将抑制剂转化成具有较少抑制性化合物的生物转化称为原位脱毒。无论如何，通过酿酒酵母(*Saccharomyces cerevisiae*)减少糠醛，已经与诸如对增加 NADH 消耗、减缓生长、降低乙醇产率、乙醛毒性水平累积的影响联系起来(Alriksson et al 2011)。因此,糠醛的原位生物脱毒,可能代表了一种典型的抑制发酵。尤其是有人提出, 在采用产乙醇的大肠杆菌(*Escherichia coli*)的情况下,通过糠醛抑制的主要原因是它的还原过程,而不是它的直接抑制作用(Miller et al 2009)。埃里克森等(Alriksson et al 2011)提出了一个新颖的脱毒方法,为完成抑制剂(如糠醛)的原位还原,直接将还原剂(如连二亚硫酸钠或亚硫酸钠)添加到发酵罐中。通过这种方法,发酵效率能明显增加,乙醇产率能达到高于参考文献中基于不含抑制剂的葡萄糖和甘露糖介质发酵的数值。

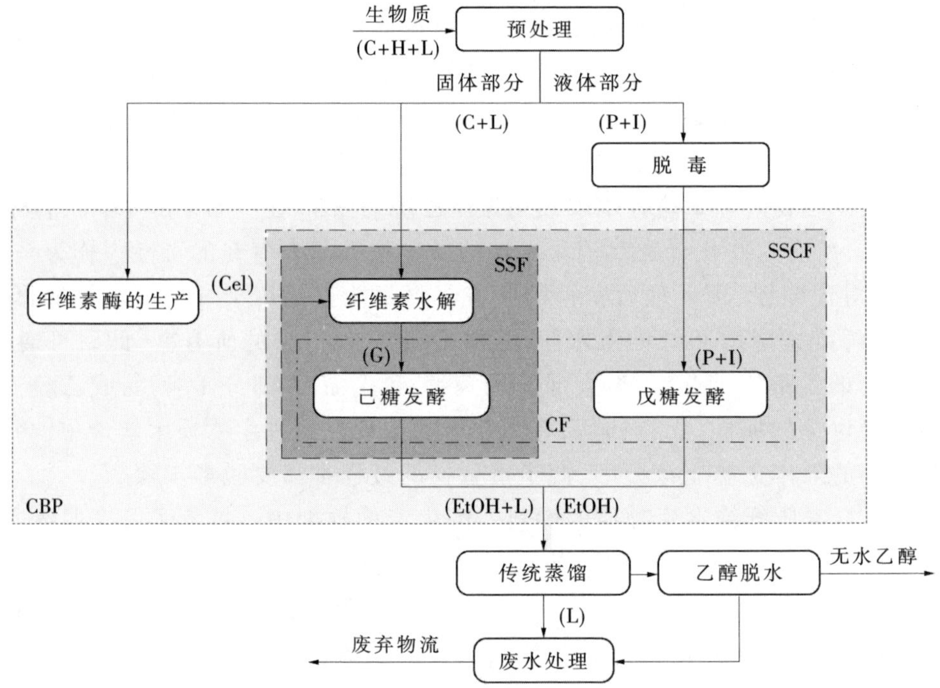

图 16.1 从木质纤维素生产燃料乙醇的全过程示意图,表明了反应-反应一体化的可能性(CF 为共发酵,SSF 为同步糖化发酵,SSCF 为同步糖化共发酵,CBP 为联合生物工艺,C 为纤维素,H 为半纤维素,L 为木质素,Cel 为纤维素酶,G 为葡萄糖,P 为戊糖,I 为抑制剂,EtOH 为乙醇)(Cardona,Sánchez 2007)

16.2.3 纤维素水解

纤维素是木质纤维素生物质中用于生产乙醇的可发酵糖的主要来源。在预处理和脱毒步骤之后,纤维素已经从木质纤维素复合体中分离出来,并且无定形的含量增加了。因此，该生物聚合物已经可以进行水解转化为葡萄糖单元或直接转化为乙醇。遗憾的是，目前两种最有可能用于大规模工业化生产生物乙醇的微生物——酿酒酵母(*S. cerevisiae*)和运动发酵单胞菌(*Zymomonas mobilis*)不能消化纤维素。因此，推荐的几乎所有从木质纤维素生产乙醇的过程设计，都包含纤维素水解步骤。这个步骤可以通过强酸或纤维素酶来实施。前一种方法可采用稀或浓的强酸（如硫酸或盐酸）进行纤维素水解。通过稀酸催化的纤维素水解是在 200~240℃和 1.5%的酸浓度的条件下进行的，并且带来葡萄糖的部分降解，葡萄糖部分降解为羟甲基糠醛(HMF)和其他不希望得到的产品。采用浓酸催化的纤维素水解(例如 30%~70%的 H_2SO_4)，在相对较短的时间范围内(10~12h)表现出较高的葡萄糖产率(大约 90%)，但是需要回收酸(Sánchez，Cardona 2008)。酸回收明显增加了水解过程的成本。

已经证明，使用纤维素酶可以获得较好的后续发酵结果，因为没有生成源自葡萄糖的降解产品。然而，与酸催化的水解反应相比，纤维素酶催化的过程较慢。实际上，在源自生物质的燃料乙醇生产过程中，使用了复杂的纤维素降解产品。这些产品包含了几种类型的纤维素酶，它们各自采用不同的机理作用于纤维素。一般来说，商品纤维素分解产品是使用葡萄糖或木质纤维素材料为原料，通过里氏木霉(*Trichoderma reesei*)的浸泡式有氧发酵获得。这种真菌释放出纤维素酶的混合物，其中至少可以发现 2 种纤维二糖水解酶、5 种内切葡聚糖酶以及 β-葡糖苷酶和半纤维素酶(Zhang，Lynd 2004)。纤维二糖水解酶从纤维素链的非还原或还原末端打断 β-(1，4)键的结合，释放出纤维二糖或者甚至是葡萄糖，而内切葡聚糖酶随意水解这些在链内部相同的结合。纤维二糖水解酶的作用是使聚合度的逐渐降低，然而内切葡聚糖酶是使纤维素断裂成为较小的链，从而迅速减少聚合度。内切葡聚糖酶专门针对无定形纤维素起作用，而纤维二糖水解酶除了对无定形纤维素起作用外，也具有对结晶纤维素起作用的能力(Lynd et al 2002)。β-葡糖苷酶负责水解纤维二糖，1 个分子的纤维二糖通过纤维二糖水解酶的作用转化为 2 个分子的葡萄糖。这些酶的联合行动是协作的，导致纤维素转化为葡萄糖。在不溶的纤维素发生水解以前，纤维素酶应该被吸附在基质颗粒的表面。这些颗粒的三维结构结合它们的尺寸和形状，确定了 β-葡糖苷酶是否容易接受酶的“攻击”(Zhang，Lynd 2004)。这使得酶降解其他生物聚合物的水解过程较慢。相对来说，淀粉酶水解淀粉的速率比工业过程条件下纤维素酶水解纤维素的速率快 100 倍(Cardona et al 2010b)。对水解包含在木质纤维素材料中的纤维素而言，应该考虑的最重要的因素是反应时间、温度、pH 值、酶的量和基质负荷。

表 16.3 源自预处理步骤的半纤维素水解液的不同脱毒方法

方法		原理	评价	相对产率①,%	参考文献
物理方法	蒸发	脱除挥发性抑制剂	减少在不挥发馏分中的乙酸和酚类化合物	93	Palmqvist, Hahn-Hägerdal(2000)
	萃取	用有机溶剂脱除抑制剂	乙醚、乙酸乙酯;有机相与水相之比为3:1	93	Cantarella et al(2004); Palmqvist, Hahn-Hägerdal(2000)
	吸附	抑制剂保留在吸附床上	活性炭,苯酚甲醛类离子交换树脂疏水性吸附剂;损失一部分糖类	90	Lee et al(2011); Weil et al(2002)
化学方法	中和	改变有毒化合物的溶解度,然后用膜过滤或吸附的方法脱除	$Ca(OH)_2$, CaO, NaOH, pH 值=6		Cantarella et al(2004); Yu, Zhang(2003)
	过碱化处理法	通过钙盐沉淀夹带脱除有毒化合物(如石膏)	$Ca(OH)_2$, pH 值=9~10.5, 50℃;脱除大部分的糠醛、羟甲基糠醛、乙酸和部分酚类化合物;糖损失少	与参考的发酵法相当	Lin et al(2012); Palmqvist, Hahn-Hägerdal(2000); Sahaet al(2005)
	离子交换	树脂吸附抑制剂,用氨再生	Amberlyst勤 A20,聚(4-乙烯基吡啶);去除乙酸、糠醛和酚类化合物	与参考的发酵法相当	Wooley et al(1999b); Xie et al(2005)
	还原剂脱毒	通过发酵微生物,用还原剂改进呋喃醛的转化率	亚硫酸氢钠或亚硫酸盐;发酵过程中实施原位脱毒	>100	Alriksonet al(2011)
生物方法	酶脱毒	通过木质酶降解(氧化)酚类化合物	漆酶、木质过氧化物酶,30℃		Morenoet al(2012)
	微生物脱毒	细菌降解有毒化合物,而不利用糖类	50℃,芽孢杆菌属嗜热球菌(*Ureibacillus thermosphaericus*)	与过量石灰法相当	Okudaet al(2008)

① 将脱毒水解液发酵的乙醇产率与参考文献的发酵产率相比(100%),参考文献基于无抑制剂的葡萄糖基介质发酵。

纤维素酶的使用直接影响生物质制乙醇过程的总体成本。适用于乙醇工业的纤维素酶占源自木质纤维素材料的生物乙醇生产成本的 36%~45%。按照不同的评估(Mielenz 2001;Reith et al 2002;Sheehan,Himmel 1999),为了与源自淀粉材料的乙醇生产过程相竞争,源自生物质的乙醇生产过程需要减少 30%的投资成本,并且将纤维素酶的成本降低到目前的 1/10。这些分析证明,需要从以下方面改进纤维素酶的性能:增加热稳定性、改善对纤维素的约束、增加比活力、减少与木质素的非特异性的约束。尤其是增加纤维素酶的比活力,可能显著降低总成本。估计酶的比活力增加 10 倍,可导致每生产 1L 乙醇节约 15.85 美分的成本。增加比活力的策略是通过蛋白质工程或基因突变来增加活性位置的效率、增强酶的耐热性、改善纤维素晶体结构的降解、增强不同来源纤维素酶的协同作用、减少非特异性约束(Cardona et al 2010b;Sheehan,Himmel 1999)。

一般认为,纤维素酶的成本很高。目前可适用的纤维素酶的制备成本非常高,这限制了源自生物质的乙醇生产的商业实施。该成本可达到 16 美元/100000FPU(FPU 是指过滤纸单位,测量纤维素酶活性的方法)。张以恒等(Y.H.Percival Zhang et al 2006)报道,杰能科国际公司(Genencor International)和诺维信生物技术公司(Novozymes Biotech)开发了浸入式发酵工艺,可以将纤维素酶的成本从 1.43 美元/L 乙醇(5.40 美元/gal 乙醇)降低到大约 0.05 美元/L 乙醇(0.20 美元/gal 乙醇),从而大幅度降低纤维素酶的成本。纤维素酶成本的减少只有通过共同的努力才能达到,这有赖于酶生产的几个方面,包括从使用的原材料到生产微生物菌株的改良。使用更廉价的原材料和采用更经济的发酵策略(如固态发酵),能改善纤维素酶生产的经济性 (Sukumaran et al 2009)。按照丹吉尔迪和扎卡斯 (Tengerdy,Szakacs 2003) 引用的美国国家可再生能源试验室 (the National Renewable Energy Laboratory,NREL) 的初步评价,通过浸入式培养的原位纤维素酶生产的成本为 0.38 美元/100000FPU。因此,假设乙醇生产的总成本为 0.40 美元/L 乙醇(1.5 美元/gal),那么纤维素酶的成本占乙醇生产成本的 20%。另一方面,如上面引用的,这个工艺的商品纤维素酶的价格过高。相反,这些作者表明,通过谷物秸秆的固态发酵生产纤维素酶的成本将达到 0.15 美元/100000FPU,这将对应 0.03 美元/L 乙醇(0.12 美元/gal 乙醇),接近总成本的 8%。

燃料乙醇生产成本的减少也可以通过有效的糖化(水解)技术达到,这包括使用更有效的酶混合物和水解条件。目前木霉属(*Trichoderma*)真菌用于商品纤维素酶的生产,与其他纤维素酶相比,木霉属真菌产生了很少量的 β-葡糖苷酶。因为纤维二糖水解酶被纤维二糖抑制,为补充这种来自真菌的纤维素酶的作用,需

要添加其他来源的 β-葡糖苷酶。而且,通过 β-葡糖苷酶催化的反应产品葡萄糖会抑制水解反应。因此,酶催化水解反应的效率不能通过增加酶的加入量来改进,大部分添加用于糖化的酶处于未加利用状态。为此,源自黑曲霉(*Aspergillus niger*)的 β-葡糖苷酶的商业制备可作为补充。在寻求更经济的工艺中,开发了通过固态发酵的里氏木霉纤维素酶和黑曲霉 β-葡糖苷酶产品(Sukumaran et al 2009)。

一般来说,非络合纤维素酶体系(真菌纤维素酶)的纤维素酶工程的主要研究方向是每种纤维素酶的合理设计(蛋白质工程),这将基于对每种纤维素酶的结构和催化机理的认识。另外,研究人员们也努力瞄准了每种纤维素酶的直接进化,在随机的基因突变和/或分子重组以后,选择或屏蔽改良的酶或具有新功能的酶。直接进化的最大的优点是它无需掌握酶结构的知识以及酶与底物之间的相互作用。最后,研究趋势也将直接指向重构作用于不溶纤维素培养基的纤维素酶混合物(cocktails),产生了改进的水解速率或高的纤维素消化速率(Percival Zhang et al 2006)。

16.2.4 发酵步骤

在发酵步骤中,源自预处理和纤维素水解步骤的所有糖,通过一种或不同发酵微生物转化为乙醇。根据过程微生物消化的糖的类型和过程技术的布局,这里有几个选项可实施这个转化。

16.2.4.1 纤维素水解液的发酵

一旦纤维素已经水解,产生的含葡萄糖的物料将转化为乙醇。因此,使用酵母的传统发酵是用得最多的。这种情况下,发酵过程与采用淀粉材料为原料时,淀粉酶水解后获得的葡萄糖溶液的发酵相似。乙醇发酵是一个研究最多的生物过程。无论如何,提高乙醇生产效率的方法还包括使用替代原料,这导致具有更好的技术经济性和环境指标的新发酵方法的开发。传统上,乙醇发酵使用最多的微生物是酿酒酵母。然而,对于源自木质纤维素生物质的乙醇生产而言,有多种多样的过程微生物可以利用,例如发酵单胞菌属(*Zymomonas*)细菌、木糖消化酵母或嗜热梭菌。酿酒酵母通过糖酵解将己糖转化为丙酮酸盐,丙酮酸盐脱羧基获得乙醛,乙醛最终还原成乙醇。在厌氧条件下,每消耗 1mol 的己糖将产生 2mol 的三磷酸腺苷(ATP)。另外,这种微生物也具有通过酵母细胞的有氧呼吸将己糖转化为 CO_2 的能力,这有利于酵母细胞的产生。因此,对酵母的细胞生长和乙醇生产两者而言,充气是一个重要的因素。虽然这些酵母具有在厌氧的条件下生长的能力,对于合成脂肪酸和甾醇等物质而言,需要少量的氧气。在微量氧的条件下,通过乙醇减少了对酵母细胞生长的抑制,这与整体厌氧培养相关。已经证实,酿酒酵母提升了它对出现在木质纤维素水解液中的抑制剂的抵抗能力。在采取连续方式生产的情况下,增加这种抵抗力的一种方法是增加酵母细胞的停留时间,防止被洗出并保留高的酵母细胞密度。

有人推荐其他品种的酵母用于纤维素水解液的发酵,尤其是证明了耐热的克鲁维酵母(*Kluyveromyces marxianus*)具有在相对高的温度(如 40~45℃)下发酵葡萄糖的能力(Singh et al 1998)。考虑到比酿酒酵母高的乙醇产率和生长速率,运动发酵单胞菌是一种性能突出的产乙醇的微生物。这种细菌消化的基质物的“谱图”与酵母十分相似,包括葡萄糖、果糖、蔗糖和麦芽糖。

在经过洗涤的预处理生物质的固态部分进行酶水解以后,可获得纤维素水解液。纤维素水解液的发酵一般没有特别的困难,因为其中抑制剂的浓度很低。无论如何,与淀粉和糖类的发酵相比,水解后糖的浓度常常较低,典型的糖浓度接近但低于 70g/L(Brethauer,Wyman 2010)。这就解释了当固体浓缩物大于悬浮液总重的10%时,将固体悬浮液转移到纤维素酶水解的生物反应器中十分困难,并且抑制生成葡萄糖的纤维素酶也十分困难。因此,水解液物流可能需要浓缩以获得较高的浓度,但是操作成本也要相应增加。

水解液的发酵能分批或连续进行。在后一种情况下,为了保持高的细胞浓度,可能需要部分外排流的循环。无论如何,循环导致发酵罐中抑制剂的累积。因此,如果源自预处理步骤的全部浆料进入纤维素水解步骤和发酵步骤,则需要脱毒过程。

16.2.4.2 戊糖发酵

含大量的戊糖和己糖的脱毒半纤维素水解产物来自预处理步骤。木糖——一种戊糖,是与这种水解产物相关程度最大的糖。为了利用这股物料,可以利用同化木糖的酵母生产乙醇。但是在这种情况下,生物质利用率较低,因为这种微生物仅消化己糖。奥吉尔等(Ogier et al 1999)总结了关于大部分性能突出的消化戊糖的酵母的主要发酵指数信息,包括休哈塔假丝酵母(*Candida shehatae*)、树干毕赤酵母(*Pichia stipitis*)和嗜鞣管囊酵母(*Pachysolen tannophilus*)。大部分发酵戊糖的酵母是嗜温菌。戊糖发酵的主要挑战之一,在于微生物利用戊糖发酵的产率低于己糖发酵的产率。另一方面,在少数情况下,这些酵母的固定化增加了乙醇的产率(Chandrakant,Bisaria 1998),而不像己糖发酵酵母或运动发酵单胞菌的情况。通常,通过天然戊糖发酵微生物的戊糖的消化速率低于己糖的消化速率。例如,虽然树干毕赤酵母能天然发酵戊糖生成乙醇,但还是优先利用己糖,戊糖的摄取被己糖竞争性抑制。因此,戊糖发酵仅仅可能在非常低的葡萄糖浓度下发生。另外,戊糖发酵需要微嗜氧条件, 这在大规模体系难以保持, 甚至获得很低的产率

(Brethauer, Wyman 2010)。

一种差异性丝状真菌——印度毛霉菌(*Mucor indicus*)是优势突出的酿酒酵母的替代物,因为它具有木糖发酵的能力。它对人类是安全的,可以以可观的收率和产率从已糖生产乙醇。柏思德和怀曼(Brethauer, Wyman 2010)的研究证明了利用这种微生物实施源自生物质的乙醇连续生产过程的可能性。其他一些微生物能够同时消化已糖和戊糖,尤其是嗜热梭菌(*Thermophilic clostridia*)同样具有利用木糖合成乙醇的能力。奥吉尔等(Ogier et al 1999)也总结了关于木糖消化嗜热细菌[嗜热化糖梭状芽胞杆菌(*Clostridium thermosaccharolyticum*)、嗜热厌氧乙醇菌(*Thermoanaerobacter ethanolicus*)和嗜热脂肪芽胞杆菌(*Bacillus stearothermophilus*)]的发酵指数的信息。林德等(Lynd et al 2001)报道,在木糖基介质中,通过嗜热化糖梭状芽胞杆菌的分批培养和连续培养,获得了低浓度(大约 25g/L)的乙醇。这些研究者在渐进的较高木糖进料浓度下,研究了限制基质利用的不同因素对连续培养的影响。

16.2.4.3 木质纤维素水解液的共发酵

共发酵(又称混合发酵、混菌发酵)过程的目的是使用两个或更多可竞争的微生物混合物,通过微生物细胞完全消化源自木质纤维素降解的所有糖。采用的微生物具有消化出现在介质中所有已糖和戊糖的能力,这意味着发酵是通过混合培养来实现。然而,采用混合培养所面临问题在于,仅利用已糖的微生物比利用戊糖的微生物生长得要快,这导致已糖到乙醇的转化率大幅度提高(Cardona, Sánchez 2007)。为解决这个问题,建议采用已糖发酵微生物的呼吸突变。考虑到与快速已糖发酵酵母同时培养时戊糖发酵微生物生长非常缓慢,通过这种方法,它们的发酵和生长活性增加。考虑到仅用在生物质水解液中生长的葡萄糖消化细菌(运动发酵单胞菌)的过程指标,混合培养的产率低于那些细菌的产率,但是该产率还是比较可观的,这提供了进一步研究的空间(Delgenes et al 1996)。由这种设计引起的一个额外问题是戊糖发酵酵母表现较大的乙醇抑制性,这限制了浓缩基质在这个体系的应用(Cardona et al 2010b)。

共发酵的另一种变化是在允许高的已糖和戊糖的转化率和乙醇产率的优化方法下,利用能够同时消化已糖和戊糖的单个微生物。虽然在自然界存在这些微生物,但是它们的效率和乙醇转化率在实施工业过程时会减少。因此,有人建议将酶添加到培养基介质中,将木糖转化为木糖异构化酶。通过这种方法,表现出较高的乙醇转化率和乙醇产率的微生物(类似酿酒酵母)能消化木糖,这包含它通过新陈代谢产生乙醇的途径。另一方面,通过基因修饰适合乙醇发酵的酵母或细菌,可以获得较高的乙醇转化率。为达到这个目的,最普通的基因修饰微生物是酿酒酵母和运动发酵单胞菌。有文献介绍了它们消化戊糖的基因编码。基因修饰的另一个途径是引入具有以自然状态发酵戊糖和已糖能力的微生物的乙醇生产基因来编译新陈代谢途径。产乙醇细菌的设计,例如大肠杆菌(*E. coli*)或产酸克雷伯菌(*Klebsiella oxytoca*),就是这种类型途径的一些实例。采用这些重组微生物,允许实施倾向于更彻底利用从木质素生物质水解液中获得的糖的共发酵过程(Cardona,Sánchez 2007)。

16.2.5 乙醇回收和脱水过程

采用不同技术配置的和来自不同原料类型的乙醇回收以非常相似的方法完成。发酵罐中源自发酵过程的乙醇含量在 2.5%~10%之间波动。用做含氧汽油的燃料乙醇需要使用高纯度的乙醇,因此有必要将乙醇浓缩到 99.5%,获得无水乙醇,它适用于配制乙醇–汽油混合物。乙醇回收方案的第一步是浓缩培养液中的乙醇。这个过程在蒸馏塔(提浓塔)中进行,获得的乙醇浓度大约 50%。产品以侧流的形式从蒸馏塔中取出。顶部蒸汽含有大多数的 CO_2(大约 84%)、大量乙醇(12%)和少量的水。接下来的步骤是精馏这股浓缩物料,以便获得含 90%~92%乙醇组分的产品,这个产品的乙醇组分接近乙醇和水的共沸混合物(95.6%)。为了从含 90~92%乙醇的物料中获得 99.5%或更高的乙醇纯度,采用非传统的分离操作(如变压精馏、共沸精馏、萃取蒸馏、吸附和渗透蒸发等)是必要的。所有这些操作已经在燃料乙醇工业实现了工业应用(Cardona et al 2010b)。

吸附是目前用于生物燃料工业乙醇脱水的最重要的单元操作之一。在这个操作中,乙醇–水混合物通过具有吸附剂材料床的圆柱形设备。由于对水和乙醇分子与吸附剂亲和力的差别,前者被捕捉在固定床上,而乙醇通过固定床并提高了它在物料中的浓度,离开设备。最近几年,用分子筛吸附水制无水乙醇在燃料乙醇工业中获得了较大的发展。事实上,这个技术已经取代了共沸蒸馏(Cardona et al 2009)。

吸附操作要求,一旦吸附床被水饱和后需要从吸附床脱除水,脱附完成后应该使吸附材料可以再利用(再生循环)。为再生分子筛,需要热气,这会使吸附剂床层迅速变质,尤其是在以前的水吸附循环中,固定床用液体物料进料时。为避免这种变质情况,开发了变压吸附(PSA)技术。这种技术涉及两个吸附床的使用。当一个吸附床在一定压力下产生无水乙醇过热蒸汽时,另一个在真空条件下循环少量过热乙醇蒸汽通过饱和分子筛实现再生。体系进料用来自精馏塔的顶部蒸汽实施。再生循环中获得的乙醇蒸汽,含有 28%的水,进入精馏柱中进行再循环(Montoya et al 2005;Wooley et al 1999b)。采用这种方法分子筛寿命能延长几年,而更换吸附材料的成本非常低,因此降低了操作成本(Guan,Hu 2003;Madson,Monceaux 1995)。在使用分子筛吸附的情况下,乙醇回收和脱水的流程如图 16.2 所示。

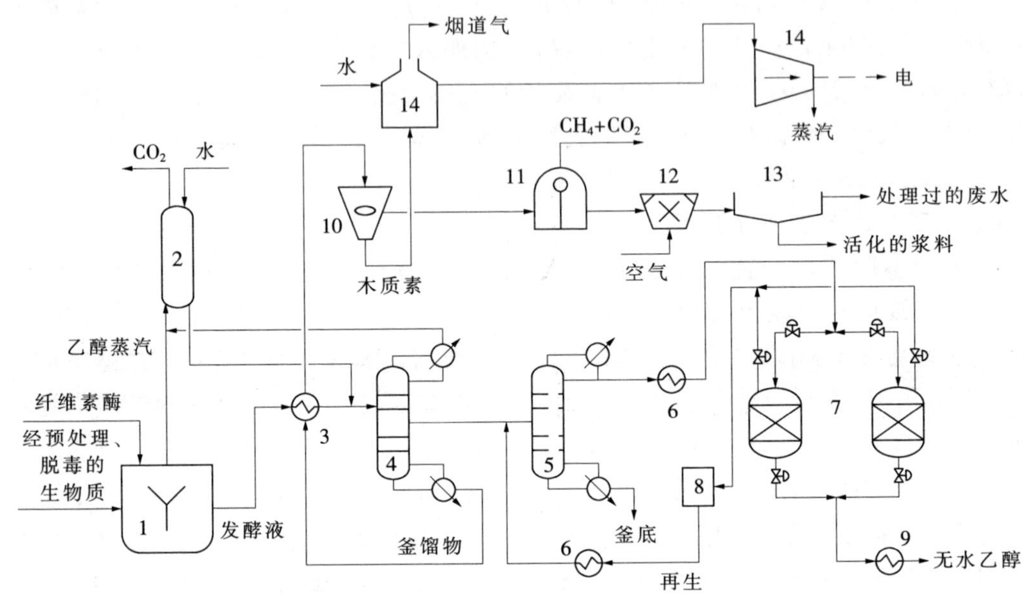

图 16.2 从木质纤维素生产乙醇的产品浓缩、分子筛脱水、废水处理步骤的流程图

1—SSCF 生化反应器;2—回收乙醇蒸汽的洗涤器;3—预热器;4—提浓塔;5—精馏塔;6—热交换器;7—分子筛;8—再生罐;9—产品冷却器;10—离心机;11—厌氧消解反应器;12—扰动浆料罐;13—澄清器;14—锅炉/燃烧器

16.2.6 废料处理

采用自纤维素生物质生产燃料乙醇将产生固体废弃物、气体排放物和液体废弃物。大部分气体排放物主要是从发酵罐或一体化生物反应器气体出口排出的蒸汽,它进入洗涤器中用水洗涤,目的是回收挥发性的乙醇(见图 16.2)。从洗涤器离开的气体主要含有二氧化碳(CO_2),这些 CO_2 最后释放到大气中。CO_2 能用于生产干冰或饮料。但是,如果这些气体不进行利用,它们将被算作乙醇生产工厂对环境的影响(Cardona et al 2010b)。关于此事,需要强调的是,考虑到植物生物质在它的生长过程中已经固定了 CO_2,而这些 CO_2 是燃料乙醇在发动机上燃烧释放出来的,生物乙醇实际上产生的 CO_2 净排放接近于零。相比之下,矿物燃料的燃烧却是将植物在数百万年以前固定的大量 CO_2 释放到大气中。

在生产燃料乙醇过程中生成的固体废弃物与乙醇生产采用的原材料密切相关。木质纤维素乙醇生产过程产生的木质素是主要的固体残留物。如果采用一些预处理方法,例如用溶剂预处理(有机溶剂过程)或氧化脱木质素法,该聚合物能在预处理步骤中分离出来(在后面的图中考虑了这个事实)。无论如何,大部分预处理方法允许木质素和纤维素一起保留在这个工艺步骤的固体部分。在使用纤维素酶进行酶水解以后,木质素保留在液体悬浮液中直到工艺的最后,它能从釜馏物中回收(见图 16.2)。木质素具有高热值(25.4MJ/kg),因此它可用做锅炉或热电联产的固体燃料。

对于乙醇生产的所有工艺流程而言,釜馏物是包括糖或碳水化合物聚合物等物料的沉淀发酵的主要废料。从发酵麦汁(酒)蒸馏乙醇后残留的釜馏物液体,含有固体和可溶解的物质。准确地说,高有机物含量的釜馏物将会造成高污染,因此这股流体应该加以处理,并且在排放到水域中时,将它对环境的影响降低到最小。由于釜馏物中有机物质含量升高, 它的处理和经济利用方法应该在工业中实施。在最常用的釜馏物处理方法中,冲洗、循环、蒸发、焚烧、厌氧消解和制成堆肥应该受到高度重视。在其他地方讨论过的一些新的处理方法,则允许利用釜馏物来生产高附加值的产品(Cardona et al 2010b)。通过应用过程体系工程工具(如过程集成),卡尔多纳等(Cardona et al 2006)评论了几种处理生物质乙醇生产过程中产生的釜馏物的方法。获得的结论显示,最好的选择是首先对釜馏物进行离心处理;对于从釜馏物中分离出的固体物质,在热电联产单元焚烧以生产电力和蒸汽;对分离出的稀釜馏物进行厌氧消解,然后衔接有氧生物处理步骤。图 16.2 中示意性地描述了这个布局。图中建议的稀釜馏物的处理与 Merrick & Company 建议的处理方案是一致的(1998)。

16.3 来源于生物质的乙醇生产的工艺集成

通过化学和生物技术过程的改进,工艺集成(联合工艺)对工业操作提供了很大潜力。如果考虑工艺集成的很多方法,可以对提高许多工业操作的能效性作出贡献。这种可能性得到了人们的认可,详细情况可参考以前的文献(Cardona et al 2008)。工艺集成作为过程强化的工具,是设计改进的燃料乙醇生产技术配置的成功途径,能降低乙醇的生产成本。考虑使用液体生物燃料(如乙醇)的主要目标是逐渐替代化石燃料,对于地球上巨大的生物质资源和清洁的可再生能源利用的可持续开发非常重要。

16.3.1 反应–反应集成

人们对工艺集成越来越感兴趣,主要是由于它应用于生物乙醇生产上的各种优点:减少能耗、减少过程单元的尺寸和数量、强化生物过程和下游过程、改善全过程的环境性能等等。例如,在同一个独立单元中,酶水解和微生物转化的结合导致负面影响的减少，这归因于酶催化的反应产品对酶的抑制。这种情况对应于反应–反应集成类型。在源自木质纤维素生物质的乙醇生产过程中，存在不同的反应–反应集成的可能性(见图 16.1)。这种类型的集成主要包括水解纤维素的酶反应与微生物将生成的糖转化为乙醇的结合。

为揭示生物质制乙醇过程框架中工艺集成的可能性，有必要明确基本的非集成设计，即单独水解和发酵的主要特征；然后，简要描述不同的工艺集成选项。

16.3.1.1 单独水解和发酵

建议的生物乙醇生产的起始布局，包含纤维素水解和后续酶催化过程释放出的葡萄糖的发酵。这样的布局称为单独的水解和发酵(SHF)，具有连贯的特性。SHF的主要特征是每一个步骤都能在最佳的操作条件下进行 (例如，纤维素水解在50℃和 pH 值为 4.5 的条件下进行，酵母发酵在 32℃和 pH 值为 4~5 的条件下进行)。SHF 是最有可能在半工业化示范装置或工业规模的工厂实施的技术。事实上，已知的大部分源自木质纤维素的生物乙醇生产示范装置采用了这种技术。例如，阿文戈亚生物能源(Abengoa Bioenergy)公司在美国内布拉斯加州约克(York)开发了采用 SHF 技术的试验规模装置，该技术在位于西班牙塞拉曼加(Salamanca)的示范装置上得到了验证。这家工厂连续运行了 5000h，从谷类秸杆和草本生物质中每年生产出 5ML 乙醇。该工厂是世界上现有的最大的生产第二代生物乙醇的示范工厂。这家工厂宣布已经开始在美国堪萨斯州的雨果顿(Hugoton)建造第一套商业装置，每年将用玉米秸秆、麦秆和柳枝稷生产 100ML 的生物乙醇燃料(Abengoa 2011)。

从生物质通过 SHF 生产乙醇的主要选项如图 16.3 所示。应该注意的是，如果为了获得含纤维素(和木质素)的固体物料，然后用纤维素酶将纤维素转化成葡萄糖，对预处理的生物质进行了彻底的水洗，则不需要脱毒。尽管几家公司正在为乙醇工厂开发新的和更加有效的纤维素酶，但是酶的费用仍然升高了，因此推荐的大部分设计包含了在同一家乙醇生产工厂生产所需要的纤维素酶(原位纤维素酶生产)。基于该原因，将部分预处理的生物质转为深层好氧发酵。在这里，真菌细胞利用预处理的生物质合成细胞外纤维素酶。然而，这个方案没有利用从预处理过程释放的糖，这毫无疑问降低了全过程的转化率和最终的乙醇产率。

为提高生物质制乙醇的转化率，应该利用来自半纤维素降解的糖。为此，木糖发酵微生物，例如耐乙醇菌株(*C. shehatae*)或树干酵母(*P. stipitis*)，可用于从木质纤维素水解液生产乙醇(这个过程被称为戊糖发酵，见图 16.3)；同时，传统的酵母用于衍生自纤维素水解的葡萄糖的发酵(已糖发酵)。在这种情况下，戊糖发酵能在单独的单元中与葡萄糖发酵平行进行,或在葡萄糖发酵后进行。在后者方案中,来源于己糖发酵的乙醇应该从发酵液中脱除,以便减少对于木糖消化酵母生长率的终产物抑制效应。木糖消化酵母对乙醇十分敏感,而不是对葡萄糖消化酵母或细菌敏感。另外,当来自预处理的全部浆料进入纤维素水解和两个发酵步骤时,需要脱毒步骤。这个浆料中含有毒化合物,即使水将酶稀释,这些有毒化合物不仅抑制发酵微生物的生长,而且会抑制利用纤维素生产葡萄糖的酶。

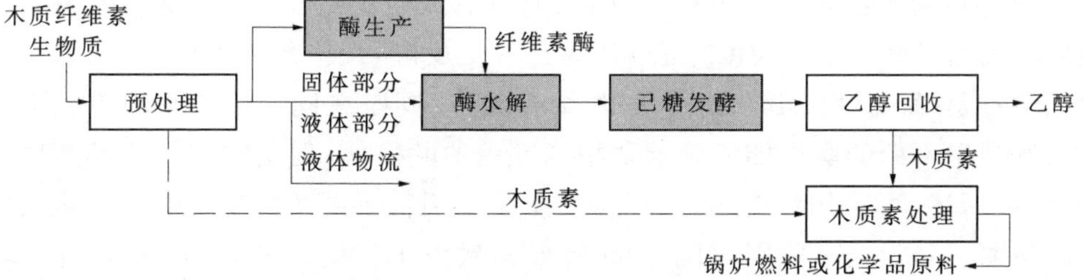

(a) 不利用半纤维素酶衍生戊糖的 SHF 过程

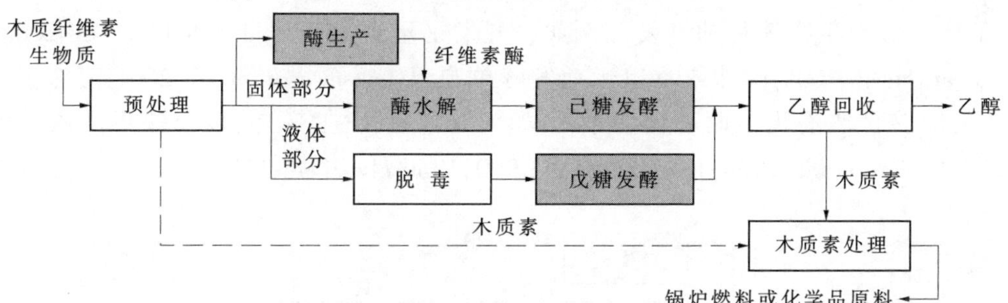

(b) 戊糖和己糖发酵并联进行的 SHF 过程

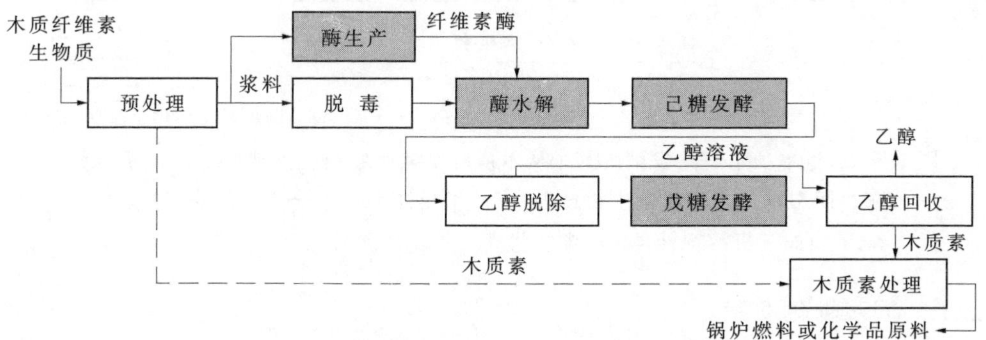

(c) 在己糖发酵后再进行戊糖发酵的 SHF 过程

图 16.3 从木质纤维素生物质通过单独的水解和发酵(SHF)生产燃料乙醇的技术选择(灰色阴影框代表酶或微生物过程;当使用允许生物质分离的预处理方法(如有机溶剂处理)时,虚线代表一种木质素可选择的来源)

取决于预处理方法,木质素可以在这个步骤回收(例如有机溶剂处理),或保留在乙醇回收蒸馏塔的釜馏物中。因此,木质素能通过离心从釜馏物中分离出来,或者在锅炉中燃烧产生全过程需要的蒸汽。作为选择,木质素可作为生产各种化学品的原料或类似活性炭的吸附剂。

16.3.1.2 单独水解共发酵

第一个基础工艺是在一个单独的发酵罐中同时转化戊糖和己糖 (见图 16.4)。这个过程可称为单独水解共发酵(SHCF),它具有成本低的优点,主要是因为不需要额外的戊糖发酵容器。SHCF 可以认为是一个反应–反应集成的例子,因为两个生物化学过程(葡萄糖发酵和木糖发酵)结合起来,同时在同一个单独的单元中进行。虽然利用木糖的酵母能实施葡萄糖和木糖的共发酵,但是它们的乙醇产率很低。如前文所述,可采用混合菌种,但是产生了与两种不同微生物发酵的优化条件有关的问题。基于这个原因,目前的研究倾向致力于利用重组 DNA 技术,开发具有消化两种类型糖的能力并能增加乙醇产率的微生物。许多工作报道了这种特殊的生产乙醇微生物菌种的开发。例如, 开发了重组酿酒酵母 (Hong et al 2003;Zaldivar et al 2005)菌株或重组运动发酵单胞菌(Leksawasdi et al 2001)菌株。此外,使能够自然消化这两种糖的细菌(如大肠杆菌)发生变态,以便获得产乙醇的微生物(Dien et al 1998;Ingram et al 1999;Vinuselvi,Lee 2012)。

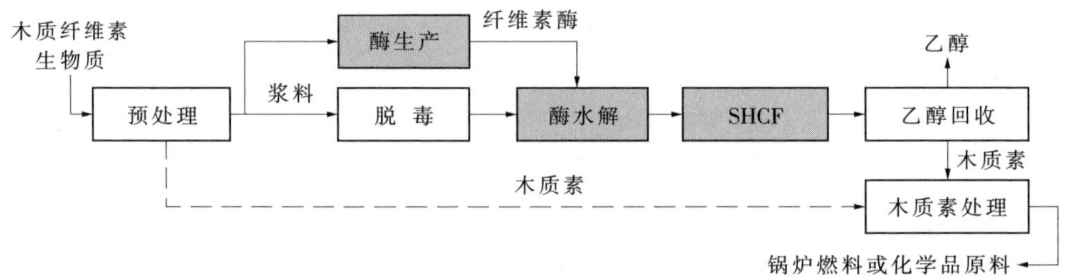

图 16.4 通过单独水解共发酵(SHCF)从木质纤维素生物质生产燃料乙醇的示意图
[灰色阴影框代表酶或微生物过程;当使用允许生物质分离的预处理方法
(如有机溶剂处理)时,虚线代表一种木质素可选择的来源]

16.3.1.3 同步糖化发酵

在生物乙醇工业中最重要的进步之一,是在同一个单独的单元内,以同时进行的方式开发和实施了葡聚糖(淀粉、纤维素)的水解过程和葡萄糖转化为乙醇的过程。这个过程被称为同步糖化发酵过程(SSF),并已经成功地用于从玉米生产乙醇,尤其是在湿粉工厂。高木等(Takagi et al 1977)第一次描述了 SSF 过程的概念,并提前申请了关于生物乙醇生产的 SSF 技术的专利(Gauss et al 1976)。在该专利中,描述了在酶糖化纤维素时,酵母在进行新陈代谢的同时将葡萄糖原位转化为乙醇。该专利在 1993 年将期满失效, 它已经应用到小规模的示范装置(Ingram, Doran 1995),但是迄今为止没有建设工业水平的商业装置。

通过 SSF 过程将纤维素转化为乙醇,是将几种具有纤维素分解活性的酶(主要是内切葡聚糖酶、纤维二糖水解酶和 β-葡糖苷酶)添加到悬浮液中,悬浮液通过混合水以及来自预处理步骤含有纤维素和木质素的固体部分获得(见图 16.5)。以相同的方法,将葡萄糖发酵微生物(酵母)添加到这个生化反应器的悬浮液中,在这里完成 SSF 过程后,立即将葡萄糖转化成乙醇。考虑到糖(葡萄糖、纤维二糖)对转化过程具有比乙醇大很多的抑制性, 与 SHF 过程相比,SSF 过程能达到较高的反应速率、产率和乙醇浓度(Wyman et al 1992)。增加发酵液中乙醇的浓度,可减少蒸馏过程的能耗。另外,与按照顺序进行的过程相比,SSF 提供了一个比较容易的操作和较低的设备要求,主要是因为不需要水解反应器。而且,在发酵液中出现的乙醇,使发酵液不容易受到不希望有的微生物的作用(Wyman 1994)。无论如何,SSF 过程的水解和发酵的优化操作条件不同带来了不便, 表明过程参数的控制和优化是困难的。另外,SSF 过程需要大量外生酶(Cardona, Sánchez 2007)。

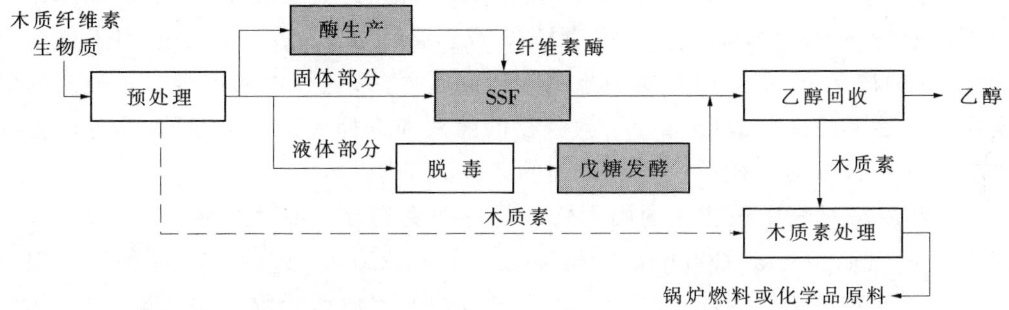

图 16.5 通过同步糖化发酵(SSF)从木质纤维素生物质生产燃料乙醇的示意图
[灰色阴影框代表酶或微生物过程;当使用允许生物质分离的预处理方法
(如有机溶剂处理)时,虚线代表一种木质素可选择的来源]

目前已经有了大量关于分批 SSF 过程的报道,这种工艺集成是优势最突出的方法之一。然而, 只有有限的关于连续 SSF 过程的文献发表。柏思德和怀曼(Brethauer, Wyman 2010)指出,连续的 SSF 方法将面临固体基质的同类传递、需要延长运行时间和连续体系的复杂性等试验挑战。他们同时指出,分批体系为高固体基质负荷的混合问题所困扰,这可以通过一个连续搅拌罐反应器(CSTR)的操作来避免,它能获得不溶物到乙醇的高转化率。更进一步,在一个分批反应器中,仅仅在开始反应时需要添加大量 β-葡糖苷酶,此时纤维二糖产率最高。他们建议能在连续体系中减少 β-葡糖苷酶的负载,因为纤维二糖的产率随着转化反应的进行而变慢。

如前文所述,使用木质纤维素生物质的 SSF 过程的主要缺点之一在于纤维素酶水解和发酵的不同优化条件。瓦尔加等(Varga et al 2004)推荐了一个应用于湿法氧化玉米秸秆的非等温方式的分批 SSF 过程。在 SSF 过程的第一个步骤中,为了获得较好的混合条件,在 50℃下添加少量纤维素酶。在 SSF 过程的第二个步骤中,在 30℃下添加更多的纤维素酶,同时添加酿酒酵母。采用这种方法,在水解液中的最终固体浓度能增加,能达到 17%的干物质浓度,获得 78%的乙醇产率。一般来说,提高培养温度能加速新陈代谢过程和降低对冷冻的需求。一些酵母,例如马克思克鲁维酵母酵母(*K. marxianus*)已经作为潜在的生产乙醇的菌株,在温度高于 40℃的条件下进行试验。巴列斯特罗斯等(Ballesteros et al 2001)采用萃取橄榄油的副产品为培养基,用马克思克鲁维酵母在 42℃和 72h 以内进行了几种分批进料的 SSF 试验。其中,以橄榄果肉为原料获得了 76%的理论乙醇产率。如果使用耐热的酵母,微生物细胞也能消化戊糖,SSF 过程会变得优势更突出。某些酵母,诸如耐热念珠菌酵母(*Candida acidothermophilum*)、芸豆根肿菌(*C. brassicae*)、葡萄汁酵母(*S. uvarum*)和多形汉森酵母(*Hansenula polymorpha*)能用于这个目的。在这种情况下,需要向介质中添加大量的营养品。这样做的困难在于较高的温度增加了乙醇的抑制效应。因此,微生物的隔离和选择应该是连续的,这样微生物才能以一种较好的途径适应这些苛刻的条件。

在醇发酵过程中最相关的因素之一是可能受到乳酸细菌的感染。已经报道了在分批(Stenberg et al 2000)和连续(Schell et al 2004)方式的 SSF 过程中出现这个问题。这些细菌能消耗在 SSF 过程中没有被产乙醇微生物利用的糖,对有效的生物质制乙醇过程设计形成挑战。因此,对于能消化所有出现在 SSF 的原料物料中的糖类的微生物,避免不受欢迎的污染微生物是其寿命延长的关键。这表明需要较高程度的反应-反应集成工艺。

16.3.1.4 同步糖化共发酵

在同一个单独的单元中通过半纤维素衍生的戊糖的发酵进行 SSF 过程,可实现较高程度的集成工艺。这个过程称为同步糖化共发酵(SSCF)(也称为混合发酵、混菌发酵)。采用这种方法,在一个集成工艺中仅使用两个容器(一个用于酶生产,另一个用于 SSCF 过程) 就可以将预处理的木质纤维素生物质转化为乙醇 (见图

16.6)。在 SSCF 过程中,通过使用添加到生物反应器中的纤维素酶催化纤维素的水解,从酶催化过程释放出的葡萄糖发酵,在同一个单独的发酵罐中同时完成出现在原料中的戊糖的发酵。除了使用的纤维素酶的效率外,SSCF 过程的关键因素是使用有效的产生乙醇的微生物,它不仅要求具有消化已糖(主要是葡萄糖)的能力,而且具有消化在预处理步骤中作为半纤维素降解产物释放出来的戊糖(主要是木糖)的能力。因此,研究人员已经开发了一些基因工程微生物,例如酿酒酵母(Jin et al 2010)、运动发酵单胞菌(McMillan et al,1999)和大肠杆菌(Kang et al 2010),并且证明它们在 SSCF 过程中可以利用木质纤维素材料生产乙醇。

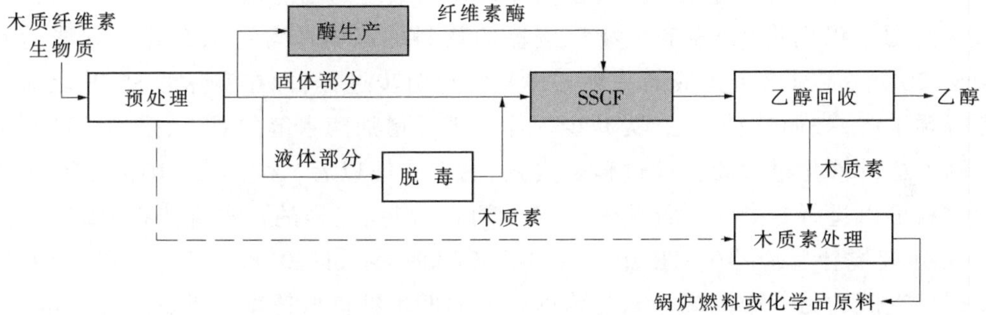

图 16.6 通过同步糖化共发酵(SSCF)从木质纤维素生物质生产燃料乙醇的示意图
[灰色阴影框代表酶或微生物过程。当使用允许生物质分离的预处理方法
(如有机溶剂处理)时,虚线代表一种木质素的可选择的来源]

有人研究了起始阶段的混合培养液的共发酵(Cardona,Sánchez 2007)。例如,树干酵母(*P. stipitis*)和酒香酵母(*Brettanomyces clausennii*)的共发酵已经用于山杨的分批 SSCF 过程,在权衡的温度(38℃)下可生产 369L 乙醇/t 山杨(Olsson,Hahn-Hägerdal 1996)。然而,使用一种过程微生物和北美鹅掌楸(yellow poplar)进行试验室规模乙醇生产的集成工艺,已经示范了实际的 SSCF 过程。这个集成工艺包括原料的稀酸预处理、为发酵调节水解产物的条件和一个分批 SSCF 过程(McMillan et al 1999)。在这个案例中,使用了可消化木糖的重组运动发酵单胞菌。SSCF 是一个基于技术设计的过程,美国国家可再生能源试验室(NREL)从山杨木屑(Wooley et al 1999b)和玉米秸秆(Aden et al 2002)生产燃料乙醇的过程可作为模型过程。计划的 SSCF 过程能以连续方式进行,在 30℃时,串联的发酵器完整体系有 7d 的停留时间(Cardona,Sánchez 2007)。在生物质的 SSF 情况下,开发在升高的温度下能生长的微生物群落,能改进过程的技术-经济指标。考虑到在糖化过程中升高 20℃能导致纤维素水解速率翻倍,因此在高于 50℃的温度下能同时消

化两种类型糖的产乙醇微生物,能节约一半的纤维素酶成本(Wooley et al 1999a)。

图 16.6 所示的布局表明,为制备和调整 SSCF 生物反应器的进料,需要进行预处理生物质浆料的分离、固体部分的水洗和液体半纤维素水解产物的脱毒。所有这些操作增加了全过程的成本和复杂性。基于这个原因,开发 SSCF 过程的新趋势将致力于开发对预处理过程生成的有毒化合物有抵抗力的微生物。通过这种方法,所有浆料都能直接作为 SSCF 生物反应器的进料,而不需要任何分离或水洗步骤,并能避免昂贵的脱毒过程。格迪斯等(Geddes et al 2011)指出,新开发的菌株,例如大肠杆菌 MM160 和酿酒酵母 424A 可用于实现这些目标。然而,虽然获得的结果好于大部分 SSF 过程,大规模商业运作的最终的乙醇浓度和产率仍然较低。这些问题可以用进入 SSCF 生物反应器的物料的高固体含量来解释,它能达到 10%~20%。应对这个挑战的一种方法是实行两步过程,即在实际的 SSCF 之前先进行预水解。按照这种方法,为减少固体水平并增加酶水解的效率,采用一种与玉米制乙醇的液化过程相似的过程来实施。这个步骤以后,含有大约 10%~15%固体的物料可以进行 SSCF 过程(见图 16.7)。可以设想,这样的预水解能在 HRT 为 1~6h 的连续搅拌反应器(CSTR)中有效进行(Geddes et al 2011)。通过两步 SSCF 过程可以克服的另一个困难是与葡萄糖有关的低木糖摄取速率。例如,金等(Jin et al 2010)建议了一个用 AFEX 处理柳枝稷的两步 SSCF 过程,采用了商业酶和抑制剂抗体酿酒酵母 424A。与相应的 SSCF 过程相比,这样的过程获得了较高的乙醇产率并改进了木糖的消耗。这个过程包括:通过半纤维素酶水解保留在预处理生物质中的半纤维素,首先释放出木糖,然后通过重组酿酒酵母 424A 使木糖发酵,再添加纤维素酶水解纤维素生成葡萄糖并连续发酵。

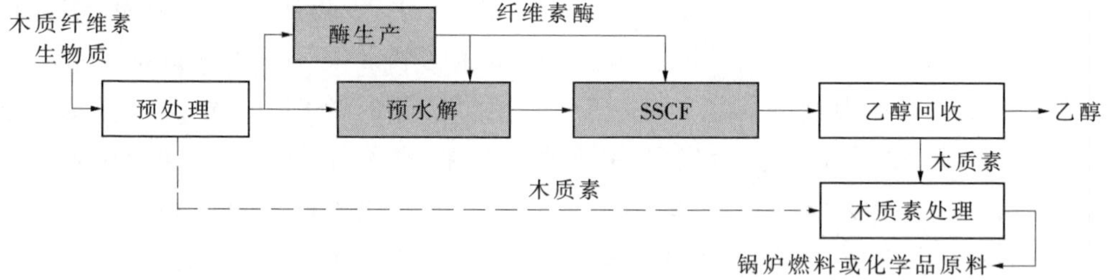

图 16.7 通过两步法同步糖化共发酵(SSCF)从木质纤维素生物质生产燃料乙醇的示意图[灰色阴影框代表酶或微生物过程;当使用允许生物质分离的预处理方法(如有机溶剂处理)时,虚线代表一种木质素的可选择的来源]

16.3.1.5 联合生物工艺

在一个单独的单元中,源自纤维素生物质预处理的可发酵的糖类和多糖(大部分是纤维素),通过一种微生物(或微生物共同体)直接转化为乙醇的工艺,代表了最高程度的集成(见图 16.8)。这个过程被称为联合生物工艺(CBP)。在生物质制乙醇的过程中,它最大程度地减少了过程单元。从图 16.8 中可以看出,CBP 代表了由图 16.3~16.7 的灰色框架表示的所有酶和微生物过程,这表明过程中不需要酶生产的成本或操作成本。通过这种方法,不需要向生物质中添加昂贵的纤维素水解酶来获得大量葡萄糖。另外,不再需要使用部分原料来生产纤维素酶,因为 CBP 概念需要单个微生物产生需要的酶复合物来降解纤维素,甚至是降解半纤维素。

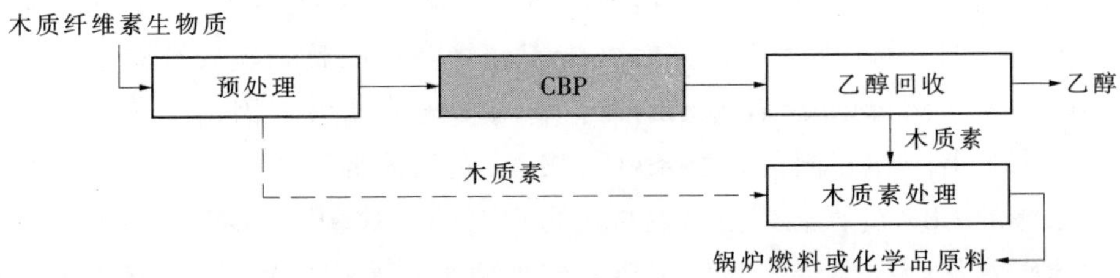

图 16.8 通过联合生物工艺(CBP)从木质纤维素生物质生产燃料乙醇的示意图
[灰色阴影框代表微生物过程;当使用允许生物质分离的预处理方法
(如有机溶剂处理)时,虚线代表一种木质素的可选择的来源]

一般认为,来源于生物质的乙醇生产成本可以通过改进木质纤维素的转化率显著降低。林德(Lynd 1996)计划通过一个包括 CBP 的先进工艺布置来减少乙醇的生产成本,采用 CBP 过程节省的成本是通过规模经济节省的成本的 3 倍以上;当采用价格较低的原料时,采用 CBP 过程节省的成本比通过规模经济节省的成本高 10 倍。之所以能够实现过程成本降低,主要是由于生物转化的成本降低了 8 倍(Lynd et al 1996)。后来,林德等(Lynd et al 2005)假设了积极的性能参数(代表成熟技术),进行了 SSCF 和 CBP 过程的对比模拟试验。模拟结果表明,包含了纤维素酶生产成本的 SSCF 的乙醇生产成本能达到 4.99 美分/L 乙醇,而 CBP 能给出的总成本仅仅为 1.11 美分/L 乙醇,证明了这个过程布局的未来有效性。

为开发有效的从生物质生产燃料乙醇的 CBP 过程,需要选择一种合适的微生物。备选的 CBP 微生物需要具有以下特性:

① 对预处理过程中产生的抑制剂具有抵抗能力。

② 生产纤维素酶或纤维素分解复合物,将纤维素转化为葡萄糖。

③ 生产半纤维素酶以获得较高量的戊糖和其他半纤维素衍生的糖。

④ 将己糖(葡萄糖、甘露糖和半乳糖)转化为乙醇。

⑤ 将戊糖(木糖和果胶糖)转化为乙醇。

⑥ 能抵抗终产品(产生的乙醇)的抑制性较低。

⑦ 减少发酵副产品(如乳酸或乙酸)的量。

⑧ 具有高生长速率。

⑨ 生产高浓度乙醇。

⑩ 在工业条件下稳定。

可以从前文部分推测,能以高产率和高效率将生物质转变为乙醇的微生物在自然界中是不存在的。然而,一些天然存在的微生物表现了上面提及的大部分特性,但是具有较低的乙醇产率。嗜热细菌热纤梭菌(*Clostridium thermocellum*)是这些微生物中的一种,因为它能降解纤维素和将获得的葡萄糖转化为乙醇。热解糖梭菌(*C. thermosaccharolyticum*)具有利用戊糖的能力。因为上述这两种细菌能在同一个容器中在相同的发酵条件下培养,它们的混合培养代表了一个从生物质生产乙醇的 CBP 过程。其他嗜热梭菌可以与热纤梭菌一起培养,以便破坏木质纤维素的碳水化合物聚合体和像嗜热乳酸梭菌那样利用戊糖,从而获得显著的乙醇产率(Xu, Tschirner 2011)。其实,利用热纤梭菌从生物质生产乙醇是走向 CBP 的第一步,这已经被试验证明是可行的(Shao et al 2011; South et al 1993)。无论如何,利用梭菌有一些重要的缺点,因为它们具有低乙醇容忍性,降低了乙醇产率,这主要是它生成了乙酸和其他有机酸的盐(如乳酸盐)(Baskaran et al 1995; McMillan 1997; Wyman 1994)。与使用酵母的传统长程培养 3~12d 相比,该过程最终的乙醇浓度较低(0.8~60g/L)(Szczodrak, Fiedurek 1996)。

不像 SHF、SSF 和 SSCF 过程利用真菌生产纤维素酶,嗜热细菌(如热纤梭菌)不能在培养液中分泌单独的纤维素分解酶来降解纤维素。这些微生物具有络合的纤维素酶体系,称为纤维体,它其实是一个多酶共同体,能通过将非均相不溶的含纤维素基质固定在细菌细胞上实现有效地结合,例如纤维素水解生成了纤维素-酶-微生物络合物。与来源于真菌(如里氏木霉)的非络合纤维素酶体系相比,纤维体显示具有较高的纤维素水解效率。林德等(Lynd et al 1999, 2002)指出,大部分致力于纤维素水解方面的研究,是在酶的定向智能模式的背景下实施,研究的焦点是把纤维素的水解主要看作酶的现象,而不是微生物的现象。在这样的背景下,开发的使用真菌纤维素酶的 SHF、SSF 和 SCF 过程是在这种模式的框架中。相反,开发的乙醇生产的 CBP 过程对应微生物定向模式,它将纤维素水解视为微生物现象。因为没有天然存在的微生物表现出有效的 CBP 乙醇生产所需要的特性的完整结合,在过去的 20 年中进行了很多不同微生物菌株的基因修饰的强化研究。

在 CBP 的框架中采用了两个策略:天然纤维素分解策略和重组纤维素分解策略。这些策略的主要方面见表 16.4。毫无疑问,正在进行的致力于基因工程和代谢工程的研究,使得开发将木质素生物质转化为乙醇的有效和稳定的微生物菌株成为可能。这个事实无疑表明了未来在工业生产燃料乙醇方面会有质的改进。

表 16.4 开发用于木质纤维素生物质 CBP 乙醇生产框架的转基因微生物的策略

策 略	天然纤维素水解微生物	重组纤维素水解微生物
原 理	改造具有高天然纤维素水解活性的可改进乙醇产率的微生物	改造具有高乙醇产率的的微生物,使它们产生纤维素酶
挑 战	提高乙醇产率、浓度和忍耐力;减少或消除发酵副产品	切入宿主的纤维素水解基因的复杂性,改进纤维素或半纤维素的降解速率
纤维素酶体系	复合的(纤维素酶)	非复合的/单纤维素酶
宿主微生物	热纤梭菌、解纤维梭菌	酿酒酵母、运动发酵单胞菌;产生乙醇的大肠杆菌、克氏固氮菌
酶表达	源自运动发酵单胞菌的丙酮酸盐脱羧酶;源自运动发酵单胞菌的dd醇脱氢酶	源自芽孢杆菌的内切/外切纤维素酶;源自环状芽孢杆菌的葡糖苷酶;源自嗜热子囊菌的纤维二糖水解酶;源自里氏木霉的内切纤维素酶
乙醇浓度/(g/L)	最高 26	1~40
参考文献	Guedon et al (2002); Lynd et al (2005)	Cho, Yoo (1999); Hong et al(2003); Zhou, Ingram (2001)

16.3.2 反应-分离集成

反应-反应集成允许通过改进反应过程来提高过程效率。然而,在工业过程中主要成本在分离步骤产生。因此,反应-分离集成对生物质制乙醇的总过程具有重要的影响。反应-分离集成是醇发酵过程强化的特定且有吸引力的替代方法。当乙醇从培养液中分离出来时,它对微生物生长速率的抑制效应消失或被中和掉,这导致乙醇生产微生物的性能显著改进。这种改进的性能可以提高基质转化为乙醇的转化率。此外,较高的转化率使利用浓缩培养基介质成为可能(糖浓度高于150g/L),从而导致过程产率的增加。从能量角度来看,这种类型的一体化导致在发酵液中乙醇浓度的增加。这个事实直接影响蒸馏成本,因为更浓的物料作为蒸馏塔进料意味着需要较少的锅炉蒸汽,即能耗较低。

这种类型的集成可通过耦合分离单元和发酵罐(连贯过程),或在同一单元中耦合微生物培养和分离(同时进行的过程)来完成。例如,真空室、汽提塔或渗透蒸发模块能与发酵罐耦合。作为一种选择,膜组件可浸透在发酵液中,或在发酵过程中将萃取剂直接添加到发酵液中。反应-分离集成的这些选项见表 16.5。更进一步来说,应用了反应–反应集成的一个单元(如 SSF)可以与一个分离单元耦合,这是一个允许较高程度集成的反应–反应–分离集成类型的过程。

表 16.5 燃料乙醇生产的反应–分离集成的不同选项

选 项	原 理	评 价	参考文献
真 空	耦合发酵罐和一个真空室,利用高真空脱除乙醇	6.665kPa(50mmHg);单元循环;产率为 23~82g/(L·h);高能耗	Costa et al(2001);Cysewski, Wilke(1977)
汽 提	使用汽提气通过吸附脱除乙醇	汽提气为 CO_2;发酵罐耦合汽提柱;产率为 8~16g/(L·h)	Dale, Moelhman(2001);Taylor et al(1996, 2000)
膜	培养基通过选择性膜从水中去除乙醇	不同类型的膜(如硅酸盐膜或聚乙烯膜);膜蒸馏或渗透蒸发单元耦合发酵罐;产率为 2~48g/(L·h);膜阻塞	Brandberg et al(2005);Lee et al (2000);Nakamura et al (2001), Sánchez et al(2005)
萃取发酵液	为脱除乙醇,向培养基中添加选择的溶剂,后续将水相倾倒至发酵罐并循环使用水相	溶剂为脂肪醇(如正十二醇)、生物适合的溶剂混合物;耦合发酵罐的原位萃取或分离器;可能采用 SSEF①和 HFMEF②;产率为 1~55g/(L·h);需要溶剂再生	Kang et al (1990);Moritz, Duff (1996);Sánchez et al (2006)

① HFMEF 是指中空纤维膜萃取发酵器。

② SSEF 是指同步糖化萃取发酵。

16.3.3 分离–分离集成

分离–分离集成与乙醇回收和脱水特别相关。这种类型的一体化通过耦合具有不同传质基础的两个或两个以上的分离单元来完成。例如,为破坏乙醇–水共沸物,在多层柱体系中将用于乙醇脱水的萃取蒸馏与液–液萃取相结合。这个过程还可以作一些改进,例如在被称为盐萃取精馏的过程中使用盐(NaCl、KCl、KI、$CaCl_2$)作为萃取剂。盐萃取精馏包含了传统的蒸馏、真空蒸发结晶和喷雾干燥回收盐(Llano–Restrepo, Aguilar–Arias 2003;Pinto et al 2000)。另一方面,用于乙醇脱水的渗透蒸发模块与先前的蒸馏步骤耦合是另一个分离–分离集成的例子(Tsuyomoto et al 1997)。不同的评估表明,这种脱水方案与共沸蒸馏或萃取蒸馏相比,具有操作成本低廉的优点(Szitkai et al 2002;Tsuyomoto et al 1997),但是它的操作成本高于分子筛吸附(Sánchez, Cardona 2012)。

16.4 总结

考虑到化石燃料资源正在逐步耗尽和它们的使用会对全球气候的变化造成影响,生物燃料,尤其是生物乙醇的优点是非常明显的。生物乙醇是一种环境友好的清洁能源,具有高的输出–输入能量比,是世界能源市场上的一种重要商品。一般认为,从含蔗糖的材料生产乙醇的技术已经达到相当成熟的程度,但是它会直接影响到人类的食品安全。来源于淀粉材料的乙醇已经影响到了人类的食品安全,并且还不清楚它的环境效应。相比之下,生物质乙醇(第二代生物燃料)不与人类的食物资源竞争,它的能量平衡是有利的。木质纤维素材料在世界范围内极为适用的,几乎所有的国家都可以利用木质纤维素材料生产生物乙醇燃料。然而,从木质纤维素生物质生产乙醇的成本仍然很高。许多不同国家的研究小组和研究中心在降低木质纤维素乙醇的生产成本方面正不断取得进步。无论如何,目前这些需要克服的挑战仍然是难以逾越的。

考虑到未来乙醇生产工厂利用生物质作为生产原料的商业运作,应该进一步优化目前的预处理方法。一些预处理技术似乎已经达到它们的最好指标(例如稀酸预处理),而其他的技术处于渐进式的改进之中。优势突出的新方法已经处于试验阶段,并且已被证明方便可行(SPORL、离子液体),但是它们代表了突破性创新技术。开发预处理技术的主要目标,定位于减少抑制剂的产生、实现生物质的分离、改善糖的回收和增加纤维素的消化。

尽管酶的生产公司取得了很大的进步, 但纤维素酶的生产成本仍然居高不下。虽然原位生产酶的技术开发已经出来并减少了部分纤维素酶的成本,但是那些酶相对较低的比活力和纤维素酶与其他聚合物(如木质素)的约束,给基因工程和代谢工程带来了的严重挑战。定位于将纤维素水解视为微生物过程的模式改变,将通过高度集成技术(如 CBP)实现简化全过程的重大改进。然而,新开发的用于 CBP 的微生物菌株,距离它们工业化应用仍很遥远。SSF 和 SSCF 这样的集成工艺将在中期内成为首选技术。在微生物菌种开发方面的一个重要的课题是利用微生物抵抗抑制剂。这将获得重要的过程简化,因为能利用预处理木质纤维素生物质的所有浆料并去掉脱毒步骤,在生物质制乙醇全过程中将有利于经济性和环境效应。另一方面, 应用反应-分离集成通过消除终产品抑制效应对微生物生长率的影响,具有改进发酵特性的潜力。在这种情况下,正在开发新型的膜技术,其他从发酵液中脱除乙醇的升级技术(如萃取发酵)具有重大技术进步的潜力。

毫无疑问,通过多学科的研究努力,结合新的分子途径的菌株开发和在过程体系工程框架下的工艺集成,将以经济和环境可持续的方式,探索利用适用于人类社会的木质纤维素材料巨大资源的创新技术并商业实施。

参考文献

Abengoa (2011) Annual Report 2011.Abengoa Bioenergy

Aden A, Ruth M, Ibsen K, Jechura J, Neeves K, Sheehan J, Wallace B, Montague L, Slayton A, Lukas J (2002) Lignocellulosic biomass to ethanol process design and economics utilizing co-current dilute acid prehydrolysis and enzymatic hydrolysis for corn stover.National Renewable Energy Laboratory, Golden

Agbor VB, Cicek N, Sparling R, Berlin A, Levin DB (2011) Biomass pretreatment: fundamentals toward application.Biotechnol Adv 29(6): 675-685

Alriksson B, Cavka A, Jonsson LJ (2011) Improving the fermentability of enzymatic hydrolysates of lignocellulose through chemical in-situ detoxification with reducing agents.Bioresour Technol 102(2): 1254-1263

Alvo P, Belkacemi K (1997) Enzymatic saccharification of milled timothy (Phleum pretense L.) and alfalfa (Medicago sativa L.).Bioresour Technol 61: 185-198

Ballesteros I, Oliva JM, Sáez F, Ballesteros M (2001) Ethanol production from lignocellulosic byproducts of olive oil extraction.Appl Biochem Biotechnol 91-93: 237-252

Ballesteros M, Oliva JM, Negro MJ, Manzanares P, Ballesteros I (2004) Ethanol from lignocellulosic materials by a si multaneous saccharification and fermentation process (SFS) with Kluyveromyces marxianus CECT 10875.Process Biochem 39: 1843-1848

Baskaran S, Ahn H-J, Lynd LR (1995) Investigation of the ethanol tolerance of Clostridium thermosaccharolyticum in continuous culture.Biotechnol Prog 11: 276-281

Brandberg T, Sanandaji N, Gustafsson L, Franzén CJ (2005) Continuous fermentation of undetoxified dilute acid lignocellulose hydrolysate by Saccharomyces cerevisiae ATCC 96581 using cell recirculation.Biotechnol Prog 21: 1093-1101

Brethauer S, Wyman CE (2010) Review: Continuous hydrolysis and fermentation for cellulosic ethanol production.Bioresour Technol 101(13): 4862-4874

Buranov AU, Mazza G (2008) Lignin in straw of herbaceous crops.Ind Crops Prod 28(3): 237-259

Cantarella M, Cantarella L, Gallifuoco A, Spera A, Alfani F (2004) Comparison of different detoxification methods for steam-exploded poplar wood as a substrate for the bioproduction of ethanol in SHF and SSF.Process Biochem 39: 1533-1542

Cardona CA, Sánchez ÓJ (2007) Fuel ethanol production: Process design trends and integration opportunities.Bioresour Technol 98: 2415-2457

Cardona CA, Sánchez ÓJ, Rossero JI (2006) Analysis of integrated schemas for effluent treatment during fuel ethanol production.Paper presented at the 17th international congress of chemical and process engineering (CHISA 2006), Prague, Czech Republic

Cardona CA, Gutiérrez LF, Sánchez OJ (2008) Process integration: Base for energy saving.In: Bergmann DM (ed) Energy efficiency research advances.Nova Science Publishers, Hauppauge, pp 173-212

Cardona CA, Quintero JA, Sánchez ÓJ (2009) Challenges in fuel ethanol production.Int Rev Chem Eng 1(6): 581-597

Cardona CA, Quintero JA, Paz IC (2010a) Production of bioethanol from sugarcane bagasse: status and perspectives.Bioresour Technol 101(13): 4754-4766

Cardona CA, Sánchez ÓJ, Gutiérrez LF (2010b) Process synthesis for fuel ethanol production.Biotechnology and bioprocessing, 1st edn.CRC Press, Boca Raton

Chandrakant P, Bisaria VS (1998) Simultaneous bioconversion of cellulose and hemicellulose to ethanol.Crit Rev Biotechnol 18(4): 295-331

Cho KM, Yoo YJ (1999) Novel SSF process for ethanol production from microcrystalline cellulose using the d-integrated recombinant yeast, Saccharomyces cerevisiae L2612dGC.J Microb Biotechnol 9(3): 340-345

Claassen PAM, van Lier JB, López Contreras AM, van Niel EWJ, Sijtsma L, Stams AJM, de Vries SS, Weusthuis RA (1999) Utilisation of biomass for the supply of energy carriers.Appl Microbiol Biotechnol 52: 741-755

Costa AC, Atala DIP, Maugeri F, Maciel R (2001) Factorial design and simulation for the optimization and determination of control structures for an extractive alcoholic fermentation.Process Biochem 37: 125-137

Cuzens JC, Miller JR (1997) Acid hydrolysis of bagasse for ethanol production. Renew Energy 10(2-3):285-290

Cysewski GR, Wilke CR (1977) Rapid ethanol fermentations using vacuum and cell recycle. Biotechnol Bioeng 19:1125-1143

Dale MC Moelhman M (2001) Enzymatic simultaneous saccharification and fermentation (SSF) of biomass to ethanol in a pilot 130 liter multistage continuous reactor separator. In: Bioenergy 2000, Moving Technology into the Marketplace, Buffalo

Dale BE, Leong CK, Pham TK, Esquivel VM, Rios I, Latimer VM (1996) Hydrolysis of lignocellulosics at low enzyme levels: application of the AFEX process. Bioresour Technol 56:111-116

Delgenes JP, Laplace JM, Moletta R, Navarro JM (1996) Comparative study of separated fermentations and cofermentation processes to produce ethanol from hardwood derives hydrolysates. Biomass Bioenergy 11(4):353-360

Dien BS, Hespell RB, Wyckoff HA, Bothast RJ (1998) Fermentation of hexose and pentose sugars using a novel ethanologenic Escherichia coli strain. Enzyme Microb Technol 23:366-371

Gao D, Chundawat SP, Krishnan C, Balan V, Dale BE (2010) Mixture optimization of six core glycosyl hydrolases for maximizing saccharification of ammonia fiber expansion (AFEX) pretreated corn stover. Bioresour Technol 101(8):2770-2781

Gauss WF, Suzuki S, Takagi M (1976) Manufacture of alcohol from cellulosic materials using plural ferments. United States Patent US3990944

Geddes CC, Nieves IU, Ingram LO (2011) Advances in ethanol production. Curr Opin Biotechnol 22(3):312-319

Graham RL, Nelson R, Sheehan J, Perlack RD, Wright LL (2007) Current and potential US corn stover supplies. Agron J 99(1):1-11

Guan J, Hu X (2003) Simulation and analysis of pressure swing adsorption: ethanol drying process by the electric analogue. Sep Purif Technol 31:31-35

Guedon E, Desvaux M, Petitdemange H (2002) Improvement of cellulolytic properties of Clostridium cellulolyticum by metabolic engineering. Appl Environ Microbiol 68(1):53-58

Hamelinck CN, Hooijdonk Gv, Faaij APC (2003) Prospects for ethanol from lignocellulosic biomass: techno-economic performance as development progresses. Utrecht University, Utrecht

Hamelinck CN, van Hooijdonk G, Faaij APC (2005) Ethanol from lignocellulosic biomass: techno-economic performance in short-, middle-and long-term. Biomass Bioenergy 28:384-410

Hong J, Tamaki H, Yamamoto K, Kumagai H (2003) Cloning of a gene encoding thermostable cellobiohydrolase from Thermoascus aurantiacus and its expression in yeast. Appl Microbiol Biotechnol 63:42-50

Hu Z, Wen Z (2008) Enhancing enzymatic digestibility of switchgrass by microwave-assisted alkali pretreatment. Biochem Eng J 38(3):369-378

Hu Z, Wang Y, Wen Z (2008) Alkali (NaOH) pretreatment of switchgrass by radio frequency-based dielectric heating. Appl Biochem Biotechnol 148(1-3):71-81

Ingram LO, Doran JB (1995) Conversion of cellulosic materials to ethanol. FEMS Microbiol Rev 16:235-241

Ingram LO, Aldrich HC, Borges ACC, Causey TB, Martinez A, Morales F, Saleh A, Underwood SA, Yomano LP, York SW, Zaldivar J, Zhou S (1999) Enteric bacterial catalysts for fuel ethanol production. Biotechnol Prog 15:855-866

Itoh H, Wada M, Honda Y, Kuwahara M, Watanabe T (2003) Bioorganosolve pretreatments for simultaneous saccharification and fermentation of beech wood by ethanolysis and white rot fungi. J Biotechnol 103:273-280

Jin M, Lau MW, Balan V, Dale BE (2010) Two-step SSCF to convert AFEX-treated switchgrass to ethanol using commercial enzymes and Saccharomyces cerevisiae 424A(LNH-ST). Bioresour Technol 101(21):8171-8178

Kaar WE, Holtzapple MT (2000) Using lime pretreatment to facilitate the enzymic hydrolysis of corn stover. Biomass Bioenergy 18:189-199

Kang W, Shukla R, Sirkar KK (1990) Ethanol production in a microporous hollow-fiber-based extractive fermentor with immobilized yeast. Biotechnol Bioeng 36:826-833

Kang L,Wang W,Lee YY (2010) Bioconversion of kraft paper mill sludges to ethanol by SSF and SSCF.Appl Biochem Biotechnol 161(1-8):53-66

Khiyami MA,Pometto AL III,Brown RC (2005) Detoxification of corn stover and corn starch pyrolysis liquors by Pseudomonas putida and Streptomyces setonii suspended cells and plastic compost support biofilms.J Agric Food Chem 53:2978-2987

Kim S,Dale BE (2004) Global potential bioethanol production from wasted crops and crop residues.Biomass Bioenergy 26:361-375

Ladanai S,Vinterbäck J (2009) Global potential of sustainable biomass for energy.Swedish University of Agricultural Sciences and Department of Energy and Technology,Uppsala

Laser M,Schulman D,Allen SG,Lichwa J,Antal MJ Jr,Lynd LR (2002) A comparison of liquid hot water and steam pretreatments of sugar cane bagasse for bioconversion to ethanol.Bioresour Technol 81:33-44

Lau MW,Gunawan C,Dale BE (2009) The impacts of pretreatment on the fermentability of pretreated lignocellulosic biomass:a comparative evaluation between ammonia fiber expansion and dilute acid pretreatment.Biotechnol Biofuels 2:30

Lee J (1997) Biological conversion of lignocellulosic biomass to ethanol.J Biotechnol 56:1-24 Lee WG,Park BG,Chang YK,Chang HN,Lee JS,Park SC (2000) Continuous ethanol production from concentrated wood hydrolysates in an internal membrane-filtration bioreactor.Biotechnol Prog 16:302-304

Lee JM,Venditti RA,Jameel H,Kenealy WR (2011) Detoxification of woody hydrolyzates with activated carbon for bioconversion to ethanol by the thermophilic anaerobic bacterium Thermoanaerobacterium saccharolyticum.Biomass Bioenergy 35(1):626-636

Leksawasdi N,Joachimsthal EL,Rogers PL (2001) Mathematical modeling of ethanol production from glucose/xylose mixtures by recombinant Zymomonas mobilis.Biotechnol Lett 23:1087-1093

Lin TH,Huang CF,Guo GL,Hwang WS,Huang SL (2012) Pilot-scale ethanol production from rice straw hydrolysates using xylose-fermenting Pichia stipitis.Bioresour Technol 116:314-319

Llano-Restrepo M,Aguilar-Arias J (2003) Modeling and simulation of saline extractive distillation columns for the production of absolute etanol.Comput Chem Eng 27(4):527-549

Lynd LR (1996) Overview and evaluation of fuel ethanol from cellulosic biomass:Technology,economics,the environment,and policy.Annu Rev Energy Env 21:403-465

Lynd LR,Elander RT,Wyman CE (1996) Likely features and costs of mature biomass ethanol technology.Appl Biochem Biotechnol 57(58):741-761

Lynd LR,Wyman CE,Gerngross TU (1999) Biocommodity engineering.Biotechnol Prog 15:777-793

Lynd LR,Lyford K,South CR,Walsum GPv,Levenson K (2001) Evaluation of paper sludges for amenability to enzymatic hydrolysis and conversion to ethanol.Tappi J 84:50-69

Lynd LR,Weimer PJ,van Zyl WH,Pretorious IS (2002) Microbial cellulose utilization:Fundamentals and biotechnology.Microbiol Mol Biol Rev 66(3):506-577

Lynd LR,van Zyl WH,McBride JE,Laser M (2005) Consolidated bioprocessing of cellulosic biomass:an update.Curr Opin Biotechnol 16:577-583

Madson PW,Monceaux DA (1995) Fuel ethanol production.In:Lyons TP,Kelsall DR,Murtagh JE (eds) The alcohol textbook.University Press,Nottingham,pp 257-268

McMillan JD (1997) Bioethanol production:status and prospects.Renew Energy 10(2/3):295-302

McMillan JD,Newman MM,Templeton DW,Mohagheghi A (1999) Simultaneous saccharifi-cation and cofermentation of dilute-acid pretreated yellow poplar hardwood to ethanol using xylose-fermenting Zymomonas mobilis.Appl Biochem Biotechnol 77-79:649-665

Menon V,Rao M (2012) Trends in bioconversion of lignocellulose:Biofuels,platform chemicals and biorefinery concept.Prog Energy Combust Sci 38(4):522-550

Merrick and Company (1998) Wastewater treatment options for the biomass-to-ethanol process.Merrick and Company,USA

Mielenz JR (2001) Ethanol production from biomass:technology and commercialization status.Curr Opin Microbiol 4:324-329

Miller EN,Jarboe LR,Yomano LP,York SW,Shanmugam KT,Ingram LO (2009) Silencing of NADPH-dependent oxidoreductase genes (yqhD and dkgA) in furfural-resistant ethanolo-genic Escherichia coli.Appl Environ Microbiol 75:4315-4323

Montoya MI,Quintero JA,Sánchez ÓJ,Cardona CA (2005) Efecto del esquema de separación de producto en la producción biotecnológica de alcohol carburante.In:II Simposio sobre Biofábricas,Medellín

Montoya S,Orrego CE,Levin L (2011) Modeling Grifola frondosa fungal growth during solid-state fermentation.Eng Life Sci 11:316-321

Montoya S,Orrego CE,Levin L (2012) Growth,fruiting and lignocellulolytic enzyme production by the edible mushroom Grifola frondosa (maitake).World J Microbiol Biotechnol 28:1533-1541

Moreira JS (2000) Sugarcane for energy-recent results and progress in Brazil.Energy Sustainable Dev 4(3):43-54

Moreno AD,Ibarra D,Fernandez JL,Ballesteros M (2012) Different laccase detoxification strategies for ethanol production from lignocellulosic biomass by the thermotolerant yeast Kluyveromyces marxianus CECT 10875.Bioresour Technol 106:101-109

Moritz JW,Duff SJB (1996) Simultaneous saccharification and extractive fermentation of cellulosic substrates.Biotechnol Bioeng 49(5):504-511

Mosier N,Wyman C,Dale B,Elander R,Lee YY,Holtzapple M,Ladisch M (2005) Features of promising technologies for pretreatment of lignocellulosic biomass.Bioresour Technol 96:673-686

Nakamura Y,Sawada T,Inoue E (2001) Enhanced ethanol production from enzymatically treated steam-exploded rice straw using extractive fermentation.J Chem Technol Biotechnol 76:879-884

Ogier J-C,Ballerini D,Leygue J-P,Rigal L,Pourquié J (1999) Production d´ éthanol à partir de biomasse lignocellulosique.Oil Gas Sci Technol Rev de l′ IFP 54(1):67-94

Okuda N,Soneura M,Ninomiya K,Katakura Y,Shioya S (2008) Biological detoxification of waste house wood hydrolysate using Ureibacillus thermosphaericus for bioethanol produc-tion.J Biosci Bioeng 106(2):128-133

Olsson L,Hahn-Hägerdal B (1996) Fermentation of lignocellulosic hydrolysates for ethanol production.Enzyme Microb Technol 18:312-331

Palmqvist E,Hahn-Hägerdal B (2000) Fermentation of lignocellulosic hydrolysates.I:inhibition and detoxification.Bioresour Technol 74:17-24

Pan X,Arato C,Gilkes N,Gregg D,Mabee W,Pye K,Xiao Z,Zhang X,Saddler J (2005) Biorefining of softwoods using ethanol organosolv pulping:Preliminary evaluation of process streams for manufacture of fuel-grade ethanol and co-products.Biotechnol Bioeng 90(4):473-481

Percival Zhang YH,Himmel ME,Mielenz JR (2006) Outlook for cellulase improvement:screening and selection strategies.Biotechnol Adv 24(5):452-481

Persson P,Andersson J,Gorton L,Larsson S,Nilvebrant N-O,Jönsson LJ (2002) Effect of different forms of alkali treatment on specific fermentation inhibitors and on the ferment-ability of lignocellulose hydrolysates for production of fuel ethanol.J Agric Food Chem 50:5318-5325

Pinto RTP,W-M MR,Lintomen L (2000) Saline extractive distillation process for ethanol purification.Comput Chem Eng 24:1689-1694

Reith JH,den Uil H,van Veen H,de Laat WTAM,Niessen JJ,de Jong E,Elbersen HW,Weusthuis R,van Dijken JP,Raamsdonk L (2002) Co-production of bioethanol,electricity and heat from biomass residues.In:12th European conference and technology exhibition on biomass for energy,industry and climate protection,Amsterdam

Saha BC,Iten LB,Cotta MA,Wu YV (2005) Dilute acid pretreatment,enzymatic saccharification and fermentation of wheat straw to ethanol.Process Biochem 40:3693-3700 Sánchez OJ,Cardona CA (2008) Trends in biotechnological production of fuel ethanol from different feedstocks.Bioresour Technol 99:5270-5295

Sánchez ÓJ,Cardona CA (2012) Conceptual design of cost-effective and environmentally-friendly configurations for fuel ethanol production from sugarcane by knowledge-based process synthesis.Bioresour Technol 104:305-314

Sánchez OJ,Cardona CA,Cubides DC (2005) Modeling of simultaneous saccharification and fermentation process coupled with pervaporation for fuel ethanol production.In:2nd Mercosur congress on chemical engineering and 4th mercosur congress on process systems engineering,Rio de Janeiro,Brazil

Sánchez OJ,Gutiérrez LF,Cardona CA,Fraga ES (2006) Analysis of extractive fermentation process for ethanol production using a rigorous model and a short-cut method.In:Bogle IDL,Žilinskas J (eds) Computer aided methods in optimal design and operations,vol 7.,Series on computers and operations researchWorld Scientific Publishing Co,Singapore,pp 207-216

Schell DJ,Riley CJ,Dowe N,Farmer J,Ibsen KN,Ruth MF,Toon ST,Lumpkin RE (2004) A bioethanol process development unit:initial operating experiences and results with a corn fiber feedstock.Bioresour Technol 91:179-188

Shahbazi A,Li Y,Mims MR (2005) Application of sequential aqueous steam treatments to the fractionation of softwood.Appl Biochem Biotechnol 121-124:973-987

Shao X,Jin M,Guseva A,Liu C,Balan V,Hogsett D,Dale BE,Lynd L (2011) Conversion for Avicel and AFEX pretreated corn stover by Clostridium thermocellum and simultaneous saccharification and fermentation:insights into microbial conversion of pretreated cellulosic biomass.Bioresour Technol 102(17):8040-8045

Sheehan J,Himmel M (1999) Enzymes,energy,and the environment:a strategic perspective on the US Department of Energy's research and development activities for bioethanol.Biotechnol Prog 15:817-827

Singh D,Nigam P,Banat IM,Marchant R,McHale AP (1998) Ethanol production at elevated temperatures and alcohol concentrations.Part II:Use of Kluyveromyces marxianus IMB3.World J Microbiol Biotechnol 14:823-834

South CR,Hogsett DA,Lynd LR (1993) Continuous fermentation of cellulosic biomass to ethanol.Appl Biochem Biotechnol 39(40):587-600

Stenberg K,Galbe M,Zacchi G (2000) The influence of lactic acid formation on the simultaneous saccharification and fermentation (SSF) of softwood to ethanol.Enzyme Microb Technol 26:71-79

Sukumaran RK,Singhania RR,Mathew GM,Pandey A (2009) Cellulase production using biomass feed stock and its application in lignocellulose saccharification for bio-ethanol production.Renew Energy 34(2):421-424

Sun Y,Cheng J (2002) Hydrolysis of lignocellulosic materials for ethanol production:a review.Bioresour Technol 83:1-11

Szczodrak J,Fiedurek J (1996) Technology for conversion of lignocellulosic biomass to ethanol.Biomass Bioenergy 10(5/6):367-375

Szitkai Z,Lelkes Z,Rev E,Fonyo Z (2002) Optimization of hybrid ethanol dehydration systems.Chem Eng Process 41:631-646

Takagi M,Abe S,Suzuki S,Emert GH,Yata N (1977) A method for production of ethanol directly from cellulose using cellulase and yeast.In:Ghose TK (ed) Proceedings of bioconversion symposium,Delhi,IIT,pp 551-571

Tan HT,Lee KT (2012) Understanding the impact of ionic liquid pretreatment on biomass and enzymatic hydrolysis. Chem Eng J 183:448-458

Taylor F,Kurantz MJ,Goldberg N,Craig JC Jr (1996) Control of packed column fouling in the continuous fermentation and stripping of ethanol.Biotechnol Bioeng 51:33-39

Taylor F,Kurantz MJ,Goldberg N,McAloon AJ,Craig JC Jr (2000) Dry-grind process for fuel ethanol by continuous fermentation and stripping.Biotechnol Prog 16:541-547

Tengerdy RP,Szakacs G (2003) Bioconversion of lignocellulose in solid substrate fermentation.Biochem Eng J 13:169-179

Tsuyomoto M,Teramoto A,Meares P (1997) Dehydration of ethanol on a pilot plant scale,using a new type of hollow-fiber membrane.J Membr Sci 133:83–94

Varga E, Klinkle HB, Réczey K, Thomsen AB (2004) High solid simultaneous saccharification and fermentation of wet oxidized corn stover to ethanol.Biotechnol Bioeng 88(5):567–574

Vinuselvi P, Lee SK (2012) Engineered Escherichia coli capable of co–utilization of cellobiose and xylose.Enzyme Microb Technol 50(1):1–4

Wang B, Wang X, Feng H (2010) Deconstructing recalcitrant Miscanthus with alkaline peroxide and electrolyzed water.Bioresour Technol 101(2):752–760

Wang W, Yuan T, Wang K, Cui B, Dai Y (2012) Combination of biological pretreatment with liquid hot water pretreatment to enhance enzymatic hydrolysis of Populus tomentosa.Bioresour Technol 107:282–286

Weerachanchai P, Leong SS, Chang MW, Ching CB, Lee JM (2012) Improvement of biomass properties by pretreatment with ionic liquids for bioconversion process.Bioresour Technol 111:453–459

Weil JR, Dien B, Bothast R, Hendrickson R, Mosier NS, Ladisch MR (2002) Removal of fermentation inhibitors formed during pretreatment of biomass by polymeric adsorbents.Ind Eng Chem Res 41:6132–6138

Wooley R, Ruth M, Glassner D, Sheejan J (1999a) Process design and costing of bioethanol technology: a tool for determining the status and direction of research and development.Biotechnol Prog 15:794–803

Wooley R, Ruth M, Sheehan J, Ibsen K, Majdeski H, Galvez A (1999b) Lignocellulosic biomass to ethanol process design and economics utilizing co–current dilute acid prehydrolysis and enzymatic hydrolysis.Current and futuristic scenarios.National Renewable Energy Labo–ratory, Golden

Wyman CE (1994) Ethanol from lignocellulosic biomass: Technology, economics, and opportunities.Bioresour Technol 50: 3–16

Wyman CE, Spindler DD, Grohmann K (1992) Simultaneous saccharification and fermentation of several lignocellulosic feedstocks to fuel ethanol.Biomass Bioenergy 3(5):301–307

Xie Y, Phelps D, Lee C–H, Sedlak M, Ho N, Wang N–HL (2005) Comparison of two adsorbents for sugar recovery from biomass hydrolyzate.Ind Eng Chem Res 44:6816–6823

Xu L, Tschirner U (2011) Improved ethanol production from various carbohydrates through anaerobic thermophilic co–culture.Bioresour Technol 102(21):10065–10071

Yu Z, Zhang H (2003) Pretreatments of cellulose pyrolysate for ethanol production by Saccharomyces cerevisiae, Pichia sp.YZ–1 and Zymomonas mobilis.Biomass Bioenergy 24:257–262

Yu J, Zhang J, He J, Liu Z, Yu Z (2009) Combinations of mild physical or chemical pretreatment with biological pretreatment for enzymatic hydrolysis of rice hull.Bioresour Technol 100(2):903–908

Zaldivar J, Roca C, Le Foll C, Hahn–Hägerdal B, Olsson L (2005) Ethanolic fermentation of acid pre–treated starch industry effluents by recombinant Saccharomyces cerevisiae strains.Bioresour Technol 96:1670–1676

Zhang YH (2008) Reviving the carbohydrate economy via multi–product lignocellulose biorefineries.J Ind Microbiol Biotechnol 35(5):367–375

Zhang Y–HP, Lynd LR (2004) Toward an aggregated understanding of enzymatic hydrolysis of cellulose: Noncomplexed cellulose systems.Biotechnol Bioeng 8(7):797–824

Zhou S, Ingram LO (2001) Simultaneous saccharification and fermentation of amorphous cellulose to ethanol by recombinant Klebsiella oxytoca SZ21 without supplemental cellulase.Biotechnol Lett 23(18):1455–1462

Zhu JY, Zhu W, Obryan P, Dien BS, Tian S, Gleisner R, Pan XJ (2010) Ethanol production from SPORL–pretreated lodgepole pine: preliminary evaluation of mass balance and process energy efficiency.Appl Microbiol Biotechnol 86 (5):1355–1365

第 17 章 从生物质生产生物丁醇

摘要：无论从环境观点，还是从政治观点出发，都要求增加生物燃料的生产和使用。在未来，生物丁醇具有巨大的潜力成为替代燃料，来替代汽油、柴油或者这些燃料的添加剂。本章展现了丁醇作为燃料超越乙醇的优良品质，包括较高热值、适用性广、安全性高和易于兼容燃料分销系统等。回顾了丁醇的传统生物化学生产过程(丙酮–丁醇–乙醇发酵)和化学生产过程。另外，强调了新颖的生物丁醇生产途径。落实工业规模可行的生物丁醇生产过程所面临的挑战，包括原材料的成本、发酵的低产率和昂贵的过程技术。为提高发酵丁醇的产率，以新的过程技术和代谢工程为例，讨论了过程开发技术和不同方法。

17.1 引言

化石燃料资源的限制、对环境的关注以及关于化石燃料的使用、向大气中排放二氧化碳(CO_2)和其他排放物的立法日益加强，提高了人们生产和使用生物燃料的兴趣。可以预期，在未来数十年中，生物燃料在交通运输燃料市场上的占有率将迅速增长。目前，生物乙醇和生物柴油是占优势的用于交通运输的生物基燃料。然而，为满足正在日益增长的燃料需求，未来也需要新的可再生替代燃料。生物丁醇具有许多优良的性质和广泛的途径，是燃料和化学品市场上一种新颖的可再生生物燃料，替代潜力巨大。

虽然存在从生物质基材料生产丁醇的几种可选路径，但当今的丁醇主要从化石燃料经过催化工艺来生产。本章综述了生物质基工艺的缺陷和工艺开发所要实现的焦点目标，以便获得可行的具有竞争力的生物丁醇生产工艺。

17.2 丁醇的性质和用途

丁醇(C_4H_9OH)，也称为丁基醇，如果从生物质生产，也可称为生物丁醇。它有 4

本章作者：Johanna Niemistö，Paula Saavalainen，Ritva Isomäki，Tanja Kolli，Mika Huuhtanen，Riitta L. Keiski

作者单位：芬兰奥卢大学(University of Oulu)环境工艺和工程系传质和传热过程实验室

电子邮件：johanna.niemisto@oulu.fi

种结构的异构体，通常称为正丁醇(*n*–丁醇)、异丁醇(*iso*–丁醇)、仲丁醇(*sec*–丁醇)和叔丁醇(*tert*–丁醇)(见表 17.1)。丁醇主要用于合成丙烯酸丁酯和丙烯酸甲酯的中间化合物，而油漆、颜料和表面涂层需要丙烯酸丁酯和丙烯酸甲酯作为原料。丁基乙酸和乙二醇乙醚也是从丁醇生产的普通的衍生物(Kirschner 2006)。另外，丁醇可直接用做溶剂或作为制造纺织品、增塑剂、氨基树脂和丁胺的原材料(Burridge 2009)。丁醇的化学和物理性质(如沸点、辛烷值、黏度)可以在不同异构体之间变化，但是作为溶剂、工业清洁剂或生物燃料的主要应用，对所有异构体是都是相同的。

表 17.1 丁醇异构体的分子结构、生产方法和主要应用(Hahn et al 2012；Jin et al 2011)

异构体	分子结构	生产方法	主要应用
n–丁醇(1–丁醇)	OH	发酵、雷帕合成、羰基合成、巴豆醛加氢	溶剂、稀释剂、表面涂层的化学品平台、塑料和纺织工业、汽油添加剂
异丁醇 (*iso*–丁醇，2–甲基–1–丙醇)	CH_3 HO CH_3	发酵、雷帕合成、羰基合成、一氧化碳同系化反应的催化加氢	溶剂、稀释剂、硝化纤维和合成树脂的添加剂；清洁剂、印刷油墨、汽油添加剂的成分
仲丁醇 (*sec*–丁醇，2–丁醇)	OH	酸催化 *n*–丁烯的水合反应	溶剂、制动液、清洁剂、香料、水果香精的成分；主要用于 2–丁酮加氢，用做作溶剂
叔丁醇 (*tret*–丁醇，2–甲基–2–丙醇)	OH	2–甲基丙烯水合、甲基–叔丁基醚和环氧丙烷生产的副产品	溶剂；用于制备过氧化物、油溶性树脂和抗氧化剂

除了作为溶剂和平台化合物使用外，丁醇还具有良好的燃料性质，这使它可以作为交通运输燃料或燃料添加组分使用：

① 分销。因为丁醇腐蚀性较小，具有比乙醇低的水溶性，丁醇能通过现有的管线和分销站分销。

② 与汽油和柴油和混合能力。与乙醇相比，丁醇混合物可能以较高的浓度存在，而不需要对任何交通工具进行改造和配置新部件。因此，在终端的燃料混合物中，可再生组分的含量可以增加。

③ 热值、辛烷值和燃烧组成。与乙醇相比，丁醇的热值、辛烷值和燃烧组成更接近汽油。用丁醇的燃料燃烧效率(km/L)比用乙醇好。

④ 实用性。与乙醇相比，丁醇蒸发热较低，使得发动机在寒冷的天气容易发动，减少点火问题。另外，在使用丁醇的情况下，产生汽蚀和气阻问题的倾向较低，在夏季和冬季能减少对特种燃料混合物的需求。

⑤ 安全性。与乙醇相比,丁醇的使用和操作更安全,主要是因为丁醇具有较低的蒸汽压和较高的闪点。另外,丁醇在内燃机中燃烧时产生较少的挥发性有机化合物(VOC)排放。

丁醇可以与汽油、乙醇或柴油以各种混合比混合。在过去的几年里,已经开展了许多关于纯的或混合的丁醇使用火花点火(SI)、直接注射(DI)、压缩点火(CI)技术在引擎中燃烧的研究或燃料协调研究 (CFR)(Dernotte et al 2010;Szwaja,Naber 2010;Wallner,Frazee 2010;Cairns et al 2009;Wallner et al 2009)。金等 (Jin et al 2011)回顾了几个研究小组开展的关于丁醇燃烧的研究。他们得出的结论是:当汽油混合物中的丁醇含量低于 20%(体)时,在未改造的 SI(火花点火)发动机上,发动机功率没有减少。与纯的柴油燃烧相比,丁醇-柴油混合物燃烧产生的油烟、一氧化碳(CO)、氮氧化合物(NO_x)的排放量减少(Rakopoulos et al 2010)。然而,在一些情况下使用 SI 引擎也可增加总烃、CO 和 NO_x 的排放, 这取决于使用的引擎的类型、混合比例和操作条件。需要开展更多的试验研究和动力学模型开发,以便优化燃烧过程(Jin et al 2011)。

丁醇能用做含氧柴油燃料生产的原材料。例如,采用磺化介孔二氧化硅和有机硅作为催化剂时, 能通过丁醇的部分脱水制备二丁醚 (DBE)(Sow et al 2005)。另外,丁醇还可以生产饱和烃类燃料。例如,在 200~350℃的低温下,通过催化正丁醇脱水反应得到 1-丁烯和 2-丁烯(Lu et al 1995)。在阳离子交换树脂或无定形的硅-铝土、多聚磷酸或大孔分子筛催化剂作用下,丁烯能进一步发生齐聚反应来制备喷气燃料和柴油燃料(Harvey,Meylemans 2011)。此外,赖特等(Wright et al 2008)使用甲基铝氧烷(MAO)活化的金属茂合物催化剂,用于将 1-丁烯高选择性地转化为齐聚体,它能进一步制备喷气燃料。

17.3 丁醇生产的历史

图 17.1 总结了丁醇生产的要点和转折点。

巴斯德(Pasteur)在 1861 年报道,通过微生物发酵生成了丁醇(Gabriel 1928)。在 20 世纪早期,通过淀粉基生物质的发酵来生产丙酮、戊醇和丁醇,这些产品进而用于生产合成橡胶(Fitz 1878;Gabriel,Crawford 1930)。费恩巴赫(Fernbach)在 1911 年从马铃薯淀粉的细菌培养液分离出丁醇,并申请了相关专利。在那以后不久的 1912 年,费恩巴赫的前助理魏茨曼(Weizmann)用淀粉为基质,分离出一个具有较高丁醇产率的菌株 (Gabriel 1928;Jones,Woods 1986)。后来分离的细菌菌株被命名为"丙酮丁醇梭菌(*Clostridium acetobutylicum*)",它已经成为目前研究和应用最多的丁醇生产微生物。费恩巴赫工艺和魏茨曼工艺已经在工业规模的生产工厂中用于生产丙酮和丁醇。在第一次世界大战(1914~1918)期间,丙酮是主要的发酵过程产品,用于生产硝化甘油(如无烟火药)。在20世纪20年代,丁醇转而成为了微生物发酵过程的主要产品,因为发现它对于制造快速扩张的汽车工业需要的快干油漆具有良好的溶剂性质(Gabriel 1928;Gabriel,Crawford 1930)。在之后的数十年中,在全世界的几个工业规模的工厂生产了大量生物丁醇(García et al 2011)。尽管开展了持续的研究和过程开发活动,因为原材料成本的上升,许多工厂在20世纪60年代纷纷倒闭。石油化学合成过程开始在生产丁醇中占首要地位,因为与发酵过程相比,石油化学合成过程的生产成本更低。

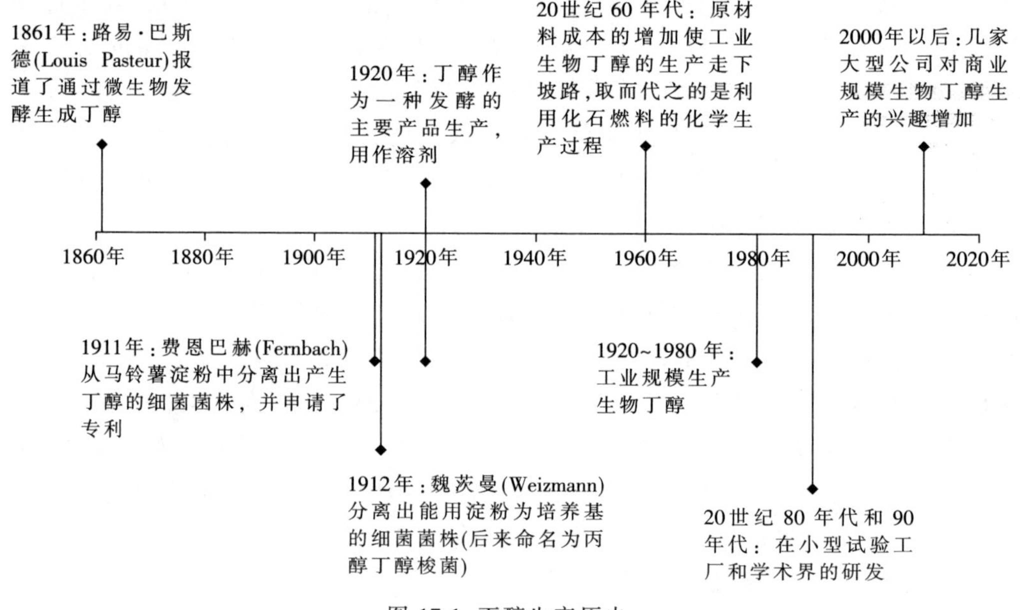

图 17.1 丁醇生产历史

关于生物化学发酵过程的研究仍在继续开展,然而主要在学术界和一些试验性工厂进行(Nimcevic,Gapes 2000)。在过去的数十年中,人们就新的原料、预处理方法的开发以及发酵实践和下游过程的改进开展了活跃的研究,可参见最近发表了几篇相关综述 (Jin et al 2011;García et al 2011;Kumar,Gayen 2011;Ezeji et al 2010;Ezeji et al 2007)。中国已经在几个工厂重启了丙酮–丁醇–乙醇(ABE)生产(Ni,Sun 2009)。另外,几家公司,诸如英国石油公司(BP)、杜邦公司(DuPont)、美国科博尔特生物燃料公司(Cobalt Biofuels)、绿色生物制剂公司(Green Biologics)、盖佛公司(Gevo)、法国迈陀保利克公司(Metabolic Explorer)和伊士曼化工有限公司的可再生材料子公司 TetraVitae Bioscience 正在加紧开发生物丁醇的生产工艺,预计新的生产工厂在不久的将来就会开工(Jin et al 2011)。

17.4 化学生产工艺

17.4.1 传统化学生产工艺

目前,丁醇几乎完全从源于烃的化石燃料经化学途径生产得来。丁醇工业生产的传统化学工艺是羰基合成 (Oxo synthesis,也叫做水甲酰化,见式 17.1~式 17.3)、雷帕合成(Reppe synthesis)(见式 17.4)和巴豆醛水合(见式 17.5~式 17.7)。

$$CH_3CH{=}CH_2+H_2+CO\xrightarrow{\text{催化剂}}\underset{\text{正丁醛}}{CH_3CH_2CH_2CHO}+\underset{\text{异丁醛}}{CH_3\underset{\displaystyle CH_3}{\underset{|}{C}}HCHO} \tag{17.1}$$

$$\underset{\text{正丁醛}}{CH_3CH_2H_2CHO}+H_2\longrightarrow\underset{\text{正丁醇}}{CH_3CH_2CH_2CH_2OH} \tag{17.2}$$

$$\underset{\text{异丁醛}}{CH_3\underset{\displaystyle CH_3}{\underset{|}{C}}HCHO}+H_2\longrightarrow\underset{\text{异丁醇}}{CH_3\underset{\displaystyle CH_3}{\underset{|}{C}}HCH_2OH} \tag{17.3}$$

$$CH_3CH{=}CH_2+H_2O+3CO\xrightarrow{\text{催化剂}}\underset{\text{正丁醇}}{CH_3CH_2CH_2CH_2OH}+\underset{\text{二氧化碳}}{2CO_2} \tag{17.4}$$

$$CH_3CHO\longrightarrow\underset{\text{3-羟基丁醛}}{CH_3CH(OH)CH_2CHO} \tag{17.5}$$

$$\underset{\text{3-羟基丁醛}}{CH_3CH(OH)CH_2CHO}\longrightarrow\underset{\text{巴豆醛}}{CH_3CH{=}CHCHO}+H_2O \tag{17.6}$$

$$\underset{\text{巴豆醛}}{CH_3CH{=}CHCHO}+2H_2\longrightarrow\underset{\text{正丁醇}}{CH_3CH_2CH_2CH_2OH} \tag{17.7}$$

在羰基合成中,一氧化碳和氢加入液相丙烯中。该工艺使用了催化剂,例如钴(Co)、铑(Rh)或钌(Ru)。第一个反应步骤产生丁醛混合物,它进一步加氢生成正丁醇和异丁醇。催化剂和反应条件(如使用的压力、温度)的不同导致不同的丁醇异构体比率(Hahn et al 2012;Falbe 1970)。

按照肖韦尔和列斐伏尔(Chauvel,Lefebvre 1989)所述,对于钴催化剂,工艺需要的温度和压力在 110~180℃和 5~35MPa 之间变化;而对于铑催化剂,工艺需要的温度和压力在 70~120℃和 1.5~30MPa 之间变化。当采用改性的催化剂,如被磷化氢取代的四羰基氢钴或被三苯基膦修饰的羰基铑时,通常使用较低的温度和压力条件。

雷帕合成工艺也是从丙烯和一氧化碳开始,但是用水取代了 H_2,并采用多核羰基铁季铵盐水合物作为催化剂，在制备正丁醇和异丁醇的同时产生了二氧化碳。与羰基合成反应相比，雷帕合成反应在较低的温度和压力下（100℃和 0.5~2.0MPa)发生，但是需要的工艺技术比较昂贵。因此，至今雷帕合成工艺没有成功地进行商业运行(Hahn et al 2012；Chauvel，Lefebvre 1989；Falbe 1970)。

巴豆醛加氢是首选的丁醇生产工艺，优于开发的羰基合成工艺。该工艺包括乙醛的缩醛反应步骤、3-羟基丁醛的脱水反应制备巴豆醛步骤和通过巴豆醛加氢反应制备正丁醇步骤。已开发了气相工艺和液相工艺，通常在使用钴(Cu)或铬(Cr)催化剂时，加氢反应在 170~180℃进行；或在采用镍(Ni)催化剂时，加氢反应在更低的温度下进行(Hahn et al 2012；Weissermel，Arpe 2003)。

17.4.2 利用可再生原料的新型催化途径

几乎所有工业生产的丁醇都是通过羰基合成反应从化石燃料基材料制造。采用可再生起始材料的催化反应途径是人们所希望的，因此在过去的几年中，人们对于寻找这些过程的合适催化剂的兴趣激增。设想巴豆醛加氢在未来将承担更重要的角色，这可归因于通过发酵可将生物乙醇转化为乙醛，进而转化成正丁醇的可能性(Hahn et al 2012)。已经发现钙或锶代替羟基磷灰石催化剂[例如 $Ca_{10}(PO_4)_6(OH)_2$ 或 $Sr_{10}(PO_4)_6(OH)_2$]，在将乙醇转化为丁醇方面具有突出的优势（Ogo et al 2011；Tsuchida et al 2006，2008a，b)。而且，有研究者已经研究了相关的分子筛(Ndou et al 2003)和它支撑的金属催化剂，例如 Ni/γ-Al_2O_3(Yang et al 2004)。几乎所有已经报道的乙醇制正丁醇过程均以气相形式操作。因此，乙醇到丁醇的液相催化转化是令人感兴趣的(Riittonen et al 2012)。在表 17.2 中，总结了一些从乙醇到丁醇的化学转化的催化研究。

在大部分非均相生成丁醇的反应中，乙醇与携带气(N_2 或 He)在 200~450℃之间的温度下进入到催化剂的表面。在这些情况下，乙醇转化率取决于使用的催化材料，在 2%和几乎 100%之间变化。将蒸压釜反应器用于直接催化液态乙醇转化为丁醇的反应，乙醇转化率在 2%~18%之间变化，丁醇的选择性可以达到 62%(Riittonen et al 2012；Marcu et al 2009)。

最近研究的主要挑战是发现新型的适合合成丁醇的催化剂，同时理解或搞清楚生成正丁醇的反应机理。为改进乙醇的转化率，常常需要更加细致地研究催化剂成分的影响。例如，添加到 MgAl-氧化物中 Cu 的优化的含量在 5%~10%之间，获得的混合物的乙醇转化率大约是 4.1%~4.5%，丁醇的选择性大约是 40%~42%(Marcu et al 2009)。另外，用铁(Fe)部分代替 Al_2O_3 已经显示对乙醇缩合反应有影响(León et al 2011b)。

表 17.2 乙醇(C_2H_5OH)催化转化为丁醇的相关研究

催化剂	反应条件(相,温度,压力)	产品组成	转化率(X),n-丁醇的选择性(S)或产率(Y)	参考文献
MgO/C(10%或 20%Mg)	甲醇和乙醇在氮气中,1Pa,310~400℃;1.4MPa,环境温度	H_2,CO_2,C_3H_6,乙炔,i-丁烷,反式丁烯,顺式丁烯,C_2H_4,O_2,CH_4,CO,N_2	300℃时,$X_{乙醇}$=15%;360℃时,$X_{乙醇}$=70%~98%;400℃时,$X_{乙醇}$=91%	Olson et al(2004)
Ni/MgO(3%Ni)	甲醇:乙醇在氮气中,360℃,1Pa	H_2,CO_2,C_3H_6,乙炔,i-丁烷,反式丁烯,顺式丁烯,C_2H_4,O_2,CH_4,CO,N_2	$X_{乙醇}$=47%	Olson et al(2004)
Mg-Al 混合氧化物	200~450℃,5.5%(体)乙醇在氦气中	乙烯,乙醛,2-丁烯醛	450℃时,$X_{乙醇}$约为 90%	León et al(2011a)
Mg-Al(3:1)混合氧化物	12%(体)乙醇,在氮气中	乙烯,乙醛,丁醇,丁醛	350℃时,$X_{乙醇}$~33%;$S_{丁醇}$=38%	Carvalho et al(2012)
Fe/Mg-Al 混合氧化物	200~450℃,0.1MPa,5.5%(体)乙醇在氦气中	丁醇,1,3-丁二烯	450℃时,$X_{乙醇}$约为 90%~100%	León et al(2011b)
Cu/Mg-Al 混合氧化物	50mL 乙醇,200~260℃,自生压力,搅拌	n-丁醇,1,1-二乙氧基乙烷,乙醛,乙酸乙酯,丁醛,甲基乙基酮,二乙酯	$X_{乙醇}$约为 4.5%;$S_{丁醇}$约为 40%	Marcu et al(2009)
Ca-P、Ca-V、Sr-P、Sr-V 羟基磷灰石催化剂	300℃,1Pa,16.1%(体)乙醇在氩气中	1-丁醇,2-丁醇,乙醛,巴豆醛	$X_{乙醇}$=5.8%~7.6%;$S_{丁醇}$=8.1%~74.5%	Ogo et al(2011)
MgO,CaO,Ca/P	300~450℃,0.1MPa,16.4%(体)乙醇在氦气中	乙醛,丁醛,巴豆醛,1-丁醇,1-己醇,2-乙基-1-丁醇,1-辛醇,2-乙基-1-己醇,1-癸醇,1-己烯等	$X_{乙醇}$=26%(最大);$S_{丁醇}$=76%(最大)	Tsuchida et al(2006,2008a,b)
γ-Al_2O_3,MgO	450℃,0.1MPa,10mL 乙醇在氮气中	乙缩醛,正丁醛,巴豆醛,2-丁醇,丁醇,巴豆醛	Al:$X_{乙醇}$=82%;$Y_{丁醇}$=0 Mg:$X_{乙醇}$=56%;$Y_{丁醇}$=18%	Ndou et al(2003)
Ni,Fe 或 Co/γ-Al_2O_3	200℃,0.1MPa	乙醛,丁醛,乙酸乙酯,正丁醇	Ni:$X_{乙醇}$=19%;$S_{丁醇}$=64% Fe:$X_{乙醇}$=3%;$S_{丁醇}$=0% Co:$X_{乙醇}$=17%;$S_{丁醇}$=23%	Yang et al(2004)
Ru,Rh,Pd,Pt,Au 或 Ni 负载在 Al_2O_3 上	微反应器,高达 250℃,高达 10MPa,1.5mL 乙醇在氦气中	乙醛,乙醚,乙酸乙酯,1-丁醇,1,1-二乙氧基乙烷,1-己醇,1-辛醇	$X_{乙醇}$=2%~18%;$S_{丁醇}$=0~62%	Riittonen et al(2012)

研究者们发现,乙醇催化转化中的产品分布取决于催化剂。因此,提出了几种催化乙醇反应转化为丁醇的反应机理,这些反应机理基于含有碱性组分和金属物种双物功能催化剂的果培特 (Guerbet) 反应。催化剂促进了醇与醇之间的缩合反应。反应中存在三个步骤:醇脱氢反应获得相应的醛;产生的醛进行羟醛缩合反应;不饱和的缩合产物进行加氢反应制备高级醇(Tompsett et al 2011)。例如,奥戈等(Ogo et al 2011)用四步机理成功解释了在羟基磷灰石上生成1-丁醇的过程:通过乙醇的脱氢反应合成乙醛;乙醛通过羟醛缩合反应合成巴豆醛;巴豆醛发生加氢反应;2-丁烯-1-醇和/或丁醛转化为1-丁醇。按照马尔库等(Marcu et al 2009)所述,在第一步乙醇发生脱氢反应生成乙醛以后,乙醛发生自缩合反应合成巴豆醛,最终巴豆醛发生加氢反应,在 CuMgAl 混合氧化物上生成正丁醇。

另一个制备丁醇的催化途径是源自发酵产品,从酯(R_1COOR_2)到醇(R_1CH_2OH)和 R_2OH。最近,丁酸丁酯($C_3H_7COOC_4H_9$)通过 $Cu/ZnO/Al_2O_3$ 催化剂发生氢解反应制丁醇引起了工业界的兴趣(Ju et al 2010;Kim et al 2011)。其构思是用1mol 丁酸(C_3H_7COOH)和1mol 来自发酵过程的丁醇通过酯化反应获得丁酸丁酯,它将进一步通过加氢反应转化为2mol 的丁醇。已经研究了丁酸丁酯的氢解反应,丁酸丁酯在 $Cu/ZnO/Al_2O_3$ 催化剂上经解离吸附产生 C_3H_7CO 和 C_4H_9O 碎片。此时,催化剂表面的 C_3H_7CO 碎片发生加氢反应经巴豆醛转化为丁醇,C_3H_7CO 碎片的相对物 C_4H_9O 碎片直接加氢(Ju et al 2010)。已经发现,在 $CuO/ZnO/Al_2O_3$ 催化剂上氧化锌(ZnO)的出现,能增强 Cu 的催化活性,这归因于 ZnO 的双功能(Kim et al 2011)。

17.5 生物化学生产途径

生物丁醇的生物化学生产途径在图17.2中举例说明。由于是基于发酵步骤的主要产品,这个过程也称为丙酮-丁醇-乙醇(ABE)发酵。该工艺过程可以使用范围广泛的原料,包括副产品、废弃物和来自农业、工业的残留物。在发酵步骤以前需要的上游过程步骤是原料生物质的预处理步骤和使用酶或酸的水解步骤。如果在预处理过程中生成了一些抑制剂,也可能需要额外的脱毒步骤。厌氧发酵过程用于将糖转化为丙酮、丁醇和乙醇,以及作为副产品的酸和气体。通过发酵获得的最终产品在下游过程步骤回收和精制(Qureshi,Blaschek 2005)。

17.5.1 原料

当选择生物质作为丁醇生产过程的原材料时,低廉的价格、良好的适用性、充足的供应、具有合理的运输成本和获得可发酵糖的上游过程是最重要的因素(Lynd et al 1999)。农作物生物质具有季节适用性以及在生长期之间质量和产率发生变化的缺点。另一方面,糖基和淀粉基生物质的上游过程通常比木质纤维素容易。无论如何，较好的适用性和较低的供应成本促进了木质纤维素生物质的使用。另外，使用非食用生物质代替食品原料是具有吸引力的。通过副产品和废弃材料的使用，也能增加持续性、提高材料利用效率和使废弃物量最小化。马铃薯和玉米来源的糖浆、淀粉已经成为工业规模生产丁醇的传统原料(García et al 2011)。然而，这些初始原材料已经面临一些障碍，因为它们能用做食物。

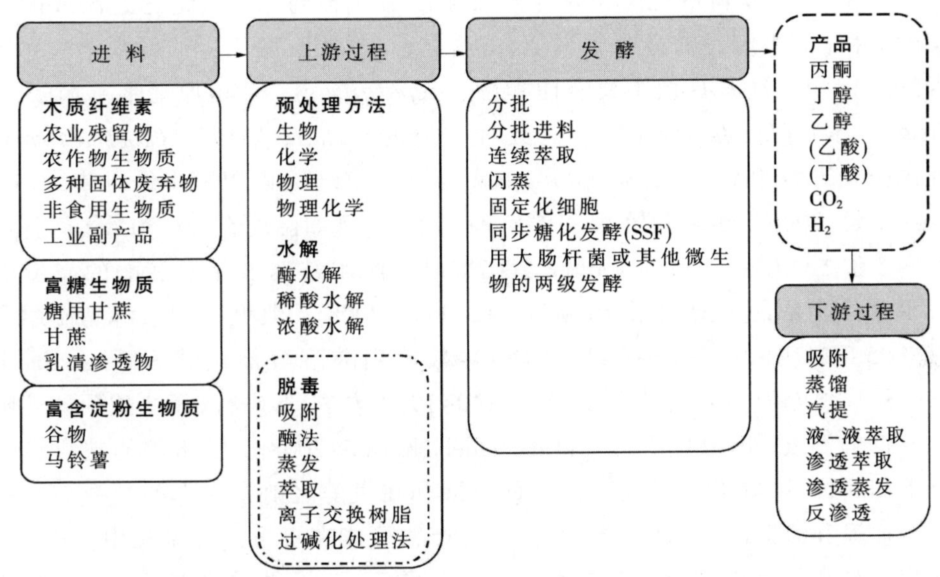

图 17.2 采用非传统原料和过程技术的生物丁醇生产过程

[点划线框表示如果抑制剂是在上游过程产生(是产品)所需要的过程步骤]

17.5.2 上游过程

木质纤维素生物质的主要成分是纤维素(占干重的 35%~50%)、半纤维素(占干重的 25%~35%)和木质素(占干重的 10%~25%)(Cherubini 2010)。纤维素由葡萄糖组成，而半纤维素由糖类，诸如 *D*-半乳糖、*D*-葡萄糖、*D*-甘露糖、*D*-木糖和 *L*-果胶糖组成。梭菌属细菌能利用所有这些糖类(Ezeji，Blaschek 2008)，但是需要在发酵之前改变原料生物质的复合结构，为发酵释放出糖类。与非纤维素材料相比，木质纤维素生物质需要更苛刻的上游过程技术。这是因为木质纤维素具有更加复杂的结构：纤维素、半纤维素和木质素通过化学键束缚在一起，阻碍了上游过程。

几种预处理技术是适用的，包括物理方法(例如刨削法、磨碎法或制粉法)、物理化学方法(蒸汽爆破法、氨纤维爆破法和液态热水处理法)、化学方法(稀酸或浓酸水解法、碱水解法和氧化脱木质素法)和生物方法(通过例如细菌或褐腐真菌、软腐真菌、白腐真菌的真菌预处理)。大量综述提供了关于这些技术的详细信息(Kumar et al 2009;Taherzadeh,Karimi 2008;Jørgensen et al 2007;Mosier et al 2005)。最理想的预处理技术是费用低、能效高和可发酵的糖的产率高的技术,并且没有生成对后续的水解和发酵步骤产生抑制的化合物。预处理的结果应该总是要平衡布局、材料、化学品和操作费用,以及预处理对发酵和下游过程步骤的影响。

预处理以后,获得的纤维素和半纤维素断裂成葡萄糖和其他通过酶或酸水解可发酵的糖。酶水解是通过褐腐真菌、白腐真菌、软腐真菌产生的纤维素酶和半纤维素酶进行的,这些真菌主要有曲霉菌(*Aspergillus*)、黄孢原毛平革菌(*Phanerochaete*)、木霉(*Trichoderma*);另外几种类型的细菌,诸如梭菌(*Clostridium*)、芽孢杆菌(*Bacillus*)和链霉菌(*Streptomyces*)也可产生纤维素酶和半纤维素酶(Sukumaran et al 2005)。酶水解在温和的条件下进行,例如温度在40~50℃之间、pH值在4.5~5.0之间(Taherzadeh,Karimi 2007),但是酶水解速度缓慢和酶的昂贵成本阻碍了这种方法的工业应用(Sánchez,Cardona 2008)。典型的酸水解是使用稀的(0.75%~5.0%)或浓的(10%~30%)硫酸、盐酸或硝酸溶液催化的(Sánchez,Cardona 2008)。稀酸预处理在升高的温度(大约140~190℃左右)下进行,而浓酸预处理则在相对较低的温度(如40℃)下进行(Taherzadeh,Karimi 2008)。酸水解的缺点包括酸的成本和腐蚀性,除此之外还有需要回收酸和在发酵之前中和水解产物。

不希望有的抑制酶水解或发酵的降解产物可能在上游过程步骤中生成。在木质纤维素材料过程中释放的抑制剂包括脂肪酸(乙酸、甲酸和乙酰丙酸)、呋喃衍生物(糠醛和5-羟甲基糠醛)和酚类化合物(丁香醛、阿魏酸和*p*-香豆酸)(Larsson et al 1999)。抑制剂的脱除能通过用活性炭或离子交换树脂吸附、蒸发或溶剂萃取实现。另一个脱除抑制剂的途径是通过酶脱毒或使用氢氧化钙的过碱处理(Huang et al 2008)。

17.5.3 发酵

典型的厌氧发酵是通过使用几种梭菌属的细菌菌株中的一些来进行的,如丙酮丁醇梭菌(*Clostridium acetobutylicum*)或丁酸梭菌[贝(季尔林斯基)氏梭状芽孢杆菌(*Clostridium beijerinckii*)]。发酵包括两个阶段:首先在引起酸化的阶段中,细菌生长并利用来自糖的糖酵解获得的丙酮酸酯产生乙酸、丁酸、二氧化碳(CO_2)和氢气(H_2)(见图17.3);然后,在指数化生长阶段,细菌的新陈代谢发生变化,产生的酸转化成丙酮、丁酸和乙醇(丙酮、丁酸和乙醇典型的比例是3:6:1)。这个第二阶段通常称为产溶剂阶段。

产品浓度保持在较低的水平,这主要是因为丁醇能抑制羧酸菌属细菌的生长和新陈代谢。从分批发酵获得的典型的最大丁醇浓度大约为 18g/L,总的溶剂产率大约为 26g/L(Qureshi et al 2010a)。

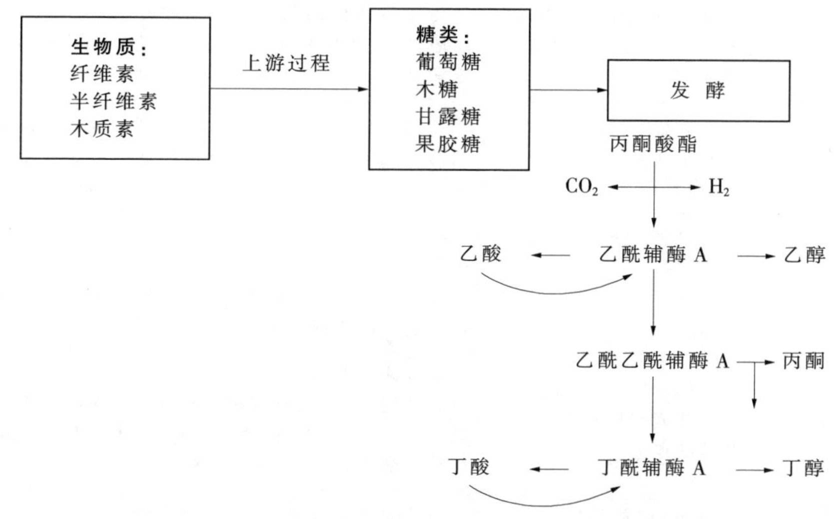

图 17.3 羧酸菌属发酵的简化新陈代谢途径

17.5.4 下游过程

较低的产品浓度和丁醇较高的沸点(118℃)是下游过程能量密集和成本昂贵的主要原因。与传统的蒸馏相比,通过使用较经济和能效较高的分离技术能减少成本。研究最多的可与 ABE 发酵一体化的分离方法是吸附(Qureshi et al 2005)、汽提(Maddox et al 1995;Qureshi,Blaschek 2001a;Ezeji et al 2003,2004)、液-液萃取(Groot et al 1990;Qureshi,Maddox 1995)、渗透蒸发(Qureshi,Blaschek 2000;Qureshi et al 2001)、渗透萃取(Grobben et al 1993;Qureshi,Maddox 2005)和反渗透(Garcia et al 1986)。下文(参见 17.6.4)详细讨论了下游过程。

17.6 生物丁醇生产过程的最新改进

在具有经济竞争性和有效的工厂规模的丁醇生产具有可行性之前,生物化学生产过程需要克服几个方面的挑战。表 17.3 总结了这些挑战和建议的解决问题的办法。原材料的成本、发酵的低成品产率以及上游和下游过程的高成本是 ABE 过程的主要缺点。

对上游过程而言,为增加效率和可再生原料的可持续利用,寻找新颖的容易获得的低廉原料和改良的预处理技术是重要的开发领域。为提高发酵过程的产率(一般较低),已经开展了相关研究,例如细菌菌株先进的发酵实践和代谢工程,以及探索发酵过程新颖的微生物。

表 17.3 生物丁醇生产过程的挑战和推荐的改进措施

过程步骤	挑 战	建议的改进措施	参考文献
原 料	价格、适用性、组成以及培养、收获、运输和操作的成本	使用较廉价的和可承受的非食品原材料,例如容易获得的木质纤维素、废弃物、工业或农业的残留物	Qureshi, Ezeji(2008)
预处理	化学品、设备的成本,能量效率 (结构变化、糖产率、抑制剂的生成)	开发更有效和或新颖的方法,例如离子液体的使用、脱毒方法的使用	Kumar et al(2009); Li et al(2010a); Liu, Blaschek(2010)
水 解	酸水解:化学品的成本、设备的腐蚀; 酶水解:反应缓慢、酶的成本	结合预处理和水解步骤 (例如使用化学品、离子液体、热水、超临界条件的分离);开发酶水解,获得较好的选择性和较快的水解速率	Li et al(2008); Jørgensen et al(2007)
发 酵	低溶剂产率、产品抑制、新陈代谢缓慢和梭菌属的其他缺点	基因改造细菌菌株的开发 (更加有效的溶剂产率、对溶剂具有较好的忍耐力)和先进的发酵技术[例如连续发酵和原位产品回收(ISPR)]	Qureshi, Ezeji(2008); Lee et al(2008)
下游过程	成本(设备和能量),低产物浓度对应丁醇的高沸点,蒸馏的能量集约化	开发能效更高的回收和纯化溶剂的方法[膜分离方法(例如渗透蒸发)]	Izák et al(2008); Vane(2005, 2008)
可持续性评估	设定评估和计算的边界,相对指标的选择,缺乏过程数据, 与其他情况的比较/评估困难	指导原则的编制和过程危害性的评估;普通数据和评估程序的产生;评估时不能仅仅关注一个参数(如温室气体的排放), 而是尝试考虑所有可持续性的方面(环境、经济和社会)	本研究工作

17.6.1 新型原料

由于原料成本影响整个过程的价格,已经寻找适用于丁醇生产过程的新颖低廉的原料。最近已经研究的 ABE 发酵的原材料包括木薯 (Thang et al 2010;Tran et al 2010)、农业残留物(如玉米纤维)(Qureshi et al 2006,2008a)、非食用大麦秸杆(Qureshi et al 2010a)、玉米秸秆(Qureshi et al 2010b)、麦秆(Qureshi et al 2008b,c)、柳枝稷(Qureshi et al 2010b)、糖枫树汁的水解产物(Sun,Liu 2012)。另外,已经试验的工业副产品包括乳清渗透物(Qureshi,Maddox 2005)、米糠(Al-Shorgani et al 2012;Lee et al 2009)、小麦糠(Liu et al 2010)、废水藻类(Ellis et al 2012)。具有良好适用性和经济可行的可再生原料是人们想得到的,副产品或残留物材料的利用也能改进材料使用的效率。使用这些木质纤维素材料的一个挑战是木质纤维素具有复杂的结构,需要有效的上游过程和脱毒技术,以便获得足够量的不含抑制发酵化合物的糖。

17.6.2 上游过程

通过增加使用具有较低能耗和成本的技术,可以降低上游过程的成本。对木质纤维素过程而言,一般认为蒸汽爆破和使用氨气、稀酸、石灰和高温液态水处理原料是最具潜力的和成本效益的方法(Taherzadeh,Karimi 2007)。

金姆和洪(Kim,Hong 2001)证明了超临界二氧化碳($scCO_2$)预处理改进了白杨和南方黄松的酶水解,然而纳拉亚那瓦米等(Narayanaswamy et al 2011)观察到通过 $scCO_2$ 处理玉米秸秆可增加葡萄糖的产率,但是对于柳枝稷进行同样的处理是无效的。其他已经研究的用 $scCO_2$ 预处理的原材料包括微晶纤维素、循环纸混合物、甘蔗渣、循环纸的再浆化废弃物(Zheng et al 1998)、麦秆(Alinia et al 2010)、稻草杆(Gao et al 2010)。用 $scCO_2$ 预处理原材料获得了改进的葡萄糖产率,这归因于生物质结构的强化分解和孔尺寸增大,这导致酶的水解更容易和更有效(Gao et al 2010)。超临界条件同时也提高了传质和反应速率,超临界条件能与酶和离子液体结合同时起作用(Wimmer,Zarevúcka 2010)。另外,与其他使用化学品的处理过程相比,CO_2 成本低廉并且是无毒的溶剂,容易在预处理过程后分离出来,使预处理能够在低温下进行(Kim,Hong 2001)。

最近,另一个先进的木质纤维素预处理方法,即离子液体(ILs)的使用引起了广泛关注 (Kilpeläinen et al 2007;Tadesse,Luque 2011;Mäki-Arvela et al 2010)。通过选择具有合适的阴离子和阳离子形成的离子液体能选择性地溶解生物质。试验过的木质纤维素包括玉米棒子 (Li et al 2010b)、玉米秸秆(Binder,Raines 2010)、柳枝稷(Li et al 2010c;Zhao et al 2009)、麦秆(Li et al 2009)、甘蔗渣(Kuo,Lee 2009)和稻草杆(Ngyuena et al 2010)。同时,离子液体处理法不仅可作为一种具有较多选择性和较少能量需求的预处理方法,考虑采用离子液体还为了增加水解糖的产率。无论如何,在使用离子液体作为预处理方法的工业规模应用之前,应该首先克服包括离子液体的价格、循环使用性、腐蚀性和毒性数据缺乏等方面的挑战。

17.6.3 发酵

生物丁醇生产的发酵步骤能采用几种不同的操作模式,包括分批处理、分批进料或连续技术。另外,还使用了强化的方式,例如细菌细胞的固定化(Tripathi et al 2010;Lee et al 2008a;Huang et al 2004;Qureshi et al 2000,2004)。一些研究人员在酸化的阶段和产溶剂的阶段使用了分离式的反应器(Mutschlechner et al 2000)。

传统的发酵法生物丁醇生产是基于使用生成孢子的梭菌(*Clostridium*)。在过去的 20 年间,代谢工程工具已经普遍应用于菌株改造。代谢工程的目的是通过以下途径增加丁醇的产率:

① 扩展原材料的使用范围;

② 增加碳源的丁醇产率;

③ 强化生产丁醇的选择性,而不是增加混合酸/溶剂的比例;

④ 提高细菌对抑制剂(如丁醇)的忍耐力。

代谢工程一般是通过从其他细菌内切某些酶的基因进行的,例如利用更廉价的基质来改进梭菌的能力。另一个方法是内切或拆卸/拆掉决定性酶的基因编码,从而改变细菌的新陈代谢,或调整一些基因和改进细菌对抑制剂的忍耐力。基因改造也能通过延长或限制细菌的孢子化来进行,这会导致溶剂产率的增加(Jin et al 2011)。

根据李等(Lee et al 2008b)的报道,第一个成功的代谢工程实例是丙酮丁醇梭菌 ATCC 824,它是帕波特萨克斯(Papoutsakis)研究小组在 20 世纪 90 年代研究获得的。当时他们扩大了细菌中生成丙酮的途径。与亲本菌株相比,进行改造的重组丙酮丁醇梭菌的发酵导致溶剂最终浓度的增加(Mermelstein et al 1993)。鲍敦和帕波特萨克斯(Borden, Papoutsakis 2007)报道了具有一个携带 CAC1869 或 CAC0003 基因的质粒的菌株。与质粒控制菌株相比,这个菌株对丁醇的忍耐力提高了 13%~81%。

虽然代谢工程工具适用于改造梭状芽孢杆菌(*Clostridia*),但是在使用细菌用于工业生产时,仍然有许多挑战,例如相对低的生长速率、产生孢子的生命周期、生成的副产品以及对氧和产生的溶剂的忍耐力。为获得具有工业可行性的生产过程,通过基因改造获得对 1-丁醇生产而言更容易操作的其他微生物引起了人们的兴趣。最近,采用工程化的大肠杆菌 (*Eschericia coli*) 和酿酒酵母(*Saccharomyces cerevisiae*),成功进行了用于 1-丁醇生产的正丁醇生物合成途径(Atsumi et al 2008;Inui et al 2008;Steen et al 2008)。在这些研究中,用大量不同生物体的异构酶开展了代替梭菌属酶的试验。结果显示成功地生产了丁醇,但是仍然有必要增加丁醇的产率。虽然在表达异种的生物合成途径时,维持必要的天然的新陈代谢存在许多挑战,但是对这些微生物的新陈代谢、物理和基因方面进行更好的了解,将有利于将来设计和构建优化的生物丁醇合成途径 (Atsumi et al 2008;Inui et al 2008;Steen et al 2008)。

为了获得更加可行的生产过程,另一种方法是使用两种不同细菌的协调细胞培养。特伦等(Tran et al 2010)研究了丁酸杆菌(*Clostridium butylicum*)和枯草杆菌(*Bacillus subtilis*)的协调细胞培养。使用高淀粉酶产率的有氧的杆菌(*Bacillus*)导致需氧的枯草杆菌增加了对淀粉基质的利用和 ABE 的产量。研究也显示,在协调细胞培养耗氧的杆菌时,不需要像培养梭菌那样,为了保证厌氧条件而添加昂贵的还原剂或用 N_2 置换掉含氧介质。

对将 CO_2 直接转化为正丁醇进行了研究,以代替使用木质纤维素和糖类作为碳源。兰和廖(Lan,Liao 2011)证明,通过工程化的蓝细菌(*cyanobacterium*)可以从 CO_2 和光直接生产正丁醇。在研究中,包含正丁醇生长途径依赖的辅酶 A 经改造转移到细长聚球藻(*Synechococcus elongatus*)PCC 7942。包含 5 个酶的非均匀表达的途径需要将乙酰辅酶 A(acetyl-CoA)转化为 1-丁醇。因为 1-丁醇生产途径是从严格的厌氧微生物衍生而来,在有氧环境中对蓝细菌的表达途径是具有挑战性的。这需要通过抑制蓝细菌生长后与氧相关的能力和小心调整异性酶的表达来除氧。经光合作用和加尔文-本森(Calvin-Benson)循环,生产 1mol 的 1-丁醇需要 48 个光量子。对葡萄糖和异构丁醇而言,光量子产率是一样的,这使得从 CO_2 和光直接生产 1-丁醇的途径是令人满意的(Lan,Liao 2011)。

17.6.4 下游过程

鉴于过程的复杂性,选择最好的生物丁醇回收方法是具有挑战性的。回收方法的选择应该平衡许多可变因素,例如效率、能量需求、其他的成本、经济状况、安全性和工艺简洁。可考虑将膜方法(如膜蒸发、渗透蒸发和反渗透)看作优势突出的技术(Izák et al 2008;Ezeji et al 2003),尤其是设计生物燃料生产的分离和纯化步骤时,渗透蒸发技术最近获得了更多的关注,因此这一部分详细介绍渗透蒸发。

渗透蒸发(Pervaporation)是一种分离技术,尤其适用于回收进料溶液中具有低浓度的液体组分。目标化合物是通过膜选择性扩散的,并作为蒸汽透析到渗透一侧。仅仅使渗透的化合物发生相变,与传统的蒸发过程相比,减少了操作成本。分离的驱动力是通过化合物在对立的膜的两边具有不同的蒸汽分压获得的化学势能梯度,例如,膜的进料侧是大气压力,而渗透侧是在真空或在低压下(Schäfer,Crespo 2005)。

选择的膜材料确定了分离的性能:有机化合物能用憎水膜分离,而亲水膜能从进料溶液中脱除水。分离特性通常通过两个参数评估:膜的选择性表示为选择性或富集因子,流量表示通过膜的化合物的量。影响这些参数的试验变量包括进料组成、温度、类型、使用的膜的厚度、膜材料、进料和渗透侧的压力。

渗透蒸发对发酵液中的微生物没有负面影响，与其他技术相比，它是一种具有竞争性的方法(Qureshi，Blaschek 2001b)。此外，渗透蒸发还能作为原位回收(ISPR)方法与发酵相结合，因此能提高生产过程的产率、收率和经济性(Izák et al 2008；Qureshi et al 2001)。最近，主要模型 ABE-水溶液(Liu et al 2011；Zhou et al 2011；Thongsumak，Sirkar 2007；Liu et al 2005；Huang，Meagher 2001)或实际发酵液(Liu et al 2011；Thongsumak，Sirkar 2007；Qureshi et al 2001)已经用于渗透蒸发研究。一些研究者将一体化发酵和渗透蒸发作成了一个混合过程(Liu et al 2011；Qureshi，Blaschek 1999；Qureshi et al 1992；Matsumura et al 1992；Groot，Luyben 1987)。

大部分公开的研究中使用了聚二甲基硅烷(PDMS)膜，因为它具有高的憎水性质和良好的化学性质、机械性质和材料的热稳定性。另外，这些膜的制造比较容易和经济(Li et al 2010c)。最近研究使用的其他膜材料包括聚醚嵌段酰胺(PEBA)(Fouad，Feng 2008；Liu et al 2005)、聚偏二氟乙烯(PVDF)(Srivasan et al 2007)和液体膜(Izák et al 2008；Thongsumak，Sirkar 2007)。

几种不渗透的组分(如酸、碱、盐和糖类)出现在发酵液中，可能通过引起膜的阻挠或阻塞，从而对渗透蒸发性质产生影响。在进料溶液中的电解质和糖也能通过膜的驱动力和传质速率来影响膜的渗透蒸发性质。加西亚等 (García et al 2009a，b) 已经研究了电解质对丁醇渗透蒸发的影响。他们没有观察到电解质(NaCl)对PDMS 基膜的渗透蒸发的明显影响。

17.6.5 工艺技术的可持续性

广泛使用的可持续性一词的定义是出自联合国的布兰特委员会(United Nations′ Bruntland Commission)(WCED 1987)："可持续性发展是指既满足当代人的需要，又不对后代人满足其需要的能力构成危害的发展"。对于企业组织而言，其可持续性表明是指当企业在政治领域积极地为其可持续性付出努力时，企业必须维持和扩展经济、社会和环境方面的资本基础(Dyllick，Hockerts 2002)。可持续性能通过三重底线(triple bottom line)方法覆盖(Bowell 2010)，这三重底线途径由三个影响区域组成：环境、经济和社会，或人、地球和利益。可持续性的三个要素是在一个三角形中，表明在这三个方面之间没有必要的实线边框，或同时满足所有方面的其他方法。这将表明，可持续性的所有方面都具有相同的价值，除了三方重叠区域的理想状态外，没有其他事情是可持续性的。但产生的问题是，当可持续性的三个方面相互分离形成它们自己的椭圆或核心时，这些方面是相互关联的和不必排它的。

除了涉及环境外，与生产生物燃料有关的法律法规也促进了可持续性的进步。在欧洲,根据欧盟指令 2003/30/EC(Diractive 2003/30/EC),要求各成员国使用生物燃料或其他可再生燃料用于交通运输,目标是到 2010 年达到 5.75%的市场占有率。根据欧洲可再生能源指令(RED Directive)(2009/28/EC),在欧洲推广使用可再生能源,到 2020 年每个成员国的可再生能源的市场占有率将提升到至少 10%。同时,欧洲可再生能源指令(RED Directive)(2009/28/EC)旨在确保在欧盟范围内生物燃料的使用量是扩大的,使用可持续性的生物燃料,它能有效减排温室气体(GHG),对生物多样化和陆地的使用不产生负面影响。可再生能源指令(RED)包括与可持续性有关相关的三个条款:关于生物燃料和生物液体的可持续性的标准(Article 17)、可持续性标准的证明和遵守(Article 18)以及生物燃料和生物液体的 GHG 影响的计算(Article 19)(EU Directive 2009/28/EC)(BioGrace 2011)。期望在与空气、土壤和水保护有关的可行性和适用性方面,这些可持续性标准也能满足报告的要求。

可持续性的评估是非常复杂和困难的问题,应该不仅仅考虑到与环境相关的问题,因为似乎现在的法律要求这样做。为简化方法,需要通过提出和回答下面这些问题来评估可持续性的三个方面:

① 工艺制造废弃物吗?

② 是否存在与会对自然有害或废弃物的量有关的健康和安全方面的问题?

③ 可能的反应途径的原子经济性如何?

④ 副产品是否可售?

⑤ 工艺是否使用或产生具有潜在毒性的材料?

⑥ 是否存在与工艺中使用或产生的化学品的有毒性质相关的任何健康和安全问题?

⑦ 产品是否产生有毒或危险的材料(也要注意到副产品是否如此)?

⑧ 工艺是否需要大幅度偏离环境温度和压力?

⑨ 工艺或产品中是否使用溶剂或辅助化学品?

⑩ 使用的材料是可再生还是不可再生?

⑪ 工艺是否使用催化剂?

⑫ 催化剂是均相的还是非均相的?

⑬ 是否存在与使用的催化材料相关的健康、安全或环境问题?

⑭ 是否存在与设计工艺(合成和配方的活性,包括操作或者反应条件)相关的危险?

当定义一个新工艺的可持续性并将它与一个存在的工艺比较时,这些类型的问题可以用于早期的工艺设计阶段。在生物丁醇生产方面,使用的原材料方面的问题是非常重要的,即使使用可再生材料,原材料将对社会、经济和环境的所有三个方面的问题产生巨大的影响。可以确定,与传统的 ABE 发酵工艺相比,在新颖的催化反应中的能量和材料效率是较好的。然而,需要评估催化材料的影响,因为在许多情况下使用的稀有金属和贵金属对社会、经济和环境有巨大影响,这依赖于采矿和工艺步骤。产生的副产品的数量和质量也可能有显著的影响。但是,如果副产品是有价值,通常需要额外的回收步骤,这样就能获得积极的经济影响。为确保成功地获得更深入的认识和基于三重底线结果的可持续性进步,需要更多的研究和方法学的发展。

17.7 结论

从环境和政治角度出发,都需要增加生物燃料的生产和使用。生物乙醇和生物柴油是目前交通运输部门使用最多的生物燃料。未来新的替代物(如生物丁醇)也需要满足使用的要求。本章讨论了作为未来运输生物燃料潜在选项的生物丁醇。与更普遍使用的生物燃料(如乙醇)相比,生物丁醇具有较好的环保性和燃料性质。

工业规模的生物丁醇生产的经济性和可行性取决于几个方面,包括原材料成本、产率、生物丁醇的分离精制步骤的效率和成本以及生成的副产品的利用等。通过采用新颖的催化途径,丁醇的化学生产过程能基于可再生原料而不是石油化学品。寻找将生物乙醇或丁酸合成生物丁醇的优化的催化剂和工艺条件的研究十分活跃。对于生物丁醇的生物化学性质和发酵产率,可以通过发现经济的和可持续性的原材料(例如可归类为副产品或废物的生物质),采用代谢工程和改造过的细菌菌株以便获得更好的发酵产率,或者通过发展能效更高的上游和下游技术而增强。原材料的有效使用和过程中所有产品的利用也是至关重要的。而且,可持续工艺的设计、整个生产过程链、具有最小负面影响的材料和技术的使用以及所引起的经济、环境和社会的影响,都要进行考虑。

参考文献

Alinia R,Zabihi S,Esmaeilzadeh F,Kalajahi JF (2010) Pretreatment of wheat straw by supercritical CO_2 and its enzymatic hydrolysis for sugar production.Biosyst Eng 107:61-66

Al-Shorgani NKN,Kalil MS,Yusoff WMW (2012) Biobutanol production from rice bran and deoiled rice bran by Clostridium saccharoperbutylacetonicum N1-4.Bioprocess Biosyst Eng 35:817-826

Atsumi S,Cann AF,Connor MR,Shen CR,Smith KM,Brynildsen MP,Chou KJY,Hanai T,Liao JC (2008) Metabolic engineering of Escherichia coli for 1-butanol production.Metab Eng 10:305-311

Binder JB, Raines RT (2010) Fermentable sugars by chemical hydrolysis of biomass.PNAS 107:4516–4521

BioGrace (2011) The renewable energy directive–information page.http://www.biograce.net/content/biofuelrelatedpolicies/renewable energy directive.Cited 16 April 2012

Borden JR, Papoutsakis ET (2007) Dynamics of genomic–library enrichment and identification of solvent tolerance genes for Clostridium acetobutylicum. Appl Environ Microbiol 73:3061–3068

Bowell JB (2010) Sustainability metrics, indicators, and indices for the process industries.In: Harmsen J (ed) Sustainable development in the process industries, Cases and impact.Wiley, NY, pp 5–23

Burridge E (2009) Chemical profile: N–butanol.http://www.icis.com/Articles/2009/03/09/9198054/chemical–profile–n–butanol.html.Cited 10 Jan 2012

Cairns A, Stansfield P, Fraser N, Blaxill H, Gold M, Rogerson J, Goodfellow C (2009) A study of gasoline–alcohol blended fuels in an advanced turbocharged DISI engine.SAE Int J Fuels Lubr 2:41–57

Carvalho DL, de Avilles RR, Rodrigues MT, Borges LEP, Appel LG (2012) Mg and Al mixed oxides and the synthesis of n–butanol from ethanol.Appl Catal A 415–416:96–100

Chauvel A, Lefebvre G (1989) Petrochemical processes 2: major oxygenated, chlorinated and nitrated derivatives.Éds Technip, Paris

Cherubini F (2010) The biorefinery concept: using biomass instead of oil for producing energy and chemicals.Energ Convers Manage 51:1412–1421

Dernotte J, Mounaim–Rousselle C, Halter F, Seers P (2010) Evaluation of butanol–gasoline blends in a port fuel–injection, spark–ignition engine.Oil Gas Sci Technol–Rev IFP 65:345–351

Dyllick T, Hockerts K (2002) Beyond the business case for corporate sustainability.Bus Strat Environ 11:130–141

Ellis JT, Hengge NN, Sims RC, Miller CD (2012) Acetone, butanol, and ethanol production from wastewater algae. Bioresour Technol.doi:10.1016/j.biortech.2012.02.002

EU Directive 2009/28/EC of the European parliament and the council on the promotion of the use of energy from renewable sources and amending and subsequently repealing directives 2001/ 77/EC and 2003/30/EC, 23.4.2009

Ezeji T, Blaschek HP (2008) Fermentation of dried distillers' grains and soluble (DDGS) hydrolysates to solvents and value–added products by solventogenic clostridia.Bioresour Technol 99:5232–5242

Ezeji TC, Qureshi N, Blaschek HP (2007) Bioproduction of butanol from biomass: from genes to bioreactors.Curr Opin Biotechnol 18:220–227

Ezeji T, Milne C, Price ND, Blaschek HP (2010) Achievements and perspectives to overcome the poor solvent resistance in acetone and butanol–producing microorganisms.Appl Microbiol Biotechnol 85:1697–1712

Ezeji TC, Qureshi N, Blaschek HP (2003) Production of acetone, butanol and ethanol by Clostridium beijerinckii BA101 and in situ recovery by gas stripping.World J Microb Biot 19:595–603

Ezeji TC, Qureshi N, Blaschek HP (2004) Acetone butanol ethanol (ABE) production from concentrated substrate: reduction in substrate inhibition by fed–batch technique and product inhibition by gas stripping.Appl Microbiol Biotechnol 63:653–658

Falbe J (1970) Carbon monoxide in organic synthesis.Springer, NY

Fitz A (1878) Ueber schizomyceten–gährungen 3.Ber Dtsch Chem Ges 11:42–55

Fouad EA, Feng X (2008) Use of pervaporation to separate butanol from dilute aqueous solutions: effects of operating conditions and concentration polarization.J Membr Sci 323:428–435

Gabriel CL (1928) Butanol fermentation process.Ind Eng Chem 20:1063–1067

Gabriel CL, Crawford FM (1930) Development of the butyl–acetonic fermentation industry.Ind Eng Chem 22:1163–1165

Gao M, Xu F, Li S, Ji X, Chen S, Zhang D (2010) Effect of SC–CO_2 pretreatment in increasing rice straw biomass conversion.Biosyst Eng 106:470–475

Garcia A, Iannotti EL, Fischer JL (1986) Butanol fermentation liquor production and separation by reverse osmosis.

Biotechnol Bioeng 28:785–791

García V, Pongrácz E, Muurinen E, Keiski RL (2009a) Recovery of n-butanol from salt containing solutions by pervaporation. Desalin 241:201–211

García V, Pongrácz E, Muurinen E, Keiski RL (2009b) Pervaporation of dichloromethane from multicomponent aqueous systems containing n-butanol and sodium chloride. J Membr Sci 326:92–102

García V, Päkkilä J, Ojamo H, Muurinen E, Keiski RL (2011) Challenges in biobutanol production: how to improve the efficiency? Renew Sust Energ Rev 15:964–980

Grobben NG, Eggink G, Cuperus FP, Huizing HJ (1993) Production of acetone, butanol and ethanol (ABE) from potato wastes: fermentation with integrated membrane extraction. Appl Microbiol Biotechnol 39:494–498

Groot WJ, Luyben KCAM (1987) Continuous production of butanol from a glucose/xylose mixture with an immobilized cell system coupled to pervaporation. Biotechnol Lett 9:867–870

Groot WJ, Soedjak HS, Donck PB, Van der Lans RGJM, Luyben KCAM, Timmer JMK (1990) Butanol recovery from fermentations by liquid-liquid-extraction and membrane solvent-extraction. Bioprocess Eng 5:203–216

Hahn HD, Dämbkes G, Rupprich N, Bahl H (2012) Butanols. In: Ullmann's encyclopedia of industrial chemistry, vol 6. Wiley-VCH Verlag GmbH & Co, Weinheim

Harvey BG, Meylemans HA (2011) The role of butanol in the development of sustainable fuel technologies. J Chem Technol Biotechnol 86:2–9

Huang J, Meagher MM (2001) Pervaporative recovery of n-butanol from aqueous solutions and ABE fermentation broth using thin-film silicalite-filled silicone composite membranes. J Membr Sci 192:231–242

Huang WC, Ramey DE, Yang ST (2004) Continuous production of butanol by Clostridium acetobutylicum immobilized in a fibrous bed bioreactor. Appl Biochem Biotechnol 113–116:887–898

Huang H-J, Ramaswamy S, Tschirner UW, Ramarao BV (2008) A review of separation technologies in current and future biorefineries. Sep Purif Technol 62:1–21

Inui M, Suda M, Kimura S, Suda M, Yasuda K, Suzuki H, Toda H, Yamamoto S, Ukino S, Suzuki N, Yakawa H (2008) Expression of Clostridium acetobutylicum butanol synthetic genes in Escherichia coli. Appl Microbiol Biotechnol 77:1305–1316

Izák P, Schwarz K, Ruth W, Bahl H, Kragl U (2008) Increased productivity of Clostridium acetobutylicum fermentation of acetone, butanol, and ethanol by pervaporation through supported ionic liquid membrane. Appl Microbiol Biotechnol 78:597–602

Jin C, Yao M, Liu H, Lee C-FF, Ji J (2011) Progress in the production and application of n-butanol as a biofuel. Renew Sust Energ Rev 15:4080–4106

Jones DT, Woods DR (1986) Acetone-butanol fermentation revisited. Microbiol Rev 50:484–524 Jørgensen H, Kristensen JB, Felby C (2007) Enzymatic conversion of lignocellulose into fermentable sugars: challenges and opportunities. Biofuels, Bioprod Bioref 1:119–134

Ju IB, Jeon W, Park M-J, Suh Y-W, Suh DJ, Lee C-H (2010) Kinetic studies of vapor-phase hydrogenolysis of butyl butyrate to butanol over $Cu/ZnO/Al_2O_3$ catalyst. Appl Catal A 387:100–106

Kilpeläinen I, Xie H, King A, Granstrom M, Heikkinen S, Argyropoulos DS (2007) Dissolution of wood in ionic liquids. J Agric Food Chem 55:9124–9128

Kim KH, Hong J (2001) Supercritical CO_2 pretreatment of lignocellulose enhances enzymatic cellulose hydrolysis. Bioresour Technol 77:139–144

Kim SM, Lee ME, Choi JW, Suh DJ, Suh Y-W (2011) Role of ZnO in $Cu/ZnO/Al_2O_3$ catalyst for hydrogenolysis of bytyl buturate. Cat Commun 12:1328–1332

Kirschner M (2006) n-butanol. Chem Market Rep p 42

Kumar M, Gayen K (2011) Developments in biobutanol production: new insights. Appl Energ 88:1999–2012

Kumar P, Barret DM, Delwiche MJ, Stroeve P (2009) Methods for pretreatment of lignocellulosic biomass for efficient hydrolysis and biofuel production.Ind Eng Chem Res 48:3713-3729

Kuo CH,Lee CK (2009) Enhanced enzymatic hydrolysis of sugar cane bagasse by N-methylmorpholine-N-oxide pretreatment.Bioresour Technol 100:866-871

Lan EI,Liao JC (2011) Metabolic engineering of cyanobacteria for 1-butanol production from carbon dioxide.Metab Eng 13:353-363

Larsson S,Reimann A,Nilvebrant N-O,Jönsson LJ (1999) Comparison of different methods for the detoxification of lignocellulose hydrolyzates of spruce.Appl Biochem Biotech 77-79:91-103

Lee S-M,Cho MO,Park CH,Chung Y-C,Kim JH,Sang B-I,Um Y (2008a) Continuous butanol production using suspended and immobilized Clostridium beijerinckii NCIMB 8052 with supplementary butyrate.Energ Fuel 2008: 3459-3464

Lee SY,Park JH,Jang SH,Nielsen LK,Kim J,Jung KS (2008b) Fermentative butanol production by clostridia.Biotechnol Bioeng 101:209-228

Lee J,Seo E,Kweon D-H,Park K,Jin Y-S (2009) Fermentation of rice bran and defatted rice bran for butanol production using Clostridium beijerinckii NCIMB 8052.J Microbiol Biotechnol 19:482-490

León M,Díaz E,Ordóñez S (2011a) Ethanol catalytic condensation over Mg-Al mixed oxides derived from hydrotalcites.Catal Today 164:436-442

León M,Díaz E,Vega A,Ordóñez S,Auroux A (2011b) Consequences of the iron-aluminium exchange on the performance of hydrotalcite-derived mixed oxides for ethanol condensation.Appl Cat B 102:590-599

Li C,Wang Q,Zhao KZ (2008) Acid in ionic liquid:an efficient system for hydrolysis of lignocelluloses.Green Chem 10:177-182

Li Q,He Y-C,Xian M,Jun G,Xu X,Yang J-M,Li L-Z (2009) Improving enzymatic hydrolysis of wheat straw using ionic liquid 1-ethyl-3-methyl imidazolium diethyl phosphate pretreatment.Bioresour Technol 100:3570-3575

Li C,Knierim B,Manisseri C,Arora R,Scheller HV,Auer M,Vogel KP,Simmons BA,Singh S (2010a) Comparison of dilute acid and ionic liquid pretreatment of switchgrass:biomass recalcitrance,delignification and enzymatic saccharification.Bioresour Technol 101:4900-4906

Li Q,Jiang X,He Y,Li L,Xian M,Yang J (2010b) Evaluation of the biocompatible ionic liquid 1-methyl-3-methylimidazolium dimethyl phosphite pretreatment of corn cob for improved saccharification.Appl Microbiol Biotechnol 87:117-126

Li S-Y,Srivastava R,Parnas RS (2010c) Separation of 1-butanol by pervaporation using novel tri-layer PDMS composite membrane.J Membr Sci 363:287-294

Liu ZL,Blaschek HP (2010) Biomass conversion inhibitors and in situ detoxification.In:Vertès AA,Qureshi N,Blaschek HP,Yukawa H (eds) Biomass to biofuels:strategies for global industries.Wiley,Great Britain,pp 233-259

Liu F,Liu L,Feng X (2005) Separation of acetone-butanol-ethanol (ABE) from dilute aqueous solutions by pervaporation.Sep Purif Technol 42:273-282

Liu Z,Ying Y,Li F,Ma C,Xu P (2010) Butanol production by Clostridium beijerinckii ATCC 55025 from wheat bran.J Ind Microbiol Biotechnol 37:495-501

Liu G,Wang W,Wu H,Dong X,Jiang M,Jin W (2011) Pervaporation performance of PDMS/ceramic composite membrane in acetone butanol ethanol (ABE) fermentation-PV coupled process.J Membr Sci 373:121-129

Lu M,Xiong G,Zhao H,Cui W,Gu J,Bauser H (1995) Dehydration of 1-butanol over γ-Al_2O_3 catalytic membrane.Catal Today 25:339-344

Lynd LR,Wyman CE,Gerngross TU (1999) Biocommodity engineering.Biotechnol Progr 15:777-793

Maddox IS,Qureshi N,Roberts-Thomson K (1995) Production of acetone-butanol-ethanol from concentrated substrates using Clostridium acetobutylicum in an integrated fermentation-product removal process.Process Biochem 30:209-215

Marcu I-C,Tichit D,Fajula F,Tanchoux N (2009) Catalytic valorization of bioethanol over Cu-Mg-Al mixed oxide catalysts.Catal Today 147:231-238

Matsumura M, Takehara S, Kataoka H (1992) Continuous butanol/isopropanol fermentation in down-flow column reactor coupled with pervaporation using supported liquid membrane. Biotechnol Bioeng 39: 148-156

Mermelstein LD, Papoutsakis ET, Petersen DJ, Bennett GN (1993) Metabolic engineering of Clostridium acetobutylicum for increased solvent production by enhancement of acetone formation enzyme activities using a synthetic acetone operon. Biotechnol Bioeng 42: 1053-1060

Mosier N, Wyman C, Dale B, Elander R, Lee YY, Holtzapple M, Ladisch M (2005) Features of promising technologies for pretreatment of lignocellulosic biomass. Bioresour Technol 96: 673-686

Mutschlechner O, Swoboda H, Gapes JR (2000) Continuous 2-stage ABE fermentation using Clostridium beijerinckii NRRL B592 operating with a growth rate in the first stage vessel close to its maximal value. J Mol Microbiol Biotechnol 2000: 101-105

Mäki-Arvela P, Anugwom I, Virtanen P, Sjöholm R, Mikkola J-P (2010) Dissolution of lignocellulosic materials and its constituents using ionic liquids-a review. Ind Crop Prod 32: 175-201

Narayanaswamy N, Faik A, Goetz DJ, Gu T (2011) Supercritical carbon dioxide pretreatment of corn stover and switchgrass for lignocellulosic ethanol production. Bioresour Technol 102: 6995-7000

Ndou AS, Plint N, Coville NJ (2003) Dimerisation of ethanol to butanol over solid-base catalysts. Appl Catal A 251: 337-345

Nguyena T-AD, Kim K-R, Han SJ, Cho HY, Kim JW, Park SM, Park CP, Sim SJ (2010) Pretreatment of rice straw with ammonia and ionic liquid for lignocellulose conversion to fermentable sugars. Bioresour Technol 101: 7432-7438

Ni Y, Sun Z (2009) Recent progress on industrial fermentative production of acetone-butanol-ethanol by Clostridium acetobutylicum in China. Appl Microbiol Biotechnol 83: 415-423

Nimcevic D, Gapes JR (2000) The acetone-butanol fermentation in pilot plant and pre-industrial scale. J Mol Microbiol Biotechnol 2: 15-20

Ogo S, Onda A, Yanagisawa K (2011) Selective synthesis of 1-butanol from ethanol over strontium phosphate hydroxyapatite catalysts. Appl Catal A 402: 188-195

Olson ES, Sharma RK, Aulich TD (2004) Higher-alcohols biorefinery. Appl Biochem Biotechnol 113-116: 913-932

Qureshi N, Blaschek HP (1999) Butanol recovery from model solution/fermentation broth by pervaporation: evaluation of membrane performance. Biomass Bioenerg 17: 175-184

Qureshi N, Blaschek HP (2000) Butanol production using Clostridium beijerinckii BA101 hyper-butanol producing mutant strain and recovery by pervaporation. Appl Biochem Biotechnol 84-86: 225-235

Qureshi N, Blaschek HP (2001a) Recovery of butanol from fermentation broth by gas stripping. Renew Energ 22: 557-564

Qureshi N, Blaschek HP (2001b) Evaluation of recent advances in butanol fermentation, upstream, and downstream processing. Bioprocess Biosyst Eng 24: 219-226

Qureshi N, Blaschek HP (2005) Butanol production from agricultural biomass. In: Shetty K, Pometto A, Paliyath G, Levin RE (eds) Food biotechnology. CRC Press, Boca Raton, pp 525-551

Qureshi N, Ezeji TC (2008) Butanol', a superior biofuel' production from agricultural residues (renewable biomass): recent progress in technology. Biofuels Bioprod Bioref 2: 319-330

Qureshi N, Maddox IS (2005) Reduction in butanol inhibition by perstraction: utilization of concentrated lactose/whey permeate by Clostridium acetobutylicum to enhance butanol fermentation economics. Food Bioprod Process 83: 43-52

Qureshi N, Maddox IS (1995) Continuous production of acetone-butanol-ethanol using immobilized cells of Clostridium acetobutylicum and integration with product removal by liquid-liquid extraction. J Ferment Bioeng 80: 185-189

Qureshi N, Maddox IS, Friedl A (1992) Application of continuous substrate feeding to the ABE fermentation: relief of product inhibition using extraction, perstraction, stripping and pervaporation. Biotechnol Progr 8: 382-390

Qureshi N, Schripsema J, Lienhardt J, Blaschek HP (2000) Continuous solvent production by Clostridium beijerinckii

BA101 immobilized by adsorption onto brick.World J Microbiol Biotechnol 16:377-382

Qureshi N,Meagher MM,Huang J,Hutkins RW (2001) Acetone butanol ethanol (ABE) recovery by pervaporation using silicalite-silicone composite membrane from fed-batch reactor of Clostridium acetobutylicum.J Membr Sci 187:93-102

Qureshi N,Lai LL,Blaschek HP (2004) Scale-up of a high productivity continuous biofilm reactor to produce butanol by adsorbed cells of Clostridium beijerinckii.Food Bioprod Process 82:164-173

Qureshi N,Hughes S,Maddox IS,Cotta MA (2005) Energy-efficient recovery of butanol from model solutions and fermentation broth by adsorption.Bioprocess Biosyst Eng 27:215-222

Qureshi N,Li X-L,Hughes S,Saha BC,Cotta MA (2006) Butanol production from corn fiber xylan using Clostridium acetobutylicum.Biotechnol Progr 22:673-680

Qureshi N,Ezeji TC,Ebener J,Dien BS,Cotta MA,Blaschek HP (2008a) Butanol production by Clostridium beijerinckii. Part 1:use of acid and enzyme hydrolyzed corn fiber.Bioresour Technol 99:5915-5922

Qureshi N,Saha BC,Hector RE,Hughes SR,Cotta MA (2008b) Butanol production from wheat straw by simultaneous saccharification and fermentation using Clostridium beijerinckii:part 1-batch fermentation.Biomass Bioenerg 32:168-175

Qureshi N,Saha BC,Cotta MA (2008c) Butanol production from wheat straw by simultaneous saccharification and fermentation using Clostridium beijerinckii:part 2-fed-batch fermenta-tion.Biomass Bioenerg 32:176-183

Qureshi N,Saha BC,Dien B,Hector RE,Cotta MA (2010a) Production of butanol (a biofuel) from agricultural residues: part 1-use of barley straw hydrolysate.Biomass Bioenerg 34:559-565

Qureshi N,Saha BC,Hector RE,Dien B,Hughes S,Liu S,Iten L,Bowman MJ,Sarath G,Cotta MA (2010b) Production of butanol (a biofuel) from agricultural residues:part 2-use of corn stover and switchgrass hydrolysates.Biomass Bioenerg 34:566-571

Rakopoulos DC,Rakopoulos CD,Giakoumis EG,Dimaratos AM,Kyritsis DC (2010) Effects of butanol-diesel fuel blends on the performance and emissions of a high-speed DI diesel engine.Energ Convers Manage 51:1989-1997

Riittonen T,Toukoniitty E,Madnani DK,Leino A-R,Kordas K,Szabo M,Sapi A,Arve K,Wärnå J,Mikkola J-P (2012) One-pot liquid-phase catalytic conversion of ethanol to 1-butanol over aluminium oxide-the effect of the active metal on the selectivity.Catalysts 2:68-84

Sánchez ÓJ,Cardona CA (2008) Trends in biotechnological production of fuel ethanol from different feed stocks. Biores Technol 99:5270-5295

Schäfer T,Crespo JG (2005) Vapour permeation and pervaporation.In:Afonso CAM,Crespo JPG (eds) Green separation processes,fundamentals and applications.Wiley-VCH Verlag GmbH & Co,Weinheim,pp 271-289,ISBN 978-3-527-30985-6

Sow B,Hamoudi S,Hassan Zahedi-Niaki M,Kaliaguine S (2005) 1-butanol etherification over sulfonated mesostructured silica and organo-silica.Micropor Mesopor Mater 79:129-136

Srinivasan K,Palanivelu K,Navaneetha Gopalakrishnan A (2007) Recovery of 1-butanol from a model pharmaceutical aqueous waste by pervaporation.Chem Eng Sci 62:2905-2914

Steen EJ,Chan R,Prasad N,Myers S,Petzold CJ,Redding A,Ouellet M,Keasling JD (2008) Metabolic engineering of Saccharomyces cerevisiae for the production of n-butanol.Microb Cell Fact 7:36

Sukumaran RK,Singhania RR,Pandey A (2005) Microbial cellulases-production,applications and challenges.J Sci Ind Res 64:832-844

Sun Z,Liu S (2012) Production of n-butanol from concentrated sugar maple hemicellulosic hydrolysate by Clostridia acetobutylicum ATCC 824.Biomass Bioenerg 39:39-47

Szwaja S,Naber JD (2010) Combustion of n-butanol in a spark-ignition IC engine.Fuel 89:1573-1582

Tadesse H,Luque R (2011) Advances on biomass pretreatment using ionic liquids:an overview.Energ Environ Sci 4:3913-3929

Taherzadeh MJ, Karimi K (2007) Enzyme-based hydrolysis processes for ethanol from lignocellulosic materials: a review. Bioresour 2: 707-738

Taherzadeh MJ, Karimi K (2008) Pretreatment of lignocellulosic wastes to improve ethanol and biogas production: a review. Int J Mol Sci 9: 1621-1651

Thang VH, Kanda K, Kobayashi G (2010) Production of acetone-butanol-ethanol (ABE) in direct fermentation of cassava by clostridium saccharoperbutylacetonicum N1-4. Appl Biochem Biotech 161: 157-170

Thongsukmak A, Sirkar KK (2007) Pervaporation membranes highly selective for solvents present in fermentation broths. J Membr Sci 302: 45-58

Tompsett GA, Li N, Huber GW (2011) Catalytic conversion of sugars to fuels. In: Brown RC, Huber GW (eds) Thermochemical processing of biomass: conversion into fuels, chemicals and power. Wiley, Chichester, pp 232-279

Tran HTM, Cheirsilp B, Hodgson B, Umsakul K (2010) Potential use of Bacillus subtilis in a co-culture with Clostridium butylicum for acetone-butanol-ethanol production from cassava starch. Biochem Eng J 48: 260-267

Tripathi A, Sami H, Jain SR, Viloria-Cols M, Zhuravleva N, Nilsson G, Jungvid H, Kumar A (2010) Improved bio-catalytic conversion by novel immobilization process using cryogel beads to increase solvent production. Enzyme Microb Tech 47: 44-51

Tsuchida T, Sakuma S, Takeguchi T, Ueda W (2006) Direct synthesis of n-butanol from ethanol over nonstoichiometric hydroxyapatite. Ind Eng Chem Res 45: 8634-8642

Tsuchida T, Yoshioka T, Sakuma S, Takeguchi T, Ueda W (2008a) Synthesis of bio gasoline from ethanol over hydroxyapatite catalyst. Ind Eng Chem Res 47: 1443-1452

Tsuchida T, Kubo J, Yoshioka T, Sakuma S, Takeguchi T, Ueda W (2008b) Reaction of ethanol over hydroxyapatite affected by Ca/P ratio of catalyst. J Catal 259: 183-189

Vane LM (2005) A review of pervaporation for product recovery from biomass fermentation process. J Chem Technol Biotechnol 80: 603-629

Vane LM (2008) Separation technologies for the recovery and dehydration of alcohols from fermentation broths. Biofuels Bioprod Bioref 2: 553-588

Wallner T, Frazee R (2010) Study of regulated and non-regulated emissions from combustion of gasoline, alcohol fuels and their blends in a DI-SI engine. SAE Technical Paper 2010-01-1571, 2010, doi: 10.4271/2010-01-1571

Wallner T, Miers SA, McConnell S (2009) A comparison of ethanol and butanol as oxygenates using a direct-injection, spark-ignition engine. J Eng Gas Turb Power 131: 032802.1-032802.9

World commission on environment and development (WCED) (1987) United nations general assembly document A/42/427. In: our common future, Oxford University Press, Oxford Weissermel K, Arpe H-J (2003) Industrial organic chemistry. Wiley-VCH Verlag GmbH & Co, Weinheim

Wimmer Z, Zarevúcka M (2010) A review on the effects of supercritical carbon dioxide on enzyme activity. Int J Mol Sci 11: 233-253

Wright ME, Harvey BG, Quintana RL (2008) Highly efficient zirconium-catalyzed batch conversion of 1-butene: a new route to jet fuels. Energ Fuels 22: 3299-3302

Yang KW, Jiang XZ, Zhang WC (2004) One-step synthesis of n-butanol from ethanol condensation over alumina-supported metal catalysts. Chin Chem Letters 15: 1497-1500

Zhao H, Baker GA, Cowins JV (2009) Fast enzymatic saccharification of switchgrass after pretreatment with ionic liquids. Biotechnol Prog 26: 127-133

Zheng Y, Lin H-M, Tsao GT (1998) Pretreatment for cellulose hydrolysis by carbon dioxide explosion. Biotechnol Prog 14: 890-896

Zhou H, Su Y, Chen X, Wan Y (2011) Separation of acetone, butanol and ethanol (ABE) from dilute aqueous solutions by silicalite-1/PDMS hybrid pervaporation membranes. Sep Purif Technol 79: 375-384

第 18 章　生物燃料及其副产品的生命周期环境影响

摘要：能源独立和安全、全球气候变化以及化石资源消耗等问题推动了生物燃料和生物制品的研究。新兴的生物燃料和生物炼厂在追求低碳运输燃料的同时，还需要仔细考虑较大范围内的潜在环境影响，以避免意想不到的后果。上述问题可以通过对生物能源/生物燃料从原材料获取到燃料转换以及最终使用的供应链进行全面的生命周期评价予以说明。生命周期评价(life cycle assessment，LCA)是评价这些生物燃料环境可持续性的非常有价值的工具。本章对当前的生物原料和生物燃料进行了讨论，并介绍了 LCA 方法的框架，探讨了对新兴生物燃料及其副产品体系进行环境绩效和可持续性评估时所遭遇的挑战、评判和利益以及应用。本章以藻类生物柴油生产为案例进行了研究，并且探讨了 LCA 在决策制定方面的广泛应用范围和潜力。

18.1 引言

生命周期评价(life cycle assessment，LCA)是用于量化集中于某一产品或服务生命周期不同阶段的资源消耗、排放和影响的技术。LCA 被推荐为评估新兴技术环境可持续性的重要工具，并且已在生物燃料和生物制品开发领域有重要的应用。LCA 可用于识别过程中的无效率点以及供应链中的环境“热点”，从而便于有效地进行生态设计，也有助于作出支持环保的决策。由于上述原因，LCA 成为评估新兴生物燃料技术恰当和有力的工具。本章的目的是说明生物燃料及相关副产品 LCA 评估中面临的挑战、利益及应用。本章将讨论当前的生物原料/生物燃料，阐明 LCA 的方法框架及其在新兴生物燃料环境绩效和可持续性评价中发挥的作用。本章内容结构为：18.1 节简要描述了生物燃料发展的环境、经济和政策动力，

本章作者：Gregory Zaimes，Matthew Borkowski，Vikas Khanna
作者单位：美国匹兹堡大学(University of Pittsburgh)土木与环境工程系
电子邮件：ggz2@pitt.edu

还比较了包括第一代、第二代和第三代原料在内的不同生物质类型,研究了生产生物燃料的不同转化途径;18.2 节详细介绍了 LCA 的框架和方法,探讨了 LCA 在生物燃料中的应用, 回顾了几种不同的环境可持续性指标;18.3 节综述了以前对第一代、第二代和第三代原料和燃料做所的生物燃料 LCA 研究情况,还探讨了与 LCA 方法应用于生物燃料相关的挑战;18.4 节提供了一个藻类生物柴油的研究案例;18.5 节在考虑了 LCA 在可持续能源发展中的广阔应用前景基础上,对全章内容进行了总结。

18.1.1 生物燃料发展的政治、经济和环境驱动力

20 世纪初迎来了石油、天然气和煤炭工业的快速扩张和发展。从那时起,世界经济就变得高度依赖于化石资源来满足工业需求和维持消费者生活品质。化石资源的日渐枯竭将限制全球经济增长,目前对不可再生能源资源的依赖可能会威胁全球经济的繁荣。除了这些经济上的考量,全球能源和交通运输燃料需求的增加,以及对全球气候变化的关注,也促使研究人员去鉴别更具可持续性和碳中性的替代液体燃料。

因此,生物燃料得到了学术界、产业界、监管层、政党等多个层面的广泛关注,在某种程度上,也赢得了公众的关注。科学家们一直致力于鉴别出最有前景的生物燃料原料,目前正在研究各种不同的生物化学和热化学转化途径,以便将这些原料转化成有用的燃料产品。生物燃料的研究、开发以及随后的商业实施都将提供新的工作岗位,产生大量经济利润。

各国和国际组织对联合国政府间气候变化专门委员会工作的反映表明,大气中人为碳浓度的不断上升已日益受到国际社会的关注(IPCC 2007)。越来越多的证据表明,由于人类活动导致的温室气体(greenhouse gas,GHG)浓度的增加,正在导致严重和长期的全球气候变化,这也促进了全球范围对 GHG 减排的努力。由于交通运输部门贡献了约 15%的全球温室气体排放(EPA 2010),所以用低碳或碳中性燃料替代传统运输燃料是缓解和稳定全球大气中人为碳水平的一种方法。

政策制定者通过建立可再生燃料的监管政策和法规,在生物燃料的发展和实施上正发挥着更大的作用。美国在 2007 年通过的《能源独立和安全法(Energy Independence,Security Act,EISA)》规定了可再生运输燃料的年度国内生产目标:在 2022 年底前,产量必须达到 136.26GL(36Ggal),其中至少包含 79.49GL(21Ggal)的纤维素乙醇和其他先进生物燃料(Sissine 2007)。与之相似,欧盟在 2008 年通过的可再生能源指令(Renewable Energy Directive,RED)也规定,2020 年前各成员国能量消耗总量的 20%将来自可再生资源(Ismail,Rossi 2010)。除此之外,欧盟在

2009年通过的修订版燃料质量指令(Fuel Quality Directive,FQD)要求交通运输燃料供应商每年减少 1%的生命周期温室气体排放,到 2020 总计降低 10%为止。综上所述,在新兴的生物燃料工业发展和商业化过程中,技术、经济和政治因素都将发挥关键性的作用。

18.1.2 对潜在原料、燃料和转换途径的比较

生物燃料商业生产涉及多方面的问题,对潜在的生物燃料原料进行识别和评估仍然是一个艰难的过程, 因为某些生物原料的使用引起了复杂的伦理问题,还可能产生意想不到的经济和环境后果。生物燃料转化的途径以及相关副产品多种多样(见图 18.1),生物燃料的生产方式会影响所生产燃料的质量,以及对经济、环境和能量方面的影响。本节将对不同的生物原料进行比较,并研究不同的热化学和生物化学转化途径。

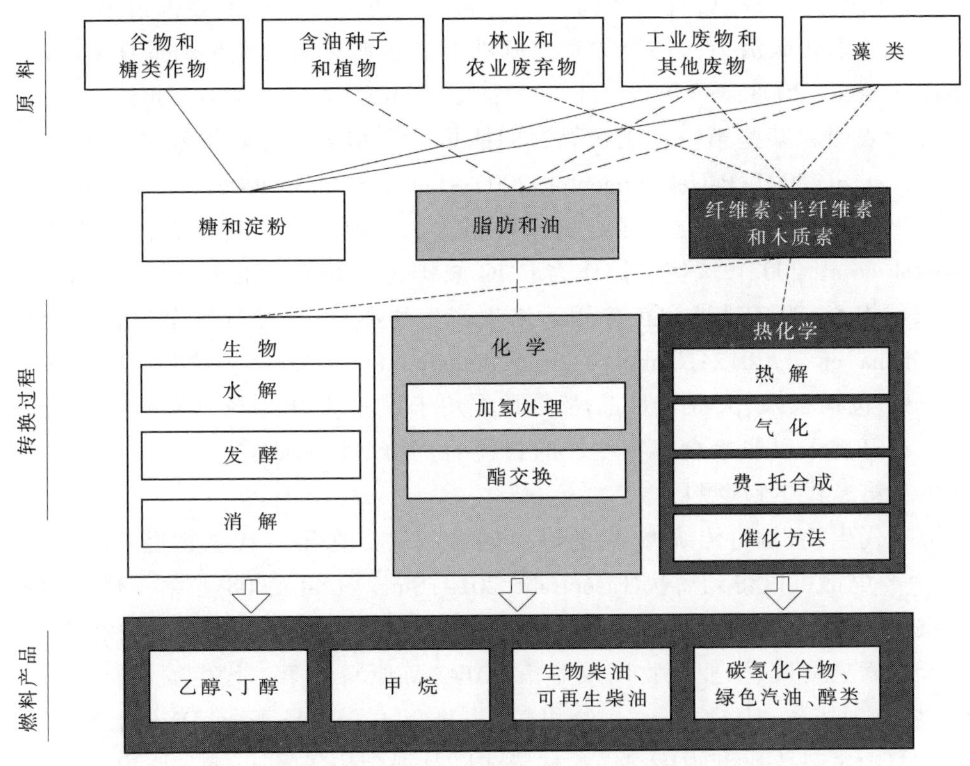

图 18.1 替代生物燃料生产路线:原料、转换途径、燃料产品

18.1.2.1 第一代生物燃料

第一代生物燃料,也被称为传统生物燃料,来自糖、淀粉、动物脂肪和植物油。

常见的第一代生物燃料包括生物醇、生物醚、绿色柴油、植物油、生物沼气、合成气和固体生物燃料(Naik et al 2010)。典型的第一代生物燃料是用糖或淀粉含量较高的谷物和作物(如玉米、甘蔗、甜菜、小麦或大麦)发酵生产的乙醇，以及从含油作物(如大豆、油菜籽、双低菜籽、芥菜籽、棕榈、椰子和葵花籽)中提取的油脂发生酯交换反应生产的生物柴油。当前，还在研究其他的生物化学途径，采用多种不同的技术，将生物质转化成热、电和燃料。

尽管第一代生物燃料有不少优点，但是它们在经济、政治、环境和社会方面存在的各种问题，还是影响了其大面积使用。近些年来，政治和科学界都在担心，使用第一代生物燃料可能会导致进一步的环境退化(Pimentel et al 2007)，包括生物多样性的损失、对水资源的不利影响、土壤侵蚀和退化以及加速森林滥伐和改变土地使用等(Sims et al 2008)。

现有的研究还报道，直接和间接土地利用变化的影响可能会抵销第一代生物燃料减排二氧化碳潜力，甚至导致比基准石油燃料更高的全生命周期 GHG 排放(Fargione et al 2008；Melillo et al 2009；Searchinger et al 2008)。此外，热力学和能量分析表明，某些第一代生物燃料的能量平衡结果也比较混乱 (Patzek 2004；Pimentel et al 2007；Patzek，Pimentel 2005；Hammerschlag 2006)。而且，如果没有政府补贴和资助的话，与交通运输燃料相比，当前生物燃料没有任何成本优势(Pimentel et al 2007)，这使它们作为 GHG 减排选项的成本也十分昂贵。此外，人们越来越担心，改变耕地和粮食用途来生产生物燃料，可能导致全球食品价格暴涨(Timilsina et al 2012；Nonhebel 2012；Pimentel et al 2007)。这是因为许多生物燃料作物(包括玉米、大豆和甘蔗)都是首先用于饲养动物和/或供人食用的。因此，研究人员开展了以非粮食作物生产的替代的生物燃料的研究。

18.1.2.2 第二代生物燃料

第一代生物燃料(传统燃料)的许多问题和缺点在第二代生物燃料(先进生物燃料)生产中都可以得到解决(Eisentraut 2010；Sims et al 2008)。第一代生物燃料是以农作物生产的糖、淀粉和油脂生产的，而第二代生物燃料则产自农林废弃物、木质纤维素生物质、工业废物以及非粮食作物等原料。第二代生物燃料包括生物甲醇、生物二甲醚、生物氢气、生物甲烷、生物正丁醇和异丁醇、DMF(2，5-二甲基呋喃)、HTU(水热改质升级)柴油、木材柴油以及混合醇等(Sims et al 2010；Naik et al 2010)。第二代生物燃料常用的生物化学途径是通过预处理 (例如酶和微生物)分解和提取木质纤维生物质中的糖，然后发酵生产乙醇和其他醇；第二代生物原料的热化学途径(如气化、热解以及焙烧)(Sheehan 2009)可用于生产合成气和生物油,后者可通过发酵或化学重整生成各种燃料产品,例如乙醇、合成柴油和航空燃料等(Sims et al 2008)。

尽管与第一代生物燃料相比,第二代生物燃料具有明显的优势,但是它们在商业化实施之前还必须克服许多技术和经济方面的挑战(Williams et al 2009)。商业规模开发这些生物燃料仍然具有挑战性, 因为这类原料多数都不能全年生产,只能周期性收获(Eisentraut 2010)。而且,第二代生物燃料还有待于在商业规模上验证其成本的竞争性。改善生物质的培育、加工和转换效率,对提高生物燃料绩效、降低生产成本至关重要。热化学转化途径通常使用那些已经被证实过的成熟技术来生产各种各样的合成燃料,而生物化学途径目前在技术上还不成熟。不过,经过长时间的技术进步,生物化学途径在降低成本上可能更具潜力。此外,还需对这些转换系统进行优化,以确定到底哪种热化学或生物化学转化途径最适合商业规模生产生物燃料。

18.1.2.3 第三代可直接替代生物燃料

以微藻生产的第三代生物燃料(Dragone et al 2010)没有第一代或第二代生物燃料的主要缺点,作为可持续的液体燃料替代物,近些年受到越来越多的关注。由于微藻培养无需耕地、产量高(Chisti 2007)、脂含量高、可实现半连续到连续的培养和收获循环,所以被认为是下一代生物燃料的理想原料。微藻具有利用废水和工业废气中 CO_2 生长的潜力(Benemann 1997;Golueke CG 1965;Ho et al 2011;Kadam 2001)。微藻的生产过程也不需要食物、动物饲料和其他作物的衍生产品。从微藻生产的燃料有可能成为石化燃料的直接替代品,因为它们的化学结构可能与现有的交通运输系统以及目前的燃料储存和分销基础设施相兼容。此外,研究人员还正在研究现代技术的应用,例如通过基因修饰(genetic modification)优化微藻生长以及提高适应性和油脂产量。

开放跑道池(open raceways ponds,ORP)和光生物反应器(photo-bioreactors,PBR)是当前微藻大规模培养的两个标准配置设备(Jorquera et al 2010)。虽然 PBR 系统能更好地控制藻类的生长参数,降低藻类培养被污染的风险,得到比 OPR 更高的体积生长速率, 但是其高昂的投资和运行成本限制了其商业化的潜力 (Xu et al 2009);工业界、政府和学术界越来越多地考虑 ORP 系统的主要原因就在于其投资较低。1978~1996 年期间, 美国能源部 (DOE) 的水生物种计划 (Aquatic Species Program)研究了藻类生物化学、菌株筛选以及采用 OPR 系统的藻类生物柴油中试生产(Benemann,Oswald 1996)。目前,更多的研究主要集中在通过酯交换反应生产藻类生物柴油上,已经确定 CO_2 和肥料供给以及生物质干燥是藻类燃料系统中的限定因素(Clarens et al 2010;Kadam 2001;Lardon et al 2009)。选用各种不同的培养、采收和转化技术(Brentner et al 2011;Clarens et al 2011;Soratana,Landis 2011)可以生产出多种藻类燃料和生物能源产品,例如生物甲烷、可再生柴油、绿色航空燃料(Agusdinata et al 2011)和生物电等。但还需进一步开展研究,以确定到底哪种培养、采收和燃料改质途径在能量上是最优的,哪种在经济上是最优的,哪种对环境最有利。在 18.4 节中,将介绍一个关于藻类生物柴油生产的案例分析。

在新兴的生物燃料广泛使用前,了解和评估其深远的影响和启示,对于保证它们长期可持续发展至关重要。如果不能阐明与生物燃料相关的潜在风险和影响,可能会导致出现长期的不良环境影响,并可能会危及这些生物资源的成功应用和商业发展。从系统的角度考虑全部环境影响,进行综合分析可以解决这些问题。接下来,我们将讨论广受欢迎的 LCA 评价技术。

18.2 LCA 的方法论和框架

18.2.1 LCA 方法

ISO 14040 对 LCA 的标准规定是:LCA 是量化和评估一个产品或过程在其生命周期各阶段全部环境影响的系统技术(ISO 2006)。需要考虑的生命周期阶段一般包括:原材料提取、输入转换、产品生产、包装、运输、使用以及在生命末期的处置和再循环。LCA 中 4 个不同但相互依存的步骤是:目的和范围的确定、生命周期清单(Life Cycle Inventory,LCI)分析、生命周期影响评价(Life Cycle Impact Assessment,LCIA)以及解释和改进分析(见图 18.2)。

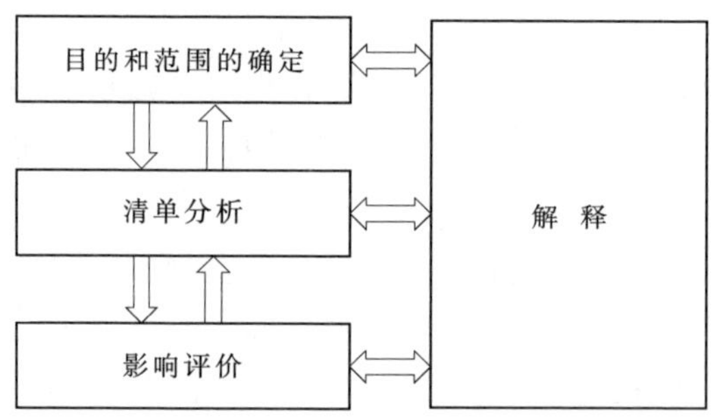

图 18.2 ISO 14040 中标准化的生命周期评价框架

18.2.1.1 目的和范围的确定

进行 LCA 的第一个步骤包括定义研究的目的、范围和研究的前因后果(包括预计的读者等)。必须建立研究系统的时间、空间和生产链的边界,确定使用的方法,选择功能单元,列举感兴趣的因素种类(Baumann,Tillman 2004)。LCA 研究的目的往往是对产品进行比较或识别过程环节中对生命周期环境影响最大的部分。

例如,可能设计 LCA 对玉米乙醇和生物柴油及各自副产品进行比较,也可能对玉米秸秆生物发电的生产全过程进行单独分析。

定义边界就是确定哪些过程需要包括在系统内并在清单分析时进行建模。根据生命周期的阶段,划定分析的全部范围包括:从原材料的提取到重要的设备;从简单的生产到运输、使用和处置。例如,“从摇篮到坟墓(即 cradle-to-grave)”的范围意味着从生产、使用到处置几个阶段,而“从摇篮到摇篮(即 cradle-to-cradle)”则表示生产、使用和回收利用。在燃料 LCA 中,范围往往借用传统的石油燃料提取过程的术语来表示,例如“从油井到闸门(即 well-to-gate)”、“从油井到泵(即 well-to-pump)”以及“从油井到车轮(即 well-to-wheels)”等。

定义边界就是一种平衡,如果包括过多关联对象,将增加工作量和工作时间以及分析的成本;如果包括太少的过程要素,则可能会导致不完整或错误的结果。限制研究范围可减少数据采集,但也可能影响结果的有效性。应该根据某一因素对全系统总质量、能量或环境负荷的贡献百分比来设定特定的取舍准则,以判断该因素能否被忽略。

选择功能单位不是规定产品的数量,而是定义比较和评价的合理基础。功能单位由产品系统的功能确定,而非产品本身的数量。例如,对饮料包装(不同尺寸)的评价可能不依据瓶子的数量,而是依据 8oz(约 236.56mL)的运费。同样,燃料系统的功能单位可能被定义为等效乙醇加仑数(根据所含能量)、每兆焦(MJ)能量、单人千米行驶数或车辆千米行驶数(vehicle-kilometers Traveled, VKT)等。

在方法学上需要考虑的是,应该将分配方法的选择作为范围划分过程的一部分来思考。所谓分配,描述的是清单中的输入和输出流,以及环境影响在研究系统内多种副产品之间划分的方法。接下来,还将对分配及其影响进行更深入的讨论。

18.2.1.2 生命周期清单分析(LCI)

LCI 的分析步骤包括定义和量化所有进、出系统的能量和物质流(ISO 2006)。本质上,流动模型就是为了反映系统边界内包含原料提取、产品加工、运输、使用以及废物管理等所有过程而建立起来的。这就需要收集和整理每一个被建模过程的输入和输出数据,包括原料、能量、产品、副产品、废物以及向空气和水体的排放物等。对“从摇篮到坟墓”的研究而言,数据收集尤其繁多,因为必须包括所有的上游过程(原料提取、生产和运输)和下游过程(产品使用和处置)。虽然一些过程数据可以在公共或商业数据库查到 [例如 Ecoinvent (Ecoinvent Centre 2007;Frischknecht 2005)、GREET(ANL 2010)、US LCI(Deru, NREL 2009)和 ELCD(ELCD/ILCD 2012)],或者使用一些软件工具获得[例如 SimaPro(SimaPro 7.3.3/Pre Consultants 2012)和

GABI(GaBi 5/PE International 2012)],但是数据收集还是需要大量的资源和时间,尤其是模型对象为特定过程或新技术时。

一旦完成单元过程所有数据的收集,就可以通过每一功能单元所使用的总资源和污染排放来计算和确定其产生的环境负荷。对产品不止一种的过程而言,收集完整的 LCI 更加耗时和复杂。在这种情况下,必须在确定目的和范围的阶段,就通过选定的分配程序将清单份额分配给每一个副产品。

18.2.1.3 生命周期影响评价(LCIA)

LCIA 的目的就是把 LCI 中确定的资源和排放流量确认为各自对环境和人类健康的潜在影响。LCIA 包括对影响进行分类和特征量化两步。分类环节将每个 LCI 流与各自对应的资源使用、人类健康和环境影响连接起来(ISO 2006)。

特征量化环节则对每类影响按其所涉及的单位计算其数量。例如,虽然二氧化碳、甲烷和氧化亚氮作为温室气体具有不同的影响值,但是它们的全球变暖潜值(Global Warming Potential,GWP)都可以用共同的单位——二氧化碳当量(即 CO_2 当量)——来计量和汇总。具体而言,1kg 甲烷与 25kg 二氧化碳的全球变暖影响相当,而 1kg 氧化亚氮与 298kg 二氧化碳的全球变暖影响相当(IPCC:M. L. Parry 2007;IPCC:B. Metz 2007)。因此,甲烷和氧化亚氮相对于二氧化碳的 GWP 特征因子就分别为 25 和 298。这些因子使 LCA 从业者能将不同物质的 GWP 影响数据集合于一个组合计量系统。从公共和商业数据库的文献中,还可以得到大量与此相似的化学物质或不同影响类别的特征因子。

将有关结果进行分类、特征量化和汇总进一个系列中,可以反映各种生命周期环境影响的中心指标,使得复杂系统可以相互进行比较。对影响类别进行标准化,就可以使不同环境影响之间进行公平的比较。美国环保局(Environmental Protection Agency,EPA)开发的中点影响评价方法,即“减少和评估化学和其他环境影响的工具 (tool for the reduction,assessment of chemical,other environmental Impacts,TRACI)”,将生命周期清单确定的环境负荷换算为如下 11 种特定的影响种类:臭氧消耗、全球变暖、酸化、富营养化、对流层臭氧形成、生态毒性、人体健康相关标准影响、人体健康癌症影响、人体健康非癌症影响、化石燃料消耗和土地利用影响(Bare et al 2003)。其他的中点评价方法包括:ReCiPe(Goedkoop et al 2009)、USEtox(Querini et al 2011;Rosenbaum et al 2008)、CML 2001、EDIP 2003(Dreyer et al 2003)、Ecological Scarcity 2006(Frischknecht et al 2009)、Greenhouse Gas Protocol (Ranganathan et al 2004;Sundin,Ranganathan 2002)、Ecological Footprint(Huijbregts et al 2008)等。

额外加权和标准化步骤还可以进一步将中点指标归集成终点指标或破坏指标,例如 ReCiPe(Goedkoop et al 2009)、Eco-indicator 99(Dreyer et al 2003)、Impact 2002+(Jolliet et al 2003)和 EPS 2000 等。各种各样的 LCA 工具已经经过了广泛的评估 (Landis,Theis 2008;Kulkarni et al 2005;Dreyer et al 2003;Olsen et al 2001;Whittaker et al 2011)。虽然单一指标可以很方便地总结出对人类健康或环境的影响,但是由于 LCA 从业者对终点评估方案的选择具有主观性,容易引起争议。因此,为了便于决策者进行解释,一般更倾向于使用中点分析。选择 LCIA 方法应该与研究的目的和范围相符。

18.2.1.4 解释

在 LCA 解释阶段,将会对过程进行评估和验证,并从前面的 LCI 和 LCIA 中总结出结论,最后根据清单和影响评价数据给出建议。此外,解释阶段还应包括对结果的验证,这往往需要对 LCA 其他阶段进行反复地修正和改进。结果验证是非常必要的,而且结果验证可能还包括通过使用多种定性的敏感度分析和定量的统计方法得到的模型中的可变性和不确定性分析。从多个过程收集的数据带有不同程度的不确定性,使用统计技术可以使评价过程更为稳健。

解释的结论可能包括识别出来影响最低的产品或过程,或者识别出影响最大的特定子过程,即所谓的“热点(hot spots)”。它们接下来将成为重点的改进目标,以提高产品质量和减少有害的环境影响。

18.2.1.5 归因 LCA 与归果 LCA 的比较

LCA 模型在描述被研究系统中物质和能量流时可以采用不同的方法。归因 LCA(attributional LCA,ALCA)方法主要用于定量地描述某个产品系统及其子系统中资源和排放的流动,该方法已经用于多种主要生物燃料的 LCA 研究。归因 LCA 通过分配策略、系统扩展等几种可行的方法,将排放以及与之相关的影响都记入最终产品。ALCA 方法可以确定产品和服务的环境负荷大小,也可以确定生产链中哪个过程的影响权重最大。研究人员认为,仅仅使用 ALCA 不可能完全描述未来的变化(Ekvall,Weidema 2004;Schmidt 2008;Weidema et al 1999)。

相反,归果 LCA(consequential LCA,CLCA)方法则旨在揭示产品或服务在生命周期过程中发生变化时,进、出技术领域的物理流会如何相应地变化。CLCA 总是试图在更宽的系统边界范围内考虑问题,在经济模型中最常用的形式就是 CLCA。这些模型跟踪整个经济系统中的货币、材料和能量流动。在 CLCA 中,生产某个产品所导致的效果会以资源进入或离开经济市场的形式作用于系统,进而改变供求状态,还有可能导致资源使用和与之相关的环境影响的变化。

换句话说,处于原来定义的范围较窄的生命周期之外的生产形势发生变化所产生的影响,也会被包含在扩大后的研究系统中。这通常使用边际数据来完成,在供给和需求价格弹性的基础上进行计算 (Lesage et al 2007;Lund et al 2010;Reinhard,Zah 2009;Sanden,Karlstrom 2007)。这种以变化为导向的 LCA 关注行动过程的更替(如用新技术代替现有技术)所带来的更广泛的环境影响。例如,在用藻类生产生物柴油的 CLCA 中,主要的目标产品是生物燃料,但是,作为副产品的甘油可能会替代那些通过其他方法生产的甘油,后者的生产可能消耗更多不可再生的资源;同样,联产动物饲料也会取代现有市场中的其他动物饲料。当我们试图对未来进行预测时,由于数据和模型的限制以及 CLCA 固有的不确定性,使其面临不少挑战。

18.2.1.6 LCA 方法面临的挑战

LCA 研究在以下几个方面也受到了人们的批评:LCI 流程数据不完整或过时;系统边界不恰当;分配程序不好或对副产品说明不完整。对于排放范围取决于规模、温度或其他因素的过程,假设其排放量可以线性缩放,也可能与实际不符。此外,LCA 结果超出研究所处的特定时间和空间之外, 可能并不具有普遍性;或者,研究所使用的过程数据中可能含有过时或与特定情况不相符的数据。接下来将讨论 LCA 在燃料系统中的特殊应用,18.4 节还将通过案例研究进行更深入的探讨。

18.2.2 生命周期评价与燃料

在传统燃料和替代燃料生产的可持续性评价中,LCA 方法越来越必不可少。虽然人们对水资源消耗、富营养化潜值以及土地利用变化等的兴趣越来越大,但是,目前多数生物燃料的生命周期研究主要还是集中在能量和温室气体排放的分析上。本节将介绍生命周期能量分析的主要内容和指标,并讨论生命周期的温室气体排放分析。

18.2.2.1 主要能源指标

在对生物燃料生产所消耗的初级能源进行量化时, 会用到各种指标(Murphy et al 2011b;Cleveland 2010;Chwalowski 1996)。与特定过程中直接使用的过程能源不同,初级能源代表生产全部原料所消耗的能源资源以及过程加工中直接消耗的过程能源之和。例如,一个 40W 的灯泡工作 1h,会消耗 40W·h 的过程能源(电力),但生产和传输这些电力所消耗的总的初级能源则大约需要 108W·h(假定初级能源因子为 2.7,该数据是在考虑了由于地理位置、技术以及用于生产电力的初级能源存在的广泛差异的基础上综合计算得到的)。

表 18.1 定义和总结了几个主要的能源指标。对于生物燃料而言,一个关键的衡量指标是净能量平衡(net energy balance,NEB),有时也被称作净能值(net energy value,NEV)。NEB 被定义为生物燃料产品(和副产品)的能量与生产这些燃料所需要的总的初级能源之间的差值。燃料产品 NEB 为正值,是其具有可持续的标准之一。能源投资收益率(energy return on investment,EROI)和净能量比(net energy ratio,NER)则反映生物燃料产品及其副产品所含的总能量与生产这些产品所需要的总的初级能源的比值。NER 的值大于 1,表明能量收益为正值。

表 18.1 关键能源指标

名称(中/英)	缩 写	定义格式
净能量平衡	NEB	$\sum$ 能源$_{输出}$ - $\sum$ 能源$_{输入}$
能源投资收益率	EROI	$\sum$ 能源$_{输出}$ / $\sum$ 能源$_{输入}$
净能量比	NER	$\sum$ 能源$_{输出}$ / $\sum$ 能源$_{输入}$
化石能源比	FER	$\sum$ 能源$_{输出}$ / $\sum$ 化石能源$_{输入}$
能源增殖因子	BF_{en}	$\sum$ 能源$_{输出}$ / $\sum$ 非可再生能源$_{输入}$

化石能源比(fossil energy ratio,FER)是能量投入回收比的另一种变化形式,该指标仅考虑不可再生的化石燃料资源的消耗,其定义为所有产品所含能量之和与生产过程所消耗的一次化石能源之和的比值。这个指标只考虑初级能源中不可再生的化石燃料部分, 主要用于评估所投入的每单位石化燃料可产生多少燃料产品。FER 大于 1,说明净化石能源为正,即意味产品中的能量比生产过程所消耗的化石能源要多。因此,FER 是衡量燃料可再生性的标准。另外一个类似的标准,能量增殖因子(energy breeding factor,BF_{en}),描述的则是每消耗一单位不可再生能源所获得的能量回报。

18.2.2.2 对能量指标的评论

因为 NEB 以及其他相关指标在汇总各种不同类型的能量时, 不会根据它们品质和价值的不同作出相应的调整,因此饱受诟病(Murphy et al 2011a;Liska et al 2009;Liska,Cassman 2008;Murphy et al 2011b;Dale 2007)。可以观察到,不同能源载体的价格差别很大,这与默认的关于所有能源载体都是平等的、可以直接加和的假设明显不符。例如,每百万 Btu(1Btu≈1055.06J,下同)的下列几种燃料的价格为:煤为 2 美元,石油为 10 美元,电力为 24 美元。这些燃料的定价显然不只是基于它们所含的能量,而是依据它们能提供的效果确定的,即煤、石油和电在效用或用途上的差异(Dale 2007)。用比例来是实现所有能源形式之间的替代虽然比较直观,但是适用范围有限。因此,必须在清楚了解分析目标的基础上,对能量指标进行选择。如果目标是提高国内能源的安全,则应考虑政策驱动型指标(如石油替代比或 FER)。如果目标是减少 GHG 排放,以提高气候安全,那么选择诸如每千米车行里程的 GHG 排放量之类的指标更加合适(Dale 2007)。

最近的一项研究提出了一组包含 9 个互补的能量指标并将其用于生物燃料系统比较。这些指标涵盖如下三类评价标准(Lavigne, Powers 2007):

① 能量消耗(化石能源、石油和可再生能源);

② 能源安全(NEV、进口能源占比、国内能源占比);

③ 能源资源消耗(可再生能源占比、能源效率比和用于交通的净能量资源)。

总的说来,生物燃料的评价应该朝着更透明、更全面的方向努力,以更好地反映能源、环境、经济和安全等多个目标。

18.2.2.3 GHG 排放和 LCA

对全球气候变化的担忧已经促使国际社会和各国制定法律来限制国民经济,尤其是交通运输部门的 GHG 排放。因此,GHG 减排已变成生物燃料工业发展的主要推动力。在美国,现行的可再生燃料标准(RFS2)要求生产可再生燃料,并将其与其他燃料调合使用。RFS2 要求这些可再生燃料的生命周期 GHG 排放量应该比其所替代的石油燃料少。例如,先进生物燃料必须要达到生命周期 GHG 排放量减少 50%的标准(EPA 2010)。

对 GHG 排放建模的第一步,是完成碳的平衡,即确定进入、经过和离开生产系统的碳流。LCA 从业者必须明白,生物和人为来源的碳元素会在作物栽培、燃料生产和燃烧使用的过程中发生流动。在石油燃料燃烧时,会向大气中排放“新”的碳,这些碳在长期的地质年代中一直被存储在地下岩层中;而生物燃料燃烧时则不一定释放“新”的碳。大气中的二氧化碳通过光合作用被固定到植物中,然后转化为燃料,再经过燃料燃烧返回到大气中,因此不会导致增加任何“新”的(即人为的)大气二氧化碳,所以不会对全球变暖产生影响。

当比较研究涉及边界不同的系统时,碳的计算就会成为问题。例如,一个关于生物质种植的研究可能得出大气碳被光合作用固定和滞留在生物质产品中,由此导致 GHG 排放为负的结论。而关于生物质种植和转化的其他研究则表明,同样量的生物碳又被转入燃料和生物质残渣这两种副产品中。此外,虽然生物燃料本身燃烧时是碳中性的,但是还需要考虑蕴含在副产品中的碳的流向。例如,当残余生物质用做土壤改良剂时,可以使二氧化碳在土中滞留几年;而当残余生物质用于生物发电时,所固定的二氧化碳马上就释放到大气中,实际上并没有固定住。一个完整的生物燃料"从油井到车轮(well-to-wheel)"的 LCA 分析(即涵盖种植、生产和燃烧系统),需要考虑包括甲烷、氮氧化物、氯氟烃以及人为二氧化碳等在内的所有 GHG 的直接和间接生命周期排放。此外,分配方法的选择也可能会对结果产生很大的影响。

18.2.2.4 配额和副产品

对生产多种产品的集成系统来说,系统扩展或配置是使资源消耗和排放在副产品之间进行公平分配的两种可选技术。系统扩展指的是扩大研究系统的概念边界,这样避免将排放计入另一个系统。也就是说,主系统(S1)生产的主产品(P1)和副产品(P2)等量计入了可避免的排放,而这个排放产生于产品的初级系统(S2)中。

根据 ISO 14040 的规定, 当无法通过系统扩展或增加对模型细节的描述来避免分配时,需要通过能反映相互间内在物理关系的方法,将系统中的环境负荷配置到不同产品或功能中去(ISO 2006)。相关的物理关系可能包括质量、体积和能量含量等。当物理基础的配置关系无法确定时,应当根据副产品间的其他关系进行配置,例如经济价值的比例。此外,如果存在多种分配过程的可能性,ISO 14040 就要求进行敏感性分析。不同的分配方法, 可以产生各种不同的结果 (Kaufman et al 2010;Azapagica,Cliftb 1999;Luo et al 2009),这种变异性可以通过敏感度分析加以捕获和表达。

除配额外,副产品规模也可能成为问题。当副产品在质量或价值上超过主要产品时,有可能什么事情也不会发生;但对生物燃料和其他新生产业来说,当生产达到工业规模,主要产品能满足需求增长的时候,会容易产生另外的情况;而且,还有可能副产品也超过市场需求,可能导致副产品的市场价格急剧下降,最终被当作废物处理。

18.3 生物燃料 LCA 应用实例

本节对几个以前的生物燃料 LCA 研究进行了概括, 包括一份最新的关于玉米乙醇和大豆生物柴油的生命周期绩效报告,以及藻类生物能源与其他的第一代和第二代生物燃料的比较。此外,本节还讨论了前期生物燃料研究中出现的问题和面临的挑战。

18.3.1 玉米乙醇

美国乙醇工业近年来的快速发展,促使生物质采收、加工和转化技术取得了显著进步,也促进了对玉米乙醇的深入研究(Hill et al 2006;Farrell et al 2006;Hsu et al 2010;Kendall,Chang 2009;Kim et al 2009;Kim,Dale 2005,2008;Patzek

2004；Patzek，Pimentel 2005；Pimentel et al 2007)。这些技术进步和生产效率提高，已经对玉米乙醇的环境和能量绩效产生了显着影响。里斯卡等(Liska et al 2009)研究了相关技术的成熟度，并系统地评估了玉米乙醇的生命周期能源效率和GHG排放情况。他们使用最新的作物产量、农业管理、生物炼制操作和副产品利用数据，对各种玉米乙醇系统的生命周期能源效率和GHG排放进行了评价，并与基于原来的加工技术得到的研究进行了比较。结果表明，与传统的汽油相比，玉米乙醇可使GHG排放减少48%~59%，这个值比以前报道的值提高了约2~3倍。此外，乙醇对石油(ethanol-to-petroleum)的产出输入(output-to-input)比在10:1~13:1之间。据推测，如果农场主采用更好的耕作和土壤管理措施，该比例还可以达到19:1。玉米乙醇的NER值在1.5~1.8之间，大大高于以前报道的约1.2的值。研究者认为，玉米乙醇应该在带厌氧消解系统的封闭路生物炼厂进行生产。在这种情况下，NER可达到2.2，GHG排放量可减少67%。该研究的结论强调了在新兴生物能源系统中技术成熟度和正在开展的创新的重要性，指出与纤维质乙醇和其他先进燃料相比，玉米乙醇最新的环境和能量绩效也具有很好的竞争性。

18.3.2 大豆生物柴油

美国国家可再生能源实验室(NREL)在1998年完成了美国大豆生物柴油的第一次生命周期能量分析(Sheehan et al 1998)。这一具有里程碑意义的研究是在1990年农业数据的基础上建立了大豆生物柴油的能量清单。该项分析使用2002年和2006年的农业数据，分别在2009年和2011年进行了更新，以反映大豆种植、加工和生物柴油转化的技术进步。在最近的分析中，普拉丹等(Pradhan et al 2011)将最新的大豆生物柴油能量绩效与前面的两项研究进行了比较，探讨了技术发展和农业进步对生命周期清单和相关能量收益的影响。结果表明，随着时间推移，大豆生物柴油的FER值已经大大提高。在1998年的NREL报告中，大豆生物柴油的FER值为3.2；而在2009年的研究中，该值提高到4.56；最后在2011年的报告中，该值进一步提高到5.54。研究者认为，FER值的不断提高得益于大豆产量的提高以及大豆压榨和生物柴油转化技术的进步。结果表明，农业操作、大豆压榨以及酯交换的能量输入(标准化后的每单位体积生物柴油)分别比2002年报道的值低52%、58%和33%。导致农业操作环节能量输入减少的部分原因在于杀虫剂用量的减少，这得益于近些年转基因大豆的使用。除此之外，生物质转化和加工过程中能量消耗的减少，主要得益于大豆压榨和酯交换反应设备效率的提高和操作条件的优化。这些结果表明，农业和生物燃料工业持续不断的进步将使生物燃料供应链进一步得到优化，降低了生物燃料生产成本，提高了生物燃料的FER值。

18.3.3 藻类生物能源

近年来,微藻作为一种潜在的可持续生物能源来源受到广泛关注。虽然微藻燃料没有表现出许多第一代或先进生物燃料的缺点,但最近的研究表明,第三代生物燃料可能会对其上游的能量和环境产生影响。研究人员建议,通过工业共生物(例如利用工业废气和废水培养藻类)以及生产其他产品(例如通过藻类生物质厌氧消解生产沼气),可以缓解对藻类环境绩效的担忧(Soratana et al 2012;Borkowski et al 2012;Vasudevan et al 2012;Edward et al 2012;Campbell et al 2011;Collet et al 2011;Murphy,Allen 2011;Yang et al 2011;Singh,Olsen 2011;Brentner et al 2011;Sander,Murthy 2010;Ferrell,Sarisky-Reed 2010;Batan et al 2010;Sialve et al 2009;Huesemann,Benemann 2009;Chisti 2008)。克拉伦斯等(Clarens et al 2011)在 2011 年的研究中,对藻类生物燃料以及生物发电进行了“油井到车轮”的生命周期评价,并将结果与其他生物燃料进行了对比。在该研究中,对藻类的养料、采收以及转化都设计了多种方案,分别进行建模。接着,以归一化的每公顷耕种面积等效 VKT 为基准,比较了微藻和其他生物燃料原料的性能。结果显示,藻类能源系统的能源盈余和环境绩效高度依赖于生物能源的生产模式。藻类生物质直接燃烧发电优于厌氧消解或生产藻类生物柴油的方案,其 EROI 可以达到 4.92 的最大值。此外,藻类生物质直接燃烧的方案比柳枝稷或油菜所产生的 VKT 都要高。鉴于藻类在能量和环境绩效方面的表现存在较大的可变性,还需要对从藻到能源的供应链进行仔细考虑,以确保新兴的藻类生物能源系统的长期可持续性。

18.3.4 生物燃料生命周期评价存在的问题和面临的挑战

生物燃料 LCA 经常要研究不同的系统边界,使用不同的功能单位,结果也会用许多不同的可持续和能量指标来表述,这就给不同研究之间的比较带来障碍。因为 LCA 正成为日益流行的环境发布和政策制定工具,所以十分有必要为生物燃料及相关副产品的评价制定统一和标准化的 LCA 框架。诸如副产品配置和替代、模型假设以及数据质量等因素都可能对生物燃料的 LCA 结果产生非常大的影响。

生物燃料 LCA 的另一个关键问题是对不确定性和可变性的说明(McKone et al 2011)。评价不确定性和可变性的常用方法有蒙特卡罗(Monte Carlo)模拟和一次一因子法(one-factor-at-a-time,OFAT),前者根据已知或假设的潜在概率分布来计算模型的不确定性,后者则通过每次独立地输入变化的参数来确定参数对 LCA 结果的相对影响。但是,这些方法都是需要消耗大量时间和资源,并且受到数据质量和可用性等问题的制约。此外，由于使用平均的数据，而且假设数据都是线性关系，所以在传统 LCA 模型计算资源使用量和排放产生量时，无法体现空间(Yazan et al 2011)和时间变化的影响，也无法说明工业的动态情况和技术的变化。同样，传统的 LCA 也无法完全关联到复杂的空间(Yazan et al 2011)、时间和动态的环境响应。

虽然在生物燃料生命周期评价中，一般使用生命周期温室气体排放和能源消耗等可持续发展指标，但是要全面理解这些影响还是需要检查所有的环境影响类别，这样也可以避免无意识地将环境负荷从一个类别换成另一个类别。此外，对进一步研究而言，直接和间接用水量以及土地使用都是非常重要的问题，但是在对它们进行报告时，并没有普遍接受的影响类别或标准方法。下面的有关藻类生物柴油的简短案例研究，将说明在生物能源中应用 LCA 方法的复杂性。

18.4 案例研究：藻类生物柴油 LCA

本节对从开放跑道池培养的微藻中生产的藻类生物柴油进行了一个“从油井到泵(well-to-pump)”的生命周期评价，以研究其生命周期 GHG 排放和 FER。由于对生产路线进行了充分评估，所以能对不同的藻类产品方案所涉及的可能的权衡、环境的影响以及技术的可行性有更深入的理解。此外，由于以前的藻类生物燃料生命周期评价系统边界和模型假设不同，导致出现了各式各样关于藻类环境和能量绩效的结果。在同一研究框架和假设条件下，对多种藻类生物燃料生产的方案进行全面的评估，就可以阐明上述问题。

18.4.1 方法

本研究探讨了通过酯交换反应生产藻类生物柴油的过程，以及改变剩余生物质副产品用途所带来的影响。系统边界从藻类生物质的培养开始，直到燃料产品的运输，但不包含培养、提取和燃料转化的资金成本。因为最终的燃料产品会在现有车辆上燃烧，所以假定燃烧过程与现有石化燃料等效，因而也不在本研究范围内(Huo et al 2008)。本研究的功能单位定为加油枪处的 1MJ 的生物柴油，以方便与石化柴油进行比较。假定生物质培养和燃料生产在位于亚利桑那州菲尼克斯市的一个完整的开放跑道池生物炼制工厂进行，该工厂配备工业来源的废气。生物燃料生产链如图 18.3 所示。该图说明了主要的子系统：培养、初次采收、二次采收、干燥、油脂提取、燃料升级和残余生物质的三种备选使用途径。

提取子系统模型使用来源于 Ecoinvent 数据库的数据(Ecoinvent Centre 2007)，最初以每磅提取的油为基准，随后又换算成每兆焦燃料的功能单位。每产出 1lb (lb≈0.45359kg，下同)生物柴油大约需要 1lb 的生物油。诸如油脂提取之类的成熟工艺的生命周期数据，可以从前面提到的文献和数据库中查阅，例如 GREET(ANL 2010)、Ecoinvent(Ecoinvent Centre 2007)和 USLCI 数据库(Deru，NREL 2009)。

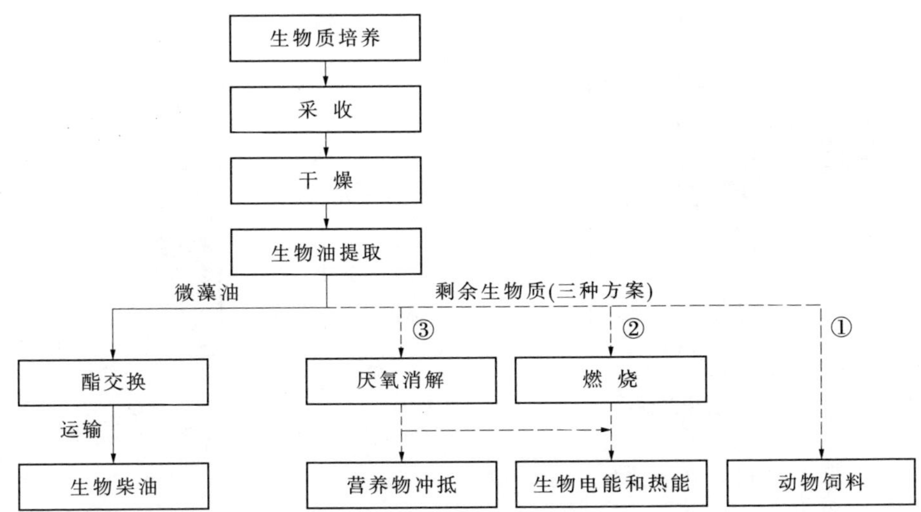

图 18.3 藻类生物柴油和副产品生产系统图

提取油脂之后的生物质的分子组成数据来源于拉东等(Lardon et al 2009)的研究，藻类和大豆粉的能量密度及分子组成数据来源于 2011 年 GREEN 的模型(ANL 2010)。工业废气的利用按 CO_2 来建模(Benemann 1997)。一般认为，当合成肥料减少时，藻类生长于缺氮条件下，积累的脂肪含量最高(Cho et al 2011；Converti et al 2009；Illman et al 2000)。在此条件下生产的藻类生物质组成可用如下平均含量模拟：脂类含量为 38.5%，碳水化合物含量为 52.9%，蛋白质含量为 6.7%。只有生物质中的脂质部分可以生产生物柴油，这样就会留下 60%左右的副产品作为废物。本研究为提油后剩余的微藻生物质(De-oiled Algal Biomass，DOAB)考虑了几种可选的利用方案，包括作为动物饲料产品(按对大豆粉的替代建模)、作为燃烧燃料发电和产热以及作为厌氧消解的原料生产电、热和再循环养料等。

18.4.2 结果

为了按照动物饲料利用方案进行分配，将 DOAB 分子组成与大豆粉和大豆进行对比，按照各自所含蛋白质含量确定替代比例。其他信息和更多结果，可参见发表于 2012 年 IEEE-ISSST 会议上的相关研究(Borkowski et al 2012)。

藻类生物燃料生产系统中各组成单元所使用的初级化石能源在三种方案下的输入形式如图 18.4 所示。与之对应的各种方案下的输出柱状图，也指出了每兆焦生物柴油燃料以及按比例生产的其他副产品的能量产出情况。对初级能源消耗贡献最大的是生物质干燥和生物油提取过程中的加热过程,其次是采收、培养和油脂提取中使用的电。

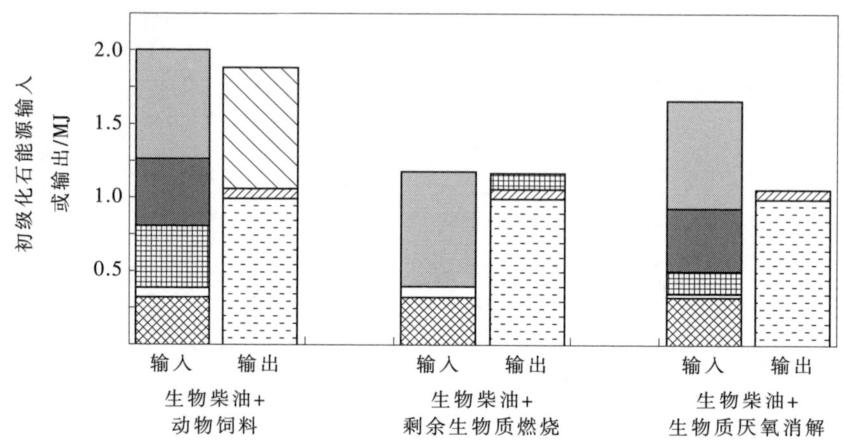

图 18.4 按每兆焦生物柴油归一化后的化石能源输入和输出

生物柴油;甘油;动物饲料;其他输入;营养物;电;热(其他);热(干燥)

与作为基准的动物饲料方案相比, 在剩余生物质燃烧发电和产热方案中,净石化燃料消耗可降低 42%;同时,每生产 1MJ 生物柴油还多产生 0.1MJ 左右的生物电。在厌氧消解方案中,热量和电力消耗略有减少,主要得益于营养物质的循环利用,合成肥料的消耗量也会减少,但无生物电剩余。通过图 18.5 中总结的输出输入化石能量比(即 FER 值),很容易对这三种替代方案进行比较。剩余生物质燃烧时表现出最高的 FER 值, 达到 0.99; 其次是用做动物饲料的方案,FER 值为 0.94;最后是 FER 值最低的厌氧消解方案,只有 0.63。

从图 18.5 可以看出,模拟得到的 GHG 排放与 FER 结果并不完全一致。在厌氧消解的方案中,GHG 排放量为 93g CO_2 当量/MJ 生物柴油, 与石油来源的柴油相当;动物饲料方案的排放量则为 115g CO_2 当量/MJ 生物柴油,比石化柴油的基准还要高;最低的 GHG 排放值出现在生物质燃烧方案中,只有 39g CO_2 当量/MJ 生物柴油,该过程实现了最大程度地避免使用电和天然气。

鉴于脂(或油)在培养得到的生物质中的含量低于 40%,不同方案下的 GHG 排放和 FER 值出现变化就不奇怪了。剩余生物质副产品占全部生物质 62%,作为主要物质,其去向显然会对 LCA 结果产生重大影响。厌氧消解和动物饲料两种方案的比较,就是一个比较明显的通过 LCA 进行取舍的实例:虽然厌氧消解方案比动物饲料方案的 GHG 排放少,但是其 FER 值也低(这说明能量指标并不好)。燃烧方案的 GHG 排放最少，FER 值最高，因此最具吸引力。

虽然研究的目的可能是为了考察生物燃料产品对环境的影响，但是必须要对包括所有副产品在内的完整系统以及不同影响目标之间不可避免的取舍进行考虑，以进行准确的生命周期评价。鉴于藻类生物柴油的能量和环境绩效仅在本研究的三种副产品方案中就显示出较高的变异性，LCA 无疑提供了对多种可选原料和 18.1 节中所讨论的生产途径进行评估，以及为新生的藻类生物燃料产业指明持续发展方向的可能性。

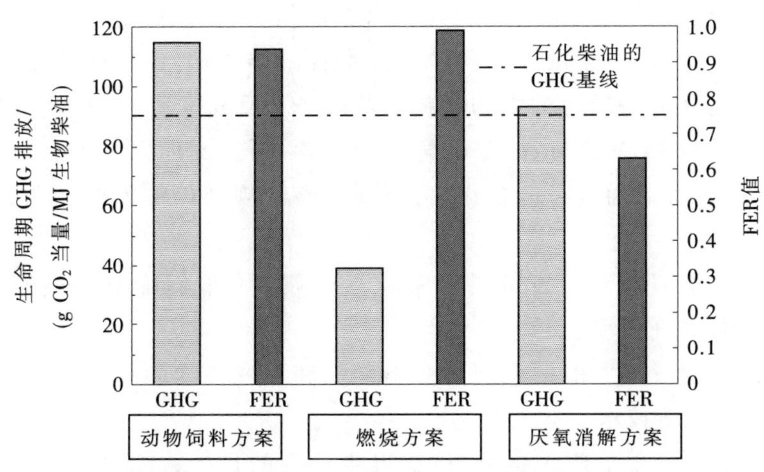

图 18.5 不同剩余生物质处理方案下的生物柴油生产生命周期 GHG 排放和 FER 值

18.5 结论：LCA 在可持续生物燃料发展中的广泛作用

如前所述，使用生物燃料/生物能源可以减少对国外石油的依赖、减少不可再生资源的消耗、减少 GHG 排放、缓解全球气候变化以及促进国内经济的发展。从生命周期的角度，对不同生物燃料供应链进行整体评价，有助于阐明这些目标的实现程度。此外，鉴于潜在的生物原料和生物燃料转化途径的多样性，LCA 作为一种有用的工具，不仅可以比较不同转化途径的环境可持续性，而且还可以指导生物燃料产业可持续发展。政策制定者在可再生燃料的监管和立法中正在采用生命周期的思维和 LCA 指标。科学家则利用系统的分析方法(例如生命周期评价)来确定效率低下的流程和热点，以顺着无数可能的生物燃料供应链进行有针对性的改进。

虽然 LCA 越来越受到研究者、从业者以及决策者的重视，但它目前也面临着许多方法学上的挑战。这些问题包括数据质量、不确定性、系统边界、数据的空间和时间转化、规模、系统的动态变化以及为优化内在的竞争性目标而进行的取舍。为了解决这些问题，研究人员正在开发越来越复杂的模型和指标。分析地理空间和区域/局部影响的新工具,有利于对局部流域的影响进行量化,也有利于化解间接土地利用变化的复杂性。数据的质量和可用性问题,正在通过开发商业和私人数据库来解决。一些传统 LCA 的缺点则正以非传统 LCA 的形式进行化解,例如经济输入输出生命周期评价(economic input output life cycle assessment,EIO-LCA)、生态生命周期评价(ecologically based life cycle assessment,Eco-LCA)(Baral et al 2012)以及混合方法等(You et al 2012;Acquaye et al 2011)。

如果硬要通过一个 LCA 就一劳永逸地解决问题,或者企图通过一个单一的简化目标来解决可持续性的复杂问题,那么决策者将无法利用 LCA 的真正潜力(McKone et al 2011)。当 LCA 像科学方法本身一样,始终保持在反复推演的过程中时,它就能更好地为新生的生物燃料产业服务。反复推演的 LCA 可以与技术一起进步,并且通过 LCA 参与者、基础科学研究者、研发团体以及来自工业界、金融界和政府的决策者之间进行的合作,为不断调整的规划提供依据。至关重要的角色包括:

① 从事技术研究和开发的科学家和工程师——他们确定“热点”,以改进工艺、减少排放和提高效率;

② LCA 从业者——他们识别具有不确定和可变性的领域,提出新的问题并推动 LCA 模型随新技术一起发展;

③ 决策者——他们组织信息,解决发生冲突的目标,并且根据汇总的影响行事;同时,他们还会继续深入了解研究系统和扩展的分支领域在生命周期中存在的潜在问题、风险和好处。

在生命周期思考的基础上,LCA 模型和方法可以将新兴的生物燃料行业引向经济可行、能量高效和环境负责的发展道路上。

参考文献

Acquaye AA,Wiedmann T,Feng KS,Crawford RH,Barrett J,Kuylenstierna J,Duffy AP,Koh SCL,McQueen-Mason S (2011) Identification of 'carbon hot-spots' and quantification of GHG intensities in the biodiesel supply chain using hybrid LCA and structural path analysis.Environ Sci Technol 45(6):2471-2478.doi:10.1021/es103410q

Agusdinata DB,Zhao F,Ileleji K,DeLaurentis D (2011) Life cycle assessment of potential biojet fuel production in the United States.Environ Sci Technol 45(21):9133-9143.doi:10.1021/ es202148g

Azapagica A,Cliftb R (1999) Allocation of environmental burdens in multiple-function systems.J Clean Prod 7(2):101-119.doi:10.1016/s0959-6526(98)00046-8

Baral A,Bakshi BR,Smith RL (2012) Assessing resource intensity and renewability of cellulosic ethanol technologies using eco-LCA.Environ Sci Technol.doi:10.1021/es2025615

Bare JC,Norris GA,Pennington DW,McKone T (2003) TRACI:the tool for the reduction and assessment of chemical and other environmental impacts.J Ind Ecol 6(3-4):49-78

Batan L,Quinn J,Willson B,Bradley T (2010) Net energy and greenhouse gas emission evaluation of biodiesel derived from microalgae.Environ Sci Technol 44(20):7975-7980.doi:10.1021/es102052y

Baumann H,Tillman AM (2004) The Hitch Hiker's guide to LCA:an orientation in life cycle assessment methodology and application.Studentlitteratur,Lund

Benemann JR (1997) CO_2 mitigation with microalgae systems.Energy Convers Manage 38:S475-S479.doi:10.1016/s0196-8904(96)00313-5

Benemann JR,Oswald PI (1996) Systems and economic analysis of microalgae ponds for conversion of CO_2 to biomass-final report.Department of Energy,Pittsburgh Energy Technology Center

Borkowski M,Zaimes GG,Khanna V (2012) Integrating LCA and thermodynamic analysis for sustainability assessment of algal biofuels:comparison of renewable diesel vs.biodiesel.In:IEEE international symposium on sustainable systems and technology,Boston,21-23 May 2012

Brentner LB,Eckelman MJ,Zimmerman JB (2011) Combinatorial life cycle assessment to inform process design of industrial production of algal biodiesel.Environ Sci Technol 45(16):7060-7067.doi:10.1021/es2006995

Campbell PK,Beer T,Batten D (2011) Life cycle assessment of biodiesel production from microalgae in ponds.Bioresour Technol 102(1):50-56.doi:10.1016/j.biortech.2010.06.048

Chisti Y (2007) Biodiesel from microalgae.Biotechnol Adv 25(3):294-306.doi:10.1016/ j.biotechadv.2007.02.001

Chisti Y (2008) Biodiesel from microalgae beats bioethanol.Trends Biotechnol 26(3):126-131.doi:10.1016/j.tibtech.2007.12.002

Cho S,Lee D,Luong TT,Park S,Oh YK,Lee T (2011) Effects of carbon and nitrogen sources on fatty acid contents and composition in the green microalga,Chlorella sp.227.J Microbiol Biotechnol 21 (10):1073-1080.doi:10.4014/jmb.1103.03038

Chwalowski M (1996) Critical questions about the full fuel cycle analysis.Energy Convers Manage 37(6-8):1259-1263.doi:10.1016/0196-8904(95)00330-4

Clarens AF,Resurreccion EP,White MA,Colosi LM (2010) Environmental life cycle comparison of algae to other bioenergy feedstocks.Environ Sci Technol 44(5):1813-1819.doi:10.1021/es902838n

Clarens AF,Nassau H,Resurreccion EP,White MA,Colosi LM (2011) Environmental impacts of algae-derived biodiesel and bioelectricity for transportation.Environ Sci Technol 45(17):7554-7560.doi:10.1021/es200760n

Cleveland CJ (2010) Net energy analysis.Environmental information coalition,national council for science and the environment.http://www.eoearth.org/article/Net_energy_analysis.Accessed 4 July 2011

Collet P,Helias A,Lardon L,Ras M,Goy RA,Steyer JP (2011) Life-cycle assessment of microalgae culture coupled to biogas production.Bioresour Technol 102(1):207-214.doi:10.1016/j.biortech.2010.06.154

Converti A,Casazza AA,Ortiz EY,Perego P,Del Borghi M (2009) Effect of temperature and nitrogen concentration on the growth and lipid content of Nannochloropsis oculata and Chlorella vulgaris for biodiesel production.Chem Eng Process 48(6):1146-1151.doi:10. 1016/j.cep.2009.03.006

Dale BE (2007) Thinking clearly about biofuels:ending the irrelevant 'net energy' debate and developing better performance metrics for alternative fuels.Biofuels Bioprod Biorefin 1(1):14-17.doi:10.1002/bbb.5

Deru MP,NREL (2009) U.S.Life Cycle Inventory Database Roadmap.National Renewable Energy Laboratory,U.S.Department of Energy

Dragone G,Fernandes B,Vicente AA,Teixeira JA (2010) Third generation biofuels from microalgae.Appl Microbiol 2:1355-1366

Dreyer L,Niemann A,Hauschild M (2003) Comparison of three different LCIA methods:EDIP97,CML2001 and eco-indicator 99.Int J Life Cycle Assess 8(4):191-200.doi:10.1007/ bf02978471

Ecoinvent Centre (2007) Ecoinvent data v2.0.http://www.ecoinvent.org

Edward DF,Jeongwoo H,Ignasi P-R,Amgad E,Michael QW (2012) Methane and nitrous oxide emissions affect the life-cycle analysis of algal biofuels.Environ Res Lett 7(1):014030

Eisentraut, A. (2010).Sustainable production of second -generation biofuels:potential and perspectives in major economies and developing countries, OECD Publishing

Ekvall T, Weidema BP (2004) System boundaries and input data in consequential life cycle inventory analysis.Int J Life Cycle Assess 9(3):161-171.doi:10.1065/Lca2004.03.148

ELCD/ILCD (2012) International/european reference life cycle data system.http://lca.jrc. ec.europa.eu/lcainfohub/datasetArea.vm.Accessed June 2012

EPA (2010) EPA finalizes regulations for the national renewable fuel standard program for 2010 and beyond.Office of transportation and air quality, U.S.Environmental Protection Agency Fargione J, Hill J, Tilman D, Polasky S, Hawthorne P (2008) Land clearing and the biofuel carbon debt.Science 319 (5867):1235-1238.doi:10.1126/science.1152747

Farrell AE, Plevin RJ, Turner BT, Jones AD, O'hare M, Kammen DM (2006) Ethanol can contribute to energy and environmental goals.Science 311(5760):506-508

Ferrell J, Sarisky-Reed V (2010) National algal biofuels technology roadmap, a technology roadmap resulting from the National Algal Biofuels Workshop.140

Frischknecht R (2005) Ecoinvent Data v1.1 (2004):from heterogenous databases to unified and transparent LCI data. Int J Life Cycle Assess 10(1):1-2

Frischknecht R, Steiner R, Jungbluth N (2009) The ecological scarcity method-eco-factors 2006.A method for impact assessment in LCA, Environ Studies No 906

GaBi 5/PE International PE International.http://www.gabi-software.com/international/index/.Accessed June 2012

Goedkoop M, Heijungs R, et al (2009) ReCiPe 2008:A life cycle impact assessment method which comprises harmonised category indicators at the midpoint and the endpoint level.VROM-Ruimte en Milieu, Ministerie van Volkshuisvesting, Ruimtelijke Ordening en Milieubeheer, http://www.lcia-recipe.net

Golueke CG, Oswald WJ (1965) Harvesting and processing sewage-grown planktonic algae.J Water Pollut Con F pp 471-498

GREET Model 1_2011 (2010) Argonne National Laboratory, U.S.Department of Energy.http:// greet.es.anl.gov.Accessed 30 Nov 2011

Hammerschlag R (2006) Ethanol's energy return on investment:a survey of the literature 1990-present.Environ Sci Technol 40(6):1744-1750.doi:10.1021/es052024h

Hill J, Nelson E, Tilman D, Polasky S, Tiffany D (2006) Environmental, economic, and energetic costs and benefits of biodiesel and ethanol biofuels.Proc Natl Acad Sci 103(30):11206-11210.doi:10.1073/pnas.0604600103

Ho SH, Chen CY, Lee DJ, Chang JS (2011) Perspectives on microalgal CO_2-emission mitigation systems-a review. Biotechnol Adv 29(2):189-198.doi:10.1016/j.biotechadv.2010.11.001

Hsu DD, Inman D, Heath GA, Wolfrum EJ, Mann MK, Aden A (2010) Life cycle environmental impacts of selected US ethanol production and use pathways in 2022.Environ Sci Technol 44(13):5289-5297

Huesemann MH, Benemann JR (2009) Biofuels from microalgae:review of products, processes and potential, with special focus on Dunaliella sp.Related Information:Alga Dunaliella Biodivers Physiol Genomics Biotechnol 14:445-474

Huijbregts MAJ, Hellweg S, Frischknecht R, Hungerbühler K, Hendriks AJ (2008) Ecological footprint accounting in the life cycle assessment of products.Ecol Econ 64(4):798-807

Huo H, Wang M, Bloyd C, Putsche V (2008) Life-cycle assessment of energy use and greenhouse gas emissions of soybean-derived biodiesel and renewable fuels.Environ Sci Technol 43(3):750-756.doi:10.1021/es8011436

Illman AM, Scragg AH, Shales SW (2000) Increase in Chlorella strains calorific values when grown in low nitrogen medium.Enzyme Microb Technol 27(8):631-635.doi:10.1016/s0141- 0229(00)00266-0

IPCC (2007) Climate change 2007:synthesis report.R.K.Pachauri and A.Reisinger, intergovernmental panel on climate change

IPCC:M.L.Parry (2007) Climate Change 2007:Impacts,Adaptation and Vulnerability :Contribution of Working Group II to the Fourth Assessment Report of the Intergovernmental Panel on Climate Change.Cambridge University Press

IPCC:B.Metz (2007) Climate Change 2007:Mitigation of climate change:contribution of working group Ⅲ to the fourth assessment report of the intergovernmental panel on climate change.Cambridge University Press,Cambridge

Ismail M,Rossi A (2010) A compilation of bioenergy sustainability initiatives.Food and Agriculture Organization of the United Nations,Rome

ISO (2006) ISO 14040 Environmental management-life cycle assessment-principles and framework.International Organization for Standardization,Switzerland

Jolliet O,Margni M,Charles R,Humbert S,Payet J,Rebitzer G,Rosenbaum R (2003) IMPACT 2002+:a new life cycle impact assessment methodology.Int J Life Cycle Assess 8(6):324-330

Jorquera O,Kiperstok A,Sales EA,Embiruçu M,Ghirardi ML (2010) Comparative energy life-cycle analyses of microalgal biomass production in open ponds and photobioreactors.Bioresour Technol 101 (4):1406-1413.doi:10.1016/j.biortech.2009.09.038

Kadam KL (2001) Microalgae production from power plant flue gas:environmental implications on life cycle basis (trans:Energy USDo).National Renewable Energy Laboratory,Golden

Kaufman AS,Meier PJ,Sinistore JC,Reinemann DJ (2010) Applying life-cycle assessment to low carbon fuel standards-how allocation choices influence carbon intensity for renewable transportation fuels.Energy Policy 38(9):5229-5241

Kendall A,Chang B (2009) Estimating life cycle greenhouse gas emissions from corn-ethanol:a critical review of current U.S.practices.J Clean Prod 17(13):1175-1182.doi:10.1016/j. jclepro.2009.03.003

Kim S,Dale BE (2005) Life cycle assessment of various cropping systems utilized for producing biofuels:bioethanol and biodiesel.Biomass Bioenergy 29(6):426-439.doi:10.1016/j.biombioe. 2005.06.004

Kim S,Dale BE (2008) Life cycle assessment of fuel ethanol derived from corn grain via dry milling.Bioresour Technol 99(12):5250-5260.doi:10.1016/j.biortech.2007.09.034

Kim S,Dale B,Jenkins R (2009) Life cycle assessment of corn grain and corn stover in the United States.Int J Life Cycle Assess 14(2):160-174.doi:10.1007/s11367-008-0054-4

Kulkarni R,Zhang HC,Jianzhi L,Junning S (2005) A framework for environmental impact assessment tools:comparison validation and application using case study of electronic products.In:Proceedings of the 2005 IEEE international symposium on electronics and the environment,16-19 May 2005,pp 210-214.doi:10.1109/isee.2005.1437027

Landis AE,Theis TL (2008) Comparison of life cycle impact assessment tools in the case of biofuels.In:IEEE international symposium on electronics and the environment,19-22 May 2008.Proceedings of the IEEE ISEE,pp 1-7.doi:10.1109/isee.2008.4562869

Lardon L,Hélias A,Sialve B,Steyer J-P,Bernard O (2009) Life-cycle assessment of biodiesel production from microalgae. Environ Sci Technol 43(17):6475-6481.doi:10.1021/es900705j

Lavigne A,Powers SE (2007) Evaluating fuel ethanol feedstocks from energy policy perspectives:a comparative energy assessment of corn and corn stover.Energy Policy 35(11):5918-5930.doi:10.1016/j.enpol.2007.07.002

Lesage P,Deschenes L,Samson R (2007) Evaluating holistic environmental consequences of brownfield management options using consequential life cycle assessment for different perspectives.Environ Manage 40 (2):323-337.doi:10.1007/S00267-005-0328-6

Liska AJ,Cassman KG (2008) Towards standardization of life-cycle metrics for biofuels:greenhouse gas emissions mitigation and net energy yield.J Biobased Mater Bioenergy 2(3):187-203.doi:10.1166/jbmb.2008.402

Liska AJ,Yang HS,Bremer VR,Klopfenstein TJ,Walters DT,Erickson GE,Cassman KG (2009) Improvements in life cycle energy efficiency and greenhouse gas emissions of corn-ethanol.J Ind Ecol 13 (1):58-74.doi:10.1111/j.1530-9290.2008.00105.x

Lund H,Mathiesen BV,Christensen P,Schmidt JH (2010) Energy system analysis of marginal electricity supply in consequential LCA.Int J Life Cycle Assess 15(3):260-271.doi:10.1007/ S11367-010-0164-7

Luo L, van der Voet E, Huppes G, Udo de Haes H (2009) Allocation issues in LCA methodology: a case study of corn stover-based fuel ethanol. Int J Life Cycle Assess 14(6): 529-539. doi: 10. 1007/s11367-009-0112-6

McKone TE, Nazaroff WW, Berck P, Auffhammer M, Lipman T, Torn MS, Masanet E, Lobscheid A, Santero N, Mishra U, Barrett A, Bomberg M, Fingerman K, Scown C, Strogen B, Horvath A (2011) Grand challenges for life-cycle assessment of biofuels. Environ Sci Technol 45(5): 1751-1756. doi: 10.1021/es103579c

Melillo JM, Reilly JM, Kicklighter DW, Gurgel AC, Cronin TW, Paltsev S, Felzer BS, Wang XD, Sokolov AP, Schlosser CA (2009) Indirect emissions from biofuels: how important? Science 326(5958): 1397-1399. doi: 10.1126/Science. 1180251

Murphy CF, Allen DT (2011) Energy-water nexus for mass cultivation of algae. Environ Sci Technol 45(13): 5861-5868. doi: 10.1021/es200109z

Murphy D, Hall C, Powers B (2011a) New perspectives on the energy return on (energy) investment (EROI) of corn ethanol. Environ Dev Sustain 13(1): 179-202. doi: 10.1007/s10668- 010-9255-7

Murphy DJ, Hall CAS, Dale M, Cleveland C (2011b) Order from chaos: a preliminary protocol for determining the EROI of fuels. Sustainability 3(10): 1888-1907

Naik SN, Goud VV, Rout PK, Dalai AK (2010) Production of first and second generation biofuels: a comprehensive review. Renew Sustain Energy Rev 14(2): 578-597. doi: 10.1016/ j.rser.2009.10.003

Nonhebel S (2012) Global food supply and the impacts of increased use of biofuels. Energy 37(1): 115-121. doi: 10.1016/ j.energy.2011.09.019

Olsen SI, Christensen FM, Hauschild M, Pedersen F, Larsen HF, Tørsløv J (2001) Life cycle impact assessment and risk assessment of chemicals-a methodological comparison. Environ Impact Assess Rev 21(4): 385-404. doi: 10.1016/ s0195-9255(01)00075-0

Patzek TW (2004) Thermodynamics of the corn-ethanol biofuel cycle. Crit Rev Plant Sci 23(6): 519-567. doi: 10.1080/ 07352680490886905

Patzek TW, Pimentel D (2005) Thermodynamics of energy production from biomass. Taylor & Francis, London

Pimentel D, Patzek T, Cecil G (2007) Ethanol production: energy, economic, and environmental losses. In: Whitacre D, Ware G, Nigg H et al. (eds) Reviews of environmental contamination and toxicology, vol 189. Springer, New York, pp 25-41. doi: 10.1007/978-0-387-35368-5_2

Pradhan A, Shrestha DS, Mcaloon AJ, Yee WC, Haas MJ, Duffield JA (2011) Energy life-cycle assessment of soybean biodiesel revisited. Am Soc Agric Biol Eng 54(3): 1031-1039

Querini F, Morel S, Boch V, Rousseaux P (2011) USEtox relevance as an impact indicator for automotive fuels. Application on diesel fuel, gasoline and hard coal electricity. Int J Life Cycle Assess 16(8): 829-840

Ranganathan J, Corbier L, Bhatia P, Schmitz S, Gage P, Oren K (2004) The greenhouse gas protocol: a corporate accounting and reporting standard (Revised edn). World Resources Institute and World Business Council for Sustainable Development, Washington

Reinhard J, Zah R (2009) Global environmental consequences of increased biodiesel consumption in Switzerland: consequential life cycle assessment. J Cleaner Prod 17: S46-S56. doi: 10.1016/J.Jclepro.2009.05.003

Rosenbaum RK, Bachmann TM, Gold LS, Huijbregts MAJ, Jolliet O, Juraske R, Koehler A, Larsen HF, MacLeod M, Margni M (2008) USEtox-the UNEP-SETAC toxicity model: recommended characterisation factors for human toxicity and freshwater ecotoxicity in life cycle impact assessment. Int J Life Cycle Assess 13(7): 532-546

Sanden BA, Karlstrom M (2007) Positive and negative feedback in consequential life-cycle assessment. J Cleaner Prod 15(15): 1469-1481. doi: 10.1016/J.Jclepro.2006.03.005

Sander K, Murthy G (2010) Life cycle analysis of algae biodiesel. Int J Life Cycle Assess 15(7): 704-714. doi: 10.1007/ s11367-010-0194-1

Schmidt JH (2008) System delimitation in agricultural consequential LCA-outline of methodology and illustrative case study of wheat in Denmark. Int J Life Cycle Assess 13(4): 350-364. doi: 10.1007/S11367-008-0016-X

Searchinger T, Heimlich R, Houghton RA, Dong FX, Elobeid A, Fabiosa J, Tokgoz S, Hayes D, Yu TH (2008) Use of US croplands for biofuels increases greenhouse gases through emissions from land-use change. Science 319(5867): 1238-1240. doi: 10.1126/Science.1151861

Sheehan JJ (2009) Biofuels and the conundrum of sustainability. Curr Opin Biotechnol 20(3): 318-324. doi: 10.1016/j.copbio.2009.05.010

Sheehan J, Camobreco V, Duffield J, Graboski M, Shapouri H (1998) An overview of biodiesel and petroleum diesel life cycles (NREL). National Renewable Energy Laboratory, Golden

Sialve B, Bernet N, Bernard O (2009) Anaerobic digestion of microalgae as a necessary step to make microalgal biodiesel sustainable. Biotechnol Adv 27(4): 409-416. doi: 10.1016/j.biotechadv. 2009.03.001

SimaPro 7.3.3/Pre Consultants Pre Consultants. http://www.pre-sustainability.com/. Accessed June 2012

Sims R, Taylor M, et al (2008) From 1st-to 2nd-generation biofuel technologies: an overview of current industry and RD&D activities. International energy agency and organization for economic cooperation and development

Sims REH, Mabee W, Saddler JN, Taylor M (2010) An overview of second generation biofuel technologies. Bioresour Technol 101(6): 1570-1580. doi: 10.1016/j.biortech.2009.11.046

Singh A, Olsen SI (2011) A critical review of biochemical conversion, sustainability and life cycle assessment of algal biofuels. Appl Energy 88(10): 3548-3555. doi: 10.1016/j.apenergy.2010.12.012

Sissine F (2007) Energy independence and security act of 2007: a summary of major provisions. CRS report for congress, vol RL34294. Library of congress, congressional research service, Washington

Soratana K, Landis AE (2011) Evaluating industrial symbiosis and algae cultivation from a life cycle perspective. Bioresour Technol 102(13): 6892-6901. doi: 10.1016/j.biortech.2011.04.018

Soratana K, Harper WF Jr, Landis AE (2012) Microalgal biodiesel and the renewable fuel standard's greenhouse gas requirement. Energy Policy 46: 498-510. doi: 10.1016/j.enpol. 2012.04.016

Sundin H, Ranganathan J (2002) Managing business greenhouse gas emissions: the greenhouse gas protocol-a strategic and operational tool. Corporate Environ Strategy 9(2): 137-144

Timilsina GR, Beghin JC, van der Mensbrugghe D, Mevel S (2012) The impacts of biofuels targets on land-use change and food supply: a global CGE assessment. Agric Econ 43 (3): 315 -332. doi: 10.1111/j.1574 -0862.2012.00585.x

Vasudevan V, Stratton RW, Pearlson MN, Jersey GR, Beyene AG, Weissman JC, Rubino M, Hileman JI (2012) Environmental performance of algal biofuel technology options. Environ Sci Technol. doi: 10.1021/es2026399

Weidema BP, Frees N, Nielsen AM (1999) Marginal production technologies for life cycle inventories. Int J Life Cycle Assess 4(1): 48-56

Whittaker C, McManus MC, Hammond GP (2011) Greenhouse gas reporting for biofuels: a comparison between the RED, RTFO and PAS2050 methodologies. Energy Policy 39(10): 5950-5960

Williams PRD, Inman D, Aden A, Heath GA (2009) Environmental and sustainability factors associated with next-generation biofuels in the US: what do we really know? Environ Sci Technol 43(13): 4763-4775

Xu L, Weathers PJ, Xiong XR, Liu CZ (2009) Microalgal bioreactors: challenges and opportunities. Eng Life Sci 9(3): 178-189. doi: 10.1002/elsc.200800111

Yang J, Xu M, Zhang X, Hu Q, Sommerfeld M, Chen Y (2011) Life-cycle analysis on biodiesel production from microalgae: water footprint and nutrients balance. Bioresour Technol 102(1): 159-165. doi: 10.1016/j.biortech.2010.07.017

Yazan DM, Garavelli AC, Petruzzelli AM, Albino V (2011) The effect of spatial variables on the economic and environmental performance of bioenergy production chains. Int J Prod Econ 131 (1): 224 -233. doi: 10.1016/j.ijpe.2010.07.017

You FQ, Tao L, Graziano DJ, Snyder SW (2012) Optimal design of sustainable cellulosic biofuel supply chains: multi-objective optimization coupled with life cycle assessment and input-output analysis. AIChE J 58 (4): 1157-1180. doi: 10.1002/aic.12637

第 19 章 生物电化学系统的原理及应用

摘要：生物电化学系统(bioelectrochemical system，BES)是一项利用微生物将生物可降解物质中存储的化学能直接转化为电能的独特技术。与传统的发电和环境治理技术相比，生物电化学系统更具灵活性，因为任何一种生物可降解物质(特别是废弃物)都能够在阳极发生氧化反应并同时产生电能。此外，生物电化学系统还具有污染物治理以及盐水淡化的功用。本章将重点介绍生物电化学系统中的微生物技术原理以及近年来该领域的发展情况，同时深入讨论不同技术所具备的不同功效。

19.1 引言

19.1.1 生物质在未来能源中的重要作用

面对全球能源枯竭、环境污染和气候变化等问题，各国都在积极寻找和发展环境友好的化石能源替代品。就目前进展来看，要做到替代传统化石能源，就必须采取多种能源物质共同使用的方式；同时，这种替代能源还必须是洁净且可再生的能源物质。生物质因其低廉的价格、广泛的来源以及环境友好的生产方式逐步得到的极大的关注。究其本质，生物质能源实际上是通过生物质存储的太阳能转化得到的，比如农林业作物、生活垃圾、污水中溶解或悬浮的有机物等。充足的原料来源和可利用性使得生物质成为当今最重要的可再生能源。根据美国农业部和能源部 2005 年的统计结果，美国每年可利用的干生物质原料产量可达 1.3Gt，如果全部使用，则每年的石油消耗可减少至少 30%(Perlack et al 2005)。美国能源情报署(EIA)称，随着生物燃料产业的发展，2010 年时生物质能源利用量已占美国可再生能源利用总量的 53%(见图 19.1)。根据美国《能源独立与安全法案(Energy Independence and Security Act)》的要求，化石能源替代燃料的年使用量增长在

本章作者：Zhiyong (Jason) Ren
作者单位：美国科罗拉多大学丹佛分校(University of Colorado Denver)土木工程系
电子邮件：zhiyong.ren@ucdenver.edu

2015年以前不得少于10%(US Congress 2007)。生物质能源的应用在欧盟也同样受到重视,2007年欧盟生物质能源的利用量已达可再生能源利用总量的66%,并且在未来10年内还会保持增长态势(Europe Energy Portal 2012)。

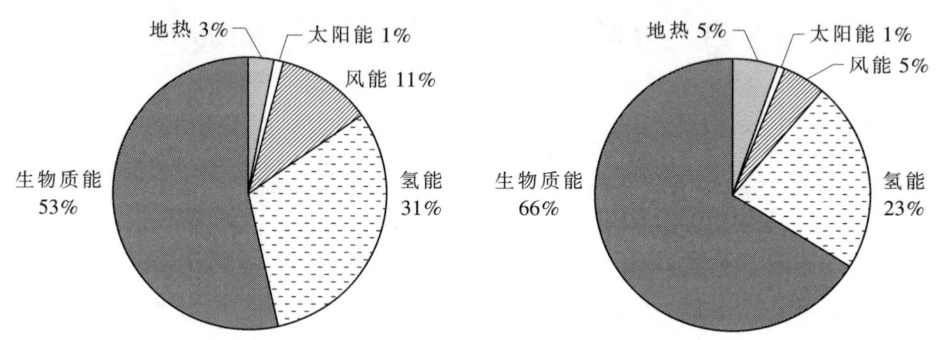

图 19.1 美国(左,2010年)和欧盟(右,2007年)可再生能源的构成情况

根据最终实际应用情况的不同,生物质能源也被转化为许多不同的形式,比如乙醇(Mielenz 2001)、丁醇(Green 2011)、生物柴油(Powlson et al 2005)、氢(Ni et al 2006;Ren et al 2007a)以及沼气(O'Sullivan et al 2005)等。直到近年,生物电化学系统才逐步进入了生物能源领域(Ren et al 2007b;Rismani-Yazdi et al 2007)。

19.1.2 生物电化学系统在生物燃料及生物化学工业中的作用

生物电化学系统是一项利用微生物将生物可降解物质中存储的化学能直接转化为电能的独特技术。虽然这项技术在近些年才受到广泛关注,但实际上早在1911年就有科学家发现,以铂为电极利用酿酒酵母菌发酵葡萄糖时能够产生0.3~0.5V的电压(Potter 1911);但随后的近一个世纪里都没有得到发展,在2001年以前可查找到的也只有一篇有价值的文献报道了相关研究。自2002年以后,生物电化学方面的研究开始受到关注,在过去的10年里有2000多篇文献报道了相关领域的研究(见图19.2)。

生物电化学系统的研究热潮在于这项技术的巨大潜力和广泛的用途。大多数技术一般情况下只有一两种用途,而就目前的研究进展看,生物电化学系统至少有10种以上的用途。生物电化学系统是利用具有电化学活性的细菌在阳极反应池催化有机或者无机的电子给体,随后将电子传递到阳极,这些电子是能够直接被捕捉作为电能应用的(Bond et al 2002;Liu et al 2005a)。此外,还能够通过外部电压的控制用来合成有价值的化学品,例如氢、过氧化氢以及一些有机物(Logan et al 2008;Luo et al 2011;Nevin et al 2010;Rozendal et al 2009);同时,还能够利用阴极反应来起到污染物治理的作用(例如铀、氯化溶剂和高氯酸等)(Aulenta et al 2008;Butler et al 2010;Gregory,Lovley 2005);电极间的反应还能对水质进行淡化处理 (Cao et al 2009;Jacobson et al 2011;Kim,Logan 2011b;Luo et al 2011)。图 19.3 为生物电化学系统反应器的示意图。图中概述了生物电化学反应过程,包括阳极的氧化反应和阴极的还原反应。根据其不同的功用,生物电化学系统也有很多种不同命名,总体来说,都是以“MXC”的形式来命名的,其中“X”就代表着其主要的用途(Harnisch,Schroder 2010;Torres et al 2010)。表 19.1 列举了一些生物电化学系统的应用领域。

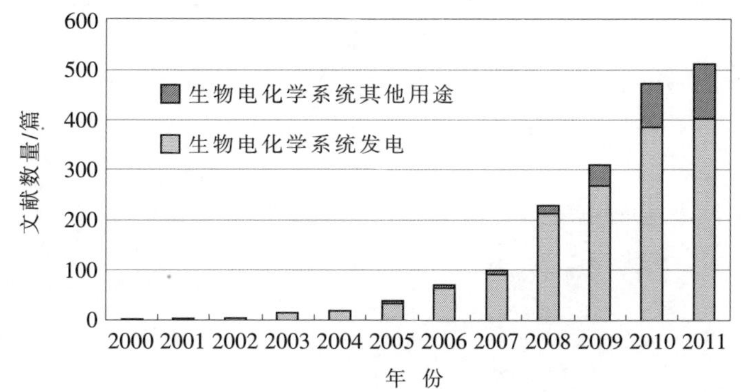

图 19.2 2000~2011 年间生物电化学方面的文献数量统计

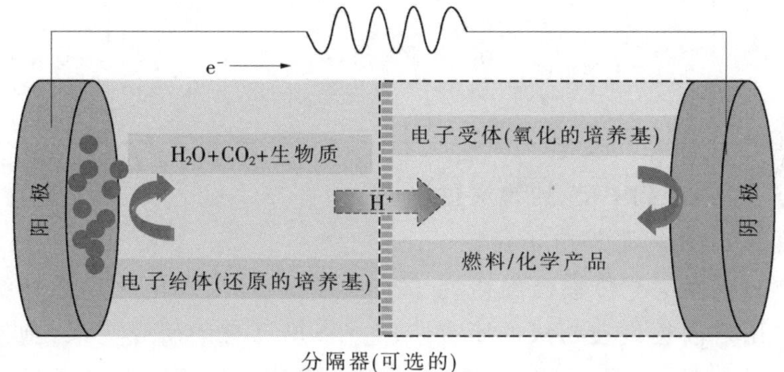

图 19.3 生物电化学系统反应器的示意图

19.2 电化学活性菌(EAB)细胞外的电子传输

生物电化学系统中至少由一个阳极和(或)一个阴极组成,而微生物的作用就是电极反应的催化剂。细胞外的电子传输涵盖了很多方面,它不仅仅是指电子给体或者是电子受体,而是指由不同功能区相互作用而形成的一个健全的微生物生态系统。在阳极反应过程中,具有生物电化学活性的细菌将生物可降解物质氧化并将电子传输到阳极;在阴极,微生物能够接受来自阴极的电子并还原电子受体(O_2、NO_3^-以及 CO_2 等)。根据现阶段的研究成果,有大量的微生物可以用来进行上述的电极反应,特别是阳极反应,例如产电菌(Logan 2009)、产电微生物(Lovley 2006)、阳极温度微生物(Park,Zeikus 2003)、阳极呼吸细菌(Torres et al 2009)以及生物电化学活性细菌(Chang et al 2006)。这里我们用生物电化学活性细菌(EAB)来代表所有的阳极还原菌和阴极氧化菌。

表 19.1 生物电化学系统的应用

应用类型	电子给体	电子受体	产 物	参考文献
微生物燃料电池(MFC)	生物可降解物质	O_2、$K_3Fe(CN)_6$ 以及其他一些氧化剂	电 能	Kim et al(1999);Tanaka et al(1983)
微生物电解电池(MEC)	生物可降解物质	H^+、CO_2 以及有机物	H_2、H_2O_2、CH_4、NaOH 以及鸟粪石 [$Mg(NH_4)PO_4 \cdot 6H_2O$]	Cheng et al(2009);Cusick,Logan(2012);Liu et al(2005b);Rabaey et al(2010);Rozendal et al(2009)
微生物化学电池(MCC)	生物可降解物质	CO_2 以及有机物	有机物	Nevin et al(2010);Steinbusch et al(2010)
微生物降解电池(MRC)	生物可降解物质	生物可降解氧化剂	无毒化学品	Butler et al(2010);Morris et al(2009)
微生物淡化电池(MDC)	生物可降解物质	O_2、$K_3Fe(CN)_6$ 以及其他一些氧化剂	淡 水	Cao et al(2009);Jacobson et al(2011);Kim,Logan(2011a);Luo et al(2011)

19.2.1 电子从 EAB 到 BES 的传递过程

19.2.1.1 单养 EAB 的胞外电子传输

微生物的胞外电子传输已经研究了很多年,但是生物电化学活性细菌与电极间的相互作用目前还处在初级的研究阶段。根据已有的研究结果,胞外电子传输普遍存在两种假设,一种是通过固定结构进行传输,另外一种是通过可移动的电子传输载体来进行传输。一些产电菌[例如泥土杆菌(*Geobacter*)和希瓦氏菌(*Shewanella*)等]能够建立起直接接触的电子传输平台。以硫还原泥土杆菌(*Geobacter sulfurreducens*)为例,研究表明,这类微生物的电子传输需要细胞质和 c 型外膜细胞色素共同作用,才能完成电子从胞内向细胞表面的转移过程(Lovley 2006;Marsili et al 2010);但是仅仅依靠蛋白质进行电子传输还是不够的,而这类微生物还能够产生我们称之为"纳米丝(nanowires)"的毛状附属物来协助共同进行电子传输(Reguera et al 2005)。基因表达和基因缺失的微阵列分析结果显示,导电细胞菌毛和 c 型细胞色素 OmcZ 是产电过程中必不可少的部分。其中,菌毛的作用是保证细胞间的电子传输,而 OmcZ 的作用则是促进电子从细胞转移向电极(见图 19.4 左图)(Logan 2009;Lovley 2011;Summers et al 2010)。

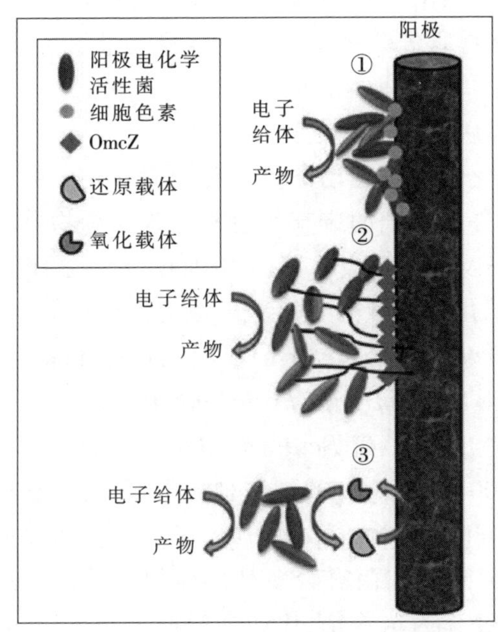

(a) 阳极电子传输机理

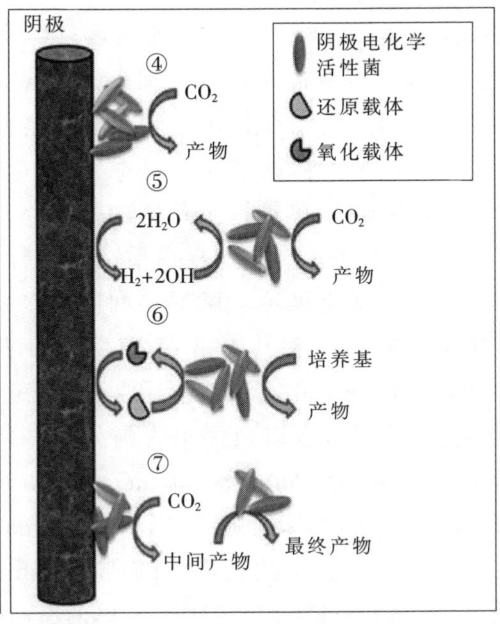

(b) 阴极电子传输机理

图 19.4 生物电化学系统电子传输机理示意图

①—通过细胞色素直接接触;②—通过纳米丝直接传输;③—通过介质间接传输;④—与电极直接接触;⑤—通过氢转化;⑥—通过介质;⑦—通过中间产物

与泥土杆菌相比,希瓦氏菌的电子传输过程则兼有直接和间接两种方式,其中间接传输方式是通过一些媒介物质来完成的,例如核黄素和黄素单核苷酸三氨蝶啶(FMN)(Gorby et al 2006;Marsiliet al 2008;von Canstein et al 2008)。据报道,希瓦氏沙雷菌(*Shewanella oneidensis*)产生的纳米丝比较长,能够排列成束(Bretschger et al 2007;Gorby et al 2006)。电子从细胞质传输到电极的过程则需要一系列外表面的 c 型细胞色素来协助完成,其中 MtrC 是最重要的一种细胞色素,它存在于细胞外表面并且在很宽的电势范围内都能够作为电子给体。还有报道称,细胞色素还有利于电子传输载体核黄素的还原(Biffinger et al 2009;Marsili et al 2008)。

与直接电子传输相比,大多数细菌还是采取间接电子传输的方式来完成电子从细胞到电极的转移过程。这类细菌有一个共同的特点,就是它们能够产生可溶性的氧化-还原载体或者电子传输载体。例如,假单细胞菌就能够分泌吩嗪作为电子传输载体(Rabaey et al 2005)。此外,还有很多细菌能够利用人为添加的介质作为传输载体,例如中性红、蒽醌-2,6-二磺酸和一些腐殖质(Milliken,May 2007;Park,Zeikus 2000)。但是考虑到通过媒介物质传输电子也会消耗掉大量的能量,因此直接电子传输还是最为理想的选择。

19.2.1.2 微生物组合使用以转化复杂培养底物

随着电子给体的多元化发展,生物电化学系统现已能将多种物质转化为能量和化学品。除了单糖以及单糖的衍生物,许多复杂的废弃物也都进入了生物电化学领域,比如污水、淀粉、蛋白质、葡萄糖以及填埋垃圾的沥出物(Pant et al 2010)。不同的研究成果展示了微生物利用的多元化。以微生物燃料电池为例,以海底沉积物为原料时发现其中富含 δ-变形菌(*Deltaproteobacteria*)和泥土杆菌(Bond et al 2002),也有研究发现其中还含有 γ-变形菌(*Gammaproteobacteria*)(Logan et al 2005),而使用河水以及污水时则分别富含 β-变形菌(*Betaproteobacteria*)和 α-变形菌(*Alphaproteobacteria*)(Phung et al 2004)。在众多的细菌种类中,目前泥土杆菌、希瓦氏菌、假单细胞菌(*Pseudomonas*)和红育菌(*Rhodoferax*)等主要的单独电化学活性菌得到了比较广泛的研究。虽然这些细菌有着多种多样的电子传输途径,但是它们只能用一些比较简单的有机物作为培养基,比如葡萄糖、乙酸以及乳酸。实验结果表明,这些有机物氧化得到的电子绝大多数都以电流的形式在电池中传输,其库仑效率可达 80%~96%(Bond,Lovley 2003;Chaudhuri,Lovley 2003)。然而,这类微生物并不能很好地适应自然环境的需求,因为其所需的培养基在自然界中含量并不多,多数还是要通过诸如发酵等生物代谢活动才能获得。尽管如此,但这并不能说明凡是发酵菌都能够用来作为催化剂进行发电。例如酪酸梭状杆菌(*Clostridium butyricum*),这类细菌催化反应过程中产生的电子大部分都留在了发酵产物中而不是传递给电极(Park et al 2002)。当然,在微生物这个种类庞大的世界中,必然有一些微生物能够将复杂的多糖物质(比如葡萄糖或者淀粉)彻底氧化并且将电子传输到电极上,但是它们还无法与多种发酵混合菌、酸氧化以及产电菌竞争(Rezaei et al 2009)。根据热力学原理,电池热力学评价的依据并不是每摩尔电子给体在代谢过程中产生的能量,而是每个电子在传输过程中释放的能量(Mcinerney,Beaty 1988)。其最有力的证据就是大多数葡萄糖在反应过程中都是在三价铁的还原性沉积物中进行发酵,而不是将三价铁的氧化物作为电子给体直接氧化葡萄糖并转化为二氧化碳。

通过以上的分析我们可以得出一个结论:为了达到处理各类复杂有机物的目的,最好的方法就是将不同类别的微生物(如发酵菌和具有电化学活性的细菌)组合使用。发酵菌[例如梭状芽胞杆菌(*Clostridium spp*.)]首先将复杂有机物转化为可发酵的糖类、氨基酸甚至是脂肪酸或者可溶性的物质,然后电化学活性菌(例如泥土杆菌)将发酵产物氧化为二氧化碳并把阳极作为电子受体(Freguia et al 2008;Parameswaran et al 2009;Ren et al 2007b,2008)。有研究表明,当以乙醇为电子给体时,同型产乙酸菌(*homo acetogens*)和电化学活性菌之间的互养作用能够大幅提高库仑效率,而类似产甲烷的电子竞争消耗过程则被抑制(Parameswaran et al 2009,2010)。

在生物电化学系统中,阳极表面的生物膜与传统的生物膜不同。一般体系中的生物膜为了在生物流体中与电子给体和电子受体相接触,其自身会有变厚的趋势;而生物电化学系统中的生物膜的厚度会保持在一个平衡状态,因为在电子释放的过程中,细菌需要暴露在电子给体的本体溶液和阳极表面。因此,阳极表面生物膜催化剂的活性和稳定性直接决定了整个体系的性能。最近的研究发现,微生物燃料电池的电化学性能与阳极生物催化之间存在时间尺度上的差异。对微生物燃料电池时间过程的表征结果显示,微生物燃料电池的电力输出在几天内就能达到稳定状态,而阳极生物膜则需要 7 个月才能达到稳定状态。在此过程中,生物膜的组成和菌群的组成都会发生很大的变化,比如泥土杆菌从杆状被分散为丝状[例如假单细胞菌(*Pseudomonas*)](Ren et al 2011a)。其他的一些在不同的阳极势或者不同的外部负载电阻条件下的研究,也发现了类似的不同现象,其原因是电势控制着阳极作为电子给体和电子传输体的性能,进而可以说,电势也控制着生物催化剂的活性以及电化学性能(Ren et al 2011b;Torres et al 2009)。

19.2.2 电子从 BES 阴极转移向微生物的供给

从细菌到阳极的胞外电子传输已经有了大量的研究,然而电子从阴极到微生物传输过程的研究却相当有限。微生物从电极获得电子的能力对微生物电化学合成有着非常重要的作用。利用一些可再生且具有成本效益的电力(例如太阳能、风能以及利用废弃物发电等),再结合微生物代谢能够生产许多有价值的产品;但很可惜,在电子传输以及阴极区反应的相关理论研究目前还处在非常初级的阶段(Lovley,Nevin 2011;Rabaey,Rozendal 2010;Rosenbaum et al 2011)。

目前,就细菌从电极接受电子的途径有几种假设。图 19.4(右)展示了近年来研究涉及的 4 种反应机理(Rabaey,Rozendal 2010),其中以直接接触的电子传输方式最被广大学者所认可。直接接触的电子传输方式是指单层或者多层的生物膜与阴极和催化剂表面直接接触，从而直接进行电子传输的方式。这种直接接触的方式能够有效地减小过电位并同时避免了对电子传输介质的依赖，因此直接接触是电子传输的最佳方式。目前已有一些研究表明了阴极的反应能够有效地还原一些污染物，例如硝酸盐(Clauwaert et al 2007)、高氯酸盐(Butler et al 2010)、氯化溶剂(Aulenta et al 2008)以及铀(Gregory，Lovley 2005)等。近年来，学者们普遍地将注意力转移到了利用阴极反应来合成一些有价值的化学品，例如乙酸、甲烷、乙醇以及其他一些有机化合物(详见 19.4.3)。就目前的研究成果看，最大的问题和挑战还在于如何提高生物膜的传质速率。较低的传质速率不仅限制了培养基在生物膜中的流动，同时还会导致乙醇、酸以及其他一些物质在膜内的聚集，直接影响产物的产率和生物膜的生长(Rabaey et al 2011)。

非直接途径的电子传输是通过可溶性或易混合的电子载体来完成的，而这类载体一般都存在于浮游生物的细胞以及生物膜中。与阳极电子传输载体(例如中性红、甲基紫精以及蒽醌-2，6-二磺酸等)类似，这类载体往往能够提供给电子进入微生物细胞的渠道(Rabaey，Rozendal 2010)。这种电子传输方式能够随着载体浓度的增加而增强，还能通过载体的中点电位来对其进行调节；此外，这些载体还能够在封闭或者循环的反应体系中反复应用。目前，这些电子传输载体最大的问题，就是其对微生物潜在的毒性和其自身在不同环境下(如 pH 值、温度、盐度等)的不稳定性，以及在连续流动体系中传输介质分子的损失。

19.3 生物电化学系统性能评价参数

19.3.1 电极电势和功率输出

虽然生物电化学系统在实际应用中形式多样，但是无论哪种形式，其原理都是一致的，即电化学活性细菌在阳极氧化可降解的反应物产生电子流(即电流)，并在阴极将电子受体还原。因此，评价生物电化学系统性能最好的办法就是测量其电路的电压(V)。利用电流计能够测量通过外电阻(R_{ext})的电流(I)，最简单的计算方法就是欧姆定律：

$$I=\frac{V}{R_{ext}} \tag{19.1}$$

其中，V 代表直接电压输出，也可以通过式 19.2 来描述：

$$V=OCV-IR_{int} \tag{19.2}$$

其中，OCV 代表开路电压，R_{int} 代表系统总的内阻。整体上讲，R_{int} 表示系统内与电流相关的总的电阻损耗。具体来说，R_{int} 是由很多部分组成的系统欧姆电阻的总和，包括电极和电解质自身的电阻、电极表面进行生化反应时的界面电阻、电荷传输时因传质限制和浓度极化引起的电阻等(Logan et al 2006)。对于整体系统而言，内电阻和外电阻可以认为是通过串联连接的。微生物燃料电池的功率密度(P)可以由如下公式计算：

$$P=\frac{V^2R_{\text{ext}}}{(R_{\text{int}}+R_{\text{ext}})^2} \tag{19.3}$$

传统的功率密度测量方法一般是通过电阻法或伏安法来获得瞬时极化数据。电阻法是通过改变外部电阻来进行测量；伏安法则是通过施加外电压进行伏安扫描来测量的(Logan et al 2006；Lyon et al 2010；Ren et al 2011b)。图 19.5 是通过微生物燃料电池获得的典型的伏安曲线图。从图 19.5 可以看出：电池的电压与输出的电流几乎成反比；当 R_{int} 等于 R_{ext} 时，功率输出最大(Pinto et al 2011；Ren et al 2011b)。

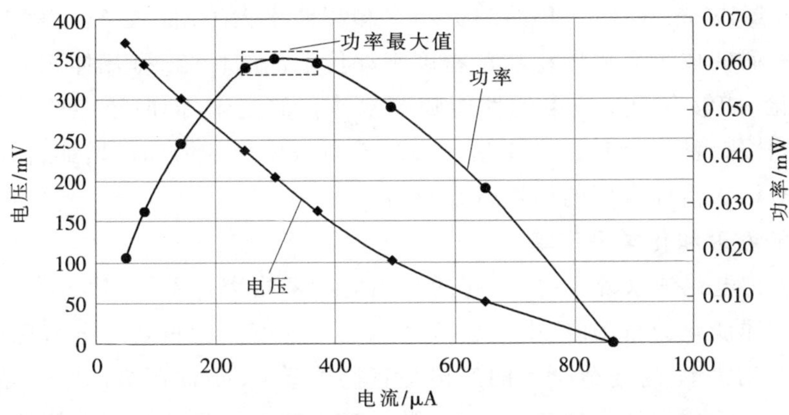

图 19.5 扫描微生物燃料电池获得的极化曲线和功率密度曲线

与其他的能量产出系统相比，生物电化学系统以及微生物燃料电池因其受到热力学的限制，只能算是较小的发电系统。阳极微生物在将电子给体进行代谢时，一般能够产生约−0.3V 左右的阳极电势(相对于氢电极)。以乙酸为例(浓度为 5mmol/L，pH 值为 7)，其阳极反应为：

$$2HCO_3^-+9H^++8e^- \longrightarrow CH_3COO^-+4H_2O$$

$$\text{阳极开放电路电势}(OCP_{\text{阳极}})=-0.296V \tag{19.4}$$

当以氧气为最终电子受体时，阴极电势一般在+0.8V 左右(Logan et al 2006；Meehan et al 2011)，其阴极反应为：

$$O_2+4H^++4e^- \longrightarrow 2H_2O$$

$$\text{阴极开放电路电势}(OCP_{\text{阴极}})=+0.80V \quad (19.5)$$

以上的这些特性决定了空气-阴极类的电池其电压不会高于0.8V,电流输出一般也只有毫安(mA)级。其他的一些氧化物(例如铁氰化钾或者高锰酸盐)能够提供一个相对较高的阴极电势,但是空气仍然是应用最广泛的,主要是因为其来源充足、能够持续供应并且没有成本(Logan 2008;Ren et al 2007b)。如果要获得更大能量输出,则需借助于电力收集系统并发展更大电池堆的组装技术(Aelterman et al 2006;Dewan et al 2008;Park,Ren2012;Wang et al 2012)。

功率密度是衡量电池性能的关键指数。一般来说,能量的输出会根据电极的面积进行归一化,我们称之为表面功率密度,因此不同的系统间性能是可以进行对比的。但是,对于一些不同的体系,尤其是不同的电极配置和不同的电极材料,这种对比结果跟实际情况相比,还是会缺乏一定的客观性。例如碳纤维布阳极(约100m^2/m^3)和高表面积的阳极刷(约9600m^2/m^3),其归一化的阴极功率密度分别为0.6W/m^2和2.4W/m^2,而归一化的阳极功率却相差不大(Logan et al 2007)。因此,越来越多的研究成果采用体积功率密度来评价电池的性能。采用体积对功率输出进行归一化,能够全面反应电池性能随电池体积的变化,同时还能衡量其水处理的能力。总体来说,电池体积功率密度会随着电极密度的增加而增加,但很高的比表面积会对污水治理方面的功用带来障碍。

19.3.2 电流密度和化学品产率

对于生物电化学系统来说,不同的功用的参考指数也不同,比方说,当以化学品合成或水体淡化为目的时,电流密度就比功率密度更为重要。电流密度反映了反应物的氧化速率,这与化学品的产出是直接关联的。流向阳极的电子越多,就意味着阴极合成的化学品也越多。例如,微生物水解电池的氢产率就能够直接通过体积电流密度来计算获得:

$$Q_{max}=\frac{I_v(A/m^3)r_{cat}[(1C/s)/A](0.5molH_2/mol\ e^-)(86400s/d)}{F(9.65\times10^4C/mol\ e^-)C_g(mol\ H_2/L)(10^3L/m^3)}=\frac{43.2I_vr_{cat}}{FC_g(T)} \quad (19.6)$$

其中,$Q_{max}[m^3\ H_2/(m^3\cdot d)]$代表最大体积氢产率,$I_v$代表特定时间段电流密度的平均值,$C_g$代表气体在标准状态下的摩尔密度,43.2是从已知的参数中计算得到的结果。从式19.6中可以看出氢产率和电流密度间的正比关系。据报道,当外电压为0.8V时,氢产率可达3.12$m^3\ H_2/(m^3\cdot d)$;而外电压为0.6V时,可得到186A/m^3的最大电流密度(Logan et al 2008)。

微生物水体淡化电池是微生物电化学系统一个全新的应用领域。其特点是在阳极池和阴极池之间添加了一个淡化池,其原理则是利用电池的电势进行水体的淡化处理(Cao et al 2009)。具体的内容将会在 19.4.4 中详细介绍。现有的研究结果表明,微生物水体淡化电池在去除可溶性固体方面,高电流输出时的效果(在电流为 143mA、功率为 1.1W/m^3 时的转化率为 60.1%)要明显强于高功率输出(在电流为 70mA、功率为 15.6W/m^3 时转的化率为 42.3%);但是,高功率运行又是高能量效率的必要条件,因此要根据实际应用情况需求和目的来选择适宜的反应条件(Jacobson et al 2011)。

19.3.3 库仑效率和能量效率

19.3.3.1 库仑效率和库仑回收

库仑效率(CE)是衡量电池性能的常规参数之一,它表示电子从电子给体中脱离并以电流形式进入外电路的百分比;而库仑回收(CR)则是以总的电子给体为基准衡量电子回收率。库仑效率实际上是电池运行时产生的库仑总量与消耗反应物产生的理论库仑总量的比值。在微生物燃料电池中,库仑效率可以通过下式进行计算(Logan et al 2006):

$$\mathrm{CE}=\frac{\int_0^t I\mathrm{d}t}{FbV\Delta C} \tag{19.7}$$

式中:F 为法拉第常数,96485C/mol;b 是每摩尔反应物产生的电子数(葡萄糖,b=24;醋酸,b=8);V 是阳极电解液的体积;ΔC 表示反应物随时间(0~t 时间段)的浓变化。

对于连续反应器来说,当反应处在稳定状态时,电流输出可以近似地看作是一个常数,因此式 19.7 可以简化为:

$$\mathrm{CE}=\frac{I}{FbQ\Delta C} \tag{19.8}$$

式中:Q 为电解液流动速度,L/s;ΔC 为流入物和流出物之间的浓度差,mol/L。

19.3.3.2 能量效率

能量效率(EE)是指生物电化学系统实际产生的能量与消耗反应物产生能量的理论总量的比值。产生的能量形式是多样的(如电能、氢气以及其他的一些化学品),主要取决于其用途而定。对于微生物燃料电池,能量效率可以由下式计算得到:

$$\mathrm{EE}=\frac{\int_0^t VI\mathrm{d}t}{\Delta H\Delta CQ} \tag{19.9}$$

式中:ΔH 为反应物的燃烧热,J/mol。

对于产氢的微生物水解电池,外部电压一般是用来克服热力学上的限制。在这种情况下，能量效率可以根据产物内能与外部能量输入和消耗反应物能量的比值来计算。

19.4 生物电化学技术的应用

传统的化学与环境处理方法，通常情况下功效都比较单一，而生物电化学系统提供了一个多功能的化学处理平台：氧化与还原途径并存的化学品及能源制造平台。其用途除发电外，还能延伸到废弃物处理、污染物治理以及水体淡化。对于阳极反应，理论上任何生物可降解的物质都能够被氧化并释放电子到阳极。除了单糖及其衍生物之外，许多复杂的物质也能够被当做原料用于阳极反应，比如污水、生物质、垃圾沥出物、石油烃、海底沉积物等(Pant et al 2010)。对于阴极，可以通过其发生的还原反应制取多种有机或者无机的化学品(Pant et al 2012)，而且对于那些能够成为电子受体的污染物还有可能在阴极被还原，从而达到环境治理的效果(Lovley 2011；Rosenbaum et al 2011)。

19.4.1 发电和废弃物处理

目前，生物电化学系统越来越多地被应用到废弃物及污染物治理领域。总结其原因，主要是因为传统的治理方法多是单一的耗能过程，而生物电化学系统则是在产能的同时达到污染物治理的目的。根据相关的报道，污水治理的传统方法是一个高能耗的过程。在美国，每年用于污水治理的电能总量高达 110TW·h ($1TW=1\times10^{12}W$)，占美国年电能消耗总量的 3%，相当于 960 万户居民一年的耗电总量。根据学者研究的结果，实际上污水中含有的能量是用来治理污水时耗电量的 2~4 倍，因此，将污水治理与发电相结合应用到生物电化学系统中是具备可行性的(McCarty et al 2011)。

经过长时间的研究，现在学者们已经证明几乎任何形式的废水都能够被用来发电，包括生活废水、酿酒废水、食品加工废水、造纸废水、农业废水以及炼油废水等(Pant et al 2010)，其能量输出则取决于反应物的可降解性、转化率以及负载速率。高的能量输出情况下都是采用比较单一的反应物，而相对难降解的物质则不利于能量的产出。比如，一个 $4cm^3$ 的空气阴极反应器和污泥组成的电池，当分别以醋酸、酿酒废水、屠宰场废水为反应物时，其各自的最大功率密度为 $766W/m^2$、$205W/m^2$、$225W/m^2$ (Cheng et al 2006；Feng et al 2008；Min et al 2005)。利用生物电化学系统代替现有的生物治理方法(例如曝气塘和滴滤池等)，可以带来以下几个方面的好处：

① 无需保持通风或供氧。在传统的活性污泥系统中，装置总能耗的 45%~75% 都用于气体供给，而利用生物电化学系统则可以节省这部分能量。两种设备在实

验室规模上的对比测试显示，两种装置都能够将化学需要量(COD)从 1100mg/L 减少到 30mg/L，但是传统装置消耗了 $2.1kW \cdot h/m^3$ 的电能，而生物电化学系统则产生了 $168W/m^3$ 的电能(Huggins et al 2012)。还有一些学者研究发现，当有机负载速率在 0.6~1.5kg $COD/(m^3 \cdot d)$时，其功率密度最大可达 $65W/m^3$(Pant et al 2010)。

② 有实用价值的产品。如前所述，生物电化学系统能够在废弃物治理过程中产生电能。只需对装置稍加改动，就能制备出有实用价值的产品，例如氢气、甲烷、苛性钠、过氧化氢以及其他一些有机化学品。图 19.6 展示了曝气池与微生物燃料电池联用的发电装置以及酿酒污水通过微生物燃料电池制取苛性钠的装置。

图 19.6 将曝气池转化为了微生物燃料电池(a，b)；管状的微生物燃料电池(c)，其用途是酿酒污水处理、发电以及苛性钠合成

③ 减少固体废料产量。在传统环境治理装置的总成本中，60%都用于了污泥的处理。由于微生物燃料电池是含有生物膜的系统，因此电化学活性细菌的细胞产量(0.07~0.16g VSS/gCOD)远低于活性污泥(0.35~0.45g VSS/g COD)(VSS 是指挥发性固体悬浮物)；换言之，微生物燃料电池的污泥产量较传统法减少了 50%~70%(Logan 2008)。许多学者建议将曝气池改为微生物燃料电池，则二沉池体积能大幅度减小；或者转变为固体接触池，甚至直接将其去除。

④ 水体去营养化。对于现在的环境治理设备，对去营养化的要求日益严格。与有机物降解相比，微生物燃料电池在去营养化方面的研究就显得非常稀缺；但是，实验室范围内的测试已经取得了一些成果(例如将微生物氮同化与硝化和脱硝作用联合使用)，营养成分的去除量可达 83%。还有学者研究发现，通过微生物水解电池不仅能够获得氢，还能将磷以磷酸铵镁($MgNH_4PO_4 \cdot 6H_2O$，鸟粪石)的形式

进行回收(Cusick,Logan 2012)。

19.4.2 有价值的化学品生产以及碳封存

19.4.2.1 利用微生物水解电池制备化学品

在传统的微生物燃料电池中,阳极电子给体被氧化释放电子,氧气在阴极获得电子并最终生成了水。如果没有氧气作为电子受体,则不会产生电流。但是对于微生物水解电池,只需一个很小的外加电压,就能使得质子在阴极被还原成氢(见图 19.7)(Liu et al 2005b;Logan et al 2008)。许多研究已经证明,理论上产氢所需的外加电压最低,只需 0.2V;而实际过程中,一般采用的是 0.6~0.8V 的外加电压。不考虑外加电压,微生物水解电池在产氢方面表现卓著。主要原因有两方面:一是外加电压小于工业水解所需的 1.8~2.0V;二是其原料是可再生的废弃物。与传统发酵制氢法相比,传统方法 1mol 葡萄糖的氢产量为 4mol,而微生物水解电池氢产量则高达 11mol,且产出速率可达 $1m^3/(d \cdot m^3)$(Cheng,Logan 2007)。近年来,科学家们又发明了一种微生物反向电渗析水解电池,彻底解决了制氢需要外加电压的问题。其核心就是利用海水和淡水间的盐梯度来提供反应所需的能量(Kim,Logan 2011a)。

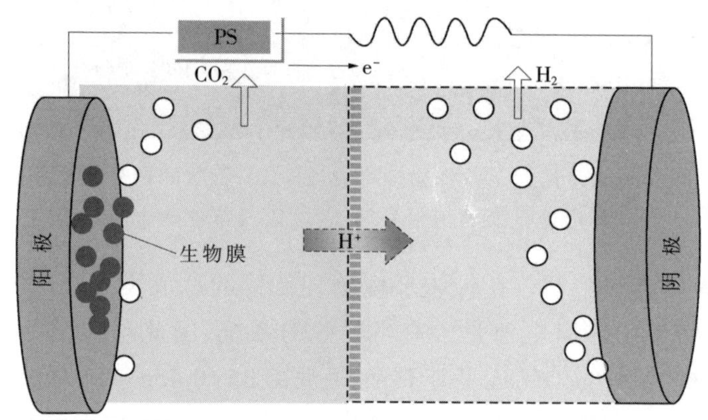

图 19.7 微生物水解电池制氢的原理示意图

采用类似的方法,微生物水解电池还能够被用来合成其他的一些无机化学品(例如过氧化氢)。学者们研究发现,在外加 0.5V 电压的条件下,过氧化氢的生成速率可达 $1.9\pm0.2kg/(m^3 \cdot d)$,浓度为 $0.13\%\pm0.01\%$,整体效率为 $83.1\%\pm4.8\%$(Rozendal et al 2009)。随后,又利用类似的方法,以醋酸为电子给体,在 1.77V 外加电压的条件下制备出了浓度为 3.4%的苛性钠溶液,且产生的电流可达 1.05A(Rozendal et al 2010)。

19.4.2.2 通过微生物电合成制备化学品和进行碳封存

微生物电合成是生物电化学系统的一个全新应用领域,这项新技术能够有效地通过多种形式解决可再生能源(例如太阳能、风能、天然气等)的存储和分布的问题。通过研究发现,微生物能够将二氧化碳还原为一系列的有机化合物,特别是那些含多个碳原子的物质以及液体燃料(Lovley,Nevin 2011;Rabaey et al 2011)。

作为生物电化学系统的一个全新领域,微生物电合成的概念直到 2010 年才被提出,因此可查文献是很有限的。相关最早的报道是以鼠孢菌(*Sporomusa ovata*)在石墨阴极上生长的生物膜为催化剂还原二氧化碳,最终生成乙酸和少量的 2-氧代丁酸,其中用于生成这些产物的电子占总消耗电子数的 85%(Nevin et al 2010)。在一般情况下,产乙酸菌能够以氢作为电子给体将二氧化碳还原为乙酸以及其他的一些多碳胞外产物。为了用电极来代替氢,学者们通过研究发现,永达尔梭菌(*C. ljungdahlii*)、醋酸梭菌(*C. aceticum*)、浑球链霉菌(*S. sphaeroide*)*s*、热醋穆尔氏菌(*Moorella thermoacetica*)等多种细菌均能利用电能生成有机酸。总体来说,乙酸是主要产物,但是也有少量的 2-氧代丁酸以及甲酸生成 (Nevinet al 2011)。有研究同样发现,产甲烷菌能够将二氧化碳转化为甲烷 (Cheng et al 2009)。此外,还有报道发现能够通过还原乙酸的方法制取乙醇,但是其中的一些反应过程需要添加载体,例如甲基紫精(Steinbusch et al 2010)。生物电化学体系的发展需要多方面的技术支持才能取得突破,基因工程就是其中之一,而且这项研究已经在进行中;同时,弄清楚电子产生和传输的机理,也对生物电化学技术的发展起着至关重要的作用(Lovley,Nevin 2011;Rabaey et al 2011)。

19.4.3 环境治理

生物电化学系统在污染物治理方面的应用在前文已经提到,但是与传统的污水治理方法不同,生物电化学系统不是在密闭容器中进行反应的,而是将一个或者多个开放式的电极作为不间断的电子受体或电子给体,用以增强微生物的活性同时来降解污染物,在特定的环境下还能产生电能;此外,生物电化学系统还有一个好处,就是其工作时无需额外的化学品或能量的输入,并且产生的电流还能作为指示器对生物治理过程进行实时监控。

随着全球能源需求的增加,石油烃类的物质,特别是苯、甲苯、乙苯以及二甲苯已经对地下水和土壤造成了严重污染(EPA 2004)。传统的治理方法多数是依赖于高能耗、高成本的技术来处理污染问题,例如热提取、土壤蒸汽提取、生物通风以及昂贵的化学氧化等方法(Soares et al 2010)。虽然生物治理的方法被认为是低成本且环境友好的治理技术,但是现阶段的原位生物治理技术常常受到地下环境中电子给体的限制(例如氧气和硝酸盐)。由此看来,通过电极将地下的碳氢化合物和地上的氧气连接起来则是最好的选择。有研究表明,通过这种方法,柴油中C_8~C_{25}化合物的降解率提高了164%(从31%提高到82%)。此外,还有学者进行了实际应用测试。他们将测试井中的地下水与碳水化合物混合作为原料,通过生物电化学系统进行长达66天的处理后,水中的碳水化合物含量减少了24%。该结果相当于传统处理方法的12倍(Morrisand, Jin 2012; Morris et al 2009);与此同时,系统还产生了25~190mV的电压输出,输出功率密度最高时达到了2.2W/m^3。根据目前的统计结果,类似的研究已经拓展到了生物柴油、乙醇、1,2-二氯乙烷、吡啶以及其他的一些污染物。研究结果显示,生物电化学系统是石油烃降解的有效方式并且还能够产生电能(Lovley 2011)。

对于那些具有氧化性的污染物来说,我们则可以将电极作为电子给体通过阴极的还原反应将其处理。通过之前的介绍可以看出,阳极的氧化过程对微生物的依赖性是很高的,然而阴极的还原反应则不同,它既可以直接通过电化学还原,也能通过生物电化学进行还原。诸如三氯乙烯或四氯乙烯之类的氯化溶剂,几乎所有的这类溶剂都是人工合成的而且大部分都是有毒的致癌物。学者们通过研究发现,将极化固态电极作为电子给体,利用混合微生物种群作为催化剂,能够成功地将三氯乙烯还原为乙烯(Aulenta et al 2008)。学者们还将类似的方法用于处理高氯酸盐,因为这种物质是有可能存在于饮用水中并对人体的甲状腺造成破坏(Butler et al 2010)。一些重金属以及放射性金属,例如铬(Wang et al 2008)、铜(TerHeijne et al 2010)、铀等都在生物电化学系统中进行了测试并取得一定的成果。例如,起始浓度为100mg/L的六价铬离子在经过150h的连续运行后被完全还原,且在还原过程中产生电能的最大输出功率密度达到了150mW/m^2(Wang et al 2008)。将负平衡电极作为电子给体的系统,在含铀沉积物自身所含的微生物和硫还原菌(*G. sulfurreducens*)共同催化的作用下,铀离子从六价被还原到了四价,同时稳定地沉积在了电极表面。这些含铀的沉积物是能够从电极表面去除且不影响电极的循环再利用(Gregory, Lovley 2005)。

19.4.4 海水淡化

海水淡化对于生物电化学系统来说也是一个新的应用领域,其特点是在阳极和阴极间通过添加一对离子交换膜,从而在电池两极间形成一个反应池。这个区域的作用就是利用电池产生的电势对含盐的水质进行淡化处理。在实际运行过程中,反应物在阳极被氧化,产生电流和质子;为了保证电荷平衡,水中的阴离子和阳离子会分别向阳极和阴极移动。随着离子迁移持续进行,水体中的盐含量也随之降低，从而达到水体淡化的效果。在整个淡化过程中，无需额外输入能量或增加水压(见图 19.8)(Cao et al 2009；Luo et al 2012b)。除此之外，水体淡化还能够通过添加正向渗透膜(替换掉离子交换膜)来将纯水从污水中提取出来(Zhang et al 2011)。

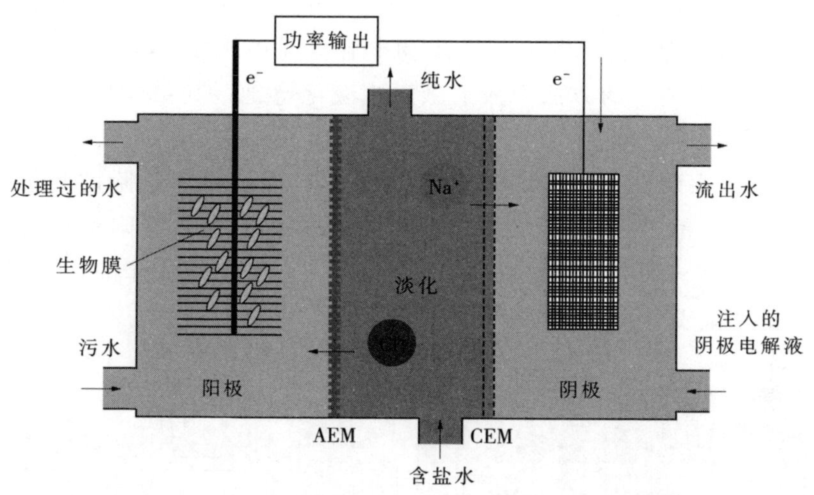

图 19.8 利用离子交换膜进行隔离的三反应池微生物淡化电池结构示意图

微生物淡化电池是很有发展潜力的新兴技术，其优势可简述如下：首先，它既可以作为一个单独的海水淡化装置，也可以作为传统淡化装置(例如反向渗析装置)的预处理系统进行一级脱盐过程；其次，淡化处理过程的能耗很低且交换膜的稳定性高、不易被污染。就目前的海水淡化技术来讲(例如反向渗析或者电渗析)，高能耗一直都是制约其发展的重要因素。例如，传统的多级闪蒸法的能耗高达 $68kW·h/m^3$，甚至最先进的反向渗析法，其能耗也达到了 $3\sim7kW·h/m^3$。然而，微生物淡化电池不仅是低能耗装置，甚至可以说其是能量产生装置，因为电池在工作过程中会将污水中的能量转化为电能或者变成氢储存起来。有研究表明，与海水淡化时所需的能量输入相比，淡化 5~20g/L 的 NaCl 溶液的能量回收率(以氢的方式回收)可达 180%~231%(Luo et al 2011；Mehanna et al 2010)。最近，还有研究表明，在升级规模的淡化装置上，微生物淡化电池产生的电能相当于产生反向渗析装置运行时所需电能总量的 58%(Jacobson et al 2011)。

当前，微生物淡化电池和相关过程的研究重点已经转向堆叠式反应器开发以提高海水淡化效率、系统表征和操作优化以改善性能等方面(Chen et al 2011；Kim, Logan 2011b；Luo et al 2012a)。虽然传统的微生物淡化电池能够将水中的盐分去除,但是盐分会在电池的阴极和阳极反应池内聚集,从而引起电极反应池内含盐水量的增大,这一现象在污水处理过程中是不可避免的。离子浓度的增加会增大污水的电导率,虽然这对产生电能是有利的,但是却不利于污水的降解和处理(Luo et al 2012b);并且,位于淡化区和阳极区之间的阴离子交换膜会限制质子的定向移动,这会导致阳极反应池的 pH 值下降、阴极反应池的 pH 值上升。为了解决上述问题,科学家们又研发出了微生物电容淡化电池(Forrestal et al 2012),其核心就是将电容去离子的方法引入了微生物淡化电池。其结构特点是用两个氧离子交换膜将电池分隔为 3 个反应区(见图 19.9)。研究结果表明,微生物电容淡化电池的离子去除效率是传统淡化电池的 7~25 倍,并且去除的离子没有流入电极反应区,而是都被吸附在了活性炭双电层电容上,这些吸附离子的电容通过集中处理进行脱离子再生;同时,阳离子交换膜还不会影响质子的传输,因为不会引起 pH 值的明显变化。

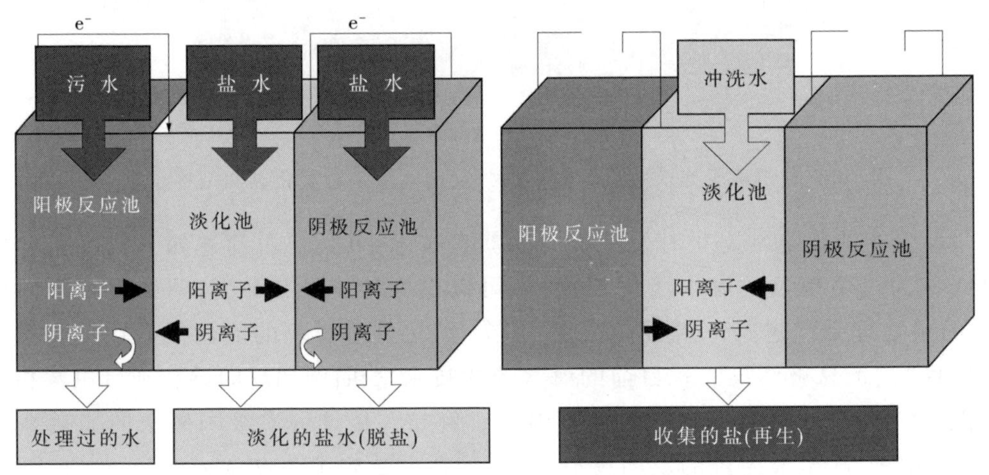

图 19.9 微生物电容淡化电池脱盐与再生过程原理示意图

19.5 总结

生物电化学系统因其自身优越的特性在近年获得了长足的发展。其中,微生物燃料电池的发电能力呈现了指数式的增长,其能量密度从最早的 $1mW/m^3$ 提高到了 $500W/m^3$(或 $6.9W/m^2$),其性能已经满足了商业化应用的标准(Logan 2010);生物电化学系统反应器的污水处理能力也已经达到了 7.1kg COD/(m^3·d),这一结果远高于现有的污水处理装置[0.5~2kg COD/(m^3·d)](Rozendal et al 2008)。此外,学者们还研究了许多新的生物电化学系统应用平台,其实用前景与应用领域正处在蓬勃发展的阶段。

目前，生物电化学系统的研究工作大多数还都局限于相对较小的规模，一般是毫升量级，最大可达 1000L(Cusick et al 2011；Logan 2008)；但是，生物电化学系统若要达到大规模应用的阶段，则至少应该达到立方米的量级，污水处理反应器的相关参数也要与传统装置相当才行。也有一些学者建立了大规模应用的试点，但是在实际运行过程中却遇到了许多问题，比如水的泄漏、低能量输出、进水波动以及无用产物等问题(Cusick et al 2011；Keller，Rabaey 2008)。总体来说，目前主要的挑战集中在以下几个方面：降低材料成本、研发可能规模放大的反应装置、减少系统内损耗、提高能量输出、能量的有效采集和传输以及提高化学品产率等。现在已有许多文献报道对生物电化学系统的进展和发展方向进行了详细的介绍(Logan 2010；Lovley 2011；Pant et al 2012；Rozendal et al 2008；Wang et al 2012；Wei et al 2012)。

功能的多元化使得生物电化学系统有着广泛的应用空间，而不仅仅局限于发电、污水处理、环境治理、海水淡化和遥感监测等。但是，就目前的发展情况来看，生物电化学系统会在环境和化工领域的哪些方面有较大的贡献现在还不明朗，不过已经有一些文献将生物电化学系统与现有技术进行了对比，并评价了其生命周期(Foley et al 2010；Pant et al 2011)。生物电化学系统最大的优势在于以可再生资源及其副产物为原料进行生产电能、环境治理以及化学品合成，从而摆脱对化石能源的依赖；但是现在还都处在研发阶段，只有坚实地走好每一步，才能最终使其走向大规模的商业化应用。

参考文献

Aelterman P，Rabaey K，Pham HT，Boon N，Verstraete W (2006) Continuous electricity generation at high voltages and currents using stacked microbial fuel cells.Environ Sci Technol 4010：94-3388

Aulenta F，Canosa A，Majone M，Panero S，Reale P，Rossetti S (2008) Trichloroethene dechlorination and H_2 evolution are alternative biological pathways of electric charge utilization by a dechlorinating culture in a bioelectrochemical system.Environ Sci Technol 4216：90-6185

Kim B-h，Kim HJ，Hyun M-S，Park D-H (1999) Direct electrode reaction of Fe(III)-reduing bacterium，Shewanella putrefaciens.J Microbiol Biotechnol 92：127-131

Biffinger JC，Ray R，Little BJ，Fitzgerald LA，Ribbens M，Finkel SE，Ringeisen BR (2009) Simultaneous analysis of physiological and electrical output changes in an operating microbial fuel cell with Shewanella oneidensis.Biotechnol Bioeng 1033：524-531

Bond DR，Lovley DR (2003) Electricity production by Geobacter sulfurreducens attached to electrodes.Appl Environ Microbiol 693：55-1548

Bond DR，Holmes DE，Tender LM，Lovley DR (2002) Electrode-reducing microorganisms that harvest energy from marine sediments.Science 295：5-483

Bretschger O，Obraztsova A，Sturm CA，Chang IS，Gorby YA，Reed SB，Culley DE，Reardon CL，Barua S，Romine MF

(2007) Current production and metal oxide reduction by Shewanella oneidensis MR-1 wild type and mutants.Appl Environ Microbiol 7321:12-7003

Butler CS,Clauwaert P,Green SJ,Verstraete W,Nerenberg R (2010) Bioelectrochemical perchlorate reduction in a microbial fuel cell.Environ Sci Technol 4412:4685-4691

Cao XX,Huang X,Liang P,Xiao K,Zhou YJ,Zhang XY,Logan BE (2009) A new method for water desalination using microbial desalination cells.Environ Sci Technol 4318:7148-7152

Chang IS,Moon H,Bretschger O,Jang JK,Park HI,Nealson KH,Kim BH (2006) Electrochemically active bacteria (EAB) and mediator-less microbial fuel cells.J Microbiol Biotechn 162:163-177

Chaudhuri SK,Lovley DR (2003) Electricity generation by direct oxidation of glucose in mediatorless microbial fuel cells.Nat Biotechnol 2110:32-1229

Chen X,Xia X,Liang P,Cao XX,Sun HT,Huang X (2011) Stacked microbial desalination cells to enhance water desalination efficiency.Environ Sci Technol 456:2465-2470

Cheng S,Logan BE (2007) Sustainable and efficient biohydrogen production via electrohydro-genesis.Proc Natl Acad Sci U S A 10447:18871-18873

Cheng S,Liu H,Logan BE (2006) Increased performance of single-chamber microbial fuel cells using an improved cathode structure.Electrochem Commun 83:489-494

Cheng SA,Xing DF,Call DF,Logan BE (2009) Direct biological conversion of electrical current into methane by electromethanogenesis.Environ Sci Technol 4310:3953-3958

Clauwaert P,Rabaey K,Aelterman P,De Schamphelaire L,Ham TH,Boeckx P,Boon N,Verstraete W (2007) Biological denitrification in microbial fuel cells.Environ Sci Technol 419:3354-3360

Cusick RD,Logan BE (2012) Phosphate recovery as struvite within a single chamber microbial electrolysis cell.Bioresour Technol 107:110-115

Cusick RD,Bryan B,Parker DS,Merrill MD,Mehanna M,Kiely PD,Liu GL,Logan BE (2011) Performance of a pilot-scale continuous flow microbial electrolysis cell fed winery wastewater.Appl Microbiol Biotechnol 896:2053-2063

Dewan A,Beyenal H,Lewandowski Z (2008) Scaling up microbial fuel cells.Environ Sci Technol 4220:7643-7648

EPA US (2004) How to evaluate alternative cleanup technologies for underground storage tank sites:a guide for corrective action plan reviewers.Report No.EPA/510/R-04-002,office of underground storage tanks,U.S.EPA,Washington

EuropeEnergyPortal (2012) Renewable energy sources in European Union.www.energy.eu

Feng Y,Wang X,Logan BE,Lee H (2008) Brewery wastewater treatment using air-cathode microbial fuel cells.Appl Microbiol Biotechnol 785:873-880

Foley JM,Rozendal RA,Hertle CK,Lant PA,Rabaey K (2010) Life cycle assessment of high-rate anaerobic treatment,microbial fuel cells,and microbial electrolysis cells.Environ Sci Technol 449:3629-3637

Forrestal C,Xu P,Ren Z (2012) Sustainable desalination using a microbial capacitive desalination cell.Energy Environ Sci 5:7161-7167

Freguia S,Rabaey K,Yuan ZG,Keller J (2008) Syntrophic processes drive the conversion of glucose in microbial fuel cell anodes.Environ Sci Technol 4221:7937-7943

Gorby YA,Yanina S,McLean JS,Rosso KM,Moyles D,Dohnalkova A,Beveridge TJ,Chang IS,Kim BH,Kim KS (2006) Electrically conductive bacterial nanowires produced by Shewanella oneidensis strain MR-1 and other microorganisms.Proc Natl Acad Sci U S A 103:63-11358

Green EM (2011) Fermentative production of butanol-the industrial perspective.Curr Opin Biotechnol 223:337-343

Gregory KB,Lovley DR (2005) Remediation and recovery of uranium from contaminated subsurface environments with electrodes.Environ Sci Technol 3922:8943-8947

Harnisch F,Schroder U (2010) From MFC to MXC:chemical and biological cathodes and their potential for microbial bioelectrochemical systems.Chem Soc Rev 3911:4433–4448

Huggins T,Fallgren P,Ren Z (2012) Energy and performance comparison of membrane–less microbial fuel cell and conventional aeration treating of wastewater.In Preparation Jacobson KS,Drew DM,He Z (2011) Use of a liter–scale microbial desalination cell as a platform to study bioelectrochemical desalination with salt solution or artificial seawater.Environ Sci Technol 4510:4652–4657

Keller J,Rabaey K (2008) Experiences from MFC pilot plant operation:how to get the technology market ready?.State College,USA

Kim Y,Logan BE (2011a) Hydrogen production from inexhaustible supplies of fresh and salt water using microbial reverse–electrodialysis electrolysis cells.Proc Natl Acad Sci U S A 10839:16176–16181

Kim Y,Logan BE (2011b) Series assembly of microbial desalination cells containing stacked electrodialysis cells for partial or complete seawater desalination.Environ Sci Technol 4513:5–5840

Liu H,Cheng S,Logan BE (2005a) Production of electricity from acetate or butyrate using a single–chamber microbial fuel cell.Environ Sci Technol 392:62–658

Liu H,Grot S,Logan BE (2005b) Electrochemically assisted microbial production of hydrogen from acetate.Environ Sci Technol 3911:20–4317

Logan BE (2008) Microbial fuel cells.Wiley,New York

Logan BE (2009) Exoelectrogenic bacteria that power microbial fuel cells.Nat Rev Microbiol 75:375–381

Logan BE (2010) Scaling up microbial fuel cells and other bioelectrochemical systems.Appl Microbiol Biotechnol 856:1665–1671

Logan BE,Murano C,Scott K,Gray ND,Head IM (2005) Electricity generation from cysteine in a microbial fuel cell. Water Res 395:52–942

Logan B,Hamelers B,Rozendal R,Schröder U,Keller J,Freguia S,Aelterman P,Verstraete W,Rabaey K (2006) Microbial fuel cells:methodology and technology.Environ Sci Technol 4017:5181–5192

Logan B,Cheng S,Watson V,Estadt G (2007) Graphite fiber brush anodes for increased power production in air–cathode microbial fuel cells.Environ Sci Technol 419:3341–3346

Logan BE,Call D,Cheng S,Hamelers HVM,Sleutels THJA,Jeremiasse AW,Rozendal RA (2008) Microbial electrolysis cells for high yield hydrogen gas production from organic matter.Environ Sci Technol 4223:8630–8640

Lovley DR (2006) Bug juice:harvesting electricity with microorganisms.Nat Rev 47:497–508 Lovley DR (2011) Live wires:direct extracellular electron exchange for bioenergy and the bioremediation of energy–related contamination. Energy Environ Sci 412:4896–4906

Lovley DR,Nevin KP (2011) A shift in the current:new applications and concepts for microbe–electrode electron exchange.Curr Opin Biotechnol 223:8–441

Lovley DR,Phillips EJ (1989) Requirement for a microbial consortium to completely oxidize glucose in Fe(Ⅲ)–reducing sediments.Appl Environ Microbiol 5512:3234–3236

Luo H,Jenkins P,Ren Z (2011) Concurrent desalination and hydrogen generation using microbial desalination cells. Environ Sci Technol 451:340–344

Luo H,Xu P,Jenkins P,Ren Z (2012a) Ionic composition and transport mechanisms in microbial desalination cells.J Membr Sci 409–410:16–23

Luo H,Xu P,Roane TM,Jenkins PE,Ren Z (2012b) Microbial desalination cells for improved performance in wastewater treatment,electricity production,and desalination.Bioresour Technol 105:6–60

Lyon D,Buret F,Vogel T,Monier J (2010) Is resistance futile? changing external resistance does not improve microbial fuel cell performance.Bioelectrochemistry 781:2–7

Marsili E,Baron DB,Shikhare ID,Coursolle D,Gralnick JA,Bond DR (2008) Shewanella Secretes flavins that mediate extracellular electron transfer.PNAS 10510:3968–3973

Marsili E,Sun J,Bond DR (2010) Voltammetry and growth physiology of Geobacter sulfurreducens biofilms as a function of growth stage and imposed electrode potential.Electroanalysis 227-8:865-874

McCarty PL,Bae J,Kim J (2011) Domestic wastewater treatment as a net energy producer-can this be achieved? Environ Sci Technol 4517:7100-7106

Mcinerney MJ,Beaty PS (1988) Anaerobic community structure from a nonequilibrium thermodynamic perspective.Can J Microbiol 344:487-493

Meehan A,Gao H,Lewandowksi Z (2011) Energy harvesting with microbial fuel cell power management system.IEEE Trans Power Electron 26:176-181

Mehanna M,Kiely PD,Call DF,Logan BE (2010) Microbial electrodialysis cell for simultaneous water desalination and hydrogen gas production.Environ Sci Technol 4424:83-9578

Mielenz JR (2001) Ethanol production from biomass:technology and commercialization status.Curr Opin Microbiol 43:324-329

Milliken CE,May HD (2007) Sustained generation of electricity by the spore-forming,gram-positive,desulfitobacterium hafniense strain DCB2.Appl Microbiol Biotechnol 735:9-1180

Min B,Kim J,Oh S,Regan JM,Logan BE (2005) Electricity generation from swine wastewater using microbial fuel cells.Water Res 3920:8-4961

Morris JM,Jin S (2012) Enhanced biodegradation of hydrocarbon-contaminated sediments using microbial fuel cells.J Hazard Mater 213:474-477

Morris JM,Jin S,Crimi B,Pruden A (2009) Microbial fuel cell in enhancing anaerobic biodegradation of diesel.Chem Eng J 1462:161-167

Nevin KP,Woodard TL,Franks AE,Summers ZM,Lovley DR (2010) Microbial electrosynthesis:feeding microbes electricity to convert carbon dioxide and water to multicarbon extracellular organic compounds.mBio 1:1-4

Nevin KP,Hensley SA,Franks AE,Summers ZM,Ou JH,Woodard TL,Snoeyenbos-West OL,Lovley DR (2011) Electrosynthesis of organic compounds from carbon dioxide is catalyzed by a diversity of acetogenic microorganisms. Appl Environ Microbiol 779:2882-2886

Ni M,Leung DYC,Leung MKH,Sumathy K (2006) An overview of hydrogen production from biomass.Fuel Process Technol 875:461-472

O'Sullivan CA,Burrell PC,Clarke WP,Blackall LL (2005) Structure of a cellulose degrading bacterial community during anaerobic digestion.Biotechnol Bioeng 927:871-878

Pant D,Van Bogaert G,Diels L,Vanbroekhoven K (2010) A review of the substrates used in microbial fuel cells (MFCs) for sustainable energy production.Bioresour Technol 1016:1533-1543

Pant D,Singh A,Van Bogaert G,Gallego YA,Diels L,Vanbroekhoven K (2011) An introduction to the life cycle assessment (LCA) of bioelectrochemical systems (BES) for sustainable energy and product generation:relevance and key aspects.Renew Sustain Energy Rev 152:1305-1313

Pant D,Singh A,Van Bogaert G,Olsen SI,Nigam PS,Diels L,Vanbroekhoven K (2012) Bioelectrochemical systems (BES) for sustainable energy production and product recovery from organic wastes and industrial wastewaters.Rsc Adv 24:1248-1263

Parameswaran P,Torres CI,Lee HS,Krajmalnik-Brown R,Rittmann BE (2009) Syntrophic interactions among anode respiring bacteria (ARB) and non-ARB in a biofilm anode:electron balances.Biotechnol Bioeng 1033:513-523

Parameswaran P,Zhang H,Torres CI,Rittmann BE,Krajmalnik-Brown R (2010) Microbial community structure in a biofilm anode fed with a fermentable substrate:the significance of hydrogen scavengers.Biotechnol Bioeng 1051:69-78

Park JD,Ren ZY (2012) Hysteresis controller based maximum power point tracking energy harvesting system for microbial fuel cells.J Power Sources 205:151-156

Park DH,Zeikus JG (2000) Electricity generation in microbial fuel cells using neutral red as an electronophore.Appl Environ Microbiol 664:7-1292

Park DH, Zeikus JG (2003) Improved fuel cell and electrode designs for producing electricity from microbial degradation. Biotechnol Bioeng 813:55-348

Park HS, Kim BH, Kim HS, Kim HJ, Kim GT, Kim M, Chang IS, Park YK, Chang HI (2002) A novel electrochemically active and Fe (Ⅲ)-reducing bacterium phylogenetically related to Clostridium butyricum isolated from a microbial fuel cell. Anaerobe 7:297-306

Perlack RD, Wright LL, Turhollow AF, Graham AF, Stokes BJ, Erbach DC (2005) Biomass as feedstock for a bioenergy and bioproducts industry: the technical feasibility of a billion-ton annual supply. Oak Ridge National Laboratory, Oak Ridge

Phung NT, Lee J, Kang KH, Chang IS, Gadd GM, Kim BH (2004) Analysis of microbial diversity in oligotrophic microbial fuel cells using 16S rDNA sequences. FEMS Microbiol Lett 2331:77-82

Pinto RP, Srinivasan B, Guiot SR, Tartakovsky B (2011) The effect of real-time external resistance optimization on microbial fuel cell performance. Water Res 454:8-1571

Potter MC (1911) Electrical effects accompanying the decomposition of organic compounds. Proc Roy Soc Lond Ser 84571:260-276

Powlson DS, Riche AB, Shield I (2005) Biofuels and other approaches for decreasing fossil fuel emissions from agriculture. Ann Appl Biol 1462:193-201

Rabaey K, Rozendal RA (2010) Microbial electrosynthesis-revisiting the electrical route for microbial production. Nat Rev 810:16-706

Rabaey K, Boon N, Hofte M, Verstraete W (2005) Microbial phenazine production enhances electron transfer in biofuel cells. Environ Sci Technol 399:8-3401

Rabaey K, Butzer S, Brown S, Keller J, Rozendal RA (2010) High current generation coupled to caustic production using a lamellar bioelectrochemical system. Environ Sci Technol 4411:4315-4321

Rabaey K, Girguis P, Nielsen LK (2011) Metabolic and practical considerations on microbial electrosynthesis. Curr Opin Biotechnol 223:7-371

Reguera G, McCarthy KD, Mehta T, Nicoll JS, Tuominen MT, Lovley DR (2005) Extracellular electron transfer via microbial nanowires. Nature 4357045:101-1098

Ren Z, Ward TE, Logan BE, Regan JM (2007a) Characterization of the cellulolytic and hydrogen-producing activities of six mesophilic Clostridium species. J Appl Microbiol 1036:2258-2266

Ren ZY, Ward TE, Regan JM (2007b) Electricity production from cellulose in a microbial fuel cell using a defined binary culture. Environ Sci Technol 4113:4781-4786

Ren Z, Steinberg LM, Regan JM (2008) Electricity production and microbial biofilm characterization in cellulose-fed microbial fuel cells. Water Sci Technol 583:617-622

Ren Z, Ramasamy RP, Cloud-Owen SR, Yan H, Mench MM, Regan JM (2011a) Time-course correlation of biofilm properties and electrochemical performance in single-chamber microbial fuel cells. Bioresour Technol 1021:416-421

Ren Z, Yan H, Wang W, Mench M, Regan J (2011b) Characterization of microbial fuel cells at microbially and electrochemically meaningful timescales. Environ Sci Technol 456:2435-2441

Rezaei F, Xing D, Wagner R, Regan JM, Richard TL, Logan BE (2009) Simultaneous cellulose degradation and electricity production by Enterobacter cloacae in a microbial fuel cell. Appl Environ Microbiol 7511:8-3673

Rismani-Yazdi H, Christy AD, Dehority BA, Morrison M, Yu Z, Tuovinen OH (2007) Electricity generation from cellulose by rumen microorganisms in microbial fuel cells. Biotechnol Bioeng 976:1398-1407

Rosenbaum M, Aulenta F, Villano M, Angenent LT (2011) Cathodes as electron donors for microbial metabolism: which extracellular electron transfer mechanisms are involved? Bioresour Technol 1021:324-333

Rozendal RA, Hamelers HVM, Rabaey K, Keller J, Buisman CJN (2008) Towards practical implementation of bioelectrochemical wastewater treatment. Trends Biotechnol 268:450-459

Rozendal RA, Leone E, Keller J, Rabaey K (2009) Efficient hydrogen peroxide generation from organic matter in a bioelectrochemical system.Electrochem Comm 119:1752–1755

Soares AA, Albergaria JT, Domingues VF, Alvim–Ferraz MDM, Delerue–Matos C (2010) Remediation of soils combining soil vapor extraction and bioremediation: benzene.Chemosphere 808:823–828

Steinbusch KJJ, Hamelers HVM, Schaap JD, Kampman C, Buisman CJN (2010) Bioelectro–chemical ethanol production through mediated acetate reduction by mixed cultures.Environ Sci Technol 441:513–517

Summers ZM, Fogarty H, Leang C, Franks AE, Malvankar NS, Lovley DR (2010) Direct exchange of electrons within aggregates of an evolved syntrophic co–culture of anaerobic bacteria.Science 330:1413–1415

Tanaka K, Vega CA, Tamamushi R (1983) Mediating effects of ferric chelate compound in microbial fuel cells. Bioelectrochem Bioenerg 112–3:135–143

Ter Heijne A, Liu F, van der Weijden R, Weijma J, Buisman CJN, Hamelers HVM (2010) Copper recovery combined with electricity production in a microbial fuel cell.Environ Sci Technol 4411:4376–4381

Torres CI, Krajmalnik–Brown R, Parameswaran P, Marcus AK, Wanger G, Gorby YA, Rittmann BE (2009) Selecting anode–respiring bacteria based on anode potential: phylogenetic, electrochemical, and microscopic characterization.Environ Sci Technol 4324:9519–9524

Torres CI, Marcus AK, Lee HS, Parameswaran P, Krajmalnik–Brown R, Rittmann BE (2010) A kinetic perspective on extracellular electron transfer by anode–respiring bacteria.FEMS Microbiol Rev 341:3–17

USCongress (2007) Energy independence and security act of 2007.http://www.gpo.gov/fdsys/pkg/PLAW–110publ140/pdf/PLAW–110publ140.pdf

von Canstein H, Ogawa J, Shimizu S, Lloyd JR (2008) Secretion of flavins by Shewanella species and their role in extracellular electron transfer.Appl Environ Microbiol 743:615–623

Wang G, Huang LP, Zhang YF (2008) Cathodic reduction of hexavalent chromium [Cr(VI)] coupled with electricity generation in microbial fuel cells.Biotechnol Lett 3011:1959–1966

Wang H, Park J, Ren ZY (2012) Active energy harvesting from microbial fuel cells at the maximum power point without using resistors.Environ Sci Technol 469:5247–5252

Wei J, Liang P, Huang X (2012) Recent progress in electrodes for microbial fuel cells.Bioresour Technol 10220:44–9335

Zhang F, Brastad KS, He Z (2011) Integrating forward osmosis into microbial fuel cells for wastewater treatment, water extraction and bioelectricity generation.Environ Sci Technol 4515:6690–6696